Industriebuchführung mit Kosten- und Leistungsrechnung IKR

Einführung und Praxis

von

Dipl.-Kfm. Dipl.-Hdl.
Manfred Deitermann

Dipl.-Kfm. Dipl.-Hdl.
Dr. Siegfried Schmolke

Dipl.-Hdl.
Wolf-Dieter Rückwart

66211

Inhaltsverzeichnis

A Einführung in die Industriebuchführung 5

1	**Notwendigkeit und Bedeutung**	
	der Buchführung	5
1.1	Aufgaben der Buchführung	5
1.2	Gesetzliche Grundlagen	
	der Buchführung	6
1.3	Ordnungsmäßigkeit	
	der Buchführung	8
2	**Inventur, Inventar und Bilanz**	9
2.1	Inventur	9
2.2	Inventar	10
2.3	Erfolgsermittlung durch	
	Eigenkapitalvergleich	14
2.4	Bilanz	16
3	**Buchen auf Bestandskonten**	18
3.1	Wertveränderungen in der Bilanz ...	18
3.2	Auflösung der Bilanz	
	in Bestandskonten	20
3.3	Buchung von Geschäftsfällen und	
	Abschluss der Bestandskonten	22
3.4	Buchungssatz	26
3.4.1	Einfacher Buchungssatz	26
3.4.2	Zusammengesetzter Buchungssatz ..	30
3.5	Eröffnungsbilanzkonto (EBK)	
	und Schlussbilanzkonto (SBK)	32
4	**Buchen auf Erfolgskonten**	35
4.1	Aufwendungen und Erträge	35
4.2	Gewinn- und Verlustkonto als	
	Abschlusskonto der Erfolgskonten ..	39
5	**Einführung in die Abschreibung**	
	der Sachanlagen	44
5.1	Ursachen, Buchung und Wirkung	
	der Abschreibung	44
5.2	Berechnung der Abschreibung	45
6	**Gewinn- und Verlustrechnung mit**	
	Bestandsveränderungen an fertigen	
	und unfertigen Erzeugnissen	48
7	**Umsatzsteuer beim Ein- und Verkauf**	54
7.1	Wesen der Umsatzsteuer	
	(Mehrwertsteuer)	54
7.2	Ermittlung der Zahllast aus	
	Umsatzsteuer und Vorsteuer	55
7.3	Die Umsatzsteuer – ein durch-	
	laufender Posten der Unternehmen .	56

7.4	Buchung der Umsatzsteuer	
	im Ein- und Verkaufsbereich	57
7.4.1	Buchung beim Einkauf von	
	Rohstoffen u. a.	57
7.4.2	Buchung beim Verkauf von eigenen	
	Erzeugnissen	58
7.4.3	Vorsteuerabzug und Ermittlung	
	der Zahllast	59
7.5	Bilanzierung der Zahllast und des	
	Vorsteuerüberhangs	60
8	**Privatentnahmen und**	
	Privateinlagen	66
8.1	Privatkonto	66
8.2	Exkurs: Unentgeltliche Entnahme	
	von Gegenständen und sonstigen	
	Leistungen	67
9	**Organisation der Buchführung**	71
9.1	Industrie-Kontenrahmen (IKR)	71
9.1.1	Aufgaben und Aufbau des IKR	71
9.1.2	Kontenrahmen und Kontenplan	73
9.2	Die Belegorganisation	76
9.2.1	Bedeutung und Arten der Belege ...	76
9.2.2	Bearbeitung der Belege	76
9.3	Die Bücher der Finanzbuchhaltung .	78
9.3.1	Das Grundbuch	78
9.3.2	Das Hauptbuch	79
9.3.3	Die Nebenbücher im Überblick	80
10	**Buchen mit Finanzbuchhaltungs-**	
	programmen	84
10.1	Finanzbuchhaltung in der betrieb-	
	lichen Praxis	84
10.1.1	Merkmale kommerzieller	
	Finanzbuchhaltungssoftware	84
10.1.2	Buchen der laufenden Geschäftsfälle	85
10.2	Offene-Posten-Buchhaltung	86
10.2.1	Einsatz der Finanzbuchhaltungs-	
	software „Lexware financial office". .	86
10.2.2	Einsatz der Finanzbuchhaltungs-	
	software „Sage KHK Classic Line" ..	88
10.3	Stammdatenpflege im Rahmen der	
	Finanzbuchhaltung	90
11	**Beleggeschäftsgang –**	
	computergestützt	91

B Weiterführende Buchungen 105

1	**Buchungen im Personalbereich**	105
1.1	Löhne und Gehälter	105
1.2	Vorschüsse, Sachleistungen und	
	Sonderzuwendungen	107
2	**Buchungen im Beschaffungs- und**	
	Absatzbereich	111
2.1	Sofortrabatte	111
2.2	Bezugskosten	111
2.3	Handelswaren	114
2.4	Rücksendungen	115
2.5	Nachlässe	116
2.5.1	Nachträgliche Preisnachlässe	
	im Beschaffungsbereich	116
2.5.2	Nachträgliche Preisnachlässe	
	im Absatzbereich	117

2.6	Nachlässe in Form von Skonti	120
2.6.1	Liefererskonti	120
2.6.2	Kundenskonti	121
3	**Buchung der Werkstoffeinkäufe**	
	auf Aufwandskonten der Klasse 6 ..	124
4	**Buchungen im Sachanlagenbereich** .	129
4.1	Anlagenbuchhaltung (Anlagenkartei)	129
4.2	Anschaffung von Anlage-	
	gegenständen	130
4.3	Ausscheiden von Anlagegütern	132
4.3.1	Verkauf von Anlagegütern	132
4.3.2	Entnahme von Anlagegütern	134
5	**Steuern des Unternehmens**	
	und des Unternehmers	136

66212

C   Jahresabschluss 139

1   Abgleich zwischen Soll- und Ist-
bestständen (Inventurdifferenzen) ... 139

2   Zeitliche Abgrenzung
der Aufwendungen/Erträge 140
2.1   Sonstige Forderungen
und Sonstige Verbindlichkeiten 141
2.2   Aktive und Passive
Rechnungsabgrenzungsposten 144
2.3   Rückstellungen 149

3   Abschreibungen auf Sachanlagen .. 154
3.1   Wertansätze der Anlagegüter in
der Jahresbilanz 154
3.2   Methoden der planmäßigen
Abschreibung 155
3.2.1 Lineare (gleich bleibende)
Abschreibung 155
3.2.2 Degressive Abschreibung
(Buchwert-AfA) 155
3.2.3 Abschreibung nach Leistungseinheiten (Leistungs-AfA) 157
3.3   Geringwertige Wirtschaftsgüter (GWG) 157

4   Bewertung der Forderungen 160
4.1   Einführung 160
4.2   Einzelbewertung von Forderungen . 161
4.2.1 Direkte Abschreibung von
uneinbringlichen Forderungen 161

4.2.2 Einzelwertberichtigung (EWB)
zweifelhafter Forderungen 162
4.3   Pauschalwertberichtigung (PWB)
der Forderungen 165
4.4   Kombination von Einzel- und
Pauschalbewertung 167

5   Exkurs: Abschluss in der
Hauptabschlussübersicht 169

6   Jahresabschluss der
Kapitalgesellschaften 173
6.1   Publizitäts- und Prüfungspflicht ... 173
6.2   Gliederung der Bilanz
nach § 266 HGB 174
6.3   Ausweis des Eigenkapitals
in der Bilanz 176
6.4   Darstellung der Anlagen-
entwicklung im Anlagenspiegel ... 178
6.5   Gliederung der Gewinn- und
Verlustrechnung nach § 275 HGB .. 178

7   Bewertung der Vermögens-
gegenstände und Schulden
zum Bilanzstichtag 182
7.1   Notwendigkeit der Bewertung 182
7.2   Wertmaßstäbe 183
7.3   Bewertungsübersicht 184
7.3.1 Bewertung des Anlagevermögens .. 184
7.3.2 Bewertung des Umlaufvermögens . 184
7.3.3 Bewertung der Schulden 185

D   Auswertung des Jahresabschlusses 188

1   Auswertung der Bilanz 188
1.1   Aufbereitung der Bilanz (Bilanzanalyse) 188
1.2   Beurteilung der Bilanz (Bilanzkritik) 190
1.2.1 Beurteilung der Kapitalausstattung
(Finanzierung) 190
1.2.2 Beurteilung der Anlagenfinanzierung (Investierung) 191
1.2.3 Beurteilung der Zahlungsfähigkeit
(Liquidität) 192
1.2.4 Beurteilung des Vermögensaufbaues
(Vermögensstruktur) 193

2   Auswertung der Erfolgsrechnung .. 196
2.1   Beurteilung der Rentabilität 196
2.1.1 Eigenkapitalrentabilität 196
2.1.2 Umsatzrentabilität 197
2.2   Umschlagskennzahlen 198
2.2.1 Lagerumschlag der Materialbestände 198
2.2.2 Umschlag der Forderungen 199
2.2.3 Kapitalumschlag 199
2.3   Cashflow-Analyse 201
2.4   Return on Investment
(ROI-Analyse) 202

E   Kosten- und Leistungsrechnung (KLR) im Industriebetrieb 203

1   Aufgaben und Grundbegriffe der KLR 203
1.1   Zweikreissystem des Industrie-
Kontenrahmens 203
1.2   Aufgaben der Kosten-
und Leistungsrechnung 204
1.3   Grundbegriffe der Kosten-
und Leistungsrechnung 205
1.3.1 Einnahmen und Ausgaben 205
1.3.2 Erträge und Aufwendungen 205
1.3.3 Aufwendungen – Kosten 206
1.3.4 Erträge – Leistungen 208
2   Abgrenzungsrechnung 211
2.1   Unternehmensbezogene
Abgrenzungen 211
2.1.1 Ergebnistabelle als Hilfsmittel
der Abgrenzungsrechnung 211
2.1.2 Erläuterungen zur Ergebnistabelle .. 213

2.2   Kostenrechnerische Korrekturen 217
2.3   Kostenrechnerische Korrekturen
durch Kalkulatorische Kosten 218
2.3.1 Aufgaben und Arten der
Kalkulatorischen Kosten 218
2.3.2 Kalkulatorische Abschreibungen ... 219
2.3.3 Kalkulatorische Zinsen 222
2.3.4 Kalkulatorischer Unternehmerlohn . 224
2.3.5 Kalkulatorische Wagnisse 226
2.3.6 Kalkulatorische Miete 228
2.4   Erstellung und Auswertung
der Ergebnistabelle 229
2.4.1 Vorgehensweise bei der Erstellung
der Ergebnistabelle 230
2.4.2 Auswertung der Ergebnistabelle ... 230
3   Kostenartenrechnung 234
3.1   Aufgaben der Kostenartenrechnung . 234

3.2	Gliederung der Kostenarten in der Kostenrechnung	234
3.2.1	Abhängigkeit der variablen Kosten von der Beschäftigung	235
3.2.2	Abhängigkeit der fixen Kosten von der Beschäftigung	236
3.2.3	Abhängigkeit der Mischkosten von der Beschäftigung	237
4	**Vollkostenrechnung im Mehrproduktunternehmen**	**240**
4.1	Zurechnung der Kosten auf die Kostenträger	240
4.2	Kostenstellenrechnung in Betrieben mit Serienfertigung	241
4.2.1	Gliederung des Unternehmens in Kostenstellen	242
4.2.2	Betriebsabrechnungsbogen (BAB) als Hilfsmittel der Kostenstellenrechnung	244
4.2.3	Ermittlung der Zuschlagssätze (Istzuschläge)	246
4.3	Erweiterter Betriebsabrechnungsbogen	252
4.3.1	Betriebsabrechnungsbogen mit mehreren Fertigungshauptstellen	252
4.3.2	Mehrstufiger Betriebsabrechnungsbogen	254
4.4	Maschinenstundensatzrechnung	258
4.4.1	Grundlagen der Maschinenstundensatzrechnung	258
4.4.2	Maschinenstundensatz	258
4.4.3	Restgemeinkosten	260
4.4.4	Maschinenplatz als Kostenstelle im BAB	260
5	**Kostenträgerstückrechnung**	**265**
5.1	Aufgaben und Arten der Kostenträgerstückrechnung	265
5.2	Zuschlagskalkulation als Angebotskalkulation	267
5.3	Zuschlagskalkulation als Nachkalkulation	272
5.4	Divisionskalkulation	274
5.4.1	Einstufige Divisionskalkulation	274
5.4.2	Divisionskalkulation mit Äquivalenzziffern	274
6	**Kostenträgerzeit- und Ergebnisrechnung**	**276**
6.1	Kostenüberdeckung und Kostenunterdeckung	276
6.2	Kostenträgerblatt (BAB II)	277
7	**Deckungsbeitragsrechnung als Teilkostenrechnung**	**283**
7.1	Vergleich zwischen Vollkosten- und Teilkostenrechnung	283
7.2	Grundzüge der Deckungsbeitragsrechnung	284
7.2.1	Deckungsbeitragsrechnung als Stückrechnung	284
7.2.2	Deckungsbeitragsrechnung als Periodenrechnung im Einproduktunternehmen	286
7.2.3	Deckungsbeitragsrechnung als Periodenrechnung im Mehrproduktunternehmen	290
7.3	Bestimmung der Preisuntergrenze	293
7.4	Optimales Produktionsprogramm	295
8	**Plankostenrechnung als Controlling-Instrument**	**298**
8.1	Grundlagen des Controllings	298
8.2	Wesen der flexiblen Plankostenrechnung	300
8.3	Planung der Einzel- und Gemeinkosten	301
8.3.1	Bestimmung der Planbeschäftigung	302
8.3.2	Festlegung der Plankosten aufgrund fester Verrechnungspreise	302
8.3.3	Festlegung der variablen und fixen Plangemeinkosten	303
8.4	Zuschlagskalkulation mit Plankostenverrechnungssätzen	304
8.5	Sollkosten	305
8.6	Soll-Ist-Kostenvergleich (Kostenkontrolle)	307
9	**Grundlagen der Prozesskostenrechnung**	**311**
9.1	Um welches Problem geht es?	311
9.2	Lösungsansatz – Aufbau einer Prozesskostenrechnung	312
9.2.1	Ermittlung der Teilprozesse über eine Tätigkeitsanalyse	312
9.2.2	Bestimmung der Gemeinkosten für jeden Teilprozess	314
9.2.3	Festlegung von Maßgrößen (= Kostentreibern) für Teilprozesse	315
9.2.4	Errechnung der Prozesskostensätze	316
9.3	Hauptprozesskostensätze als Grundlage der Prozesskostenkalkulation	317
9.3.1	Beispiel einer Prozesskostenkalkulation	318
F	**Aufgaben zur Wiederholung und Vertiefung**	**321**
G	**Rechnungslegungsvorschriften nach HGB**	**328**
	Sachregister	335

Anhang:
Industrie-Kontenrahmen (IKR)
Gliederung der Bilanz (§ 266 HGB) und Gliederung der Gewinn- und Verlustrechnung (§ 275 HGB)
Anmerkungen zum Jahresabschluss der Kapitalgesellschaften
Steuerbuchungen (Überblick)

4

A Einführung in die Industriebuchführung

1 Notwendigkeit und Bedeutung der Buchführung

1.1 Aufgaben der Buchführung

Aufgabenbereiche des Industriebetriebes. Aufgabe des Industriebetriebes ist es, Güter herzustellen und sie an einen weiterverarbeitenden Betrieb oder an den Handel zu verkaufen. Diese Aufgabenstellung hat typische „industrielle" Tätigkeiten (Funktionen) herausgebildet.

Beispiel: In einem Holzverarbeitungsbetrieb werden Tischplatten aus Pressspan hergestellt. Pressspan wird in Tafeln von 2 x 3 m Größe fertig gekauft, im Werk gesägt, kunststoffbeschichtet oder mit verschiedenen Holzarten furniert, lackiert sowie umleimt. Die fertigen Tischplatten werden an ein Montagewerk zur Herstellung der Tische verkauft.

Beschaffung. Das Beispiel zeigt, dass zunächst die für die Herstellung der Tischplatten erforderlichen Maschinen, Werkzeuge und Werkstoffe (Pressspan, Furnierholz, Kunststoff, Lack, Leim) beschafft werden müssen. Alle mit dem Einkauf verbundenen Tätigkeiten fassen wir unter dem Begriff „Beschaffung" zusammen.

Fertigung. Im Fertigungsprozess werden die eingekauften Werkstoffe durch Arbeiter mithilfe von Maschinen (Säge, Hobelmaschine, Furnierpresse, Spritzgerät usw.) zu fertigen Tischplatten verarbeitet. Wir bezeichnen alle mit der Herstellung eines Gutes verbundenen Tätigkeiten als „Fertigung".

Absatz. Die weitere Aufgabe des Industriebetriebes besteht darin, die fertigen Tischplatten an das Montagewerk zu verkaufen. Alle Tätigkeiten, die mit dem Verkauf eines Gutes zusammenhängen, bezeichnen wir als „Absatz".

Merke: **In jedem Industriebetrieb lassen sich die dort anfallenden Tätigkeiten insbesondere den folgenden drei Bereichen zuordnen:**
▷ **Beschaffung,** ▷ **Fertigung,** ▷ **Absatz.**

Buchführung. Die vielfältigen Tätigkeiten im Industriebetrieb führen zu **Geschäftsfällen.** So ergibt sich z.B. aus der Tätigkeit „Kaufvertrag mit dem Lieferer schließen" später der Geschäftsfall „Einkauf von Werkstoffen".

Jedem Geschäftsfall liegt ein **Beleg** zugrunde. Der Beleg für den Vorgang „Einkauf von Werkstoffen" ist die Rechnung des Lieferers (Eingangsrechnung).

Im Folgenden sind einige typische Geschäftsfälle mit ihren Belegen aufgeführt.

Bereich	Geschäftsfall	Beleg
Beschaffung	Einkauf von Spanplatten	Eingangsrechnung
Fertigung	Verbrauch von Spanplatten Lohnzahlung	Materialentnahmeschein Lohnliste
Absatz	Verkauf von eigenen Erzeugnissen	Ausgangsrechnung

Ohne **Aufzeichnung der Geschäftsfälle** würde der Unternehmer in kürzester Zeit den Überblick über sein Unternehmen völlig verlieren. Außerdem fehlte ihm dann die notwendige rechnerische Grundlage für seine Vorhaben und Entscheidungen.

Geschieht diese **Aufzeichnung planmäßig und ordnungsgemäß,** also nach **sachlichen** Gesichtspunkten geordnet und **lückenlos,** so bezeichnet man sie als **Buchführung.**

Merke: Die Buchführung ist die planmäßige, lückenlose und sachlich geordnete Aufzeichnung aller Geschäftsfälle eines Unternehmens aufgrund von Belegen.

Die Buchführung im Industriebetrieb erfüllt wichtige Aufgaben:

- Sie stellt den **Stand des Vermögens und der Schulden** fest.
- Sie zeichnet **alle Veränderungen** der Vermögens- und Schuldenwerte lückenlos und planmäßig auf.
- Sie ermittelt den **Erfolg des Unternehmens,** also den Gewinn oder Verlust, indem sie alle Aufwendungen (Werteverzehr) und Erträge (Wertezuwachs) einzeln erfasst.
- Sie liefert die Zahlen für die **Preisberechnung (Kalkulation) der Erzeugnisse.**
- Sie stellt Zahlen für **innerbetriebliche Kontrollen** zur Verfügung, die der Steigerung der Wirtschaftlichkeit dienen.
- Sie ist die Grundlage zur **Berechnung der Steuern.**
- Sie ist wichtiges **Beweismittel** bei Rechtsstreitigkeiten mit Kunden, Lieferern, Banken, Behörden (Finanzamt, Gerichte) u. a.

Aus der Aufzählung der Aufgaben geht hervor, dass die Buchführung **für jeden Kaufmann** von großer Bedeutung ist. **Im Industriebetrieb** hat die Buchführung insbesondere auch **die** Vorgänge zahlenmäßig zu erfassen, die mit der eigentlichen **betrieblichen Tätigkeit** im Zusammenhang stehen, also

▶ **Herstellung** und ▶ **Absatz** der Erzeugnisse.

Sie liefert damit weitgehend auch das Zahlenmaterial zur Errechnung des **betrieblichen Erfolges** (= Betriebsgewinn oder Betriebsverlust), indem sie alle **Aufwendungen,** die der Herstellung und dem Absatz der Erzeugnisse dienen, sowie die Erlöse aus dem Verkauf der Erzeugnisse **(Umsatzerlöse)** genau aufzeichnet.

Merke:
- Die Buchführung liefert auch die Zahlen für die übrigen Zweige des industriellen Rechnungswesens:
  ▷ **Kosten- und Leistungsrechnung,** ▷ **Statistik** und ▷ **Planungsrechnung.**
- Die Buchführung bildet somit die Grundlage des gesamten betrieblichen Rechnungswesens.

1.2 Gesetzliche Grundlagen der Buchführung

Buchführungspflicht. Die Buchführung ist das zahlenmäßige Spiegelbild des gesamten Unternehmensgeschehens. Sie erfüllt wichtige Aufgaben nicht nur für die Unternehmensleitung und die **Unternehmenseigner,** sondern auch für den **Staat** zur richtigen Ermittlung der Steuern. Letztlich dient eine ordnungsmäßige Buchführung auch dem **Schutz der Gläubiger** des Unternehmens. Es liegt daher nahe, dass sowohl das **Handelsgesetzbuch** (§ 238 HGB) als auch die **Abgabenordnung** (§§ 140 f. AO) den Unternehmer zur Buchführung verpflichten. **Nach Handelsrecht** ist nur **der ins Handelsregister eingetragene Kaufmann** mit dem Firmenzusatz **e. K., e. Kffr.** oder **e. Kfm.** und **OHG, KG, GmbH** oder **AG** zur Buchführung verpflichtet:

„Jeder **Kaufmann** ist verpflichtet Bücher zu führen und in diesen seine Handelsgeschäfte und die Lage seines Vermögens nach den Grundsätzen ordnungsmäßiger Buchführung ersichtlich zu machen." (§ 238 [1] HGB)

Nach Steuerrecht ist zunächst auch der Unternehmer zur Buchführung verpflichtet, der nach Handelsrecht gemäß § 238 HGB buchführungspflichtig ist (§ 140 AO). Darüber hinaus ist nach Steuerrecht jeder andere gewerbliche Unternehmer, auch der Nichtkaufmann, z. B. Handwerker u. a., zur Buchführung verpflichtet, wenn er gemäß § 141 AO **eine** der folgenden **Voraussetzungen** erfüllt:

oder
- Der **Jahresumsatz** übersteigt . . . . 350.000,00 €
- der **Jahresgewinn** übersteigt . . . . 30.000,00 €

> **Merke:**   **Das HGB unterscheidet zwischen dem Kaufmann (= im Handelsregister eingetragen) und dem Nichtkaufmann.**

Die handelsrechtlichen Vorschriften über die **Buchführung** und den **Jahresabschluss** enthält das Handelsgesetzbuch mit Wirkung vom 1. Januar 1986 in seinem

Dritten Buch: Handelsbücher: §§ 238–339 HGB.

> **Die Vorschriften des Dritten Buches gliedern sich in drei Abschnitte:**
>
> - **Der 1. Abschnitt (§§ 238–263 HGB) gilt für alle Kaufleute.** Er enthält deshalb die **grundlegenden Vorschriften** über die Führung der Handelsbücher, das Inventar, die Bilanz und Gewinn- und Verlustrechnung sowie die Bewertung der Vermögensteile und Schulden.
> - **Der 2. Abschnitt (§§ 264–335 HGB) enthält ergänzende Vorschriften für alle Kapitalgesellschaften,** die nicht für Einzelkaufleute und Personengesellschaften gelten. Diese Vorschriften beinhalten zugleich eine **Anpassung deutschen Rechts an die Rechnungslegungsvorschriften aller EU-Mitgliedstaaten** aufgrund des Bilanzrichtlinien-Gesetzes.
> - **Der 3. Abschnitt (§§ 336–339 HGB) enthält für eingetragene Genossenschaften** über den 1. und 2. Abschnitt hinausgehende Regelungen.

Ergänzende rechtsformspezifische Vorschriften des Jahresabschlusses der Aktiengesellschaft, Gesellschaft mit beschränkter Haftung und der Genossenschaft sind jeweils enthalten im **Aktiengesetz, GmbH-Gesetz** und **Genossenschaftsgesetz.**

Steuerrechtliche Vorschriften über die Buchführung enthalten die **Abgabenordnung (AO),** das **Einkommensteuergesetz (EStG), Körperschaftsteuergesetz (KStG), Umsatzsteuergesetz (UStG)** sowie die entsprechenden **Durchführungsverordnungen** (EStDV, KStDV, UStDV) und **Richtlinien** (EStR, KStR, UStR).

> **Merke:**   **Die grundlegenden handelsrechtlichen Rechnungslegungsvorschriften für alle Unternehmen enthält das Handelsgesetzbuch von 1986.**

Aufgaben

1. Nennen Sie mindestens drei wichtige Aufgaben der Buchführung.
2. Nennen Sie die eigentlichen Aufgaben eines Industriebetriebes.
3. Worin unterscheiden sich im Wesentlichen Industrie- und Handelsbetriebe?
4. Nennen Sie mindestens vier Geschäftsfälle mit den zugehörigen Belegen.
5. Aus welchen Zweigen besteht das industrielle Rechnungswesen?
6. Welche Bedeutung hat die Buchführung für die übrigen Zweige des Rechnungswesens?

1

1. Erläutern Sie die Buchführungspflicht nach Handels- und Steuerrecht.
2. Stellen Sie fest, ob der Schlossermeister Schneider buchführungspflichtig ist, wenn er im Geschäftsjahr . . bei einem Umsatz von 195.000,00 € einen Gewinn von 30.000,00 € erzielt.

2

1.3 Ordnungsmäßigkeit der Buchführung

Die Buchführung gilt als ordnungsgemäß, wenn sie so beschaffen ist, dass sie einem sachverständigen Dritten (Steuerberater, Betriebsprüfer des Finanzamtes) in angemessener Zeit einen **Überblick** über die

▶ **Geschäftsfälle**   und   ▶ **Lage des Unternehmens**

vermitteln kann (§ 238 HGB, § 145 AO). Die Buchführung muss deshalb

▶ **allgemein anerkannten**   und   ▶ **sachgerechten Normen**

entsprechen, und zwar den „Grundsätzen ordnungsmäßiger Buchführung" (GoB).

Quellen der GoB sind vor allem Wissenschaft und Praxis, die Rechtsprechung sowie Empfehlungen der Wirtschaftsverbände. Zahlreiche Grundsätze haben ihren Niederschlag in handels- und steuerrechtlichen Vorschriften gefunden.

Aufgabe der GoB ist es, Unternehmenseigner sowie Gläubiger des Unternehmens vor falschen Informationen und Verlusten zu schützen.

Die wichtigsten Grundsätze ordnungsmäßiger Buchführung (GoB)

● **Die Buchführung muss klar und übersichtlich sein.**
  – Sachgerechte und überschaubare Organisation der Buchführung
  – Übersichtliche Gliederung des Jahresabschlusses (§§ 243 [2], 266, 275 HGB)
  – Keine Verrechnung zwischen Vermögenswerten und Schulden sowie zwischen Aufwendungen und Erträgen (§ 246 [2] HGB)
  – Buchungen dürfen nicht unleserlich gemacht werden (§ 239 [3] HGB).

● **Ordnungsmäßige Erfassung aller Geschäftsfälle.**
  Die Geschäftsfälle sind **fortlaufend und vollständig, richtig und zeitgerecht** sowie **sachlich** geordnet zu buchen, damit sie leicht überprüfbar sind (§§ 238 [1], 239 [2] HGB). **Kasseneinnahmen und -ausgaben** sind **täglich** aufzuzeichnen (§ 146 [1] AO).

● **Keine Buchung ohne Beleg!**
  Sämtliche Buchungen müssen anhand der Belege jederzeit nachprüfbar sein. Die Belege müssen fortlaufend nummeriert und **geordnet aufbewahrt** werden (§ 257 [1] HGB).

● **Ordnungsmäßige Aufbewahrung der Buchführungsunterlagen.**
  Alle Buchungsbelege, Buchungsprogramme, Konten, Bücher, Inventare, Eröffnungsbilanzen sowie Jahresabschlüsse einschließlich Anhang und Lagebericht sind **zehn Jahre** geordnet aufzubewahren (§ 257 [4] HGB, § 147 [3] AO).
  Mit Ausnahme der Eröffnungsbilanz und des Jahresabschlusses können alle Buchführungsunterlagen auf einem **Bildträger** (Mikrofilm) oder auf einem anderen **Datenträger** (Disketten, CD-ROM, DVD u. a.) aufbewahrt werden. „**Grundsatz ordnungsmäßiger DV-gestützter Buchführungssysteme**" (GoBS): Die gespeicherten Daten müssen **jederzeit** durch Bildschirm oder Ausdruck **lesbar** zu machen sein (§§ 239, 257 HGB, § 147 AO).

Merke: **Nur eine ordnungsmäßige Buchführung besitzt Beweiskraft (§§ 258 f. HGB).**

Verstöße gegen die GoB sowie die handels- und steuerrechtlichen Vorschriften können eine **Schätzung der Besteuerungsgrundlagen** (Umsatz, Gewinn) durch die Finanzbehörden zur Folge haben (§ 162 AO). Mit **Freiheitsstrafe** oder mit **Geldstrafe** wird bestraft, wer Jahresabschlüsse unrichtig wiedergibt oder verschleiert (§ 331 HGB, §§ 370 f. AO). Im Insolvenzfall können Verstöße gegen die GoB Strafverfolgung (Freiheitsstrafe) nach sich ziehen (§ 283 Strafgesetzbuch).

66218

2 Inventur, Inventar und Bilanz

2.1 Inventur

Nach § 240 HGB sowie §§ 140, 141 AO ist der Kaufmann verpflichtet

▶ **Vermögen** und ▶ **Schulden**

seines Unternehmens festzustellen, und zwar

- bei **Gründung** oder **Übernahme** eines Unternehmens,
- für den **Schluss eines jeden Geschäftsjahres** (in der Regel zum 31. Dezember),
- bei **Auflösung** oder **Veräußerung** seines Unternehmens.

Die hierzu erforderliche Tätigkeit nennt man **Inventur** (lat. invenire = vorfinden).

Die Inventur, auch **Bestandsaufnahme** genannt, erstreckt sich auf **alle Vermögensteile und alle Schulden** des Unternehmens, die jeweils **einzeln** nach ihrer **Art** (Bezeichnung), **Menge** (Stückzahl, nach Gewicht, Länge u. a.) und **Wert** (in Euro) zu einem bestimmten Zeitpunkt (Stichtag) zu erfassen sind.

Merke: **Inventur ist die mengen- und wertmäßige Bestandsaufnahme aller Vermögensteile und Schulden eines Unternehmens zu einem bestimmten Zeitpunkt.**

Vorbereitung und Durchführung der Inventur. Die **körperliche (mengenmäßige) Inventur des Vorratsvermögens** (Roh-, Hilfs- und Betriebsstoffe, unfertige und fertige Erzeugnisse, Handelswaren) bedarf einer sorgfältigen Vorbereitung und Durchführung. Zunächst wird ein **Inventurleiter** ernannt. Dieser erstellt einen genauen **Aufnahmeplan,** der die einzelnen **Inventurbereiche,** die **personelle Besetzung** der Aufnahmegruppen, die **Aufnahmevordrucke und -richtlinien,** die **Hilfsmittel** (z. B. Diktiergeräte) und den **Zeitpunkt der Inventur** festlegt. Bestimmte Aufsichtspersonen müssen durch **Stichproben** die Bestandsaufnahme überprüfen. Bankguthaben, Bankschulden u. a. werden **nur wertmäßig (= Buchinventur)** erfasst.

Verfahren zur körperlichen Bestandsaufnahme der Vorräte (§ 241 HGB)

Stichtagsinventur. Die Inventur zum **Abschluss-Stichtag** ist besonders im Hinblick auf die Erfassung der **Vorräte** an Roh-, Hilfs- und Betriebsstoffen, fertigen und unfertigen Erzeugnissen sowie Handelswaren zeitraubend und schwierig. Sie erfordert häufig Betriebsschließungen oder führt zu Unterbrechungen der normalen Geschäftstätigkeit. Die Stichtagsinventur muss **zeitnah,** d.h. in der Regel innerhalb einer Frist von 10 Tagen vor oder nach dem Abschluss-Stichtag (31. Dezember) durchgeführt werden.

Die permanente Inventur (permanent = dauernd) beseitigt die Mängel der Stichtagsinventur. Sie erfasst in einer **Lagerkartei fortlaufend die Zu- und Abgänge** der Werkstoffe nach Art und Menge während des Geschäftsjahres. Zum Abschluss-Stichtag kann der **Bestand** somit ohne Schwierigkeiten **buchmäßig** nachgewiesen werden. Zu einem **beliebigen** Zeitpunkt während des Jahres müssen jedoch die in der Lagerkartei ausgewiesenen **Buchbestände durch eine körperliche Bestandsaufnahme überprüft werden.**

Verlegte Inventur. Die **mengenmäßige** Erfassung der Vorräte wird entweder auf einen Zeitpunkt innerhalb der letzten **drei** Monate **vor oder** der **zwei** ersten Monate **nach Schluss** des Geschäftsjahres „verlegt". Die Inventur**werte** müssen dann unter Berücksichtigung der **Zu- und Abgänge** auf den Abschluss-Stichtag **fortgeschrieben bzw. zurückgerechnet** werden.

Stichprobeninventur. Der Vorratsbestand darf auch mithilfe **mathematisch-statistischer Methoden** aufgrund von **Stichproben** ermittelt werden.

2.2 Inventar

Die mithilfe der Inventur ermittelten **Bestände der einzelnen Vermögensposten und Schulden** werden in einem besonderen

Bestandsverzeichnis = Inventar

zusammengefasst. Das Inventar besteht aus **drei Teilen:**

A. Vermögen	B. Schulden	C. Eigenkapital = Reinvermögen

Das **Vermögen** gliedert sich in **Anlage- und Umlaufvermögen.**

Das Anlagevermögen bildet die **Grundlage der Betriebsbereitschaft.** Deshalb gehören dazu alle Vermögensposten, die dem Unternehmen **langfristig** dienen, wie z. B.:

- **Grundstücke und Bauten**
- **Technische Anlagen und Maschinen**
- **Andere Anlagen** (z. B. Fuhrpark)
- **Betriebs- und Geschäftsausstattung** (z. B. Werkstatt- und Büroeinrichtung)

Das Umlaufvermögen umfasst alle Vermögensposten, die sich **kurzfristig** in ihrer Höhe **verändern,** weil sie sich ständig „im Umlauf" befinden: **Werkstoffe** werden eingekauft und dann zu **Fertigerzeugnissen** verarbeitet. Werden Fertigerzeugnisse mit einem Zahlungsziel verkauft, entstehen im Unternehmen **Forderungen aus Lieferungen und Leistungen (a. LL).** Begleichen die Kunden ihre Rechnungen durch Banküberweisung, vermindert sich der Forderungsbestand, wobei sich zugleich das **Bankguthaben** erhöht, das wiederum zum Kauf von Werkstoffen verwendet werden kann. **Zum Umlaufvermögen rechnen vor allem folgende Posten:**

- **Rohstoffe,** die den Hauptbestandteil des Erzeugnisses bilden, z. B. Stahlblech, Holz
- **Hilfsstoffe** als Nebenbestandteile des Erzeugnisses, z. B. Farbe, Klebstoff, Schrauben
- **Betriebsstoffe,** die nicht direkt in das Erzeugnis eingehen, z. B. Schmieröl, Brennstoffe
- **Unfertige Erzeugnisse,** also Erzeugnisse, die sich noch in der Fertigung befinden
- **Fertige Erzeugnisse,** also Erzeugnisse, die zum Verkauf bereitliegen
- **Forderungen aus Lieferungen und Leistungen** (a. LL)
- **Kassenbestand** (Bargeld)
- **Bankguthaben**

Die **Vermögensposten** werden im Inventar **nach steigender Flüssigkeit** (Liquidität) geordnet, also nach dem Grad, wie schnell sie in Geld umgesetzt werden können. So sind die weniger „flüssigen" (liquiden) Posten, wie z. B. Grundstücke, im Inventar zuerst und die bereits liquiden Mittel, wie Bargeld und Bankguthaben, zuletzt aufzuführen.

Die **Schulden** (Verbindlichkeiten) werden im Inventar nach ihrer **Fälligkeit** geordnet:

- **Langfristige Verbindlichkeiten,** wie z. B. Hypotheken- und Darlehensschulden
- **Kurzfristige Verbindlichkeiten,** wie z. B. Verbindlichkeiten a. LL, Mietschulden

Die Verbindlichkeiten stellen das im Unternehmen arbeitende **Fremdkapital** dar.

Das **Eigenkapital oder Reinvermögen** des Unternehmens ergibt sich, indem man die Schulden vom Vermögen abzieht:

Summe des Vermögens
− **Summe der Schulden**
= **Eigenkapital (Reinvermögen)**

Merke:
- **Das Inventar weist zu einem bestimmten Tag (Stichtag) alle Vermögensposten und Schulden eines Unternehmens nach Art, Menge und Wert aus.**
- **Das Vermögen wird in Anlage- und Umlaufvermögen gegliedert, wobei die Vermögensposten nach steigender Flüssigkeit geordnet werden.**
- **Die Schulden bzw. Verbindlichkeiten werden nach ihrer Fälligkeit geordnet.**

INVENTAR

der Möbelwerke Lutz Weise e. Kfm., Leverkusen, für den 31. Dezember ..

A. Vermögen

	€	€
I. Anlagevermögen		
1. Grundstücke und Bauten		
Unbebaute Grundst., Hansastr. 50–52	250.000,00	
Bebaute Grundstücke, Hansastr. 10–48 . . .	805.000,00	
Betriebsgebäude	5.104.000,00	
Verwaltungsgebäude	2.251.000,00	8.410.000,00
2. Technische Anlagen und Maschinen		
lt. Anlagenverzeichnis AV 1		2.703.000,00
3. Fuhrpark lt. AV 2		427.000,00
4. Betriebs- u. Geschäftsausstattung lt. AV 3		460.000,00
II. Umlaufvermögen		
1. Rohstoffe lt. Inventurliste IV 4		2.405.000,00
2. Hilfsstoffe lt. Inventurliste IV 5		824.000,00
3. Betriebsstoffe lt. Inventurliste IV 6		154.000,00
4. Unfertige Erzeugnisse lt. IV 7		628.000,00
5. Fertige Erzeugnisse		
960 Schreibtische T 18 je 490,00 €	470.400,00	
1 040 Schränke S 24 je 700,00 €	728.000,00	
Diverse Kleinmöbel lt. IV 8	853.600,00	2.052.000,00
6. Forderungen a. LL		
Schnickmann OHG, Köln	452.000,00	
Hamm KG, Mainz	279.000,00	
Bodo Herms e. K., Düsseldorf	263.000,00	994.000,00
7. Kassenbestand		27.000,00
8. Bankguthaben		
Stadtsparkasse Leverkusen	590.000,00	
Deutsche Bank, Leverkusen	326.000,00	916.000,00
Summe des Vermögens		**20.000.000,00**

B. Schulden

	€	€
1. Hypothek der Sparkasse Leverkusen		4.106.000,00
2. Darlehen der Deutschen Bank, Köln		1.204.000,00
3. Verbindlichkeiten a. LL		
Heyn GmbH, Münster	457.000,00	
Jutta Hermanns e. Kffr., Rheine	233.000,00	690.000,00
Summe der Schulden		**6.000.000,00**

C. Ermittlung des Eigenkapitals

	€
Summe des Vermögens	20.000.000,00
− Summe der Schulden	6.000.000,00
Eigenkapital (Reinvermögen)	**14.000.000,00**

Aufbewahrung. Inventare sind **10 Jahre** geordnet aufzubewahren. Die Aufbewahrung kann auch auf einem **Bildträger** (Mikrofilm) oder auf einem anderen **Datenträger** (Disketten, CD-ROM, DVD u. a.) erfolgen, wenn sichergestellt ist, dass die Wiedergabe oder die Daten jederzeit lesbar gemacht werden können (§ 257 HGB).

Merke:
- **Inventur = Bestandsaufnahme ➜ Inventar = Bestandsverzeichnis.**
- **Das Inventar ist Grundlage eines ordnungsgemäßen Jahresabschlusses.**

Aufgaben

3 a) *Ordnen Sie die Vermögensposten 1–17 im Bereich des Anlagevermögens (I) und des Umlauf-vermögens (II) nach steigender Flüssigkeit:*

1. Bankguthaben
2. Technische Anlagen (TA) und Maschinen
3. Rohstoffe
4. Kassenbestand
5. Gebäude
6. Fertige Erzeugnisse
7. Fuhrpark
8. Forderungen aus Lieferungen und Leistungen (a. LL)
9. Hilfsstoffe
10. Vorprodukte/Fremdbauteile
11. Postbankguthaben
12. Betriebs- und Geschäftsausstattung
13. Grundstücke
14. Unfertige Erzeugnisse
15. Maschinelle Anlagen (Fließband)
16. Betriebsstoffe
17. Wertpapiere als Kapitalanlage

b) *Ordnen Sie die folgenden Verbindlichkeiten nach ihrer Laufzeit (Fälligkeit):*

1. Verbindlichkeiten aus Lieferungen und Leistungen (a. LL)
2. Hypothekenschulden
3. Verbindlichkeiten gegenüber Finanzbehörden
4. Darlehensschulden

4 *Nennen Sie Beispiele für*

a) Rohstoffe,

b) Fremdbauteile (Fertigteile),

c) Hilfsstoffe und

d) Betriebsstoffe

in einer Büromöbelfabrik.

5
6
Die Textilwerke U. Brandt e. K., Wuppertal, stellten zum 31. Dezember 01[1] (Aufgabe 5) und zum 31. Dezember 02[1] (Aufgabe 6) folgende Inventurwerte fest:

Grundstücke und Bauten:	5	6
Bebaute Grundstücke, Grünstraße 8–22	500.000,00	400.000,00
Betriebsgebäude	3.300.000,00	3.324.000,00
Verwaltungsgebäude	1.200.000,00	1.176.000,00
Technische Anlagen und Maschinen lt. Anlagenverzeichnis 1	2.654.000,00	3.264.000,00
Werkzeuge lt. Anlagenverzeichnis 2	336.000,00	285.000,00
Fuhrpark: 1 LKW	223.000,00	178.400,00
3 PKW	127.000,00	101.600,00
Betriebs- und Geschäftsausstattung lt. Inventurliste 3	480.000,00	384.000,00
Rohstoffe lt. Inventurliste 4	2.052.000,00	2.486.000,00
Hilfsstoffe lt. Inventurliste 5	188.000,00	194.000,00
Betriebsstoffe lt. Inventurliste 6	43.000,00	48.000,00
Unfertige Erzeugnisse lt. Inventurliste 7	469.000,00	324.000,00
Fertige Erzeugnisse lt. Inventurliste 8	2.081.000,00	2.362.000,00
Forderungen a. LL: F. Schmelz e. K., Tübingen	528.000,00	728.000,00
R. Tauber OHG, Frankfurt	335.000,00	615.000,00
Kasse (Barbestand)	28.000,00	26.000,00
Postbankguthaben	189.000,00	294.000,00
Bankguthaben bei der Commerzbank Wuppertal	1.267.000,00	1.310.000,00
Hypothekenschulden: Stadtsparkasse Wuppertal	2.805.000,00	2.524.500,00
Darlehensschulden: Stadtsparkasse Wuppertal	1.603.000,00	1.202.250,00
Handelsbank Düsseldorf	1.207.000,00	905.250,00
Verbindlichkeiten a. LL lt. Verzeichnis 9	785.000,00	1.368.000,00

1. *Erstellen Sie die Inventare der beiden aufeinander folgenden Geschäftsjahre.*
2. *Vergleichen Sie die beiden Inventare und erklären Sie die Veränderungen im Anlage- und Umlaufvermögen, in den Schulden und im Eigenkapital.*

1 In diesem Lehrbuch bedeuten die Ziffern „00" = Vorjahr, „01" = 1. Jahr, „02" = 2. Jahr usw.

Die Maschinenfabrik W. Pätzold e. K., Köln, stellte zum 31. Dezember 01 (Aufgabe 7) und zum 31. Dezember 02 (Aufgabe 8) folgende Inventurwerte fest:

7
8

Grundstücke und Bauten:	7	8
Bebaute Grundstücke, Steinstraße 18–32	350.000,00	300.000,00
Verwaltungsgebäude	3.150.000,00	3.125.000,00
Betriebsgebäude	4.900.000,00	4.802.000,00
Rohstoffe lt. Inventurliste 5	734.000,00	562.000,00
Hilfs- und Betriebsstoffe lt. Inventurliste 6	416.000,00	424.000,00
Fertige Erzeugnisse lt. Inventurliste 8	486.000,00	786.000,00
Technische Anlagen und Maschinen lt. Anlagenverzeichnis 1	2.615.000,00	3.562.000,00
Werkzeuge lt. Anlagenverzeichnis 2	537.000,00	494.000,00
Kundenforderungen a. LL lt. Inventurliste 9	350.000,00	567.000,00
Kassenbestand	48.000,00	39.000,00
Fuhrpark lt. Anlagenverzeichnis 3	375.000,00	314.000,00
Betriebs- und Geschäftsausstattung lt. Anlagenverzeichnis 4 .	366.000,00	445.000,00
Unfertige Erzeugnisse lt. Inventurliste 7	233.000,00	315.000,00
Bankguthaben bei der Deutschen Bank, Köln	731.000,00	842.000,00
bei der Sparkasse KölnBonn.................	514.000,00	423.000,00
Verbindlichkeiten a. LL lt. Verzeichnis 10	486.000,00	671.000,00
Hypothekenschulden	4.140.000,00	3.900.000,00
Darlehensschulden: Deutsche Bank, Köln	920.000,00	864.000,00
Sparkasse KölnBonn	654.000,00	515.000,00

1. *Gliedern Sie die Vermögensteile nach der Liquidität und die Schulden nach der Fälligkeit.*

2. *Erstellen Sie die Inventare der beiden aufeinander folgenden Geschäftsjahre.*

3. *Vergleichen Sie die beiden Inventare und erklären Sie die Veränderungen im Anlage- und Umlaufvermögen, in den Schulden und im Eigenkapital.*

9

Ermitteln Sie im Rahmen der zeitlich verlegten Inventur durch Wertfortschreibung bzw. Wertrückrechnung jeweils den Vorratsbestand an Profileisen U 642 zum Abschluss-Stichtag (31. Dezember):

a) Bestand am Tag der Inventur (1. Oktober): 32.800,00 €; Wert der Zugänge vom 1. Oktober bis 31. Dezember: 58.300,00 €. Wert der Abgänge in die Fertigung (Verbrauch) vom 1. Oktober bis 31. Dezember: 76.300,00 €.

b) Bestand am Aufnahmetag (20. Februar): 43.600,00 €; Wert der Abgänge vom 1. Januar bis 20. Februar: 22.800,00 €; Wert der Zugänge vom 1. Januar bis 20. Februar: 15.200,00 €.

10

1. *Nach welchen Gesetzen ist der Unternehmer zur Buchführung und zu regelmäßigen Jahresabschlüssen verpflichtet?*

2. *Die Buchführung muss den „Grundsätzen ordnungsmäßiger Buchführung" (GoB) entsprechen. Erläutern Sie die Quellen der GoB.*

3. *Unterscheiden Sie zwischen Inventur und Inventar.*

4. *Worin unterscheiden sich Anlage- und Umlaufvermögen?*

5. *Was versteht man unter körperlicher Bestandsaufnahme?*

6. *Die körperliche Inventur erfolgt durch Zählen, Messen, Wiegen und gegebenenfalls Schätzen. Nennen Sie jeweils ein Beispiel.*

7. *Welche Bestände können nur aufgrund von Belegen oder Aufzeichnungen, also durch eine „Buchinventur", festgestellt werden?*

8. *Wie lange sind a) Inventare und b) Belege aufzubewahren?*

9. *Worin sehen Sie die Nachteile der Stichtagsinventur?*

10. *Welche Vorteile hat die permanente Inventur?*

11. *Unterscheiden Sie zwischen vorverlegter und nachverlegter Inventur.*

2.3 Erfolgsermittlung durch Eigenkapitalvergleich

Auf der Grundlage des Inventars lässt sich auf einfache Weise der

Erfolg des Unternehmens,

also der **Gewinn oder Verlust** des Geschäftsjahres, ermitteln. Dies geschieht durch

Eigenkapitalvergleich,

der dem „Betriebsvermögensvergleich" nach § 4 [1] Einkommensteuergesetz entspricht.

Man vergleicht zunächst das Eigenkapital vom Ende eines Geschäftsjahres mit dem vom Schluss des vorangegangenen Geschäftsjahres. Hat sich das **Eigenkapital erhöht,** ist das positiv zu sehen und lässt grundsätzlich auf einen im Geschäftsjahr erzielten **Gewinn** schließen. Eine **Verminderung des Eigenkapitals** deutet dagegen grundsätzlich auf einen **Verlust** hin.

Beispiel: Die Möbelwerke Lutz Weise e. Kfm. weisen in ihrem Inventar auf S. 11 zum Schluss des Geschäftsjahres 02 ein Eigenkapital von 14.000.000,00 € aus. Zum Schluss des vorangegangenen Geschäftsjahres 01 betrug das Eigenkapital 12.200.000,00 €.

Eigenkapital zum 31. Dezember 02	14.000.000,00 €
− Eigenkapital zum 31. Dezember 01	12.200.000,00 €
Erhöhung des Eigenkapitals	**1.800.000,00 €**

Privatentnahmen. Die Erhöhung des Eigenkapitals um 1.800.000,00 € kann nur dann zugleich als Gewinn des Geschäftsjahres gedeutet werden, wenn dem Betriebsvermögen während des Geschäftsjahres weder Vermögensposten für private Zwecke des Unternehmers entzogen noch private Kapitaleinlagen gemacht wurden. Hat der Unternehmer Lutz Weise im Vorgriff auf den erwarteten Gewinn 60.000,00 € für die Anschaffung eines Sportwagens dem betrieblichen Bankkonto gegen Quittung (Beleg) entnommen, ist im Inventar die Summe des Vermögens und damit auch das Reinvermögen bzw. Eigenkapital um diesen Betrag geringer ausgewiesen. Zur genauen Ermittlung des Jahresgewinns müssen deshalb alle **Privatentnahmen** der Eigenkapitalerhöhung wieder **hinzugerechnet** werden:

> **Entnahmebeleg**
>
> Dem Geschäftskonto 119 233 815 bei der Sparkasse Leverkusen wurden heute durch Überweisung an die Sportcar GmbH 60.000,00 € privat entnommen.
>
> Leverkusen, 10. Nov. 02 *L. Weise*

Eigenkapital zum 31. Dezember 02	14.000.000,00 €
− Eigenkapital zum 31. Dezember 01	12.200.000,00 €
Erhöhung des Eigenkapitals	1.800.000,00 €
+ **Privatentnahme**	**60.000,00 €**
Gewinn zum 31. Dezember 02	**1.860.000,00 €**

Privateinlagen. Geld- und Sachwerte, die der Unternehmer während des Geschäftsjahres in das Betriebsvermögen eingebracht hat, sind **nicht vom Unternehmen erwirtschaftet** worden und stellen somit auch keinen Gewinn dar. Deshalb muss der Möbelfabrikant Lutz Weise, der ein geerbtes Grundstück im Wert von 250.000,00 € auf sein Unternehmen übertragen hat, diesen Betrag wieder von der Erhöhung des Eigenkapitals **abziehen:**

> **Kapitaleinlage**
>
> Das unbebaute Grundstück in Leverkusen, Hansastraße 50–52, wurde lt. Grundbuchauszug vom 15. Dezember 02 von mir zum Zeitwert von 250.000,00 € in das Betriebsvermögen meiner Möbelwerke eingebracht.
>
> Leverkusen, 19. Dez. 02 *L. Weise*

Erfolgsermittlung durch Eigenkapitalvergleich[1]	
Eigenkapital zum 31. Dezember 02	14.000.000,00 €
− Eigenkapital zum 31. Dezember 01	12.200.000,00 €
Erhöhung des Eigenkapitals	1.800.000,00 €
+ **Privatentnahme**	60.000,00 €
− **Privateinlage**	250.000,00 €
Gewinn zum 31. Dezember 02	**1.610.000,00 €**

Merke: **Gewinn ist der Unterschiedsbetrag zwischen dem Eigenkapital am Schluss des Geschäftsjahres und dem Eigenkapital am Schluss des vorangegangenen Geschäftsjahres, vermehrt um den Wert der Privatentnahmen und vermindert um den Wert der Privateinlagen (§ 4 Abs. 1 EStG).**

Verzinsung des Eigenkapitals. Setzt man den Jahresgewinn ins Verhältnis zum Anfangseigenkapital, erhält man die Verzinsung (Rentabilität) des im Unternehmen arbeitenden Eigenkapitals. Ein Vergleich des Ergebnisses mit einer anderen langfristigen Kapitalanlage, z. B. in Form von festverzinslichen Wertpapieren (4–6 %), zeigt, ob sich der Einsatz des Eigenkapitals gelohnt hat.

12.200.000,00 € Eigenkapital = 100 %
1.610.000,00 € Gewinn   = x %

$$x \% = \frac{1.610.000,00 \ € \cdot 100 \%}{12.200.000,00 \ €} = \mathbf{13,2 \%}$$

$$\textbf{Rentabilität des Eigenkapitals} = \frac{\textbf{Jahresgewinn} \cdot \textbf{100 \%}}{\textbf{Anfangseigenkapital}}$$

Aufgaben

11

Die Textilfabrik F. Schnell e. K., Hamburg, weist im Inventar zum 31. Dezember 02 ein Eigenkapital in Höhe von 480.000,00 € aus. Am 31. Dezember 01 betrug das Eigenkapital 450.000,00 €. Im Geschäftsjahr 02 hatte F. Schnell insgesamt 72.000,00 € dem Vermögen (Bargeld) seines Unternehmens für private Zwecke entnommen.

Wie hoch ist der Gewinn des Unternehmens zum 31. Dezember 02?

12

Das Inventar der Möbelwerke Lutz Weise e. Kfm. (vgl. Seite 11) weist ein Eigenkapital von 14.000.000,00 € aus. Am Ende des darauf folgenden Geschäftsjahres ergibt sich aus dem Inventar ein Eigenkapital von 14.850.000,00 €.

Für Privatzwecke hatte Lutz Weise dem Geschäftsbankkonto 180.000,00 € entnommen.

a) Wie hoch ist der Gewinn des Geschäftsjahres? Ermitteln Sie die Verzinsung.

b) Wie hoch ist der Verlust, wenn das Eigenkapital statt 14.850.000,00 € lediglich 13.500.000,00 € beträgt?

13
14

Die Maschinenfabrik Klaus Barth e. K., Leverkusen, hat am Anfang des Geschäftsjahres ein Eigenkapital von 590.000,00 € (680.000,00 €). Am Ende des Geschäftsjahres betragen lt. Inventur die Vermögensteile 870.000,00 € (985.000,00 €), die Schulden 210.000,00 € (150.000,00 €).

Während des Geschäftsjahres sind als Privatentnahmen 48.000,00 € (36.000,00 €) und als Einlagen 25.000,00 € (20.000,00 €) gebucht worden.

a) Ermitteln Sie den Erfolg des Unternehmens durch Eigenkapitalvergleich.

b) Ermitteln Sie die Rentabilität des Eigenkapitals.

---

1 Lt. § 4 Abs. 1 Einkommensteuergesetz auch **„Betriebsvermögensvergleich"** genannt.

2.4 Bilanz

Das Inventar ist eine ausführliche Aufstellung der einzelnen Vermögensteile und Schulden nach Art, Menge und Wert, das ganze Bände umfassen kann. Dadurch verliert es erheblich an Übersichtlichkeit.

§ 242 HGB verlangt daher außer der regelmäßigen Aufstellung des Inventars noch eine **kurz gefasste Übersicht,** die es ermöglicht, geradezu mit einem Blick das **Verhältnis zwischen Vermögen und Schulden** des Unternehmens zu überschauen. Eine solche Übersicht ist die **Bilanz.**

Die Bilanz ist eine Kurzfassung des Inventars in Kontenform. Sie enthält auf der linken Seite die Vermögensteile, auf der rechten Seite die Schulden bzw. Verbindlichkeiten (Fremdkapital) und das **Eigenkapital als Ausgleich (Saldo).** Beide Seiten der Bilanz (ital. bilancia = Waage) weisen daher die **gleichen Summen** aus. **Aktiva** heißen die Vermögenswerte, **Passiva** die Kapitalwerte. Aktiva werden nach der Flüssigkeit und Passiva nach der Fälligkeit geordnet.

Aus dem Inventar auf Seite 11 ergibt sich folgende **Bilanz:**

Aktiva	**Bilanz zum 31. Dezember ..**	Passiva
I. Anlagevermögen		**I. Eigenkapital** 14.000.000,00
1. Grundst. u. Bauten 8.410.000,00		**II. Schulden**
2. TA und Maschinen 2.703.000,00		1. Hypothekenschulden . 4.106.000,00
3. Fuhrpark 427.000,00		2. Darlehensschulden ... 1.204.000,00
4. Betriebs- und		3. Verbindlichk. a. LL 690.000,00
Geschäftsausstattung .. 460.000,00		
II. Umlaufvermögen		
1. Rohstoffe 2.405.000,00		
2. Hilfsstoffe 824.000,00		
3. Betriebsstoffe 154.000,00		
4. Unfertige Erzeugnisse .. 628.000,00		
5. Fertige Erzeugnisse 2.052.000,00		
6. Forderungen a. LL 994.000,00		
7. Kassenbestand 27.000,00		
8. Bankguthaben 916.000,00		
20.000.000,00		**20.000.000,00**

Leverkusen, 10. Januar .. *Lutz Weise*

Merke:
- Die Bilanz ist eine kurz gefasste Gegenüberstellung von Vermögen (Aktiva) und Kapital (Passiva) in Kontenform.
- Grundlage für die Aufstellung der Bilanz ist das Inventar.
- Die Bilanz muss klar und übersichtlich gegliedert sein (§ 243 [2] HGB). Anlage- und Umlaufvermögen, Eigenkapital und Verbindlichkeiten sind gesondert auszuweisen und aufzugliedern (§§ 247, 266 HGB → siehe Anhang).

  Vermögensposten (Aktiva) ➔ Ordnung nach der **Flüssigkeit**
  Kapitalposten (Passiva) ➔ Ordnung nach der **Fälligkeit**
- Der Jahresabschluss (Bilanz und Gewinn- und Verlustrechnung) ist vom Unternehmer unter Angabe des Datums persönlich zu unterzeichnen (§ 245 HGB).

Inhalt der Bilanz. Die Bilanz lässt nahezu auf einen Blick erkennen, woher das Kapital stammt und wo es im Einzelnen angelegt (investiert) worden ist:

Aktiva	**Bilanz**		Passiva
Vermögensformen		**Vermögensquellen**	
Vermögens- oder Aktivseite zeigt die **Formen** des Vermögens:		**Kapital- oder Passivseite** zeigt die **Herkunft** des Vermögens:	
I. Anlagevermögen 12.000.000,00		I. Eigenkapital 14.000.000,00	
II. Umlaufvermögen 8.000.000,00		II. Fremdkapital 6.000.000,00	
Vermögen .... **20.000.000,00** =		**Kapital** **20.000.000,00**	
Wo ist das Kapital angelegt?		*Woher stammt das Kapital?*	

Merke:
- Die Passivseite der Bilanz gibt Auskunft über die Herkunft der finanziellen Mittel. Sie zeigt also die Mittelherkunft oder Finanzierung.
- Die Aktivseite weist dagegen die Anlage bzw. Verwendung des Kapitals aus. Sie gibt also Auskunft über die Mittelverwendung oder Investierung.

Diese rechnerische Gleichheit beider Bilanzseiten, also von Vermögen und Kapital, kann auch in einer Gleichung ausgedrückt werden:

Bilanzgleichung:	Vermögen	=	Kapital		
	Vermögen	=	Eigenkapital	+	Fremdkapital
	Eigenkapital	=	Vermögen	−	Fremdkapital
	Fremdkapital	=	Vermögen	−	Eigenkapital

Aufgaben

Beachten Sie die Gliederung der Bilanz auf Seite 16.

15
16

Stellen Sie nach folgenden Angaben die Bilanz für die Elektromotorenwerke Rolf Röhrig e.Kfm., Frankfurt (Main), zum 31. Dezember .. auf.

	15	16
TA und Maschinen	1.300.000,00	1.150.000,00
Betriebs- und Geschäftsausstattung	380.000,00	350.000,00
Rohstoffe	450.000,00	550.000,00
Fertige Erzeugnisse	100.000,00	250.000,00
Forderungen a.LL	220.000,00	350.000,00
Kasse	50.000,00	30.000,00
Bankguthaben	300.000,00	320.000,00
Darlehensschulden	500.000,00	800.000,00
Verbindlichkeiten a.LL	200.000,00	400.000,00

1. *Mit welchem Gesamtkapital, Eigenkapital und Fremdkapital arbeitet die Unternehmung?*

2. *Wie beurteilen Sie das Verhältnis der eigenen zu den fremden Mitteln?*

3. *Reichten die eigenen Mittel zur Beschaffung (Finanzierung) des Anlagevermögens aus?*

17

Stellen Sie die Bilanz der Textilwerke Ulrike Brandt e. K., Wuppertal, aufgrund des Inventars Aufgabe 5/6) zum 31. Dezember .. auf.
Beantworten Sie die gleichen Fragen wie zu den Aufgaben 15/16.

18

Aufgrund des Inventars (Aufgabe 7/8) ist die Schlussbilanz der Maschinenfabrik Werner Pätzold e. K., Köln, aufzustellen.
Beantworten Sie die gleichen Fragen wie zu den Aufgaben 15/16.

3 Buchen auf Bestandskonten

3.1 Wertveränderungen in der Bilanz

Bilanz bedeutet Waage. Stellen wir uns die Bilanz als eine **Waage** mit vielen kleinen Waagschalen vor:

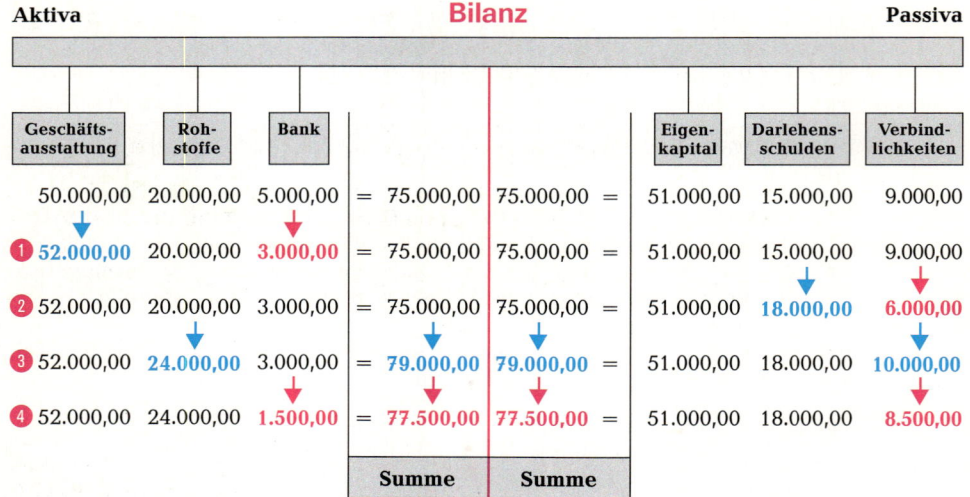

Jeder Geschäftsfall hat Auswirkungen auf die Posten in der Bilanz, und zwar in **doppelter** Weise. Auch wenn nicht jeder Geschäftsfall in der Bilanz dargestellt wird, können wir **vier Möglichkeiten der Bilanzveränderung** unterscheiden.

❶ Aktivtausch, d. h., der Geschäftsfall betrifft **nur die Aktivseite** der Bilanz. Die Bilanzsumme ändert sich somit nicht:

Wir kaufen eine EDV-Anlage gegen Bankscheck für 2.000,00 €.	Ausstattung **+**	Bank **—**

❷ Passivtausch, d. h., der Geschäftsfall wirkt sich **nur auf der Passivseite** aus. Daher ändert sich die Bilanzsumme nicht:

Eine kurzfristige Liefererschuld wird in eine Darlehensschuld umgewandelt: 3.000,00 € (Umschuldung).	Verbindlichk. **—**	Darlehen **+**

❸ Aktiv-Passivmehrung, d. h., der Geschäftsfall betrifft **beide Seiten** der Bilanz. Der Erhöhung eines Aktivpostens steht auch die Erhöhung eines Passivpostens gegenüber. Die Bilanzsummen nehmen auf beiden Seiten um den gleichen Betrag zu. Die Bilanzgleichung bleibt somit gewahrt.

Wir kaufen Rohstoffe auf Ziel (Kredit) für 4.000,00 €.	Rohstoffe **+**	Verbindlichk. **+**

❹ Aktiv-Passivminderung; auch hier betrifft der Geschäftsfall **beide Seiten** der Bilanz. Der Verminderung eines Aktivpostens entspricht die Verminderung eines Passivpostens. Die Bilanzgleichung bleibt durch Abnahme der Bilanzsumme auf beiden Seiten gewahrt.

Wir begleichen eine bereits gebuchte Liefererrechnung über 1.500,00 € durch Banküberweisung.	Bank **—**	Verbindlichk. **—**

Merke:
1. **Jeder Geschäftsfall wirkt sich auf mindestens zwei Posten der Bilanz aus. Möglich sind:**
   - **Aktivtausch:** ▷ Tauschvorgang auf der Aktivseite
   - **Passivtausch:** ▷ Tauschvorgang auf der Passivseite
   - **Aktiv-Passivmehrung:** ▷ Erhöhung auf beiden Bilanzseiten
   - **Aktiv-Passivminderung:** ▷ Verminderung auf beiden Bilanzseiten
2. **Bei allen vier Möglichkeiten der Wertveränderungen bleibt das Gleichgewicht der Bilanzseiten (Bilanzgleichung) erhalten. Es verändert sich lediglich der zahlenmäßige Inhalt bestimmter Bilanzposten.**

Bei jedem Geschäftsfall sind folgende Fragen zu beantworten:

1. Welche Posten der Bilanz werden berührt?
2. Handelt es sich um Aktiv- oder/und Passivposten der Bilanz?
3. Wie wirkt sich der Geschäftsfall auf die Bilanzposten aus?
4. Um welche der vier Arten der Bilanzveränderung handelt es sich?

Aufgaben

19

Aktiva: Grundstücke und Bauten 480.000,00 €, Technische Anlagen und Maschinen 130.000,00 €, Rohstoffe 50.000,00 €, Forderungen a. LL 25.000,00 €, Kasse 5.000,00 €, Bank 30.000,00 €.

Passiva: Eigenkapital 671.000,00 €, Darlehensschulden 20.000,00 €, Verbindlichkeiten a. LL 29.000,00 €.

Stellen Sie sich für die folgenden Geschäftsfälle zuerst die o. g. vier Fragen. Buchen Sie danach in der Bilanzwaage:

1. Kauf einer Maschine gegen Bankscheck	18.000,00
2. Wir kaufen Rohstoffe auf Ziel (= Kredit des Lieferers) lt. Eingangsrechnung .	9.000,00
3. Wir begleichen die gebuchte Liefererrechnung durch Banküberweisung	9.000,00
4. Unser Kunde begleicht eine gebuchte Rechnung (unsere Forderung) bar ...	650,00
5. Eine kurzfristige Liefererschuld wird in eine langfristige Darlehensschuld umgewandelt	6.000,00
6. Unser Kunde begleicht unsere gebuchte Rechnung durch Banküberweisung	3.500,00
7. Unsere Bareinzahlung auf unser Bankkonto	2.000,00
8. Teilrückzahlung unserer Darlehensschuld durch Banküberweisung	2.000,00

20

Aktiva: TA und Maschinen 490.000,00 €, Fuhrpark 40.000,00 €, Rohstoffe 42.000,00 €, Forderungen a. LL 15.000,00 €, Kasse 6.000,00 €, Bank 28.000,00 €.

Passiva: Eigenkapital ?, Darlehen 30.000,00 €, Verbindlichkeiten a. LL 20.000,00 €.

Beantworten Sie zunächst zu jedem Geschäftsfall die o. g. vier Fragen. Buchen Sie die Änderungen der Bilanzwerte und erstellen Sie anschließend eine ordnungsmäßige Schlussbilanz.

1. Wir buchen die Eingangsrechnung für Zieleinkauf von Rohstoffen	1.700,00
2. Unsere Banküberweisung für Liefererrechnung (Fall 1)	1.700,00
3. Wir verkaufen eine gebrauchte Maschine bar für	2.500,00
4. Wir kaufen Rohstoffe gegen Bankscheck für	4.500,00
5. Wir begleichen eine gebuchte Liefererrechnung durch Banküberweisung ...	5.500,00
6. Unser Kunde begleicht unsere gebuchte Rechnung durch Banküberweisung	3.400,00
7. Wir tilgen eine Darlehensschuld durch Banküberweisung	8.000,00

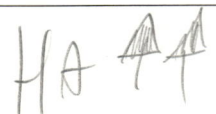

3.2 Auflösung der Bilanz in Bestandskonten

Jeder Geschäftsfall wirkt sich auf mindestens zwei Posten der Bilanz aus. In der Praxis ist es aber nicht möglich, die Veränderungen der Aktiv- und Passivposten ständig in einer Bilanz vorzunehmen. Man benötigt eine genaue und übersichtliche

Einzelabrechnung jedes Bilanzpostens (= Konto).

Deshalb löst man die Bilanz in Konten auf. Jeder Bilanzposten erhält sein entsprechendes Konto. **Nach den Seiten der Bilanz** unterscheidet man

Aktiv- und Passivkonten.

Bestandskonten. Aktiv- und Passivkonten weisen im Einzelnen die **Bestände an Vermögen und Kapital** des Unternehmens aus und erfassen die **Veränderungen** dieser Bestände aufgrund der Geschäftsfälle. Sie stellen daher Bestandskonten dar. Man spricht von **aktiven und passiven Bestandskonten.** Die linke Seite des Kontos wird mit „Soll" (S), die rechte Seite mit „Haben" (H) bezeichnet.

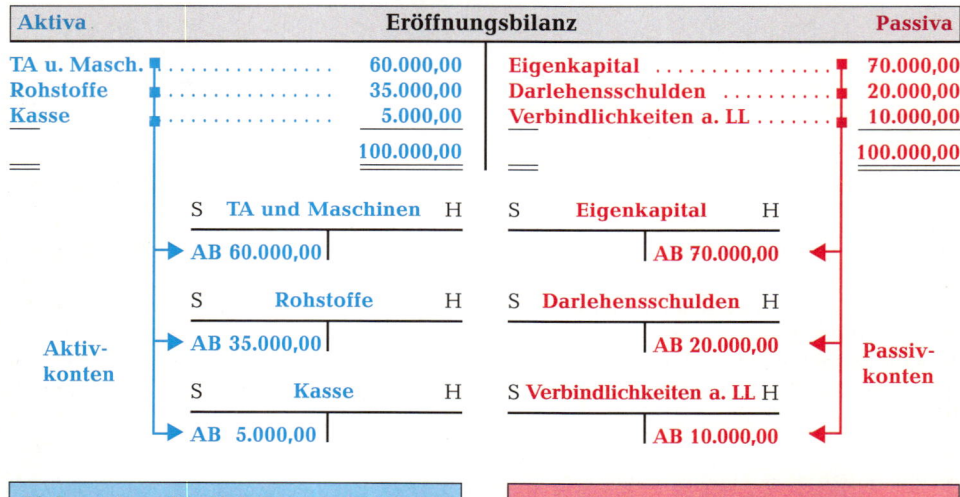

Aktiva	Eröffnungsbilanz	Passiva
TA u. Masch. 60.000,00	Eigenkapital 70.000,00	
Rohstoffe 35.000,00	Darlehensschulden 20.000,00	
Kasse 5.000,00	Verbindlichkeiten a. LL 10.000,00	
100.000,00	100.000,00	

Aktiv-konten

S	TA und Maschinen	H
AB 60.000,00		

S	Rohstoffe	H
AB 35.000,00		

S	Kasse	H
AB 5.000,00		

Passiv-konten

S	Eigenkapital	H
	AB 70.000,00	

S	Darlehensschulden	H
	AB 20.000,00	

S	Verbindlichkeiten a. LL	H
	AB 10.000,00	

Links stehen die **Aktivkonten.** Bei ihnen stehen die **Anfangsbestände** auf der **Sollseite des Kontos,** weil sie sich auf der linken Seite der Bilanz befinden.

Rechts stehen die **Passivkonten.** Bei ihnen stehen die **Anfangsbestände** auf der **Habenseite des Kontos,** weil sie sich auf der rechten Seite der Bilanz befinden.

Soll	Aktivkonto	Haben
AB	− Abgänge	
+ Zugänge	SB	

Soll	Passivkonto	Haben
− Abgänge	AB	
SB	+ Zugänge	

Merke:
- Die Zugänge stehen auf der Seite der Anfangsbestände (AB), weil sie diese Bestände erhöhen.
- Die Abgänge stehen jeweils auf der entgegengesetzten Seite.
- Saldiert man nun die Abgänge mit den Beträgen der Gegenseite, erhält man als Saldo den Schlussbestand (SB), sodass jedes Konto am Ende auf beiden Seiten (Soll und Haben) mit gleicher Summe abschließt.
- Aktiv- und Passivkonten sind Bestandskonten.

662120

Kontoabschluss. Nach Eintragung des Anfangsbestandes und Buchung der Geschäftsfälle wird das Konto folgendermaßen abgeschlossen:

❶ **Addition** der wertmäßig stärkeren Seite (hier: Soll 2.520,00 €).

❷ **Übertragung** dieser Summe auf die wertmäßig **schwächere** Seite (hier: Haben).

❸ **Ermittlung des Saldos** als Unterschiedsbetrag zwischen Soll und Haben, also des Schlussbestandes durch Nebenrechnung (hier: 1.213,00 €), und **Eintragung des Saldos** auf der **schwächeren** Seite, damit das Konto im Soll und Haben summenmäßig gleich ist.

Soll (Einnahmen)			Kassenkonto			Haben (Ausgaben)	
Datum	**Text**	**€**		**Datum**	**Text**		**€**
1. Jan.	**Anfangsbestand**	**1.550,00**		5. Jan.	Zahlung an		
5. Jan.	Bankabhebung	300,00			H. Steinbring		850,00
16. Jan.	Zahlung von			21. Jan.	Postwertzeichen		120,00
	H. Krüger	260,00		26. Jan.	Bürobedarf		165,00
20. Jan.	Zahlung von			28. Jan.	Zeitungsinserat		172,00
	Harlinghausen	220,00		31. Jan.	**Schlussbestand ❸**		**1.213,00**
29. Jan.	Barverkauf	190,00			(Saldo)		
	❶	2.520,00			❷		2.520,00
1. Febr.	Saldovortrag	1.213,00					

Aufgaben

21

Führen Sie ein Kassenkonto vom 25. bis 31. Januar.

25. Jan.	Anfangsbestand	2.855,00
25. Jan.	Barzahlung eines Kunden	220,00
26. Jan.	Barzahlung an einen Lieferer	380,00
26. Jan.	Zahlung für eine Zeitungsanzeige	120,00
27. Jan.	Bezahlung der Rechnung für Büromaterial	180,00
27. Jan.	Privatentnahme des Inhabers	400,00
28. Jan.	Abhebung von der Bank	2.800,00
28. Jan.	Gehaltsabschlagszahlungen	1.620,00
29. Jan.	Zahlung für Postwertzeichen	144,00
29. Jan.	Zahlung für Bahn- und Hausfracht	65,00
30. Jan.	Zahlung an Fensterputzer	280,00
31. Jan.	Mieteinnahme	1.500,00
31. Jan.	Zahlung für Lohnabschläge	2.900,00

Das Kassenkonto ist abzuschließen. Wie hoch ist der Schlussbestand (Saldo)?

22

Führen Sie das Konto „Verbindlichkeiten a. LL" vom 1. bis 6. Februar.

1. Febr.	Anfangsbestand (Saldovortrag)	16.200,00
2. Febr.	Eingangsrechnung: Zielkauf von Rohstoffen	11.100,00
3. Febr.	Wir begleichen eine Rechnung unseres Lieferers. Banküberweisung	2.250,00
4. Febr.	Eingangsrechnung: Zielkauf von Rohstoffen	3.450,00
5. Febr.	Wir begleichen eine Liefererrechnung durch Banküberweisung von	980,00
6. Febr.	Wir begleichen eine gebuchte Liefererrechnung mit Bankscheck	2.300,00

Das Konto ist abzuschließen. Wie hoch ist der Schlussbestand (Saldo) am 6. Februar?

23

1. Nennen Sie jeweils einen Geschäftsfall für eine der vier möglichen Wertveränderungen in der Bilanz und erläutern Sie die Auswirkung auf die Bilanzsumme.
2. Auf welcher Seite des Kontos „Forderungen a. LL" werden Zugänge (Mehrungen, und auf welcher Abgänge (Minderungen) gebucht?
3. Auf welcher Seite bucht man bei Hypothekenschulden jeweils die Zugänge und Abgänge?

3.3 Buchung von Geschäftsfällen und Abschluss der Bestandskonten

Eröffnung der Aktiv- und Passivkonten. Die zum Abschluss eines Geschäftsjahres aufgrund des Inventars erstellte Bilanz heißt **Schlussbilanz.** Sie ist zugleich die **Eröffnungsbilanz** des folgenden Geschäftsjahres und somit Grundlage für die Eröffnung der Aktiv- und Passivkonten. Für jede Bilanzposition wird das entsprechende Bestandskonto eingerichtet und der **Anfangsbestand** vorgetragen, und zwar bei Aktivkonten im Soll und bei Passivkonten im Haben.

Die folgenden fünf Geschäftsfälle werden auf den entsprechenden Bestandskonten gebucht, wobei jeder Sollbuchung eine betragsmäßig **gleich hohe** Habenbuchung auf einem anderen Konto gegenübersteht. Dabei ist jeweils das Gegenkonto anzugeben. Diesen **laufenden** Buchungen müssen entsprechende **Belege** (z. B. Rechnungen) zugrunde liegen.

Vor jeder Buchung sind folgende Überlegungen anzustellen:
1. Welche Konten werden durch den Geschäftsfall berührt?
2. Sind es Aktiv- oder Passivkonten?
3. Liegt ein Zugang (+) oder Abgang (–) auf dem jeweiligen Konto vor?
4. Sind etwa auf beiden Konten Zugänge oder Abgänge zu buchen?
5. Auf welcher Kontenseite ist demnach jeweils zu buchen?

① Kauf einer EDV-Anlage gegen Banküberweisung: **Buchung**
20.000,00 € Rechnungsbetrag.

Die Geschäftsausstattung erhöht sich:	Aktivkonto:	Soll
Das Bankguthaben vermindert sich:	Aktivkonto:	Haben

② Zieleinkauf von Rohstoffen für 15.000,00 € lt. ER.

Der Rohstoffbestand nimmt zu:	Aktivkonto:	Soll
Die Verbindlichkeiten a. LL nehmen auch zu:	Passivkonto:	Haben

③ Ein Kunde begleicht eine bereits gebuchte Rechnung durch Banküberweisung über 14.000,00 €.

Das Bankguthaben nimmt zu:	Aktivkonto:	Soll
Der Bestand an Forderungen a. LL nimmt ab:	Aktivkonto:	Haben

④ Wir begleichen eine bereits gebuchte Liefererrechnung durch Banküberweisung: 3.000,00 €.

Die Verbindlichkeiten a. LL nehmen ab:	Passivkonto:	Soll
Das Bankguthaben nimmt ab:	Aktivkonto:	Haben

⑤ Eine Liefererverbindlichkeit über 18.000,00 € wird vereinbarungsgemäß in eine Darlehensschuld umgewandelt.

Die Verbindlichkeiten a. LL nehmen ab:	Passivkonto:	Soll
Die Darlehensschulden erhöhen sich:	Passivkonto:	Haben

Erklären Sie anhand der o. g. fünf Geschäftsfälle, welche Art der Wertveränderung in der Bilanz vorliegt. Nennen Sie auch jeweils die Auswirkung auf die Bilanzsumme.

Merke:	• Jeder Geschäftsfall wird doppelt gebucht, und zwar zuerst im Soll und danach im Haben.
	• Bei der Buchung in den Konten wird jeweils das Gegenkonto angegeben.

Gesuchte Rechnung = Forderg

Abschluss der Bestandskonten. Sind alle Geschäftsfälle bis zum Jahresende gebucht, wird für jedes Aktiv- und Passivkonto der Schlussbestand nach folgendem Vorgehen ermittelt: Zunächst ist aus dem Inventar **die Schlussbilanz** aufzustellen. Die Vermögens- und Schuldenwerte der Bilanz werden als Schlussbestände (= Istbestände) in die Bestandskonten übernommen, und zwar stehen die Schlussbestände der Aktivkonten auf der Habenseite, die Schlussbestände der Passivkonten auf der Sollseite. Stimmen die Schlussbestände (= Istbestände) mit dem Saldo der gebuchten Werte überein, ist das Konto ausgeglichen. Gibt es **Abweichungen** zwischen den Ist- und Buchbeständen, sind die gebuchten Werte zu korrigieren. Wird z. B. im Konto „Rohstoffe" durch die Inventur ein Schwund im Wert von 1.000,00 € festgestellt, so ist der rechnerische Buchbestand nicht maßgeblich und muss korrigiert werden (= ❻ **Inventurdifferenz**).

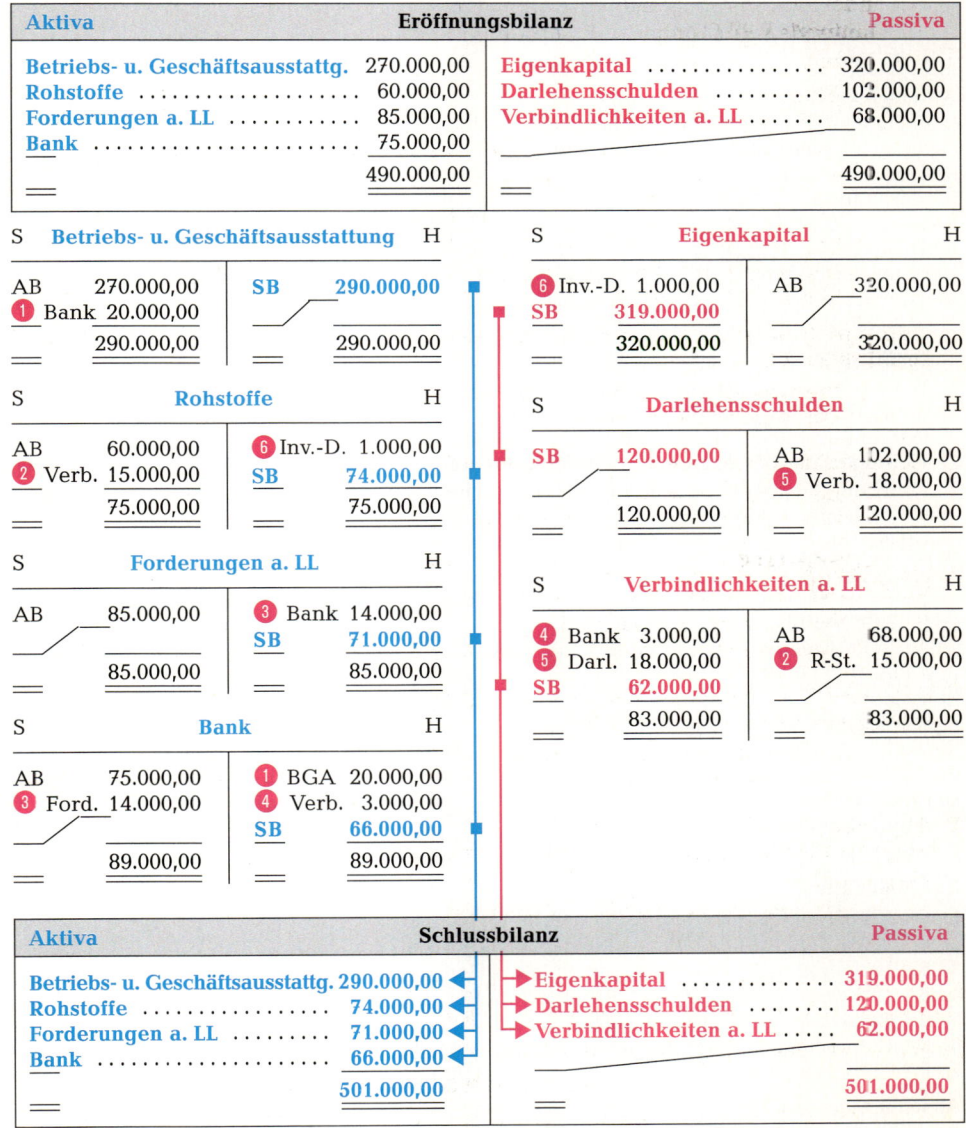

Von der Eröffnungsbilanz über die Bestandskonten zur Schlussbilanz

Reihenfolge der Buchungsarbeiten:

1. Eröffnungsbilanz aufstellen
2. Anfangsbestände auf Aktiv- und Passivkonten vortragen
3. Geschäftsfälle auf den entsprechenden Bestandskonten buchen
4. Schlussbestände (Salden) auf den Aktiv- und Passivkonten ermitteln und mit den Inventurwerten abstimmen
5. Konten abschließen
6. Schlussbilanz aufstellen

ER = Eingangsrechnung	**BA** = Bankauszug	**KB** = Kassenbeleg
AR = Ausgangsrechnung	**PA** = Postbankauszug	(z. B. Quittung)

Aufgaben

24 **Anfangsbestände**

Grundstücke und Bauten	310.000,00
Technische Anlagen und Maschinen	170.000,00
Rohstoffe	30.000,00
Forderungen a.LL	35.000,00
Kasse	5.000,00
Bank	55.000,00
Darlehensschulden	20.000,00
Verbindlichkeiten a.LL	46.000,00
Eigenkapital	?

Geschäftsfälle

1. Wir begleichen die bereits gebuchte Eingangsrechnung ER 402 durch Banküberweisung — 11.300,00
2. Wir kaufen Rohstoffe auf Ziel lt. Eingangsrechnung ER 414 — 7.200,00
3. Wir tilgen die Darlehensschuld durch Überweisung lt. Bankauszug (BA) — 5.000,00
4. Ein Kunde überweist den bereits gebuchten Rechnungsbetrag auf unser Bankkonto — 5.200,00
5. Unsere Bareinzahlung auf Bankkonto lt. Bankauszug — 2.200,00

Abschlussangabe: Die Schlussbestände auf den Konten stimmen mit der Inventur überein.

25 **Anfangsbestände**

Technische Anlagen und Maschinen	235.000,00
Betriebs- und Geschäftsausstattung	75.000,00
Rohstoffe	22.000,00
Forderungen a.LL	19.000,00
Kasse	4.500,00
Bank	36.000,00
Darlehensschulden	24.000,00
Verbindlichkeiten a.LL	20.000,00
Eigenkapital	?

Geschäftsfälle

1. ER 422: Eingangsrechnung für Rohstoffe — 2.300,00
2. BA 120: Kauf einer EDV-Anlage gegen Bankscheck — 8.500,00
3. BA 121: Tilgung einer Darlehensschuld mit Bankscheck — 5.000,00
4. BA 122: Überweisung unseres Kunden zum Rechnungsausgleich — 3.400,00
5. ER 423: Kauf einer Fertigungsmaschine auf Ziel (Kredit) — 12.000,00
6. BA 123: Ausgleich einer Liefererrechnung durch Banküberweisung — 4.300,00
7. BA 124: Verkauf einer nicht mehr benötigten Maschine gegen Bankscheck — 2.400,00

Abschlussangabe: Die Schlussbestände auf den Konten entsprechen den Inventurwerten.

26

1. Warum müssen die Schlussbestände auf den Aktiv- und Passivkonten mit den Inventurwerten abgestimmt werden?
2. Begründen Sie, dass Aktiv- und Passivkonten als Bestandskonten gelten.
3. Was versteht man unter einem Saldo? Wie ermittelt man ihn in Bestandskonten?
4. Vervollständigen Sie jeweils das aktive bzw. passive Bestandskonto:

a) Soll	?	Haben		b) Soll	?	Haben
?		Abgänge		?		?
?		?		?		Zugänge

27

Nennen Sie jeweils den Geschäftsfall zu den Buchungen im folgenden Konto:

Soll	Bank		Haben
Anfangsbestand 150.000,00	2. Darlehensschulden		12.600,00
1. Forderungen a. LL 23.000,00	3. Kasse		5.400,00
4. BGA 4.600,00	5. Verbindlichkeiten a. LL		6.700,00
6. Hypothekenschulden 120.000,00	Schlussbestand		272.900,00
297.600,00			297.600,00

28

Nennen Sie jeweils den Geschäftsfall zu den Buchungen im folgenden Konto:

Soll	Verbindlichkeiten a. LL		Haben
3. Darlehensschulden 60.000,00	AB		207.000,00
4. Postbank 10.350,00	1. Hilfsstoffe		5.700,00
SB 156.150,00	2. BGA		13.800,00
226.500,00			226.500,00

29

Erläutern Sie den Zusammenhang zwischen den Buchungen 1. und 2. im folgenden Konto:

Soll	Verbindlichkeiten a. LL		Haben
2. BGA 23.000,00	AB		138.000,00
	1. BGA		23.000,00

30

Anfangsbestände

TA und Maschinen	262.000,00	Postbankguthaben	400,00
BGA	81.000,00	Bankguthaben	39.000,00
Rohstoffe	22.000,00	Darlehensschulden	27.000,00
Forderungen a.LL	26.000,00	Verbindlichkeiten a.LL	40.000,00
Kasse	4.500,00	Eigenkapital	?

Geschäftsfälle

1. BA 141: Ausgleich der Liefererrechnung ER 418 durch Banküberweisung 3.200,00
2. ER 432: Eingangsrechnung für Rohstoffe 9.500,00
3. PA 40: Kunde überweist Rechnungsbetrag auf unser Postbankkonto 1.750,00
4. PA 41: Überweisung vom Postbankkonto auf Bankkonto 1.900,00
5. BA 142: Rechnungsausgleich des Kunden auf unser Bankkonto 2.150,00
6. BA 143: Tilgung einer Darlehensschuld mit Bankscheck 4.000,00
7. KB 82: Verkauf eines nicht mehr benötigten Faxgerätes bar 250,00
8. BA 144: Unsere Bareinzahlung auf Bankkonto 2.400,00

Abschlussangabe
Die Buchbestände der Aktiv- und Passivkonten stimmen mit den Inventurwerten überein.

3.4   Buchungssatz

3.4.1   Einfacher Buchungssatz

Eine Buchführung gilt als **ordnungsgemäß,** wenn sich **„die Geschäftsfälle in ihrer Entstehung und Abwicklung verfolgen lassen"** (§ 238 Abs. 1 HGB). Deshalb muss jeder Buchung zunächst ein **Beleg** als Nachweis für die Richtigkeit zugrunde liegen. Darüber hinaus sind alle Buchungen nicht nur sachlich, sondern auch zeitlich (chronologisch) zu ordnen.

Die sachliche Ordnung der Buchungen erfolgt durch Erfassung der Geschäftsfälle auf **Sachkonten.** So werden beispielsweise alle Bargeschäfte auf dem Sachkonto „Kasse" und alle Rohstoffeinkäufe auf dem Sachkonto „Rohstoffe" erfasst. Die Sachkonten bilden das wichtigste „Buch" der Buchführung: das **„Hauptbuch".**

Die zeitliche Ordnung der Buchungen erfolgt im **„Grundbuch",** das auch **„Tagebuch"** oder **„Journal"** (frz. jour = Tag) genannt wird. Hier werden die Geschäftsfälle in chronologischer Reihenfolge in Form von

Buchungsanweisungen bzw. **Buchungssätzen**

erfasst, die kurz das jeweilige Konto mit der Soll- und Habenbuchung nennen. Das **Grundbuch** bildet damit die **Grundlage** für die Buchungen auf den entsprechenden **Sachkonten des Hauptbuches.**

Beispiel: Rohstoffeinkauf aufgrund der folgenden Eingangsrechnung:

Der **Buchungssatz** gibt die Sachkonten an, auf denen im Soll bzw. Haben zu buchen ist. Er nennt **zuerst** das Konto, in dem im **Soll** gebucht wird, und **danach** das Konto mit der **Haben**buchung. Beide Konten werden durch das Wort **„an"** verbunden. Außer dem **Buchungssatz** werden noch **Buchungsdatum, Kurzbezeichnung und Nummer des jeweiligen Belegs** in das Grundbuch eingetragen.

---

1 Die Umsatzsteuer wird in den Belegen aus methodischen Gründen erst nach Behandlung des Abschnitts 7.3 (siehe S. 56 f.) ausgewiesen.

Grundbuch				
Datum	**Beleg**	**Buchungssatz**	**Soll**	**Haben**
..-12-17	ER 407	**Rohstoffe**	37.500,00	
		an **Verbindlichkeiten a. LL**		37.500,00

Im Hauptbuch erfolgt nun die Eintragung der Buchung auf den **Sachkonten:**

Soll	Rohstoffe	Haben	Soll	Verbindlichkeiten a. LL	Haben
Verb. a. LL	37.500,00			Rohstoffe	37.500,00

Vorkontierung der Belege. Bevor die Buchungen im Grund- und Hauptbuch erfolgen, werden die Belege mithilfe eines **Buchungsstempels** vorkontiert, der jeweils die Konten und den Betrag im Soll und Haben nennt. Datum, Journalseite und Namenszeichen des Buchhalters bestätigen die Durchführung der Buchung im Grund- und Hauptbuch.

Merke:	• **Keine Buchung ohne Beleg!**
	• **Der Buchungssatz nennt die Buchung auf den Konten in der Reihenfolge** **Sollkonto** an **Habenkonto.**
	• **Zur Bildung des Buchungssatzes beantwortet man fünf Fragen (siehe S. 22).**
	• **Das Grundbuch erfasst die Buchungen in zeitlicher Reihenfolge. Das Hauptbuch übernimmt die sachliche Ordnung der Buchungen auf den Sachkonten.**

Aufgaben

In der Finanzbuchhaltung der Büromöbelwerke Werner Peters e. Kfm. sind am 12. Dezember .. **31** folgende Geschäftsfälle im Grundbuch zu erfassen. *Tragen Sie Buchungsdatum, Beleg und Buchungssatz ein:*

1. Barverkauf eines gebrauchten Personalcomputers lt. KB 412 450,00
2. Barabhebung vom Bankkonto lt. BA 210 .... 5.800,00
3. Zielkauf von Rohstoffen lt. ER 469 .... 14.600,00
4. Umwandlung einer Liefererschuld in eine Darlehensschuld lt. Brief 46 ..... 13.500,00
5. Kunde überweist lt. BA 211 fälligen Rechnungsbetrag auf unser Bankkonto . 400,00
6. Barkauf von Hilfsstoffen lt. KB 413 800,00
7. Eingangsrechnung (ER 470) für Betriebsstoffe 3.600,00
8. Kauf einer Maschine für den Produktionsbetrieb auf Ziel lt. ER 471 .... 34.700,00
9. Unsere Postbanküberweisung auf Bankkonto lt. PA 110 .... 1.900,00
10. Wir begleichen eine fällige Rechnung lt. BA 212 durch Banküberweisung .. 1.800,00
11. Bareinzahlung auf Bankkonto lt. BA 213 .... 2.800,00
12. Kunde begleicht lt. BA 214 eine fällige Rechnung (AR 447)
    durch Überweisung 2.400,00
13. Kauf eines Kopiergerätes lt. BA 215 gegen Bankscheck 2.850,00
14. Lt. BA 216 Überweisung an Lieferer zum Ausgleich von ER 468 600,00
15. Aufnahme einer Hypothek bei der Sparkasse lt. BA 217 .... 14.000,00
16. Kauf eines Baugrundstücks gegen Bankscheck lt. BA 218 .... 136.000,00
17. Lt. KB 414 Barverkauf eines gebrauchten Geschäfts-PKWs 4.100,00
18. Lt. BA 219 Tilgung einer Darlehensschuld durch Banküberweisung 12.000,00
19. Kunde sandte uns lt. BA 220 einen Bankscheck zum Ausgleich von AR 451 . 12.600,00

32 Welche Geschäftsfälle liegen folgenden Buchungssätzen zugrunde?

1. Fuhrpark an Bank 30.000,00
2. Verbindlichkeiten a. LL an Bank 5.000,00
3. Bank an Kasse 8.500,00
4. Rohstoffe an Verbindlichkeiten a. LL 11.400,00
5. Kasse an Bank 2.500,00
6. Postbank an Forderungen a. LL 3.800,00
7. Kasse an Betriebs- und Geschäftsausstattung 1.200,00
8. Bank an Darlehensschulden 40.000,00
9. Betriebs- und Geschäftsausstattung an Bank 2.300,00
10. Bank an Postbank 5.400,00
11. Bank an Forderungen a. LL 6.700,00
12. Darlehensschulden an Bank 3.800,00

33 Nennen Sie jeweils den Geschäftsfall und den Buchungssatz zu den Buchungen im folgenden Bankkonto:

Soll		Bank	Haben
AB	24.000,00	2. Kasse	6.000,00
1. Forderungen a. LL	4.500,00	3. Verbindlichkeiten a. LL	5.300,00
4. Darlehensschulden	50.000,00	5. Hypothekenschulden	6.700,00
6. BGA	1.500,00	SB	62.000,00
	80.000,00		80.000,00

34 Kontieren Sie für die Küchentechnik-Werke Karl Wirtz e. K. den folgenden Beleg.

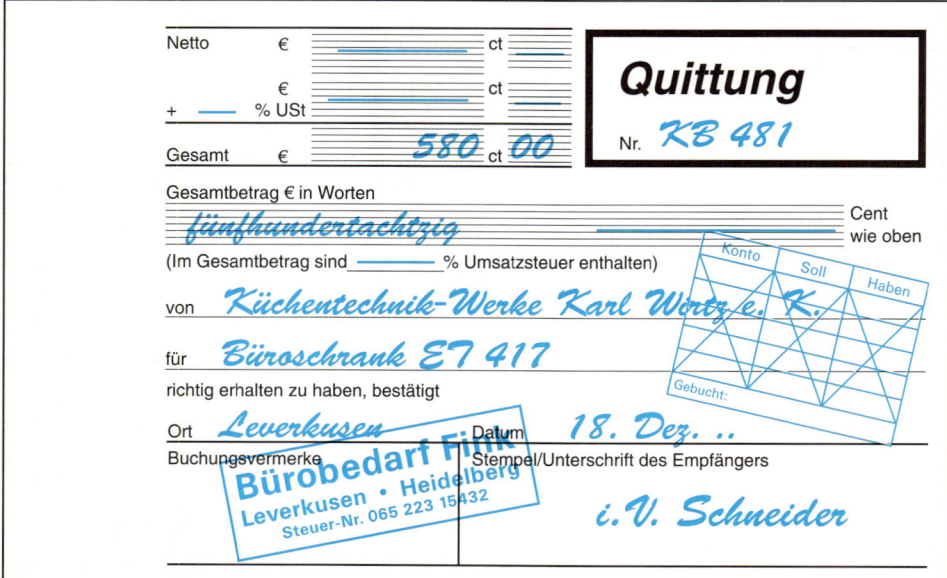

Kontieren Sie die folgenden Belege für die Küchentechnik-Werke Karl Wirtz e. K.

Udo Steffens e. Kfm. ELEKTROZUBEHÖRHANDEL

Udo Steffens e. Kfm., Postfach 12 80, 46483 Wesel

Küchentechnik-Werke
Karl Wirtz e. K.
Röntgenstr. 44
51373 Leverkusen

ER 498

Eingang: ..-12-15

Ihre Bestellung vom	Unser Auftrag Nr.	Zeit der Leistung	Datum
..-12-02	K 4 089 IV	..-12-12	..-12-13

Rechnung Nr. 2 312 K

Artikel-Nr.	Gegenstand	Menge Stück	Stückpreis €	Gesamtpreis €
TS 12	Thermostat	30	8,00	240,00
W 24	Elektromotor	150	82,00	12.300,00
				12.540,00[1]

Konto Soll Haben

Gebucht:

Telefon 0281 4869	E-Mail	service@elektrosteffens-wvd.de	Deutsche Bank, Wesel	Postbank Köln
Fax 0281 4875	Internet	www.elektrosteffens-wvd.de	Konto-Nr. 486 222	Konto-Nr. 124 45-501
USt-IdNr.: DE 456 377 212	Steuer-Nr. 065 387 62449		BLZ 145 678 55	BLZ 370 100 50

Durchschrift

Stadtsparkasse Leverkusen

Begünstigter
Elektrozubehörhandel Udo Steffens e. Kfm., 46483 Wesel

Konto-Nr. des Begünstigten — 486 222 — Bankleitzahl — 145 678 55

bei (Kreditinstitut)
Deutsche Bank, Wesel

Betrag: Euro, Cent — **EUR** 12.540,00--------------

Kunden-Referenznummer – noch Verwendungszweck, ggf. Name und Anschrift des Auftraggebers – (nur für Empfänger)
Rechnung Nr. 2 312 K vom 13. Dez. ..

Konto Soll Haben

Kontoinhaber
Küchentechnik-Werke Karl Wirtz e. K., 51373 Leverkusen

Konto-Nr. des Kontoinhabers
218 435 717

Gebucht

..-12-22 *Karl Wirtz*

Datum, Unterschrift

---

1 Aus methodischen Gründen bleibt die Umsatzsteuer noch unberücksichtigt.

3.4.2   Zusammengesetzter Buchungssatz

Bisher wurden durch die Geschäftsfälle **nur zwei Konten angerufen.** Es handelte sich um **einfache** Buchungssätze.

Zusammengesetzte Buchungssätze entstehen, wenn durch einen Geschäftsfall **mehr als zwei Konten** berührt werden. Dabei muss die Summe der Sollbuchungen stets mit der Summe der Habenbuchungen übereinstimmen.

Beispiel 1: Wir begleichen die Rechnung unseres Lieferers (ER 66) über 3.000,00 € durch Banküberweisung 2.600,00 € (BA 44) und Postbanküberweisung 400,00 € (PA 28).

Buchung: Soll: Haben:
              Verbindlichkeiten a. LL   Bank, Postbank

Grundbuch				
Datum	Beleg	Buchungssatz	Soll	Haben
..-06-20	ER 66	**Verbindlichkeiten a. LL**	3.000,00	
	BA 44	an **Bank**		2.600,00
	PA 28	an **Postbank**		400,00

Buchung auf den Konten des Hauptbuches:

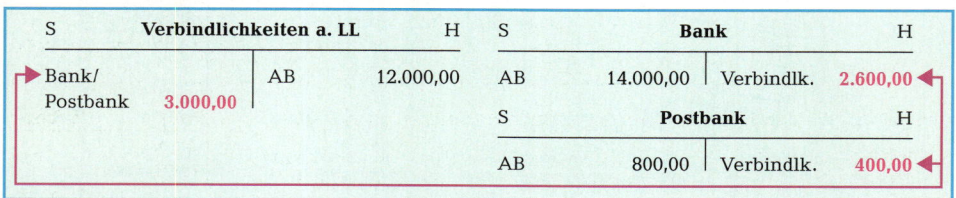

Beispiel 2: Ein Kunde begleicht eine Rechnung (AR 1401) über 1.000,00 €, und zwar mit Bankscheck (BA 45) über 700,00 € und bar 300,00 € (KB 86).

Buchung: Soll: Haben:
              Bank, Kasse   Forderungen a. LL

Grundbuch				
Datum	Beleg	Buchungssatz	Soll	Haben
..-06-24	BA 45	**Bank**	700,00	
	KB 86	**Kasse**	300,00	
	AR 1401	an **Forderungen a. LL**		1.000,00

Übertragen Sie die Buchung auf die Konten des Hauptbuches.

Merke: **Bei einfachen und zusammengesetzten Buchungssätzen gilt stets:**
               Summe der Sollbuchung(en) <==> Summe der Habenbuchung(en)

Aufgaben

36

Wie lauten die Buchungssätze für folgende Geschäftsfälle? Tragen Sie die Buchungssätze in das Grundbuch ein.

1. Kauf von Rohstoffen	bar	500,00	
	auf Ziel	11.500,00	12.000,00
2. Kauf eines Baugrundstückes	gegen Bankscheck 168.000,00		
	bar	2.000,00	170.000,00
3. Verkauf eines gebrauchten LKWs	gegen bar	2.000,00	
	gegen Bankscheck	14.000,00	16.000,00
4. Kunde begleicht Rechnung	durch Banküberweisung	12.000,00	
	bar	500,00	12.500,00
5. Kauf von Büromöbeln	bar	1.500,00	
	gegen Bankscheck	4.000,00	5.500,00
6. Tilgung einer Hypothek	durch Banküberweisung	17.000,00	
	durch Postbanküberweisung .	2.000,00	
	bar	1.000,00	20.000,00
7. Wir begleichen Rechnungen unseres Lieferers			
	durch Banküberweisung	8.000,00	
	durch Postbanküberweisung .	1.000,00	
	bar	500,00	9.500,00
8. Tilgung einer Darlehensschuld	durch Banküberweisung	15.000,00	
	durch Postbanküberweisung .	1.000,00	16.000,00
9. Kauf einer EDV-Anlage	gegen Postbanküberweisung .	3.000,00	
	gegen Banküberweisung	17.000,00	
	bar	1.000,00	21.000,00

37

Welche Geschäftsfälle liegen folgenden Buchungssätzen zugrunde?	Soll	Haben
1. Kasse	1.000,00	
Bank	12.000,00	
an Fuhrpark		13.000,00
2. Hilfsstoffe	8.000,00	
an Kasse		1.000,00
an Bank		7.000,00
3. BGA	4.000,00	
an Bank		3.000,00
an Postbank		1.000,00
4. Darlehensschulden	7.000,00	
an Kasse		1.000,00
an Bank		6.000,00
5. Bank	7.000,00	
Postbank	1.000,00	
Kasse	1.000,00	
an Forderungen a. LL		9.000,00
6. Technische Anlagen und Maschinen	14.000,00	
an Kasse		2.000,00
an Bank		12.000,00
7. Verbindlichkeiten a. LL	22.000,00	
an Bank		19.000,00
an Postbank		2.000,00
an Kasse		1.000,00

3.5 Eröffnungsbilanzkonto (EBK) und Schlussbilanzkonto (SBK)

In der **doppelten** Buchführung steht einer Sollbuchung stets eine Habenbuchung in gleicher Höhe gegenüber. Dieses **Prinzip der Doppik** muss natürlich auch **für die Buchung der Anfangsbestände** der Aktiv- und Passivkonten gelten. Dazu bedarf es eines **Hilfskontos** im Hauptbuch, das die **Gegenbuchungen** für die Eröffnung der aktiven und passiven Bestandskonten aufnimmt: das

Eröffnungsbilanzkonto (EBK).

Die Eröffnungsbuchungssätze für die aktiven und passiven Bestandskonten lauten:

- **Aktivkonten** an **Eröffnungsbilanzkonto (EBK)**
- **Eröffnungsbilanzkonto (EBK)** an **Passivkonten**

Das **Eröffnungsbilanzkonto** weist somit die Aktivposten im Haben und die Passivposten im Soll aus und ist deshalb das genaue **Spiegelbild der Eröffnungsbilanz:**

Aktiva	Eröffnungsbilanz	Passiva
AB der Aktivposten		AB der Passivposten

Soll	Eröffnungsbilanzkonto (EBK)	Haben
AB der Passivposten		AB der Aktivposten

Soll	Aktivkonto	Haben		Soll	Passivkonto	Haben
Anfangsbestand						Anfangsbestand

Zum Jahresschluss werden die Aktiv- und Passivkonten abgeschlossen über das

Schlussbilanzkonto (SBK).

Die Abschlussbuchungssätze lauten:

- **Schlussbilanzkonto (SBK)** an **Aktivkonten**
- **Passivkonten** an **Schlussbilanzkonto (SBK)**

Soll	Schlussbilanzkonto (SBK)	Haben
SB der Aktivposten		SB der Passivposten

Das Schlussbilanzkonto muss selbstverständlich **vorab mit den Inventurwerten** bzw. mit der aus dem Inventar erstellten Schlussbilanz abgestimmt werden.

Merke:	• **In der Schluss- und Eröffnungsbilanz heißen die Seiten „Aktiva" und „Passiva", im Eröffnungsbilanzkonto und Schlussbilanzkonto dagegen „Soll" und „Haben".**
	• **Das Eröffnungsbilanzkonto ist das Hilfskonto zur Eröffnung der Aktiv- und Passivkonten.**
	• **Das Schlussbilanzkonto dient dem buchhalterischen Abschluss dieser Bestandskonten.**
	• **Vor dem Abschluss der Konten bedarf es der Inventur.**

662132

Inventur zum 31. Dezember 01

⬇

Inventar zum 31. Dezember 01

⬇

Schlussbilanz zum 31. Dezember 01 ist zugleich die

⬇

Aktiva	Eröffnungsbilanz zum 1. Januar 02		Passiva	
Rohstoffe 28.000,00	Eigenkapital 50.000,00	Inventar-
Bank 47.000,00	Verbindlichk. a. LL ... 25.000,00	und
75.000,00	75.000,00	Bilanz-
		buch
Ort, Datum	*Unterschrift*	

Hauptbuch

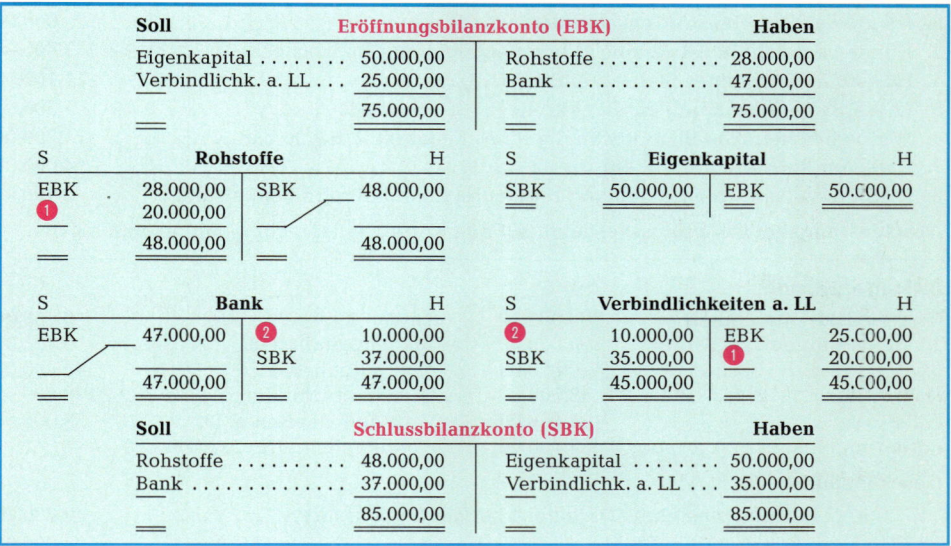

Soll	Eröffnungsbilanzkonto (EBK)		Haben
Eigenkapital 50.000,00	Rohstoffe 28.000,00
Verbindlichk. a. LL ... 25.000,00	Bank 47.000,00
75.000,00	75.000,00

S	Rohstoffe		H	S	Eigenkapital		H
EBK ❶	28.000,00	SBK	48.000,00	SBK	50.000,00	EBK	50.000,00
	20.000,00						
	48.000,00		48.000,00				

S	Bank		H	S	Verbindlichkeiten a. LL		H
EBK	47.000,00	❷	10.000,00	❷	10.000,00	EBK	25.000,00
		SBK	37.000,00	SBK	35.000,00	❶	20.000,00
	47.000,00		47.000,00		45.000,00		45.000,00

Soll	Schlussbilanzkonto (SBK)		Haben
Rohstoffe 48.000,00	Eigenkapital 50.000,00
Bank 37.000,00	Verbindlichk. a. LL ... 35.000,00
85.000,00	85.000,00

Inventur zum 31. Dezember 02

⬇

Inventar zum 31. Dezember 02

⬇

Aktiva	Schlussbilanz zum 31. Dezember 02		Passiva	
Rohstoffe 48.000,00	Eigenkapital 50.000,00	Inventar-
Bank 37.000,00	Verbindlichk. a. LL ... 35.000,00	und
85.000,00	85.000,00	Bilanz-
		buch
Ort, Datum	*Unterschrift*	

1. *Nennen Sie die Buchungssätze zur Eröffnung der obigen Aktiv- und Passivkonten.*
2. *Nennen Sie die Geschäftsfälle und Buchungssätze zu den Kontenbuchungen* ❶ *und* ❷.
3. *Wie lauten die Abschlussbuchungen der obigen Aktiv- und Passivkonten?*

Merke: **Die Schlussbilanz eines Geschäftsjahres ist zugleich die Eröffnungsbilanz des Folgejahres. Beide müssen inhaltlich gleich sein: Grundsatz der Bilanzidentität.**

Aufgaben

> 1. *Erstellen Sie zunächst die Eröffnungsbilanz (= Schlussbilanz des Vorjahres).*
> 2. *Eröffnen Sie danach die Bestandskonten mithilfe des Eröffnungsbilanzkontos (EBK).*
> 3. *Buchen Sie die Geschäftsfälle auf den jeweiligen Bestandskonten.*
> 4. *Schließen Sie die Bestandskonten über das Schlussbilanzkonto (SBK) ab.*
> 5. *Erstellen Sie für das Bilanzbuch eine ordnungsgemäß gegliederte Schlussbilanz.*

38

Anfangsbestände

TA u. Maschinen	270.000,00	Kasse	6.000,00
BGA	140.000,00	Bankguthaben	32.000,00
Rohstoffe	60.000,00	Verbindlichkeiten a. LL	48.000,00
Forderungen a. LL	35.000,00	Eigenkapital	495.000,00

Geschäftsfälle

1. ER 408: Kauf von Rohstoffen auf Ziel 12.200,00
2. KB 25: Barkauf eines Aktenschrankes 600,00
3. Kunde begleicht lt. BA 82 eine fällige Rechnung mit Bankscheck 1.800,00
4. ER 409: Zielkauf eines Stanzautomaten 11.100,00
5. Lt. BA 83 Bareinzahlung auf Bankkonto 1.300,00
6. Wir begleichen die fällige Rechnung eines Lieferers lt. KB 26 bar 1.700,00
7. Kauf von Rohstoffen lt. ER 410 .... 4.000,00
8. Lt. BA 84 Ausgleich einer fälligen Kundenrechnung durch Überweisung 2.400,00

Abschlussangabe: Die Schlussbestände auf den Konten entsprechen den Inventurwerten.

39

Anfangsbestände

Grundstücke und Bauten	380.000,00	Kasse	6.000,00
TA u. Maschinen	290.000,00	Postbankguthaben	3.400,00
BGA	130.000,00	Bankguthaben	49.000,00
Rohstoffe	48.000,00	Darlehensschulden	178.000,00
Hilfsstoffe	14.000,00	Verbindlichkeiten a. LL	55.000,00
Forderungen a. LL	34.000,00	Eigenkapital	?

Geschäftsfälle

1. Lt. BA 112 Aufnahme eines Darlehens bei der Bank 42.600,00
2. Kauf von Rohstoffen lt. ER 510 .... 4.000,00
3. Lt. AR 156 Zielverkauf einer gebrauchten Maschine zum Buchwert 12.100,00
4. Zielkauf von Rohstoffen lt. ER 511 .... 2.950,00
5. Lt. BA 113 Überweisung an Lieferer zum Ausgleich von ER 499 .... 8.150,00
6. Lt. KB 93 Barkauf eines Aktenvernichters 300,00
7. Lt. BA 114 Bareinzahlung auf Bankkonto 1.200,00
8. Zieleinkauf von Hilfsstoffen lt. ER 512 .... 1.200,00
9. Lt. PA 86 Überweisung vom Postbankkonto auf Bankkonto 1.400,00
10. Lt. BA 115 Darlehenstilgung durch Bankscheck 14.000,00
11. Kunde begleicht lt. BA 116 fällige Rechnung durch Überweisung 4.400,00

Abschlussangabe: Die Schlussbestände auf den Konten entsprechen den Inventurwerten.

40

1. *Begründen Sie, weshalb Aktiv- und Passivkonten Bestandskonten darstellen.*
2. *Unterscheiden Sie zwischen a) Grundbuch, b) Hauptbuch, c) Inventar- und Bilanzbuch.*
3. *Erklären Sie den Grundsatz der Bilanzidentität.*
4. *Worin unterscheiden sich Schlussbilanz und Schlussbilanzkonto? Welcher Zusammenhang besteht zwischen beiden?*

4 Buchen auf Erfolgskonten

4.1 Aufwendungen und Erträge

Die bisher gebuchten Geschäftsfälle veränderten lediglich die Bestände der Vermögens- und Schuldposten der Bilanz, nicht aber das Eigenkapital. Nun ist es aber **Aufgabe eines Industriebetriebes,** durch Einsatz von Werkstoffen, Arbeitskräften, Maschinen u. a. eigene **Erzeugnisse herzustellen und mit Gewinn zu verkaufen.** Dabei entstehen **Geschäftsfälle, die das Eigenkapital mindern oder erhöhen.** Im ersten Fall handelt es sich um „**Aufwendungen**", im zweiten um „**Erträge**".

Werden beispielsweise in einem Industriebetrieb lt. Materialentnahmeschein **Rohstoffe** im Wert von 35.000,00 € **zur Verarbeitung in die Fertigung gegeben,** vermindern sich durch diesen **Aufwand** der Bestand an Rohstoffen und zugleich das Eigenkapital. Der Buchungssatz würde dann lauten: „**Eigenkapital an Rohstoffe**". Erhalten wir lt. Bankauszug eine **Zinsgutschrift** von 700,00 €, erhöhen sich durch diesen **Ertrag** das Bankguthaben und zugleich auch das Eigenkapital. Die Buchung müsste somit „**Bank an Eigenkapital**" lauten. Gleiche Buchungen ergeben sich, wenn wir einen Scheck über 2.500,00 € **Provision erhalten** (Bank an Eigenkapital) oder wenn wir 25.000,00 € **Löhne** durch Banküberweisung **zahlen** (Eigenkapital an Bank).

Merke: Aufwendungen vermindern, Erträge erhöhen das Eigenkapital.

Aus Gründen der Übersichtlichkeit bucht man aber in der Praxis die verschiedenen **Arten von Aufwendungen und Erträgen** nicht unmittelbar auf dem Eigenkapitalkonto, sondern gesondert auf **Unterkonten des Eigenkapitalkontos,** den

Aufwandskonten und Ertragskonten,

die man als **Erfolgskonten** bezeichnet. Nur so lässt sich nachträglich schnell feststellen, für welchen Aufwand wir im obigen Beispiel 25.000,00 € überwiesen haben oder für welchen Ertrag uns eine Bankgutschrift über 700,00 € erteilt wurde. Im ersten Fall wird das **Aufwandskonto „Löhne"** durch die Buchung „**Löhne an Bank**" im Soll mit 25.000,00 € belastet. Im zweiten Fall werden im **Ertragskonto „Zinserträge"** mit der Buchung „**Bank an Zinserträge**" 700,00 € im Haben gebucht.

Wie die Beispiele zeigen, wird auf den Erfolgskonten wie auf dem Passivkonto „Eigenkapital" gebucht: **Aufwandskonten** erfassen die Eigenkapital**minderungen im Soll,** **Ertragskonten** die Eigenkapital**mehrungen im Haben.**

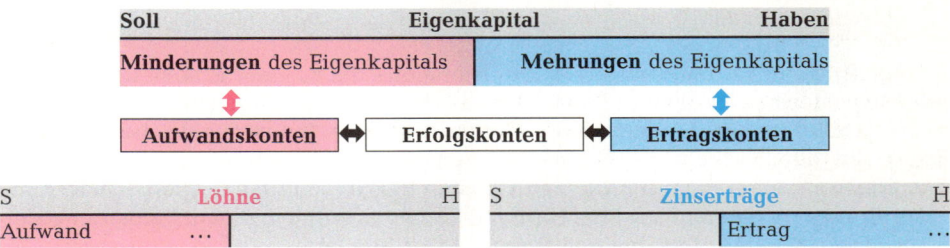

Merke: Erfolgskonten sind Unterkonten des Eigenkapitalkontos. Auf Aufwandskonten wird deshalb im Soll, auf Ertragskonten im Haben gebucht.

Aufwendungen stellen den gesamten **Werteverzehr an Gütern, Diensten und Abgaben** dar, die zu einer **Verminderung eines Vermögenspostens** (z. B. Rohstoffe, Bankguthaben) führen **und** damit auch zu einer **Verminderung des Eigenkapitals.** Im Industriebetrieb rechnen vor allem **folgende Aufwendungen** dazu:

1. **Werkstoffaufwendungen.** Sie entstehen durch den Verbrauch von Roh-, Hilfs- und Betriebsstoffen, der auf **folgenden Aufwandskonten** erfasst wird:
   - **Aufwendungen für Rohstoffe**
     Rohstoffe sind Werkstoffe, die den **wesentlichen Bestandteil** des fertigen Erzeugnisses bilden, z. B. Stahlblech, Stabholz und Spanplatten, Glas, Wolle, Kunstfasern, Rohöl u. a.
   - **Aufwendungen für Hilfsstoffe**
     Hilfsstoffe sind Werkstoffe, die als **Nebenbestandteil** in das Erzeugnis eingehen, z. B. Lack, Leim, Schrauben, Nägel, Schweißmaterial, Säuren u. a.
   - **Aufwendungen für Betriebsstoffe**
     Betriebsstoffe sind Stoffe, die nicht in das fertige Erzeugnis eingehen, z. B. Brenn- und Treibstoffe, Schmiermittel, Schleif- und Reparaturmaterial u. a.

2. **Aufwendungen für Vorprodukte/Fremdbauteile.** Sie entstehen durch Verbrauch der von Zulieferern bezogenen Fertigteile, z. B. Elektroartikel, Beschläge, Vorprodukte u. a.

   Der Verbrauch an Werkstoffen und Fertigteilen kann auf zweifache Weise ermittelt werden:
   - **Laufend mithilfe von Materialentnahmescheinen.** Bei dieser **direkten** Methode wird der Verbrauch bei der Entnahme **belegmäßig** erfasst und gebucht.
   - **Nachträglich durch Inventur** am Ende der Rechnungsperiode (= **indirekte** Methode):

   Anfangsbestand + Zugänge − Schlussbestand lt. Inventur = Verbrauch

Beispiel:		
Anfangsbestand an Rohstoffen	50.000,00	
+ Zugänge (Einkäufe, netto)	30.000,00	80.000,00 €
− Schlussbestand lt. Inventur		10.000,00 €
Rohstoffverbrauch		**70.000,00 €**

3. **Aufwendungen für Handelswaren.** Hierbei handelt es sich um Artikel, die meist als Zubehör zu den eigenen Fertigerzeugnissen angeschafft und verkauft werden, z. B. Fußmatten, Schonbezüge in der Kraftfahrzeugindustrie.

4. **Personalaufwand**
   - **Löhne** für alle Arbeiter des Industriebetriebes
   - **Gehälter** für alle Angestellten
   - **Gesetzliche und freiwillige Sozialaufwendungen** (siehe S. 105 f.)

5. **Wertminderungen des Sachanlagevermögens** (z. B. durch Abnutzung) werden durch jährliche **Abschreibungen** auf dem Aufwandskonto **„Abschreibungen auf SA"** erfasst.

6. **Aufwendungen für Miete, Zinsen, Werbung, Telekommunikation, Büromaterial, Betriebssteuern u. a.** Für diese Aufwendungen müssen entsprechende Aufwandskonten eingerichtet werden.

Erträge sind alle **Wertzuflüsse** eines Unternehmens, die zu einer **Erhöhung eines Vermögenspostens** (z. B. Bankguthaben, Forderungen a. LL) führen **und** damit auch zu einer **Erhöhung des Eigenkapitals. Hauptertrag des Industriebetriebes** sind die Erlöse aus dem Verkauf der eigenen Erzeugnisse. Diese **„Umsatzerlöse für eigene Erzeugnisse"** sollen nicht nur die Selbstkosten der Erzeugnisse decken, sondern darüber hinaus auch einen Gewinn erbringen. Daneben fallen in einem Industriebetrieb auch **Zinserträge, Mieterträge** und **Provisionserträge** an.

Merke:	• **Aufwendungen stellen den gesamten Eigenkapital mindernden Werteverzehr eines Unternehmens in einer bestimmten Rechnungsperiode dar.**
	• **Erträge sind alle Eigenkapital erhöhenden Wertzuflüsse.**

662136

1. Wir verbrauchen für die Herstellung im Betrieb lt. Materialentnahmescheine (ME) für 12.000,00 € Rohstoffe, für 2.000,00 € Hilfsstoffe, für 1.000,00 € Betriebsstoffe.

Werkstofflager (Bestände)   **Verbrauch** ➡   **Fertigung (Aufwendungen)**

S	Rohstoffe		H		S	Aufwendungen für Rohstoffe		H
Bestände	60.000,00	AfR	12.000,00	➡	Rohstoffe	12.000,00		

S	Hilfsstoffe		H		S	Aufwendungen für Hilfsstoffe		H
Bestände	15.000,00	AfH	2.000,00	➡	Hilfsstoffe	2.000,00		

S	Betriebsstoffe		H		S	Aufwendungen für Betriebsstoffe		H
Bestände	5.000,00	AfB	1.000,00	➡	Betriebsstoffe	1.000,00		

Buchung: Aufwendungen für Rohstoffe ..... an Rohstoffe 12.000,00
Aufwendungen für Hilfsstoffe .... an Hilfsstoffe 2.000,00
Aufwendungen für Betriebsstoffe . an Betriebsstoffe 1.000,00

2. Wir bezahlen Löhne 15.000,00 €, Gehälter 13.000,00 €, Miete 1.500,00 € durch Banküberweisung.

S	Löhne	H		S	Gehälter	H		S	Mietaufwendungen	H
B.	15.000,00			B.	13.000,00			B.	1.500,00	

S	Bank	H
...	80.000,00	Diverse
		29.500,00

Buchung: Löhne 15.000,00
Gehälter 13.000,00
Mietaufwendungen ... 1.500,00
an Bank 29.500,00

3. Im Betrieb entstehen weitere Aufwendungen. Banküberweisung für: Büromaterial 800,00 €, Reparaturen 300,00 €, Betriebssteuern 400,00 €.

S	Büromaterial	H		S	Fremdinstandhaltung	H		S	Betriebssteuern	H
B.	800,00			B.	300,00			B.	400,00	

S	Bank	H
...	80.000,00	Diverse
		29.500,00
		1.500,00

Buchung: Büromaterial 800,00
Fremdinstandhaltung 300,00
Betriebssteuern 400,00
an Bank 1.500,00

4. Alle im Betrieb hergestellten Erzeugnisse wurden auf Ziel verkauft. Die Ausgangsrechnungen weisen insgesamt 55.000,00 € aus.

S	Forderungen a. LL		H		S	Umsatzerlöse für eigene Erzeugnisse		H
Erlöse	55.000,00						Ford. a. LL	55.000,00

Buchung: Forderungen a. LL .... an Umsatzerlöse für eigene Erzeugnisse ... 55.000,00

Merke: • Aufwands- und Ertragskonten ⟺ Erfolgskonten
• Aktiv- und Passivkonten ⟺ Bestandskonten

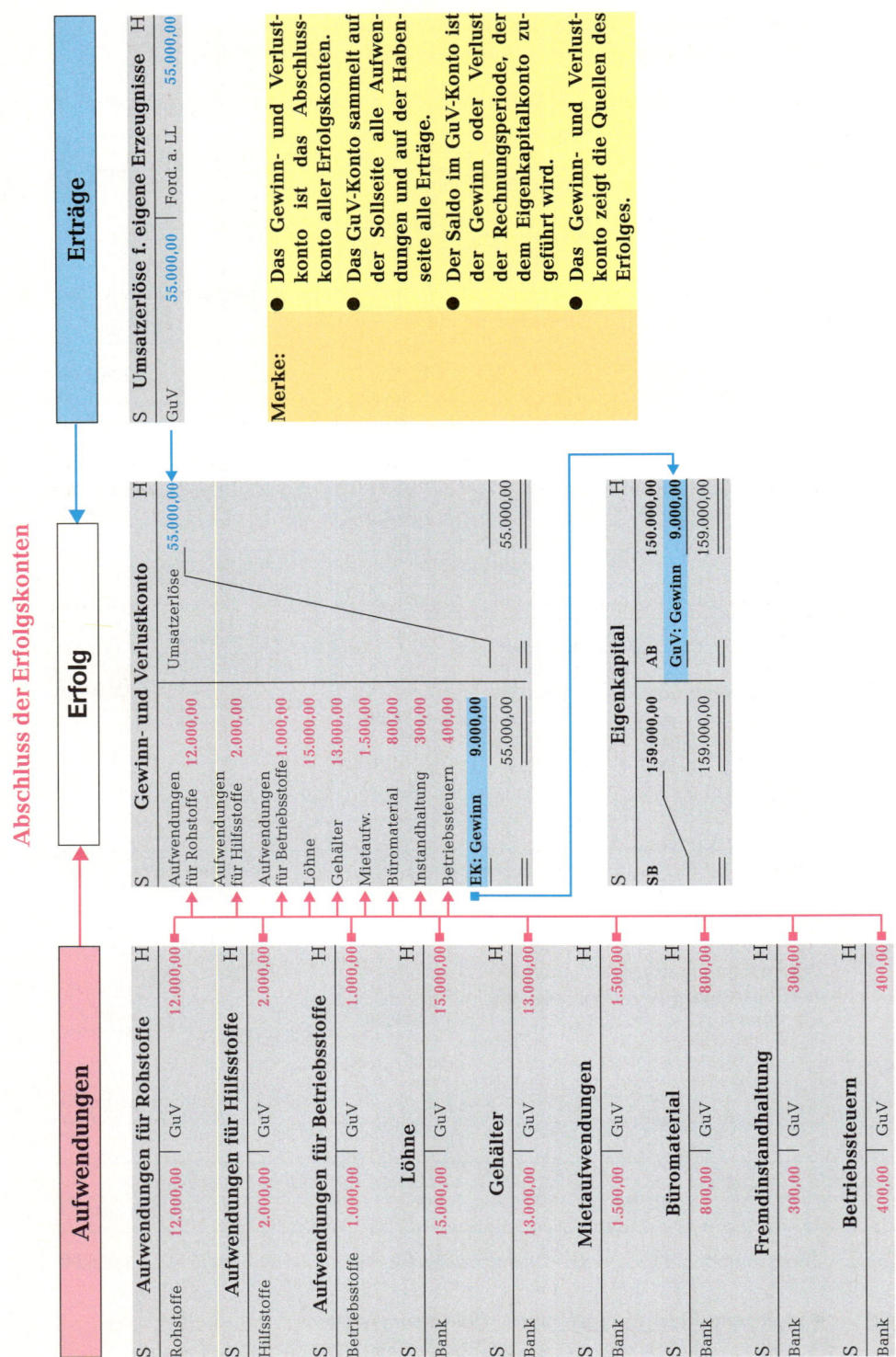

Abschluss der Erfolgskonten

Aufwendungen → **Erfolg** → **Erträge**

Merke:

- Das Gewinn- und Verlustkonto ist das Abschlusskonto aller Erfolgskonten.
- Das GuV-Konto sammelt auf der Sollseite alle Aufwendungen und auf der Habenseite alle Erträge.
- Der Saldo im GuV-Konto ist der Gewinn oder Verlust der Rechnungsperiode, der dem Eigenkapitalkonto zugeführt wird.
- Das Gewinn- und Verlustkonto zeigt die Quellen des Erfolges.

4.2 Gewinn- und Verlustkonto als Abschlusskonto der Erfolgskonten

Am Ende des Geschäftsjahres müssen

Aufwendungen   und   **Erträge**

einander **gegenübergestellt** werden, um den **Erfolg** des Unternehmens festzustellen. Diese Aufgabe übernimmt das

Konto „Gewinn und Verlust" (GuV).

Alle Aufwands- und Ertragskonten werden daher über das Gewinn- und Verlustkonto abgeschlossen. Die Buchungssätze lauten:

- **GuV-Konto**   an   **alle Aufwandskonten**
- **Alle Ertragskonten**   an   **GuV-Konto**

Das Gewinn- und Verlustkonto weist somit auf der Sollseite die gesamten **Aufwendungen** aus, auf der Habenseite dagegen die **Erträge.** Aus dieser Gegenüberstellung ergibt sich als **Saldo** der Erfolg des Unternehmens: ein **Gewinn oder Verlust,** je nachdem, ob die Erträge oder die Aufwendungen überwiegen:

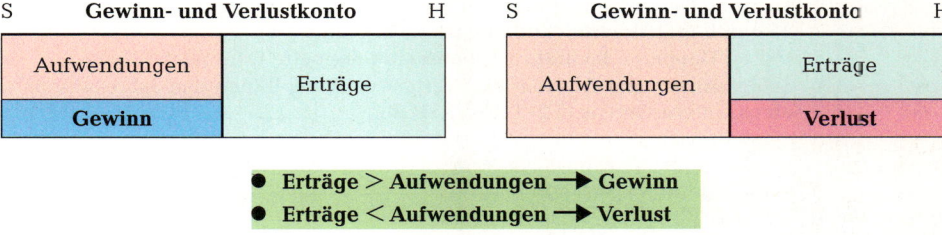

- **Erträge > Aufwendungen → Gewinn**
- **Erträge < Aufwendungen → Verlust**

Abschluss des Gewinn- und Verlustkontos über Eigenkapitalkonto. Der ermittelte Gewinn oder Verlust wird sodann auf das Eigenkapitalkonto übertragen.

Die **Abschlussbuchungen** lauten:

- bei **Gewinn:** **GuV-Konto**   an **Eigenkapitalkonto**
- bei **Verlust:** **Eigenkapitalkonto**   an **GuV-Konto**

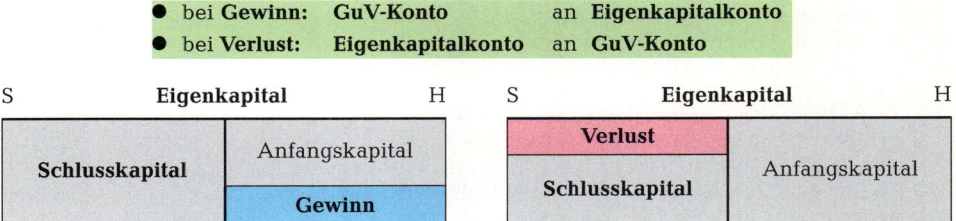

Merke:
- **Der Gewinn erhöht das Eigenkapital.**
- **Der Verlust vermindert das Eigenkapital.**

Das GuV-Konto ist somit ein unmittelbares **Unterkonto des EK-Kontos.** Im Beispiel hat sich das Eigenkapital durch den Gewinn um 9.000,00 € erhöht (siehe Seite 38).

Die Kontenkreise der doppelten Buchführung

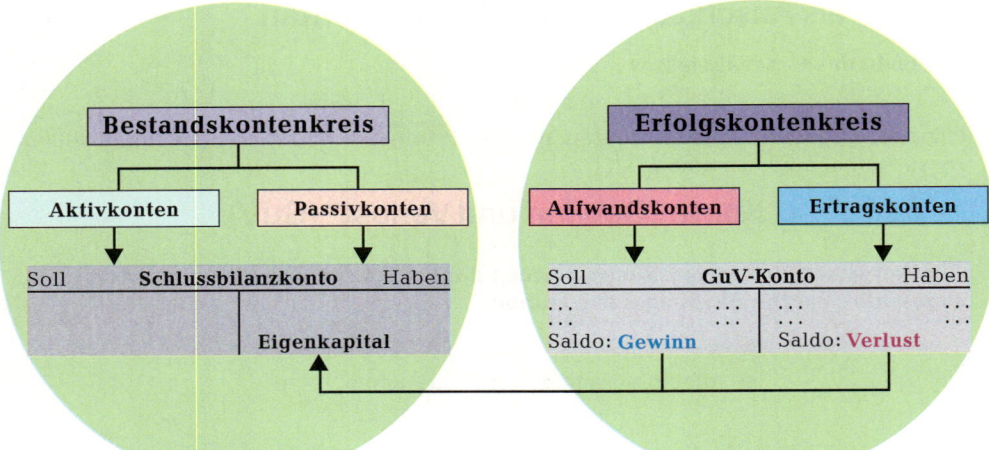

Merke:

● Bestands- und Erfolgskonten bilden in der Buchführung je einen eigenen Kontenkreis. Das Eigenkapitalkonto ist das Bindeglied beider Kreise.

● Die Buchführung weist den Jahreserfolg auf zweifache Weise nach:
1. durch Gegenüberstellung der Aufwendungen und Erträge im GuV-Konto,
2. durch Eigenkapitalvergleich (siehe S. 14 f.).
Daher: Doppelte Buchführung beinhaltet doppelte Erfolgsermittlung.

● Schlussbilanz und Gewinn- und Verlustrechnung bilden den Jahresabschluss eines Unternehmens (§ 242 Abs. 3 HGB).

Aufgaben

41

Bilden Sie zu den folgenden Geschäftsfällen die Buchungssätze und erläutern Sie jeweils die Auswirkung auf den entsprechenden Vermögensposten und das Eigenkapital.

Bestandskonten: 350.000,00 BGA, 120.000,00 Rohstoffe, 35.000,00 Hilfsstoffe, 81.200,00 Forderungen a. LL, 95.700,00 Bank, 6.100,00 Kasse, 572.000,00 Eigenkapital, 116.000,00 Verbindlichkeiten a. LL.

Erfolgskonten: Umsatzerlöse für eigene Erzeugnisse, Zinserträge, Provisionserträge, Aufwendungen für Rohstoffe, Aufwendungen für Hilfsstoffe, Löhne, Gehälter, Miete, Büromaterial, Werbung, Portokosten, Kosten der Telekommunikation.

1. Kauf einer PC-Anlage lt. ER 506	12.500,00
2. Lt. KB 210: Barkauf von Büromaterial	450,00
3. ME 420: Abgabe von Rohstoffen in die Fertigung	45.000,00
4. Überweisung der Löhne lt. BA 280	26.800,00
5. Zielverkauf von eigenen Erzeugnissen lt. AR 612	67.000,00
6. Lt. BA 281 erfolgte Gutschrift der Bank für Zinsen	250,00
7. Lt. ME 421 wurden in der Fertigung Hilfsstoffe verbraucht	2.800,00
8. Lt. BA 282 überweist ein Kunde den fälligen Rechnungsbetrag	8.900,00
9. Materialeinkauf lt. ER 507: Rohstoffe 45.600,00	
Hilfsstoffe 5.400,00	51.000,00
10. BA 283: Gutschrift für Erhalt von Vermittlungsprovision	4.800,00
11. BA 284: Begleichung einer fälligen Rohstoffrechnung	22.950,00
12. Barkauf von Postwertzeichen lt. KB 211	380,00
13. Lt. BA 285 Lastschriften der Bank für Überweisung der Lagermiete	8.700,00
der Telekom-Rechnung	2.860,00
der Gehälter	16.800,00
14. ER 508: Eingang einer Rechnung über Werbeanzeigen	12.860,00

42

Bestands- und Erfolgskonten der Metall GmbH zum 31. Dez.	Soll	Haben
Grundstücke und Bauten	520.000,00	15.000,00
Technische Anlagen und Maschinen	182.000,00	17.000,00
Betriebs- und Geschäftsausstattung	63.000,00	5.500,00
Rohstoffe	380.000,00	335.000,00
Hilfsstoffe	78.000,00	55.000,00
Forderungen a. LL	116.000,00	29.000,00
Bank	824.000,00	623.000,00
Eigenkapital	–	635.000,00
Verbindlichkeiten a. LL	229.000,00	507.000,00
Umsatzerlöse für eigene Erzeugnisse	–	858.400,00
Mieterträge	–	42.000,00
Zinserträge	–	4.700,00
Aufwendungen für Rohstoffe	335.000,00	–
Aufwendungen für Hilfsstoffe	55.000,00	–
Löhne und Gehälter	326.000,00	–
Kosten der Telekommunikation	12.800,00	–
Büromaterial	5.800,00	–
Abschlusskonten: GuV und SBK	3.126.600,00	3.126.600,00

1. Richten Sie die obigen Konten mit den Soll- und Habensummen ein.
2. Schließen Sie zunächst die Erfolgskonten über das GuV-Konto ab und übertragen Sie den ermittelten Gewinn oder Verlust auf das Eigenkapitalkonto (Buchungssatz?).
3. Schließen Sie die Bestandskonten zum SBK ab.
4. Ermitteln Sie die Verzinsung (Rentabilität) des Eigenkapitals, indem Sie den Gewinn zum Anfangseigenkapital ins Verhältnis setzen.

Nennen Sie die Buchungssätze für die folgenden Belege der Textilwerke GmbH:

43

Beleg 1

Beleg 2

Beleg 3

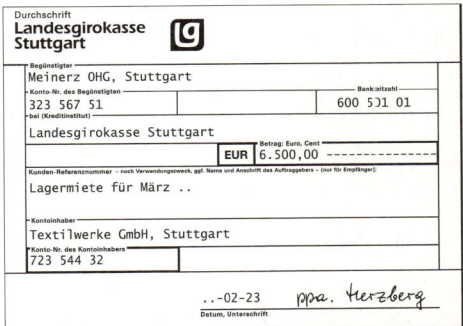

44 Die Textilwerke GmbH ermittelt den Verbrauch an Nähgarn monatlich durch Inventur. Der Durchschnittspreis je Rolle beträgt 25,00 €.

1. Ermitteln Sie anhand der folgenden Lagerkarte den Werkstoffverbrauch im Monat Januar.
2. Nennen Sie den Buchungssatz.

Lagerkarte		Textilwerke GmbH		
Artikel–Nr.: 0568			**Mindestbestand:** 200 Stück	
Artikel–Bez.: Nähgarnrollen			**Höchstbestand:** 500 Stück	
Datum	**Beleg**	**Bestand in Stück**	**Zugang in Stück**	
..-01-01	Vortrag (AB)	250	–	
..-01-12	Lieferschein L 425	–	150	
..-01-18	Lieferschein L 431	–	180	
..-01-28	Lieferschein L 488	–	300	
..-01-31	Inventurliste (SB)	280	–	

45 Die Kleinmöbelfabrik Hanna Schnell e. Kffr. erstellt Computertische und verarbeitet Spanplatten und Stahlrohre als Rohstoffe, Leim und Schrauben als Hilfsstoffe.

Richten Sie die Konten mit ihren Soll–/Habensummen ein:	Soll	Haben
Rohstoffe	350.000,00	220.000,00
Hilfsstoffe	60.000,00	45.000,00
Betriebsstoffe	42.000,00	31.000,00
Forderungen a. LL	799.000,00	610.000,00
Bankguthaben	850.000,00	595.000,00
Eigenkapital	–	850.000,00
Verbindlichkeiten a. LL	218.000,00	297.000,00
Aufwendungen für Rohstoffe	220.000,00	–
Aufwendungen für Hilfsstoffe	45.000,00	–
Aufwendungen für Betriebsstoffe	31.000,00	–
Löhne	285.000,00	–
Gehälter	198.000,00	–
Aufwendungen für Miete	160.000,00	–
Umsatzerlöse für eigene Erzeugnisse	–	610.000,00

Buchen Sie auf den Bestands- und Erfolgskonten die folgenden Geschäftsfälle:

1. Eingangsrechnungen (ER) für
   Spanplatten 72.000,00
   Leim 2.000,00

2. Materialentnahmescheine (ME) für
   Spanplatten 80.000,00
   Schrauben 4.000,00
   Treibstoffe 2.000,00

3. Lastschriften der Bank für
   Lohnzahlungen 16.000,00
   Gehälter 8.000,00
   Miete 12.000,00

4. Ausgangsrechnungen (AR): Zielverkäufe von Computertischen 590.000,00

Schließen Sie die Erfolgskonten über das GuV-Konto ab, ermitteln und buchen Sie den Gewinn.
Schließen Sie danach die Bestandskonten über das Schlussbilanzkonto ab.

Haben sich Produktion und Absatz der Computertische „gelohnt"? Vergleichen Sie den Gewinn mit dem Eigenkapital (AB), ermitteln und beurteilen Sie die Verzinsung (Rentabilität).

> **Beachten Sie die Reihenfolge der Buchungsarbeiten:**
> 1. *Richten Sie die Bestands- und Erfolgskonten ein.*
> 2. *Eröffnen Sie die Bestandskonten über das Eröffnungsbilanzkonto (EBK).*
> 3. *Bilden Sie zu den Geschäftsfällen die Buchungssätze (Grundbuch).*
> 4. *Übertragen Sie die Buchungen auf die Bestands- und Erfolgskonten (Hauptbuch).*
> 5. *Schließen Sie die Erfolgskonten über das GuV-Konto ab und übertragen Sie den Gewinn oder Verlust auf das Eigenkapitalkonto.*
> 6. *Erst zum Schluss werden alle Bestandskonten zum Schlussbilanzkonto (SBK) abgeschlossen, sofern die Inventur keine Abweichungen zwischen Buch- und Istbeständen ergibt.*

46

Bestandskonten: Rohstoffe 60.000,00 €, Hilfsstoffe 16.000,00 €, Betriebsstoffe 8.000,00 €, Forderungen a. LL 14.000,00 €, Kasse 10.000,00 €, Bank 20.000,00 €, Eigenkapital 128.000,00 €: Schlussbilanzkonto.

Erfolgskonten: Aufwendungen für Rohstoffe, Aufwendungen für Hilfsstoffe, Aufwendungen für Betriebsstoffe, Löhne, Gehälter, Betriebssteuern, Werbeaufwendungen, Umsatzerlöse für eigene Erzeugnisse, Zinserträge: GuV-Konto.

Geschäftsfälle

1. Verbrauch von Hilfsstoffen lt. Materialentnahmeschein (ME) 101	1.300,00
2. Verbrauch von Rohstoffen für die Herstellung lt. ME 102	14.000,00
3. Verbrauch von Betriebsstoffen für die Herstellung lt. ME 103	1.300,00
4. Betriebssteuern wurden lt. BA 10 durch Überweisung beglichen	1.800,00
5. Fertigungslöhne wurden lt. BA 11 überwiesen	9.000,00
6. Lt. BA 12 erfolgte Gehaltszahlung durch Überweisung	2.400,00
7. Wir bezahlten Werbeanzeige lt. BA 13 durch Bankscheck	250,00
8. Verkauf aller hergestellten Erzeugnisse auf Ziel lt. AR 10	47.300,00
9. Lt. BA 14 erfolgte eine Gutschrift für Zinsen	400,00

Abschlussangabe: Die Salden der Bestandskonten entsprechen der Inventur.

Auswertung: *Wie hoch sind die gesamten Aufwendungen der Rechnungsperiode und welche Erträge stehen diesen Aufwendungen gegenüber? Wie hoch ist das Ergebnis und wie wirkt es sich auf das Eigenkapital aus?*

47

Bestandskonten: Betriebs- und Geschäftsausstattung 200.000,00 €, Rohstoffe 82.000,00 €, Hilfsstoffe 24.000,00 €, Betriebsstoffe 12.000,00 €, Forderungen a. LL 13.000,00 €, Kasse 7.000,00 €, Bankguthaben 23.000,00 €, Eigenkapital 346.000,00 €, Verbindlichkeiten a. LL 15.000,00 €: Schlussbilanzkonto.

Erfolgskonten: Aufwendungen für Rohstoffe, Aufwendungen für Hilfsstoffe, Aufwendungen für Betriebsstoffe, Löhne, Fremdinstandhaltung, Büromaterial, Umsatzerlöse für eigene Erzeugnisse, Provisionserträge: GuV-Konto.

Geschäftsfälle

1. Eingangsrechnung für Rohstoffe: ER 10	13.500,00
2. Verbrauch von Rohstoffen für die Herstellung lt. ME 104	14.100,00
3. Lohnzahlung erfolgte lt. BA 15 durch Überweisung	6.200,00
4. Zielverkauf von eigenen Erzeugnissen lt. AR 11	12.400,00
5. Wir begleichen eine Rechnung (ER 8) über Reparaturkosten (Bank)	350,00
6. Barzahlung für Büromaterial lt. KB 11	250,00
7. Verbrauch von Betriebsstoffen lt. ME 105	1.400,00
8. Verbrauch von Hilfsstoffen lt. ME 106	1.900,00
9. Kunden begleichen lt. BA 16 fällige Rechnungen durch Überweisung	9.500,00
10. Verkauf aller eigenen Erzeugnisse auf Ziel lt. AR 12	35.900,00
11. Lt. BA 17 erhielten wir Provision durch Überweisung	3.500,00

Abschlussangabe: Die Salden der Bestandskonten entsprechen der Inventur.

Auswertung: *Wie hoch ist der Erfolg und wie wirkt er sich auf das Eigenkapital aus?*

5 Einführung in die Abschreibung der Sachanlagen[1]
5.1 Ursachen, Buchung und Wirkung der Abschreibung

Das Anlagevermögen ist dazu bestimmt, dem Unternehmen **langfristig** zu dienen. Bei **abnutzbaren Anlagegütern** (z. B. Gebäude, Maschinen, Computer) ist die Nutzungsdauer jedoch begrenzt. Der Wert dieser **Sachanlagen** mindert sich durch

- ▶ **Nutzung** (Gebrauch),
- ▶ **natürlichen Verschleiß,**
- ▶ **technischen Fortschritt** und
- ▶ **außergewöhnliche Ereignisse.**

Diese Wertminderungen werden in der Regel zum Jahresschluss als **Aufwand** auf dem Konto **Abschreibungen auf Sachanlagen (SA)** erfasst. Statt Abschreibung heißt es im Steuerrecht „Absetzung für Abnutzung" **(AfA).**

Beispiel: Die Anschaffungskosten einer Maschine, die eine Nutzungsdauer von 10 Jahren hat, betragen 120.000,00 €. Die Maschine kann somit **jährlich gleich bleibend (linear)** mit 12.000,00 € (120.000,00 € : 10) abgeschrieben werden. Dadurch vermindert sich der Gewinn des Unternehmens um 12.000,00 €.

S	Techn. Anlagen u. Maschinen		H	S	Abschreibungen auf Sachanlagen		H
AB	120.000,00	Abschr.	12.000,00	TA u. Maschinen		GuV-	
		SBK	108.000,00		12.000,00	Konto	12.000,00

S	Schlussbilanzkonto		H	S	GuV-Konto		H
TA u. Maschinen				...	200.000,00	...	250.000,00
	108.000,00			Abschr.	12.000,00		
				Gewinn	?		

Buchungen:
1. Abschreibungen auf SA ... an TA u. Maschinen 12.000,00
2. GuV-Konto .... an Abschreibungen auf SA 12.000,00
3. Schlussbilanzkonto .... an TA und Maschinen 108.000,00

Merke:
- Die Wertminderung der Anlagegüter wird durch Abschreibungen erfasst.
- Durch die Abschreibung werden die Anschaffungskosten eines Anlagegutes auf seine Nutzungsdauer (Jahre) verteilt.
- Abschreibungen mindern als Aufwand den Gewinn und somit auch die gewinnabhängigen Steuern, wie z. B. die Einkommensteuer.

In der Kalkulation der Verkaufspreise der Erzeugnisse werden die **Abschreibungen als Kosten** eingesetzt. **Über die Umsatzerlöse fließen** die einkalkulierten **Abschreibungsbeträge** in Form von liquiden Mitteln (Geld) in das Unternehmen **zurück.** Diese Mittel stehen nun wiederum für **Anschaffungen (Investitionen)** im Sachanlagevermögen zur Verfügung. Das Unternehmen finanziert somit die Anschaffung von Sachanlagegütern in erster Linie aus **Abschreibungsrückflüssen.** Die Abschreibung stellt deshalb ein bedeutendes **Mittel der Finanzierung** dar.

Abschreibungskreislauf. Abschreibungen bewegen sich nahezu in einem Kreislauf. Aus dem Anlagevermögen fließen sie über die Umsatzerlöse in das Umlaufvermögen (Bank) und von dort durch Neuanschaffungen in das Anlagevermögen zurück.

Merke: Abschreibungen finanzieren Investitionen in Sachanlagen.

---

[1] Siehe ausführliche Behandlung der Abschreibungen auf Sachanlagen auf Seite 154 f.

5.2 Berechnung der Abschreibung

Der jährliche Abschreibungsbetrag wird in der Regel nach der linearen oder degressiven Methode berechnet. In unserem Ausgangsbeispiel soll die Maschine jeweils zum Jahresschluss **linear mit 10 %** der Anschaffungskosten und **degressiv mit 20 %[1]** vom jeweiligen Buchwert (Restwert) abgeschrieben werden. Im ersten Fall ergeben sich jährlich **gleich bleibende** und im zweiten **fallende** Abschreibungsbeträge. Durch die Abschreibung verringert sich jährlich der Buch- bzw. Restwert des Anlagegutes:

Lineare AfA	Ermittlung des Buchwertes	Degressive AfA
120.000,00 €	Anschaffungswert	120.000,00 €
12.000,00 €	− AfA am Ende des 1. Jahres	**24.000,00 €**
108.000,00 €	= **Buchwert am Ende des 1. Jahres**	96.000,00 €
12.000,00 €	− AfA am Ende des 2. Jahres	**19.200,00 €**
96.000,00 €	= **Buchwert am Ende des 2. Jahres**	76.800,00 €
10 % AfA **von den** **Anschaffungskosten**	**Führen Sie das Beispiel zu Ende.**	**20 %[1] AfA** **vom** **Buchwert**

Bei der linearen Abschreibung erfolgt die Abschreibung in jedem Jahr der Nutzung von den **Anschaffungskosten** des Anlagegutes. Die **Abschreibungsbeträge** sind daher **gleich hoch.** Nach Ablauf der Nutzungsdauer ist der Buchwert gleich null. Sollte sich das Anlagegut nach Ablauf der Nutzungsdauer noch weiterhin im Betrieb befinden, so ist es mit einem **Erinnerungswert von 1,00 €** im Anlagekonto auszuweisen. Im Beispiel dürften dann am Ende des 10. Jahres nur 11.999,00 € abgeschrieben werden.

$$\text{Abschreibungsbetrag} \quad = \quad \frac{\textbf{Anschaffungskosten}}{\textbf{Nutzungsjahre}} \quad = \quad \frac{120.000,00 \text{ €}}{10 \text{ Jahre}} \quad = \textbf{ 12.000,00 €/Jahr}$$

$$\text{Abschreibungssatz in \%} \quad = \quad \frac{\textbf{100 \%}}{\textbf{Nutzungsjahre}} \quad = \quad \frac{100 \text{ \%}}{10 \text{ Jahre}} \quad = \textbf{ 10 \%}$$

Bei der degressiven Abschreibung wird die Abschreibung nur im ersten Nutzungsjahr von den Anschaffungskosten vorgenommen, in den folgenden Jahren dagegen vom jeweiligen **Buch- oder Restwert.** Dadurch ergeben sich **jährlich fallende Abschreibungsbeträge.** Bei der degressiven Abschreibung wird der Nullwert des Anlagegutes nach Ablauf der Nutzungsdauer nie erreicht. Der **Abschreibungssatz** sollte daher bei degressiver Abschreibung **höher** sein als bei linearer AfA. **Steuerrechtlich** darf bei **beweglichen** Anlagegütern der degressive AfA-Satz **höchstens das Zweifache des linearen AfA-Satzes** betragen, jedoch **nicht höher als 20 %[1]** sein (§ 7 Abs. 2 EStG).

Vorteil der degressiven Abschreibung. Wertminderungen können bei Anlagegütern vor allem in den ersten Jahren der Nutzung – bedingt durch den technischen Fortschritt (Modellwechsel) – sehr hoch sein. Dieser Tatsache trägt die degressive Abschreibungsmethode Rechnung, da bei ihr in den ersten Nutzungsjahren die Abschreibungsbeträge höher sind als bei linearer Abschreibung.

Merke:	• **Sachanlagen werden in der Regel linear oder degressiv abgeschrieben.** • **Abschreibungsmethode und Nutzungsdauer des Anlagegutes bestimmen die Höhe des jährlichen Abschreibungsbetrages.**

---

1 Bei **beweglichen Anlagegütern,** die in den **Geschäftsjahren 2006 und 2007 angeschafft oder hergestellt werden,** beträgt der **degressive AfA-Satz** aus konjunkturellen Gründen **das Dreifache** des linearen AfA-Satzes, jedoch **höchstens 30 %.**

Beispiele für die Nutzungsdauer (Jahre) von Anlagegütern lt. AfA-Tabelle:

1. Betriebliche Bauten	25–33	6. Büromöbel	13
2. Krananlagen	14–21	7. Großrechner	7
3. Bearbeitungsmaschinen	5–15	8. Personalcomputer	3
4. Lastkraftwagen	9^1	9. Drucker, Scanner u. a.	3
5. Personenwagen	6^1	10. Registrierkassen	8

Ermitteln Sie die entsprechenden Abschreibungssätze (in Prozent).

Aufgaben

48 Die Anschaffungskosten einer Maschine belaufen sich auf 200.000,00 €, die Nutzungsdauer beträgt 10 Jahre.

a) *Ermitteln Sie bei linearer Abschreibung jeweils den Abschreibungsbetrag und -satz.*

b) *Welcher AfA-Satz ist für die degressive Abschreibung anzuwenden?*

c) *Stellen Sie die Abschreibungsbeträge bei linearer und degressiver Abschreibung wenigstens für die ersten vier Jahre in einer Tabelle gegenüber und ermitteln Sie für jedes Jahr den Buch- bzw. Restwert.*

d) *Buchen Sie für das 1. Jahr die Abschreibung auf Maschinen. Richten Sie folgende Konten ein: TA u. Maschinen, Abschreibungen auf Sachanlagen, GuV-Konto, Schlussbilanzkonto.*

49 *Es sind folgende Konten einzurichten:*

Technische Anlagen und Maschinen 290.000,00 €, BGA 120.000,00 €, Abschreibungen auf Sachanlagen, GuV-Konto, Schlussbilanzkonto.

Buchen Sie die Abschreibungen auf Maschinen 20 %, auf BGA 10 %.

Schließen Sie die Bestandskonten und das Konto Abschreibungen auf Sachanlagen ab und stellen Sie danach das Schlussbilanzkonto auf.

50 *Folgende Konten sind einzurichten:*

TA u. Maschinen 220.000,00 €, Fuhrpark 140.000,00 €, BGA 90.000,00 €, Abschreibungen auf Sachanlagen, GuV-Konto, Schlussbilanzkonto.

Lt. Inventur sind folgende Schlussbestände vorhanden:

TA u. Maschinen 196.000,00 €, Fuhrpark 113.000,00 €, BGA 81.000,00 €.

Buchen Sie die Abschreibungen und schließen Sie diese Konten ab.

51 **Anfangsbestände**

TA u. Maschinen 90.000,00 €, Fuhrpark 50.000,00 €, BGA 25.000,00 €, Rohstoffe 31.000,00 €, Hilfsstoffe 3.500,00 €, Betriebsstoffe 2.500,00 €, Forderungen a.LL 9.000,00 €, Kasse 6.000,00 €, Bank 28.000,00 €, Verbindlichkeiten a.LL 14.000,00 €, Darlehensschulden 10.000,00 €, Eigenkapital 221.000,00 €.

Bestandskonten

TA u. Maschinen, Fuhrpark, BGA, Rohstoffe, Hilfsstoffe, Betriebsstoffe, Forderungen a.LL, Kasse, Bank, Verbindlichkeiten a.LL, Darlehensschulden, Eigenkapital: Schlussbilanzkonto.

Erfolgskonten

Aufwendungen für Rohstoffe, Aufwendungen für Hilfsstoffe, Aufwendungen für Betriebsstoffe, Löhne, Betriebssteuern, Abschreibungen auf Sachanlagen, Umsatzerlöse für eigene Erzeugnisse: GuV-Konto.

Geschäftsfälle

1. Lt. BA Überweisung eines Kunden zum Ausgleich einer Rechnung	1.200,00
2. Materialentnahmescheine für die Herstellung der Erzeugnisse:	
Rohstoffe	13.000,00
Betriebsstoffe	1.600,00
3. Lt. BA Überweisung an einen Lieferer zum Ausgleich einer Rechnung	3.300,00
4. Kauf von Rohstoffen auf Ziel lt. ER	2.850,00

---

1   Bei besonders starker Belastung verkürzt sich die Nutzungsdauer um ein Jahr.

5. Lt. BA Überweisung für Gewerbesteuer	750,00
6. Lt. BA Überweisung für Löhne	5.100,00
7. Lt. BA Teilrückzahlung eines Darlehens durch Überweisung	3.500,00
8. Verkauf aller fertigen Erzeugnisse auf Ziel lt. AR	72.700,00

Abschlussangaben

1. Abschreibungen: 20 % auf TA u. Maschinen; auf Fuhrpark: 10.000,00 €;
   BGA: 2.500,00 €.
2. Endbestand an Hilfsstoffen lt. Inventur 1.700,00
   Der Verbrauch an Hilfsstoffen ist noch zu ermitteln und zu buchen.
3. Keine Bestände an eigenen Erzeugnissen.

Auswertung

1. *Wie hoch sind die Aufwendungen der Abrechnungsperiode?*
2. *Welche Erträge stehen diesen Aufwendungen gegenüber?*
3. *Wie hoch ist demnach der Erfolg (Gewinn oder Verlust)?*
4. *Weisen Sie den Erfolg auch durch Kapitalvergleich (Betriebsvermögensvergleich) nach, indem Sie das Eigenkapital der Schlussbilanz mit dem der Eröffnungsbilanz vergleichen.*

52

Anfangsbestände

TA u. Maschinen 120.000,00 €, Fuhrpark 40.000,00 €, BGA 30.000,00 €, Rohstoffe 16.000,00 €, Hilfsstoffe 5.000,00 €, Betriebsstoffe 3.000,00 €, Forderungen a.LL 10.000,00 €, Kasse 8.000,00 €, Bank 28.000,00 €, Verbindlichkeiten a.LL 18.000,00 €, Darlehensschulden 20.000,00 €, Eigenkapital 222.000,00 €.

Kontenplan

Wie in Aufgabe 51, zusätzlich Konto „Gehälter"

Geschäftsfälle

1. Lt. ME Verbrauch von Rohstoffen	3.100,00
Hilfsstoffen	800,00
Betriebsstoffen	700,00
2. Lt. BA Kauf einer Maschine gegen Bankscheck	5.000,00
3. Lt. BA Aufnahme eines Darlehens bei der Bank	45.000,00
4. Lt. BA Zahlung der Löhne durch Überweisung	4.100,00
5. Lt. BA Banküberweisung eines Kunden zum Ausgleich einer Rechnung	2.950,00
6. Lt. BA Banküberweisung für Kraftfahrzeugsteuer	900,00
7. Zieleinkauf von Hilfsstoffen lt. ER	6.100,00
8. Zieleinkauf von Rohstoffen lt. ER	13.400,00
9. Lt. BA Gehaltszahlung durch Überweisung	2.500,00
10. Verkauf aller fertigen Erzeugnisse, davon	
gegen Bankscheck	5.500,00
auf Ziel lt. AR	48.800,00

Abschlussangaben

1. Abschreibungen: TA u. Maschinen 5.000,00 €, Fuhrpark 6.000,00 €, BGA 2.000,00 €.
2. Keine Bestände an eigenen Erzeugnissen.

53

1. *Unterscheiden Sie zwischen linearer und degressiver Abschreibung.*
2. *Erläutern Sie die Gewinnauswirkung bei beiden Abschreibungsmethoden im Jahr der Anschaffung des Vermögensgegenstandes.*
3. *Welchen besonderen Vorteil hat die degressive Abschreibung?*
4. *Erläutern Sie den Kreislauf der Abschreibung.*
5. *Inwiefern ist die Abschreibung ein bedeutendes Mittel der Finanzierung?*
6. *Nennen Sie Beispiele für Rohstoffe und Hilfsstoffe.*

---

6 Gewinn- und Verlustrechnung mit Bestandsveränderungen an fertigen und unfertigen Erzeugnissen

Bisher haben wir unterstellt, dass alle in einem Geschäftsjahr hergestellten Erzeugnisse auch im gleichen Jahr verkauft wurden. Bestände an **fertigen** (absatzfähigen) sowie **unfertigen** (noch in Arbeit befindlichen) **Erzeugnissen** lagen weder zu Beginn noch am Ende des Geschäftsjahres vor. In diesem Fall lässt sich der **Erfolg des Industriebetriebes** einfach ermitteln, indem man den **Herstellungsaufwendungen** des Geschäftsjahres die **Umsatzerlöse** dieser Rechnungsperiode gegenüberstellt.

Beispiel 1: Eine Fahrradfabrik hat in ihrem 1. Geschäftsjahr 1000 Fahrräder einer bestimmten Marke hergestellt. Die Herstellungsaufwendungen betragen je Fahrrad 100,00 €. Bis zum 31. Dezember wurden alle Fahrräder zum Stückpreis von 150,00 € verkauft.

Soll	Gewinn- und Verlustkonto		Haben
Herstellungsaufwand des GJ für **1000 Stück**	100.000,00	Umsatzerlöse des GJ für **1000 Stück**	150.000,00
Gewinn	?		

Merke: Stimmen in einem Geschäftsjahr (GJ) Herstellungs- und Verkaufsmenge der Erzeugnisse überein, errechnet sich der Betriebserfolg durch bloße Gegenüberstellung der Herstellungsaufwendungen und Umsatzerlöse dieses Geschäftsjahres.

In der Regel werden jedoch in einem Industriebetrieb Produktions- und Absatzmenge eines Geschäftsjahres **nicht** übereinstimmen. Diese Unternehmen haben dann in diesem Jahr entweder mehr Erzeugnisse hergestellt als verkauft oder mehr Erzeugnisse verkauft als hergestellt. Im ersten Fall führt das zum **Jahresschluss im Lager** zu einem **Mehrbestand,** im zweiten zu einem **Minderbestand** an Erzeugnissen. Diese **Bestandsveränderungen** müssen bei der Erfolgsermittlung berücksichtigt werden.

Beispiel 2: Im 2. Geschäftsjahr stellt die Fahrradfabrik 2000 Fahrräder her, von denen bis zum 31. Dezember jedoch nur 1500 Stück verkauft wurden. 500 Fahrräder mussten daher auf Lager genommen werden. Der Schlussbestand an Fahrrädern zum 31. Dezember beträgt somit 50.000,00 € (500 Stück zu 100,00 €/Stück).

Buchung des Schlussbestandes zum 31. Dezember:

❶ Schlussbilanzkonto an Fertige Erzeugnisse 50.000,00

Im zweiten Geschäftsjahr wurden also 500 Fahrräder **mehr hergestellt als verkauft.** Deshalb ist der **Schlussbestand** an Fahrrädern (500 Stück) **größer als** der **Anfangsbestand** (0 Stück).

Merke: Herstellungsmenge > Absatzmenge ⟶ SB > AB = Bestandsmehrung

Im Konto „Fertige Erzeugnisse" ergibt sich somit **als Saldo** ein **Mehrbestand** in Höhe von 50.000,00 € (500 Fahrräder je 100,00 €). Da das GuV-Konto jedoch im Soll die Herstellungsaufwendungen für 2000 Fahrräder ausweist, im Haben aber die Erlöse für nur 1500 Fahrräder, wird der auf Lager produzierte **Mehrbestand** an Erzeugnissen zum Ausgleich **als Ertragsposten** auf die Habenseite des GuV-Kontos übertragen und damit den gesamten Herstellungsaufwendungen gegenübergestellt. Das **GuV-Konto** weist nun im Haben die **Gesamtleistung** des Industriebetriebes aus: die Umsatzerlöse als **Umsatzleistung** und die Bestandsmehrung als **Lagerleistung.**

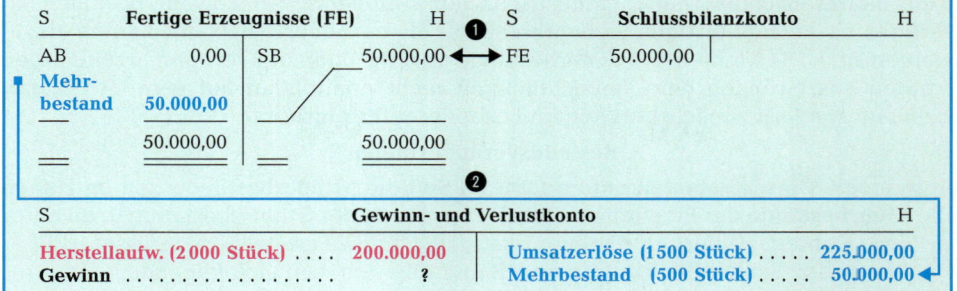

Merke: Eine Bestandsmehrung entsteht, wenn in einem Geschäftsjahr mehr Erzeugnisse hergestellt als verkauft wurden. Der Mehrbestand wird im GuV-Konto als Ertrag den entsprechenden Herstellungsaufwendungen gegenübergestellt.

Beispiel 3: Im 3. Geschäftsjahr stellt die Fahrradfabrik 3 000 Fahrräder her. Im gleichen Zeitraum werden jedoch 3 400 Fahrräder verkauft. 400 Fahrräder wurden somit aus dem Lagerbestand des Vorjahres (500 Stück) verkauft. Der Schlussbestand beträgt daher zum 31. Dezember 100 Stück je 100,00 €/Stück = 10.000,00 €.

Buchung: ❶ **Schlussbilanzkonto** an **Fertige Erzeugnisse** **10.000,00**

Im dritten Geschäftsjahr wurden also 400 Fahrräder mehr verkauft als hergestellt. Somit ist der Schlussbestand an Fahrrädern (100 Stück) kleiner als der Anfangsbestand (500 Stück).

Merke: Absatzmenge > Herstellungsmenge ➞ AB > SB = Bestandsminderung

Im Konto „Fertige Erzeugnisse" zeigt sich **als Saldo** ein **Minderbestand** von 40.000,00 € (400 Fahrräder zu je 100,00 €). Im GuV-Konto muss nun den Umsatzerlösen der 400 Fahrräder, die aus Lagerbeständen des Vorjahres verkauft wurden, auch der **Minderbestand** im Herstellwert von 40.000,00 € **als Aufwandsposten** gegenübergestellt werden.

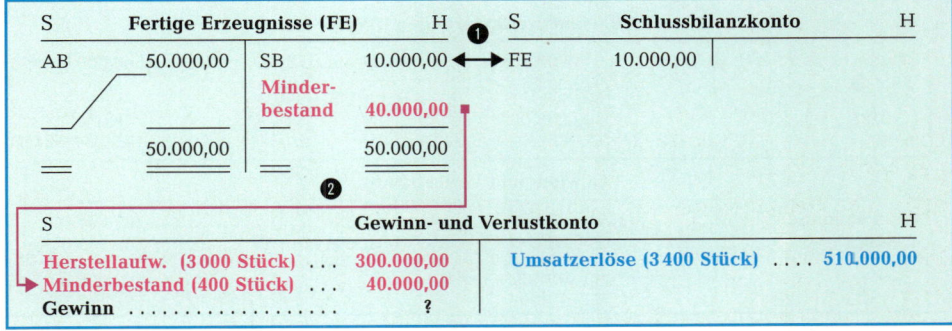

Merke: Eine Bestandsminderung entsteht, wenn in einem Geschäftsjahr mehr Erzeugnisse verkauft als hergestellt wurden. Der Minderbestand muss dann im GuV-Konto als Aufwand den Umsatzerlösen der aus dem Vorjahresbestand verkauften Erzeugnisse gegenübergestellt werden.

Zum Jahresabschluss haben Industriebetriebe in der Regel sowohl Bestände an **fertigen** als auch **unfertigen** Erzeugnissen, für die **gesonderte Bestandskonten** einzurichten sind. Die Mehr- und Minderbestände an unfertigen und fertigen Erzeugnissen werden aus Gründen der Übersichtlichkeit nicht unmittelbar auf dem GuV-Konto gebucht, sondern zunächst auf einem besonderen **Erfolgskonto**

„Bestandsveränderungen"[1]

gesammelt. Dieses **Sammelkonto** erfasst **im Soll** die **Minderbestände** und **im Haben** die **Mehrbestände** der Erzeugnisse. Nach Eintragung der Schlussbestände lt. Inventur in den Konten „Unfertige Erzeugnisse" (UE) und „Fertige Erzeugnisse" (FE) — Buchungssatz: Schlussbilanzkonto an UE und FE — ergeben sich folgende

Umbuchungen bei Bestandsmehrungen:

- **Unfertige Erzeugnisse** .... an **Bestandsveränderungen**
- **Fertige Erzeugnisse** ...... an **Bestandsveränderungen**

Umbuchungen bei Bestandsminderungen:

- **Bestandsveränderungen** .. an **Unfertige Erzeugnisse**
- **Bestandsveränderungen** .. an **Fertige Erzeugnisse**

Auf dem Konto „Bestandsveränderungen" werden nun die **Mehr- und Minderbestände** der unfertigen und fertigen Erzeugnisse miteinander **verrechnet.** Der **Saldo** wird auf das **GuV-Konto** übertragen.

Abschlussbuchung:

- bei Minderbestand: Gewinn- und Verlustkonto . an **Bestandsveränderungen**
- bei Mehrbestand: Bestandsveränderungen ... an **Gewinn- und Verlustkonto**

Beispiel 4: Am Schluss des 4. Geschäftsjahres beträgt der Endbestand an fertigen Fahrrädern lt. Inventur 2.000,00 €, bewertet zum Herstellwert. Der Herstellwert des Schlussbestandes an noch nicht fertig gestellten Fahrrädern beträgt lt. Inventur 48.000,00 €. Nach Buchung dieser Schlussbestände (SBK an FE und UE) ergibt sich der Abschluss der Konten: *Nennen Sie die Buchungssätze zu* ❶ *bis* ❺.

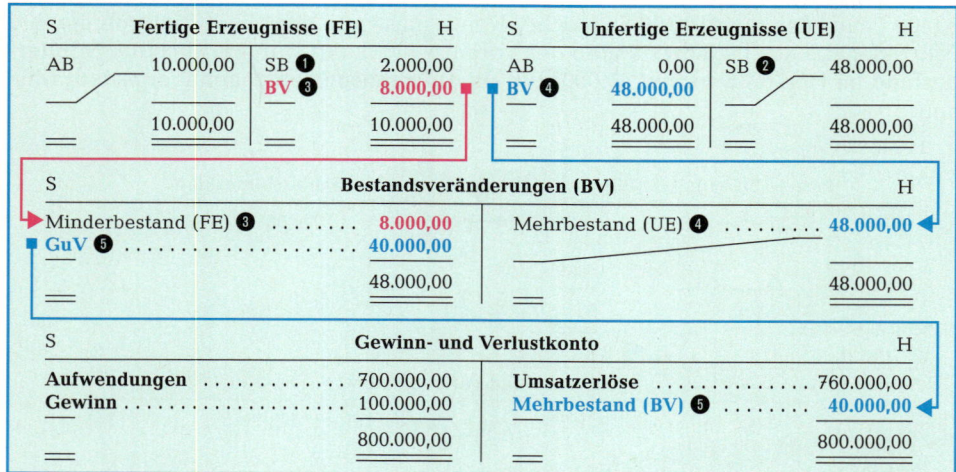

Merke: Wenn Herstellungs- und Absatzmenge in einer Rechnungsperiode nicht übereinstimmen, ergibt sich der Erfolg des Industriebetriebes erst unter Berücksichtigung der Bestandsveränderungen an unfertigen und fertigen Erzeugnissen.

---

1 Nach dem Industriekontenrahmen (IKR) können die Bestandsveränderungen auch auf getrennten Konten gebucht werden: „Bestandsveränderungen an unfertigen Erzeugnissen" und „Bestandsveränderungen an fertigen Erzeugnissen".

> **Merke:** Die Konten „Unfertige Erzeugnisse" und „Fertige Erzeugnisse" weisen in der Regel nur drei Posten aus:
> - den Anfangsbestand,
> - den Schlussbestand lt. Inventur und
> - die Bestandsveränderung (Mehrung oder Minderung).

Aufgaben

54

Führen Sie folgende Konten: Unfertige Erzeugnisse, Fertige Erzeugnisse, Bestandsveränderungen, Gewinn- und Verlustkonto, Schlussbilanzkonto.

Anfangsbestände

Unfertige Erzeugnisse . . . . 12.000,00 €	Fertige Erzeugnisse	18.000,00 €
Die Aufwendungen betragen im GuV-Konto insgesamt		85.000,00 €
Die Umsatzerlöse betragen im GuV-Konto insgesamt		120.000,00 €

Schlussbestände

Unfertige Erzeugnisse . . . . 16.000,00 €	Fertige Erzeugnisse	26.000,00 €

1. Buchen Sie die Schlussbestände an UE und FE.
2. Buchen und erläutern Sie jeweils die Bestandsveränderung an UE und FE.
3. Ermitteln Sie buchhalterisch den Erfolg des Industriebetriebes.
4. Wie hoch wäre der Erfolg ohne Berücksichtigung der Bestandsveränderungen?
5. Wie wirken sich demnach Bestandsmehrungen auf den Erfolg aus?

55

Übernehmen Sie den Kontenplan der Aufgabe 54.

Anfangsbestände

Unfertige Erzeugnisse . . . . 10.200,00 €	Fertige Erzeugnisse	22.400,00 €
Die Aufwendungen betragen insgesamt		62.840,00 €
Die Umsatzerlöse betragen insgesamt		95.920,00 €

Schlussbestände

Unfertige Erzeugnisse . . . . 8.000,00 €	Fertige Erzeugnisse	10.200,00 €

1. Schließen Sie die Konten unter Angabe der Buchungssätze ab und ermitteln Sie den Erfolg des Industriebetriebes.
2. Wie wirken sich Bestandsminderungen auf den Erfolg aus?

56

Übernehmen Sie den Kontenplan der Aufgabe 54.

Anfangsbestände

Unfertige Erzeugnisse . . . . 20.000,00 €	Fertige Erzeugnisse	60.000,00 €
Die Aufwendungen betragen insgesamt		280.000,00 €
Die Umsatzerlöse betragen insgesamt		330.000,00 €

Schlussbestände

Unfertige Erzeugnisse . . . . 5.000,00 €	Fertige Erzeugnisse	60.000,00 €

Schließen Sie die Konten unter Angabe der Buchungssätze ab und ermitteln Sie den Erfolg.

57

1. Begründen Sie, warum der Minderbestand an Erzeugnissen auf der Sollseite des Gewinn- und Verlustkontos auszuweisen ist.
2. Warum ist entsprechend der Mehrbestand an Erzeugnissen auf der Habenseite des Gewinn- und Verlustkontos auszuweisen?
3. Erklären Sie: Erlöse + Mehrbestände $>$ Aufwendungen $= ?$
   Erlöse $<$ Aufwendungen + Minderbestände $= ?$
4. Woraus setzt sich die Gesamtleistung des Industriebetriebes zusammen?

---

58 Der Summenbilanz eines Industriebetriebes entnehmen wir folgende Konten:

Konten	Soll	Haben
Rohstoffe	83.500,00	—
Hilfsstoffe	37.600,00	—
Aufwendungen für Rohstoffe	—	—
Aufwendungen für Hilfsstoffe	—	—
Löhne	54.600,00	—
Gehälter	36.200,00	—
Mietaufwendungen	28.000,00	—
Abschreibungen auf Sachanlagen	16.400,00	—
Werbeaufwendungen	1.600,00	—
Unfertige Erzeugnisse (Anfangsbestand)	13.100,00	—
Fertige Erzeugnisse (Anfangsbestand)	22.300,00	—
Umsatzerlöse für eigene Erzeugnisse	—	235.800,00
Bestandsveränderungen	—	—
Gewinn- und Verlustkonto	—	—
Eigenkapital	—	255.000,00
Schlussbilanzkonto	—	—

Abschlussangaben

Schlussbestände lt. Inventur: Rohstoffe 33.700,00

Hilfsstoffe 22.300,00

Unfertige Erzeugnisse 16.000,00

Fertige Erzeugnisse 10.400,00

1. *Eröffnen Sie die Konten.*
2. *Buchen Sie zunächst die Schlussbestände lt. Inventur und nennen Sie jeweils den entsprechenden Buchungssatz.*
3. *Führen Sie den Abschluss der Konten unter Angabe der Buchungssätze durch.*
4. *Nennen Sie die Verfahren zur Ermittlung des Werkstoffverbrauchs und deren Vor- bzw. Nachteile. Wodurch wird der Verbrauch an Roh- und Hilfsstoffen in diesem Betrieb erfasst?*
5. *Welche grundsätzliche Wirkung hat in diesem Falle die Bestandsveränderung?*

59 **Anfangsbestände**

Technische Anlagen und Maschinen	210.000,00
Rohstoffe	53.600,00
Fremdbauteile	18.300,00
Betriebsstoffe	5.100,00
Unfertige Erzeugnisse	11.900,00
Fertige Erzeugnisse	28.600,00
Forderungen a. LL	44.400,00
Bank	27.200,00
Kasse	14.900,00
Verbindlichkeiten a. LL	114.000,00
Eigenkapital	300.000,00

Kontenplan

Bestandskonten: Technische Anlagen und Maschinen, Rohstoffe, Fremdbauteile, Betriebsstoffe, Unfertige Erzeugnisse, Fertige Erzeugnisse, Forderungen a.LL, Bank, Kasse, Verbindlichkeiten a.LL, Eigenkapital: Schlussbilanzkonto;

Erfolgskonten: Aufwendungen für Rohstoffe, Aufwendungen für Fremdbauteile, Aufwendungen für Betriebsstoffe, Löhne, Gehälter, Vertriebsprovisionen, Ausgangsfrachten, Reise-
kosten, Mietaufwendungen, Fremdinstandhaltung, Abschreibungen auf Sachanlagen,
Umsatzerlöse für eigene Erzeugnisse, Bestandsveränderungen, Zinserträge: Gewinn- und
Verlustkonto.

Geschäftsfälle

1.	Verbrauch lt. Materialentnahmescheine	
	Rohstoffe	28.600,00
	Fremdbauteile	6.000,00
2.	Zielverkauf von eigenen Erzeugnissen lt. AR 1206	29.700,00
3.	Barabhebung von der Bank	1.900,00
4.	Lt. BA Zahlung von Löhnen durch Überweisung	6.800,00
5.	Kauf von Rohstoffen lt. ER 806	19.800,00
	von Fremdbauteilen lt. ER 807	3.400,00
6.	Verkauf von eigenen Erzeugnissen auf Ziel lt. AR 1207 ab Werk	25.400,00
7.	Unsere Überweisung für Vertreterprovision lt. BA	950,00
8.	Kunden begleichen lt. BA Rechnung durch Überweisung	23.650,00
9.	Überweisung für Gehälter lt. BA	9.400,00
10.	Überweisung für eine Maschinenreparatur lt. BA	1.950,00
11.	Barausgaben für Reisekosten	490,00
12.	Zielverkauf von eigenen Erzeugnissen lt. AR 1208 frei Haus	8.900,00
13.	Ausgangsfracht hierauf bar	290,00
14.	Unsere Überweisung für Lagerraummiete lt. BA	700,00
15.	Lt. BA Gutschrift der Bank für Zinsen	800,00

Abschlussangaben

1.	Abschreibung auf Technische Anlagen und Maschinen	24.400,00
2.	Inventurbestände:	
	Betriebsstoffe	3.200,00
	Unfertige Erzeugnisse	11.600,00
	Fertige Erzeugnisse	35.300,00
3.	Im Übrigen entsprechen die Buchwerte der Inventur.	

---

1. In welchem Fall entsteht
   a) ein Mehrbestand und
   b) ein Minderbestand an Erzeugnissen?

2. Wie lautet der Abschlussbuchungssatz des Kontos „Bestandsveränderungen"
   a) bei Mehrbeständen und
   b) bei Minderbeständen?

*3. Wie wirken sich a) Mehrbestände und b) Minderbestände auf den Gewinn der Abrechnungs-
periode aus?*

4. Erläutern Sie kritisch die beiden Verfahren zur Ermittlung des Werkstoffverbrauchs.

5. Welcher Sachverhalt liegt den folgenden Buchungen zugrunde?
   a) Eigenkapitalkonto an Gewinn- und Verlustkonto 20.000,00 €
   b) Bank an Eigenkapitalkonto 60.000,00 €

60

---

7 Umsatzsteuer beim Ein- und Verkauf

7.1 Wesen der Umsatzsteuer (Mehrwertsteuer)

Viele zum Verkauf angebotene Waren legen meist einen langen Weg zurück: vom Betrieb der Urerzeugung über Betriebe der Weiterverarbeitung, des Groß- und Einzelhandels bis zum Endverbraucher. Menschen und Kapital schaffen **auf jeder Stufe** dieses Warenwegs „mehr Wert". Diesen **Mehrwert,** der sich jeweils aus der **Differenz zwischen Verkaufs- und Einkaufspreis** der Ware ergibt, besteuert der Staat mit „**Mehrwertsteuer",** deren Grundlage das **Umsatzsteuergesetz** ist. Die Mehrwertsteuer heißt deshalb auch offiziell **Umsatzsteuer.** Der **allgemeine** Umsatzsteuersatz beträgt **19 %**[1], der **ermäßigte,** z. B. für Lebensmittel und Bücher, **7 %.**

Eine Wohnzimmerschrankwand, die in einem Möbeleinzelhandelsgeschäft an einen Privatkunden für **11.900,00 €** (10.000,00 € **Warenwert** + 1.900,00 € **Umsatzsteuer)** verkauft wurde, legt in der Regel vier Umsatzstufen zurück. Der Forstbetrieb mit angeschlossenem Sägewerk liefert das Holz an die Möbelwerke, die daraus die Schrankwand herstellen und an den Möbelgroßhändler verkaufen, der wiederum das Möbeleinzelhandelsgeschäft beliefert. Von dem **auf jeder Umsatzstufe** entstandenen **Mehrwert** werden **19 % Umsatzsteuer** berechnet und als **Zahllast** an das Finanzamt abgeführt. Das sind für alle vier Umsatzstufen **insgesamt 1.900,00 € Umsatzsteuer,** also genau der Betrag, den der **Privatkunde als Endverbraucher** an Umsatzsteuer **zu tragen und zu zahlen** hat:

Umsatzstufen	Einkaufspreis lt. ER	Verkaufspreis lt. AR	Mehrwert	Zahllast: 19 % USt vom Mehrwert
Forstbetrieb	0,00 €	2.000,00 €	**2.000,00 €**	380,00 € USt
Möbelwerke	2.000,00 €	6.500,00 €	**4.500,00 €**	855,00 € USt
Möbelgroßhandel	6.500,00 €	8.000,00 €	**1.500,00 €**	285,00 € USt
Möbeleinzelhandel	8.000,00 €	10.000,00 €	**2.000,00 €**	380,00 € USt
Privatkunde zahlt an Einzelhandel:	**11.900,00 €** ═	10.000,00 € ✚		1.900,00 € USt

Die Umsatzsteuer, die auf jeder Stufe des Warenwegs an das Finanzamt abgeführt wird, **belastet nicht die Unternehmen,** sondern, wie das Beispiel zeigt, **allein den Privatkunden,** der die Rechnung des Möbeleinzelhändlers einschließlich der Umsatzsteuer im **Preis von 11.900,00 €** bezahlt. Der Einzelhändler vereinnahmt die Umsatzsteuer im Namen des Finanzamtes und führt sie entsprechend ab.

Merke:
- Auf jeder Stufe des Warenwegs entsteht ein Mehrwert.
- Nettoverkaufspreis > Nettoeinkaufspreis = Mehrwert
- Jeder Unternehmer hat zwar die Umsatzsteuer von seiner Mehrwertschöpfung als Zahllast an das Finanzamt abzuführen, sie belastet ihn jedoch nicht.
- Die Umsatzsteuer wird ausschließlich vom Privatkunden getragen.

---

1 ab 1. Januar 2007

7.2 Ermittlung der Zahllast aus Umsatzsteuer und Vorsteuer

Wenn die Umsatzsteuer auf allen Rechnungen offen ausgewiesen wird, kann die an das Finanzamt abzuführende **Umsatzsteuer-Zahllast auf jeder Stufe des Warenwegs** sehr **schnell ermittelt** werden, wie das folgende Beispiel zeigt:

Beispiel:	Der Forstbetrieb Hölzer KG verkauft an die Möbelwerke Kurz Eichenholz aufgrund der nebenstehenden Ausgangsrechnung:	**Ausgangsrechnung d. Forstbetriebs Hölzer:** Eichenholz, netto . . . . 2 000,00 € + 19 % Umsatzsteuer . . . . 380,00 € **Rechnungsbetrag . . . . 2.380,00 €**
Beispiel:	Die Möbelwerke W. Kurz e. K. verkaufen die aus Eichenholz hergestellte Wohnzimmerschrankwand an den Möbelgroßhandel Schnell aufgrund der AR:	**Ausgangsrechnung der Möbelwerke Kurz:** Wohnzimmerschrankwand S 404, netto . . . . 6 500,00 € + 19 % Umsatzsteuer . . . . 1 235,00 € **Rechnungsbetrag . . . . 7.735,00 €**

Die **Warenlieferung** des Forstbetriebs an die Möbelwerke **unterliegt nach § 1 Umsatzsteuergesetz der Umsatzsteuer.** Der Forstbetrieb **schuldet** dem Finanzamt somit **380,00 € Umsatzsteuer,** die er aber von den Möbelwerken zurückhaben will. Deshalb ist der Lieferer der Ware gesetzlich verpflichtet die **Umsatzsteuer** in der **Ausgangsrechnung** neben dem Warenwert (Nettowert) **gesondert auszuweisen.**

Die Ausgangsrechnung des Forstbetriebes ist zugleich die **Eingangsrechnung** der Möbelwerke. Die in der Eingangsrechnung genannte Umsatzsteuer (380,00 €) dürfen die Möbelwerke als **Vorsteuer** von der aufgrund ihrer Ausgangsrechnung geschuldeten Umsatzsteuer (1.235,00 €) abziehen. **Die Vorsteuer,** also die Umsatzsteuer auf Eingangsrechnungen, **stellt** damit eine **Forderung gegenüber dem Finanzamt dar.**

Aus der Differenz zwischen den Umsatzsteuerschulden aufgrund der Ausgangsrechnungen **und den Vorsteuern** aufgrund der Eingangsrechnungen ergibt sich die an das Finanzamt abzuführende **Umsatzsteuer-Zahllast,** sofern die Schulden das Vorsteuerguthaben überwiegen. Die Umsatzsteuer-Zahllast ist dem Finanzamt in Form einer **Umsatzsteuervoranmeldung** grundsätzlich **vierteljährlich** und bei einer Vorjahres-Umsatzsteuer von mehr als 6.136,00 € **monatlich online** mitzuteilen (§ 18 Abs. 2 UStG). Vereinfacht ergibt sich für das Beispiel der Möbelwerke Folgendes:

Umsatzsteuerverbindlichkeiten aufgrund der Ausgangsrechnung	1.235,00 €
— Vorsteuerguthaben aufgrund der Eingangsrechnung	380,00 €
Umsatzsteuer-Zahllast	**855,00 €**

Durch den Abzug der Vorsteuer erreicht man, dass jeweils **nur der Mehrwert besteuert wird,** wie ein Vergleich mit der Tabelle auf Seite 54 zeigt. Die **Möbelwerke** werden durch die Umsatzsteuer **nicht belastet.** Sie vereinnahmen vom Großhandel 1.235,00 € Umsatzsteuer, von der sie 380,00 € Vorsteuer an das Sägewerk und 855,00 € Zahllast an das Finanzamt abführen. Gleiches gilt für den Möbelgroß- und -einzelhandel.

Merke:	• **Die Umsatzsteuerbeträge auf Ausgangsrechnungen sind Verbindlichkeiten gegenüber dem Finanzamt.** • **Die Umsatzsteuerbeträge auf Eingangsrechnungen sind Vorsteuern, die Forderungen gegenüber dem Finanzamt darstellen.** • **Die Zahllast wird meist monatlich ermittelt und bis zum 10. des Folgemonats abgeführt: Umsatzsteuer aus AR > Vorsteuer aus ER = Zahllast** • **Nur Unternehmen und Selbstständige sind zum Vorsteuerabzug berechtigt.**

7.3 Die Umsatzsteuer – ein durchlaufender Posten der Unternehmen

Der Umsatzsteuer unterliegen nach § 1 UStG alle **Lieferungen und Leistungen,** die im **Inland** gegen **Entgelt** von einem **Unternehmen** erbracht werden. Auch **unentgeltliche Entnahmen** von Sachgütern und sonstigen Leistungen des Unternehmens durch den Unternehmer (z. B. für Privatzwecke)[1] sind umsatzsteuerpflichtig. **Der gewerbliche Erwerb von Gütern aus EU-Mitgliedstaaten** gegen Entgelt, der sog. **„Innergemeinschaftliche Erwerb",** unterliegt ebenfalls der **deutschen Umsatzsteuer.** Während der **Export in Nicht-EU-Staaten,** in sog. Drittländer (z. B. Schweiz), **von der Umsatzsteuer befreit** ist, ist für den **Import** aus diesen Staaten **Einfuhrumsatzsteuer** zu zahlen.[2]

Wie die Grunderwerbsteuer (3,5 %) und die Versicherungsteuer (19 %) zählt auch die **Umsatzsteuer** in der verwaltungsrechtlichen Einteilung der Steuern zu den **Verkehrsteuern,** die rechtliche oder wirtschaftliche Vorgänge besteuern, wie z. B. die Lieferung einer Ware oder den Erwerb eines Grundstücks. Von ihrer Wirkung aus müsste man die **Umsatzsteuer** eigentlich zu den **Verbrauchsteuern** rechnen, weil sie den **Verbrauch der privaten Haushalte belastet,** wie z. B. die Tabaksteuer, Mineralölsteuer, Biersteuer. **Für alle Unternehmen und Selbstständige** (Handwerker, Notare, Anwälte, Handelsvertreter u. a.) ist die **Umsatzsteuer** lediglich ein **durchlaufender Posten,** da sie die ihren Kunden in Rechnung gestellte Umsatzsteuer im Namen des Finanzamtes vereinnahmen, sie als Vorsteuer an ihre Vorlieferanten und als Zahllast an das Finanzamt abführen. Damit das korrekt geschieht und für das Finanzamt nachprüfbar wird, gibt es die gesetzliche Vorschrift, die **Umsatzsteuer** auf allen Ausgangsrechnungen **offen auszuweisen.** Diese Zusammenhänge werden noch einmal in unserem Umsatzstufenbeispiel verdeutlicht:

Umsatzstufen	Ausgangsrechnung/ Eingangsrechnung		Umsatzsteuer	Vorsteuer	Zahllast
Forstbetrieb	Nettopreis	2.000,00 €			
	+ 19 % USt	380,00 €	380,00 €	0,00 €	**380,00 €**
	Bruttopreis	2.380,00 €			
Möbelwerke	Nettopreis	6.500,00 €			
	+ 19 % USt	1.235,00 €	1.235,00 €	380,00 €	**855,00 €**
	Bruttopreis	7.735,00 €			
Großhandel	Nettopreis	8.000,00 €			
	+ 19 % USt	1.520,00 €	1.520,00 €	1.235,00 €	**285,00 €**
	Bruttopreis	9.520,00 €			
Einzelhandel	Nettopreis	10.000,00 €			
	+ 19 % USt	1.900,00 €	1.900,00 €	1.520,00 €	**380,00 €**
	Bruttopreis	11.900,00 €			
Privatkunde	bezahlt brutto	11.900,00 €	**5.035,00 €**	**3.135,00 €**	**1.900,00 €**
		Probe:	**Schuld**	**– Forderung =**	**Zahllast**

Die aufgrund der **Umsatzsteuervoranmeldungen** abgeführten Zahllasten stellen lediglich **Vorauszahlungen** an das Finanzamt dar. Deshalb ist für das abgelaufene Geschäftsjahr noch eine **Umsatzsteuer-Jahreserklärung** zu erstellen, die zusammen mit der Einkommen- bzw. Körperschaftsteuererklärung **bis zum 31. Mai des Folgejahres** beim Finanzamt einzureichen ist.

---

1 siehe auch S. 67 f.

Sind die Vorsteuern eines Monats, Quartals oder Jahres höher als die Umsatzsteuer, erstattet das Finanzamt diesen **Vorsteuerüberhang** durch Überweisung.

Beispiel: Die Umsatzsteuervoranmeldung der Möbelwerke Werner Kurz e. K. weist zum 31. März folgende Zahlen aus:

Umsatzsteuer	112.000,00 €
− Vorsteuer	136.000,00 €
Vorsteuerguthaben zum 31. März	**24.000,00 €**

Merke:
- Bemessungsgrundlage der Umsatzsteuer ist das Entgelt[1], also der Nettopreis der bezogenen Lieferung oder Leistung zuzüglich aller Nebenkosten.
- Die Umsatzsteuer ist auf allen Ausgangsrechnungen gesondert auszuweisen, sofern diese auf Unternehmen oder Selbstständige ausgestellt sind.
- Bei Kleinbetragsrechnungen bis zu 100,00 € einschl. USt (z. B. Tankstellenbeleg) genügt die Angabe des Steuersatzes für die im Bruttobetrag enthaltene Umsatzsteuer.
- Die Umsatzsteuervoranmeldung ist grundsätzlich vierteljährlich und bei einer Vorjahres-Umsatzsteuer von mehr als 6.136,00 € monatlich online beim Finanzamt einzureichen.
- Für jedes Geschäftsjahr ist eine Umsatzsteuer-Jahreserklärung abzugeben.
- Ein Vorsteuerüberhang (Vorsteuer > Umsatzsteuer) wird vom Finanzamt erstattet.
- Bei Unternehmen und Selbstständigen ist die Umsatzsteuer ein durchlaufender Posten.

7.4 Buchung der Umsatzsteuer im Ein- und Verkaufsbereich

7.4.1 Buchung beim Einkauf von Rohstoffen u. a.

Der Einkauf von Roh-, Hilfs- und Betriebsstoffen sowie von Fertigteilen und Handelswaren wird aufgrund einer Eingangsrechnung (ER) gebucht. Sie weist den Nettowert des bezogenen Materials und die darauf entfallende Umsatzsteuer gesondert aus. In unserem Stufenbeispiel auf Seite 56 erhalten die Möbelwerke für die Lieferung von Eichenholz vom Forstbetrieb Hölzer folgende Rechnung:

Eingangsrechnung der Möbelwerke W. Kurz e. K.	
Eichenholz, netto	2.000,00 €
+ 19 % Umsatzsteuer	380,00 €
Rechnungsbetrag	**2.380,00 €**

Die in der **Eingangsrechnung** ausgewiesene Umsatzsteuer — die sog. **Vorsteuer** — begründet für die Möbelwerke eine **Forderung gegenüber dem Finanzamt**; daher wird die beim Einkauf der Rohstoffe in Rechnung gestellte Vorsteuer zunächst im

Aktivkonto „Vorsteuer"

auf der Sollseite gebucht. Im „Rohstoffkonto" wird im Soll nur der Nettobetrag erfasst. Der Rechnungsbetrag wird auf dem Konto „Verbindlichkeiten a. LL" im Haben gebucht.

Der Buchungssatz aufgrund der **Eingangsrechnung** lautet:

Rohstoffe	2.000,00	
Vorsteuer	380,00	
an **Verbindlichkeiten a. LL**		2.380,00

---

1 Nach **§ 10 UStG** ist **Entgelt** alles, was der Leistungsempfänger aufwendet, um die Leistung zu erhalten, jedoch abzüglich der Umsatzsteuer.

S	Rohstoffe	H		S	Verbindlichkeiten a. LL	H
Verb. a. LL	2.000,00				Rohstoffe/	
					Vorsteuer	2.380,00

S	Vorsteuer	H
Verb. a. LL	380,00	

Merke: Die Umsatzsteuer in der Eingangsrechnung ist die Vorsteuer. Das Konto „Vorsteuer" ist ein Aktivkonto. Es weist ein Guthaben, d. h. eine Forderung gegenüber dem Finanzamt aus.

7.4.2   Buchung beim Verkauf von eigenen Erzeugnissen

Der Verkauf von eigenen Erzeugnissen wird aufgrund einer Ausgangsrechnung (AR) gebucht. Sie weist den Nettopreis der Erzeugnisse und die darauf entfallende Umsatzsteuer gesondert aus. In unserem Beispiel erstellen die Möbelwerke Kurz aus Eichenholz Wohnzimmerschrankwände und verkaufen eine davon an den Möbelgroßhandel Schnell auf Ziel (Nettopreis 6.500,00 €). Die Möbelwerke Kurz schicken dem Möbelgroßhändler folgende Rechnung:

Ausgangsrechnung der Möbelwerke W. Kurz e. K.	
Wohnzimmerschrankwand S 404, netto ...	6.500,00 €
+ 19 % Umsatzsteuer	1.235,00 €
Rechnungsbetrag	**7.735,00 €**

Die Möbelwerke Kurz belasten den Großhändler Schnell auf dem Konto „Forderungen a. LL" mit dem Rechnungsbetrag von 7.735,00 €; denn der Möbelgroßhändler ist verpflichtet den Möbelwerken den Nettowert des Erzeugnisses und deren Umsatzsteuerverbindlichkeiten aus dieser Lieferung zu bezahlen. Das Konto „Umsatzerlöse für eigene Erzeugnisse" übernimmt im Haben den Nettopreis von 6.500,00 €. Die darauf entfallende Umsatzsteuer, also die Umsatzsteuer aus dem Verkauf der Erzeugnisse, wird dem Finanzamt auf dem

Passivkonto „Umsatzsteuer"

im Haben gutgeschrieben.

Der Buchungssatz aufgrund der **Ausgangsrechnung** lautet:

     Forderungen a. LL 7.735,00
     an   Umsatzerlöse für eigene Erzeugnisse 6.500,00
     an   Umsatzsteuer 1.235,00

S	Forderungen a. LL	H		S	Umsatzerlöse f. eigene Erzeugnisse	H
Umsatzerlöse/					Ford. a. LL	6.500,00
USt	7.735,00					

S	Umsatzsteuer	H
	Ford. a. LL	1.235,00

Merke: Das Konto „Umsatzsteuer" ist ein Passivkonto. Es weist Umsatzsteuerverbindlichkeiten gegenüber dem Finanzamt aus.

662158

7.4.3 Vorsteuerabzug und Ermittlung der Zahllast

Ermittlung der Zahllast. Mit dem Verkauf der Wohnzimmerschrankwand an den Möbelgroßhandel Schnell entsteht für die Möbelwerke Kurz zunächst eine **Umsatzsteuerschuld** in Höhe von 1.235,00 € gegenüber dem Finanzamt. Die Möbelwerke haben jedoch durch die beim Einkauf der Rohstoffe geleistete Vorsteuer ein **Guthaben,** d. h. eine Forderung an das Finanzamt in Höhe von 380,00 €. Sie brauchen also nur noch den **Unterschiedsbetrag** zwischen der Umsatzsteuer beim Verkauf und der Umsatzsteuer beim Einkauf (= Vorsteuer) an das Finanzamt zu zahlen **(= Zahllast):**

	Umsatzsteuerverbindlichkeit aus dem Verkauf	1.235,00 €
−	Vorsteuerguthaben aus dem Einkauf	380,00 €
	Zahllast	855,00 €

Die Zahllast in Höhe von 855,00 € entspricht somit 19 % der eigenen Mehrwertschöpfung (19 % von 4.500,00 € = 855,00 €).

Zum Schluss des Umsatzsteuervoranmeldungszeitraums[1] ist der Saldo des Kontos „Vorsteuer" (= Forderung) auf das Konto „Umsatzsteuer" (= sonstige Verbindlichkeit) zu übertragen, um die Zahllast buchhalterisch zu ermitteln:

Buchung: Umsatzsteuer .... an **Vorsteuer** 380,00

S	Vorsteuer		H	S	Umsatzsteuer		H
Verb. a. LL	380,00	Saldo	380,00 ➡	VSt	380,00	Ford. a. LL	1.235,00
				Zahllast	855,00		

Überweisung der Zahllast. Nach dieser Umbuchung weist nun der Saldo des Kontos „Umsatzsteuer" die Zahllast aus, die **spätestens bis zum 10. des folgenden Monats** an das Finanzamt abzuführen ist:

Buchung: Umsatzsteuer .... an **Bank** 855,00

S	Bank		H	S	Umsatzsteuer		H
...	25.000,00	USt	855,00 ◀	VSt	380,00	Ford. a. LL	1.235,00
				Bank	855,00		
					1.235,00		1.235,00

Merke:
- Zur buchhalterischen Ermittlung der Zahllast wird das Konto „Vorsteuer" über das Konto „Umsatzsteuer" abgeschlossen.
- Nach der Verrechnung zeigt der Saldo auf dem Konto „Umsatzsteuer" den an das Finanzamt abzuführenden Betrag: die Zahllast.
- Bei einem Steuersatz von 19 % entspricht der Rechnungs- oder Bruttobetrag stets 119 %: Warennettobetrag (= 100 %) + 19 % Umsatzsteuer. Aus dem Bruttobetrag lässt sich der Anteil der Umsatzsteuer wie folgt herausrechnen: 119 % ≙ Bruttobetrag, 19 % ≙ x:

$$\text{Steueranteil} = \frac{\text{Bruttobetrag} \cdot 19\,\%}{119\,\%}$$

---

[1] siehe Seiten 55 und 57

7.5 Bilanzierung der Zahllast und des Vorsteuerüberhangs

Passivierung der Zahllast. Zum 31. Dezember ist die Zahllast des Monats Dezember als **„Sonstige Verbindlichkeit" in die Schlussbilanz** einzusetzen, also zu **passivieren**.

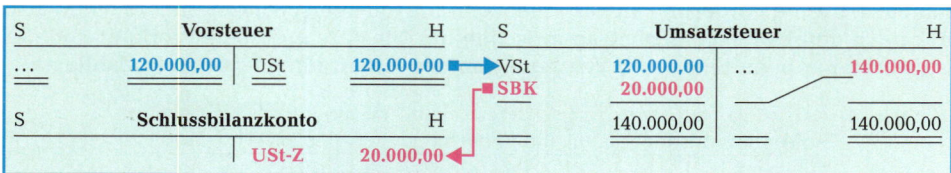

Buchungen zum 31. Dez.: ❶ Umsatzsteuer an Vorsteuer 120.000,00
❷ Umsatzsteuer an Schlussbilanzkonto .. 20.000,00

Aktivierung des Vorsteuerüberhangs. Entsprechend ist ein Vorsteuerüberhang zum 31. Dezember als **„Sonstige Forderung" in der Schlussbilanz** auszuweisen, also zu **aktivieren.** In diesem Fall ist das Konto „Umsatzsteuer" über das Konto „Vorsteuer" abzuschließen.

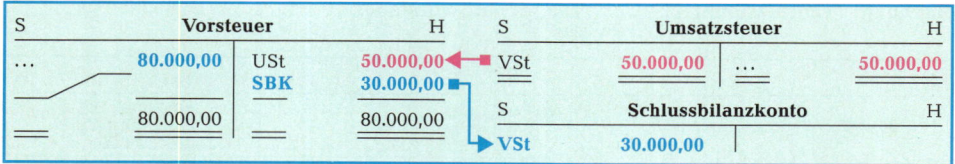

Buchungen zum 31. Dez.: ❶ Umsatzsteuer .... an Vorsteuer ... 50.000,00
❷ Schlussbilanzkonto ... an Vorsteuer ... 30.000,00

Merke: Zum Bilanzstichtag (31. Dezember) ist im Schlussbilanzkonto
• die Zahllast als „Sonstige Verbindlichkeit" auszuweisen (zu passivieren),
• ein Vorsteuerüberhang als „Sonstige Forderung" zu aktivieren.

Aufgaben

61 Ein Unternehmen der Grundstoffindustrie verkauft an einen Industriebetrieb Rohstoffe im Wert von 2.000,00 € netto. Der Industriebetrieb erstellt aus den Rohstoffen fertige Erzeugnisse und verkauft diese für 6.000,00 € an den Großhandel. Der Großhandel veräußert diese Waren an den Einzelhandel für 7.600,00 €. Der Einzelhandel setzt die Waren an verschiedene Konsumenten für 11.000,00 € ab. Die Preise sind Nettopreise, allgemeiner Steuersatz.

Zeichnen Sie ein Stufenschema (siehe Seite 56), das den Rechnungsbetrag, die Umsatzsteuer beim Verkauf, die Vorsteuer und die Zahllast enthält. Buchen Sie auf jeder Stufe.

62 Ein Industrieunternehmen hat im Monat Oktober insgesamt Umsatzerlöse von netto 50.000,00 € und Einkäufe von Rohstoffen von netto 30.000,00 € getätigt. Allgemeiner Steuersatz.

Konten: Rohstoffe, Vorsteuer, Verbindlichkeiten a. LL, Umsatzerlöse für eigene Erzeugnisse, Umsatzsteuer, Forderungen a. LL, Bank (Anfangsbestand 10.000,00 €).

1. Buchen Sie a) die Umsatzerlöse, b) Rohstoffeinkäufe, c) Ermittlung der Zahllast (31. Oktober).

2. Bis wann ist die Zahllast an das Finanzamt zu überweisen? Buchen Sie.

63

Buchen Sie den folgenden Beleg

1. als Ausgangsrechnung im Forstbetrieb Hölzer KG und
2. als Eingangsrechnung in den Möbelwerken W. Kurz e. K.:

Forstbetrieb Hölzer KG, Gewerbestraße 40 – 52, 86131 Augsburg

Forstbetrieb Hölzer KG

www.hoelzer-wvd.com

Möbelwerke
Werner Kurz e. K.
Industriestraße 30 – 36
70565 Stuttgart

Telefon 0821 286929-0
Telefax 0821 286929-31
E-Mail vertrieb@hoelzer-wvd.com

Steuer-Nr. 065 435 45768
USt-IdNr. DE 223 441 678

EINGEGANGEN ..-05-15

..-05-10

Rechnung 39 456

Ihre Bestellung vom 30. April ..

Wir lieferten am 8. Mai .. auf Ihre Rechnung und Gefahr
40 Eichenholzpaneele
je 50,00 € netto   2.000,00 €
+ 19 % Umsatzsteuer   380,00 €
                                        2.380,00 €

Zahlungsbedingungen: 30 Tage netto Kasse
Dresdner Bank, Augsburg, Konto 345 678 90, BLZ 720 800 01

64

In den Möbelwerken W. Kurz e. K. liegen folgende Belege zur Buchung vor:

Beleg 1

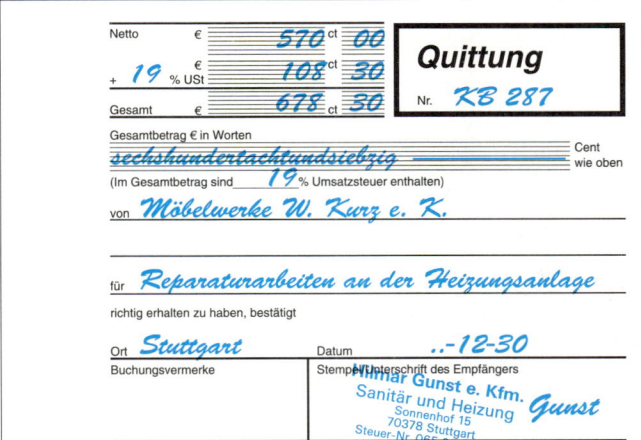

Netto   €   570 ct 00
+ 19 % USt   108 ct 30   **Quittung**
Gesamt   €   678 ct 30   Nr. *KB 287*

Gesamtbetrag € in Worten
sechshundertachtundsiebzig   Cent
                                                wie oben
(Im Gesamtbetrag sind *19* % Umsatzsteuer enthalten)
von *Möbelwerke W. Kurz e. K.*

für *Reparaturarbeiten an der Heizungsanlage*

richtig erhalten zu haben, bestätigt

Ort *Stuttgart*   Datum   *..-12-30*
Buchungsvermerke   Stempel/Unterschrift des Empfängers
                          Ottmar Gunst e. Kfm.
                          Sanität und Heizung *Gunst*
                          Sonnenhof 15
                          70378 Stuttgart
                          Steuer-Nr. 065 321 45739

Beleg 2

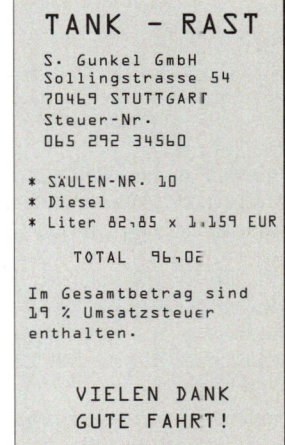

TANK – RAST

S. Gunkel GmbH
Sollingstrasse 54
70469 STUTTGART
Steuer-Nr.
065 292 34560

* SÄULEN-NR. 10
* Diesel
* Liter 82,85 x 1.159 EUR

  TOTAL   96,02

Im Gesamtbetrag sind
19 % Umsatzsteuer
enthalten.

VIELEN DANK
GUTE FAHRT!

Nennen Sie zu den Belegen 1 und 2 jeweils den Buchungssatz.

65

1. *Bilden Sie zu folgenden Geschäftsfällen die Buchungssätze und buchen Sie auf den Konten:* Rohstoffe, Vorsteuer, Verbindlichkeiten a. LL, Forderungen a. LL, Umsatzerlöse für eigene Erzeugnisse, Umsatzsteuer, Bankguthaben (AB 200.000,00 €).

    a) ER 407:   Rohstoffe, netto .... 50.000,00 €
              + Umsatzsteuer .... 9.500,00 €

                Rechnungsbetrag .... 59.500,00 €

    b) AR 354:   Eigene Erzeugnisse, netto .... 70.000,00 €
              + Umsatzsteuer .... 13.300,00 €

                Rechnungsbetrag .... 83.300,00 €

2. *Ermitteln Sie buchhalterisch die Zahllast und nennen Sie den Buchungssatz.*
3. *Nennen Sie den Buchungssatz für die Überweisung der Zahllast zum 10. des Folgemonats.*
4. *Buchen Sie auf den entsprechenden Konten.*

66

Bilden Sie zu den Geschäftsfällen der Möbelwerke W. Kurz e. K. die Buchungssätze:

1. Einkauf von Buchenholz lt. ER 234, netto ....   30.000,00 €
    + Umsatzsteuer ....   5.700,00 €   35.700,00 €

2. ER 235: Reparatur des LKW, netto ....   2.400,00 €
    + Umsatzsteuer ....   456,00 €   2.856,00 €

3. Verkauf von Büroschränken lt. AR 345, netto ....   45.000,00 €
    + Umsatzsteuer ....   8.550,00 €   53.550,00 €

4. AR 346: Verkauf von Schreibtischen
    gegen Bankscheck, netto ....   12.000,00 €
    + Umsatzsteuer ....   2.280,00 €   14.280,00 €

5. ER 236: Kauf eines PC-Farbdruckers, netto ....   900,00 €
    + Umsatzsteuer ....   171,00 €   1.071,00 €

6. ER 237: Dachreparatur am Betriebsgebäude, netto .....   15.600,00 €
    + Umsatzsteuer ....   2.964,00 €   18.564,00 €

7. ER 238: Kauf eines Kleintransporters, netto ....   36.500,00 €
    + Umsatzsteuer ....   6.935,00 €   43.435,00 €

8. ER 239: Kauf von Lack, netto ....   450,00 €
    + Umsatzsteuer ....   85,50 €   535,50 €

67

Die Möbelwerke W. Kurz e. K. haben lt. ER 123 Büromaterial für brutto 285,60 €, also einschließlich 19 % Umsatzsteuer, gegen Barzahlung erworben.

Ermitteln Sie aus dem Bruttopreis (= 119 %)
1. die darin enthaltene Umsatzsteuer (= 19 %) und
2. den Nettopreis (= 100 %).

68

Die Möbelwerke W. Kurz e. K. haben in der Buchhandlung Badicke das Fachbuch „Die Umsatzbesteuerung im innergemeinschaftlichen Warenverkehr" für brutto 42,80 € gegen Barzahlung erworben. Der Beleg enthält den Hinweis: „Im Betrag sind 7 % Umsatzsteuer enthalten."

Ermitteln Sie aus dem Bruttobetrag
1. den Nettowert und
2. die Umsatzsteuer.

                                                          662162

69

Zum 31. Dezember weisen die Konten „Vorsteuer" und „Umsatzsteuer" folgende Beträge aus:

S	Vorsteuer	H	S	Umsatzsteuer	H
... 330.000,00		... 300.000,00	... 620.000,00		... 700.000,00

1. Schließen Sie die obigen Konten ab. Richten Sie dazu das Schlussbilanzkonto ein.
2. Nennen Sie die Buchungssätze.
3. Was sagt Ihnen der Saldo zum 31. Dezember?

70

Die nachstehenden Konten weisen zum 31. Dezember folgende Summen aus:

S	Vorsteuer	H	S	Umsatzsteuer	H
... 550.000,00		... 460.000,00	... 830.000,00		... 870.000,00

1. Schließen Sie die obigen Konten ab. Richten Sie dazu das Schlussbilanzkonto ein.
2. Nennen Sie die Buchungssätze.
3. Was sagt Ihnen der Saldo zum 31. Dezember?

71

Ergänzen Sie folgende Aussagen:
1. Die Umsatzsteuer ist nur vom ●●● zu tragen. Sie belastet das ●●● nicht.
2. Nur Unternehmen und Personen, die umsatzsteuerpflichtige Lieferungen und Leistungen im ●●● gegen ●●● im Rahmen des Unternehmens erbringen, sind zum Abzug der ●●● berechtigt.
3. Die Vorsteuer stellt eine ●●● gegenüber dem Finanzamt dar. Die Umsatzsteuer ist dagegen eine ●●● gegenüber dem Finanzamt.
4. Die Zahllast wird in der Regel ●●● ermittelt und bis zum ●●● des ●●● an das Finanzamt überwiesen.
5. Die Zahllast des Monats Dezember ist in der Schlussbilanz zu ●●●. Ein Vorsteuerüberhang ist zum 31. Dezember zu ●●●.
6. Mehrwert ist der ●●● zwischen dem Nettoverkaufs- und Nettoeinkaufspreis. Durch den Vorsteuerabzug wird erreicht, dass auf jeder Stufe des Warenwegs nur der ●●● dieser Stufe besteuert wird.
7. In Rechnungen an ●●● ist die Umsatzsteuer ●●● auszuweisen. Die Rechnungen enthalten den ●●●, die ●●● und den ●●●.
8. In Kleinbetragsrechnungen bis ●●● € (einschließlich Umsatzsteuer) genügt die Angabe des im Rechnungsbetrag enthaltenen ●●●.

72

Ordnen Sie die Begriffe Zahllast, Vorsteuerüberhang, Aktivierung und Passivierung entsprechend zu.
1. Umsatzsteuer des Monats Dezember > Vorsteuer des Monats Dezember
2. Umsatzsteuer des Monats Dezember < Vorsteuer des Monats Dezember

73

Im Dezember hatten die Möbelwerke W. Kurz e. K. folgende Umsätze: Verkäufe von eigenen Erzeugnissen netto 600.000,00 €, Einkäufe von Roh-, Hilfs- und Betriebsstoffen u. a. netto 800.000,00 €, allgemeiner Steuersatz.
1. Richten Sie die erforderlichen Konten ein.
2. Buchen Sie die Vorgänge summarisch und nennen Sie die entsprechenden Buchungssätze.
3. Warum ergibt sich zum 31. Dezember keine Zahllast?
4. Wohin gelangt der Vorsteuerüberhang beim Jahresabschluss? Buchen Sie.
5. Inwiefern stellt die Vorsteuer eine Forderung gegenüber dem Finanzamt dar? Begründen Sie.

74 **Anfangsbestände**

TA u. Maschinen	230.000,00	Fertige Erzeugnisse	15.000,00
Andere Anlagen/BGA	90.000,00	Forderungen a. LL	44.000,00
Rohstoffe	62.000,00	Kasse	6.000,00
Hilfsstoffe	42.000,00	Bankguthaben	40.000,00
Betriebsstoffe	15.000,00	Verbindlichkeiten a. LL	43.000,00
Unfertige Erzeugnisse	22.000,00	Eigenkapital	523.000,00

Kontenplan

Eröffnungsbilanzkonto, TA u. Maschinen, Andere Anlagen/BGA, Rohstoffe, Hilfsstoffe, Betriebsstoffe, Unfertige Erzeugnisse, Fertige Erzeugnisse, Forderungen a. LL, Vorsteuer, Kasse, Bank, Verbindlichkeiten a. LL, Umsatzsteuer, Aufwendungen für Rohstoffe, Aufwendungen für Hilfsstoffe, Aufwendungen für Betriebsstoffe, Löhne, Werbeaufwendungen, Portokosten, Büromaterial, Fremdinstandhaltung, Abschreibungen auf Sachanlagen, Umsatzerlöse für eigene Erzeugnisse, Bestandsveränderungen, Gewinn- und Verlustkonto, Eigenkapital, Schlussbilanzkonto.

Geschäftsfälle

1. Zieleinkauf von Rohstoffen lt. ER 22–29, netto 9.600,00
   + Umsatzsteuer 1.824,00   11.424,00

2. Verbrauch lt. Materialentnahmescheine:
   ME 1: Rohstoffe 32.000,00
   ME 2: Betriebsstoffe 2.500,00

3. Barkauf von Büromaterial lt. KB 5, Nettopreis 280,00
   + Umsatzsteuer 53,20   333,20

4. BA 1: Überweisung der Löhne 8.500,00

5. BA 2: Überweisung für unsere Werbeanzeigen, Nettopreis 800,00
   + Umsatzsteuer 152,00   952,00

6. Zielverkäufe von eigenen Erzeugnissen lt. AR 35–40, netto 25.000,00
   + Umsatzsteuer 4.750,00   29.750,00

7. Barzahlung für Maschinenreparatur lt. KB 6, Nettopreis 700,00
   + Umsatzsteuer 133,00   833,00

8. Hilfsstoffverbrauch lt. Materialentnahmeschein ME 3 ....   6.200,00

9. Zieleinkauf von Betriebsstoffen lt. ER 30–34, netto 4.500,00
   + Umsatzsteuer 855,00   5.355,00

10. BA 3: Überweisungen von Kunden, Rechnungsbeträge 18.564,00

11. Zielverkäufe von eigenen Erzeugnissen lt. AR 41–48, netto 42.000,00
    + Umsatzsteuer 7.980,00   49.980,00

12. KB 7: Kauf von Postwertzeichen, bar   550,00

Abschlussangaben

1. Abschreibungen auf TA u. Maschinen 5.000,00 €; auf Andere Anlagen/BGA 1.400,00 €.
2. Schlussbestände lt. Inventur: Unfertige Erzeugnisse 18.000,00
   Fertige Erzeugnisse 26.000,00
3. Ermittlung und Passivierung der Umsatzsteuer-Zahllast.

Anfangsbestände

TA u. Maschinen	230.000,00	Forderungen a.LL	24.000,00
Andere Anlagen/BGA	75.000,00	Kasse	7.100,00
Rohstoffe	32.000,00	Bankguthaben	34.200,00
Hilfsstoffe	15.000,00	Verbindlichkeiten a.LL	50.000,00
Unfertige Erzeugnisse	14.000,00	Umsatzsteuerschuld	4.500,00
Fertige Erzeugnisse	18.000,00	Eigenkapital	394.800,00

Kontenplan

Weitere einzurichtende Konten: Eröffnungsbilanzkonto, Vorsteuer, Aufwendungen für Rohstoffe, Aufwendungen für Hilfsstoffe, Löhne, Gehälter, Fremdinstandhaltung, Betriebssteuern, Büromaterial, Mietaufwendungen, Abschreibungen auf Sachanlagen, Umsatzerlöse für eigene Erzeugnisse, Bestandsveränderungen, Gewinn- und Verlustkonto, Schlussbilanzkonto.

Geschäftsfälle

1. BA 1: Unsere Überweisung für Miete der Lagerhalle (steuerfrei) 2.400,00

2. Verbrauch lt. Materialentnahmescheine:
   ME 1: Rohstoffe 22.500,00
   ME 2: Hilfsstoffe 6.400,00

3. BA 2: Überweisung der Umsatzsteuer an das Finanzamt 4.500,00

4. KB 1: Barkauf von Büromaterial, netto 380,00
   + Umsatzsteuer 72,20

   452,20

5. Kauf von Rohstoffen lt. ER 412–418, netto 19.600,00
   + Umsatzsteuer 3.724,00

   23.324,00

6. BA 3: Überweisung der Löhne 15.200,00

7. KB 2: Barzahlung einer Maschinenreparatur, Nettopreis 800,00
   + Umsatzsteuer 152,00

   952,00

8. BA 4: Überweisung der Gewerbesteuer 1.600,00

9. BA 5: Gehaltszahlungen durch Überweisung 8.400,00

10. Kauf von Hilfsstoffen lt. ER 449–451, netto 4.600,00
    + Umsatzsteuer 874,00

    5.474,00

11. BA 6: Überweisungen an die Lieferer, Rechnungsbeträge 6.664,00

12. Verkauf von eigenen Erzeugnissen lt. AR 512–516, netto 89.400,00
    + Umsatzsteuer 16.986,00

    106.386,00

Abschlussangaben

1. Abschreibungen auf TA u. Maschinen 6.000,00 €; auf Andere Anlagen/BGA 1.500,00 €.
2. Schlussbestände lt. Inventur: Unfertige Erzeugnisse 16.000,00
   Fertige Erzeugnisse 15.000,00

1. *Sowohl Lieferungen als auch Leistungen unterliegen nach § 1 UStG der Umsatzsteuer. Nennen Sie jeweils einige Beispiele.*

2. *Was versteht man unter der Umsatzsteuerzahllast? Für welchen Zeitraum wird sie in der Regel ermittelt? Bis zu welchem Termin ist die Zahllast spätestens abzuführen?*

3. *Im Monat Dezember beträgt die Vorsteuer 120.000,00 €, die Umsatzsteuer aufgrund der Ausgangsrechnungen nur 80.000,00 €. Schließen Sie die Konten zum 31. Dezember ab.*

4. *Erläutern Sie, inwiefern die Umsatzsteuer für das Unternehmen grundsätzlich ein „durchlaufender" Posten ist.*

8   Privatentnahmen und Privateinlagen

8.1   Privatkonto

Zum Lebensunterhalt entnimmt der Unternehmer seinem Unternehmen Geld und Sachwerte. Überweisungen für Privatzwecke erfolgen oft über die betrieblichen Bankkonten, wie z. B. Zahlungen für Lebens- und Krankenversicherung, Einkommen- und Kirchensteuer u. a. Diese **Privatentnahmen,** die meist im Vorgriff auf den zu erwartenden Jahresgewinn erfolgen, **mindern** jedoch zunächst das im Unternehmen arbeitende **Eigenkapital.** Zuweilen bringt der Unternehmer aber auch Geld- oder Sachwerte aus seinem Privatvermögen in das Unternehmen ein, wie z. B. ein Grundstück aus einer Erbschaft. Diese **Privateinlagen erhöhen das Eigenkapital** seines Unternehmens.

Privatentnahmen und Privateinlagen verändern das Eigenkapital. Aus Gründen der Übersichtlichkeit werden sie aber nicht direkt über das Eigenkapitalkonto, sondern zunächst auf einem **Unterkonto des Eigenkapitalkontos** gebucht, dem so genannten

Privatkonto[1].

Das Privatkonto erfasst im Soll die Entnahmen und im Haben die Einlagen. Zum Jahresschluss wird das Privatkonto über das Eigenkapitalkonto abgeschlossen.

Abschlussbuchung bei:
- Entnahmen > Einlagen: **Eigenkapital** an **Privatkonto**
- Einlagen > Entnahmen: **Privatkonto** an **Eigenkapital**

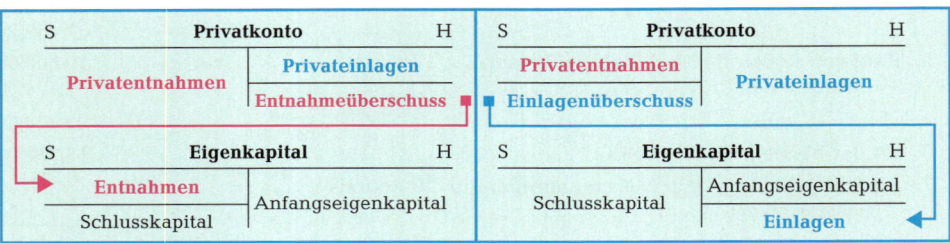

Beispiel:

1. Fabrikant Kurz entnimmt dem betriebl. Bankkonto 30.000,00 € f. Privatzweck.

   Buchung: Privatkonto an **Bank** **30.000,00**

2. Kurz bringt seinen Privat-PKW ins Betriebsverm. ein: 18.000,00 € Zeitwert.

   Buchung: Fuhrpark an **Privatkonto** **18.000,00**

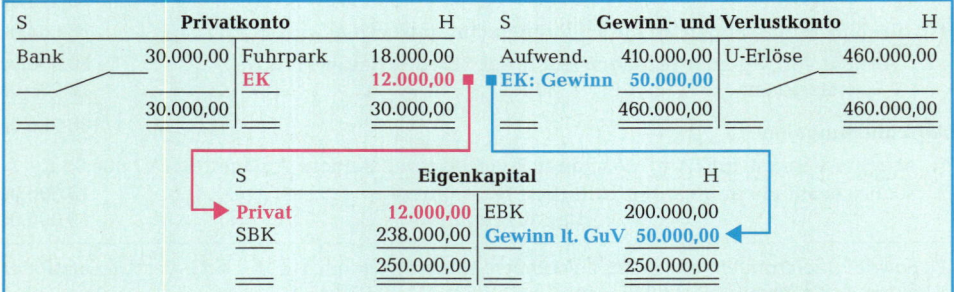

Merke:
- **Das Privatkonto ist ein Unterkonto des Eigenkapitalkontos.**
- **Das Eigenkapital verändert sich durch**
  - ▷ **Privatentnahmen und Einlagen aus dem Privatvermögen sowie durch den**
  - ▷ **Gewinn oder Verlust des Geschäftsjahres.**

---

1   Das Privatkonto kann nur für den Einzelunternehmer oder den unbeschränkt haftenden Gesellschafter einer Offenen Handelsgesellschaft (OHG) oder Kommanditgesellschaft (KG) eingerichtet werden.

662166

8.2 Exkurs: Unentgeltliche Entnahme von Gegenständen und sonstigen Leistungen

Der Umsatzsteuer unterliegen nicht nur Lieferungen und Leistungen eines Unternehmens gegen Entgelt, sondern auch **unentgeltliche Entnahmen von Sachgütern und sonstigen Leistungen** des Unternehmens durch den Unternehmer **zu unternehmensfremden (z. B. privaten) Zwecken.** Dieser Besteuerungstatbestand wurde bis zum 31. März 1999 als **Eigenverbrauch** bezeichnet. Durch das **Steuerentlastungsgesetz 1999/2000/2002** wurde **ab 1. April 1999** der Begriff des Eigenverbrauchs abgeschafft. An seine Stelle trat in der Neufassung des Umsatzsteuergesetzes (§ 3 Abs. 1b und 9a UStG) und in der **Kontobenennung** die Bezeichnung

„Entnahme von Gegenständen und sonstigen Leistungen" (kurz: … v. G. u. s. L.).

Für jede Entnahme ist ein **Eigenbeleg** zu erstellen, der den Nettoentnahmewert sowie die Umsatzsteuer ausweist. Der Nettoentnahmewert wird im Haben des **Ertragskontos „Entnahme v. G. u. s. L."** erfasst, was eine schnelle **Umsatzsteuerverprobung** ermöglicht (§ 22 UStG).

Beispiel 1: Möbelfabrikant Kurz entnimmt dem Fertigwarenlager den Esstisch TE 56 zum Herstellwert von 700,00 € + 19 % Umsatzsteuer für Privatzwecke.

Buchungen: ❶ Privatkonto .... 833,00 an **Entnahme v. G. u. s. L.** 700,00
an **Umsatzsteuer** 133,00
❷ Entnahme v. G. u. s. L. ... 700,00 an **GuV-Konto** 700,00

S	Privatkonto		H
❶ Entn./USt	833,00		

S	Entnahme v. G. u. s. L.		H
❷ GuV	700,00	❶ Privat	700,00

S	Umsatzsteuer		H
		❶ Privat	133,00

S	GuV-Konto		H
		❷ Entnahme	700,00

Möbel **WERKE**
Werner **KURZ**
e. K.

Privatentnahme Esstisch TE 56

Herstellwert .... 700,00 €
+ 19 % Umsatzsteuer .... 133,00 €
Entnahme, brutto .... 833,00 €

Stuttgart, ..-08-10   *Werner Kurz*

Beispiel 2: Möbelfabrikant Kurz lässt die Heizung seines Wohnhauses durch den eigenen Betrieb warten. **Die Buchungsanweisung für diese private Inanspruchnahme einer betrieblichen Leistung lautet:**

7,5 Arbeitsstunden zu je 40,00 € .... 300,00 €
+ 19 % Umsatzsteuer .... 57,00 €
Entnahme, brutto .... **357,00 €**

Buchung: Privatkonto .... 357,00 an **Entnahme v. G. u. s. L.** 300,00
an **Umsatzsteuer** 57,00

Bei privater Nutzung des Geschäftswagens muss der **private Nutzungsanteil** durch Führung eines **Fahrtenbuches** nachgewiesen und ermittelt werden. Dieser unterliegt nach dem **Steueränderungsgesetz 2003** der **Umsatzsteuer,** wenn das Fahrzeug **nach dem 31. Dezember 2002** erworben worden ist. Bei Anschaffung des Fahrzeuges kann der **volle Vorsteuerabzug** geltend gemacht werden. **Buchung:** Fuhrpark und Vorsteuer an Verbindlichkeiten a. LL.

Bei der Ermittlung des USt-pflichtigen privaten Nutzungsanteils an den Fahrzeugkosten bleiben die **vorsteuerfreien** Kosten (z. B. Kfz-Steuer/-Versicherung) **außer Ansatz.**

Beispiel: Die Gesamtkosten eines Geschäftswagens der Möbelfabrik Kurz (z. B. AfA, Wartungs- und Treibstoffkosten u. a.) betragen in einem Geschäftsjahr nach Abzug der vorsteuerfreien Kosten 10.000,00 €. Herr Kurz nutzt das Fahrzeug lt. Fahrtenbuch zu 25 % privat.

	Nutzungsentnahme, netto	**2.500,00 €**
+	19 % Umsatzsteuer	**475,00 €**
	Nutzungsentnahme, brutto	**2.975,00 €**

Buchung: Privatkonto ...... 2.975,00 an Entnahme v. G. u. s. L. 2.500,00
an Umsatzsteuer 475,00

Der private Nutzungsanteil an den Geschäftswagenkosten kann **ermittelt werden**

1. **durch Einzelnachweis:** Die zurückgelegten Kilometer sind jeweils für Dienst- und Privatfahrten getrennt in einem **Fahrtenbuch** nachzuweisen.
2. **alternativ mithilfe der 1-%-Pauschalmethode:** Die private Nutzung muss **für jeden Kalendermonat mit 1 % des inländischen Listenpreises des Fahrzeugs zum Zeitpunkt der Erstzulassung zuzüglich Sonderausstattung und einschließlich Umsatzsteuer** angesetzt werden.

Das Ergebnis aus beiden Berechnungsmethoden ist **umsatzsteuerpflichtig (19 %).**

Der private Anteil an den Geschäftstelefonkosten (Telefonmiete[1], Grund-/Gesprächsgebühren) ist **keine umsatzsteuerpflichtige Leistungsentnahme** (BFH-Urteil vom 23. September 1993). Deshalb sind die **Telefonkosten** und die **Vorsteuer** um den **privaten Anteil zu korrigieren.**

Beispiel: Möbelfabrikant Kurz nutzt das Geschäftstelefon zu 10 % privat. Januar-Telefonrechnung: **Miete, Grund-/Gesprächsgeb. 1.000,00 € + 190,00 € USt = 1.190,00 €**

Buchungen:

❶ Kosten der Telekommunikation 1.000,00
Vorsteuer .... 190,00 an Bank 1.190,00
❷ Privatkonto .... 119,00 an Kosten der Telekommunikation 100,00
an Vorsteuer 19,00

Merke: **Unentgeltliche Entnahmen von vorsteuerabzugsberechtigten Gegenständen und sonstigen Leistungen eines Unternehmens durch den Unternehmer zu unternehmensfremden Zwecken sind grundsätzlich umsatzsteuerpflichtig (§ 3 Abs. 1b und 9 a UStG).**

Aufgaben

77 Richten Sie das Bankkonto (AB 200.000,00 €), das Konto „Unbebaute Grundstücke" (AB 0,00 €), das Eigenkapitalkonto (AB 300.000,00 € + 80.000,00 € Gewinn lt. GuV-Konto) und das Privatkonto ein. Buchen Sie für die Möbelwerke W. Kurz e. K. unter Nennung des jeweiligen Buchungssatzes die folgenden Geschäftsfälle auf den genannten Konten:

1. W. Kurz zahlt aus seinem Privatvermögen 20.000,00 € auf das betriebliche Bankkonto ein.
2. W. Kurz überweist 2.800,00 € Miete für ein Ferienhaus vom Geschäftsbankkonto.
3. Für private Ausgaben entnimmt W. Kurz 2.500,00 € dem Geschäftsbankkonto.
4. W. Kurz begleicht seine Zahnarztrechnung über das Geschäftsbankkonto: 640,00 €.
5. Kurz hat sein Erbgrundstück ins Betriebsvermögen eingebracht: 160.000,00 € Zeitwert.
6. W. Kurz überweist seine Einkommen- und Kirchensteuervorauszahlung in Höhe von 36.500,00 € über das Geschäftsbankkonto an das Finanzamt.

Schließen Sie das Privatkonto unter Nennung des Buchungssatzes ab, ermitteln Sie danach den Schlussbestand im Eigenkapitalkonto und erläutern Sie die Veränderungen in diesem Konto.

---

1 Bei gekauften Telefonanlagen sind die Abschreibungen in Höhe der Privatnutzung anteilig als umsatzsteuerpflichtige Entnahme zu buchen: Privat an Entnahme v. G. u. s. L. und Umsatzsteuer.

78

Richten Sie die Konten Eigenkapital, Gewinn und Verlust und Privat ein und übertragen Sie die folgenden Buchungsbeträge:

	a) €	b) €
Anfangsbestand des Eigenkapitalkontos	500.000,00	400.000,00
Gesamtaufwendungen	650.000,00	580.000,00
Gesamterträge	790.000,00	540.000,00
Privatentnahmen	120.000,00	60.000,00
Privateinlagen	40.000,00	50.000,00

1. Schließen Sie das Gewinn- und Verlustkonto und das Privatkonto ab.
2. Ermitteln Sie im Eigenkapitalkonto den Schlussbestand.
3. Erläutern Sie die Auswirkungen der privaten Vorgänge und des Gewinn- und Verlustkontos auf den Anfangsbestand des Eigenkapitals.

79

Erläutern Sie jeweils die Auswirkung auf das Anfangseigenkapital:

1. Gewinn > Entnahmen
2. Gewinn < Entnahmen
3. Verlust < Einlagen
4. Verlust > Einlagen

80

Richten Sie für die Möbelwerke W. Kurz e. K. folgende Konten ein: Fuhrpark, Privat, Bank (AB 95.000,00 €), Vorsteuer, Umsatzsteuer, Entnahme v. G. u. s. L., Kosten der Telekommunikation, GuV-Konto. Buchen Sie jeweils unter Nennung des Buchungssatzes die folgenden Geschäftsfälle auf Konten und schließen Sie die Konten „Entnahme v. G. u. s. L." und „Privat" ab.

1. Die Telefonrechnung für Februar (gemietete Anlage) wird mit 1.785,00 € (1.500,00 € netto + 285,00 € USt) durch Bankabbuchung beglichen. Der private Nutzungsanteil beträgt 250,00 € netto + USt.

2. W. Kurz entnimmt einen Schrank S 345 zum Herstellwert von 600,00 € für Privatzwecke.

   Das neu angeschaffte Geschäftsfahrzeug (50.000,00 € Anschaffungskosten + 19 % USt) wird von Herrn Kurz auch privat genutzt (Gesamtkosten 12.000,00 €, privater Nutzungsanteil 25 %). Buchen Sie Anschaffung und Nutzung.

4. W. Kurz überweist die Rechnung für den Kauf eines Kleinwagens seiner Tochter in Höhe von 10.500,00 € über das Geschäftsbankkonto.

5. Das Geschäftsbankkonto weist für Herrn Kurz eine Gutschrift für erstattete Einkommen- und Kirchensteuer aus: 12.800,00 €.

81

Nennen Sie als Buchhalter/-in der Möbelwerke W. Kurz e. K. die Buchungssätze zu folgenden fünf Belegen:

Beleg 1   **Beleg 3**

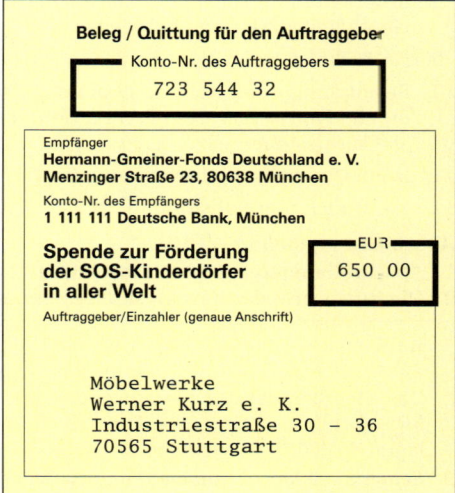

Beleg 2

Beleg 4

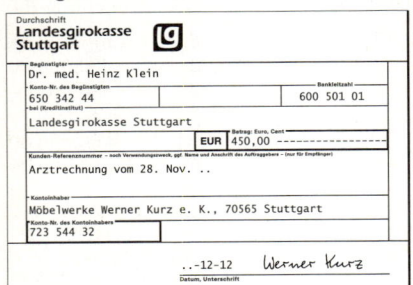

Beleg 5

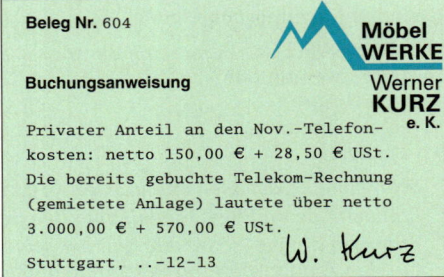

Beleg Nr. 604

Buchungsanweisung

Privater Anteil an den Nov.-Telefon-
kosten: netto 150,00 € + 28,50 € USt.
Die bereits gebuchte Telekom-Rechnung
(gemietete Anlage) lautete über netto
3.000,00 € + 570,00 € USt.

Stuttgart, ..-12-13   W. Kurz

82   Anfangsbestände

TA u. Maschinen	282.000,00	Bankguthaben	82.000,00
Andere Anlagen/BGA	138.000,00	Eigenkapital	400.000,00
Rohstoffe	230.000,00	Darlehensschulden	286.500,00
Forderungen a.LL	115.000,00	Verbindlichkeiten a.LL	172.500,00
Kasse	12.000,00		

Konten: EBK, TA u. Maschinen, Andere Anlagen/BGA, Rohstoffe, Forderungen a.LL, Vorsteuer, Kasse, Bank, Eigenkapital, Privat, Darlehensschulden, Verbindlichkeiten a.LL, Umsatzsteuer, Umsatzerlöse für eigene Erzeugnisse, Zinserträge, Entnahme v. G. u. s. L., Aufwendungen für Rohstoffe, Gehälter, Abschreibungen auf Sachanlagen, Büromaterial: GuV, SBK.

Geschäftsfälle

1. BA 1: Begleichung der Liefererrechnung ER 456 durch Überweisung 23.800,00
2. Verkauf von eigenen Erzeugnissen lt. AR 552, netto 148.000,00
   + Umsatzsteuer 28.120,00   176.120,00
3. KB 8: Geschäftsinhaber entnimmt der Kasse für Urlaubsreise 2.500,00
4. Einkauf von Rohstoffen lt. ER 482, netto 12.000,00
   + Umsatzsteuer 2.280,00   14.280,00
5. BA 2: Überweisung für eine Spende an UNICEF   600,00
6. Bareinkauf von Büromaterial lt. ER 457, netto 700,00
   + Umsatzsteuer 133,00   833,00
7. BA 3: Lastschrift der Bank für Gehaltsüberweisungen 15.000,00
8. BA 4: Wohnungsmiete des Geschäftsinhabers wird vom
   Geschäftsbankkonto überwiesen 1.200,00
9. BA 5: Zinsgutschrift der Bank 1.500,00
10. Beseitigung einer Rohrverstopfung i. Privathaus d. Unternehmers
    durch Handwerker des eigenen Betriebes, Nettokosten 650,00
    + Umsatzsteuer 123,50   773,50
11. BA 6: Überweisung f. Reparatur am Privathaus d. Unternehmers   595,00
12. Verbrauch von Rohstoffen lt. ME 1 ....   97.000,00

Abschlussangaben

1. Abschreibungen auf TA u. Maschinen: 11.000,00 €; auf And. Anlagen/BGA: 5.500,00 €
2. Die Buchwerte der Bestandskonten entsprechen der Inventur.

83

1. Kauf eines Geschäfts-PKWs, der vom Unternehmer auch privat genutzt wird. Nettokaufpreis 52.000,00 € + 19 % USt. Nutzungsentnahme: 4.000,00 € netto. *Buchen Sie.*
2. Das Eigenkapital des Metallwerks Horn KG betrug zum 1. Januar 500.000,00 € und zum 31. Dezember 580.000,00 €. Die Privatentnahmen betrugen 60.000,00 € und die Privateinlagen 40.000,00 €. *Wie hoch war der Jahreserfolg?*
3. *Sehen Sie einen Zusammenhang zwischen Privatentnahmen und Gewinn?*

9 Organisation der Buchführung

9.1 Industrie-Kontenrahmen (IKR)

9.1.1 Aufgaben und Aufbau des IKR

Die Konten der Buchführung bilden zugleich die **zahlenmäßige Grundlage für die Planungen und Entscheidungen** der Unternehmensleitung. Dazu sind **wichtige Bilanz-, Aufwands- und Ertragsposten** durch Vergleich mit den Zahlen früherer Geschäftsjahre **(Zeitvergleich)** sowie mit branchengleichen Betrieben **(Betriebsvergleich)** betriebswirtschaftlich **auszuwerten.** Die Buchführung mit ihren zahlreichen Konten bedarf daher einer bestimmten **Ordnung,** die die **Konten** des Unternehmens und der branchengleichen Betriebe nicht nur **systematisch und detailliert sowie EDV-gerecht gliedert,** sondern vor allem auch **einheitlich benennt.**

Der Industrie-Kontenrahmen (IKR), der 1971 vom Bundesverband der Deutschen Industrie (BDI) herausgegeben wurde, ist ein übersichtliches **Kontenordnungssystem,** das allen Industriebetrieben zur Anwendung **empfohlen** wird. Für den Groß- und Außenhandel, den Einzelhandel und das Handwerk sowie für Banken und Versicherungen gibt es eigene Kontenrahmen.

Diesem Lehrbuch liegt der **„Industrie-Kontenrahmen (IKR) für Aus- und Fortbildung"** des BDI zugrunde. Wie alle Kontenrahmen ist auch der Industrie-Kontenrahmen nach dem **dekadischen System** (Zehnersystem) aufgebaut. Die Konten werden zunächst eingeteilt in

10 Klassen von 0 bis 9,

wobei die **Klassen 0 bis 8** der **Finanz- bzw. Geschäftsbuchhaltung (= Rechnungskreis I)** vorbehalten sind. Die **Klasse 9** kann für eine **kontenmäßige Darstellung der Kosten- und Leistungsrechnung (= Rechnungskreis II)** genutzt werden, sofern sie nicht – wie **in der Praxis** üblich – **tabellarisch** durchgeführt wird. Die beiden Hauptbereiche des Rechnungswesens bilden somit im IKR jeweils einen eigenen Kontenkreis. Der IKR ist deshalb kontenmäßig ein echtes **Zweikreissystem.**

	Kontenklasse		Inhalt der Kontenklasse
Finanz-buch-haltung	**Bestands-konten**	**0**	Immaterielle Vermögensgegenstände und Sachanlagen
		1	Finanzanlagen
		2	Umlaufvermögen und aktive Rechnungsabgrenzung
		3	Eigenkapital, Wertberichtigungen, Rückstellungen
		4	Verbindlichkeiten und passive Rechnungsabgrenzung
	Erfolgs-konten	**5**	Erträge
		6	Betriebliche Aufwendungen
		7	Weitere Aufwendungen
		8	Ergebnisrechnung (Abschlusskonten)
KLR		**9**	Buchhalterische Abwicklung der Kosten- und Leistungs-rechnung (KLR)

Merke: Die Finanzbuchhaltung (Rechnungskreis I) und die Kosten- und Leistungsrechnung (Rechnungskreis II) bilden im IKR jeweils einen in sich geschlossenen Kontenkreis. Die beiden Zweige des Rechnungswesens werden somit klar getrennt.

Gliederung der Konten nach dem Jahresabschluss. Bilanz und Gewinn- und Verlust-rechnung bilden den Jahresabschluss der Finanzbuchhaltung. Um die Abschluss-arbeiten zu vereinfachen, wurden die Konten im Kontenrahmen auf den Jahres-abschluss ausgerichtet. **In Reihenfolge und Bezeichnung der Posten entsprechen die Konten der**

▶ **Gliederung der Bilanz** im § 266 HGB und der

▶ **Gliederung der Gewinn- und Verlustrechnung** im § 275 HGB[1].

Bilanz und Gewinn- und Verlustrechnung lassen sich somit **direkt aus** den Salden der **Bestands- und Erfolgskonten** der Finanzbuchhaltung erstellen:

Soll	8010 Schlussbilanzkonto		Haben
Kontenklasse	**Aktiva**	**Passiva**	**Kontenklasse**
0	Immaterielle Vermögens-gegenstände und Sach-anlagen	Eigenkapital, Wertberichtigungen und Rückstellungen	3
1	Finanzanlagen	Verbindlichkeiten und passive Rechnungs-abgrenzung	4
2	Umlaufvermögen und aktive Rechnungs-abgrenzung		

Soll	8020 Gewinn- und Verlustkonto		Haben
Kontenklasse	**Aufwendungen**	**Erträge**	**Kontenklasse**
6	Betriebliche Aufwendungen	Erträge	5
7	Weitere Aufwendungen		

Die Abschlussbuchungssätze lauten somit für die

▶ **Bestandskonten:**	**8010 Schlussbilanzkonto** an alle **Aktivkonten** der Klassen 0, 1 und 2
	Alle **Passivkonten** der Klassen 3 und 4 an **8010 Schlussbilanzkonto**
▶ **Erfolgskonten:**	Alle **Ertragskonten** der Klasse 5 an **8020 Gewinn- und Verlustkonto**
	8020 Gewinn- und Verlustkonto an alle **Aufwandskonten** der Klassen 6 und 7

Merke: Der abschlussorientierte Industrie-Kontenrahmen, also die Ausrichtung der Konten auf die Bilanz und Gewinn- und Verlustrechnung, führt zu einer wesent-lichen Vereinfachung der Abschlussarbeiten und damit zu einer rationellen Erstellung des Jahresabschlusses.

---

1   Vgl. §§ 266, 275 HGB auf der Rückseite des Industrie-Kontenrahmens (IKR) im Anhang des Lehrbuches.

9.1.2 Kontenrahmen und Kontenplan

Im Kontenrahmen lässt sich jede der **10 Kontenklassen (ein**stellige Ziffer) in **10 Kontengruppen (zwei**stellige Ziffer), jede Kontengruppe in **10 Kontenarten (drei**stellige Ziffer) und jede Kontenart in **10 Kontenunterarten (vier**stellige Ziffer) untergliedern.

Beispiel:	**Aus der Kontennummer „2801" erkennt man die**		
	▶ **Kontenklasse:**	**2** Umlaufvermögen und ARA	**Kontenrahmen**
	▶ **Kontengruppe:**	**28** Flüssige Mittel	
	▶ **Kontenart:**	**280** Guthaben bei Kreditinstituten	
	▶ **Kontenunterart:**	**2800** Kreissparkasse	**Kontenplan**
		2801 Deutsche Bank	

Kontenplan. Der **Kontenrahmen** bildet die **einheitliche Grundordnung** für die Aufstellung **betriebsindividueller Kontenpläne** der Unternehmen eines Wirtschaftszweiges. **Aus dem Kontenrahmen** entwickelt jedes Unternehmen seinen **eigenen Kontenplan,** der auf seine besonderen Belange (Branche, Struktur, Größe, Rechtsform) ausgerichtet ist. So lässt sich im Kontenplan eine weitere Untergliederung der Kontenarten in Kontenunterarten entsprechend den Bedürfnissen des Unternehmens vornehmen. Der Kontenplan enthält somit nur die im Unternehmen geführten Konten.

Vereinfachung der Buchungsarbeit. Der Kontenplan vereinfacht die Buchungen in den Konten, da die Kontenbezeichnungen durch Kontennummern ersetzt werden.

Beispiel:	**Geschäftsfall:**			
	Herr Kurz entnimmt der Geschäftskasse für Privatzwecke 1.800,00 €.			
	Buchungssatz	statt:	**Privat an Kasse** **1.800,00**	
		nunmehr kurz: 3001 an **2880** **1.800,00**		

S	**3001 Privat**	H	S	**2880 Kasse**	H
2880	1.800,00		AB	7.500,00 | 3001	1.800,00

EDV-Kontenrahmen. Soll der IKR – wie in diesem Buch beabsichtigt – zugleich auch in der EDV-Buchführung verwendet werden, ist jedes **Sachkonto** (= Hauptbuchkonto) in der Regel mit einer **vierstelligen** Kontenziffer zu versehen. **Personenkonten** (Kunden- und Liefererkonten) haben stets **fünfstellige** Kontenziffern.

Merke:	● **Der Kontenrahmen bildet für alle Unternehmen eines Wirtschaftszweiges die einheitliche Grundordnung für die Gliederung und Bezeichnung der Konten. Der Kontenrahmen ermöglicht damit**
	▷ **eine Vereinfachung und Vereinheitlichung der Buchungen sowie**
	▷ **Zeit- und Betriebsvergleiche zur Überwachung der Wirtschaftlichkeit.**
	● **Der Kontenplan enthält nur die im Unternehmen geführten Konten.**

Aufgaben

Wie lauten die Kontenbezeichnungen und die zugrunde liegenden Geschäftsfälle?

84

1. 0870 und 2600 an 2800
2. 2000 und 2600 an 4400
3. 2400 an 5000 und 4800
4. 6300 an 2800
5. 6520 an 0870
6. 6870 und 2600 an 2880
7. 4400 an 2800
8. 3001 an 5420 und 4800
9. 2800 an 2400

85   *Nennen Sie jeweils den Geschäftsfall der folgenden Buchungen auf dem Bankkonto:*

Soll	**2800 Bank**	Haben
1. 8000 .... 86.000,00	5. 4400 .... 18.400,00	
2. 2880 .... 5.000,00	6. 4800 .... 12.300,00	
3. 4250 .... 25.000,00	7. 6300 .... 24.300,00	
4. 2400 .... 12.000,00	8. 8010 .... 73.000,00	
128.000,00	128.000,00	

86   **Anfangsbestände**

0700 TA u. Maschinen 250.000,00	2400 Forderungen a. LL 17.000,00
2000 Rohstoffe 40.000,00	2800 Bank 28.000,00
2020 Hilfsstoffe 12.000,00	2880 Kasse 6.000,00
2030 Betriebsstoffe 8.000,00	4250 Darlehensschulden 83.000,00
2100 Unfertige Erzeugnisse 15.000,00	4400 Verbindlichkeiten a. LL 25.000,00
2200 Fertige Erzeugnisse 12.000,00	3000 Eigenkapital 280.000,00

Kontenplan

0700, 2000, 2020, 2030, 2100, 2200, 2400, 2600, 2800, 2880, 3000, 3001, 4250, 4400, 4800, 5000, 5200, 5420, 6000, 6020, 6030, 6140, 6160, 6200, 6520, 6700, 7510, 7700, 8000, 8010, 8020.

Geschäftsfälle

1. Unsere Überweisung der Geschäftsmiete lt. BA 1	3.800,00
2. Verkauf von eigenen Erzeugnissen lt. AR 605 frei Haus	26.700,00
+ Umsatzsteuer	5.073,00
3. Ausgangsfracht hierauf bar lt. KB 1, Nettofracht	1.400,00
+ Umsatzsteuer	266,00
4. Zieleinkauf von Rohstoffen lt. ER 807, netto	15.000,00
+ Umsatzsteuer	2.850,00
5. Verbrauch von Brenn- und Treibstoffen lt. ME 1	1.600,00
6. Überweisung von Kunden zum Ausgleich von AR lt. BA 2	12.852,00
7. Verbrauch von Rohstoffen lt. ME 2	14.800,00
8. Lt. BA 3 Lastschrift der Bank für Darlehenszinsen	2.200,00
9. Lt. KB 2 Privatentnahme bar	1.400,00
10. Verkauf von eigenen Erzeugnissen lt. AR 606 ab Werk, netto	18.600,00
+ Umsatzsteuer	3.534,00
11. BA 4: Überweisung für Fertigungslöhne lt. Lohnliste	11.700,00
12. Überweisung der Gewerbesteuer lt. BA 5	2.100,00
13. Einkauf von Hilfsstoffen lt. ER 808, netto	3.500,00
+ Umsatzsteuer	665,00
14. BA 6: Unsere Überweisung für Maschinenreparatur, netto	600,00
+ Umsatzsteuer	114,00
15. Eigenbeleg: Privatentnahme von Erzeugnissen, netto	1.600,00
+ Umsatzsteuer	304,00

Abschlussangaben

1. Schlussbestand an Hilfsstoffen lt. Inventur	7.000,00
Der Verbrauch ist noch zu berechnen und zu buchen.	
2. Inventurbestände: Unfertige Erzeugnisse	13.000,00
Fertige Erzeugnisse	28.000,00
3. Abschreibungen auf TA u. Maschinen	5.000,00

Bilden Sie die Buchungssätze und buchen Sie auf Konten.

Anfangsbestände

0700 TA und Maschinen	242.000,00	2880 Kasse	5.800,00
0800 Andere Anlagen/BGA	88.000,00	3000 Eigenkapital	479.800,00
2000 Rohstoffe	160.000,00	4250 Darlehensschulden	150.000,00
2020 Hilfsstoffe	20.000,00	4400 Verbindlichkeiten a.LL	112.600,00
2400 Forderungen a.LL	98.000,00	4800 Umsatzsteuer	13.400,00
2800 Bankguthaben	142.000,00		

Kontenplan

0700, 0800, 2000, 2020, 2400, 2600, 2800, 2880, 3000, 3001, 4250, 4400, 4800, 5000, 5420, 5710, 6000, 6020, 6160, 6300, 6520, 6700, 6820, 6870, 7510, 8000, 8010, 8020.

Geschäftsfälle

1. BA 1: Überweisung der Umsatzsteuer-Zahllast 13.400,00
2. BA 2: Banklastschrift für Darlehenstilgung 22.000,00
3. BA 3: Unsere Überweisung für Miete: Produktionshalle 16.500,00
   Privatwohnung 1.200,00
4. Rohstoffeinkäufe lt. ER 79–83, brutto 29.155,00
5. KB 1: Barzahlung der Heizungsreparatur, brutto 595,00
6. Verkäufe von eigenen Erzeugnissen lt. AR 97–103, brutto 232.050,00
7. BA 4: Überweisung der Gehälter 11.400,00
8. KB 2: Barentnahme des Unternehmers für den Haushalt 800,00
9. BA 5: Bezahlung von Werbeanzeigen durch Bankscheck, brutto 2.082,50
10. KB 3: Barzahlung der Wertmarken für Frankiermaschine 1.200,00
11. BA 6: Überweisung von Kunden zum Ausgleich von AR 95–96 .... 14.161,00
12. BA 7: Lastschrift der Bank für Darlehenszinsen 2.400,00
13. Entnahme von Erzeugnissen für Privatzwecke, Warenwert 2.500,00
14. BA 8: Zinsgutschrift der Bank 2.300,00
15. Betrieb belastet Unternehmer für private LKW-Nutzung mit netto 1.500,00
16. BA 9: Privateinlage des Unternehmers durch Bankeinzahlung 20.000,00
17. ME 201 für Rohstoffe 72.300,00
    ME 202 für Hilfsstoffe 12.200,00

Abschlussangaben

1. Abschreibungen: TA und Maschinen: 11.000,00 €, Andere Anlagen/BGA: 6.000,00 €.
2. Die Buchwerte der Bestandskonten entsprechen der Inventur.

Auswertung

Ermitteln Sie die Verzinsung (Rentabilität) des Eigenkapitals, indem Sie den Gewinn zum Anfangseigenkapital ins Verhältnis setzen.

1. *Worin unterscheiden sich Kontenrahmen und Kontenplan?*
2. *Unterscheiden Sie im Kontenrahmen und Kontenplan zwischen Kontenklasse, Kontengruppe, Kontenart, Kontenunterart.*
3. *Begründen Sie die Notwendigkeit eines Kontenrahmens.*
4. *Welches Prinzip liegt dem Aufbau des Industrie-Kontenrahmens (IKR) zugrunde?*
5. *Vergleichen Sie die Kontenklassen und Kontengruppen des Industrie-Kontenrahmens (IKR) mit den Positionen der Bilanz (§ 266 HGB) und der GuV-Rechnung (§ 275 HGB) (s Anhang).*
6. *Welche Kontenklassen werden im Kontenrahmen*
   a) der Finanzbuchhaltung und
   b) der Kosten- und Leistungsrechnung zugeordnet?
7. *Begründen Sie das „Zweikreissystem" im Kontenrahmen.*

9.2 Die Belegorganisation

9.2.1 Bedeutung und Arten der Belege

Die Richtigkeit der Buchungen kann nur anhand der Belege überprüft werden. Deshalb muss jeder Buchung ein entsprechender Beleg zugrunde liegen. Der wichtigste **Grundsatz ordnungsmäßiger Buchführung** (§ 238 [2] HGB) lautet deshalb:

Keine Buchung ohne Beleg!

Nach der Herkunft der Belege unterscheidet man zwischen **externen** Belegen (= Fremdbelege) und **internen** Belegen (= Eigenbelege).

Belegarten

Externe Belege fallen im Geschäftsverkehr mit Außenstehenden an.	Interne Belege entstehen aus innerbetrieblichen Geschäftsfällen.
Beispiele:	**Beispiele:**
– Eingangsrechnungen	– Kopien von Ausgangsrechnungen
– Quittungen	– Quittungsdurchschriften
– Gutschriftsanzeige des Lieferers für Werkstoffrücksendung und nachträglichen Preisnachlass	– Durchschrift der Gutschriftsanzeige an Kunden für Rücksendung von Erzeugnissen und nachträglichen Preisnachlass
– Begleitbriefe zu erhaltenen Schecks und Wechseln	– Durchschriften von Begleitbriefen zu weitergegebenen Schecks und Wechseln
– Erhaltene sonstige Geschäftsbriefe über z. B. nachträgliche Belastungen	– Durchschriften von abgesandten sonstigen Geschäftsbriefen
– Bankbelege (z. B. Kontoauszüge u. a.)	– Lohn- und Gehaltslisten
– Postbelege (z. B. Quittungen über Einzahlungen, Versand, Kontoauszüge der Postbank u. a.)	– Belege über Privatentnahmen (Entnahme v. G. u. s. L.)
	– Belege über Storno- und Umbuchungen sowie Abschlussbuchungen

Ersatzbelege sind auszustellen, wenn ein **Originalbeleg abhanden gekommen** ist oder ein Fremdbeleg nicht zu erhalten war. Bei verloren gegangenen Fremdbelegen wird man in der Regel eine Abschrift erbitten. Fehlen z. B. über eine Taxifahrt oder von auswärts geführte Ferngespräche die erforderlichen Belege, so ist ein Ersatzbeleg zu erstellen, der **Zeitpunkt, Grund und Höhe der Ausgabe** enthält.

9.2.2 Bearbeitung der Belege

Folgende Arbeitsstufen umfasst die Bearbeitung der Belege in der Buchhaltung:

▶ **Vorbereitung** der Belege zur Buchung

▶ **Buchung** der Belege im Grund- und Hauptbuch

▶ **Ablage** und Aufbewahrung der Belege

A

Die sorgfältige Vorbereitung der Belege ist unerlässliche Voraussetzung ordnungs-mäßiger Buchführung. Dazu gehören:

- **Überprüfung der Belege** auf ihre **sachliche und rechnerische Richtigkeit.**
- **Bestimmung des Buchungsbeleges.** Gehören zu einem Geschäftsfall mehrere Belege (z.B. bei Banküberweisungen: Überweisungsvordruck und Kontoauszug), muss vorab bestimmt werden, welcher Beleg als Buchungsunterlage verwendet werden soll, um mehrfache Buchungen zu vermeiden.
- **Ordnen der Belege nach Belegarten (Belegsortierung)** als **Voraussetzung für Sammel-buchungen** und eine ordnungsmäßige Ablage und **Aufbewahrung** der Belege:

– Ausgangsrechnungen	– Bankbelege
– Gutschriften an Kunden	– Postbankbelege
– Eingangsrechnungen	– Kassenbelege
– Gutschriften von Lieferern	– Privatentnahmen/-einlagen
– Lohn- und Gehaltslisten	– Sonstige Belege

- **Fortlaufende Nummerierung** der Belege innerhalb jeder Belegart.
- **Vorkontierung der Belege,** indem man mithilfe eines Kontierungsstempels die Buchungs-sätze bereits auf den Belegen angibt.

Jede Buchung im Grund- und Hauptbuch enthält den Hinweis auf die **Belegart und die Belegnummer.** Dieser **Belegvermerk** (z.B. AR 15) stellt sicher, dass zu jeder Buchung der zugehörige Beleg sofort auffindbar ist. Umgekehrt muss nach jeder Buchung der **Buchungsvermerk auf dem Beleg** eingetragen werden, der die Journal-seite, das Buchungsdatum sowie das Zeichen des Buchhalters angibt. Durch diese **wechselseitigen Hinweise** wird der **Beleg zum Bindeglied** zwischen Geschäftsfall und Buchung.

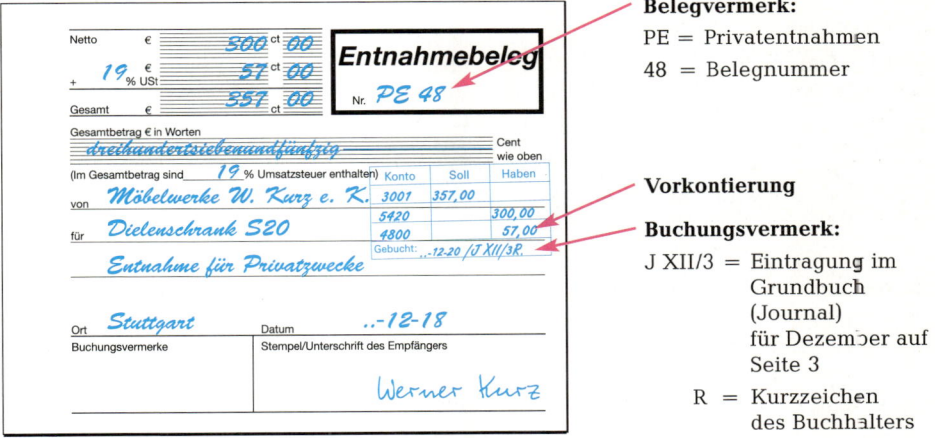

Belegvermerk:

PE = Privatentnahmen

48 = Belegnummer

Vorkontierung

Buchungsvermerk:

J XII/3 = Eintragung im Grundbuch (Journal) für Dezember auf Seite 3

R = Kurzzeichen des Buchhalters

Belegaufbewahrung. Nach der Buchung müssen die Belege sorgfältig abgelegt und **10 Jahre** aufbewahrt werden, **gerechnet vom Schluss des Kalenderjahres,** in dem der Beleg entstanden ist (§ 257 [4] HGB, § 147 [3] AO). **Für jede Belegart** wird in der Regel **ein Ordner** angelegt, in dem die Belege nach fortlaufender Nummer abgeheftet sind. Bei einer **Mikrofilmablage** muss die jederzeitige Wiedergabe der mikroverfilmten Belege sichergestellt sein (vgl. S. 8).

Merke: **Die Belegorganisation ist die Grundlage ordnungsmäßiger Buchführung.**

9.3 Die Bücher der Finanzbuchhaltung

Die Buchungen müssen **jederzeit nachprüfbar** sein. Sie sind deshalb jeweils

▶ in **zeitlicher Reihenfolge** zu erfassen,

▶ nach **sachlichen Gesichtspunkten** zu ordnen und

▶ gegebenenfalls **durch Nebenaufzeichnungen zu erläutern.**

Diese Ordnung der Buchungen erfolgt in bestimmten **„Büchern"** der Buchführung.

9.3.1 Das Grundbuch

Im Grundbuch (Journal) werden die Buchungen in **zeitlicher (chronologischer) Reihenfolge** erfasst. Im Einzelnen nimmt das Grundbuch folgende Buchungen auf:

1. **Eröffnungsbuchungen über EBK**
2. **Laufende Buchungen** aufgrund der vorkontierten Belege
3. **Vorbereitende Abschlussbuchungen,** die auch **Umbuchungen** genannt werden:
   - Buchung der Abschreibungen
   - Abschluss der Unterkonten (z.B. Privat)
   - Verrechnung der Vor- und Umsatzsteuer
4. **Abschlussbuchungen**
   - Abschluss der **Erfolgskonten** über das GuV-Konto
   - Abschluss des **GuV-Kontos** über das Eigenkapitalkonto
   - Abschluss der **Bestandskonten** über das Schlussbilanzkonto

Wichtige Daten sind im Grundbuch bzw. Journal auszuweisen: Belegdatum, Belegvermerk, Buchungstext, Kontierung und der Buchungsbetrag:

Journal			Monat November ..				Seite ...
Datum	**Beleg**		**Buchungstext**	**Kontierung**		**Betrag in €**	
				Soll	Haben	Soll	Haben
12. Nov...			Übertrag von Seite ...			...	...
12. Nov...	BA 158		Überweisung an Vits KG	4400	2800	4.760,00	4.760,00
13. Nov...	AR 896		Verkauf an Holzen OHG	2400	5000	7.140,00	6.000,00
					4800		1.140,00
14. Nov...	BA 159		Überweisung von Decker	2800	2400	2.856,00	2.856,00
...	...		...				
...	...		...				

Bedeutung des Grundbuches. Die chronologischen Aufzeichnungen im Journal ermöglichen es, jeden einzelnen Geschäftsfall während der Aufbewahrungsfristen schnell bis zum Beleg zurückzuverfolgen und damit nachzuweisen.

Buchungsverfahren. Jede Grundbuchung muss auf dem entsprechenden Sachkonto des Hauptbuches und gegebenenfalls auf dem Konto bzw. der Karteikarte eines Nebenbuches (Lagerkartei, Kunden- und Liefererkonto u.a.) erfasst werden. Ob die Grundbuchungen **vor** der Übertragung auf die Konten (= **Übertragungsbuchführung)** oder **im Durchschreibeverfahren** (= **Durchschreibebuchführung)** oder **automatisch** mit der Buchung auf den Konten (= **EDV-Buchführung)** erfolgen, ist eine Frage des jeweils angewandten **Buchungsverfahrens.**

9.3.2 Das Hauptbuch

Sachliche Ordnung. Aus dem Grundbuch lässt sich der Stand der einzelnen Vermögensteile und Schulden nicht erkennen. Deshalb müssen die Geschäftsfälle noch in **sachlicher** Ordnung auf entsprechenden **Sachkonten** gebucht werden, z.B. alle Gehaltszahlungen auf einem Konto „Gehälter", alle Bargeschäfte auf einem Kassenkonto u.a. Die Sachkonten stellen wegen ihrer Bedeutung für die Buchführung das **Hauptbuch** dar. Sie werden in der Regel auf losen Formblättern oder EDV-mäßig geführt.

Die Sachkonten sind die **im Kontenplan** des Betriebes verzeichneten **Bestands- und Ergebniskonten.** Ihr Abschluss führt zur Gewinn- und Verlustrechnung und Bilanz. Bei jeder Buchung auf einem Sachkonto müssen ähnlich wie im Grundbuch vermerkt werden: Datum, Belegvermerk, Buchungstext, Gegenkonto, Betrag im Soll und im Haben:

Konto: 2800 Bank					
Beleg-datum	Beleg-vermerk	Buchungstext	Gegenkonto	Betrag in €	
				Soll	Haben
12. Nov...	BA 158	Überweisung an Vits KG	4400	–	4.760,00
14. Nov...	BA 159	Überweisung von Decker	2400	2.856,00	–
...	...	...			
...	...	...			

Zusammenhang zwischen Belegen, Grund- und Hauptbuch

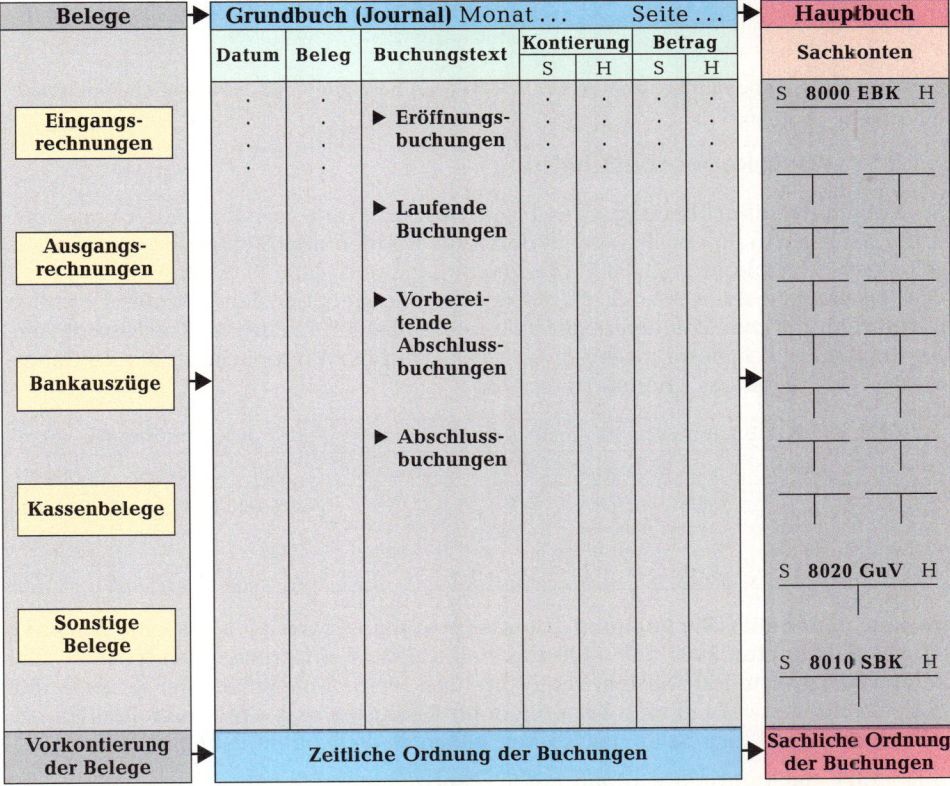

Merke:	● Das Grundbuch (Journal) erfasst die Geschäftsfälle in zeitlicher Reihenfolge.
	● Das Hauptbuch erfasst die Geschäftsfälle in sachlicher Ordnung auf Sachkonten.

9.3.3 Die Nebenbücher im Überblick

Bestimmte **Sachkonten** des Hauptbuches müssen **näher erläutert** werden, um **wichtige Einzelheiten** zu erfahren. Das geschieht in entsprechenden **Nebenbüchern.**

Sachkonten		Nebenbücher
Forderungen a.LL, Verbindlichkeiten a.LL	◄─►	**Kontokorrentbuch** erfasst den unbaren Geschäftsverkehr mit jedem einzelnen Kunden und Lieferer.
Bestandskonten für Roh-, Hilfs- und Betriebsstoffe, unfertige und fertige Erzeugnisse sowie Handelswaren	◄─►	**Lagerkartei** erfasst für jede einzelne Werkstoff- und Warenart Zugänge und Abgänge und ermittelt jederzeit (permanent) den Buchbestand → Seite 42.
Löhne und Gehälter	◄─►	**Lohn-/Gehaltsbuchhaltung** Für jeden Arbeitnehmer wird ein Lohn- bzw. Gehaltskonto geführt → Seite 105 f.
Anlagekonten	◄─►	**Anlagenkartei** Für jeden Anlagegegenstand gibt es eine Anlagenkarte, die Anschaffungskosten, Nutzungsdauer, Abschreibung und Buchwert zum 31. Dezember ausweist → Seite 129.
Besitz- und Schuldwechsel	◄─►	**Wechselbuch** Die Fälligkeiten u.a. der Wechsel müssen überwacht werden.

Merke: Die Nebenbücher dienen der Erläuterung bestimmter Sachkonten im Hauptbuch.

9.3.3.1 Kontokorrentbuchhaltung

Die Kontokorrentbuchhaltung erfasst den Geschäftsverkehr mit Kunden und Lieferern. Die Einrichtung von **Personenkonten für Kunden und Lieferer** ist erforderlich, weil aus den Sachkonten „2400 Forderungen a.LL" und „4400 Verbindlichkeiten a.LL" nicht zu ersehen ist, wie hoch die Forderungen gegenüber den einzelnen Kunden **(Debitoren)** und die Schulden gegenüber den einzelnen Lieferern **(Kreditoren)** sind. Die Kunden- und Liefererkonten dienen vor allem der **Überwachung der Zahlungstermine.** Sie bilden das Kontokorrentbuch[1].

Kundenkonto: Computer GmbH, Rostock				**Kontonummer:** 10001		
Datum	Beleg	Buchungstext	Journalseite	Soll	Haben	Saldo
2. Jan…	–	Saldovortrag	J 1	4.760,00	–	4.760,00
4. Jan…	BA 1	Banküberweisung	J 1	–	3.570,00	1.190,00
12. Jan…	AR 38	Verkauf Artikel-Nr. 567	J 3	2.856,00	–	4.046,00
…	…	…				

Bei konventioneller Buchhaltung (Übertragungsbuchführung) **muss jede Buchung auf den Sachkonten 2400 und 4400 zugleich auf dem entsprechenden Kunden- und Liefererkonto vermerkt werden.** Beim Abschluss werden die Salden der Kunden- und Liefererkonten jeweils in eine **Saldenliste für Debitoren bzw. Kreditoren** übertragen, deren Summe mit dem Saldo des Kontos 2400 bzw. 4400 übereinstimmen muss.

In der EDV-Buchführung wird **nur** auf den **Personenkonten** gebucht. Die dort erfassten Buchungen werden **automatisch** auf die **Sachkonten** 2400 und 4400 **übertragen.**

---

1 ital.: conto corrente = laufende Rechnung

662180

Sachkonten sind in der Regel vierstellig, **Personenkonten fünfstellig.**

> **Debitoren:** 10000–59999 ➡ z.B. 10000 Kunde A, 10001 Kunde B, usw.
> **Kreditoren:** 60000–99999 ➡ z.B. 60000 Lieferer A, 60001 Lieferer B, usw.

Kundenkonten erhalten z.B. an der **fünften** Stelle (die EDV-Anlage liest die Kennziffern von rechts nach links) die **Kennziffern 1 bis 5, Liefererkonten** die Ziffern **6 bis 9.**

Beispiel: In den Möbelwerken Kurz weisen die Saldenlisten der Kunden- und Liefererkonten sowie die Sachkonten 2400 und 4400 zum 31. Dezember folgende Zahlen aus:

Konto-Nr.	Kunden	Salden
10001	Möbelgroßhandel Hein	115.000,00
10002	Möbelcenter MC	86.250,00
10003	SB-Möbelmarkt	165.000,00
	Saldensumme	**366.250,00**

Konto-Nr.	Lieferer	Salden
60001	Holzwerke GmbH	135.000,00
60002	Furnierwerke AG	247.250,00
60003	Scharnierwerke OHG	143.750,00
	Saldensumme	**526.000,00**

2400 Forderungen a. LL				
Datum	Beleg	Text	Soll	Haben
31. Dez.	–	…	2.875.000,00	2.508.750,00
		Saldo	–	366.250,00
			2.875.000,00	2.875.000,00

4400 Verbindlichkeiten a. LL				
Datum	Beleg	Text	Soll	Haben
31. Dez.	–	…	1.889.000,00	2.415.000,00
		Saldo	526.000,00	–
			2.415.000,00	2.415.000,00

Merke: Die Saldensumme der Kundenkonten (Debitoren) und Liefererkonten (Kreditoren) im Kontokorrentbuch muss jeweils mit dem Saldo des Sachkontos „2400 Forderungen a. LL" bzw. „4400 Verbindlichkeiten a. LL" im Hauptbuch übereinstimmen.

Aufgaben

In der Finanzbuchhaltung der Möbelwerke Kurz weisen die **Kundenkonten** Möbelgroßhandel Hein und Möbelcenter MC folgende **offene Posten,** also noch nicht bezahlte Rechnungen, aus:

89

S	10001 Möbelgroßhandel Hein e. K.	H
AR 407	23.800,00	
AR 409	11.900,00	

S	10002 Möbelcenter MC	H
AR 408	35.700,00	
AR 410	5.950,00	

Richten Sie außer den Kundenkonten noch folgende Sachkonten ein: 2400 Forderungen a. LL (AB 77.350,00 €), 2800 Bank (AB 109.500,00 €), 4800 Umsatzsteuer, 5000 Umsatzerlöse für eigene Erzeugnisse.

Buchen Sie die folgenden Geschäftsfälle auf den Sachkonten und nehmen Sie zugleich die entsprechenden Eintragungen auf den Kundenkonten vor:

1. Kunde Möbelgroßhandel Hein begleicht AR 407 lt. BA 12 . . . . 23.800,00 €
2. Verkauf von 20 Eicheschränken ES 44 lt. AR 411 an das
   Möbelcenter MC, netto . . . . 50.000,00 €
   + Umsatzsteuer . . . . 9.500,00 €   59.500,00 €
3. Möbelcenter MC begleicht lt. BA 13 die fällige AR 408 . . . . 35.700,00 €
4. Verkauf v. Schreibtischen ST 45 an den Möbelgroßhandel
   Hein lt. AR 412, netto . . . . 15.000,00 €
   + Umsatzsteuer . . . . 2.850,00 €   17.850,00 €

1. *Ermitteln Sie die Salden der Kundenkonten und stellen Sie diese in einer Saldenliste „Debitoren" zusammen.*
2. *Ermitteln Sie den Saldo im Sachkonto 2400 Forderungen a. LL und stimmen Sie diesen mit der Summe der Salden der Debitoren-Saldenliste ab.*

90   Die **Liefererkonten** Holzwerke GmbH und Furnierwerke AG der Möbelwerke Kurz weisen folgende **offene Posten** aus:

S	60001 Holzwerke GmbH	H
	ER 580	29.750,00
	ER 582	14.280,00

S	60002 Furnierwerke AG	H
	ER 581	47.600,00
	ER 583	20.230,00

Richten Sie noch folgende Sachkonten ein:
2000 Rohstoffe, 2600 Vorsteuer, 2800 Bank (AB 167.000,00 €), 4400 Verbindlichkeiten a. LL (AB 111.860,00 €).

Buchen Sie die folgenden Geschäftsfälle auf den erforderlichen Sachkonten und ergänzen Sie entsprechend die beiden Liefererkonten:

1. ER 580 wird bei Fälligkeit beglichen. BA 45 ....   29.750,00 €

2. Einkauf von Eichenfurnier EF 200 lt. ER 584
   bei Furnierwerke AG, netto .... 44.000,00 €
   + Umsatzsteuer .... 8.360,00 €   52.360,00 €

3. Ausgleich von ER 581 lt. BA 46 ....   47.600,00 €

4. Einkauf von Spanplatten SP 405 bei
   Holzwerke GmbH lt. ER 585, netto .... 8.500,00 €
   + Umsatzsteuer .... 1.615,00 €   10.115,00 €

1. *Ermitteln Sie die Salden der Liefererkonten und des Kontos 4400 Verbindlichkeiten a. LL.*

2. *Erstellen Sie die Kreditoren-Saldenliste und nehmen Sie die Abstimmung mit dem Sachkonto 4400 vor.*

91   1. *Erläutern Sie Aufgaben und Bedeutung der Bücher der Buchführung:*
   a) Grundbuch,
   b) Hauptbuch,
   c) Nebenbücher,
   d) Inventar- und Bilanzbuch.

2. *Inwiefern ist der Beleg Bindeglied zwischen Geschäftsfall und Buchung?*

3. *Belege lassen sich nach ihrer Entstehung in*
   a) Fremd- bzw. externe Belege und
   b) Eigen- bzw. interne Belege unterscheiden.
   Nennen Sie Beispiele.

4. *Nennen Sie die Aufbewahrungsfrist für Geschäftsbelege, die Bücher der Buchführung, das Inventar und die Bilanz.*

5. *Von welchem Zeitpunkt an beginnt die Aufbewahrungsfrist?*

6. *Welche Möglichkeiten der Belegaufbewahrung bestehen?*

92

Geschäftsgang mit Grund-, Haupt-, Kontokorrent- und Bilanzbuch

1. *Richten Sie die Sachkonten ein und tragen Sie die Beträge der Summenbilanz vor.*
2. *Richten Sie die Personenkonten ein und tragen Sie die Soll- und Habenbeträge vor.*
3. *Buchen Sie die Geschäftsfälle für Dezember auf den entsprechenden Konten.*
4. *Erstellen Sie zum 31. Dezember die Saldenlisten der Personenkonten und stimmen Sie diese mit den Sachkonten „2400 Forderungen a. LL" und „4400 Verbindlichkeiten a. LL" ab.*
5. *Führen Sie den kontenmäßigen Jahresabschluss im Hauptbuch durch.*
6. *Erstellen Sie eine ordnungsmäßig gegliederte Bilanz für das Bilanzbuch.*

Belegabkürzungen: AR (Ausgangsrechnung), ER (Eingangsrechnung), BA (Bankauszug), PA (Postbankauszug), KB (Kassenbeleg), ME (Materialentnahmeschein), PE (Privatentnahmebeleg), SB (Sonstige Belege).

Kundenkonten der Maschinenfabrik Werner Stark e. K.	Soll	Haben
10000 F. Walter e. Kffr., Leverkusen	344.500,00	322.400,00
10001 Kühn KG, Köln	241.250,00	221.400,00
10002 R. Schulze e. Kfm., Bergheim	225.000,00	175.580,00
Summe	810.750,00	719.380,00

Liefererkonten der Maschinenfabrik Werner Stark e. K.	Soll	Haben
60000 M. Blau e. K., Rheine	189.400,00	224.600,00
60001 S. Schneider e. K., Emsdetten	180.200,00	215.800,00
60002 Weber GmbH, Soest	155.400,00	184.480,00
Summe	525.000,00	624.880,00

Sachkonten der Maschinenfabrik Werner Stark e. K.		Soll	Haben
0700	Technische Anlagen und Maschinen	156.000,00	8.500,00
0800	Andere Anlagen/BGA	62.000,00	4.500,00
2000	Rohstoffe	189.000,00	–
2400	Forderungen a. LL	810.750,00	719.380,00
2600	Vorsteuer	99.586,50	83.640,00
2800	Bank	782.220,00	646.070,00
2850	Postbankguthaben	69.343,00	14.000,00
2880	Kasse	28.940,00	21.150,00
3000	Eigenkapital	–	429.000,00
3001	Privat	40.000,00	–
4400	Verbindlichkeiten a. LL	525.000,00	624.880,00
4800	Umsatzsteuer	91.048,00	150.907,50
5000	Umsatzerlöse für eigene Erzeugnisse	–	780.150,00
5420	Entnahme v. G. u. s. L.	–	14.100,00
6000	Aufwendungen für Rohstoffe	460.000,00	–
62–64	Personalkosten	102.000,00	–
6520	Abschreibungen auf Sachanlagen	–	–
6700	Mieten	45.070,00	–
6800	Aufwendungen für Kommunikation	35.320,00	–
8010	Schlussbilanzkonto	–	–
8020	Gewinn- und Verlustkonto	–	–
Summen zum 17. Dezember		3.496.277,50	3.496.277,50

Geschäftsfälle ab 18. Dezember bis 31. Dezember ..

Datum	Beleg	Buchungstext	€
18. Dez.	AR 949	Verkauf von eigenen Erzeugnissen an F. Walter, brutto	10.472,00
19. Dez.	ER 468	Rohstoffeinkauf bei M. Blau, brutto	14.637,00
20. Dez.	BA 91	Überweisung von Kühn KG	13.685,00
		Überweisung an S. Schneider	23.205,00
21. Dez.	KB 248	Barkauf von Postwertzeichen	650,00
	PE 35	Private Erzeugnisentnahme, netto	750,00
23. Dez.	ER 469	Rohstoffeinkauf bei Weber GmbH, brutto	14.042,00
27. Dez.	KB 249	Privatentnahme, bar	800,00
28. Dez.	AR 950	Verkauf von eigenen Erzeugnissen an R. Schulze, brutto	18.564,00
29. Dez.	PA 93	Überweisung von R. Schulze	28.560,00
		Überweisung der Telefongebühren, netto	1.200,00
30. Dez.	KB 250	Barkauf von Büromaterial, brutto	535,50
31. Dez.	KB 251	Barverkäufe von eigenen Erzeugnissen, brutto	6.664,00
31. Dez.	ME 310	Verbrauch von Rohstoffen	45.100,00

Abschlussangaben

31. Dez.	SB 116	Abschreibungen auf 0700: 5.200,00 €; auf 0800: 2.400,00 €.
31. Dez.	Inventar	Buchbestände = Inventurbestände

10   Buchen mit Finanzbuchhaltungsprogrammen

10.1   Finanzbuchhaltung in der betrieblichen Praxis

Die Zahl der täglichen Geschäftsfälle ist selbst in kleineren Unternehmen so groß, dass die Fülle von Belegen nicht mit einem **konventionellen Buchungsverfahren** (Übertragungsbuchführung, Durchschreibebuchführung) in wirtschaftlich vertretbarer Zeit zu bearbeiten ist. **Nur eine EDV-gestützte Buchführung ermöglicht es,**

▶ eine Vielzahl von Buchungsdaten in kürzester Zeit zu erfassen,
▶ automatisch zu verarbeiten,
▶ auszuwerten und zu speichern sowie
▶ die Ergebnisse jederzeit abzurufen.

Drei Schritte kennzeichnen die **Arbeitsweise der EDV** in der Buchführung:

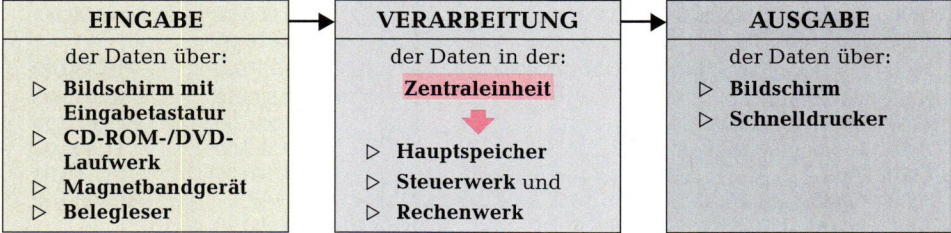

EINGABE	VERARBEITUNG	AUSGABE
der Daten über:	der Daten in der:	der Daten über:
▷ **Bildschirm mit Eingabetastatur**	**Zentraleinheit**	▷ **Bildschirm**
▷ **CD-ROM-/DVD-Laufwerk**	▷ **Hauptspeicher**	▷ **Schnelldrucker**
▷ **Magnetbandgerät**	▷ **Steuerwerk** und	
▷ **Belegleser**	▷ **Rechenwerk**	

10.1.1   Merkmale kommerzieller Finanzbuchhaltungssoftware

Zur Steuerung und Verwaltung der betrieblichen Prozesse wird in der Praxis i. d. R. betriebswirtschaftliche **Standard- oder Individualsoftware** eingesetzt.[1] Diese **Programme** beinhalten neben den prozesssteuernden Modulen (Warenwirtschaftssystem, Produktions- und Planungssystem, Maschinensteuerung) auch kaufmännische Module wie die Finanzbuchhaltung, die Kostenrechnung oder das Personalwesen. Im Folgenden werden die Merkmale der betrieblichen Finanzbuchhaltungssoftware kurz dargestellt:

1. Die Programme haben eine **komfortable Benutzerführung.** Die Menüstruktur ist schnell erkennbar, die Eingabemasken sind übersichtlich gestaltet. Eingabefehler werden teilweise durch Plausibilitätskontrollen abgefangen.
2. Die für den Betrieb einzurichtenden **Stammdaten** können **flexibel** gestaltet werden. Konten, Bilanzstruktur, GuV-Aufbau usw. lassen sich veränderten betrieblichen Bedingungen oder neuen gesetzlichen Bestimmungen schnell anpassen.
3. Das **Buchen von Eingangs- und Ausgangsrechnungen** erfolgt im Rahmen einer **Offene-Posten-Buchhaltung.** Es wird also nicht auf einem Konto „Forderungen" oder „Verbindlichkeiten" gebucht, sondern auf **einzelnen Debitoren- und Kreditorenkonten,** deren Salden in ihrer Summe den Forderungen bzw. Verbindlichkeiten entsprechen.
4. **Bestimmte Buchungen** werden **automatisch** durchgeführt. Die **Umsatzsteuer bzw. Vorsteuer,** aber auch die **Steuerberichtigungen** bei Skontozahlungen oder Gutschriften werden in der Regel automatisch aufgrund der Einstellungen in den Stammdaten gebucht.
5. Buchungen lassen sich als **Dialog-** oder als **Stapelbuchungen** erfassen. Bei einer **Dialogbuchung** wird jede Buchung **sofort** nach ihrer Eingabe **auf die entsprechenden Konten übertragen.** Die Erfassung als **Stapelbuchung** hat den Vorteil, dass die **erfassten Daten** zunächst nur als Text gespeichert werden und damit **ohne Stornierung korrigiert** werden können.

---

1   Anbieter für branchenneutrale betriebswirtschaftliche Software sind u. a. SAP, Sage KHK und Lexware.

6. Die Programme bieten umfangreiche **Auswertungen.** Neben der Bilanz und der GuV-Rechnung werden **Saldenlisten, OP-Listen, Mahnlisten, Fälligkeitslisten** usw. gedruckt. Die **Umsatzsteuer-Voranmeldung** (Voraussetzung für die Überweisung der Zahllast an das Finanzamt) und so genannte **betriebswirtschaftliche Auswertungen** wie Bilanzkennziffern können jederzeit erstellt werden.

7. Die **Benutzeroberfläche des Moduls Finanzbuchhaltung** entspricht den Oberflächen der anderen betriebswirtschaftlichen Anwendungen (Kostenrechnung, Bestellwesen, Fakturierung, Gehaltsabrechnung u. a.). Welcher Benutzer (Mitarbeiter, User) welches Modul mit welchen Rechten nutzen darf, wird über **Passwörter** geregelt.

8. Die **Daten sämtlicher betriebswirtschaftlicher Anwendungen** werden in einer **zentralen Datenbank** gehalten, sodass von vielen Arbeitsplätzen und unterschiedlichen Anwendungen auf aktuelle Daten zugegriffen werden kann. Zum Beispiel werden die Daten der mithilfe des Programmmoduls Fakturierung in der Verkaufsabteilung erstellten Ausgangsrechnungen an das Programmmodul Finanzbuchhaltung übergeben und dort automatisch gebucht.

9. Zu beachten sind bei der Arbeit mit Finanzbuchhaltungsprogrammen neben den „**Grundsätzen ordnungsmäßiger Buchführung**" (GoB, siehe Seite 8) die seit 1995 geltenden „**Grundsätze ordnungsmäßiger DV-gestützter Buchführungssysteme**" (GoBS).[1]

10.1.2   Buchen der laufenden Geschäftsfälle

Der typische Arbeitsablauf für die Buchung der laufenden Geschäftsfälle **beinhaltet:**

- **Sortieren der Belege.** Belege gleicher Art bilden „Stapel". Ein Beispiel für einen sinnvollen Stapel sind die Eingangsrechnungen der beiden letzten Tage, die den Einkauf von Rohstoffen betreffen.

- **Vorkontierung der Belege.** Auf dem Beleg werden die Konten, i. d. R. auch die Kostenstellen, manuell vermerkt.

- **Ermitteln einer Buchungskontrollsumme.** Die Endbeträge der zu buchenden Belege des Stapels werden summenmäßig erfasst.

- **Erfassen der Kontierungsdaten am Bildschirmarbeitsplatz über „Stapelbuchen".** Das Modul Finanzbuchhaltung der betriebswirtschaftlichen Software wird aufgerufen und das **Menü „Buchungserfassung"** gewählt. Die Kontierungsdaten jedes einzelnen Beleges werden mithilfe der **Erfassungsmaske** eingegeben.

- **Abstimmen der Kontrollsumme.** Bei Abweichung ist eine Fehlersuche notwendig. Das heißt konkret: Eine Mitarbeiterin bzw. ein Mitarbeiter liest die Daten der gebuchten Belege vor, eine andere (ein anderer) hakt die Buchungen im Journal ab.

- **Übernahme der Buchungen und Drucken des Journals.** Sofern keine offensichtlichen Fehler vorliegen, wird der Stapel „ausgebucht", das heißt, die Buchungen werden in das Finanzbuchhaltungssystem übernommen. Anschließend kann das Journal (Grundbuch) gedruckt und abgeheftet werden.

Das Erstellen von **Auswertungen** (Offene-Posten-Listen, Zahlungsvorschlagslisten, Umsatzsteuer-Voranmeldung, vorläufige Bilanz, GuV-Rechnung und andere) wird von den dafür jeweils zuständigen Mitarbeitern angefordert. Die Auswertungen können mithilfe der Finanzbuchhaltungssoftware jederzeit zur Verfügung gestellt werden.

Merke:
- **In der betrieblichen Praxis wird die Finanzbuchhaltung mithilfe kommerzieller Finanzbuchhaltungssoftware durchgeführt.**
- **Das Modul Finanzbuchhaltung ist Bestandteil integrierter kaufmännischer Software.**

---

1 **Zu den Grundsätzen zählen vor allem: Zuverlässigkeit** des eingesetzten Programms, **Nachprüfbarkeit** der Daten, Gewährleistung der **Datensicherheit**, Sicherstellung der jederzeitigen **Datenwiedergabe**.

Merke:
- Konten, Bilanzstruktur und GuV-Aufbau können über die Stammdatenpflege jederzeit verändert werden.
- Wesentlicher Bestandteil des Finanzbuchhaltungssystems ist die Offene-Posten-Buchhaltung.
- Buchungen werden in eine Buchungserfassungsmaske eingetragen. Die Auswirkungen der Buchungen werden von der Finanzbuchhaltungssoftware als Auswertungen erstellt.
- Für das Erstellen von Auswertungen, wie z. B. Bilanz und GuV-Rechnung, werden keine Konten abgeschlossen. Die Salden bleiben erhalten.

10.2   Offene-Posten-Buchhaltung

Bei Buchung einer Eingangs- bzw. Ausgangsrechnung wird jeweils ein **offener Posten** angelegt. Bei der Buchung des Zahlungsausgangs bzw. Zahlungseingangs wird die **Belegnummer** des entsprechenden offenen Postens angegeben und der offene Posten wird ausgeglichen. Die Sachkonten **2400 Forderungen a. LL** und **4400 Verbindlichkeiten a. LL** können **nicht manuell** angebucht werden, da sie als **Sammelkonten** die Buchungen auf den Personenkonten **automatisch,** also softwarebedingt, aufnehmen.

Beispiel: Die Textilwerke Edgar Tuch e. K. (siehe Aufgabe 94) erhalten am 15. Januar .. von dem Lieferanten Velox GmbH die folgende **Rechnung,** die die **Belegnummer 101** erhält:

Menge	Bezeichnung	Einzelpreis in €	Gesamtpreis in €
100 Rollen	Jeansstoff 800/A	35,00	3.500,00
		Rechnungspreis netto	3.500,00
		+ 19 % Umsatzsteuer	665,00
		Rechnungspreis brutto	4.165,00

Die Textilwerke Tuch bezahlen die Rechnung am 20. Januar per **Banküberweisung.** Die **Belegnummer des Kontoauszuges ist 102.**

Die Buchungen lauten:

101 2000 Rohstoffe 3.500,00
       2600 Vorsteuer   665,00   an   60000 Velox GmbH
102 60000 Velox GmbH   (Kreditorenkonto) 4.165,00
       (Kreditorenkonto) . . . . . **4.165,00**   an   2800 Bank **4.165,00**

Sollen beide Buchungen **sofort** nacheinander erfasst werden, ist es sinnvoll, die Methode **„Dialogbuchen"** zu wählen.

Bevor die Buchungen mithilfe eines Finanzbuchhaltungsprogramms erfasst werden, sollten die Eingabedaten in einen **Kontierungsbogen** eingetragen werden. Der Kontierungsbogen ist wie die Buchungsmaske der eingesetzten Software aufgebaut.

10.2.1   Einsatz der Finanzbuchhaltungssoftware „Lexware financial office"

Der Kontierungsbogen weist nach Eintragung der o. g. Buchungen Folgendes aus:

Datum	Beleg-Nr.	Buchungstext	Betrag in €	Soll-konto	Haben-konto	USt-Text	OP-Nr.
15. Jan.	101	Eingangsrechnung	4.165,00	2000	60000	VoSt19	
20. Jan.	102	Zahlungsausgang	4.165,00	60000	2800		101

Die Buchungs-erfassungs-maske weist die erfassten **Daten der Eingangs-rechnung** aus:

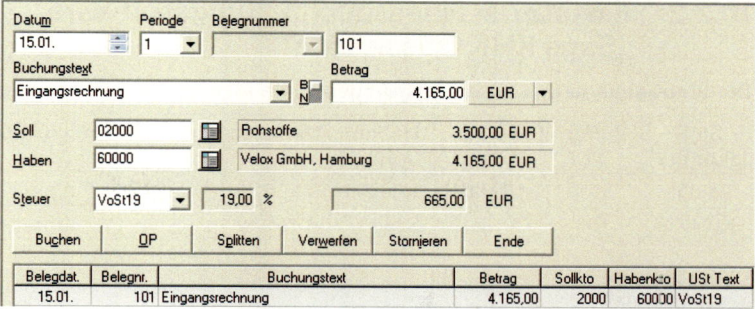

Der Schalter vor dem Betragsfeld ermöglicht die Eingabe des Brutto- oder Nettobetrages **(Vor-einstellung „brutto")**. Mit der Eintragung der Kontonummern erscheinen die Kontobezeich-nung und der Saldo einschl. der aktuell erfassten Buchung. In den Stammdaten des Kontos 2000 Rohstoffe ist der **Steuertext VoSt19** (19 % Vorsteuer) eingetragen, deshalb erscheint dieser Text **automatisch** im Feld Steuer. Anhand des Steuertextes ermittelt die Software den Steuerbetrag. Steuersatz und Steuerbetrag werden angezeigt. Mit Betätigen der **Schaltfläche „Buchen"** wird die Buchung in das **Journal** übertragen und im unteren Teil angezeigt.

Das nebenste-hende Bild zeigt die **Buchung des Zahlungs-ausgangs** vor Betätigen der OP-Schaltflä-che:

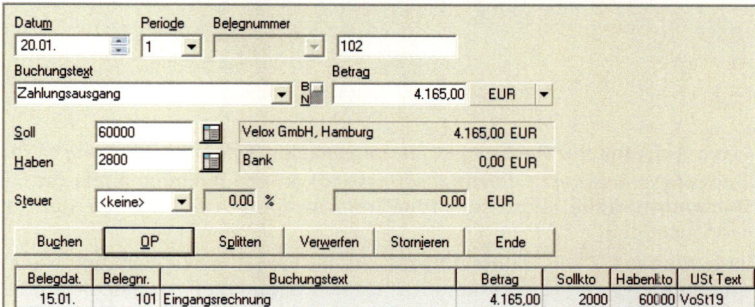

Nach Klicken auf die OP-Schaltfläche erscheinen in einem weiteren Fenster die **offenen Posten des** in der Buchung angegebenen **Personenkontos:**

Im obigen Beispiel liegt nur **ein** offener Posten vor. Erfasster Zahlungsbetrag und offener Posten sind identisch. Der offene Posten wird markiert und nach Klicken auf die Schaltfläche „Buchen" ist der Zahlungsausgang gebucht.

Sollte der Buchungsbetrag nicht mit dem Betrag des gewählten offenen Postens identisch sein, bietet das Programm in einem weiteren Fenster die Auswahl „Weiterführen" oder „Aus-buchen" an. **Weiterführen** wird gewählt, wenn der Restbetrag als offener Posten weiterhin bestehen soll. Es handelt sich um eine Teilzahlung. **Ausbuchen** wird gewählt, wenn der offene Posten ausgeglichen ist, zum Beispiel bei Skontoabzug.

10.2.2 Einsatz der Finanzbuchhaltungssoftware „Sage KHK Classic Line"

Die Eintragung in den Kontierungsbogen sollte folgendermaßen erfolgen:

Soll-konto	Beleg-Nr.	Beleg-datum	Haben-konto	Betrag	SA	SC	Buchungstext	OP-Nr.
S2000	101	15. Jan.	K60000	4.165,00	V	1	Eingangsrechnung	101
K60000	102	20. Jan.	S2800	4.165,00			Zahlungsausgang	101

Die nebenstehende Darstellung zeigt die erfassten Daten der Eingangsrechnung in der **Buchungserfassungsmaske:**

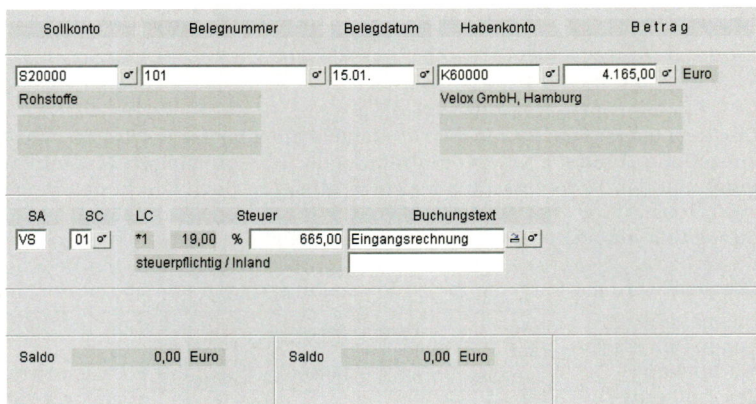

Nach Aufrufen der Buchungserfassungsmaske *(Finanzbuchhaltung → Buchen → Buchungserfassung → Buchungserfassung)* ist ein **Buchungskreis** (in der Regel 01) **und** die **Buchungsperiode** (aktueller Monat) einzutragen. Anschließend steht die Erfassungsmaske zur Verfügung.

Jede Eingabe in ein Datenfeld wird mit der Eingabetaste bestätigt. Nach **Eingabe der Kontonummer** wird die Bezeichnung des Kontos eingeblendet. Gleichzeitig wird am unteren Bildschirmrand der **aktuelle Saldo des Kontos** angezeigt.

Bei Kontonummern brauchen nachfolgende Nullen nicht eingegeben zu werden. Die Kontonummern können vollständig über den numerischen Block der Tastatur eingegeben werden. Das „D" für **Debitoren** wird mit einer „1", das „K" für **Kreditoren** wird mit einer „2" und das „S" für **Sachkonten** wird mit einer „3" eingegeben.

Bei der **Anzeige der aktuellen Salden** werden Sollsalden ohne Vorzeichen und Habensalden mit einem Minuszeichen hinter dem Betrag dargestellt.

In den **Datenfeldern SA (Steuerart)** und **SC (Steuercode)** werden die **Voreinstellungen** (VS: Vorsteuer Soll) und 01 (Steuersatz: 19 %) aus den Stammdaten des Kontos Rohstoffe angezeigt. Wird, wie in diesem Beispiel, bei der Buchung ein offener Posten angelegt, erscheint nach Eingabe des Buchungstextes ein weiteres Fenster für die **Daten des offenen Postens:**

662188

Als OP-Nummer wird die vorher eingegebene **Belegnummer** vorgeschlagen. In der Regel wird sie übernommen.

Es kann eine **Zahlungsbedingung** erfasst werden (Tage Skonto, Skontosatz, Tage Ziel). In den Feldern Betrag und Valuta-Datum werden die Voreinstellungen normalerweise übernommen. Bei der Buchung auf Personenkonten erscheint anschließend in einem weiteren Fenster die Frage: **„Buchung abschließen und speichern?".** Nach Klicken auf „Ja" ist die Buchung erfolgt.

Der nebenstehende Bildschirmausdruck zeigt die Buchung des Zahlungsausgangs:

Sollkonto	Belegnummer	Be.Dat.	Habenkonto	Betrag	SA	SC	Buchungstext	
S20000	101	15.01.	K60000	4.165,00	VS	1	Eingangsrechnung	

Sollkonto	Belegnummer	Belegdatum	Habenkonto	Betrag
K60000	102	20.01.	S28000	4.165,00 Euro
Velox GmbH, Hamburg			Bank	

SA	SC	LC	Steuer	Buchungstext
				Zahlungsausgang

Saldo	-4.165,00 Euro	Saldo	0,00 Euro

Die zuletzt erfassten Buchungen werden im oberen Teil des Erfassungsbildschirmes angezeigt. Nach Eingabe des Buchungstextes werden in einem gesonderten Fenster die **offenen Posten des Kreditorenkontos,** auf dem im Soll gebucht wird, angezeigt.

Die durch die Zahlung auszugleichende **Rechnung wird markiert.** Nach Bestätigen mit der Eingabetaste werden die **OP-Daten in die Buchungserfassungsmaske** übernommen. Mit Übernahme dieser Daten wird die **Buchung gespeichert.**

Falls Buchungsbetrag und Betrag des offenen Postens nicht übereinstimmen, wird der **Restbetrag** angezeigt. Soll dieser Restbetrag „ausgebucht" werden (OP ist ausgeglichen, Zahlung ist voll

OP-Auswahl für Konto K60000 Velox GmbH, Hamburg

+	OP-Nummer	Bel.datum	Rechnung	Zahlung	OP-Saldo	Whg	MKZ	
□	101	15.01.	4.165,00	0,00	4.165,00	EUR		

ZKD	000/000/000/000/000 Valuta	15.01.	Bukrs	01	Summe	0,00

ständig erfolgt), wird der **Restbetrag als Skonto** eingetragen. Wird in das Skontofeld nichts eingetragen, bleibt der **Restbetrag als Verbindlichkeit** (bei Kunden als Forderung) bestehen. Die Voreinstellung des Datenfeldes Skonto hängt von der erfassten Zahlungskondition bei Buchung der zu zahlenden Rechnung ab.

Merke:
- Bei der Buchung von Eingangs- und Ausgangsrechnungen werden offene Posten angelegt.
- Zahlungen an Lieferanten und Zahlungen von Kunden werden jeweils einem vorher gebuchten offenen Posten zugeordnet.
- Die Offene-Posten-Buchhaltung der Kreditoren (Lieferer) unterstützt die Entscheidungen bei eigenen Zahlungen (Zeitpunkt, Nutzen von Skonto, ...).
- Die Offene-Posten-Buchhaltung der Debitoren (Kunden) unterstützt das Mahnwesen.
- Alle Debitoren werden dem Sammelkonto „Forderungen a. LL", alle Kreditoren dem Sammelkonto „Verbindlichkeiten a. LL" zugewiesen.

10.3 Stammdatenpflege im Rahmen der Finanzbuchhaltung

Kommerzielle Finanzbuchhaltungsprogramme zeichnen sich dadurch
aus, dass der Kontenplan des Unternehmens völlig frei gestaltet werden
kann. Das heißt, Sachkonten, Debitoren und Kreditoren können jederzeit
neu eingerichtet bzw. verändert werden.

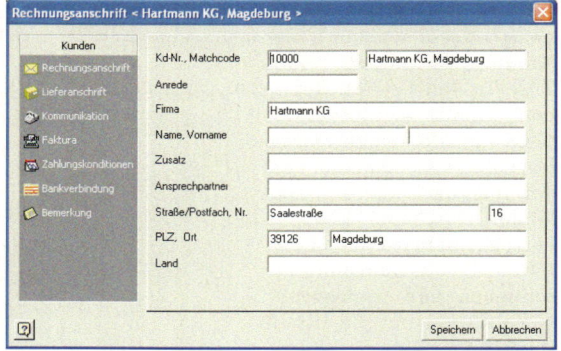

Das nebenstehende Fenster zeigt **Daten des Kunden Hartmann KG der
Textilwerke Edgar Tuch e. K.,** erstellt
mit der **„Lexware"-Finanzbuchhal-
tung.** Am linken Rand ist die Auswahl
der Bearbeitungsmasken für die Kun-
denstammdaten aufgeführt.

Das nebenstehende Beispiel, erstellt
mit der **„Sage-KHK-Classic-Line"-Fi-
nanzbuchhaltung,** zeigt die **Stammdaten des Sachkontos Rohstoffe.**
Über das Auswertungskennzeichen
BA032 wird gesteuert, dass der Saldo
des Kontos in der Bilanz unter der
Position „1. Roh-, Hilfs- und Betriebsstoffe" erscheint.

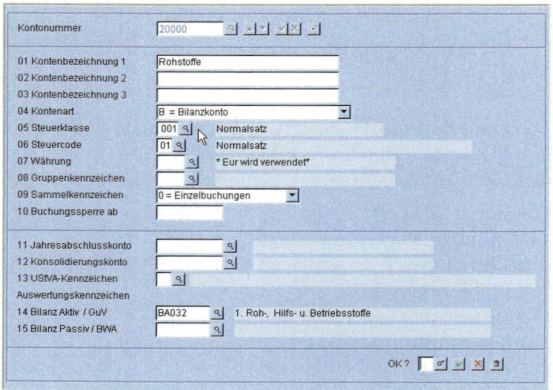

Merke:	• Die Konten (Debitoren, Kreditoren, Sachkonten) werden in der Finanzbuch-haltung als Stammdaten geführt.
	• Bei der Erfassung eines neuen Kunden werden neben dem Debitorenkonto auch Daten für andere Module (Kundenadresse für die Fakturierung) erfasst.
	• Alle Sachkonten müssen genau einer Position in der Bilanz (Bestandskonten) oder einer Position in der GuV-Rechnung (Erfolgskonten) zugeordnet werden.
	• Weitere wichtige Stammdaten sind Steuerschlüssel, Zahlungsbedingungen und vorformulierte Buchungssätze.

Aufgaben

93

1. *Sie richten für ein kommerzielles Finanzbuchhaltungsprogramm das Konto 6800 Büro-material neu ein. Warum ist es sinnvoll, einen Steuertext bzw. Steuercode zu erfassen?*

2. *Kommerzielle Finanzbuchhaltungsprogramme kennen das Konto SBK nicht. Dafür lässt sich jederzeit eine Saldenliste erstellen. Worin unterscheidet sich die Auswertung „Saldenliste Sachkonten" von dem Konto SBK?*

3. *Welche Informationen enthält die Offene-Posten-Liste Kreditoren im Vergleich zur Salden-liste Kreditoren?*

4. *Die Sachkonten 2400 Forderungen a. LL und 4400 Verbindlichkeiten a. LL sind eingerichtet. Sie haben auf diesen Konten jedoch nicht gebucht. Trotzdem weisen diese Konten in der Sal-denliste Buchungen auf. Welche sind das?*

5. *Die Umsatzsteuer-Voranmeldung weist die Zahllast bzw. den Vorsteuer-Überhang aus. Welche anderen wesentlichen Daten werden ausgedruckt?*

11　Beleggeschäftsgang – computergestützt

Die **Textilwerke Edgar Tuch e. K.,** Parkstraße 44, 90409 Nürnberg, Bankverbindungen: Stadtsparkasse Nürnberg: Konto-Nr. 218 435 717, BLZ 760 501 50; Postbank Nürnberg: Konto-Nr. 9987 96-850, BLZ 760 100 85, haben sich auf die Herstellung von Frotteeartikeln und Decken spezialisiert. In ihrer **Finanzbuchhaltung** werden folgende **Bücher** geführt:

- **Grundbuch** (Journal) für die laufenden Buchungen, die vorbereitenden Abschlussbuchungen und die Abschlussbuchungen.

- **Hauptbuch** für die Sachkonten: Bestandskonten, Erfolgskonten, Abschlusskonten.

- **Kontokorrentbuch** für die Personenkonten: Kundenkonten, Liefererkonten.

- **Bilanzbuch** für die Aufnahme des ordnungsmäßig gegliederten Jahresabschlusses: Jahresbilanz und Gewinn- und Verlustrechnung mit Unterschrift.

In der **EDV-Fibu** müssen die folgenden **Salden der Sach- und Personenkonten** über das **Hilfsbzw. Gegenkonto „8050 Saldenvorträge"** gebucht werden.

I. Die Sachkonten der Textilwerke E. Tuch e. K. weisen zum 27. Dez. .. folgende Salden aus:

Kontenplan und vorläufige Saldenbilanz	Soll	Haben
0700　Technische Anlagen und Maschinen	886.900,00	–
0800　Andere Anlagen/BGA	278.000,00	–
2000　Rohstoffe	120.000,00	–
2020　Hilfsstoffe	28.000,00	–
2030　Betriebsstoffe	48.000,00	–
2100　Unfertige Erzeugnisse	28.000,00	–
2200　Fertige Erzeugnisse	69.000,00	–
2400　Forderungen aus Lieferungen und Leistungen	74.018,00	–
2600　Vorsteuer	61.200,00	–
2800　Bank	312.975,00	–
2850　Postbank	28.100,00	–
2880　Kasse	21.000,00	–
3000　Eigenkapital	–	922.000,00
3001　Privat	84.000,00	–
4250　Darlehensschulden	–	342.930,00
4400　Verbindlichkeiten aus Lieferungen und Leistungen . . .	–	104.363,00
4800　Umsatzsteuer	–	267.900,00
5000　Umsatzerlöse für eigene Erzeugnisse	–	1.400.000,00
5200　Bestandsveränderungen	–	–
5420　Entnahme v. G. u. s. L.	–	10.000,00
5430　Andere sonstige betriebliche Erträge	–	18.000,00
5710　Zinserträge	–	42.000,00
6000　Aufwendungen für Rohstoffe	540.000,00	–
6020　Aufwendungen für Hilfsstoffe	60.000,00	–
6030　Aufwendungen für Betriebsstoffe	15.000,00	–
6160　Fremdinstandhaltung	88.000,00	–
6200　Löhne	186.000,00	–
6300　Gehälter	145.000,00	–
6520　Abschreibungen auf Sachanlagen	–	–
6820　Portokosten	3.600,00	–
6830　Kosten der Telekommunikation	6.400,00	–
6850　Reisekosten	2.000,00	–
7510　Zinsaufwendungen	22.000,00	–
Abschlusskonten: 8010 SBK, 8020 GuV	3.107.193,00	3.107.193,00

II. Die Personenkonten weisen die folgenden offenen Posten und Salden aus:

Kundenkonten (Debitoren)		Offene Posten – Kunden			
Konto-Nr.	Kunden	Datum	Rechnungs-Nr.	Betrag	Salden
10 000	Hartmann KG Saalestraße 16 39126 Magdeburg	..-12-04 ..-12-06	4563 4565	12.614,00 5.236,00	17.850,00
10 001	Kaufring GmbH Bendstraße 10 52066 Aachen	..-12-02 ..-12-04 ..-12-07	4558 4564 4566	1.844,50 8.151,50 2.201,50	12.197,50
10 002	Holzmann OHG Amselweg 14 67063 Ludwigshafen	..-12-03 ..-12-04	4560 4562	892,50 34.807,50	35.700,00
10 003	Wolfgang Kunde e. Kfm. Hauptstraße 7 06132 Halle	..-12-02 ..-12-03 ..-12-10	4559 4561 4567	2.142,00 1.130,50 4.998,00	8.270,50
Saldensumme der Kundenkonten (Abstimmung mit Konto 2400)					**74.018,00**

Lieferkonten (Kreditoren)		Offene Posten – Lieferer			
Konto-Nr.	Lieferer	Datum	Rechnungs-Nr.	Betrag	Salden
60 000	Velox GmbH Postfach 671120 22359 Hamburg	..-12-18	24502	43.911,00	43.911,00
60 001	Schneider KG Am Wiesenrain 16 75181 Pforzheim	..-12-03 ..-12-17	14678 14701	3.094,00 26.418,00	29.512,00
60 002	Garne GmbH Kantstraße 22 19063 Schwerin	..-12-09 ..-12-15	1496 1528	6.842,50 24.097,50	30.940,00
60 003	Offermann OHG Industriestraße 200 90765 Fürth	–	–	–	–
60 004	Walter Schreiber e. K. Ring 12 65779 Kelkheim	–	–	–	–
Saldensumme der Liefererkonten (Abstimmung mit Konto 4400)					**104.363,00**

III. Die Belege 1–24 stellen die Geschäftsfälle der Textilwerke E. Tuch e. K. vom 28. Dezember bis 31. Dezember dar.

IV. Abschlussangaben aufgrund der Inventur (siehe Belege 25–27)
1. Abschreibungen auf TA u. Maschinen 110.000,00 €; auf And. Anlagen/BGA 30.000,00 €.
2. Schlussbestände: Betriebsstoffe 22.000,00 €; Unfertige Erzeugnisse 15.000,00 €; Fertige Erzeugnisse 95.000,00 €.
3. Die Kasse hat lt. Inventur einen Bestand von 13.100,00 €. Das Kassenkonto weist einen Buchbestand von 12.939,70 € aus. Die Differenz konnte nicht aufgeklärt werden.
4. Im Übrigen stimmen alle Buchbestände mit den Inventurwerten überein.

V. Aufgaben
1. *Führen Sie die **Vorkontierung der Belege** auf einem Grundbuchblatt durch.*
2. *Buchen Sie **konventionell oder computergestützt** auf den Sach- und Personenkonten.*
3. *Erstellen Sie den **Jahresabschluss** konventionell oder mithilfe des Computers.*

Belegbuchung 1

Textilwerke Edgar Tuch e. K.

Material-Entnahmeschein

Konto	Soll	Haben

Nr.: 11 350

Rohstoffe ☒

Hilfsstoffe ☐

Gebucht:

Datum: ..-12-28   Kostenstelle: 3 Zuschneiderei

Artikel-Nr.	Menge	Einheit	Bezeichnung	€/Einheit	Summe
486 FR	400	m	Frottee L	4,00	1.600,00
487 FR	300	m	Walk-Frottee	6,00	1.800,00
				Buchhaltung	3.400,00

ausgestellt: *Körber*   ausgegeben: *Bach*

Belegbuchung 2

Textilwerke Edgar Tuch e. K.

Material-Entnahmeschein

Konto	Soll	Haben

Nr.: 11 351

Rohstoffe ☐

Hilfsstoffe ☒

Gebucht:

Datum: ..-12-29   Kostenstelle: 16 Näherei IV

Artikel-Nr.	Menge	Einheit	Bezeichnung	€/Einheit	Summe
4586	1 800	Rolle	Nähgarn	2,50	4.500,00
5814	900	m	Stoßband	1,25	1.125,00
				Buchhaltung	5.625,00

ausgestellt: *Leyer*   ausgegeben: *Kirsten*

Belegbuchung 3

Velox
Webwaren GmbH

Velox GmbH, Postfach 67 11 20, 22359 Hamburg

Eingang: ..-12-28

Textilwerke
Edgar Tuch e. K.
Parkstraße 44
90409 Nürnberg

Konto | Soll | Haben
Gebucht:

Ihre Bestellung Nr./Tag/Zeich.	Unsere Auftrags-Nr./Zeich.	Zeit der Leistung/Liefertag	Datum
..-12-23	WR 10 012 y	..-12-26	..-12-27

Rechnung Nr.
24 589

Wir sandten für Ihre Rechnung und auf Ihre Gefahr:

Zeichen und Nr.	Gegenstand	Menge und Einheit	Preis je Einheit €	Betrag €
St 44	Baumwolle "Velox"	1 000	3,00	3.000,00
KM 27	Satin "Royal"	500	4,50	2.250,00
EH 14	Lamahaar "Rekord"	880	25,00	22.000,00
				27.250,00
	+ 19 % Umsatzsteuer			5.177,50
				32.427,50

Telefon 040 246829	Steuer-Nr.	Bankkonto	E-Mail	Internet
Fax 040 486820	065 211 87680	Vereins- und Westbank Hamburg	webwaren.gmbh@velox-wvd.de	www.velox-wvd.de
	USt-IdNr.	Kto.-Nr. 6 091 123, BLZ 200 300 00		
	DE 872 646 918			

Belegbuchung 4

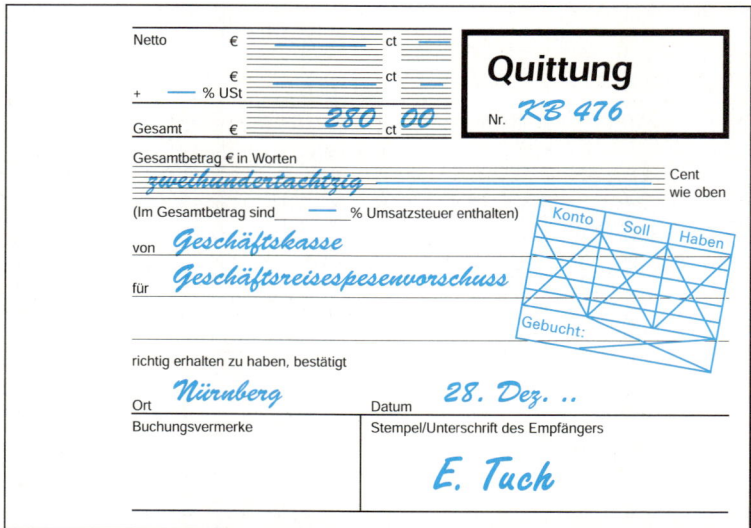

Netto	€		ct		**Quittung**
+	€	% USt	ct		Nr. *KB 476*
Gesamt	€	*280*	*00* ct		

Gesamtbetrag € in Worten
zweihundertachtzig — Cent wie oben

(Im Gesamtbetrag sind _____ % Umsatzsteuer enthalten)

Konto | Soll | Haben
Gebucht:

von *Geschäftskasse*

für *Geschäftsreisespesenvorschuss*

richtig erhalten zu haben, bestätigt

Ort *Nürnberg* Datum *28. Dez. ..*

Buchungsvermerke Stempel/Unterschrift des Empfängers

E. Tuch

Belegbuchung 5

Edgar Tuch e. K. TEXTILWERKE

Textilwerke E. Tuch e. K., Parkstr. 44, 90409 Nürnberg

Konto	Soll	Haben

Gebucht:

Textil-Großhandel
Hartmann KG
Saalestr. 16
39126 Magdeburg

Unsere Auftrags-Nr. **20 336**
Lieferschein-Nr. **20 586**
Versanddatum: **..-12-28**
Versandart: **LKW**
Verpackungsart: **Kartons**
USt-IdNr.: DE 463 569 847

Bitte bei Zahlung angeben:	
Rechnungs-Nr.	**4 568**
Rechnungsdatum:	**..-12-28**

Ihr Zeichen/Bestellung Nr. vom   Kunden-Nr.
WA/4 896/..-12-18   10 000

Rechnung

Position	Sachnummer	Bezeichnung der Lieferung/ Leistung	Menge und Einheit	Preis je Einheit	Betrag €
L	4 842	Badetücher "Luxor"	840	10,00	8.400,00
K	2 245	Saunamäntel "S"	620	22,50	13.950,00
H	3 451	Lama-Decken	80	50,00	4.000,00
					26.350,00
		+ 19 % Umsatzsteuer			5.006,50
					31.356,50

Zahlbar rein netto innerhalb von 20 Tagen. Skontoabzug ist nicht zulässig.

Geschäftsräume	Telefon 0911 56356	Stadtsparkasse Nürnberg	Postbank Nürnberg
Parkstraße 44	Telefax 0911 44481	Konto-Nr. 218 435 717	Konto-Nr. 9987 96-850
90409 Nürnberg	E-Mail textilwerke@tuch-wvd.de	BLZ 760 501 01	BLZ 760 100 85
Steuer-Nr. 065 382 76551	Internet www.tuch-wvd.de		

Belegbuchung 6

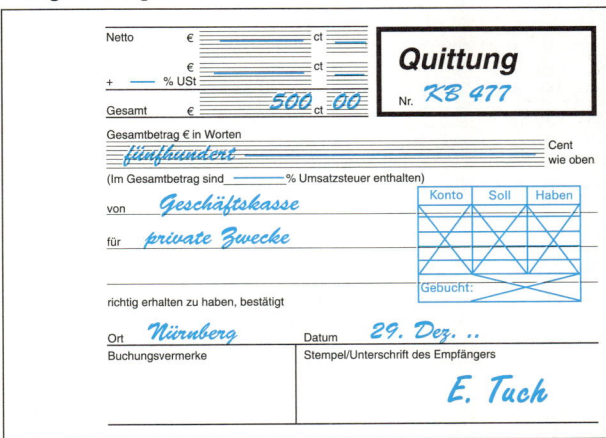

Netto € ct

+ % USt € ct

Gesamt € **500 00** ct

Quittung
Nr. *KB 477*

Gesamtbetrag € in Worten
fünfhundert Cent wie oben

(Im Gesamtbetrag sind _____ % Umsatzsteuer enthalten)

von *Geschäftskasse*

für *private Zwecke*

Konto	Soll	Haben

Gebucht:

richtig erhalten zu haben, bestätigt

Ort *Nürnberg*   Datum *29. Dez. ..*

Buchungsvermerke   Stempel/Unterschrift des Empfängers

E. Tuch

Belegbuchung 7

Deutsche Post AG
90403 Nürnberg   *KB 478*
82062580 ..-12-29

7204
Postwertzeichen ohne Zuschlag
*340,00 EUR   A

Bruttoumsatz   *340,00 EUR
mehrwertsteuerbefreit A
Nettoumsatz A   *340,00 EUR

Konto	Soll	Haben

Vielen Dank für Ihren Besuch.
Ihre Deutsche Post AG

Gebucht:

Belegbuchung 8

Kontoauszug

 Stadtsparkasse Nürnberg

Konto-Nr.	Datum	Ausz.-Nr.	Blatt	Buchungstag	PN-Nr.	Wert	Umsatz
218 435 717	..–12–27	66	1				

GUTSCHRIFT 12–27 0678 12–27 5.236,00 H
HARTMANN KG, MAGDEBURG
RE 4 565 VOM 6. DEZ. ..
(KONTO 10 000)

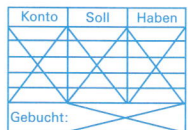

Konto	Soll	Haben

Gebucht:

TEXTILWERKE
E. TUCH E. K.
PARKSTR. 44
90409 NÜRNBERG

Alter Saldo

H 312.975,00 EUR

Neuer Saldo

H 318.211,00 EUR

Belegbuchungen 9 und 10

Kontoauszug

Stadtsparkasse Nürnberg

Konto-Nr.	Datum	Ausz.-Nr.	Blatt	Buchungstag	PN-Nr.	Wert	Umsatz
218 435 717	..–12–28	67	1				

ÜBERWEISUNG **(Belegbuchung 9)** 12–27 0677 12–27 3.094,00 S
SCHNEIDER KG, PFORZHEIM
RE 14 678 VOM 3. DEZ. ..
(KONTO 60 001)
EINZAHLUNG **(Belegbuchung 10)** 12–27 0679 12–27 6.500,00 H

Konto	Soll	Haben

Gebucht:

TEXTILWERKE
E. TUCH E. K.
PARKSTR. 44
90409 NÜRNBERG

Alter Saldo

H 318.211,00 EUR

Neuer Saldo

H 321.617,00 EUR

662196

zu Belegbuchung 10

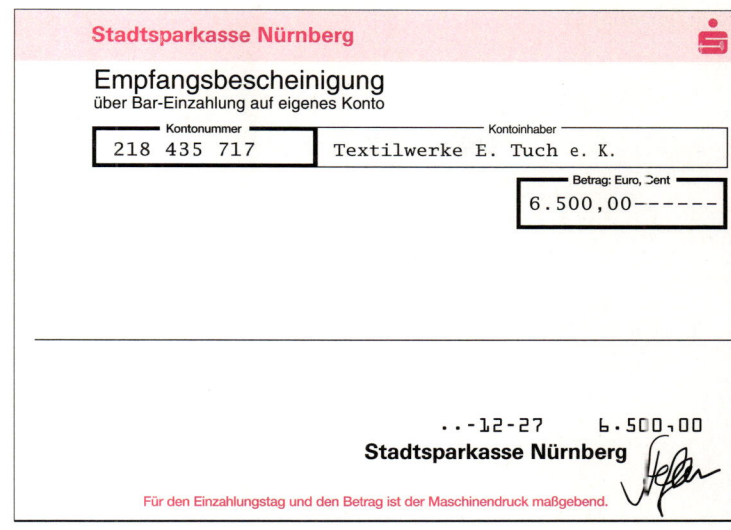

Stadtsparkasse Nürnberg

Empfangsbescheinigung
über Bar-Einzahlung auf eigenes Konto

Kontonummer	Kontoinhaber
218 435 717	Textilwerke E. Tuch e. K.

Betrag: Euro, Cent
6.500,00------

..-12-27   6.500,00
Stadtsparkasse Nürnberg

Für den Einzahlungstag und den Betrag ist der Maschinendruck maßgebend.

Belegbuchung 11

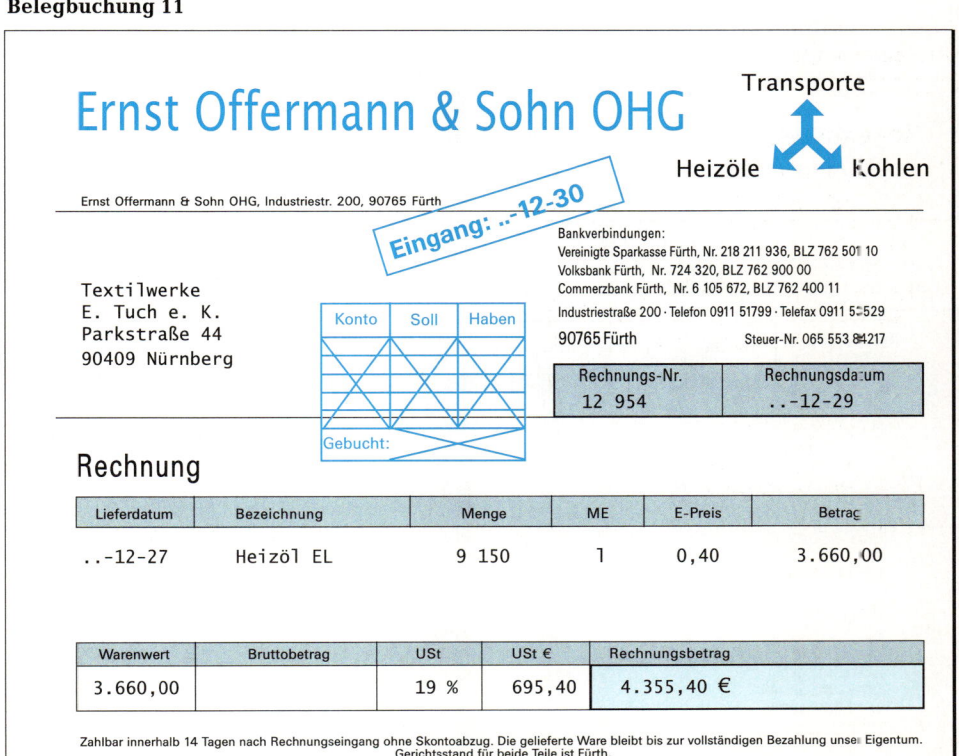

Ernst Offermann & Sohn OHG

Transporte

Heizöle   Kohlen

Ernst Offermann & Sohn OHG, Industriestr. 200, 90765 Fürth

Eingang: ..-12-30

Textilwerke
E. Tuch e. K.
Parkstraße 44
90409 Nürnberg

Bankverbindungen:
Vereinigte Sparkasse Fürth, Nr. 218 211 936, BLZ 762 501 10
Volksbank Fürth, Nr. 724 320, BLZ 762 900 00
Commerzbank Fürth, Nr. 6 105 672, BLZ 762 400 11

Industriestraße 200 · Telefon 0911 51799 · Telefax 0911 55529

90765 Fürth   Steuer-Nr. 065 553 84217

Konto	Soll	Haben

Gebucht:

Rechnungs-Nr.	Rechnungsdatum
12 954	..-12-29

Rechnung

Lieferdatum	Bezeichnung	Menge	ME	E-Preis	Betrag
..-12-27	Heizöl EL	9 150	1	0,40	3.660,00

Warenwert	Bruttobetrag	USt	USt €	Rechnungsbetrag
3.660,00		19 %	695,40	4.355,40 €

Zahlbar innerhalb 14 Tagen nach Rechnungseingang ohne Skontoabzug. Die gelieferte Ware bleibt bis zur vollständigen Bezahlung unser Eigentum.
Gerichtsstand für beide Teile ist Fürth.

Belegbuchung 12

Ihre Rechnung

T ··· Com ···

Deutsche Telekom AG, T-Com
90426 Nürnberg

DV 12 0,55

Textilwerke
Edgar Tuch e. K.
Parkstr. 44
90409 Nürnberg

Datum ..-12-21
Seite 1 von 4

Kundennummer 298 100 9725
Rechnungsnummer 913 685 3071
Buchungskonto 476 020 3885

Haben Sie noch Fragen Sie erreichen Ihren
zu Ihrer Rechnung? Kundenservice kostenfrei
unter:

Telefon freecall 0800 33 01020
Telefax freecall 0800 33 01021

Ihre Rechnung für Dezember 20..

Die Leistungen im Überblick (Summen)	Beträge (Euro)
Monatliche Beträge	33,36
Verbindungen Deutsche Telekom	485,82
Beträge anderer Anbieter	4,24
Nettobetrag	**523,42**
Umsatzsteuer 19 %	99,45

Rechnungsbetrag 622,87

Der Rechnungsbetrag wird nicht vor dem 7. Tag nach Zugang der Rechnung von Ihrem Konto 998796-850, BLZ 76010085 abgebucht.

Ihre Rechnung im Detail und weitere Hinweise finden Sie auf der Rückseite und den folgenden Seiten.

Vielen Dank!

Kontoauszug zu Belegbuchung 12

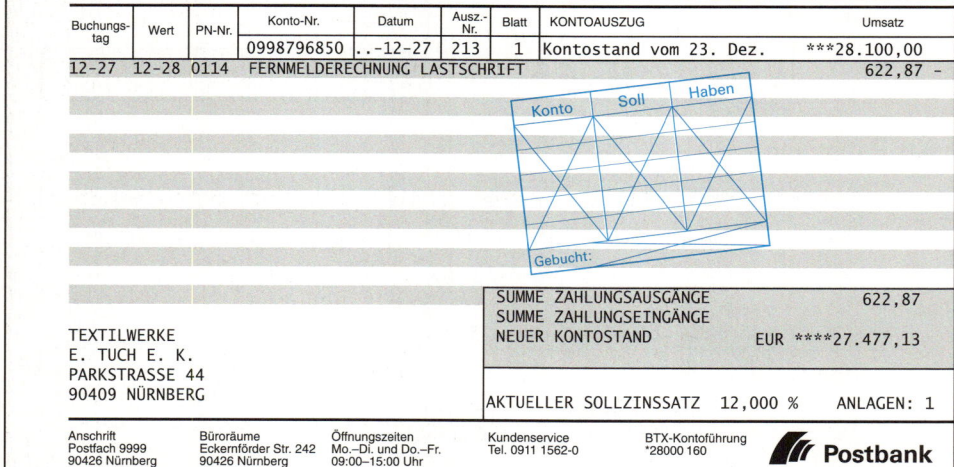

Buchungs-tag	Wert	PN-Nr.	Konto-Nr.	Datum	Ausz.-Nr.	Blatt	KONTOAUSZUG	Umsatz
			0998796850	..-12-27	213	1	Kontostand vom 23. Dez.	***28.100,00
12-27	12-28	0114	FERNMELDERECHNUNG LASTSCHRIFT					622,87 -

Konto   Soll   Haben

Gebucht:

SUMME ZAHLUNGSAUSGÄNGE	622,87
SUMME ZAHLUNGSEINGÄNGE	
NEUER KONTOSTAND	EUR ****27.477,13
AKTUELLER SOLLZINSSATZ 12,000 %	ANLAGEN: 1

TEXTILWERKE
E. TUCH E. K.
PARKSTRASSE 44
90409 NÜRNBERG

Anschrift	Büroräume	Öffnungszeiten	Kundenservice	BTX-Kontoführung	
Postfach 9999	Eckernförder Str. 242	Mo.–Di. und Do.–Fr.	Tel. 0911 1562-0	*28000 160	**Postbank**
90426 Nürnberg	90426 Nürnberg	09:00–15:00 Uhr			

Belegbuchung 13

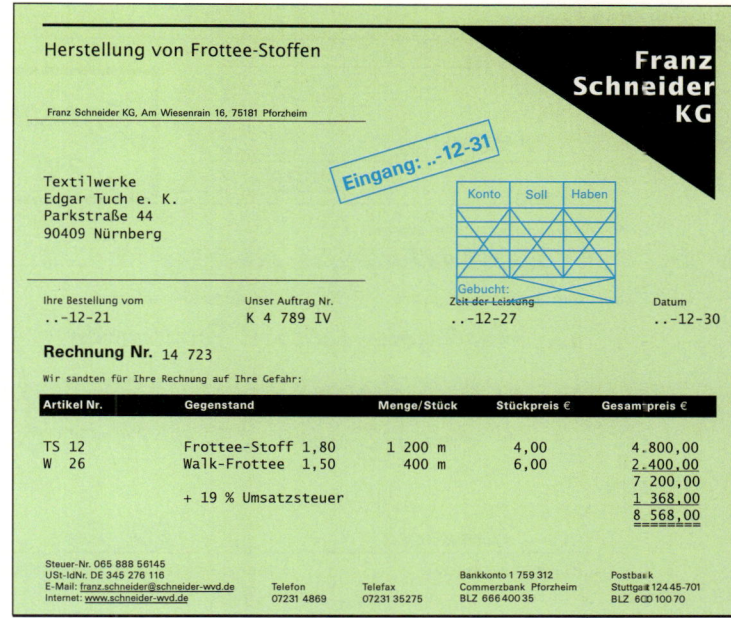

Herstellung von Frottee-Stoffen

**Franz
Schneider
KG**

Franz Schneider KG, Am Wiesenrain 16, 75181 Pforzheim

Textilwerke
Edgar Tuch e. K.
Parkstraße 44
90409 Nürnberg

Eingang: ..-12-31

Konto	Soll	Haben

Gebucht:

Ihre Bestellung vom	Unser Auftrag Nr.	Zeit der Leistung	Datum
..-12-21	K 4 789 IV	..-12-27	..-12-30

Rechnung Nr. 14 723

Wir sandten für Ihre Rechnung auf Ihre Gefahr:

Artikel Nr.	Gegenstand	Menge/Stück	Stückpreis €	Gesamtpreis €
TS 12	Frottee-Stoff 1,80	1 200 m	4,00	4.800,00
W 26	Walk-Frottee 1,50	400 m	6,00	2.400,00
				7 200,00
	+ 19 % Umsatzsteuer			1 368,00
				8 568,00

Steuer-Nr. 065 888 56145
USt-IdNr. DE 345 276 116
E-Mail: franz.schneider@schneider-wvd.de
Internet: www.schneider-wvd.de

Telefon
07231 4869

Telefax
07231 35275

Bankkonto 1 759 312
Commerzbank Pforzheim
BLZ 666 400 35

Postbank
Stuttgart 124 45-701
BLZ 600 100 70

Belegbuchung 14

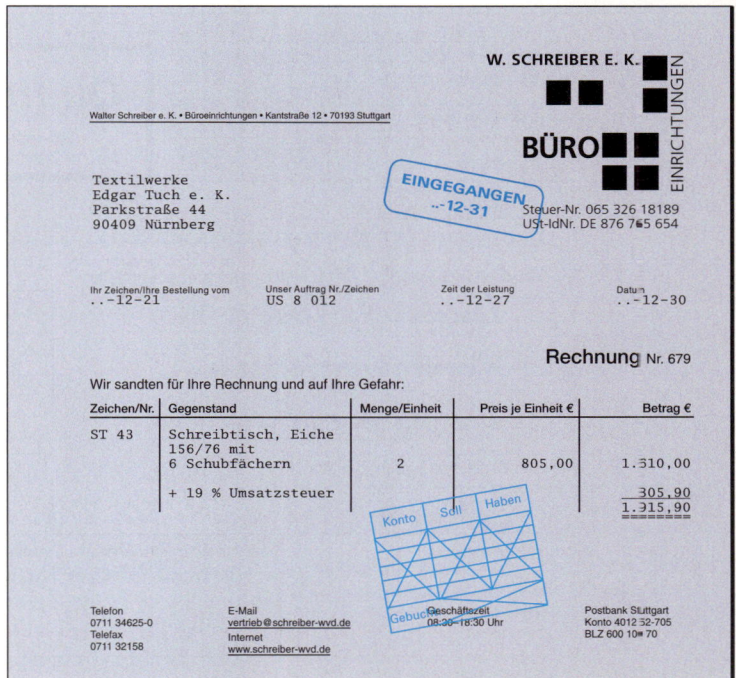

W. SCHREIBER E. K.

BÜRO

EINRICHTUNGEN

Walter Schreiber e. K. • Büroeinrichtungen • Kantstraße 12 • 70193 Stuttgart

Textilwerke
Edgar Tuch e. K.
Parkstraße 44
90409 Nürnberg

EINGEGANGEN
..-12-31

Steuer-Nr. 065 326 18189
USt-IdNr. DE 876 765 654

Ihr Zeichen/Ihre Bestellung vom	Unser Auftrag Nr./Zeichen	Zeit der Leistung	Datum
..-12-21	US 8 012	..-12-27	..-12-30

Rechnung Nr. 679

Wir sandten für Ihre Rechnung und auf Ihre Gefahr:

Zeichen/Nr.	Gegenstand	Menge/Einheit	Preis je Einheit €	Betrag €
ST 43	Schreibtisch, Eiche 156/76 mit 6 Schubfächern	2	805,00	1.610,00
	+ 19 % Umsatzsteuer			305,90
				1.915,90

Konto	Soll	Haben

Gebucht:

Telefon
0711 34625-0
Telefax
0711 32158

E-Mail
vertrieb@schreiber-wvd.de
Internet
www.schreiber-wvd.de

Geschäftszeit
08:30–18:30 Uhr

Postbank Stuttgart
Konto 4012 52-705
BLZ 600 100 70

Belegbuchung 15

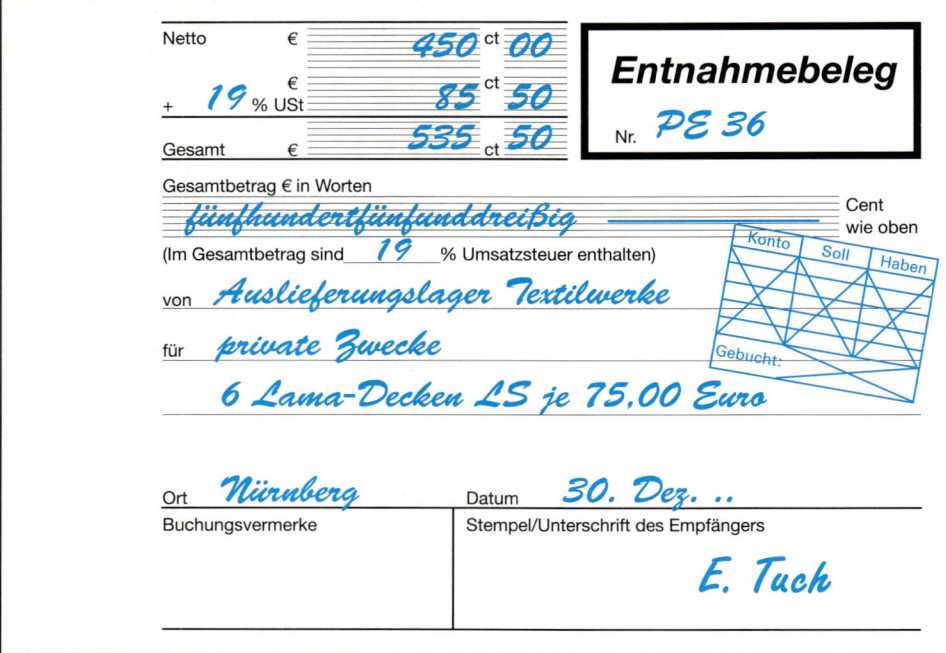

Netto	€	450	ct	00	**Entnahmebeleg**
+ 19 % USt	€	85	ct	50	Nr. PE 36
Gesamt	€	535	ct	50	

Gesamtbetrag € in Worten

fünfhundertfünfunddreißig ——— Cent wie oben

(Im Gesamtbetrag sind 19 % Umsatzsteuer enthalten)

von *Auslieferungslager Textilwerke*

für *private Zwecke*

6 Lama-Decken LS je 75,00 Euro

Ort *Nürnberg* Datum *30. Dez. ..*

Buchungsvermerke

Stempel/Unterschrift des Empfängers

E. Tuch

Belegbuchung 16

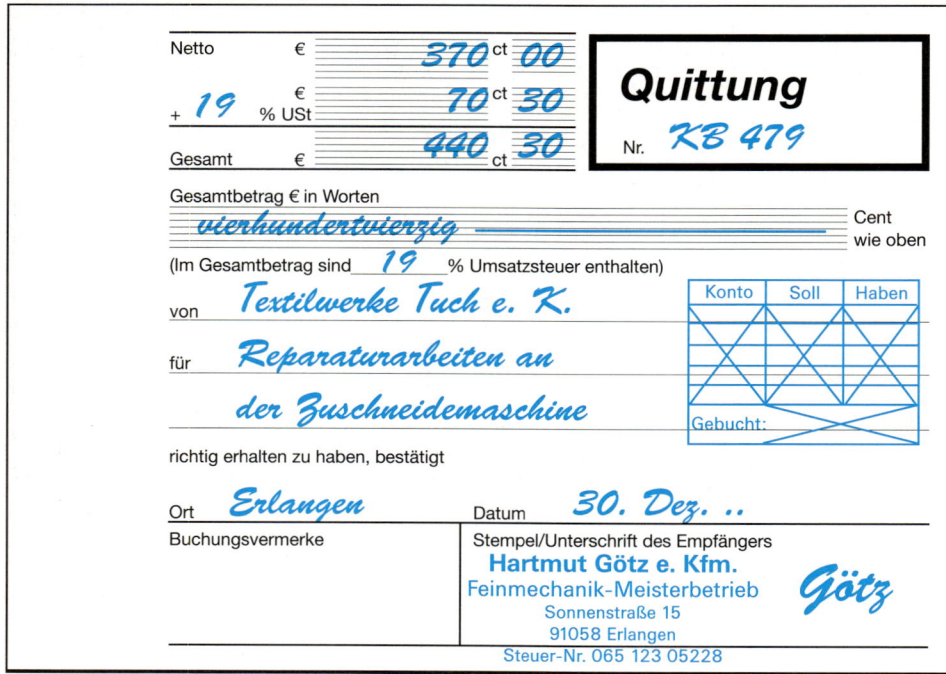

Netto	€	370	ct	00	**Quittung**
+ 19 % USt	€	70	ct	30	Nr. KB 479
Gesamt	€	440	ct	30	

Gesamtbetrag € in Worten

vierhundertvierzig ——— Cent wie oben

(Im Gesamtbetrag sind 19 % Umsatzsteuer enthalten)

von *Textilwerke Tuch e. K.*

für *Reparaturarbeiten an*

der Zuschneidemaschine

richtig erhalten zu haben, bestätigt

Ort *Erlangen* Datum *30. Dez. ..*

Buchungsvermerke

Stempel/Unterschrift des Empfängers

Hartmut Götz e. Kfm.
Feinmechanik-Meisterbetrieb
Sonnenstraße 15
91058 Erlangen
Steuer-Nr. 065 123 05228

Götz

Belegbuchung 17

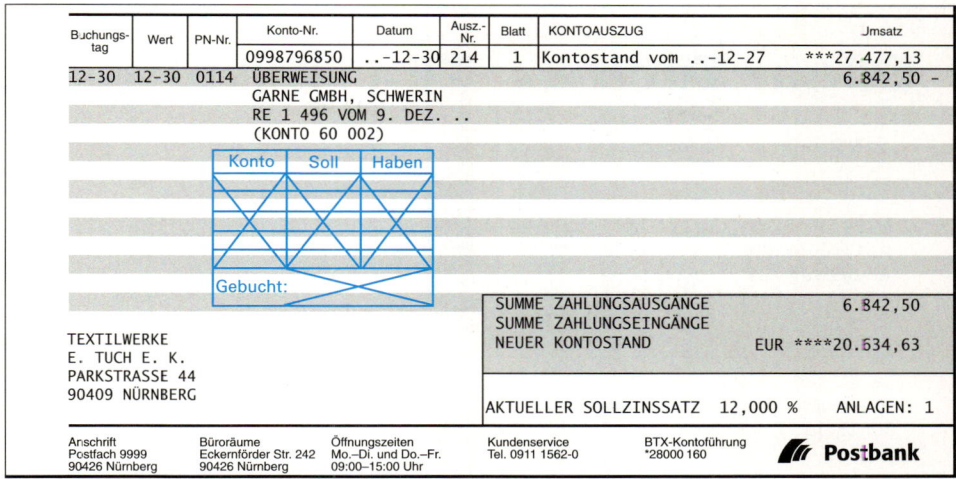

Buchungs-tag	Wert	PN-Nr.	Konto-Nr.	Datum	Ausz.-Nr.	Blatt	KONTOAUSZUG	Umsatz
			0998796850	..-12-30	214	1	Kontostand vom ..-12-27	***27.477,13
12-30	12-30	0114	ÜBERWEISUNG					6.842,50 -
			GARNE GMBH, SCHWERIN					
			RE 1 496 VOM 9. DEZ. ..					
			(KONTO 60 002)					

Konto Soll Haben

Gebucht:

SUMME ZAHLUNGSAUSGÄNGE 6.842,50
SUMME ZAHLUNGSEINGÄNGE
NEUER KONTOSTAND EUR ****20.634,63

TEXTILWERKE
E. TUCH E. K.
PARKSTRASSE 44
90409 NÜRNBERG

AKTUELLER SOLLZINSSATZ 12,000 % ANLAGEN: 1

Anschrift
Postfach 9999
90426 Nürnberg

Büroräume
Eckernförder Str. 242
90426 Nürnberg

Öffnungszeiten
Mo.–Di. und Do.–Fr.
09:00–15:00 Uhr

Kundenservice
Tel. 0911 1562-0

BTX-Kontoführung
*28000 160

Postbank

Belegbuchungen 18 und 19

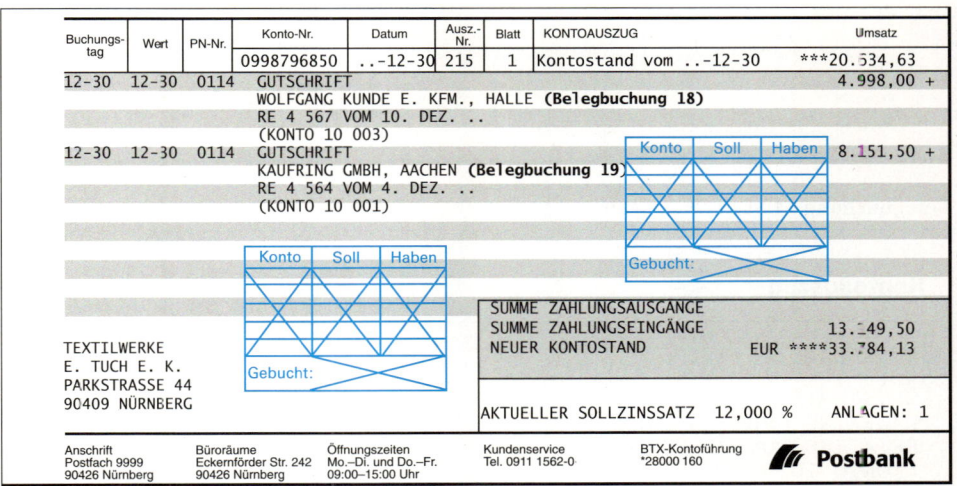

Buchungs-tag	Wert	PN-Nr.	Konto-Nr.	Datum	Ausz.-Nr.	Blatt	KONTOAUSZUG	Umsatz
			0998796850	..-12-30	215	1	Kontostand vom ..-12-30	***20.634,63
12-30	12-30	0114	GUTSCHRIFT					4.998,00 +
			WOLFGANG KUNDE E. KFM., HALLE **(Belegbuchung 18)**					
			RE 4 567 VOM 10. DEZ. ..					
			(KONTO 10 003)					
12-30	12-30	0114	GUTSCHRIFT					8.151,50 +
			KAUFRING GMBH, AACHEN **(Belegbuchung 19)**					
			RE 4 564 VOM 4. DEZ. ..					
			(KONTO 10 001)					

Konto Soll Haben

Gebucht:

Konto Soll Haben

Gebucht:

SUMME ZAHLUNGSAUSGÄNGE
SUMME ZAHLUNGSEINGÄNGE 13.149,50
NEUER KONTOSTAND EUR ****33.784,13

TEXTILWERKE
E. TUCH E. K.
PARKSTRASSE 44
90409 NÜRNBERG

AKTUELLER SOLLZINSSATZ 12,000 % ANLAGEN: 1

Anschrift
Postfach 9999
90426 Nürnberg

Büroräume
Eckernförder Str. 242
90426 Nürnberg

Öffnungszeiten
Mo.–Di. und Do.–Fr.
09:00–15:00 Uhr

Kundenservice
Tel. 0911 1562-0

BTX-Kontoführung
*28000 160

Postbank

Belegbuchung 20

Edgar Tuch e. K. TEXTILWERKE

Textilwerke E. Tuch e. K., Parkstr. 44, 90409 Nürnberg

Textil-Großhandel
Holzmann OHG
Amselweg 14
67063 Ludwigshafen

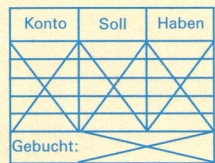

Konto	Soll	Haben

Gebucht:

Unsere Auftrags-Nr.	20 337
Lieferschein-Nr.	20 587
Versanddatum:	..-12-29
Versandart:	LKW
Verpackungsart:	Original
USt-IdNr.: DE 463 569 847	

Bitte bei Zahlung angeben:

Rechnungs-Nr.	4 569
Rechnungsdatum:	..-12-30

Ihr Zeichen/Bestellung Nr. vom	Kunden-Nr.
LZ/2 112/..-12-27	10 002

Rechnung

Position	Sachnummer	Bezeichnung der Lieferung/Leistung	Menge und Einheit	Preis je Einheit	Betrag €
KS	5 634	Bademäntel 100 % Bw	600	40,00	24.000,00
GT	4 321	Badetücher 50/70	900	5,00	4.500,00
					28.500,00
		+ 19 % Umsatzsteuer			5.415,00
					33.915,00

Zahlbar rein netto innerhalb von 20 Tagen. Skontoabzug ist nicht zulässig.

Geschäftsräume	Telefon 0911 56356	Stadtsparkasse Nürnberg	Postbank Nürnberg
Parkstraße 44	Telefax 0911 44481	Konto-Nr. 218 435 717	Konto-Nr. 9987 96-850
90409 Nürnberg	E-Mail textilwerke@tuch-wvd.de	BLZ 760 501 01	BLZ 760 100 85
Steuer-Nr. 065 382 76551	Internet www.tuch-wvd.de		

Belegbuchung 21

Kontoauszug

 **Stadtsparkasse Nürnberg**

Konto-Nr.	Datum	Ausz.-Nr.	Blatt	Buchungstag	PN-Nr.	Wert	Umsatz
218 435 717	..-12-30	68	1				

GUTSCHRIFT
KAUFRING GMBH, AACHEN
RE 4 566 VOM 7. DEZ. ..
(KONTO 10 001)

Buchungstag 12-29   PN-Nr. 0678   Wert 12-29   Umsatz 2.201,50 H

Konto	Soll	Haben

Gebucht:

TEXTILWERKE
E. TUCH E. K.
PARKSTR. 44
90409 NÜRNBERG

Alter Saldo

H	321.617,00 EUR

Neuer Saldo

H	323.818,50 EUR

Belegbuchungen 22 und 23

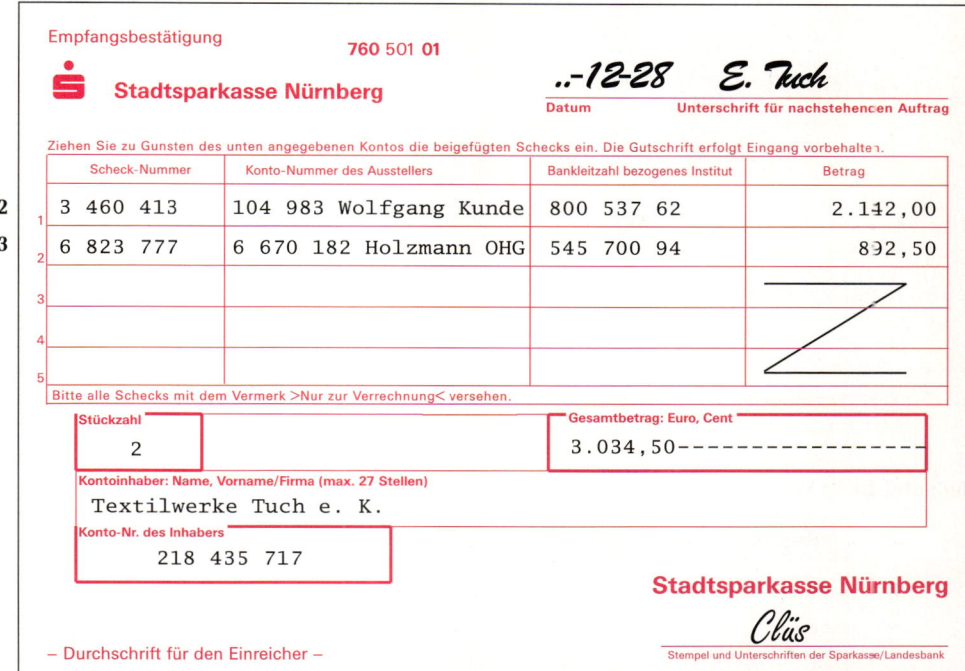

	Scheck-Nummer	Konto-Nummer des Ausstellers	Bankleitzahl bezogenes Institut	Betrag
22 1	3 460 413	104 983 Wolfgang Kunde	800 537 62	2.142,00
23 2	6 823 777	6 670 182 Holzmann OHG	545 700 94	832,50
3				
4				
5				

Empfangsbestätigung 760 501 01

Stadtsparkasse Nürnberg

..-12-28 E. Tuch

Datum   Unterschrift für nachstehenden Auftrag

Ziehen Sie zu Gunsten des unten angegebenen Kontos die beigefügten Schecks ein. Die Gutschrift erfolgt Eingang vorbehalten.

Bitte alle Schecks mit dem Vermerk >Nur zur Verrechnung< versehen.

Stückzahl
2

Gesamtbetrag: Euro, Cent
3.034,50-------------------

Kontoinhaber: Name, Vorname/Firma (max. 27 Stellen)
Textilwerke Tuch e. K.

Konto-Nr. des Inhabers
218 435 717

Stadtsparkasse Nürnberg
Clüs
Stempel und Unterschriften der Sparkasse/Landesbank

– Durchschrift für den Einreicher –

Kontoauszug zu den Belegbuchungen 22 bis 24[1]

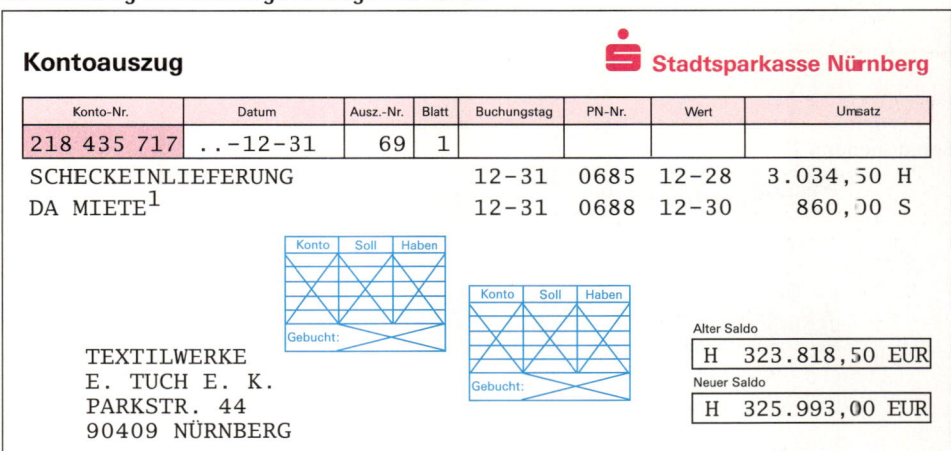

Kontoauszug Stadtsparkasse Nürnberg

Konto-Nr.	Datum	Ausz.-Nr.	Blatt	Buchungstag	PN-Nr.	Wert	Umsatz
218 435 717	..-12-31	69	1				
SCHECKEINLIEFERUNG				12-31	0685	12-28	3.034,50 H
DA MIETE[1]				12-31	0688	12-30	860,00 S

Konto	Soll	Haben

Gebucht:

Konto	Soll	Haben

Gebucht:

Alter Saldo
H 323.818,50 EUR

Neuer Saldo
H 325.993,00 EUR

TEXTILWERKE
E. TUCH E. K.
PARKSTR. 44
90409 NÜRNBERG

---

1 Belegbuchung 24: DA = Dauerauftrag für die Wohnungsmiete des Geschäftsinhabers

Belegbuchung 25

Buchungsanweisung	Datum: . . -12-31	Beleg-Nr.:		
Betreff: Abschreibungen auf Sachanlagen		Gebucht: Datum:		

Buchungstext	Soll		Haben	
	Konto	Betrag	Konto	Betrag
– Technische Anlagen und Maschinen				
– Andere Anlagen/BGA				

Belegbuchung 26

Buchungsanweisung	Datum: . . -12-31	Beleg-Nr.:		
Betreff: Bestandsveränderungen		Gebucht: Datum:		

Buchungstext	Soll		Haben	
	Konto	Betrag	Konto	Betrag
Bestandsveränderungen				
– unfertige Erzeugnisse				
– fertige Erzeugnisse				

Belegbuchung 27

Buchungsanweisung	Datum: . . -12-31	Beleg-Nr.:		
Betreff : Umbuchungen/Vorbereitende Abschlussbuchungen		Gebucht: Datum:		

Buchungstext	Soll		Haben	
	Konto	Betrag	Konto	Betrag
– Betriebsstoffverbrauch				
– Kassendifferenz				
– Vorsteuerverrechnung				
– Privatentnahmen				

B Weiterführende Buchungen

1 Buchungen im Personalbereich

1.1 Löhne und Gehälter

Personalaufwand. Als Entgelt für ihre Arbeitsleistung erhalten Arbeiter **Löhne,** Angestellte **Gehälter.** Löhne und Gehälter sind für den Arbeitnehmer Einkommen, für den Arbeitgeber Kosten der Leistungserstellung (Personalkosten).

Abzüge vom Bruttoverdienst. Gesetzliche Vorschriften verpflichten den Arbeitgeber vom Bruttoverdienst des Arbeitnehmers Lohnsteuer, Solidaritätszuschlag (SolZ), Kirchensteuer und Sozialversicherungsbeiträge **einzubehalten** und an das Finanzamt bzw. die gesetzliche Krankenkasse **abzuführen.** Ausgezahlt wird der Nettoverdienst.

Bruttolohn/-gehalt
– **Lohnsteuer, Solidaritätszuschlag, Kirchensteuer**
– **Arbeitnehmeranteil zur Sozialversicherung** (Kranken-, Pflege-, Renten-, Arbeitslosenvers.)
Nettolohn/-gehalt

Die Lohnsteuer und der SolZ (zz. 5,5 % der Lohnsteuer) werden aus der **Lohnabzugstabelle** abgelesen. Sie richten sich nach der **Höhe des steuerpflichtigen Lohnes bzw. Gehaltes** und der **Steuerklasse,** in die der Arbeitnehmer nach seiner persönlichen Situation (Familienstand, Anzahl der Kinder u.a.) eingestuft wird. Die **Lohnsteuerkarte** des Arbeitnehmers weist alle für den Lohnsteuerabzug wichtigen Daten aus. Die Lohnsteuertabelle berücksichtigt **6 Steuerklassen** und die Anzahl der Kinder.

I:	Ledige, verwitwete, geschiedene sowie verheiratete Arbeitnehmer, die **dauernd getrennt leben.**
II:	Arbeitnehmer der Steuerklasse **I mit mindestens 1 Kind.**
III:	Verheiratete Arbeitnehmer, die nicht dauernd getrennt leben und deren Ehepartner keinen Arbeitslohn beziehen **oder** auf gemeinsamen Antrag in Steuerklasse V eingestuft werden.
IV:	Verheiratete, die **beide Arbeitslohn** beziehen und nicht dauernd getrennt leben.
V:	Arbeitnehmer der Steuerklasse IV, wenn einer der Ehegatten **auf gemeinsamen Antrag** in die Steuerklasse III eingestuft wird.
VI:	Für eine zweite und alle **weiteren Lohnsteuerkarten** eines Arbeitnehmers, der Arbeitslohn von mehreren Arbeitgebern bezieht.

Die Kirchensteuer wird in **Prozenten der Lohnsteuer** bemessen und ist aus der Lohnabzugstabelle abzulesen. In Baden-Württemberg und Bayern beträgt der Kirchensteuersatz 8 %, in den übrigen Bundesländern 9 %.

Die Sozialversicherungsbeiträge werden **vom Bruttoverdienst** berechnet:

- ▶ **Krankenversicherung:** 11–16 % von höchstens 3.487,50 € (2006)
- ▶ **Pflegeversicherung:** 1,7 % von höchstens 3.487,50 € (2006)
- ▶ **Rentenversicherung:** 19,5 %[1] von höchstens 5.150,00 € (2006)
- ▶ **Arbeitslosenversicherung:** 6,5 %[2] von höchstens 5.150,00 € (2006)

Die Beiträge zu den o. g. Sozialversicherungen werden unter Beachtung der Beitragsbemessungsgrenzen vom **Bruttoarbeitsentgelt** berechnet und vom Arbeitnehmer und Arbeitgeber mit Ausnahme der Zuschläge für Kranken- und Pflegeversicherung zu **gleichen** Teilen getragen[3]. Jede **Lohnberechnungssoftware** enthält entsprechende **Tabellen.**

Merke:	• Alle Abzüge des Arbeitnehmers werden in der Lohnbuchhaltung anhand von Lohnabzugstabellen oder auch mithilfe von PC-Software ermittelt.
	• Die Sozialversicherungsbeiträge (Ausnahme: Zuschl. f. Kranken- und Pflegevers.) werden je zur Hälfte vom Arbeitgeber und Arbeitnehmer getragen.

---

1 ab 2007: 19,9 %   2 ab 2007: voraussichtlich 4,5 %
3 Siehe dazu ausführliche Darstellung in Schmolke/Deitermann, Industrielles Rechnungswesen – IKR, Winklers, Darmstadt 2006, Kapitel C, 4.1.3.2

Bruttolöhne und **Bruttogehälter** werden monatlich erfasst im Soll der Aufwandskonten

6200 Löhne und **6300 Gehälter.**

Die einbehaltenen Steuerabzüge (Lohn- und Kirchensteuer, Solidaritätszuschlag) werden als „Sonstige Verbindlichkeit gegenüber Finanzbehörden" auf dem Konto „**4830 FB-Verbindlichkeiten**" erfasst und bis zum **10. des Folgemonats** an das Finanzamt[1] überwiesen.

Der einzubehaltende Arbeitnehmeranteil zur SV wird **mit dem Arbeitgeberanteil** der Krankenkasse **vorzeitig gemeldet** und von dieser spätestens bis zum **drittletzten** Bankarbeitstag des laufenden Monats durch **Bankeinzug** vereinnahmt. Diese Vorauszahlung wird auf dem Konto „**2640 SV-Vorauszahlung**" erfasst und bei der Buchung der Gehälter bzw. Löhne und des Arbeitgeberanteils jeweils **verrechnet.**

Der Arbeitgeberanteil zur SV wird als zusätzlicher Aufwand gesondert auf dem Konto „**6400 Arbeitgeberanteil zur SV**" gebucht und auf dem Verrechnungskonto „**2640 SV-Vorauszahlung**" gegengebucht.

Das Kindergeld wird **von der Familienkasse** des jeweiligen Arbeitsamtes **ausgezahlt.** Es beträgt für die ersten drei Kinder je 154,00 € und für jedes weitere Kind je 179,00 €.[2]

Beispiel: **Auszug aus der Gehaltsliste Monat Februar: Gehaltsabrechnung H. Till**

Name	Steuer-klasse	Brutto-gehalt	Abzüge					Gesamt-abzüge	Netto-gehalt (Ausz.)
			LSt	SolZ	KiSt	Steuer-abzüge	SV		
Till, H.	III/1,0	2.985,00	266,66	0,00	13,36	280,02	656,70	936,72	2.048,28

SV-Meldung an die Krankenkasse: 656,70 € AN-Anteil + 629,83 € AG-Anteil

SV-Bankeinzug der Krankenkasse: 1.286,53 €

❶ **Buchung des Bankeinzugs der SV-Beiträge:**
    2640 SV-Vorauszahlung . . . an 2800 Bank **1.286,53**

❷ **Buchung bei Gehaltszahlung:**
    6300 Gehälter 2.985,00
            an 4830 FB-Verbindlichkeiten 280,02
            an 2640 SV-Vorauszahlung 656,70
            an 2800 Bank 2.048,28

❸ **Buchung des Arbeitgeberanteils zur Sozialversicherung:**
    6400 AG-Anteil z. SV . . . an 2640 SV-Vorauszahlung 629,83

❹ **Überweisung der einbehaltenen und noch abzuführenden Steuerabzüge:**
    4830 FB-Verbindlichkeiten . . . an 2800 Bank 280,02

S	6300 Gehälter	H
❷	2.985,00	

S	6400 Arbeitgeberanteil z. Sozialvers.	H
❸	629,83	

S	4830 FB-Verbindlichkeiten	H
❹	280,02	❷ 280,02

S	2640 SV-Vorauszahlung	H
❶	1.286,53	❷ 656,70
		❸ 629,83

S	2800 Bank	H
		❶ 1.286,53
		❷ 2.048,28
		❹ 280,02

Bruttogehalt 2.985,00
\+ Arbeitgeberanteil SV 629,83
Personalkosten **3.614,83**

---

1 **Monatliche Zahlung** erfolgt nur bei einer **Vorjahreslohnsteuer** von mehr als **3.000,00 €,** was in den folgenden Aufgaben unterstellt wird.
2 Stand 2007

1.2 Vorschüsse, Sachleistungen und Sonderzuwendungen

Vorschüsse sind Darlehen, die Arbeitnehmern kurzfristig gewährt und bei späteren Lohn- und Gehaltszahlungen verrechnet werden. Sie werden gebucht auf dem Konto

2650 Forderungen an Mitarbeiter.

Beispiel: Der Angestellte H. Till erhält einen Gehaltsvorschuss: 300,00 € bar.

Buchung: 2650 Forderungen an Mitarbeiter an 2880 Kasse   300,00

Verrechnung des Vorschusses bei der nächsten Gehaltszahlung:

Buchung[1]: 6300 Gehälter 2.985,00

an	2650	Forderungen an Mitarbeiter		300,00
an	4830	FB-Verbindlichkeiten		280,02
an	2640	SV-Vorauszahlung		656,70
an	2800	Bank		1.748,28

Sachleistungen an die Arbeitnehmer (Erzeugnisse, Waren, Werkswohnung) werden ebenfalls mit dem Gehalt verrechnet. So ist z. B. die Miete des Arbeitnehmers für eine Werkswohnung auf dem Konto „5400 Mieterträge zu buchen.

Beispiel: Die Miete für die Werkswohnung des Angestellten Till beträgt 250,00 € und wird mit dem Gehalt verrechnet.

Buchung[1]: 6300 Gehälter 2.985,00

an	5400	Mieterträge		250,00
an	4830	FB-Verbindlichkeiten		280,02
an	2640	SV-Vorauszahlung		656,70
an	2800	Bank		1.798,28

Sonderzuwendungen können lohnsteuerpflichtig oder lohnsteuerfrei sein:

- **Steuerpflichtige Sonderzuwendungen** werden meist aufgrund tariflicher oder vertraglicher Vereinbarung gezahlt, wie z. B. **Urlaubs- und Weihnachtsgeld, Gratifikationen, vermögenswirksame Leistung, Jubiläumszuwendungen, Heirats-, Geburtsbeihilfen, sonstige Beihilfen.** Sie gelten als Ertrag der Arbeitsleistung des Arbeitnehmers und werden entweder **direkt auf dem Konto „6200 Löhne" bzw. „6300 Gehälter" oder auf Sonderkonten** der Kontengruppen 62–64 (siehe Kontenrahmen) gebucht.

- **Steuerfreie Sonderzuwendungen. Zuwendungen des Arbeitgebers** zu Firmenjubiläen, Betriebsveranstaltungen sowie zu betrieblichen Fort- und Weiterbildungsmaßnahmen liegen im eigenbetrieblichen Interesse und **gehören** deshalb in der Regel **nicht zu den steuerpflichtigen sonstigen Bezügen.**

Beispiele: ❶ Der 25-jährige Arbeiter Krause erhält im Juli zu seinem laufenden Lohn in Höhe von 1.760,00 € eine Erholungsbeihilfe von 200,00 €.
Abzüge 285,85 € LSt/SolZ/KiSt + 429,24 € Sozialversicherung.

❷ Der Angestellte Seifert erhält eine Heiratsbeihilfe: 300,00 € bar.

❸ Zuschuss des Betriebes für eine Betriebsfeier: 1.500,00 € bar.

Buchungen[1]: ❶ 6200 Löhne 1.960,00

an	4830	FB-Verbindlichkeiten		285,85
an	2640	SV-Vorauszahlung		429,24
an	2800	Bank		1.244,91

❷ 6300 Gehälter[2] ... an 2880 Kasse   300,00

❸ 6495 Sonst. soz. Aufwendungen ... an 2880 Kasse 1.500,00

Die aufgrund von Lohn- und Gehaltspfändungen einbehaltenen Beträge werden auf der Habenseite des Kontos **„4890 Sonstige Verbindlichkeiten"** gebucht.

---

1 SV-Bankeinzug und Verrechnung eines Arbeitgeberanteils zur SV werden vorausgesetzt.
2 oder: 6490 Aufwendungen für Unterstützung

Aufgaben

95

Gehaltsliste Monat Januar

Name	Steuer-klasse	Brutto-gehalt	Abzüge						Netto-gehalt
			LSt	SolZ	Kirchen-steuer	Steuer-abzüge	Sozial-versich.	
1. Tierjung, V.	III/2,0	3.540,00	419,16	2,26	15,59	437,01	746,94	2.356,05
2. Steinbring, W.	I	2.770,00	484,66	26,65	43,61	554,92	584,47	1.630,61
3. Walter, F.	II/0,5	3.296,00	617,91	29,53	48,33	695,77	695,46	1.904,77
		9.606,00	1.521,73	58,44	107,53	**1.687,70**	**2.026,87**	**5.891,43**

Der Arbeitgeberanteil zur SV beträgt 1.933,00 €. SV-Bankeinzug der Krankenkasse 3.959,87 €.

Buchen Sie auf den Konten 2640, 2800 (AB 35.000,00 €), 4830, 6300 und 6400
1. den SV-Bankeinzug,
2. die Gehaltsabrechnung lt. Gehaltsliste zum 31. Januar (Banküberweisung),
3. den Arbeitgeberanteil zur Sozialversicherung,
4. die Überweisung der einbehaltenen Steuerabzüge im Februar.
Wie hoch sind die Personalkosten des Betriebes?

96

Buchen Sie auf den Konten 2640, 2650, 2800 (AB 32.000,00 €), 4830, 6200 und 6400
1. Zahlung eines Lohnvorschusses durch Banküberweisung: 4.000,00 €,
2. SV-Bankeinzug 2.190,00 €,

Brutto-löhne	LSt/SolZ/KiSt	Sozial-Vers.	Verrechneter Vorschuss	Auszahlung (Bank)	Arbeitgeber-anteile
7.800,00	860,00	1.120,00	250,00	5.570,00	1.070,00

3. Lohnabrechnung mit Verrechnung des Vorschusses in Höhe von 250,00 € monatlich:
4. Banküberweisung der einbehaltenen Steuerabzüge im Folgemonat.

97

Zahlung der Gehälter durch Banküberweisung zum 31. Dezember.
Buchen Sie auf den Konten 2640, 2650 (AB 8.000,00 €), 2800 (AB 160.000,00 €), 4830, 6300, 6400, 8000, 8010 und 8020:

1. SV-Bankeinzug . . . . ?
2. Gehälter lt. Gehaltsliste für den Monat Dezember:
   Bruttobeträge . . . . 55.800,00 €
   Lohn- und Kirchensteuer sowie Solidaritätszuschlag . . . . 10.050,00 €
   Sozialversicherungsbeiträge der Arbeitnehmer . . . . 11.765,00 €
3. Verrechnung von Vorschüssen . . . . 2.500,00 €
4. Arbeitgeberanteil . . . . 11.645,00 €
5. Die einbehaltenen Steuerabzüge werden erst Anfang Januar n. J. an das FA überwiesen.

1. *Nennen Sie die Buchungen bis zum Jahresabschluss.*
2. *Wie lauten*
   a) *die Eröffnungsbuchung zum 1. Januar n. J. und*
   b) *die Überweisungsbuchung?*
3. *Wie hoch sind die gesamten Personalkosten des Betriebes für Dezember?*

98

Zum 31. Dezember weisen die nachstehenden Konten folgende Salden aus:
2650 Forderungen an Mitarbeiter . . . . 16.000,00 €
4830 Sonstige Verbindlichkeiten gegenüber Finanzbehörden . . . . 12.600,00 €
Bilden Sie die Abschlussbuchungssätze.

Buchen Sie für das Metallwerk Thomas Berg e. K. folgende Belege:

99

Beleg 1

Durchschrift für Kontoinhaber   600 501 01

Landesgirokasse Stuttgart

Begünstigter
Finanzamt Stuttgart

Konto-Nr. des Begünstigten	Bankleitzahl
644 520 80	600 501 01

bei (Kreditinstitut)
Landesgirokasse Stuttgart

Betrag: Euro, Cent
EUR 29.337,00--------

Kunden-Referenznummer - noch Verwendungszweck, ggf. Name und Anschrift des Auftraggebers (nur für Begünstigten)
Steuernummer: 065 158 43218
Lohnsteuer Juni ..

Kontoinhaber
Thomas Berg e. K., Metallwerk, 70565 Stuttgart

Konto-Nr. des Kontoinhabers
723 544 32

..-07-09 *Thomas Berg*
Datum, Unterschrift

Beleg 2

Durchschrift für Kontoinhaber   600 501 01

Landesgirokasse Stuttgart

Begünstigter
Allgemeine Versicherung AG, Stuttgart

Konto-Nr. des Begünstigten	Bankleitzahl
243 765 67	600 501 01

bei (Kreditinstitut)
Landesgirokasse Stuttgart

Betrag: Euro, Cent
EUR 9.600,00--------

Kunden-Referenznummer - noch Verwendungszweck, ggf. Name und Anschrift des Auftraggebers (nur für Begünstigten)
Beiträge z. Haftpflichtversicherung für ..
Nr.: HPV 1234

Kontoinhaber
Thomas Berg e. K., Metallwerk, 70565 Stuttgart

Konto-Nr. des Kontoinhabers
723 544 32

..-07-09 *Thomas Berg*
Datum, Unterschrift

Lohnsteueranmeldung zu Beleg 1 (Auszug)

Lohnsteuer-Anmeldung

..06	Juni	X	..12	Dez.		..	Kalenderjahr

Metallwerk Thomas Berg e. K.
Industriestraße 22 - 28
70565 Stuttgart
Steuernummer: 065 158 43218

Berichtigte Anmeldung (falls ja, bitte eine „1" eintragen) ...	10	
Zahl der beschäftigten Arbeitnehmer	86	29

1) Negative Beträge sind rot einzutragen oder deutlich mit einem Minuszeichen zu versehen.
2) Nach Abzug der im Lohnsteuerjahresausgleich erstatteten Beträge. 3) Kann auf 10 ct zu Ihren Gunsten gerundet werden.

		€	ct
Lohnsteuer [1) 2) 3)]	42	25.400	00
abzüglich an Arbeitnehmer ausgezahlte Bergmannsprämien	46	–	–
Verbleiben [1)]	48	25.400	00
Solidaritätszuschlag [1) 2)]	49	1.905	00
Evangelische Kirchensteuer [1) 2)]	61	576	00
Römisch-katholische Kirchensteuer [1) 2)]	62	1.456	00
Israelitische Kultussteuer Land [1) 2)] (il)	74		
Altkatholische Kirchensteuer [1) 2)] (ak)	63		
Gesamtbetrag [1)]	83	29.337	00

100   Anfangsbestände

0510 Bebaute Grundstücke ...	100.000,00	2400 Forderungen a. LL	22.000,00
0530 Betriebsgebäude	320.000,00	2800 Bankguthaben	45.000,00
0700 TA u. Maschinen	260.000,00	2880 Kasse	15.000,00
0800 Andere Anlagen/BGA ...	120.000,00	3000 Eigenkapital	740.000,00
2000 Rohstoffe	47.000,00	4250 Darlehensschulden	150.000,00
2100 Unfertige Erzeugnisse ...	5.000,00	4400 Verbindlichkeiten a. LL .	46.000,00
2200 Fertige Erzeugnisse	6.000,00	4800 Umsatzsteuer	4.000,00

Kontenplan

0510, 0530, 0700, 0800, 2000, 2020, 2100, 2200, 2400, 2600, 2640, 2650, 2800, 2880, 3000, 4250, 4400, 4800, 4830, 5000, 5200, 5400, 5710, 6000, 6020, 6200, 6300, 6400, 6490, 6520, 6800, 6930, 7020, 8000, 8010, 8020.

Geschäftsfälle

1. Zieleinkauf von Rohstoffen lt. ER 956, netto	15.600,00
von Hilfsstoffen lt. ER 957, netto	8.400,00
+ Umsatzsteuer	4.560,00
2. Banküberweisung der Umsatzsteuer-Zahllast	4.000,00
3. Kunde begleicht AR 1206 durch Bank	5.950,00
4. Belastung des Kunden mit Verzugszinsen	50,00
5. Angestellter erhält Gehaltsvorschuss bar	1.500,00
6. Banküberweisung für Grundsteuern	350,00
7. Zinsgutschrift der Bank	600,00
8. SV-Bankeinzug durch gesetzliche Krankenkasse	3.802,00
9. Banküberweisung von Fertigungslöhnen, brutto	12.400,00
Abzüge: Steuer: 1.300,00 €; SV: 1.540,00 €	2.840,00
Auszahlungsbetrag	9.560,00
Arbeitgeberanteil	1.410,00
10. Materialentnahmescheine: Rohstoffe	31.500,00
Hilfsstoffe	4.500,00
11. Bankgutschrift für Mieteinnahmen	1.800,00
12. AR 1256–1289 für eigene Erzeugnisse ab Werk, netto	87.800,00
+ Umsatzsteuer	16.682,00
13. Banküberweisung für Gehälter, brutto	4.200,00
Abzüge: Steuer: 398,00 €; SV: 442,00 €	840,00
Gehaltsvorschuss	500,00
Auszahlungsbetrag	2.860,00
Arbeitgeberanteil	410,00
14. Arbeiter erhält eine Geburtsbeihilfe bar	300,00
15. Brandschaden im Rohstofflager (kein Versicherungsanspruch)	2.500,00
16. Barkauf von Büromaterial, Nettopreis	450,00
+ Umsatzsteuer	85,50
17. Banküberweisung der einbehaltenen Lohn- und	
Kirchensteuer einschl. SolZ	?

Abschlussangaben

1. Abschreibungen auf 0530: 2.200,00 €; auf 0700: 4.300,00 €; auf 0800: 1.800,00 €.	
2. Inventurbestände: Unfertige Erzeugnisse	7.000,00
Fertige Erzeugnisse	10.000,00

Woraus setzen sich die gesamten Personalkosten des Betriebes zusammen?

2 Buchungen im Beschaffungs- und Absatzbereich

2.1 Sofortrabatte

Mengen-, Sonder- und Wiederverkäuferrabatte, die sofort **bei Rechnungserteilung gewährt** werden, stellen einen im Voraus gewährten Preisnachlass dar und werden deshalb nicht gesondert erfasst. In beiden Fällen sind **direkt** die **Nettopreise** zu **buchen.**

Beispiel:	Rechnung	
	Listenpreis für 20 t Stahl R 4044	10.000,00 €
−	10 % Sonderrabatt	1.000,00 €
	Nettobetrag	**9.000,00 €**
+	**Umsatzsteuer**	**1.710,00 €**
	Rechnungsbetrag	**10.710,00 €**

Buchen Sie das Beispiel als Eingangs- und Ausgangsrechnung.

Merke: „Sofortrabatte" werden buchmäßig nicht gesondert erfasst.

2.2 Bezugskosten

Bezugskosten. Beim Einkauf von Roh-, Hilfs- und Betriebsstoffen sowie Fremdbauteilen und Handelswaren fallen neben dem Kaufpreis oft noch Bezugskosten an:

- ▶ Verpackungskosten
- ▶ Transportkosten
- ▶ Versicherungskosten
- ▶ Einfuhrzoll u.a.

Anschaffungskosten. Bezugskosten erhöhen die Anschaffungskosten eines Wirtschaftsgutes. Sie sind deshalb auch als Anschaffungs**nebenkosten** dem Anschaffungs**preis** hinzuzurechnen, mit dem sie zusammen die **Anschaffungskosten** des Wirtschaftsgutes bilden. Nach § 255 (1) HGB sind alle Wirtschaftsgüter zum Zeitpunkt des Erwerbs mit ihren Anschaffungskosten zu erfassen. Die Vorsteuer zählt nicht zu den Anschaffungskosten, da sie eine Forderung gegenüber dem Finanzamt begründet. Anschaffungspreisminderungen, wie z.B. Skonto, sind abzusetzen.

Unterkonto „Bezugskosten". Die vielfältigen Bezugskosten können entweder direkt auf dem betreffenden Material- oder Warenbestandskonto der Klasse 2 oder zunächst auf einem entsprechenden Unterkonto „Bezugskosten" gebucht werden:

2000 Rohstoffe	**2020 Hilfsstoffe**	**2070 Sonstiges Material**
2001 Bezugskosten	2021 Bezugskosten	2071 Bezugskosten
2010 Fremdbauteile	**2030 Betriebsstoffe**	**2280 Waren**
2011 Bezugskosten	2031 Bezugskosten	2281 Bezugskosten

Die gesonderte Erfassung der Bezugskosten auf den entsprechenden Unterkonten erlaubt eine ständige **Überwachung der Wirtschaftlichkeit** dieser Kosten.

Beispiel 1: Zieleinkauf von Rohstoffen lt. ER 450: 5.000,00 € netto + 950,00 € USt

Buchung: 2000 Rohstoffe 5.000,00
2600 Vorsteuer .... 950,00 an 4400 Verbindlichkeiten a. LL 5.950,00

Beispiel 2: Barzahlung der Fracht für obige Sendung: 300,00 € netto + 57,00 € USt

Buchung: 2001 Bezugskosten 300,00
2600 Vorsteuer .... 57,00 an 2880 Kasse 357,00

Umbuchung der Bezugskosten. Die auf Unterkonten erfassten Bezugskosten werden in der Regel monatlich oder vierteljährlich entsprechend umgebucht:

Buchung: 2000 Rohstoffe .... an 2001 Bezugskosten 300,00

S	2001 Bezugskosten	H	S	2000 Rohstoffe	H
2880	300,00	2000	300,00	4400	5.000,00
				2001	300,00

Anschaffungskosten. Nach der Umbuchung der Bezugskosten weist das Rohstoffkonto die Anschaffungskosten der eingekauften Werkstoffe in Höhe von 5.300,00 € aus. Das entspricht den handels- und steuerrechtlichen Vorschriften.

Merke:	Nach § 255 (1) HGB sind alle Wirtschaftsgüter des Anlage- und Umlaufvermögens zum Zeitpunkt des Erwerbs mit ihren Anschaffungskosten zu buchen:

	Anschaffungspreis der Rohstoffe	5.000,00 €
+	Anschaffungsnebenkosten (Bezugskosten)	300,00 €
	Anschaffungskosten	**5.300,00 €**

Aufgaben

101

a) *Buchen Sie die folgende Eingangsrechnung:*

	Listenpreis: 12 Stahlträger XT je 1.250,00 €	15.000,00 €
−	10 % Sonderrabatt	1.500,00 €
	netto	13.500,00 €
+	Umsatzsteuer	2.565,00 €
	Rechnungsbetrag	16.065,00 €

b) *Buchen Sie die Speditionsrechnung zu a):*

	Verladekosten und Entladekosten	450,00 €
	Transportkosten	1.300,00 €
	Versicherung	250,00 €
	netto	2.000,00 €
+	Umsatzsteuer	380,00 €
	Rechnungsbetrag	2.380,00 €

1. *Weisen Sie buchhalterisch die Anschaffungskosten der Stahlträger nach.*
2. *Wie viel % betragen die Bezugskosten vom Anschaffungspreis?*

102

Kontenauszug der Büromöbelwerke GmbH	Soll	Haben
2000 Rohstoffe	690.000,00	−
2001 Bezugskosten	35.000,00	−
2020 Hilfsstoffe	56.000,00	−
2021 Bezugskosten	1.800,00	−
2280 Handelswaren[1]	120.000,00	−
2281 Bezugskosten	8.500,00	−
2600 Vorsteuer	22.700,00	−
2800 Bank	135.600,00	−
4400 Verbindlichkeiten a. LL	−	114.000,00
4800 Umsatzsteuer	−	10.300,00
6000 Aufwendungen für Rohstoffe	−	−
6020 Aufwendungen für Hilfsstoffe	−	−
6080 Aufwendungen für Waren	−	−

1   siehe S. 114

Geschäftsfälle

1. ER 489 für Stahlrohre SZ 345, netto 65.000,00
   + Verpackung 500,00
   + Transportversicherung 200,00
   + Fracht 800,00   66.500,00
   + Umsatzsteuer 12.635,00
   Rechnungsbetrag 79.135,00

2. Hausfracht für ER 489 gegen Bankscheck, netto 250,00
   + Umsatzsteuer 47,50   297,50

3. ER 490 für Waren, netto 2.500,00
   + Fracht 200,00
   + Umsatzsteuer 513,00   3.213,00

Schlussbestände: Rohstoffe: 140.000,00 €; Hilfsstoffe: 10.000,00 €; Waren: 35.000,00 €.

Abschlusskonten: 8010 SBK und 8020 GuV.

1. Buchen Sie die Geschäftsfälle 1 bis 3. Schließen Sie die Konten ab.
2. Wie hoch sind die Anschaffungskosten der Rohstoffe und Handelswaren aus den Geschäftsfällen 1 bis 3?
3. Ermitteln Sie jeweils den Prozentanteil der Bezugskosten an den entsprechenden Anschaffungspreisen der Rohstoffe, Hilfsstoffe und Handelswaren.
4. Erläutern Sie den Saldo aus den Steuerkonten.
5. Weshalb zählt die Vorsteuer nicht zu den Anschaffungskosten?

Anfangsbestände

103

Rohstoffe 40.000,00, Hilfsstoffe 15.000,00, Fertige Erzeugnisse 20.000,00, Forderungen a. LL 18.000,00, Kasse 12.000,00, Bankguthaben 30.000,00, Verbindlichkeiten a. LL 35.000,00, Eigenkapital 100.000,00.

Kontenplan: 2000, 2001, 2020, 2021, 2200, 2400, 2600, 2640, 2800, 2880, 3000, 4400, 4800, 4830, 5000, 5200, 6000, 6020, 6140, 6200, 6400, 6800, 7510, 8000, 8010, 8020.

Geschäftsfälle

1. Zieleinkauf von Rohstoffen ab Werk lt. ER, netto 8.400,00
   + Umsatzsteuer 1.596,00
2. Eingangsfracht hierauf bar, Nettofracht 500,00
   + Umsatzsteuer 95,00
3. SV-Bankeinzug durch gesetzliche Krankenkasse .... ?
4. Banküberweisung der Löhne, brutto 4.700,00
   Abzüge: Steuer 450,00 €; SV 600,00 € 1.050,00
   Arbeitgeberanteil 546,00
5. Verbrauch lt. Materialentnahmescheine: Rohstoffe 22.500,00
   Hilfsstoffe 7.800,00
6. Barkauf von Büromaterial, netto 800,00
   + Umsatzsteuer 152,00
7. Zieleinkauf von Hilfsstoffen ab Werk lt. ER, netto 3.600,00
   + Umsatzsteuer 684,00
8. Eingangsfracht hierauf bar, Nettofracht 300,00
   + Umsatzsteuer 57,00
9. Zielverkäufe von eigenen Erzeugnissen lt. AR frei Haus, netto 38.500,00
   + Umsatzsteuer 7.315,00
10. Ausgangsfrachten hierauf bar, netto 1.200,00
    + Umsatzsteuer 228,00
11. Lastschrift unserer Bank für Zinsen 360,00

Abschlussangabe

Inventurbestand an fertigen Erzeugnissen 22.000,00

Ermitteln Sie jeweils die Anschaffungskosten für a) Rohstoffe und b) Hilfsstoffe.

2.3   Handelswaren

Handelswarenbestände. Bezieht der Industriebetrieb Erzeugnisse, die er **ohne Be- oder Verarbeitung** im eigenen Betrieb **weiterveräußert,** spricht man von Handelswaren. Es handelt sich dabei meist um Artikel, die als Zubehör zu den eigenen fertigen Erzeugnissen verkauft werden. Sie werden beim Einkauf auf dem Konto

2280 Waren

gebucht. Für Bezugskosten und etwaige Nachlässe werden entsprechende **Unterkonten** eingerichtet: „2281 Bezugskosten für Waren" und „2282 Nachlässe".[1]

Die Erlöse aus Handelswaren werden – getrennt von den Umsatzerlösen aus eigenen Erzeugnissen – erfasst auf dem Konto

5100 Umsatzerlöse für Waren.

Aufwendungen für Waren. Im GuV-Konto muss den Umsatzerlösen für Waren der **Einstandspreis der verkauften Waren** als **Aufwand** gegenübergestellt werden, um den Erfolg aus dem Warengeschäft zu ermitteln. **Der Wareneinsatz wird durch Inventur ermittelt** (vgl. Ermittlung des Werkstoffverbrauchs auf Seite 36). Der Endbestand lt. Inventur (z. B. 8.000,00 €) ist daher vorab zu buchen:

Buchung: 8010 Schlussbilanzkonto ... an **2280 Waren** **8.000,00**

	Anfangsbestand an Waren	12.000,00 €
+	Einkäufe	24.000,00 €
		36.000,00 €
–	Schlussbestand lt. Inventur	8.000,00 €
=	**Aufwendungen für Waren**	**28.000,00 €**

Die Aufwendungen für Waren werden auf dem gleichnamigen Konto 6080 gebucht:

Buchung: 6080 Aufwendungen für Waren   an **2280 Waren** **28.000,00**

S	2280 Waren		H		S	6080 Aufwendungen für Waren		H
AB	12.000,00	SB (8010)	8.000,00	→	2280	**28.000,00**	GuV	28.000,00
Einkäufe	24.000,00	6080	**28.000,00**					
	36.000,00		36.000,00		S	5100 Umsatzerlöse für Waren		H
					GuV	40.000,00	...	40.000,00

Soll	8020 Gewinn- und Verlustkonto		Haben
6080 Aufwendungen für Waren ... 28.000,00		5100 Umsatzerlöse für Waren 40.000,00	

Merke: **Das Gewinn- und Verlustkonto des Industriebetriebes zeigt auch die Quellen des Erfolges aus dem Ein- und Verkauf von Handelswaren.**

Aufgabe

104   Das Konto „2280 Waren" weist zum 31. Dezember im Soll 120.000,00 € aus. Die Umsatzerlöse für Waren (Konto 5100) betragen 150.000,00 €. Schlussbestand lt. Inventur: 20.000,00 €.

1. Richten Sie die Konten 2280, 5100, 6080, 8010 und 8020 ein.
2. Ermitteln Sie buchhalterisch den Erfolg aus dem Ein- und Verkauf der Handelswaren.
3. Nennen Sie jeweils den Buchungssatz einschließlich der Abschlussbuchungen.

---

1   Der **Wareneinkauf** kann auch **direkt** auf dem **Aufwandskonto „6080 Aufwendungen für Waren"** gebucht werden. Bezugskosten und Nachlässe sind dann auf Unterkonten des Kontos 6080 zu erfassen. Das **Bestandskonto „2280 Waren"** enthält somit nur den Anfangs- und Schlussbestand an Waren und als **Saldo** die **Bestandsveränderung,** die auf das Aufwandskonto 6080 umzubuchen ist (siehe auch S. 124 f.).

2.4   Rücksendungen

Steuerberichtigung. Jede **nachträgliche Minderung** des **Nettopreises** aufgrund von Rücksendung oder Preisnachlässen führt auch zu einer entsprechenden **Minderung (Berichtigung)** der Beträge auf den Konten „**Vorsteuer**" und „**Umsatzsteuer**".

Rücksendungen an Lieferer. Schicken wir Roh-, Hilfs- und Betriebsstoffe, Fremdbauteile und Handelswaren, die falsch geliefert oder mit Mängeln behaftet sind, zurück, so vermindert sich deren Bestand. Die **Vorsteuer muss deshalb anteilig berichtigt werden.**

Beispiel:	Wir kaufen Rohstoffe auf Ziel für netto 4.000,00 € + 760,00 € USt. Bei Lieferung wird festgestellt, dass Stoffe im Wert von 800,00 € netto beschädigt sird. Diese Rohstoffe werden an den Lieferer zurückgeschickt:

Nettowert der zurückgesandten Rohstoffe	800,00 €
+ Umsatzsteuer	152,00 €
Gutschrift vom Lieferer (brutto)	**952,00 €**

❶ Buchung aufgrund der Eingangsrechnung:

```
2000 Rohstoffe . . . . . . . . . .   4.000,00
2600 Vorsteuer . . . . . . . . . .     760,00   an  4400 Verbindlichk. a. LL  . . . .  4.760,00
```

❷ Buchung der Rücksendung aufgrund der Gutschriftsanzeige des Lieferers:

```
4400 Verbindlichk. a. LL  . .     952,00   an  2000 Rohstoffe . . . . . . . . . . . .    800,00
                                           an  2600 Vorsteuer . . . . . . . . . . . .    152,00
```

S	2000 Rohstoffe	H	S	4400 Verbindlichkeiten a. LL	H
❶ 4.000,00		❷ 800,00	❷ 952,00	❶	4.760,00

S	2600 Vorsteuer	H
❶ 760,00		❷ 152,00

Rücksendung vom Kunden. Senden Kunden beanstandete Erzeugnisse an uns zurück, vermindern sich die Umsatzerlöse. Die Umsatzsteuer ist anteilig zu berichtigen.

Beispiel:	Ein Kunde, dem wir eigene Erzeugnisse im Wert von 5.000,00 € netto auf Ziel verkauft hatten, sendet beschädigte Erzeugnisse zurück:

Nettowert der beanstandeten Erzeugnisse	600,00 €
+ Umsatzsteuer	114,00 €
Gutschrift an Kunden (brutto)	**714,00 €**

❶ Buchung aufgrund der Ausgangsrechnung:

```
2400 Forderungen a. LL . . .  5.950,00   an  5000 Umsatzerl. f. eig. Erz.  . .  5.000,00
                                         an  4800 Umsatzsteuer . . . . . . . .    950,00
```

❷ Buchung der Rücksendung durch den Kunden aufgrund unserer Gutschriftsanzeige:

```
5000 Umsatzerl. f. eig. Erz.     600,00
4800 Umsatzsteuer . . . . . . .  114,00   an  2400 Forderungen a. LL . . . . .    714,00
```

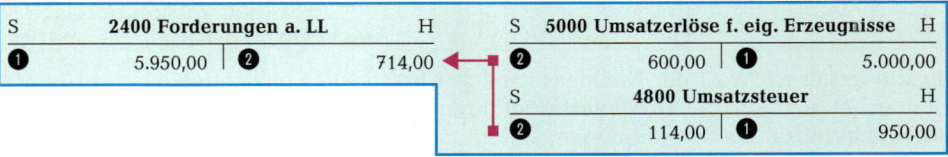

S	2400 Forderungen a. LL	H	S	5000 Umsatzerlöse f. eig. Erzeugnisse	H
❶ 5.950,00		❷ 714,00	❷ 600,00	❶	5.000,00

S	4800 Umsatzsteuer	H
❷ 114,00		❶ 950,00

Merke:	**Rücksendungen sind buchhalterisch wie Rückbuchungen (Storno) zu behandeln. Die Vor- bzw. Umsatzsteuer ist jeweils anteilig zu berichtigen.**

2.5 Nachlässe

2.5.1 Nachträgliche Preisnachlässe im Beschaffungsbereich

Nachlässe, die uns nachträglich in Form von

▶ **Preisnachlässen aufgrund von Mängelrügen,**
▶ **Boni** (nachträglich gewährte Rabatte) oder **Skonti**[1]

von Lieferern gewährt werden, **mindern** die **Anschaffungs- bzw. Einstandspreise** der bezogenen Werkstoffe sowie Handelswaren **und** damit auch die darauf entfallende **Vorsteuer.** Aus Gründen der besseren Übersicht werden diese Nachlässe zunächst auf einem **Unterkonto des betreffenden Bestandskontos** erfasst:

> ▶ **2002 Nachlässe für Rohstoffe**   ▶ **2032 Nachlässe für Betriebsstoffe**
> ▶ **2022 Nachlässe für Hilfsstoffe**   ▶ **2282 Nachlässe für Waren**

Umbuchung. Zum Jahresschluss werden diese Konten über die entsprechenden Bestandskonten abgeschlossen, die dann die **berichtigten** Anschaffungspreise ausweisen.

Netto- oder Bruttobuchung. Nachlässe können netto oder brutto gebucht werden, je nachdem, ob man die Vorsteuer **sofort oder erst später** berichtigt.

> **Beispiel:**   Ein Lieferer, von dem wir Rohstoffe zum Nettopreis von 3.000,00 € + 570,00 € USt = 3.570,00 € bezogen hatten, gewährt uns aufgrund unserer Mängelrüge einen Preisnachlass von 20 %.

Nettoverfahren. Aufgrund der **Gutschriftsanzeige des Lieferers** kann der **Preisnachlass direkt netto bei sofortiger Vorsteuerberichtigung** gebucht werden. Deshalb wird dieses Buchungsverfahren auch „Nettoverfahren" genannt:

> Rohstoffpreis, netto . . . .   3.000,00 € − 20 % = **600,00 €** <=> **Nettonachlass**
> + Vorsteuer . . . .   570,00 € − 20 % = **114,00 €** <=> **Steuerberichtigung**
>
> **Bruttopreis** . . . . **3.570,00 € − 20 % = 714,00 €** <=> **Bruttonachlass**

❶ **Buchung aufgrund der Eingangsrechnung:**

2000 Rohstoffe **3.000,00**
2600 Vorsteuer . . . .   **570,00**   an   **4400 Verbindlichkeiten a. LL** . . **3.570,00**

❷ **Nettobuchung des Preisnachlasses aufgrund der Gutschriftsanzeige:**

4400 Verbindlichkeiten a. LL . . .   **714,00**   an   **2002 Nachlässe für Rohstoffe** .   **600,00**
                                                          an   **2600 Vorsteuer** **114,00**

❸ **Umbuchung am Ende der Rechnungsperiode:**

2002 Nachlässe für Rohstoffe . . . .   an   **2000 Rohstoffe** **600,00**

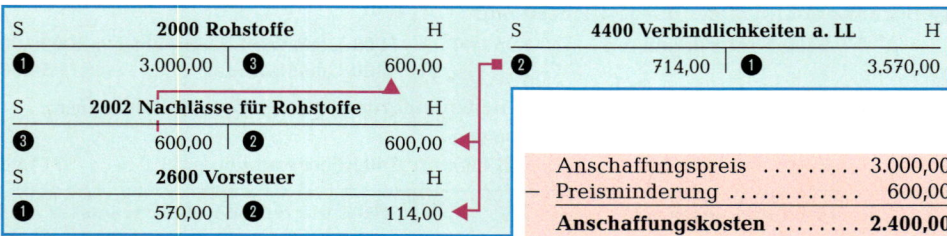

Bruttoverfahren. Wird der **Nachlass zunächst brutto,** also einschließlich der Umsatzsteuer, gebucht und die **Vorsteuerberichtigung erst am Ende des Umsatzsteuervoranmeldungszeitraums** vorgenommen, spricht man vom Bruttobuchungsverfahren:

Buchung: ❶ **4400 Verbindlichk. a. LL** . . . . .   an   **2002 Nachlässe f. Rohstoffe** **714,00**

---

1   ausführliche Behandlung der Skonti Seite 120 f.

Steuerberichtigung am Monatsende. Erst am Ende des Monats, wenn die Zahllast ermittelt wird, werden die Konten „2002 Nachlässe" und „2600 Vorsteuer" um den anteiligen Steuerbetrag berichtigt. Die **Steuerberichtigung** wird aus dem **Bruttobetrag** ermittelt:[1]

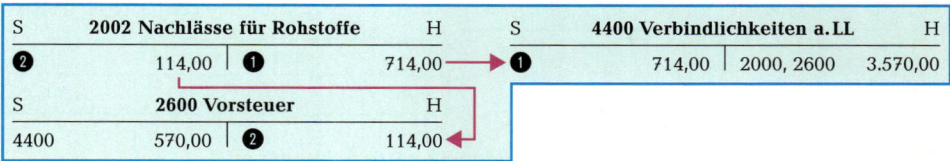

$$119\% \,\hat{=}\, 714{,}00\,€$$
$$19\% \,\hat{=}\, \quad x \quad €$$

$$x = \frac{714{,}00 \cdot 19}{119} = \mathbf{114{,}00\,€}$$

Buchung: ❷ **2002 Nachlässe für Rohstoffe** an **2600 Vorsteuer** **114,00**

S	2002 Nachlässe für Rohstoffe	H		S	4400 Verbindlichkeiten a.LL	H
❷	114,00	❶ 714,00		❶	714,00	2000, 2600 3.570,00

S	2600 Vorsteuer	H
4400	570,00	❷ 114,00

Merke: Bei der Nettobuchung der Nachlässe wird die Steuer jeweils sofort, bei der Bruttobuchung dagegen erst am Ende des Monats summarisch berichtigt.[1]

2.5.2 Nachträgliche Preisnachlässe im Absatzbereich

Erlösberichtigungen. Dem Kunden gewährte Preisnachlässe aufgrund von Mängelrügen, Boni sowie Skonti **schmälern die Erlöse.** Sie werden auf **Unterkonten** erfasst:

▶ **5001 Erlösberichtigungen für Erzeugnisse**   ▶ **5101 Erlösberichtigungen für Waren**

Umbuchung. Am Ende der Abrechnungsperiode werden die Unterkonten über die entsprechenden Erlöskonten abgeschlossen, die dann die **berichtigten Erlöse** ausweisen.

Netto- oder Bruttobuchung. Auch die Erlösberichtigungen können entweder netto oder brutto gebucht werden.

Beispiel: Wir gewähren einem Kunden, dem wir Erzeugnisse für 10.000,00 € netto + 1.900,00 € USt verkauft hatten, wegen Mängelrüge einen Preisnachlass von 20 %.

❶ **Buchung aufgrund der Ausgangsrechnung:**

2400 Forderungen a. LL 11.900,00	an	5000 Umsatzerlöse f. eig. Erz.	10.000,00
	an	4800 Umsatzsteuer	1.900,00

❷ **Nettobuchung des dem Kunden gewährten Preisnachlasses:**

5001 Erlösberichtigungen f. Erz. 2.000,00			
4800 Umsatzsteuer 380,00	an	2400 Forderungen a.LL	2.380,00

❸ **Umbuchung am Ende der Rechnungsperiode:**

5000 Umsatzerlöse f. eig. Erz........... an 5001 Erlösberichtigungen 2.000,00

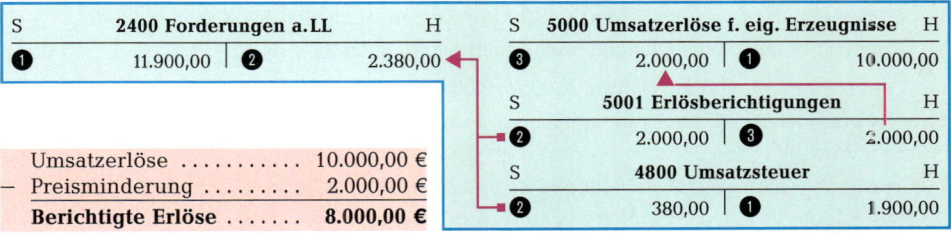

S	2400 Forderungen a.LL	H		S	5000 Umsatzerlöse f. eig. Erzeugnisse	H
❶	11.900,00	❷ 2.380,00		❸	2.000,00	❶ 10.000,00

S	5001 Erlösberichtigungen	H
❷	2.000,00	❸ 2.000,00

Umsatzerlöse	10.000,00 €
− Preisminderung	2.000,00 €
Berichtigte Erlöse	**8.000,00 €**

S	4800 Umsatzsteuer	H
❷	380,00	❶ 1.900,00

---

1 In der **EDV** erfolgt die **Steuerberichtigung** mit Eingabe des Bruttobetrages **automatisch** (Programmfunktion).

Bruttobuchung. In diesem Fall lautet die Buchung zunächst:

❶ **5001 Erlösberichtigungen** ...   an **2400 Forderungen a. LL** .... **2.380,00**[1]

Die Steuerberichtigungsbuchung am Monatsende lautet somit:

❷ **4800 Umsatzsteuer** ....   an **5001 Erlösberichtigungen** ..... **380,00**[1]

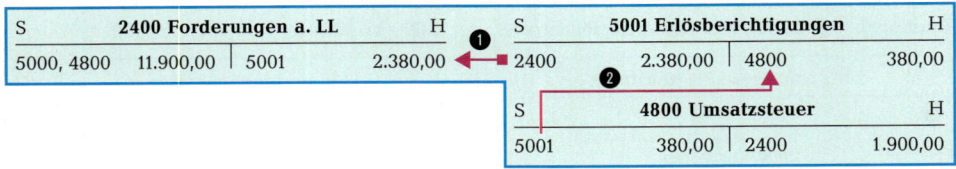

S	2400 Forderungen a. LL		H		S	5001 Erlösberichtigungen		H
5000, 4800	11.900,00	5001	2.380,00		2400	2.380,00	4800	380,00

S	4800 Umsatzsteuer		H
5001	380,00	2400	1.900,00

Merke: **Nachlässe bedingen entsprechende Steuerberichtigungen.**

Aufgaben

105   *Buchen Sie auf den Konten: 2000, 2002, 2020, 2022, 2400, 2600, 4400, 4800, 5000, 5001.*

1. Zieleinkauf von Rohstoffen lt. ER 406–428, netto 50.000,00
   + Umsatzsteuer 9.500,00   59.500,00
2. Lieferer (ER 408) gewährt Preisnachlass wegen Mängelrüge, netto 1.000,00
   + Umsatzsteuer 190,00   1.190,00
3. Zielverkäufe von eigenen Erzeugnissen lt. AR 807–840, netto ... 45.000,00
   + Umsatzsteuer 8.550,00   53.550,00
4. Kunde (AR 811) erhält Preisnachlass wegen Mängelrüge, netto .. 2.000,00
   + Umsatzsteuer 380,00   2.380,00
5. Lieferer (ER 410) gewährt uns Preisnachlass
   für beschädigte Rohstoffe, Nettowert 800,00
6. Kunde (AR 812) erhält von uns eine Gutschrift über einen
   Preisnachlass wegen Mängelrüge, brutto 1.428,00
7. Rohstofflieferer gewährt uns einen Bonus, brutto 3.570,00
8. Kunde erhält von uns Gutschrift über einen Bonus, netto 1.500,00
9. Zieleinkauf von Hilfsstoffen lt. ER 429, netto 25.000,00
   + Umsatzsteuer 4.750,00
10. Rücksendung beschädigter Hilfsstoffe (ER 429), netto 5.000,00
    Auf den Restbetrag erhalten wir nachträglich einen Preisnachlass von 20 %.

    Wie hoch ist der Überweisungsbetrag an den Lieferer?

106   a)   Zieleinkauf von Handelswaren, ER 450: Warenwert 5.000,00 € + 950,00 € USt.

   b)   Lieferer (ER 450) gewährt nachträglich Rabatt: 800,00 € netto.

   1.   *Buchen Sie die Geschäftsfälle a) und b) auf Konten. Schließen Sie Konto 2282 ab.*

   2.   *Nennen Sie die entsprechenden Buchungen beim Lieferer.*

   c)   Zielverkauf von Handelswaren, AR 754: 8.000,00 € netto + 1.520,00 € USt.

   d)   Aufgrund einer Mängelrüge erhält der Kunde von uns eine Gutschrift einschließlich
        Umsatzsteuer von 595,00 €.

   1.   *Buchen Sie die Geschäftsfälle c) und d) und schließen Sie das Konto 5101 ab.*

   2.   *Wie lauten die entsprechenden Buchungen beim Kunden?*

---

1   In der **EDV** erfolgt die **Steuerberichtigung** mit Eingabe des Bruttobetrages **automatisch** (Programmfunktion).

Anfangsbestände

0700	TA u. Maschinen	235.000,00
0800	Andere Anlagen/BGA	138.500,00
2000	Rohstoffe	42.000,00
2020	Hilfsstoffe	13.000,00
2100	Unfertige Erzeugnisse	18.000,00
2200	Fertige Erzeugnisse	21.500,00
2280	Waren	6.000,00
2400	Forderungen a. LL	32.600,00
2800	Bankguthaben	38.600,00
2880	Kasse	12.800,00
3000	Eigenkapital	564.000,00
4400	Verbindlichkeiten a. LL	44.000,00

Kontenplan

0700, 0800, 2000, 2002, 2020, 2100, 2200, 2280, 2281, 2400, 2600, 2640, 2800, 2880, 3000, 3001, 4400, 4800, 4830, 5000, 5100, 5101, 5200, 5420, 6000, 6020, 6080, 6140, 6160, 6200, 6400, 6520, 6700, 8000, 8010, 8020.

Geschäftsfälle

1.	Kauf von Handelswaren lt. ER 505–510, netto	25.700,00
	+ Umsatzsteuer	4.883,00
2.	Eingangsfrachten hierauf bar, netto	400,00
	+ Umsatzsteuer	76,00
3.	Verkauf von Handelswaren lt. AR 980–986	15.400,00
	+ Umsatzsteuer	2.926,00
4.	SV-Bankeinzug durch gesetzliche Krankenkasse	1.545,00
5.	Banküberweisung der Fertigungslöhne, brutto	5.250,00
	Abzüge: Steuer 650,00 €; SV 800,00 €	1.450,00
	Arbeitgeberanteil	745,00
6.	Barzahlung einer Maschinenreparatur, Nettopreis	600,00
	+ Umsatzsteuer	114,00
7.	Verbrauch lt. Entnahmescheine: Rohstoffe	12.500,00
	Hilfsstoffe	4.000,00
8.	Verkauf von eigenen Erzeugnissen lt. AR 987–988, netto	64.700,00
	+ Umsatzsteuer	12.293,00
9.	Ausgangsfrachten hierauf bar, netto	700,00
	+ Umsatzsteuer	133,00
10.	Rücksendung beschädigter Rohstoffe an Lieferer, brutto	595,00
11.	Lieferer (Rohstoffe) gewährt uns Bonus, brutto	1.190,00
12.	Unser Kunde sendet beschädigte Erzeugnisse zurück, Nettowert	2.000,00
13.	Ein Kunde erhält von uns Preisnachlass wegen beanstandeter Warenlieferung, brutto	1.428,00
14.	Zahlung der Geschäftsmiete durch Banküberweisung	2.800,00
15.	Privatentnahmen in bar	650,00
	von Handelswaren, netto	1.500,00

Abschlussangaben

1.	Abschreibungen auf 0700: 9.600,00 €; auf 0800: 2.300,00 €.	
2.	Endbestand lt. Inventur: Unfertige Erzeugnisse	16.000,00
	Fertige Erzeugnisse	29.000,00
	Handelswaren	20.000,00

Ermitteln Sie auch den Rohgewinn aus dem Verkauf der Handelswaren.

2.6 Nachlässe in Form von Skonti

Bedeutung des Skontos. Ein- und Ausgangsrechnungen werden meist innerhalb einer bestimmten Zahlungsfrist unter Abzug von Skonto beglichen. Der Skonto ist eine **Zinsvergütung für vorzeitige Zahlung.** Er enthält aber auch eine **Prämie für die Ersparung von Risiko und Aufwand,** die mit Zielverkäufen verbunden sind. Ein Skonto von 2 % entspricht beispielsweise einem Jahreszinssatz von 36 %, wenn die Zahlungsbedingungen lauten: „Zahlbar in 10 Tagen mit 2 % Skonto oder 30 Tage netto Kasse". Es lohnt sich also, alle Rechnungen innerhalb der Skontofrist zu bezahlen.

- **Liefererskonti.** Der Skonto, der uns von Lieferern gewährt wird, **mindert** nachträglich den **Anschaffungspreis** der eingekauften Werkstoffe und Waren und muss deshalb auf einem entsprechenden **Unterkonto „Nachlässe"** (2002, 2012, 2022, 2032, 2282) gebucht werden.

- **Kundenskonti.** Skonti, die wir den Kunden gewähren, **schmälern** die **Umsatzerlöse.** Sie sind auf dem entsprechenden Konto **„Erlösberichtigungen"** (5001, 5101) zu erfassen.

2.6.1 Liefererskonti

Beispiel: ❶ Rohstoffeinkauf auf Ziel lt. ER 460: 10.000,00 € netto + 1.900,00 € USt.

❷ ER 460 wird von uns abzüglich 2 % Skonto durch Banküberweisung beglichen.

100 % Nettopreis ..	10.000,00	— 2 % **Nettoskonto**	200,00	=	9.800,00 €
+ 19 % Vorsteuer ...	1.900,00	— 2 % **Vorsteuerberichtigung**	38,00	=	1.862,00 €
119 % Bruttopreis .	11.900,00	— 2 % **Bruttoskonto**	238,00	=	11.662,00 €

Nettoverfahren. Der vom Lieferer gewährte Skonto wird **direkt** mit dem **Nettobetrag** gebucht, wobei die darauf entfallende **Vorsteuerberichtigung sofort** erfolgt.

❶ **Buchung aufgrund der ER 460:** *Nennen Sie den Buchungssatz.*

❷ **Buchung des Rechnungsausgleichs:**

4400 Verbindlichkeiten a. LL 11.900,00	
an **2002 Nachlässe**	200,00
an **2600 Vorsteuer**	38,00
an **2800 Bank**	11.662,00

❸ **Abschlussbuchung: 2002 Nachlässe** an **2000 Rohstoffe** 200,00

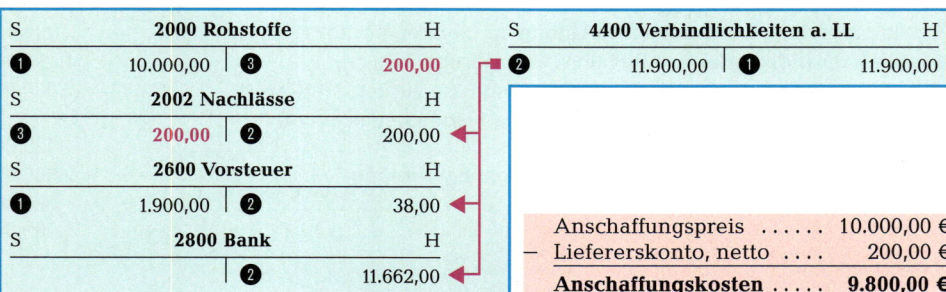

Anschaffungspreis	10.000,00 €
− Liefererskonto, netto	200,00 €
Anschaffungskosten	**9.800,00 €**

Bruttoverfahren. Der Skonto kann auch zunächst **brutto** gebucht werden:

❷ **Buchung:**

4400 Verbindlichkeiten a. LL 11.900,00	
an **2002 Nachlässe**	238,00
an **2800 Bank**	11.662,00

Steuerberichtigung. Erst am Monatsende – bei Ermittlung der Zahllast – wird der Vorsteueranteil **aus der Summe der Bruttoskonti** ermittelt und umgebucht:[1]

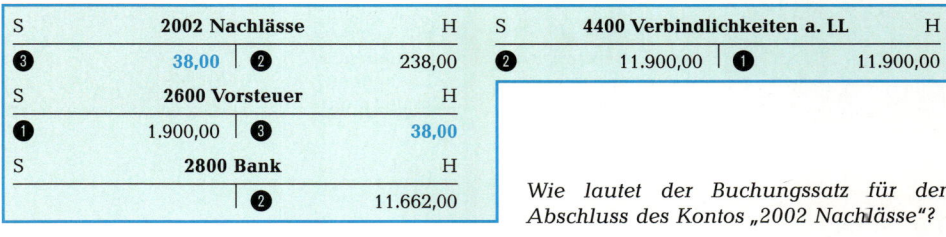

$$119\,\% = \text{Bruttoskonti} \qquad 119\,\% \triangleq 238{,}00\ € \qquad x = \frac{238{,}00\ € \cdot 19\,\%}{116\,\%} = \mathbf{38{,}00\ €}$$

$$19\,\% = \text{Steuerberichtigung} \qquad 19\,\% \triangleq \quad x \quad €$$

$$\textbf{Steuerberichtigungsbetrag} = \frac{\textbf{Bruttoskonti} \cdot \textbf{19\,\%}}{\textbf{119\,\%}}$$

❸ **Umbuchung:** 2002 Nachlässe .... an 2600 Vorsteuer 38,00

S	2002 Nachlässe	H
❸ 38,00	❷	238,00

S	4400 Verbindlichkeiten a. LL	H
❷ 11.900,00	❶	11.900,00

S	2600 Vorsteuer	H
❶ 1.900,00	❸	38,00

S	2800 Bank	H
	❷	11.662,00

Wie lautet der Buchungssatz für den Abschluss des Kontos „2002 Nachlässe"?

2.6.2 Kundenskonti

Beispiel: ❶ Erzeugnisverkauf auf Ziel lt. AR 812: 15.000,00 € netto + 2.850,00 € USt.
❷ Wir erhalten vom Kunden den Rechnungsbetrag abzüglich 2 % Skonto (Bank).

Rechnungsbetrag lt. AR 812 ..	17.850,00 €	
− 2 % Skonto (brutto)	357,00 €	Steuerberichtigung = $\dfrac{357 \cdot 19}{119}$
Bankgutschrift	**17.493,00 €**	= **57,00 €**

❶ **Buchung der AR 812:** *Nennen Sie den Buchungssatz.*

❷ **Nettobuchung:**
2800 Bank 17.493,00
5001 Erlösberichtig. 300,00
4800 Umsatzsteuer 57,00 an 2400 Forder. a. LL ... 17.850,00

❸ **Abschlussbuchung:** 5000 Umsatzerlöse f. e. Erz. an 5001 Erlösberichtig. 300,00

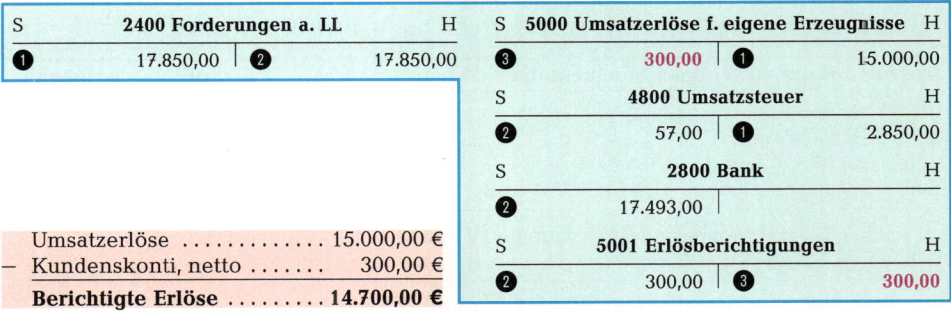

S	2400 Forderungen a. LL	H
❶ 17.850,00	❷	17.850,00

S	5000 Umsatzerlöse f. eigene Erzeugnisse	H
❸ 300,00	❶	15.000,00

S	4800 Umsatzsteuer	H
❷ 57,00	❶	2.850,00

S	2800 Bank	H
❷ 17.493,00		

Umsatzerlöse	15.000,00 €
− Kundenskonti, netto	300,00 €
Berichtigte Erlöse	**14.700,00 €**

S	5001 Erlösberichtigungen	H
❷ 300,00	❸	300,00

Nennen Sie für das vorliegende Beispiel auch die Bruttobuchung des Kundenskontos.

Merke: **Bei Liefererskonto ist die Vorsteuer, bei Kundenskonto die Umsatzsteuer zu berichtigen.**

---

1 In der **EDV** wird die **Steuerberichtigung** mit Eingabe des Bruttobetrages **automatisch** ermittelt und gebucht.

Merke:
- Gewährte Nachlässe in Form von Preisnachlässen aufgrund von Mängelrügen, Kundenboni und Kundenskonti mindern nachträglich die Umsatzerlöse und Umsatzsteuer.
- Kundenskonti mindern die Erlöse, Liefererskonti die Anschaffungskosten.
- Die Umsatzsteuer-Zahllast kann am Ende des USt-Voranmeldungszeitraumes erst nach Vornahme der anteiligen Berichtigungen auf den Steuerkonten ermittelt werden:

S	2600 Vorsteuer	H
Vorsteuerbeträge aufgrund von Eingangsrechnungen	**Berichtigungen:** ▷ Rücksendungen an Lieferer, ▷ Preisnachlässe von Lieferern, ▷ Liefererboni, ▷ Liefererskonti	

S	4800 Umsatzsteuer	H
Berichtigungen: ▷ Rücksendungen von Kunden, ▷ Preisnachlässe an Kunden, ▷ Kundenboni, ▷ Kundenskonti	**Umsatzsteuerbeträge** aufgrund von Ausgangsrechnungen	

Aufgaben

108 Die Eingangsrechnung 2853 über 3.570,00 € (Rohstoffwert 3.000,00 € + 570,00 € Umsatzsteuer) wird unter Abzug von 2 % Skonto durch Banküberweisung an den Lieferer beglichen.

Konten: 2000, 2002, 2600, 2800 (AB 85.000,00 €), 4400.

1. *Buchen Sie den Eingang der Rohstoffe aufgrund der ER 2853.*
2. *Buchen Sie beim Rechnungsausgleich den Skonto*
   a) netto und
   b) brutto.
3. *Ermitteln und buchen Sie die Steuerberichtigung beim Bruttoverfahren.*
4. *Wie lauten die entsprechenden Buchungen beim Lieferer?*

109 Der Kunde begleicht unsere Ausgangsrechnung 4459 über 17.850,00 € (Erzeugniswert 15.000,00 € + 2.850,00 € Umsatzsteuer) abzüglich 2 % Skonto durch Postbanküberweisung.

Konten: 2400, 2850, 4800, 5000, 5001.

1. *Buchen Sie den Verkauf der eigenen Erzeugnisse aufgrund der AR 4459.*
2. *Buchen Sie den Skonto beim Zahlungseingang*
   a) netto und
   b) brutto.
3. *Buchen Sie die Steuerberichtigung beim Bruttoverfahren.*
4. *Nennen Sie die entsprechenden Buchungen zu 1. und 2. auch beim Kunden.*

110

Auszug aus der vorläufigen Summenbilanz	Soll	Haben
2600 Vorsteuer	52.500,00	48.350,00
4800 Umsatzsteuer	72.150,00	83.450,00
2002 Nachlässe (einschl. Umsatzsteuer)	?	3.808,00
5001 Erlösberichtigungen (einschl. Umsatzsteuer)	2.975,00	?

1. *Ermitteln Sie am Monatsende die Steuerberichtigungen und buchen Sie.*
2. *Ermitteln Sie nach den Berichtigungsbuchungen die Umsatzsteuer-Zahllast.*

111 Gutschrift über eine Umsatzvergütung von 3 % auf den Handelswarenumsatz des 2. Halbjahres in Höhe von 350.000,00 € netto.

1. *Erstellen Sie die Gutschriftsanzeige.*
2. *Wie bucht*
   a) der Lieferer und
   b) der Kunde?
3. *Erläutern Sie die Auswirkung der Boni im Ein- und Verkaufsbereich.*

112

a) Ein Rohstofflieferer gewährt uns wegen Mängelrüge einen Preisnachlass von 10 % des Rechnungsbetrages. Der Rechnungsbetrag (ER 488) lautete über 11.900,00 €.

b) Wir gewähren einem Kunden aufgrund seiner Mängelrüge nachträglich einen Preisnachlass von 20 % des Rechnungsbetrages (AR 811) in Höhe von 17.850,00 €.

1. *Ermitteln Sie jeweils die Gesamtgutschrift und die Steuerberichtigung.*
2. *Erstellen Sie die entsprechenden Gutschriftsanzeigen und nennen Sie die Buchungssätze.*

113

Anfangsbestände

0530 Gebäude	620.000,00	2400 Forderungen a. LL	38.400,00
0700 TA u. Maschinen	354.000,00	2800 Bankguthaben	37.200,00
0800 Andere Anlagen/BGA	34.000,00	2880 Kasse	7.800,00
2000 Rohstoffe	65.300,00	3000 Eigenkapital	921.000,00
2020 Hilfsstoffe	14.700,00	4250 Darlehensschulden	200.000,00
2100 Unfertige Erzeugnisse	6.600,00	4400 Verbindlichkeiten a. LL	62.200,00
2200 Fertige Erzeugnisse	15.400,00	4800 Umsatzsteuer	10.200,00

Kontenplan

0530, 0700, 0800, 2000, 2002, 2020, 2100, 2200, 2400, 2600, 2640, 2800, 2880, 3000, 3001, 4250, 4400, 4800, 4830, 5000, 5001, 5200, 5400, 5710, 6000, 6020, 6200, 6400, 6520, 6700, 6830, 6930, 8000, 8010, 8020.

Geschäftsfälle

1. Materialentnahmescheine: Rohstoffe		33.300,00
Hilfsstoffe		4.400,00
2. Banküberweisung der Umsatzsteuer-Zahllast		10.200,00
3. ER 681–689 für Rohstoffe, netto		14.400,00
ER 690–692 für Hilfsstoffe, netto		5.600,00
+ Umsatzsteuer		3.800,00
4. Banküberweisung von Kunden, Rechnungsbeträge		35.700,00
− 2 % Skonto (brutto)		714,00
Gutschrift der Bank		34.986,00
5. Privatentnahme bar		500,00
6. Zinsgutschrift der Bank		2.580,00
7. SV-Bankeinzug durch gesetzliche Krankenkasse		955,00
8. Banküberweisung der Löhne, brutto		4.100,00
Abzüge: Steuer 400,00 €; SV 500,00 €		900,00
Arbeitgeberanteil		455,00
9. Barzahlung für Büromaterial, Nettopreis		350,00
+ Umsatzsteuer		66,50
10. AR 1211–1219 für eigene Erzeugnisse ab Werk, brutto		109.480,00
11. Mieteinnahmen aus Geschäftshaus durch Bankscheck		4.600,00
12. Kunde sendet Erzeugnisse zurück, netto		700,00
13. Barspende an das Rote Kreuz		200,00
14. Unsere Banküberweisung für Miete der LKW-Garagen		850,00
15. Hilfsstoffe werden durch Wassereinbruch beschädigt (kein Versicherungsanspruch)		900,00
16. Banküberweisung an Rohstofflieferer, Rechnungsbeträge		17.850,00
− 2 % Skonto (brutto)		357,00
Lastschrift der Bank		17.493,00

Abschlussangaben

1. Abschreibungen auf 0530: 1.500,00 €; auf 0700: 11.500,00 €; auf 0800: 2.000,00 €.		
2. Inventurbestände: Unfertige Erzeugnisse		6.000,00
Fertige Erzeugnisse		16.000,00

3 Buchung der Werkstoffeinkäufe auf Aufwandskonten der Klasse 6

Erfassung der Werkstoffeinkäufe auf Bestandskonten. Bisher haben wir die Werkstoff**einkäufe** auf den entsprechenden **Bestandskonten der Klasse 2** gebucht. Der Werkstoff**verbrauch** wurde anhand der **Materialentnahmescheine** oder aufgrund der **Inventur** ermittelt und auf die zugehörigen Aufwandskonten der Klasse 6 umgebucht:

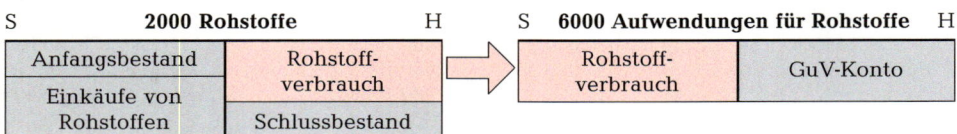

Buchung der Werkstoffeinkäufe direkt auf Aufwandskonten. Industriebetriebe lassen Werkstoffe aus Kostengründen (Verringerung der Lagerkosten) oft erst dann anliefern, wenn sie in der Produktion benötigt werden („Just-in-time-Fertigung"). Der **Werkstoffeinkauf** wird dann auch **direkt** auf den entsprechenden **Aufwandskonten der Klasse 6** gebucht. Die **Bestandskonten der Klasse 2** enthalten somit lediglich den **Anfangsbestand und Schlussbestand** an Roh-, Hilfs- und Betriebsstoffen sowie die **Bestandsveränderung als Saldo.**

Die Bestandsveränderung weist entweder eine **Mehrung oder Minderung** des Werkstoff**anfangs**bestandes aus. Im ersten Fall wurden in der Abrechnungsperiode mehr Werkstoffe eingekauft als verbraucht, im zweiten Fall ist es umgekehrt, d. h., es wurden zusätzlich Werkstoffe aus Lagerbeständen des Vorjahres verbraucht.

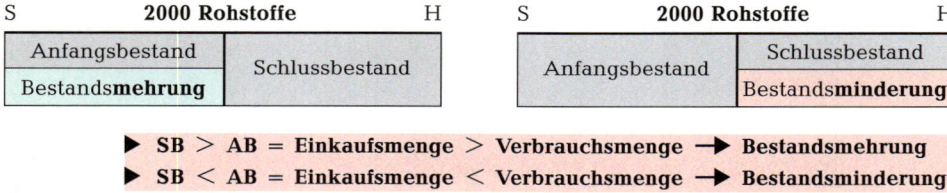

Umbuchung der Bestandsveränderung. Um den **tatsächlichen Werkstoffverbrauch** auf den Aufwandskonten der Klasse 6 zu ermitteln, muss die **Bestandsveränderung** des Werkstoffbestandskontos der Klasse 2 **auf** das entsprechende **Werkstoffaufwandskonto** der Klasse 6 **umgebucht** werden.

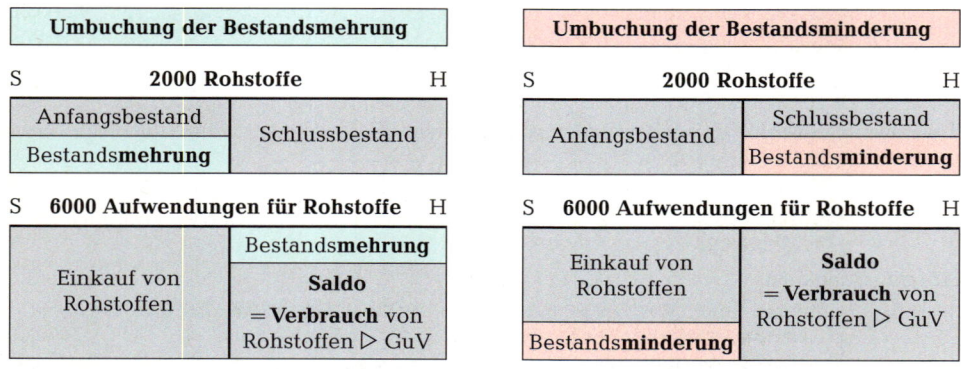

Nennen Sie den Buchungssatz.   *Nennen Sie den Buchungssatz.*

Beispiel 1: **Bestandsmehrung.** Zu Beginn des Geschäftsjahres beträgt der Lagerbestand an Rohstoffen 50.000,00 €. Während des Geschäftsjahres wurden Rohstoffe im Nettowert von 200.000,00 € eingekauft. Zum Schluss des Geschäftsjahres beträgt der Bestand an Rohstoffen lt. Inventur 70.000,00 €.

❶ **Buchung des Anfangsbestandes an Rohstoffen:**

2000 Rohstoffe .... an 8000 Eröffnungsbilanzkonto 50.000,00

❷ **Buchung des Rohstoffeinkaufs direkt als Aufwand:**

6000 Aufwendungen f. Rohstoffe 200.000,00
2600 Vorsteuer 38.000,00
      an 4400 Verbindlichkeiten a. LL 238.000,00

❸ **Buchung des Schlussbestandes an Rohstoffen:**

8010 Schlussbilanzkonto an 2000 Rohstoffe 70.000,00

❹ **Umbuchung der Bestandsveränderung (Mehrbestand):**

2000 Rohstoffe .... an 6000 Aufwendungen f. Rohstoffe 20.000,00

❺ **Abschluss des Kontos „6000 Aufwendungen für Rohstoffe":**

8020 GuV-Konto .... an 6000 Aufwendungen f. Rohstoffe 180.000,00

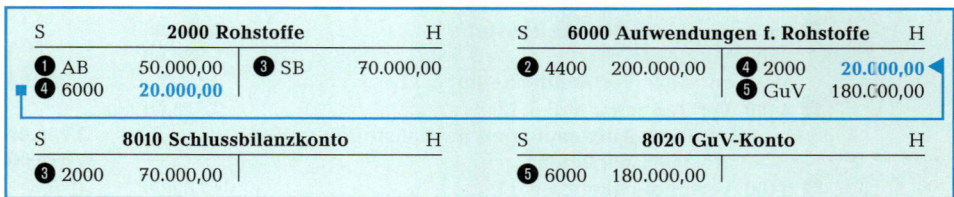

Beispiel 2: **Bestandsminderung.** Die Angaben des 1. Beispiels werden bis auf den Schlussbestand an Rohstoffen, der jetzt 10.000,00 € betragen soll, übernommen.

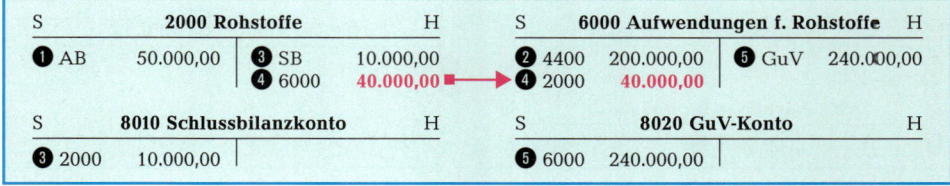

Nennen Sie selbst jeweils den Buchungssatz für die Erfassung des Schlussbestandes an Rohstoffen ❸, die Umbuchung des Minderbestandes an Rohstoffen ❹ sowie den Abschluss des Kontos „6000 Aufwendungen für Rohstoffe" ❺.

Merke: Werden die Werkstoffeinkäufe direkt als Aufwand erfasst, ergibt sich der tatsächliche Werkstoffverbrauch auf den Aufwandskonten der Kontengruppe 60 erst nach Berücksichtigung der Bestandsveränderungen der Kontengruppe 20.

Wert der Werkstoffeinkäufe	Wert der Werkstoffeinkäufe
− Mehrbestand an Werkstoffen	+ Minderbestand an Werkstoffen
= Werkstoffverbrauch	= Werkstoffverbrauch

Unterkonten der Werkstoffaufwandskonten. Werden Werkstoffeinkäufe direkt als Aufwand in der Kontengruppe 60 gebucht, sind auch **Bezugskosten und Lieferernachlässe in der Kontengruppe 60 auf entsprechenden Unterkonten** zu erfassen[1]:

6000 Aufwendungen für Rohstoffe	**6010 Aufw. für Vorprodukte/Fremdbauteile**
6001 Bezugskosten für Rohstoffe 6002 Nachlässe für Rohstoffe	6011 Bezugskosten für Vorprod./Fremdbauteile 6012 Nachlässe für Vorprod./Fremdbauteile
6020 Aufwendungen für Hilfsstoffe	**6030 Aufwendungen für Betriebsstoffe**
6021 Bezugskosten für Hilfsstoffe 6022 Nachlässe für Hilfsstoffe	6031 Bezugskosten für Betriebsstoffe 6032 Nachlässe für Betriebsstoffe

Merke: **Werkstoffrücksendungen an die Lieferer sind direkt auf der Habenseite des entsprechenden Aufwandskontos der Kontengruppe 60 zu buchen.**

Beispiel: Auf den Konten 2600, 4400, 6000, 6001 und 6002 sind zu buchen:
1. Rohstoffeinkauf auf Ziel: 50.000,00 € + 19 % USt
2. Eingang der Speditionsrechnung: 2.000,00 € + 19 % USt
3. Wir schicken beschädigte Rohstoffe zurück: 3.000,00 € netto + 19 % USt
4. Nachträglicher Preisnachlass des Lieferers (Fall 1): 4.760,00 € brutto

Buchungen: ❶ 6000 Aufwendungen für Rohstoffe 50.000,00
             2600 Vorsteuer 9.500,00
             an **4400** Verbindlichkeiten a. LL 59.500,00
    ❷ 6001 Bezugskosten für Rohstoffe 2.000,00
             2600 Vorsteuer 380,00
             an **4400** Verbindlichkeiten a. LL 2.380,00
    ❸ 4400 Verbindlichkeiten a. LL 3.570,00
             an **6000** Aufwendungen für Rohstoffe 3.000,00
             an **2600** Vorsteuer 570,00
    ❹ 4400 Verbindlichkeiten a. LL 4.760,00
             an **6002** Nachlässe für Rohstoffe 4.000,00
             an **2600** Vorsteuer 760,00

S	6000 Aufwendungen für Rohstoffe	H		S	2600 Vorsteuer	H
❶ ❺	50.000,00 2.000,00	❸ 3.000,00 ❻ 4.000,00		❶ ❷	9.500,00 380,00	❸ 570,00 ❹ 760,00

S	6001 Bezugskosten für Rohstoffe	H		S	4400 Verbindlichkeiten a. LL	H
❷	2.000,00	❺ 2.000,00		❸ ❹	3.570,00 4.760,00	❶ 59.500,00 ❷ 2.380,00

S	6002 Nachlässe für Rohstoffe	H
❻	4.000,00	❹ 4.000,00

1. Nennen Sie die Buchungssätze für die Umbuchung der Bezugskosten ❺ und Nachlässe ❻.
2. Wie hoch ist der Rohstoffverbrauch auf dem Konto 6000, wenn sich auf dem Konto „2000 Rohstoffe" a) ein Mehrbestand von 10.000,00 €, b) ein Minderbestand von 30.000,00 € ergibt?

Soll	**6000 Aufwendungen für Rohstoffe**	Haben
Einkauf von Rohstoffen	Rücksendungen an Lieferer	
	Nachlässe von Lieferern	
Bezugskosten für Rohstoffe	Mehrbestand an Rohstoffen	
Minderbestand an Rohstoffen	**Saldo = Verbrauch an Rohstoffen** ▷ **GuV**	

1 **Handelswareneinkäufe** werden in der gleichen Weise **direkt in der Kontengruppe 60** gebucht.

Aufgaben

Die Metall GmbH erfasst die Werkstoffeinkäufe aufwandsorientiert.

Buchen Sie die folgenden Geschäftsfälle, bilden Sie die Buchungssätze und schließen Sie die Konten 2000, 6000, 6001 und 6002 ab. Wie hoch ist der Rohstoffverbrauch?

114

Auszug aus der Saldenbilanz der Metall GmbH	Soll	Haben
2000 Rohstoffe	150.000,00	–
2600 Vorsteuer	10.000,00	–
4400 Verbindlichkeiten a. LL	–	160.000,00
6000 Aufwendungen für Rohstoffe	280.000,00	–
6001 Bezugskosten für Rohstoffe	7.000,00	–
6002 Nachlässe für Rohstoffe	–	12.000,00

Geschäftsfälle

1. Zieleinkauf von Rohstoffen lt. ER 34: 60.000,00 € netto + 11.400,00 € USt 71.400,00
2. Bezugskosten hierauf lt. ER 35: 3.000,00 € netto + 570,00 € USt 3.570,00
3. Preisnachlass des Rohstofflieferers wegen Mängelrüge, brutto 5.950,00
4. Rücksendung beschädigter Rohstoffe an den Lieferer, netto 1.500,00
5. Schlussbestand an Rohstoffen lt. Inventur 180.000,00

115

Auszug aus der Saldenbilanz der Fertigbau GmbH	Soll	Haben
2000 Rohstoffe	450.000,00	–
2010 Vorprodukte/Fremdbauteile	80.000,00	–
2600 Vorsteuer	25.000,00	–
4400 Verbindlichkeiten a. LL	–	120.000,00
6000 Aufwendungen für Rohstoffe	320.000,00	–
6001 Bezugskosten für Rohstoffe	15.000,00	–
6002 Nachlässe für Rohstoffe	–	12.000,00
6010 Aufwendungen für Vorprodukte/Fremdbauteile	95.000,00	–
6011 Bezugskosten für Vorprodukte/Fremdbauteile	4.000,00	–
6012 Nachlässe für Vorprodukte/Fremdbauteile	–	5.000,00
Abschlusskonten: 8010 und 8020		

Schlussbestände lt. Inventur

Rohstoffe 150.000,00 €; Vorprodukte/Fremdbauteile 100.000,00 €

1. Buchen Sie noch folgende Geschäftsfälle:
   a) Einkauf von Vorprodukten/Fremdbauteilen lt. ER 456: 25.000,00 € + USt
   b) Nachträglicher Preisnachlass des Lieferers auf ER 456: 10 %
   c) Rücksendungen beanstandeter Rohstoffe an den Lieferer: 5.000,00 € netto

2. Welche betriebswirtschaftlichen Vorteile hat die aufwandsorientierte Anlieferung der Werkstoffe („just in time")?

3. a) Werkstoffverbrauch = Werkstoffeinkauf ? Mehrbestand an Werkstoffen
   b) Werkstoffverbrauch = Werkstoffeinkauf ? Minderbestand an Werkstoffen

In einem Geschäftsjahr beträgt der Rohstoffverbrauch 600.000,00 €.

116

Ermitteln Sie den Rohstoffeinkauf, wenn zum 31. Dezember 1. ein Mehrbestand an Rohstoffen in Höhe von 150.000,00 € und 2. ein Minderbestand an Rohstoffen über 100.000,00 € vorliegen.

117

Nennen Sie jeweils die Auswirkung auf den Rohstofflagerschlussbestand:

1. Einkaufsmenge = Verbrauchsmenge
2. Einkaufsmenge > Verbrauchsmenge
3. Einkaufsmenge < Verbrauchsmenge

118

Für die **Erfassung der Werkstoffeinkäufe** gibt es **zwei Methoden:**

1. **Bestandskontenmethode:** Buchung auf Bestandskonten der Klasse 2
2. **Aufwandskontenmethode:** Buchung auf Aufwandskonten der Klasse 6

Kontenplan für die **Bestandsmethode:**   2000, 2001, 2002, 2010, 2011, 2012.
Kontenplan für die **Aufwandsmethode:**   6000, 6001, 6002, 6010, 6011, 6012.

Nennen Sie jeweils den Buchungssatz nach beiden Methoden.

1. ER 465 über Rohstoffe	20.000,00	
+ Umsatzsteuer	3.800,00	23.800,00
2. Barzahlung der Fracht für Fall 1	800,00	
+ Umsatzsteuer	152,00	952,00
3. Rücksendung von Rohstoffen	700,00	
+ Umsatzsteuer	133,00	833,00
4. Lieferer gewährt uns Preisnachlass für Rohstoffe	600,00	
+ Umsatzsteuer	114,00	714,00
5. ER 467 für Vorprodukte/Fremdbauteile	60.000,00	
+ Umsatzsteuer	11.400,00	71.400,00
6. Barzahlung von Hausfracht für ER 467	200,00	
+ Umsatzsteuer	38,00	238,00
7. Rücksendung von Vorprodukten/Fremdbauteilen	1.500,00	
+ Umsatzsteuer	285,00	1.785,00
8. Lieferer gewährt uns Nachlass für Vorprodukte/Fremdbauteile ...	300,00	
+ Umsatzsteuer	57,00	357,00

119

Buchen Sie die Geschäftsfälle nach der a) Bestands- und b) Aufwandsmethode.

Anfangsbestände

2000 Rohstoffe	200.000,00	2800 Bankguthaben	45.000,00
2010 Vorprod./Fremdbauteile ...	130.000,00	3000 Eigenkapital	360.000,00
2400 Forderungen a. LL	25.000,00	4400 Verbindlichk. a.LL	40.000,00

Kontenplan

2000, 2010, 2400, 2600, 2800, 3000, 4400, 4800, 5000, 6000, 6010, 8000, 8010, 8020.

Zusatzkonten für **Bestands**methode: 2001, 2002, 2012.
für **Aufwands**methode: 6001, 6002, 6012.

Geschäftsfälle

1. ER 720 über Rohstoffe	20.000,00	
+ Umsatzsteuer	3.800,00	23.800,00
2. Banküberweisung für Eingangsfracht (Fall 1)	500,00	
+ Umsatzsteuer	95,00	595,00
3. Lieferer gewährt uns aufgrund unserer Mängelrüge		
Preisnachlass für Rohstoffe	600,00	
für Vorprodukte/Fremdbauteile	700,00	
+ Umsatzsteuer	247,00	1.547,00
4. ER 721 über Vorprodukte/Fremdbauteile	15.000,00	
+ Umsatzsteuer	2.850,00	17.850,00
5. Rücksendung von Vorprodukten/Fremdbauteilen	800,00	
+ Umsatzsteuer	152,00	952,00
6. AR 508 für eigene Erzeugnisse	65.000,00	
+ Umsatzsteuer	12.350,00	77.350,00

Inventurbestände

Rohstoffe 180.000,00 €; Vorprodukte/Fremdbauteile 140.000,00 €.

4 Buchungen im Sachanlagenbereich

4.1 Anlagenbuchhaltung (Anlagenkartei)

Zum Anlagevermögen eines Unternehmens zählen alle Vermögensgegenstände, die nach § 247 (2) HGB dazu bestimmt sind, dem Geschäftsbetrieb **dauernd** bzw. langfristig zu dienen. Es gliedert sich nach § 266 (2) HGB in **drei Hauptgruppen[1]:**

Immaterielle Vermögensgegenstände	Sachanlagen	Finanzanlagen
• Konzessionen • Lizenzen • gekaufter Geschäfts- oder Firmenwert	• Grundstücke und Bauten • Technische Anlagen und Maschinen • Andere Anlagen/Betriebs- u. Geschäftsausstattung	• Beteiligungen • Wertpapiere des Anlagevermögens • sonstige Ausleihungen

Zweck der Anlagenbuchhaltung. Die **Anlagekonten des Hauptbuches** werden **als Sammelkonten geführt.** Sie enthalten z. B. die **Anlagegruppen:** Grundstücke, Gebäude, Technische Anlagen und Maschinen, Fuhrpark, Betriebs- und Geschäftsausstattung u.a. Diese **Anlagegruppen setzen sich aus zahlreichen Einzelgegenständen und -werten zusammen.** Um bei der Vielfalt der Anlagegegenstände die **Abschreibungen** im Rahmen der Inventur zum Bilanzstichtag richtig ermitteln zu können, ist eine **Anlagenbuchführung als Nebenbuchhaltung** erforderlich.

Anlagenkarte. Für jeden einzelnen Anlagegegenstand ist daher eine besondere Anlagenkarte zu führen, die auf der Vorderseite alle wichtigen Daten (vgl. Muster) ausweist. Die Rückseite enthält meist technische Angaben über den Anlagegegenstand.

Anlagenkartei. Alle Anlagenkarten bilden zusammen die Anlagenkartei, in der sie nach den Sachkonten der Klasse 0 entsprechend geordnet sind.

Muster einer Anlagenkarteikarte

Inventar-Nr.: 418	Bezeichnung der Anlage: Verpackungsautomat		Baujahr: . .		
Anlagen-Kto.: 0760	Kostenstelle: Vertrieb		Anschaffungsdatum: . . -01-08		
Lieferant: Schneider GmbH, München			Bestellnummer: 3 648 Garantie:　　2 Jahre		
Voraussichtl. Nutzungsdauer: 10 Jahre		Voraussichtlicher Schrottwert: –			
Anschaffungskosten: 98.000,00 €		Versicherungswert: 100.000,00 €			
Jahr	Abschreibungen (degressiv)[2]			Reparaturen	
	%satz	Betrag	Buchwert	Tag	Art	€
. . -12-31	20 %[2]	19.600,00	78.400,00			

> **Merke:** Die Anlagenkartei erläutert und ergänzt als Nebenbuchhaltung die einzelnen Anlagekonten des Hauptbuches. Sie lässt sich auch mithilfe der EDV führen.

---

1 Siehe auch **Bilanz gemäß § 266 HGB** auf **Seite 175** sowie **im Anhang** des Lehrbuches.
2 Siehe Fußnote auf Seite 155.

4.2 Anschaffung von Anlagegegenständen

Gegenstände des Anlagevermögens sind zum Zeitpunkt des Erwerbs mit ihren **Anschaffungskosten** auf dem entsprechenden Anlagekonto zu **aktivieren.** Nach § 255 (1) HGB setzen sie sich zusammen aus:

	Anschaffungspreis
+	Anschaffungsnebenkosten
−	Anschaffungskostenminderungen
	Anschaffungskosten

Der **Anschaffungspreis** ist der **Nettowert** des Anlagegutes. Die Vorsteuer zählt nicht zu den Anschaffungskosten, weil sie von der Umsatzsteuer abgesetzt wird.

Anschaffungsnebenkosten sind alle Ausgaben und Aufwendungen, die neben dem Kaufpreis des Anlagegutes **sofort oder nachträglich anfallen, um das Anlagegut zu erwerben und in einen betriebsbereiten Zustand zu versetzen,** wie z. B.

- **Kosten** der Überführung und Zulassung **beim Kauf eines Kraftfahrzeugs;** Transport-, Fundamentierungs- und Montagekosten **bei Maschinen** u. a.
- **Kosten** der Vermittlung und Beurkundung sowie die Grunderwerbsteuer als auch Vermessungskosten **beim Erwerb von Grundstücken und Gebäuden.**

Handels- und Steuerrecht schreiben die **Aktivierung der Nebenkosten** vor, um sie **über** die **Abschreibungen** als Aufwand **auf** die gesamte **Nutzungsdauer** des Anlagegutes zu **verteilen. Die Erfolgsrechnungen** der einzelnen Nutzungsjahre werden somit **gleichmäßig belastet,** Gewinnverschiebungen treten nicht ein (siehe auch S. 183).

Anschaffungskostenminderungen sind alle **Preisnachlässe,** die beim Erwerb des Anlagegutes **sofort oder nachträglich** gewährt werden, wie **Rabatte, Boni** und **Skonti.**

Beispiel: ❶ Kauf eines Verpackungsautomaten auf Ziel zum Nettopreis von 94.000,00 € zuzüglich Transport- und Montagekosten in Höhe von netto 6.000,00 €. Die Umsatzsteuer beträgt lt. Rechnungen 19.000,00 €.
❷ Rechnungsausgleich mit 2 % Skontoabzug durch Banküberweisung.

Ermittlung der Anschaffungskosten des Verpackungsautomaten:

	Anschaffungspreis	94.000,00 €
+	Anschaffungsnebenkosten	6.000,00 €
		100.000,00 €
−	Anschaffungskostenminderung: 2 % Skonto	2.000,00 €
=	**aktivierungspflichtige Anschaffungskosten**	**98.000,00 €**

❶ **Buchung bei Anschaffung des Verpackungsautomaten lt. Eingangsrechnung:**

0700 Technische Anlagen und Maschinen . .	100.000,00	
2600 Vorsteuer	19.000,00	
an **4400 Verbindlichkeiten a. LL**		119.000,00

❷ **Buchung beim Rechnungsausgleich:**

4400 Verbindlichkeiten a. LL	119.000,00	
an **0700 TA u. Maschinen** (Nettoskonto)		**2.000,00**
an **2600 Vorsteuer** (Steuerberichtigung)		380,00
an **2800 Bank**		116.620,00

Beachten Sie: Beim Erwerb von Anlagegütern ist der **Nettoskonto** auf der Habenseite des entsprechenden Anlagekontos **als Minderung der Anschaffungskosten** zu buchen.

S	0700 TA und Maschinen		H	S	4400 Verbindlichkeiten a. LL		H
❶	100.000,00	❷	**2.000,00**	❷	119.000,00	❶	119.000,00

S	2600 Vorsteuer		H	S	2800 Bank		H
❶	19.000,00	❷	380,00			❷	116.620,00

Bemessungsgrundlage für die Abschreibungen (Absetzung für Abnutzung: **AfA**) bilden die aktivierungspflichtigen **Anschaffungskosten** des Anlagegutes.

Merke:
- **Anlagegüter sind bei Erwerb mit den Anschaffungskosten zu bewerten.**
- **Finanzierungskosten gehören nicht zu den Anschaffungskosten.**
- **Nachlässe mindern die Anschaffungskosten des Anlagegutes und sind deshalb unmittelbar auf dem entsprechenden Anlagekonto zu buchen.**
- **Die Anschaffungskosten bilden die Bemessungsgrundlage für die AfA.**

Aufgaben

120

Kauf einer Sortieranlage zum Nettopreis von 50.000,00 € + USt; Transportkosten 2.500,00 € + USt; Montagekosten 4.500,00 € + USt.

1. *Ermitteln Sie die Anschaffungskosten des Anlagegutes.*
2. *Buchen Sie die vorstehenden Eingangsrechnungen auf den entsprechenden Konten.*

121

Auf den Nettopreis der Sortieranlage (Aufgabe 120) erhalten wir nachträglich wegen eines versteckten Mangels einen Nachlass von 10 %.

1. *Ermitteln Sie die aktivierungspflichtigen Anschaffungskosten.*
2. *Buchen Sie den Preisnachlass.*
3. *Buchen Sie die Zahlungen (Banküberweisung).*

122

Die „Fahrzeughandelsgesellschaft mbH" stellt uns für den Kauf eines Lastwagens in Rechnung (ER 1412): Nettopreis 84.650,00 €, Spezialaufbau 9.500,00 €, Sonderlackierung mit Werbeaufschrift 3.100,00 €, Anhängerkupplung 1.400,00 €, Überführungskosten 1.200,00 €, Zulassungskosten 150,00 €, zuzüglich Umsatzsteuer vom Gesamtbetrag.

Die Kraftfahrzeugsteuer über 400,00 € und die Haftpflichtversicherung mit 1.200,00 € werden von uns durch Banküberweisung bezahlt.
Die erste Tankfüllung wird bar bezahlt: 200,00 € netto + USt.

1. *Begründen Sie, welche und warum Anschaffungsnebenkosten zu aktivieren sind.*
2. *Ermitteln Sie die Anschaffungskosten des Lastwagens.*
3. *Buchen Sie die Geschäftsfälle auf den entsprechenden Konten.*

123

Die Eingangsrechnung (ER 1412) der Aufgabe 122 wird unter Abzug von 2 % Skonto von uns durch Banküberweisung beglichen.

1. *Ermitteln Sie die Anschaffungskosten und buchen Sie den Rechnungsausgleich.*
2. *Begründen Sie die Buchungsweise der Nachlässe beim Erwerb von Anlagegütern.*

124

Beim Kauf eines Betriebsgrundstückes zum Preis von 250.000,00 € fallen weitere Kosten an: 3,5 % Grunderwerbsteuer vom Kaufpreis, Vermessungskosten 3.800,00 € + USt, Maklergebühr 10.000,00 € + USt, Notariatskosten 2.600,00 € + USt, Kosten für die Eintragung in das Grundbuch des zuständigen Amtsgerichts 450,00 €. Für ein Entwässerungsgutachten wurden in Rechnung gestellt 1.500,00 € + USt. Für den Anschluss an den städtischen Kanal schickt uns die Tiefbaufirma eine Rechnung über 8.000,00 € + USt.

Für das laufende Quartal werden für das Grundstück an die Gemeinde überwiesen Grundsteuer 750,00 €, Kanalbenutzungsgebühren 480,00 €.

1. *Entscheiden Sie, welche Kosten aktivierungspflichtige Anschaffungsnebenkosten sind.*
2. *Ermitteln Sie die Anschaffungskosten des Grundstücks und buchen Sie entsprechend.*

4.3 Ausscheiden von Anlagegütern

Der Abgang von Anlagegütern durch Verkauf oder Entnahme stellt einen **steuerpflichtigen Umsatz** dar. Grundlage für die Berechnung der Umsatzsteuer ist im Falle des Verkaufs der **Nettoverkaufspreis,** im Falle der Entnahme der **Teilwert (§ 6 [1] EStG),** der dem **Tageswert** (Wiederbeschaffungswert) entspricht. Verkäufe und Entnahmen von Grundstücken und Gebäuden sind umsatzsteuerfrei, da der Erwerber hierfür bereits eine andere Verkehrsteuer, nämlich Grunderwerbsteuer (3,5 %), zu zahlen hat.

Erfolgsauswirkung. Der Buchwert des ausscheidenden Anlagegutes stimmt nur selten mit dem erzielten Nettoverkaufspreis oder mit dem Tageswert überein. In der Regel sind **Nettoverkaufspreis und Tageswert** entweder **höher oder niedriger als der Buchwert.** Im ersten Fall entsteht für das Unternehmen ein **Gewinn,** im zweiten Fall dagegen ein **Verlust.**

Ermittlung des Buchwertes. Anlagegüter scheiden in der Regel **während des Geschäftsjahres** aus. In diesem Fall ist die **Abschreibung noch zeitanteilig** vorzunehmen, und zwar **bis auf den vollen vorhergehenden Monat.** Nur so sind Buchwert und damit die Erfolgsauswirkung aus dem Anlagenabgang genau zu ermitteln.[1]

Beispiel: Eine Maschine, die zum 1. Januar eines Geschäftsjahres noch einen Buchwert von 24.000,00 € hat und jährlich mit 12.000,00 € linear abgeschrieben wird, soll am 7. August des gleichen Jahres verkauft werden.

Wie hoch ist der Buchwert der Maschine zum Zeitpunkt des Ausscheidens?

Buchwert der Maschine zum 1. Januar	24.000,00 €
− Abschreibung für 7 Monate (⁷⁄₁₂ von 12.000,00 €)	7.000,00 €
Buchwert zum 7. August	**17.000,00 €**

Buchung der zeitanteiligen Abschreibung:

6520 Abschreibungen auf Sachanlagen .... an **0700 TA und Maschinen** 7.000,00

S	0700 TA und Maschinen	H	S	6520 Abschreibungen auf Sachanlagen	H
1. Jan. 24.000,00	6520 7.000,00 ◄▬ 0700			7.000,00	
	Buchwert 17.000,00				

Merke: **Scheidet ein Anlagegut während des Geschäftsjahres durch Verkauf oder Entnahme aus, muss es noch zeitanteilig abgeschrieben werden.**

4.3.1 Verkauf von Anlagegütern

Umsatzsteuer- und EDV-gerechtes Buchen ist gegeben, wenn **umsatzsteuerpflichtige Erlöse sowie die unentgeltlichen Entnahmen** kontenmäßig **gesondert erfasst** und zugleich durch die EDV-Anlage gespeichert werden. Der Verkauf eines Anlagegutes ist deshalb über das Zwischenkonto

„5410 Erlöse aus Anlagenabgängen"

zu buchen. Da die **Erlöskonten in der EDV** meist mit der **Programmfunktion „Umsatzsteuerautomatik"** ausgestattet sind, wird die Umsatzsteuer nach Eingabe des Bruttobetrages automatisch errechnet und umgebucht sowie der Nettoerlös dem **Nettoumsatzspeicher** zugeführt. So lassen sich die **steuerpflichtigen Umsätze** schnell **überprüfen** (§ 22 UStG) und die **Umsatzsteuervoranmeldung automatisch** erstellen.

---

1 **Diese Regelung entspricht** auch der Gesetzgebung vom **29. Dezember 2003: § 7 EStG.**

Anlagenabgänge werden in der Praxis mit ihrem Restbuchwert über das Aufwands-konto **„6979 Anlagenabgänge"** gebucht und den **Erlösen aus Anlagenverkäufen** (Konto 5410) **im GuV-Konto „brutto" gegenübergestellt,** wodurch der **Gewinn oder Verlust aus Anlagenverkäufen** deutlich wird. Diese praxisgerechte Buchungsmethode nennt man **„Bruttoabschluss".** Sie entspricht § 246 (2) HGB (siehe Fußnote auf S. 134) und ermöglicht eine schnelle **USt-Verprobung.**

Beispiel:	Die o. g. Maschine, deren Buchwert zum Zeitpunkt des Ausscheidens aus dem Betrieb 17.000,00 € beträgt, wird gegen Bankscheck verkauft, und zwar für:

---

1. netto 17.000,00 € + 3.230,00 € USt = 20.230,00 € ➔ **Nettoverkaufspreis = Buchwert**

❶ **Buchung des Erlöses:**

2800 Bank 20.230,00	an	5410 Erlöse aus Anlagenabgängen .	17.000,00
	an	4800 Umsatzsteuer	3.230,00

❷ **Buchung des Buchwertabganges:**

6979 Anlagenabgänge	an	0700 TA und Maschinen	17.000,00

❸ **Abschluss der Konten 5410 und 6979 über 8020 GuV-Konto:**

5410 Erlöse aus Anlagenabgängen	an	8020 GuV-Konto	17.000,00
8020 GuV-Konto	an	6979 Anlagenabgänge	17.000,00

S	0700 TA und Maschinen		H	S	2800 Bank		H
1. Jan.	24.000,00	AfA	7.000,00	❶	20.230,00		
		❷	17.000,00				

S	6979 Anlagenabgänge		H	S	5410 Erlöse aus Anlagenabgängen		H
❷	17.000,00	❸ GuV	17.000,00	❸ GuV	17.000,00	❶	17.000,00

S	8020 GuV-Konto		H	S	4800 Umsatzsteuer		H
❸ 6979	17.000,00	❸ 5410	17.000,00			❶	3.230,00

Erläutern Sie die Zahlen des GuV-Kontos.

---

2. netto 22.000,00 € + 4.180,00 € USt = 26.180,00 € ➔ **Nettoverkaufspreis > Buchwert**

❶ **Buchung des Erlöses:**

2800 Bank 26.180,00	an	5410 Erlöse aus Anlagenabgängen .	22.000,00
	an	4800 Umsatzsteuer	4.180,00

❷ **Buchung des Buchwertabganges:**

6979 Anlagenabgänge	an	0700 TA und Maschinen	17.000,00

❸ **Abschluss der Konten 5410 und 6979:** *Nennen Sie die Buchungssätze.*

S	0700 TA und Maschinen		H	S	2800 Bank		H
1. Jan.	24.000,00	AfA	7.000,00	❶	26.180,00		
		❷	17.000,00				

S	6979 Anlagenabgänge		H	S	5410 Erlöse aus Anlagenabgängen		H
❷	17.000,00	❸ GuV	17.000,00	❸ GuV	22.000,00	❶	22.000,00

S	8020 GuV-Konto		H	S	4800 Umsatzsteuer		H
❸ 6979	17.000,00	❸ 5410	22.000,00			❶	4.180,00

Erläutern Sie den Gewinn bzw. Verlust aus dem Anlagenabgang.

3. netto 15.000,00 € + 2.850,00 € USt = 17.850,00 € ➜ Nettoverkaufspreis < Buchwert

Buchungen: ❶ 2800 Bank **17.850,00**

an 5410 Erlöse aus Anlagenabgängen **15.000,00**

an 4800 Umsatzsteuer **2.850,00**

❷ 6979 Anlagenabgänge **17.000,00**

an 0700 TA und Maschinen **17.000,00**

❸ Abschluss der Konten 5410 und 6979: *Nennen Sie die Buchungssätze.*

S	0700 TA und Maschinen		H	S	2800 Bank		H
1. Jan.	24.000,00	AfA ❷	7.000,00 17.000,00	❶	17.850,00		
S	6979 Anlagenabgänge		H	S	5410 Erlöse aus Anlagenabgängen		H
❷	17.000,00	❸ GuV	17.000,00	❸ GuV	15.000,00	❶	15.000,00
S	8020 GuV-Konto		H	S	4800 Umsatzsteuer		H
❸ 6979	17.000,00	❸ 5410	15.000,00			❶	2.850,00

Ermitteln Sie den Gewinn bzw. Verlust aus dem Anlagenabgang.

Nettomethode als ungeeignete Alternative zur praxisgerechten Bruttomethode[1]:
Die Erlöse sind zunächst wie oben bei der Bruttomethode zu buchen. Danach:
Fall 1: 5410 an 0700 … 17.000,00; **Fall 2:** 5410 … 22.000,00 an 0700 … 17.000,00 und 5460 … 5.000,00; **Fall 3:** 5410 … 15.000,00 und 6960 … 2.000,00 an 0700 … 17.000,00.

4.3.2   Entnahme von Anlagegütern

Unentgeltliche Entnahme. Wird ein Anlagegut in das Privatvermögen übernommen, handelt es sich um einen umsatzsteuerpflichtigen Tatbestand (siehe auch S. 67 f.). Die Entnahme ist zum **Tageswert (Teilwert)** anzusetzen und unterliegt mit diesem Wert der Umsatzsteuer. Zum Zwecke der **Umsatzsteuerverprobung** erfolgt die Buchung über Konto   **5420 Entnahme v. G. u. s. L.**

Beispiel:	Ein betriebseigener PKW wird am 10. Jan. privat entnommen. Der Buchwert beträgt 2.000,00 €, der Tageswert 3.000,00 €. 19 % USt von 3.000,00 € = 570,00 €.

Buchungen: ❶ 3001 Privatkonto **3.570,00**

an 5420 Entnahme v. G. u. s. L. **3.000,00**

an 4800 Umsatzsteuer **570,00**

❷ 6979 Anlagenabgänge **2.000,00**

an 0840 Fuhrpark **2.000,00**

❸ Abschluss der Konten 5420 und 6979: *Nennen Sie die Buchungssätze.*

S	0840 Fuhrpark		H	S	3001 Privatkonto		H
1. Jan.	2.000,00	❷	2.000,00	❶	3.570,00		
S	6979 Anlagenabgänge		H	S	5420 Entnahme v. G. u. s. L.		H
❷	2.000,00	❸ GuV	2.000,00	❸ GuV	3.000,00	❶	3.000,00
S	8020 GuV-Konto		H	S	4800 Umsatzsteuer		H
❸ 6979	2.000,00	❸ 5420	3.000,00			❶	570,00

Erläutern Sie das Ergebnis im GuV-Konto.

Merke:	**Bei Verkauf und Entnahme von Anlagegütern ist der steuerpflichtige Umsatz (Erlös, Entnahmewert) buchhalterisch gesondert zu erfassen (§ 22 [2] UStG).**

---

1 **Beachten Sie:** Nur die **Bruttomethode entspricht § 246 Abs. 2 HGB,** wonach Aufwendungen **nicht** mit Erträgen verrechnet werden dürfen.

Aufgaben

Ein LKW, der zum Zeitpunkt des Ausscheidens einen Buchwert von 20.000,00 € hat, wird gegen Bankscheck verkauft für | **125**

a) 20.000,00 € + USt,   b) 25.000,00 € + USt,   c) 18.000,00 € + USt.

1. *Ermitteln Sie die Erfolgsauswirkung in den Fällen a), b) und c).*
2. *Wie hoch ist der jeweils gesondert auszuweisende steuerpflichtige Umsatz?*
3. *Nennen Sie die Buchungssätze und buchen Sie auf den Konten 0840, 2800, 4800, 5410, 6979, 8020.*
4. *Inwiefern ist es vorteilhaft, den umsatzsteuerpflichtigen Erlös gesondert zu erfassen?*

Eine Maschine, Anschaffungskosten 300.000,00 €, Nutzungsdauer 10 Jahre, wurde linear abge- | **126**
schrieben. Sie wird am 8. Nov. des 9. Nutzungsjahres gegen Bankscheck verkauft, und zwar a) zum Buchwert + USt, b) 50 % über Buchwert + USt, c) 20 % unter Buchwert + USt.

1. *Ermitteln Sie die zeitanteilige Abschreibung und den Buchwert der Maschine zum Zeitpunkt ihres Ausscheidens aus dem Betriebsvermögen.*
2. *Buchen Sie die zeitanteilige Abschreibung.*
3. *Nennen Sie in den Fällen a), b) und c) jeweils die auszuweisenden steuerpflichtigen Erlöse.*
4. *Wie lauten die Buchungen in den Fällen a), b) und c)?*

Eine nicht mehr benötigte Maschine wird am 12. Oktober .. gegen Bankscheck verkauft. | **127**
Nettopreis 45.000,00 € + Umsatzsteuer.

Der Buchwert der Maschine betrug am 1. Januar des gleichen Jahres 48.000,00 €. Sie wurde linear mit jährlich 10 % = 24.000,00 € abgeschrieben.

1. *Wie hoch waren die Anschaffungskosten der Maschine?*
2. *Ermitteln Sie den Buchwert der Maschine. Buchen Sie die zeitanteilige Abschreibung.*
3. *Ermitteln Sie die Erfolgsauswirkung. Nennen Sie die Buchungen.*

Die in Aufgabe 127 genannte Maschine wird zunächst auf Ziel verkauft. Der Kunde überweist | **128**
allerdings noch innerhalb der Skontofrist den Rechnungsbetrag abzüglich 2 % Skonto.

Buchen Sie
1. *den Zielverkauf,*
2. *den Rechnungsausgleich und*
3. *die Erfolgsauswirkung.*

Der Geschäftsinhaber schenkt seinem Sohn einen PC, der zum Betriebsvermögen gehört und | **129**
zum Zeitpunkt der Entnahme mit 1,00 € zu Buch steht. Der Tageswert beträgt 300,00 €.

1. *Begründen Sie die Umsatzsteuerpflicht.*
2. *Erstellen Sie den Entnahmebeleg.*
3. *Nennen Sie die Buchungssätze. Buchen Sie auf den Konten 0860, 3001, 4800, 5420, 6979, 8020.*

Ein betriebseigener PKW wird am 10. Mai zum Tageswert in das Privatvermögen übernom- | **130**
men. Zum 1. Januar betrug der Buchwert 12.000,00 €. Jährliche AfA: 6.000,00 €.

1. *Ermitteln Sie rechnerisch und buchmäßig den Buchwert des PKWs zum 10. Mai.*
2. *Die Entnahme erfolgt zu folgenden Tageswerten:*
   a) *Buchwert = Tageswert,*   b) *15.000,00 €,*   c) *7.500,00 €.*
   Wie lauten die Buchungen?
3. *Nennen Sie die verschiedenen Arten der umsatzsteuerpflichtigen Entnahmen.*

1. *Begründen Sie, warum das Umsatzsteuergesetz (§ 22 Abs. 2 UStG) buchhalterisch den vollen* | **131**
   Ausweis sowohl der steuerpflichtigen Umsätze als auch der Entnahmen verlangt.
2. *Zu welchem Wert sind Entnahmen von Vermögensgegenständen aus dem Betriebsvermögen anzusetzen?*
3. *Erläutern Sie am Beispiel eines Anlagenverkaufs den Begriff „Stille Reserve".*

5 Steuern des Unternehmens und des Unternehmers

Die buchhalterische Behandlung der Steuern richtet sich vor allem danach, ob das **Unternehmen oder** der **Unternehmer** persönlich durch die betreffende Steuerart belastet wird. Man unterscheidet deshalb zwischen:

	Konten
▶ **Aufwandsteuern,** die den **Gewinn** des Unternehmens **mindern,** da sie steuerlich als **Betriebsausgabe** absetzbar sind. Dazu zählen vor allem:	
— die **Gewerbesteuer,** die vom **Gewerbeertrag** berechnet wird, — die **Grundsteuer** für bebaute und unbebaute Grundstücke, — die **Kraftfahrzeugsteuer** für alle Kraftfahrzeuge, die zum Betriebsvermögen gehören;	**7700 Gewerbesteuer** **7020 Grundsteuer** **7030 Kfz-Steuer**
▶ **Personensteuern,** die **keine Betriebsausgabe** darstellen und somit den **steuerpflichtigen** Gewinn **nicht** mindern dürfen. Sie werden in der Regel vom Gewinn und Vermögen berechnet und sind vom Unternehmer **persönlich** zu tragen, und zwar	
— bei **Einzelunternehmen** (e.K. usw.) **und Personengesellschaften** (OHG, KG) als **Privatsteuern: Einkommensteuer, Kirchensteuer, Erbschaftsteuer** u. a.	**3001 Privatkonto**
— bei **Kapitalgesellschaften** (GmbH, AG): **Körperschaftsteuer, Kapitalertragsteuer.** Da es bei Kapitalgesellschaften kein Privatkonto gibt, müssen die genannten Steuerarten zunächst auf Aufwandskonten erfasst werden. **Bei der Ermittlung des steuerpflichtigen Gewinns** sind sie dann aber dem im GuV-Konto ausgewiesenen Gewinn **wieder hinzuzurechnen.**	**7710 Körperschaftsteuer** **7720 Kapitalertragsteuer**
▶ **Aktivierungspflichtige Steuern und Abgaben,** die als **Anschaffungsnebenkosten** dem Anschaffungs**preis** hinzuzurechnen sind und deshalb auf dem entsprechenden Aktivkonto zu buchen (aktivieren) sind. Dazu zählen	
— die **Grunderwerbsteuer** (3,5 % vom Kaufpreis), die beim Erwerb von Grundstücken und Gebäuden zu entrichten ist, und — **Zölle** bei der Einfuhr von Gütern aus Nicht-EU-Staaten.	**0500–0590 Grundstücke, Gebäude** **Diverse Aktivkonten**
▶ **Steuern als durchlaufende Posten,** die das Unternehmen aufgrund gesetzlicher Vorschriften einziehen bzw. einbehalten und an das Finanzamt abführen muss: **Umsatzsteuer, Lohn- und Kirchensteuer sowie SolZ** der Arbeitnehmer.	**2600 Vorsteuer** **4800 Umsatzsteuer** **4830 Sonstige FB-Verbindlichkeiten**

Merke:
- Nur Aufwandsteuern mindern den Gewinn des Unternehmens.
- Nachzahlungen und Erstattungen von Aufwandsteuern sind als periodenfremder Aufwand (Kto. 6990) bzw. periodenfremder Ertrag (Kto. 5490) zu buchen.
- Steuerberatungskosten für Betriebsteuern werden grundsätzlich auf dem Konto „6770 Rechts- und Beratungskosten" erfasst, für Privatsteuern auf dem Konto „3001 Privat".
- Säumnis- und Verspätungszuschläge für Aufwandsteuern werden auf dem Konto „7590 Sonstige zinsähnliche Aufwendungen", für private Steuern auf dem Privatkonto gebucht.
- Steuerstrafen sind als Privatentnahme zu behandeln.

Aufgaben

132

Bilden Sie die Buchungssätze für folgende Zahlungen (Bank):

1. Einbehaltene Lohn- und Kirchensteuer sowie SolZ 20.000,00
2. Einkommensteuer, KiSt, SolZ .. 22.000,00
3. Grunderwerbsteuer (Betrieb) .. 14.000,00
4. Grundsteuer (Betrieb) 8.000,00
5. Nachzahlung von Personensteuern 12.000,00
6. Rechnung des Steuerberaters: Erstellen der Steuerbilanz[1] .... 20.700,00 Einkommensteuererklärung[1] .. 2.300,00
7. Zinsen für nicht fristgerechte Zahlung der Grundsteuer 100,00

8. Betriebsprüfung: Nachzahlung von Gewerbesteuer 12.000,00
9. Umsatzsteuervorauszahlung .. 29.800,00
10. Mineralölsteuer 6.000,00
11. Gewerbesteuer 4.000,00
12. Erbschaftsteuer des Inhabers . 5.000,00
13. Kfz-Steuer (Betrieb) .... 3.600,00 (privat) 500,00
14. Schenkungsteuer (Inhaber) .. 2.500,00
15. Erstattung von Gewerbesteuer 6.000,00 Vorsteuerguthaben .... 8.000,00 Einkommensteuer 9.000,00

133

Buchen Sie zum 31. Dezember	Soll	Haben
2600 Vorsteuer	243.500,00	1.600,00
4800 Umsatzsteuer	1.300,00	202.800,00

134

Die Instandhaltungsaufwendungen des Geschäftsjahres betragen insgesamt 78.000,00 €. 1,5 % davon entfallen auf Reparaturen im Privathaus des Inhabers.

Erstellen Sie den Buchungsbeleg. Begründen Sie Ihre Buchung zum 31. Dezember.

135

1. Buchen Sie den Eingang der Honorarrechnung des Steuerberaters für:

a) Erstellen der Einkommensteuererklärung 1.600,00
+ Umsatzsteuer 304,00   1.904,00

b) Erstellen der Gewerbesteuererklärung 800,00

c) Erstellen der Steuerbilanz (Jahresabschluss) 2.600,00   3.400,00
+ Umsatzsteuer 646,00

5.950,00

2. Buchen Sie den Rechnungsausgleich (Fall 1) durch Banküberweisung.

136

Bilden Sie die Buchungssätze:

1. Die Erbschaftsteuer des Geschäftsinhabers in Höhe von 4.800,00 € wurde wie folgt gebucht: 7090 Sonstige betriebliche Steuern an 2800 Bank.
2. Der Buchhalter hat die Einkommensteuervorauszahlung des Geschäftsinhabers über das Konto 7090 gebucht: 12.800,00 €.
3. Aufgrund einer Betriebsprüfung müssen für die letzten 3 Geschäftsjahre nachgezahlt werden (Banküberweisung):
a) Einkommensteuer 12.800,00 €,
b) Gewerbesteuer 16.448,00 €.

137

1. Geschäftsinhaber zahlt Säumniszuschläge für
a) Einkommensteuer und
b) Grundsteuer (Banküberweisung).

2. Geschäftsinhaber zahlt durch Bank Steuerstrafe: 5.000,00 €.

3. Bankgutschrift für Gewerbesteuerrückerstattung des Vorjahres: 2.500,00 €.

4. *Nennen Sie Beispiele für a) aktivierungspflichtige Steuern, b) Betriebssteuern, c) Personensteuern, d) Durchlaufsteuern. Welche sind a) erfolgswirksam, b) erfolgsneutral?*

5. *Welche Umsätze unterliegen gemäß § 1 UStG der Umsatzsteuer? Welche Voraussetzungen müssen nach § 1 UStG erfüllt sein, damit Lieferungen und sonstige Leistungen steuerbar sind?*

6. *Welche Besteuerungsgrundlage ist für die Ermittlung der Gewerbesteuer maßgebend?*

---

1 Nettobetrag

138 Anfangsbestände

0500 Unbeb. Grundstücke	150.000,00	2650 Forderungen an Mitarbeiter	15.000,00
0530 Betriebsgebäude	510.000,00	2800 Bankguthaben	205.000,00
0700 TA u. Maschinen	78.000,00	3000 Eigenkapital	900.000,00
0800 Andere Anlagen/BGA	95.000,00	4250 Darlehensschulden	410.000,00
2000 Rohstoffe	265.000,00	4400 Verbindlichkeiten a. LL	150.000,00
2100 Unfertige Erzeugnisse	40.000,00	4800 Umsatzsteuer	4.300,00
2200 Fertige Erzeugnisse	10.000,00	4830 FB-Verbindlichkeiten	1.700,00
2400 Forderungen a. LL	98.000,00		

Kontenplan

0500, 0530, 0700, 0800, 2000, 2100, 2200, 2400, 2600, 2640, 2650, 2800, 3000, 3001, 4250, 4400, 4800, 4830, 5000, 5200, 5420, 5710, 6000, 6300, 6400, 6520, 6700, 6770, 7020, 7030, 7510, 7700, 8000, 8010, 8020.

Geschäftsfälle

1. Banküberweisung der Lohn-/Kirchensteuer einschl. SolZ 1.700,00
   Umsatzsteuer-Zahllast 4.300,00   6.000,00
2. Banküberweisung der Lagerhallenmiete 6.500,00
3. Rohstoffeinkäufe auf Ziel lt. ER 44–67 .... 50.000,00
   + Umsatzsteuer 9.500,00
4. SV-Bankeinzug durch gesetzliche Krankenkasse 7.520,00
5. Banküberweisung der Gehälter lt. Gehaltsliste:

Brutto-gehälter	LSt/SolZ/KiSt	Sozial-versicherung	Verrechnete Vorschüsse	Netto-auszahlung	Arbeitgeber-anteil
15.800,00	3.100,00	3.850,00	1.500,00	7.350,00	3.670,00

6. Banküberweisung der Gewerbesteuer 8.300,00
   Grundsteuer 1.800,00   10.100,00
7. Ein Angestellter erhält einen Vorschuss durch Bankscheck 2.500,00
8. Banküberweisung der Einkommensteuer 22.500,00
   Erbschaftsteuer 1.500,00
   Kraftfahrzeugsteuer 2.400,00   26.400,00
9. Verkäufe von eigenen Erzeugnissen auf Ziel lt. AR 56–98 .... 170.800,00
   + Umsatzsteuer 32.452,00
10. Banküberweisung an Steuerberater für Erstellung
    der Umsatz- und Gewerbesteuererklärung 8.000,00
    + Umsatzsteuer 1.520,00   9.520,00
11. Bank belastet uns mit Darlehenszinsen 12.800,00
12. Entnahme von Erzeugnissen für Privatzwecke, netto 1.500,00
13. Belastung eines Kunden mit Verzugszinsen 85,00
14. Unsere Banküberweisung für Wohnungsmiete des Inhabers 1.500,00
15. Kauf eines unbebauten Grundstücks gegen Bankscheck 50.000,00
16. Banküberweisung der Grunderwerbsteuer (Fall 15) .... ?
17. Banküberweisung für Einkommensteuererklärung 5.950,00

Abschlussangaben

1. Abschreibungen auf 0530: 2.400,00; auf 0700: 4.800,00; auf 0800: 3.200,00.
2. Rohstoffschlussbestand lt. Inventur 240.000,00
3. Inventurbestände:
   Unfertige Erzeugnisse: 5.000,00; Fertige Erzeugnisse: 50.000,00.

C Jahresabschluss

1 Abgleich zwischen Soll- und Istbeständen (Inventurdifferenzen)

Glieder des Jahresabschlusses. Zum Schluss eines jeden Geschäftsjahres ist der Jahresabschluss zu erstellen, der bei **Einzelunternehmen** (e. K.) **und Personengesellschaften** (OHG, KG) aus der **Jahresbilanz und Gewinn- und Verlustrechnung** besteht (§ 242 (3) HGB). Bei **Kapitalgesellschaften** (AG, GmbH) werden Bilanz und Gewinn- und Verlustrechnung, für die hierbei strenge Gliederungsvorschriften bestehen (s. S. 173 f.), um einen **Anhang** (Erläuterungsbericht) und einen besonderen **Lagebericht** ergänzt.

Wichtigstes Ziel des Jahresabschlusses ist es, die Unternehmenseigner und ggf. Behörden, Gläubiger, Wirtschaftsjournalisten u. a. **über die tatsächliche Vermögens-, Finanz- und Ertragslage zu informieren.** Darüber hinaus dient der Jahresabschluss, der in der Regel in den ersten drei Monaten des folgenden Geschäftsjahres aufzustellen ist, insbesondere als **Grundlage der Gewinnverwendung** und **Steuerermittlung.**

Die Inventur der Vermögensteile und Schulden ist die **wichtigste Voraussetzung** für die Erstellung eines ordnungsmäßigen Jahresabschlusses (s. S. 9 f.). Sie muss gründlich mithilfe von Sach-, Arbeits- und Terminplänen vorbereitet werden und dient vor allem dem **Abgleich** zwischen den **Sollbeständen der Finanzbuchhaltung** und den **Istbeständen der körperlichen und buchmäßigen Inventur,** um Inventurdifferenzen und deren Ursachen in den Bestandskonten festzustellen:

- **Buchungsfehler** (falsche Konten und Beträge, ausgelassene Buchungen, Doppelbuchungen u. a.)
- **Nicht erfasste Mengenänderungen in den Werkstoff- und Erzeugnisbeständen** durch Schwund, Diebstahl, nicht gebuchte Lieferungs- und Entnahmebelege u. a.
- **Nicht erfasste Wertminderungen:** Abschreibungen von Anlagen und Forderungen, Nichtbeachtung des Niederstwertprinzips bei Lagervorräten und des Höchstwertprinzips bei Währungsverbindlichkeiten[1].

Inventurdifferenzen, die sich in den Bestandskonten **nach Buchung des Inventurschlussbestandes** ergeben, **bedingen** entsprechende **Berichtigungsbuchungen. Buchungsfehler** werden u. a. durch Rückbuchung (Stornierung), Neu-, Nach- oder Umbuchung korrigiert. **Mengen- und Wertminderungen** sind auf den betreffenden Aufwands- und Bestandskonten zu erfassen. So sind Werkstoffminderungen im jeweiligen Werkstoffaufwands- und Werkstoffbestandskonto zu buchen. Nach der Berichtigungsbuchungen entsprechen die Bestandskonten der Inventur.

Beispiel 1: Eine Betriebsstoffrechnung über 12.000,00 € netto + 2.280,00 € USt = 14.280,00 € wurde lt. Abgleichprotokoll bestandsorientiert irrtümlich auf dem Konto „2000 Rohstoffe" gebucht.

❶ **Buchung bei Rechnungseingang:**

2000 Rohstoffe 12.000,00		
2600 Vorsteuer 2.280,00	an 4400 Verbindlichkeiten a. LL	14.280,00

❷ **Stornierung:**

4400 Verbindlichk. a. LL .. 14.280,00	an 2000 Rohstoffe	12.000,00
	an 2600 Vorsteuer	2.280,00

---

1 **Zum Bilanzstichtag** ist das **Vorratsvermögen** zum **niedrigsten** Tageswert anzusetzen (Niederstwertprinzip). Die **Schulden** sind mit ihrem **höchsten** Wert auszuweisen (Höchstwertprinzip). Siehe auch S. 182 f.

❸ **Vollständige Neubuchung:**
   2030 Betriebsstoffe 12.000,00
   2600 Vorsteuer .... 2.280,00   an   4400 Verbindlichkeiten a. LL   14.280,00

❹ **Stornierung durch einfache Umbuchung:**
   2030 Betriebsstoffe ...... 12.000,00   an   2000 Rohstoffe 12.000,00

Beispiel 2: Das Kassenkonto der Papierwerke GmbH weist zum 31. Dez. im Soll eine Summe von 5.850,00 € und im Haben 4.400,00 € aus. Der **Sollbestand** beträgt somit **1.450,00 €**. Das Kassenprotokoll weist das Ergebnis der körperlichen Inventur des Kassenkontos aus: **1.250,00 € Istbestand. Nach Buchung des Inventurschlussbestandes** ergibt sich im Kassenkonto ein **Fehlbetrag von 200,00 €,** der lt. Nachprüfung auf eine **nicht gebuchte Privatentnahme** zurückzuführen ist.

❶ **Buchung des Inventurbestandes:**
   8010 Schlussbilanzkonto   an   2880 Kasse 1.250,00

❷ **Berichtigungsbuchung:**
   3001 Privatkonto .... an   2880 Kasse   200,00

S	2880 Kasse		H	S	8010 Schlussbilanzkonto	H
...	5.850,00	...	4.400,00	❶ 2880	1.250,00	
		❶ 8010	1.250,00			
		❷ 3001	200,00	S	3001 Privatkonto	H
				❷ 2880	200,00	

Merke:
- **Der Jahresabschluss bedarf einer sorgfältigen Planung und Organisation und sollte in der Regel in den ersten drei Monaten des Folgejahres erstellt werden.**
- **Der Abgleich der Sollbestände der Finanzbuchhaltung mit den Istbeständen der Inventur führt u. U. zu Berichtigungsbuchungen auf den entsprechenden Bestands- und Erfolgskonten.**

Aufgabe

139

1. Das Kassenkonto weist zum 31. Dez. im Soll 22.850,00 € und im Haben 22.560,00 € aus. Die Inventur ergab einen Istbestand von a) 232,00 € und b) 406,00 €. *Richten Sie für die Fälle a) und b) jeweils die Konten 2880, 8010, 5430 bzw. 6960 ein. Buchen Sie zuerst den Schlussbestand lt. Inventur für die Fälle a) und b) und ermitteln und buchen Sie danach jeweils die Abweichung. Die Abweichungsursachen konnten nicht geklärt werden. Buchen Sie auf Konten und nennen Sie alle Buchungssätze.*

2. Das Konto 2000 Rohstoffe weist zum 31. Dez. im Soll 400.000,00 € und im Haben 350.000,00 € aus. Die Inventur ergab einen Istbestand von a) 35.000,00 € und b) 60.000,00 €. *Richten Sie für a) die Konten 2000, 6000 und 8010 ein und für b) zusätzlich 2020. Die Abweichung bei a) ist auf einen nicht gebuchten Materialentnahmeschein zurückzuführen. Im Fall b) handelt es sich um eine irrtümlich auf dem Konto 2020 gebuchte Rohstofflieferung (bestandsrechnerisches Verfahren). Nennen Sie die Buchungssätze und buchen Sie auf Konten.*

3. *Nennen Sie mögliche Ursachen für a) Kassendifferenzen und b) Abweichungen in Lagerbeständen.*

4. *Wie lauten die Buchungen im o. g. Beispiel 1 (siehe Vorseite) bei aufwandsorientierter Buchung der Betriebsstoffeinkäufe?*

2   Zeitliche Abgrenzung der Aufwendungen/Erträge

Notwendigkeit der periodengerechten Erfolgsermittlung. Bisher haben wir Aufwendungen und Erträge dann gebucht, wenn sie gezahlt wurden. Würde man die Dezembermiete, die erst im Januar des neuen Geschäftsjahres von uns überwiesen wird, auch erst im neuen Jahr als Aufwand buchen, würde der Erfolg sowohl des alten als auch des neuen Geschäftsjahres falsch ausgewiesen. Will man den **Jahreserfolg zeitraumrichtig ermitteln,** ist es erforderlich, **Aufwendungen und Erträge dem Geschäftsjahr zuzuordnen,** zu dem sie **wirtschaftlich** gehören, und zwar

unabhängig vom Zeitpunkt ihrer Ausgabe bzw. Einnahme.

Nur so kann ein **periodengerechter Erfolg des Geschäftsjahres** ermittelt werden.

> **Merke:** „Aufwendungen und Erträge des Geschäftsjahres sind unabhängig von den Zeitpunkten der entsprechenden Zahlungen im Jahresabschluss zu berücksichtigen" (§ 252 Abs. 1 Zi. 5 HGB).

2.1 Sonstige Forderungen und Sonstige Verbindlichkeiten

Wenn **Aufwendungen und Erträge** des **alten** Geschäftsjahres erst im **neuen** Jahr zu **Ausgaben** bzw. **Einnahmen** führen, müssen sie **zum Jahresschluss** erfasst werden als

▶ **Sonstige Verbindlichkeiten (Konto 4890)** bzw.
▶ **Sonstige Forderungen (Konto 2690).**

Beispiel 1: Die Lagermiete für Dezember überweisen wir erst im Januar: 1.500,00 €.

Die Dezembermiete ist **Aufwand des alten Jahres,** der erst **im neuen Jahr** zu einer **Ausgabe** führt. Aus Gründen einer **periodengerechten** Erfolgsermittlung ist sie noch in der GuV-Rechnung des alten Jahres zu erfassen und zugleich als **„Sonstige Verbindlichkeit"** gegenüber dem Vermieter in der Schlussbilanz auszuweisen.

Buchungen zum 31. Dezember des alten Jahres

❶ 6700 Mietaufwendungen . . . . an 4890 Sonstige Verbindlichkeiten 1.500,00
❷ 8020 GuV-Konto . . . . an 6700 Mietaufwendungen 1.500,00
❸ 4890 Sonstige Verbindlichkeiten . an 8010 Schlussbilanzkonto 1.500,00

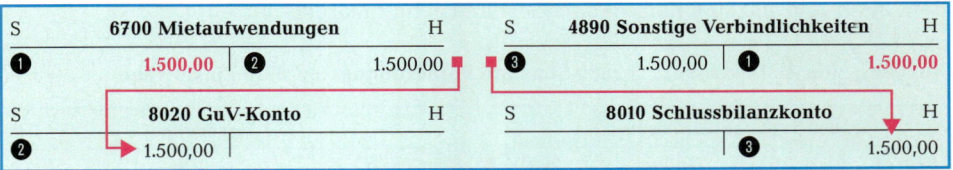

Buchungen im neuen Jahr

Nach Eröffnung des Kontos „4890 Sonstige Verbindlichkeiten" ist die Mietausgabe zu buchen:

❶ 8000 Eröffnungsbilanzkonto . . . . . an 4890 Sonstige Verbindlichkeiten 1.500,00
❷ 4890 Sonstige Verbindlichkeiten . an 2800 Bank 1.500,00

S	2800 Bank	H	S	4890 Sonstige Verbindlichkeiten	H
...	50.000,00 | ❷	1.500,00 ◀━■ ❷		1.500,00 | ❶ 8000	1.500,00

> **Merke:** Aufwendungen des alten Jahres, die erst im neuen Jahr zu Ausgaben führen, sind auf dem Konto „4890 Sonstige Verbindlichkeiten" zu erfassen.
>
> Buchung: ▷ Aufwandskonto an Sonstige Verbindlichkeiten

Beispiel 2: Unser Mieter überweist die Dezembermiete erst im Januar n. J.: 800,00 €.

Die Dezembermiete stellt einen **Ertrag des alten Geschäftsjahres** dar, der erst **im neuen Jahr** zu einer **Einnahme** führt. Der Mietertrag ist deshalb der Erfolgsrechnung des alten Jahres zuzurechnen und zugleich als **„Sonstige Forderung"** zu erfassen.

Buchungen zum 31. Dezember des alten Geschäftsjahres

❶ 2690 Sonstige Forderungen ..... an 5400 Mieterträge 800,00
❷ 5400 Mieterträge .... an 8020 GuV-Konto 800,00
❸ 8010 Schlussbilanzkonto .... an 2690 Sonstige Forderungen 800,00

S	2690 Sonstige Forderungen	H	S	5400 Mieterträge	H
❶	800,00	❸ 800,00	❷	800,00	❶ 800,00

S	8010 Schlussbilanzkonto	H	S	8020 GuV-Konto	H
❸	800,00				❷ 800,00

Buchung im Januar des neuen Jahres

Mieteingang: **2800 Bank** .... an **2690 Sonstige Forderungen** 800,00

S	2690 Sonstige Forderungen	H	S	2800 Bank	H
8000	800,00	2800 800,00	2690	800,00	

Merke: **Erträge des alten Jahres, die erst im neuen Jahr zu Einnahmen führen, werden zum Jahresschluss auf dem Konto „2690 Sonstige Forderungen" gebucht.**

Buchung: ▷ **Sonstige Forderungen** an **Ertragskonto**

Beispiel 3: Wir haben einem Kunden am 1. September 01 ein Darlehen in Höhe von 10.000,00 € zu 6 % Zinsen gewährt. Die halbjährlich zu zahlenden Darlehenszinsen sind nachträglich fällig, erstmals am 1. März 02: 300,00 €.

Von der am 1. März des neuen Jahres fälligen Zinszahlung sind ertragsmäßig 200,00 € dem alten und 100,00 € dem neuen Geschäftsjahr zuzurechnen.

Buchung zum 31. Dezember: **2690 Sonstige Forderungen** an **5710 Zinserträge** 200,00

S	2690 Sonstige Forderungen	H	S	5710 Zinserträge	H
5710	200,00	8010 200,00	8020	200,00	2690 200,00

S	8010 Schlussbilanzkonto	H	S	8020 GuV-Konto	H
2690	200,00				5710 200,00

Buchung im neuen Jahr: Am 1. März 02 ist der gesamte Zinsbetrag als Einnahme zu buchen:
2800 Bank ...... 300,00 an **2690 Sonstige Forderungen** (Zinsertrag des alten J.) 200,00
an **5710 Zinserträge** (Ertragsanteil des neuen Jahres) 100,00

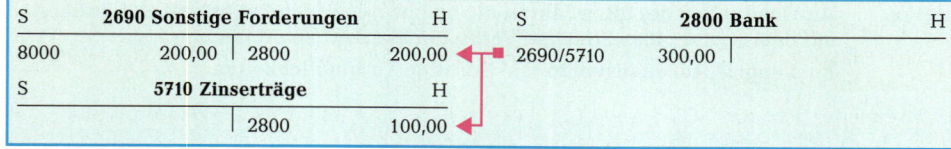

S	2690 Sonstige Forderungen	H	S	2800 Bank	H
8000	200,00	2800 200,00	2690/5710	300,00	
S	5710 Zinserträge	H			
		2800 100,00			

Buchen Sie das 3. Beispiel aus der Sicht des Kunden.

Merke: **Aufwendungen und Erträge, die teils das alte und teils das neue Geschäftsjahr betreffen, sind den einzelnen Geschäftsjahren entsprechend zuzuordnen.**

6621142

Aufgaben

Bilden Sie für nachstehende Geschäftsfälle die Buchungssätze

a) *beim Jahresabschluss zum 31. Dezember,*
b) *nach Eröffnung der Konten im neuen Jahr für den Geldeingang und Geldausgang.*

1. Die Dezembermiete für Geschäftsräume wird von uns erst im Monat
   Januar beglichen 2.800,00

2. Ein Mieter in unserem Geschäftshaus zahlt die Miete für Dezember erst
   im Januar 1.650,00

3. Eine Rechnung für Büromaterial steht am Jahresende noch aus   300,00
   + Umsatzsteuer[1]   57,00

4. Die vierteljährlichen Zinsen (November–Januar) für ein Darlehen werden
   von uns erst Ende Januar gezahlt 1.500,00

5. Unser Darlehensschuldner hat die lt. Vertrag zu zahlenden Jahreszinsen
   (Darlehensjahr: 1. April–31. März) am 31. März des folgenden Jahres zu zahlen   2.400,00

6. Unser Darlehensschuldner zahlt uns für das Halbjahr 1. Juli–31. Dezember
   die Zinsen erst im Januar   700,00

7. Der Handelskammerbeitrag für das letzte Vierteljahr Oktober–Dezember
   wird erst im Monat Januar gezahlt 1.800,00

8. Für die Lohnwoche vom 28. Dezember bis 3. Januar sind 4.500,00 €
   Fertigungslöhne zu zahlen (Zahltag 3. Januar). Hiervon entfallen
   auf die Zeit vom 28. Dezember–31. Dezember 2.500,00
   Im neuen Jahr werden durch die Bank ausgezahlt 3.800,00

9. Die Zinsgutschrift der Bank für die Zeit vom 1. Oktober bis 31. Dezember
   steht noch aus und wird erst im Januar eingehen   315,00

10. Die Provision unseres Handelsvertreters für Dezember wird erst im Januar
    überwiesen, netto   750,00
    + Umsatzsteuer   142,50
    Die Provisionsabrechnung (Beleg) ist am 29. Dezember erstellt worden.[2]

Bilden Sie für nachstehende Geschäftsfälle jeweils die Buchungssätze

a) *zum Bilanzstichtag (31. Dezember),*
b) *bei Zahlungseingang bzw. Zahlungsausgang (Bank) im neuen Jahr.*

1. Die Miete für eine von uns gemietete Lagerhalle beträgt monatlich 2.000,00 €. Bei Erstellung des Jahresabschlusses wird festgestellt, dass die Dezembermiete erst im Januar überwiesen wurde.

2. Die Stromabrechnung für den Monat Dezember liegt zum 31. Dezember noch nicht vor. Wir erhalten die Rechnung Mitte Januar über 8.200,00 € zuzüglich Umsatzsteuer[1].

3. Wir erhalten am 31. März die Darlehenszinsen für die Monate Oktober bis März durch Banküberweisung: 600,00 €.

4. Die Garagenmiete für die Monate November, Dezember und Januar in Höhe von 300,00 € wird von uns lt. Vertrag nachträglich am 5. Februar des nächsten Jahres gezahlt.

5. Wir überweisen jeweils zum 1. März und 1. September nachträglich für 6 Monate Hypothekenzinsen in Höhe von 2.400,00 €.

6. Für einen Wartungsvertrag, der für unsere Büromaschinen abgeschlossen worden ist, zahlen wir vierteljährlich nachträglich 400,00 € zuzüglich Umsatzsteuer. Die Rechnung für das letzte Jahresquartal liegt zum 31. Dezember noch nicht vor.

---

1 Die Vorsteuer darf noch nicht verrechnet werden, da zum 31. Dezember noch keine Rechnung vorliegt.
2 Der Vorsteuerabzug ist möglich, da die Leistung erbracht und die Abrechnung (Rechnung) vorliegt.

2.2 Aktive und Passive Rechnungsabgrenzungsposten

Auf den Konten **„4890 Sonstige Verbindlichkeiten"** und **„2690 Sonstige Forderungen"** haben wir **Aufwendungen und Erträge** des **alten** Geschäftsjahres erfasst, die erst im **neuen** Jahr zu **Ausgaben und Einnahmen** werden. Es handelt sich dabei um **echte** Verbindlichkeiten und Forderungen, die durch eine **Zahlung im neuen Jahr** beglichen werden.

Werden dagegen bereits **Zahlungen im alten Jahr für Aufwendungen und Erträge des neuen Jahres** geleistet, sind die **Aufwands- und Ertragskonten** zum Jahresabschluss mithilfe folgender Konten zu **berichtigen:**

- ▶ **2900 Aktive Rechnungsabgrenzung (ARA)**
- ▶ **4900 Passive Rechnungsabgrenzung (PRA)**

Aktive Rechnungsabgrenzung. Hierunter fallen **Aufwendungen,** die bereits im abzuschließenden Geschäftsjahr **im Voraus bezahlt und gebucht** wurden, aber entweder nur zum Teil oder auch ganz **wirtschaftlich dem neuen Geschäftsjahr zuzurechnen** sind, wie z. B. **von uns geleistete Vorauszahlungen** für Versicherungen, Zinsen, Mieten u.a. Zum Bilanzstichtag sind die betreffenden Aufwandskonten durch eine „Aktive Rechnungsabgrenzung **(ARA)"** zu berichtigen. Sie stellt praktisch eine **Leistungsforderung** dar. So begründet z. B. unsere Mietvorauszahlung einen Anspruch auf Nutzung der gemieteten Räume im neuen Jahr.

Passive Rechnungsabgrenzung. Hierunter gehören **Erträge,** die im abzuschließenden Geschäftsjahr **bereits als Einnahme gebucht** worden sind, aber mit einem Teil oder auch ganz als Ertrag dem **neuen** Geschäftsjahr zuzuordnen sind, wie z. B. **im Voraus erhaltene** Miete, Pacht, Zinsen u. a. Zum Jahresabschluss sind die betreffenden Ertragskonten durch Vornahme einer entsprechenden „Passiven Rechnungsabgrenzung **(PRA)"** zu korrigieren. Die PRA stellen **Leistungsverbindlichkeiten** dar. Eine an uns geleistete Zinsvorauszahlung begründet z. B. unsere Verpflichtung auf weitere Überlassung des gewährten Darlehens im neuen Jahr.

Transitorische Posten. Mithilfe der aktiven und passiven Rechnungsabgrenzungsposten werden die im alten Geschäftsjahr **im Voraus gezahlten Aufwendungen** und **vereinnahmten Erträge** über die Schlussbilanz in die Erfolgsrechnung des neuen Geschäftsjahres **übertragen.** Man nennt sie deshalb auch „transitorische Posten" (lat. transire = hinübergehen).

Periodengerechte Erfolgsermittlung. Die Rechnungsabgrenzungsposten dienen ebenso wie die Sonstigen Forderungen und Sonstigen Verbindlichkeiten der zeitraumrichtigen Abgrenzung der Aufwendungen und Erträge, damit das **Gesamtergebnis** einer Unternehmung **periodengerecht** zum Jahresabschluss **ermittelt** werden kann.

Merke: Nach § 250 HGB dürfen als Rechnungsabgrenzungsposten nur ausgewiesen werden:

- ● **auf der Aktivseite Ausgaben vor dem Abschluss-Stichtag, soweit sie Aufwand für eine bestimmte Zeit nach diesem Tag darstellen:**
  → **Aktive Rechnungsabgrenzung (ARA)**
- ● **auf der Passivseite Einnahmen vor dem Abschluss-Stichtag, soweit sie Ertrag für eine bestimmte Zeit nach diesem Tag darstellen:**
  → **Passive Rechnungsabgrenzung (PRA)**

Beispiel 1: Am 1. Dez. haben wir Lagerräume für eine Monatsmiete von 1.500,00 € gemietet. Lt. Vertrag **zahlen wir** die Miete **vierteljährlich** mit 4.500,00 € **im Voraus.**

Buchung unserer Mietvorauszahlung am 1. Dezember

6700 Mietaufwendungen .... an 2800 Bank 4.500,00

Der **Mietaufwand von 4.500,00 €** ist zum 31. Dezember **periodengerecht abzugrenzen:** 1.500,00 € entfallen auf Dezember des Abschlussjahres, 3.000,00 € auf Januar und Februar des Folgejahres. Das Konto „6700 Mietaufwendungen" ist daher im Haben um 3.000,00 € mithilfe des Kontos „2900 Aktive Rechnungsabgrenzung" zu berichtigen. Die Mietvorauszahlung beinhaltet die Überlassung des Lagers im neuen Jahr, also eine **Leistungsforderung,** die auf der Aktivseite der Bilanz als **„Aktive Rechnungsabgrenzung"** (ARA) auszuweisen ist.

Buchungen zum 31. Dezember des Abschlussjahres

❶ 2900 Aktive Rechnungsabgrenzung ... an 6700 Mietaufwendungen 3.000,00
❷ 8020 GuV-Konto .... an 6700 Mietaufwendungen 1.500,00
❸ 8010 Schlussbilanzkonto .... an 2900 Aktive Rechnungsabgr..... 3.000,00

S	6700 Mietaufwendungen		H		S	2900 Aktive Rechnungsabgrenzung		H
2800	4.500,00	2900	3.000,00 ❶		6700	3.000,00	8010	3.000,00
		8020	1.500,00 ❷					❸

S	8020 GuV-Konto	H		S	8010 Schlussbilanzkonto	H
6700	1.500,00			ARA	3.000,00	

Buchungen zum 1. Januar des Folgejahres

Nach Eröffnung ist das Konto „2900 ARA" über das betreffende Aufwandskonto aufzulösen.

❶ 2900 Aktive Rechnungsabgrenzung ... an 8000 Eröffnungsbilanzkonto 3.000,00
❷ 6700 Mietaufwendungen .... an 2900 Aktive Rechnungsabgr..... 3.000,00

Das Konto „6700 Mietaufwendungen" weist nun die Miete für Januar und Februar des neuen Jahres periodengerecht aus. Das Konto „2900 ARA" hat seine **„transitorische"** Aufgabe erfüllt:

S	2900 Aktive Rechnungsabgrenzung	H		S	6700 Mietaufwendungen	H
8000	3.000,00	6700	3.000,00	2900	3.000,00	

Direkte Rechnungsabgrenzung. Ausgaben des laufenden Geschäftsjahres, die Aufwendungen des nächsten Jahres betreffen, können **bereits direkt bei Zahlung** entsprechend **zeitlich abgegrenzt** werden. Dadurch erübrigt sich zum Jahresabschluss eine besondere Überprüfung aller Ausgaben auf ihre periodengerechte Abgrenzung.

Buchung bei direkter Periodenabgrenzung am 1. Dezember

6700 Mietaufwendungen 1.500,00
2900 Aktive Rechnungsabgrenzung ..... 3.000,00 an 2800 Bank 4.500,00

S	6700 Mietaufwendungen	H		S	2800 Bank	H
2800	1.500,00				6700/2900	4.500,00

S	2900 Aktive Rechnungsabgrenzung	H
2800	3.000,00	

Nennen Sie die Abschlussbuchungen.

Merke: Das Konto „2900 Aktive Rechnungsabgrenzung" (ARA) erfasst zum Jahresabschluss alle Ausgaben des alten Geschäftsjahres, die Aufwand des nächsten Jahres sind.

Buchung: ▷ ARA an **Aufwandskonto** (bei Abgrenzung zum 31. Dezember)
▷ ARA an **Bank (Kasse)** (bei direkter Abgrenzung)

Beispiel 2: Von unserem Mieter haben wir am 1. Dezember die **Vierteljahresmiete** (Dezember–Februar) in Höhe von insgesamt 2.400,00 € **im Voraus erhalten.**

Buchung der Mieteinnahme am 1. Dezember

2800 Bank . . . .   an   **5400 Mieterträge** 2.400,00

Der gesamte **Mietertrag** in Höhe von 2.400,00 € ist zum 31. Dezember **periodengerecht abzugrenzen:** 800,00 € entfallen auf das Abschlussjahr, 1.600,00 € dagegen auf das neue Geschäftsjahr. Das Konto „5400 Mieterträge" muss daher auf seiner Sollseite um 1.600,00 € durch Bildung einer „Passiven Rechnungsabgrenzung" (PRA) berichtigt werden, da für uns eine **Leistungsverbindlichkeit,** d. h. eine Verpflichtung zur Überlassung der Räume im nächsten Geschäftsjahr, besteht, die auf der Passivseite der Bilanz auszuweisen ist.

Buchungen zum 31. Dezember des Abschlussjahres

❶ **5400 Mieterträge** . . . .   an   **4900 Passive Rechnungsabgrenzung** 1.600,00
❷ **5400 Mieterträge** . . . .   an   **8020 GuV-Konto** 800,00
❸ **4900 Passive Rechnungsabgrenzung**   an   **8010 Schlussbilanzkonto** 1.600,00

Buchungen zum 1. Januar des Folgejahres

❶ **8000 Eröffnungsbilanzkonto** . . . .   an   **4900 Passive Rechnungsabgrenzung** 1.600,00
❷ **4900 Passive Rechnungsabgrenzung**   an   **5400 Mieterträge** 1.600,00

Das Konto „4900 PRA" ist zu Beginn des neuen Jahres über das entsprechende Ertragskonto aufzulösen. Nach der **Umbuchung** des passiven Rechnungsabgrenzungspostens weist das Konto „5400 Mieterträge" nun den **periodengerechten Mietertrag** für die Monate Januar und Februar des neuen Jahres aus:

Bei direkter Rechnungsabgrenzung ist am 1. Dezember zu buchen

2800 Bank . . . . 2.400,00   an   **5400 Mieterträge** 800,00
                                                        an   **4900 Passive Rechnungsabgrenzung** 1.600,00

Buchen Sie die direkte Periodenabgrenzung auf den genannten Konten.

Merke:
- Das Konto „4900 Passive Rechnungsabgrenzung" (PRA) erfasst zum Bilanzstichtag alle Einnahmen des alten Jahres, die wirtschaftlich Erträge des nächsten Jahres sind.

  Buchung: ▷ **Ertragskonto** an **PRA** (bei Abgrenzung zum 31. Dezember)
  ▷ **Bank (Kasse)** an **PRA** (bei direkter Abgrenzung)

- Die Posten der Rechnungsabgrenzung werden zu Beginn des neuen Geschäftsjahres aufgelöst, indem sie auf das entsprechende Erfolgskonto umgebucht werden:

  ▷ **Aufwandskonto** an **ARA**
  ▷ **PRA** an **Ertragskonto**

6621146

Geschäftsfall	Vorgang		Buchung zum 31. Dez.:
	im **alten** Jahr	im **neuen** Jahr	
Von uns noch zu zahlender Aufwand	**Aufwand**	Ausgabe	**Aufwandskonto an Sonst. Verbindlichk.**
Noch zu verein-nahmender Ertrag	**Ertrag**	Einnahme	**Sonstige Forderungen an Ertragskonto**
Von uns im Voraus bezahlter Aufwand	Ausgabe	**Aufwand**	**Aktive Rechnungsabgr. an Aufwandskonto**
Im Voraus verein-nahmter Ertrag	Einnahme	**Ertrag**	**Ertragskonto an Pass. Rechnungsabgr.**

Merke: Die zeitliche Abgrenzung der Aufwendungen und Erträge bezweckt eine periodengerechte Ermittlung des Jahreserfolgs. Man unterscheidet vier Fälle:

Aufgaben

142

a) *Buchen Sie die folgenden Geschäftsfälle zunächst auf Konten.*
b) *Nehmen Sie danach die zeitliche Abgrenzung zum 31. Dezember vor.*
c) *Welche Buchungen ergeben sich im neuen Jahr?*

1. Die Kraftfahrzeugsteuer für die Geschäftswagen wird am 1. Juli für ein Jahr im Voraus vom Bankkonto überwiesen: 600,00 €.
2. Am 1. Dezember erhalten wir die Miete für vermietete Geschäftsräume für Dezember, Januar und Februar im Voraus durch Banküberweisung: 4.500,00 €.
3. Für die EDV-Anlage besteht mit dem Lieferanten ein Wartungsvertrag. Am 2. Mai wird der Jahresbetrag lt. Rechnung ER 345 überwiesen: 1.200,00 € + 228,00 € Umsatzsteuer = 1.428,00 €.
4. Am 1. Oktober werden die Jahreszinsen für ein von uns gewährtes Darlehen im Voraus auf das Bankkonto überwiesen: 960,00 €.
5. Die Gebäudeversicherung für Geschäftsgebäude wird am 1. November durch die Bank für ein Jahr im Voraus überwiesen: 3.600,00 €.
6. Bankgutschrift der Januarmiete für vermietete Lagerräume am 22. Dezember: 2.500,00 €.

143

*Nennen Sie die Buchungssätze für die Geschäftsfälle der vorhergehenden Aufgabe bei **direkter zeitlicher Abgrenzung.***

144

*Bilden Sie zu den nachfolgenden Geschäftsfällen die Buchungssätze **zum Bilanzstichtag:***

1. Die Dezembermiete für angemietete Garagen wird erst am 3. Januar des folgenden Geschäftsjahres durch Banküberweisung beglichen: 300,00 €.
2. Die Vierteljahreszinsen (November–Januar) für ein aufgenommenes Darlehen werden von uns vereinbarungsgemäß nachträglich Ende Januar gezahlt: 900,00 €.
3. Unser Darlehensnehmer hat die Zinsen für das erste Quartal des neuen Geschäftsjahres bereits am 15. Dezember des Abschlussjahres überwiesen: 850,00 €.
4. Wir haben am 1. Dezember für Dezember bis einschließlich Februar des nächsten Jahres eine Mietvorauszahlung von 3.600,00 € erhalten.
5. Am 1. November wurde die Kraftfahrzeugsteuer für die Geschäftswagen für ein Jahr im Voraus überwiesen: 600,00 €.
6. Der Handelskammerbeitrag für das letzte Quartal des Abschlussjahres wird erst Anfang Januar überwiesen: 2.400,00 €.
7. Die Zinsgutschrift der Bank für die Zeit vom 1. Oktober bis 31. Dezember steht zum Bilanzstichtag noch aus: 450,00 €.
8. Die Halbjahresmiete (Oktober bis März) für eine vermietete Lagerhalle erhielten wir im Voraus: 9.000,00 €.
9. Die Haftpflichtversicherung für das Betriebsgebäude wurde am 1. November für ein Jahr im Voraus bezahlt: 2.400,00 €.
10. Unserem Handelsvertreter wird die Dezemberprovision erst Anfang Januar überwiesen. Die bereits erstellte Provisionsabrechnung weist aus: 4.000,00 € Provision + 760,00 € Umsatzsteuer = 4.760,00 €.

145 *Vervollständigen Sie folgende Aussagen:*

1. Sonstige Verbindlichkeiten werden für Aufwendungen des ••• Geschäftsjahres gebucht, die Ausgaben des ••• Geschäftsjahres darstellen.
2. Aktive Rechnungsabgrenzungsposten werden für Ausgaben im ••• Jahr gebildet, die Aufwand des ••• Geschäftsjahres darstellen.
3. Sonstige Forderungen werden für Erträge des ••• Jahres gebildet, die Einnahmen des ••• Jahres darstellen.
4. Passive Rechnungsabgrenzungsposten werden für Einnahmen des ••• Jahres gebildet, die Ertrag des ••• Geschäftsjahres darstellen.

146
1. *Begründen Sie die Notwendigkeit einer zeitlichen Abgrenzung der Aufwendungen und Erträge.*
2. *Nennen Sie die vier Möglichkeiten einer zeitlichen Abgrenzung.*
3. *Bei welcher Art der zeitlichen Abgrenzung liegt der Zahlungsvorgang a) im alten und b) im neuen Jahr?*
4. *Warum werden aktive und passive Rechnungsabgrenzungsposten auch als „Transitorische Posten" bezeichnet?*

147 Im Metallwerk Thomas Berg e. K. liegen Ihnen folgende Belege zur Buchung vor. Die zeitliche (periodengerechte) Abgrenzung ist mit der Buchung der Zahlung vorzunehmen.

Nennen Sie die Buchungssätze.

Beleg 1

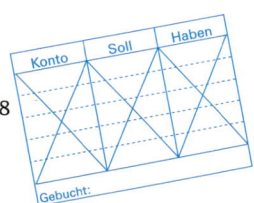

Kontoauszug   Landesgirokasse Stuttgart

Konto-Nr.	Datum	Ausz.-Nr.	Blatt	Buchungstag	PN-Nr.	Wert	Umsatz
723 544 32	..–11–01	358	1				

GUTSCHRIFT   11–01   8364   11–01   4.500,00 H
ELEKTRO-VERTRIEBS-GMBH, STUTTGART
LAGERHALLENMIETE FÜR NOV., DEZ., JAN.

METALLWERK
THOMAS BERG E. K.
INDUSTRIESTRASSE 22 – 28
70565 STUTTGART

Alter Saldo
H   237.650,00 EUR

Neuer Saldo
H   242.150,00 EUR

Beleg 2

Durchschrift für Kontoinhaber   600 501 01
Landesgirokasse Stuttgart

Begünstigter
Finanzamt Stuttgart
Konto-Nr. des Begünstigten
644 520 80   Bankleitzahl   600 501 01
bei (Kreditinstitut)
Landesgirokasse Stuttgart

EUR   Betrag: Euro, Cent   2.400,00---------

Kunden-Referenznummer - noch Verwendungszweck, ggf. Name und Anschrift des Auftraggebers (nur für Empfänger)
Kfz-Steuer für LKW S-UM 500/PKW S-WN 367
1. Nov. .. - 31. Okt. ..
Kontoinhaber
Metallwerk Thomas Berg e. K., 70565 Stuttgart
Konto-Nr. des Kontoinhabers
723 544 32

..–11–01   *Thomas Berg*
Datum, Unterschrift

2.3 Rückstellungen

Aus Gründen einer **periodengerechten Erfolgsermittlung** sind **zum Bilanzstichtag** auch solche **Aufwendungen** zu **erfassen,** deren **Höhe und/oder Fälligkeit noch nicht bekannt** sind, die jedoch **wirtschaftlich dem Abschlussjahr** zugerechnet werden müssen. Für diese Aufwendungen sind die **Beträge zu schätzen** und als Verbindlichkeiten in Form von **Rückstellungen** auf der Passivseite der Bilanz auszuweisen. Die **Ungewissheit über Höhe und/oder Fälligkeit der Verbindlichkeiten unterscheidet** die **Rückstellungen von** den genau bestimmbaren „Sonstigen Verbindlichkeiten".

Passivierungspflicht. Nach § 249 (1) HGB **müssen** Rückstellungen gebildet werden für

- **ungewisse Verbindlichkeiten** (z. B. zu erwartende Steuernachzahlungen, Prozesskosten, Garantieverpflichtungen, Pensionsverpflichtungen, Provisionsverbindlichkeiten, Inanspruchnahme aus Bürgschaften und dem Wechselobligo u. a.),
- **drohende Verluste aus schwebenden Geschäften** (z. B. erheblicher Preisrückgang bereits gekaufter, jedoch noch nicht gelieferter Rohstoffe),
- **unterlassene Instandhaltungsaufwendungen,** die im folgenden Geschäftsjahr **innerhalb von drei Monaten** nachgeholt werden,
- **Gewährleistungen ohne rechtliche Verpflichtungen** (Kulanzgewährleistungen).

Passivierungswahlrecht. Rückstellungen **dürfen** außerdem noch gebildet werden für

- **unterlassene Instandhaltungsaufwendungen,** die **nach drei Monaten,** aber noch innerhalb des folgenden Geschäftsjahres nachgeholt werden (§ 249 [1] Satz 3 HGB),
- **bestimmte Aufwendungen, die dem abgelaufenen Geschäftsjahr zuzuordnen sind** (§ 249 [2] HGB). Diese „Aufwandsrückstellungen" sind z. B. möglich für Großreparaturen, Werbekampagnen, Messen, Betriebsverlegungen u. a.

Bilanzausweis. Da Rückstellungen Schulden sind, zählen sie in der Bilanz auch zum **Fremdkapital.** Rückstellungen sind nach § 266 HGB in der Bilanz auszuweisen als

- ▶ **Pensionsrückstellungen,**
- ▶ **Steuerrückstellungen,**
- ▶ **Sonstige Rückstellungen.**

Bei Bildung der Rückstellung wird zunächst das betreffende **Aufwandskonto** im Soll mit dem **geschätzten** periodengerechten Betrag belastet. Die Gegenbuchung wird auf dem entsprechenden **Rückstellungskonto** im Haben vorgenommen.

Buchung: Aufwandskonto an **Rückstellungskonto**

Auswirkung auf den Jahreserfolg. Da Rückstellungen für **Aufwendungen** gebildet werden, **vermindert** sich der **auszuschüttende Gewinn** und damit zugleich auch die zu zahlende **Ertragsteuer,** wie z.B. die Einkommensteuer. Die Bildung von Rückstellungen hat deshalb **positive Auswirkungen auf** die flüssigen (liquiden) Mittel und somit auch auf die **Liquidität** des Unternehmens.

Auflösung von Rückstellungen. Rückstellungen sind aufzulösen, wenn sie ihren Zweck erfüllt haben. Da sie auf Schätzungen beruhen, sind drei Fälle möglich:

- Die Rückstellung **entspricht** der Zahlung.
- Die Rückstellung ist **größer** als die Zahlung. Es ergibt sich ein Ertrag, zu erfassen auf Konto
  „5480 Erträge aus der Auflösung von Rückstellungen".
- Die Rückstellung ist **kleiner** als die Zahlung. Es entsteht ein Aufwand, zu erfassen auf Konto
  „6990 Periodenfremde Aufwendungen".

Beispiel: Zum Bilanzstichtag wird mit einer Gewerbesteuernachzahlung für das Abschlussjahr in Höhe von 4.500,00 € gerechnet.

Buchung bei Bildung der Rückstellung zum 31. Dezember:

❶ 7700 Gewerbesteuer . . . . an 3800 Steuerrückstellungen 4.500,00

Abschlussbuchungen:

❷ 8020 GuV-Konto . . . . an 7700 Gewerbesteuer 4.500,00
❸ 3800 Steuerrückstellungen . . . . an 8010 Schlussbilanzkonto 4.500,00

S	7700 Gewerbesteuer	H	S	3800 Steuerrückstellungen	H
❶	4.500,00 ❷ GuV 4.500,00		❸ SBK	4.500,00 ❶	4.500,00

S	8020 GuV-Konto	H	S	8010 Schlussbilanzkonto	H
❷	4.500,00			❸	4.500,00

Beispiel: Die Gewerbesteuer wird im Juni nächsten Jahres überwiesen (Bank):
1. 4.500,00 €,   2. 4.000,00 €,   3. 5.100,00 €.

Zu Beginn des Geschäftsjahres wird das Rückstellungskonto eröffnet:

8000 Eröffnungsbilanzkonto (EBK) . . . . . . an **3800 Steuerrückstellungen** 4.500,00

Buchung im Fall 1: Rückstellung = Zahlung: 4.500,00 €

3800 Steuerrückstellungen . . . . an 2800 Bank 4.500,00

S	2800 Bank	H	S	3800 Steuerrückstellungen	H
	3800	4.500,00	2800	4.500,00 EBK	4.500,00

Buchung im Fall 2: Rückstellung > Zahlung: 4.000,00 €

3800 Steuerrückstellungen . . . . . 4.500,00 an 2800 Bank 4.000,00
                                              an 5480 Erträge aus der Auflösung
                                                     von Rückstellungen 500,00

S	2800 Bank	H	S	3800 Steuerrückstellungen	H
	3800	4.000,00	2800/5480	4.500,00 EBK	4.500,00

S	5480 Erträge a. d. Aufl. v. Rückst.	H			
	3800	500,00			

Buchung im Fall 3: Rückstellung < Zahlung: 5.100,00 €

3800 Steuerrückstellungen 4.500,00
6990 Periodenfremde Aufwendungen . . . . 600,00 an 2800 Bank 5.100,00

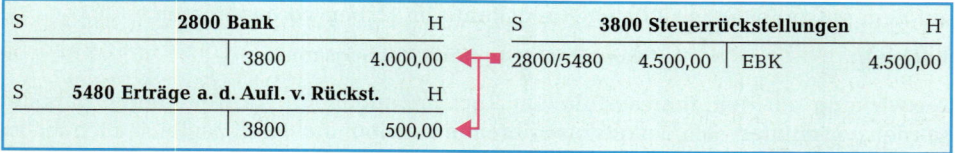

S	2800 Bank	H	S	3800 Steuerrückstellungen	H
	3800/6990	5.100,00	2800	4.500,00 EBK	4.500,00

			S	6990 Periodenfremde Aufwendungen	H
			2800	600,00	

Drohende Verluste aus schwebenden Geschäften. Im Allgemeinen werden **schwebende** Rechtsgeschäfte – z. B. Kaufverträge, die noch **von keinem Vertragspartner erfüllt** sind, da Lieferung und Zahlung noch ausstehen – buchhalterisch überhaupt nicht erfasst. Ist aber **bei Bilanzaufstellung erkennbar,** dass dem Betrieb aus den Verträgen **Verluste** erwachsen (drohen), muss aus Gründen kaufmännischer **Vorsicht** eine **Rückstellung** in Höhe des zu **erwartenden Verlustes** gebildet werden.

Beispiel:	Am 28. November haben wir einen Kaufvertrag über die Lieferung von 500 Stück Spanplatten (furniert) zu 80,00 € netto je Stück abgeschlossen. Der Gesamtnettopreis beträgt daher 40.000,00 €. Liefertermin: 15. Februar n. J. fix.
	Bis zum Bilanzstichtag ist der Wiederbeschaffungswert (Tagespreis) der Spanplatten nachhaltig auf 70,00 € netto je Stück gesunken.

Rückstellung. Da wir als Besteller an den vereinbarten Preis von 80,00 € je Spanplatte gebunden sind und im nächsten Jahr nur mit dem **niedrigeren** Wiederbeschaffungspreis von 70,00 € je Stück kalkuliert werden kann, **droht uns ein Verlust von 5.000,00 €** (500 · 10,00 €), für den eine Rückstellung gebildet werden muss. Auf diese Weise wird der **Verlust** in **dem** Jahr erfasst, in dem er **verursacht** wurde:

Buchung der Rückstellung zum 31. Dezember:
6000 Aufwendungen f. Rohstoffe . . . . an **3900 Sonstige Rückstellungen** . . 5.000,00
Nennen Sie jeweils die Abschluss- und Eröffnungsbuchung für das Konto 3900.

Buchung nach Rechnungseingang am 15. Februar des folgenden Jahres:
❶ 6000 Aufwend. f. Rohstoffe . . 40.000,00
    2600 Vorsteuer . . . . 7.600,00   an   4400 Verbindlichkeiten a. LL . . . 47.600,00
❷ 3900 Sonst. Rückstellungen . . . .   an   6000 Aufwend. f. Rohstoffe 5.000,00

S	6000 Aufwendungen für Rohstoffe	H	S	3900 Sonstige Rückstellungen	H
❶	40.000,00 ❷	5.000,00	❷	5.000,00 8000	5.000,00
S	2600 Vorsteuer	H	S	4400 Verbindlichkeiten a. LL	H
❶	7.600,00			❶	47.600,00

Nach Übertragung des Rückstellungsbetrages auf das Konto „Aufwendungen für Rohstoffe" stehen die eingekauften Spanplatten mit dem **niedrigeren Tageswert** von 35.000,00 € zu Buch. Die Buchungen ❶ und ❷ können zusammengefasst werden:

3900 Sonstige Rückstellungen 5.000,00
6000 Aufwendungen f. Rohstoffe . . . 35.000,00
2600 Vorsteuer . . . . 7.600,00   an   4400 Verbindlich. a. LL . . 47.600,00

Merke:	● **Rückstellungen sind Verbindlichkeiten für Aufwendungen, die am Bilanzstichtag ihrem Grunde nach feststehen, nicht aber in ihrer Höhe und/oder Fälligkeit. Sie dienen der periodengerechten Ermittlung des Jahreserfolgs.**
	● **Rückstellungen sind nur in Höhe des Betrages anzusetzen, der nach vernünftiger kaufmännischer Beurteilung notwendig ist (§ 253 [1] HGB).**
	● **Die Bildung von Rückstellungen mindert den Gewinn und damit auch die zu zahlenden Ertragsteuern (Einkommen-, Körperschaft-, Gewerbesteuer).**
	Buchung: ▷ **Aufwandskonto an Rückstellungen**

Aufgaben

148 Das Metallwerk Thomas Berg e. K. rechnet zum 31. Dezember des Abschlussjahres mit einer Gewerbesteuernachzahlung von 12.000,00 €.

1. *Bilden Sie den Buchungssatz zum 31. Dezember.*
2. *Wie wirkt sich die Bildung der Rückstellung auf a) den Gewinn bzw. b) den Verlust des Unternehmens aus?*
3. *Wie ist zu buchen, wenn der Industriebetrieb am 15. März des Folgejahres an das städtische Steueramt folgende Beträge durch die Bank überweist?*
   a) 12.000,00 €,
   b) 10.000,00 €,
   c) 15.000,00 €.

149 Eine erforderliche Gebäudereparatur konnte im Dezember nicht mehr durchgeführt werden. Der Kostenvoranschlag für die Instandsetzungsarbeiten, die im Laufe des Monats Januar des nächsten Jahres durchgeführt werden sollen, liegt zum 31. Dezember vor: 25.000,00 €.

1. *Begründen Sie die Notwendigkeit einer Buchung und nennen Sie den Buchungssatz.*
2. *Nennen Sie die Abschlussbuchungen.*
3. *Nennen Sie für das Rückstellungskonto den Eröffnungsbuchungssatz zum 1. Januar.*
4. *Wie lautet der Buchungssatz, wenn Ende Januar n. J. nach erfolgter Instandsetzung des Gebäudes die folgende Rechnung durch Banküberweisung beglichen wird?*
   a) 28.000,00 € + Umsatzsteuer,
   b) 24.000,00 € + Umsatzsteuer.

150 Für einen schwebenden Prozess rechnen wir zum Bilanzstichtag mit Gerichtskosten in Höhe von 12.000,00 €. Der Gebührenbescheid des Gerichts am 20. April n. J. lautet über
   a) 12.000,00 €,
   b) 15.000,00 €,
   c) 10.000,00 €.

Die Zahlung erfolgt durch Postbanküberweisung.

Nennen Sie den Buchungssatz zum Bilanzstichtag und am 20. April.

151 *Vervollständigen Sie in Ihrem Arbeitsheft folgende Sätze:*

1. Rückstellungen sind ●●●, die ihrem Grunde nach ●●●, nicht aber nach ●●● und/oder ●●●.
2. Der Betrag der Rückstellung muss ●●● werden.
3. Rückstellungen dienen der ●●● Ermittlung des Jahreserfolgs.

152 Die Bau-GmbH bestellt am 2. Dezember 3 000 t Zement XR 304 zu 60,00 € je t + Umsatzsteuer. Lieferungstermin 15. Februar n. J. Am Bilanzstichtag (31. Dezember) beträgt der Tagespreis 55,00 € je t.

1. *Begründen Sie, dass es sich hierbei um ein schwebendes Geschäft handelt.*
2. *In welchem Fall sind schwebende Geschäfte im Jahresabschluss zu berücksichtigen?*
3. *Buchen Sie a) zum 31. Dezember und b) nach Rechnungseingang im Februar n. J.*

153 Zum Bilanzstichtag rechnen wir mit Steuerberatungskosten in Höhe von 3.200,00 € netto. Im April n. J. erhalten wir die Rechnung des Steuerberaters über a) 3.500,00 € + Umsatzsteuer und b) 2.900,00 € + Umsatzsteuer.

1. *Buchen Sie zum Bilanzstichtag und geben Sie die Abschlussbuchungen an.*
2. *Nennen Sie die Eröffnungsbuchung für das Rückstellungskonto.*
3. *Wie lautet die Buchung nach Rechnungseingang?*

154
1. *Was ist unter dem Begriff „Rückstellungen" zu verstehen?*
2. *Worin unterscheiden sich Rückstellungen und Sonstige Verbindlichkeiten?*
3. *Haben Rückstellungen und Sonstige Verbindlichkeiten einen gemeinsamen Zweck?*
4. *Für welche Sachverhalte müssen nach § 249 (1) HGB Rückstellungen gebildet werden?*
5. *Kann man durch Bildung von Rückstellungen den Gewinn beeinflussen?*
6. *Zu welchem Zeitpunkt sind Rückstellungen aufzulösen?*
7. *Wozu führt a) eine zu hohe und b) eine zu niedrige Schätzung der Rückstellung bei Zahlung?*

Saldenbilanz der Metallwarenfabrik Marc Gruppe e. K.	Soll	Haben
0700 Technische Anlagen und Maschinen	620.000,00	–
0800 Andere Anlagen/Betriebs- und Geschäftsausstattung .	360.000,00	–
2000 Rohstoffe	280.000,00	–
2200 Fertige Erzeugnisse	15.000,00	–
2400 Forderungen a. LL	349.760,00	–
2600 Vorsteuer	126.810,00	–
2690 Sonstige Forderungen	2.000,00	–
2800 Bank	328.000,00	–
3000 Eigenkapital	–	600.000,00
3001 Privat	162.000,00	–
3900 Sonstige Rückstellungen	–	15.500,00
4250 Darlehensschulden	–	444.000,00
4400 Verbindlichkeiten a. LL	–	215.000,00
4800 Umsatzsteuer	–	285.570,00
4890 Sonstige Verbindlichkeiten	–	17.500,00
5000 Umsatzerlöse für eigene Erzeugnisse	–	1.511.000,00
5001 Erlösberichtigungen	8.000,00	–
5480 Erträge aus der Auflösung von Rückstellungen	–	5.000,00
5710 Zinserträge	–	6.000,00
6000 Aufwendungen für Rohstoffe	460.000,00	–
6001 Bezugskosten	10.000,00	–
6002 Nachlässe	–	6 000,00
6700 Mietaufwendungen	120.000,00	–
6900 Versicherungsbeiträge	4.000,00	–
6930 Verluste aus Schadensfällen	15.000,00	–
7510 Zinsaufwendungen	25.000,00	–
7800 Diverse Aufwendungen	220.000,00	–
Weitere Konten: 2900, 4900, 5200, 6520, 8010, 8020.	3.105.570,00	3.105 570,00

Abschlussangaben zum 31. Dezember

1. Planmäßige Abschreibungen: Maschinen: 180.000,00 €; BGA: 80.000,00 €.
2. Eine Maschine (11.500,00 € Buchwert) erleidet Totalschaden. Schrottwert: 0,00 €.
3. Eine im Vorjahr gebildete Garantierückstellung über 5.000,00 € erübrigt sich.
4. Die Brandversicherung für unsere Lagerhalle hatten wir am 1. Oktober vom Bankkonto für ein Jahr im Voraus überwiesen: 720,00 €.
5. Kunde erhält Gutschrift für Bonus, Gutschriftsanzeige: 3.000,00 € + USt.
6. Steuerberichtigungen: Liefererskonti: 450,00 €; Kundenskonti: 380,00 €.
7. Darlehenszinsen in Höhe von 12.000,00 € werden von uns halbjährlich nachträglich jeweils zum 31. März und 30. September gezahlt. Letzte Zahlung erfolgte am 30. September.
8. Brandschaden im Rohstofflager 15.000,00 € (kein Versicherungsanspruch).
9. Für einen drohenden Verlust aus einem schwebenden Geschäft ist eine Rückstellung über 25.000,00 € zu bilden.
10. Die Dezembermiete für die Werkshalle wird von uns am 2. Jan. überwiesen: 8.000,00 €.
11. Ein Kunde hatte uns für einen kurzfristigen Kredit die Halbjahreszinsen in Höhe von 900,00 € am 1. September im Voraus überwiesen.
12. Die Zinsgutschrift der Bank über 4.500,00 € erfolgt erst am 6. Januar n. J.
13. Rohstoffschlussbestand: Anschaffungskosten: 180.000,00 €; Tageswert: 195.000,00 €. Bewertung nach dem Niederstwertprinzip.
14. Inventurbestand an fertigen Erzeugnissen: 25.000,00 €.

1. *Ermitteln Sie die Rentabilität des Eigenkapitals.*
2. *Erstellen Sie die Bilanz gemäß § 266 HGB (siehe S. 175 und Anhang).*

3 Abschreibungen auf Sachanlagen

3.1 Wertansätze der Anlagegüter in der Jahresbilanz

Abnutzbare Anlagegüter. Nach den handelsrechtlichen (§ 253 HGB) und steuerrechtlichen Vorschriften (§§ 6–7 Einkommensteuergesetz) sind alle abnutzbaren Anlagegüter am Ende des Geschäftsjahres jeweils mit ihren **fortgeführten Anschaffungsbzw. Herstellungskosten** in das Inventar und die Schlussbilanz zu übernehmen, also zu den **Anschaffungs- bzw. Herstellungskosten abzüglich Abschreibungen** (AfA).

Nicht abnutzbare Anlagegüter (z. B. Grundstücke) dürfen **höchstens mit** ihren **Anschaffungskosten** in die Jahresbilanz eingestellt werden. Ist der Wert jedoch am Bilanzstichtag nachhaltig niedriger, so ist das betreffende Anlagegut mit dem **niedrigeren Tageswert** anzusetzen, indem eine entsprechende **außerplanmäßige Abschreibung** vorgenommen wird. Diesen Bewertungsgrundsatz nennt man deshalb auch „Niederstwertprinzip".

Merke:	● **Wertansätze für abnutzbare Anlagegüter in der Jahresbilanz:**

	Anschaffungskosten	Herstellungskosten
	− Abschreibungen (AfA)	− Abschreibungen (AfA)
	= **fortgeführte Anschaffungskosten**	= **fortgeführte Herstellungskosten**

● **Nicht abnutzbare Anlagegüter sind höchstens zu Anschaffungskosten in der Schlussbilanz zu bewerten. Das Niederstwertprinzip ist zu beachten.**

Abschreibungen sollen die Wertminderung erfassen, die bei den Anlagegütern durch **Nutzung, technischen Fortschritt** oder **wirtschaftliche Entwertung** entsteht. Sie stellen buchhalterisch **Aufwand** dar, **vermindern** deshalb in der Jahreserfolgsrechnung den **Gewinn** des Unternehmens **und** damit auch die **gewinnabhängigen Steuern,** wie die **Einkommensteuer** des Einzelunternehmers (e. K.) und der Gesellschafter von Personengesellschaften (OHG, KG) sowie die **Körperschaftsteuer** der Kapitalgesellschaften (AG, GmbH). Man unterscheidet zwischen **planmäßigen** und **außerplanmäßigen** Abschreibungen (§ 253 Absatz 2 HGB):

Planmäßige Abschreibungen. Abnutzbare Anlagegüter werden **planmäßig,** d. h. **entsprechend ihrer betriebsgewöhnlichen Nutzungsdauer** entweder **linear, degressiv** oder auch nach **Leistungseinheiten** abgeschrieben auf dem Konto:

6520 Abschreibungen auf Sachanlagen.

Amtliche AfA-Tabellen weisen die gewöhnliche Nutzungsdauer nahezu aller Arten von Anlagegütern aus.

Außerplanmäßige Abschreibungen werden im Falle einer **außergewöhnlichen Wertminderung** vorgenommen, wie bei plötzlich auftretenden Schäden oder bei wirtschaftlicher Entwertung des Anlagegutes. Wird beispielsweise eine Fertigungsmaschine wegen Umstellung des Produktionsprogramms nicht mehr benötigt, muss jeweils in entsprechender Höhe außerplanmäßig abgeschrieben werden auf dem Konto:

6550 Außerplanmäßige Abschreibungen auf Sachanlagen.

Merke:	● **Abschreibungen auf das Anlagevermögen sind Aufwendungen, mindern den Gewinn und damit die gewinnabhängigen Steuern.**
	● **Abnutzbare Anlagegüter werden planmäßig nach ihrer Nutzungsdauer abgeschrieben. Daneben müssen außerplanmäßige Abschreibungen für außergewöhnliche Wertminderungen vorgenommen werden (§ 253 [2] HGB).**
	● **Nicht abnutzbare Anlagegüter dürfen nur außerplanmäßig abgeschrieben werden, sofern eine dauernde Wertminderung gegeben ist (§ 253 [2] HGB).**

3.2 Methoden der planmäßigen Abschreibung

Die Berechnung der **planmäßigen Abschreibung** erfolgt nach folgenden **Methoden:**

▶ **linear,**   ▶ **degressiv,**   ▶ **nach Leistungseinheiten.**

3.2.1 Lineare (gleich bleibende) Abschreibung

Die **Abschreibung** erfolgt stets in einem **gleich bleibenden Prozentsatz von den Anschaffungs- oder Herstellungskosten** des Anlagegegenstandes. Die **Anschaffungs-kosten** (Herstellungskosten) werden somit „planmäßig" **in gleichen Beträgen auf** die **Nutzungsjahre verteilt.** Deshalb ist der Anlagegegenstand bei linearer Abschreibung am Ende der Nutzungsdauer **voll** abgeschrieben. Bei linearer Abschreibung wird also eine gleichmäßige Nutzung und Wertminderung des Anlagegegenstandes unterstellt.

Beispiel: Betragen die Anschaffungskosten einer Maschine 50.000,00 € und die Nutzungs-dauer 10 Jahre, so ist der jährliche Abschreibungsbetrag 5.000,00 € und der AfA-Satz 10 %:

$$\text{AfA-Betrag} = \frac{\text{Anschaffungskosten}}{\text{Nutzungsdauer}} \qquad \text{AfA-Satz \%} = \frac{100\,\%}{\text{Nutzungsdauer}}$$

Steuerrechtlich ist die lineare Abschreibung **bei allen beweglichen und unbeweglichen abnutzbaren Anlagegegenständen erlaubt.** Daneben dürfen außerplanmäßige Abschreibungen für dauernde Wertminderungen vorgenommen werden.

3.2.2 Degressive Abschreibung (Buchwert-AfA)

Die Abschreibung wird nur im ersten Jahr von den Anschaffungskosten des Anlage-gegenstandes berechnet, in den folgenden Jahren dagegen mit einem gleich bleiben-den **Prozentsatz vom jeweiligen Restbuchwert** (daher: Buchwert-AfA). Da der Buch-wert von Jahr zu Jahr kleiner wird, ergeben sich **fallende Abschreibungsbeträge.** Am Ende der Nutzungsdauer bleibt ein **Restwert.** Diese Buchwertabschreibung nennt man auch geometrisch-degressive Abschreibung.

Der degressive AfA-Satz muss höher sein als bei linearer Abschreibung, um nach Ablauf der Nutzungsdauer einen **möglichst niedrigen Restwert** zu erzielen. Dieser Restwert ist im letzten Nutzungsjahr mit der laufenden Jahres-AfA abzuschreiben.

Steuerrechtlich ist die degressive AfA **nur bei beweglichen** abnutzbaren Anlagegegen-ständen möglich. Der AfA-Satz bei degressiver Abschreibung darf das **Zweifache des linea-ren AfA-Satzes** betragen, wobei aber **20 % nicht überschritten** werden dürfen (§ 7 [2] EStG)[1].

altes Recht

Vorteile der Buchwert-AfA. Die degressive Abschreibung führt **in den ersten Jahren** der Nutzung des Anlagegegenstandes zu **wesentlich höheren Abschreibungsbeträ-gen** als die lineare Abschreibung (vgl. nachfolgende Tabelle). **Außergewöhnliche Wertminderungen,** bedingt durch wirtschaftliche und technische Entwicklungen, **wer-den** somit **stärker berücksichtigt.** Der höhere Abschreibungsaufwand bewirkt zudem eine **stärkere Minderung des steuerpflichtigen Gewinns.** Die geringeren Steuerzah-lungen **erhöhen** zugleich die **Liquidität** des Unternehmens. Die degressive Abschrei-bungsmethode wird daher in der Praxis bevorzugt.

Merke:
- **Lineare AfA** = Abschreibung vom Anschaffungswert
- **Degressive AfA** = Abschreibung vom Buchwert (Buchwert-AfA)

---

1 Bei **beweglichen Anlagegütern,** die in den **Geschäftsjahren 2006 und 2007 angeschafft oder hergestellt werden,** beträgt der **degressive AfA-Satz** aus konjunkturellen Gründen **das Dreifache** des linearen AfA-Satzes, jedoch **höchstens 30 %.**

Der Wechsel von der degressiven zur linearen AfA ist steuerrechtlich **erlaubt,** jedoch **nicht umgekehrt** (§ 7 [3] EStG). Er ist aus folgenden Gründen zu **empfehlen:**

▶ Der Anlagegegenstand ist am Ende der Nutzungsdauer **voll** abgeschrieben **(kein Restwert).**
▶ Der **lineare Abschreibungsbetrag** ist in der Regel bereits vom Zeitpunkt des Wechsels an **höher** als bei degressiver Abschreibung **(Steuerspareffekt).**

Der günstigste Zeitpunkt des Wechsels ist gegeben, wenn der **AfA-Betrag bei linearer Abschreibung gleich** bzw. **größer** ist **als bei** fortgeführter **degressiver AfA.** Das ist z. B. bei Anlagegütern mit einer Nutzungsdauer von 10 Jahren im 6. oder 7. Jahr[1] der Fall. Der Restbuchwert wird **in gleichen Beträgen** auf die verbleibenden Jahre verteilt:

$$\text{Abschreibungsbetrag} = \frac{\textbf{Restbuchwert zum Zeitpunkt des Wechsels}}{\textbf{Restnutzungsjahre}}$$

Beispiel: Anschaffungskosten einer Maschine 50.000,00 €, Nutzungsdauer nach AfA-Tabelle 10 Jahre. Das Anlagegut kann somit **linear mit 10 %, degressiv mit** dem steuerlichen Höchstsatz von **20 %**[2] abgeschrieben werden.

Die nachstehende Übersicht macht Folgendes deutlich:

1. Die **lineare AfA** erreicht nach Ablauf der zehnjährigen Nutzungsdauer den **Nullwert.** Die **degressive** Buchwert-AfA endet dagegen mit einem **Restwert** von **5.368,71 €.**
2. Deshalb empfiehlt sich **im 6. (oder 7.) Nutzungsjahr der Übergang** von der degressiven zur linearen AfA: Linearer AfA-Betrag = bzw. > degressiver AfA-Betrag:

Degressiver AfA-Betrag = 20 % von 16.384,00 € Buchwert = **3.276,80 €**
Linearer AfA-Betrag = 16.384,00 € Buchwert : 5 (Restjahre) = **3.276,80 €**

	Lineare AfA 10 %	Degressive AfA 20 %[2]	Übergang degressiv ▶ linear
Anschaffungskosten AfA: 1. Jahr *1.1.02*	50.000,00 5.000,00	50.000,00 10.000,00	**Berechnung:**
Buchwert AfA: 2. Jahr *1.1.03*	45.000,00 5.000,00	40.000,00 8.000,00	$i = n - \dfrac{100}{p} + 1$ i = Übergangsjahr
Buchwert AfA: 3. Jahr *1.1.04*	40.000,00 5.000,00	32.000,00 6.400,00	n = Nutzungsdauer p = AfA-Satz
Buchwert AfA: 4. Jahr	35.000,00 5.000,00	25.600,00 5.120,00	$i = 10 - \dfrac{100}{20} + 1$
Buchwert AfA: 5. Jahr	30.000,00 5.000,00	20.480,00 4.096,00	i = **6** Lineare AfA
Buchwert *Restwert* AfA: 6. Jahr	25.000,00 5.000,00	16.384,00 **3.276,80**	16.384,00 **3.276,80**
Buchwert AfA: 7. Jahr	20.000,00 5.000,00	13.107,20 2.621,44	13.107,20 **3.276,80**
Buchwert AfA: 8. Jahr	15.000,00 5.000,00	10.485,76 2.097,15	9.830,40 **3.276,80**
Buchwert AfA: 9. Jahr	10.000,00 5.000,00	8.388,61 1.677,72	6.553,60 **3.276,80**
Buchwert AfA: 10. Jahr	5.000,00 5.000,00	6.710,89 1.342,18	3.276,80 **3.276,80**
Buchwert	0,00	5.368,71	0,00

Merke: ● Die lineare AfA ist steuerrechtlich bei allen abnutzbaren Anlagegegenständen zulässig, die degressive AfA grundsätzlich nur bei beweglichen abnutzbaren Anlagegegenständen.
● Der Übergang von der degressiven zur linearen AfA ist steuerrechtlich erlaubt, nicht aber umgekehrt.

---

1 Im 6. Jahr sind linearer und degressiver AfA-Betrag in diesem Fall gleich hoch, im 7. Jahr ist der lineare AfA-Betrag dann größer.
2 Siehe Fußnote auf S. 155.

3.2.3 Abschreibung nach Leistungseinheiten (Leistungs-AfA)

Die Abschreibung kann bei **Anlagegegenständen, deren Leistung** in der Regel **erheblich schwankt** und deren Verschleiß dementsprechend wesentliche Unterschiede aufweist, auch **nach Maßgabe der Inanspruchnahme oder Leistung** (km, Stunden u. a.) vorgenommen werden. Diese **steuerrechtlich zulässige AfA-Methode** kommt der technischen Abnutzung am nächsten.

Beispiel:	Betragen die Anschaffungskosten eines LKWs 80.000,00 € und die voraussichtliche Gesamtleistung 200 000 km, so ergibt sich daraus ein Abschreibungsbetrag je Leistungseinheit (km) von: 80.000 : 200 000 = 0,40 €/km.

Den Jahresabschreibungsbetrag erhält man, indem man die jährliche **Fahrtleistung, nachzuweisen durch Fahrtenbuch,** mit dem AfA-Betrag von 0,40 € je km multipliziert:

> **1. Jahr:** 40 000 km · 0,40 € = **16.000,00 € AfA**
> **2. Jahr:** 60 000 km · 0,40 € = **24.000,00 € AfA**
> **3. Jahr:** 35 000 km · 0,40 € = **14.000,00 € AfA**
> **4. Jahr:** 65 000 km · 0,40 € = **26.000,00 € AfA**

Merke:	**Bei Anwendung der Leistungs-AfA ist die jährliche Leistung nachzuweisen.**

3.3 Geringwertige Wirtschaftsgüter (GWG) *ab 1.1.08 neu*

Wahlrecht. Nach § 6 (2) EStG kann man bei **beweglichen** Anlagegegenständen mit **Anschaffungskosten bis 410,00 €** (netto) zwischen der

▶ **Vollabschreibung im Jahr der Anschaffung** und der
▶ **Abschreibung nach der Nutzungsdauer**

wählen. Diese **„Geringwertigen Wirtschaftsgüter" (GWG)** müssen jedoch auch **selbstständig nutzbar** und **bewertbar** sowie **abnutzbar** sein. Einbauteile oder Bestandteile eines Aggregates sind somit keine geringwertigen Wirtschaftsgüter im steuerlichen Sinne, wie z. B. die Eingabetastatur einer EDV-Anlage.

Buchhalterische Behandlung. Geringwertige Wirtschaftsgüter werden zum Zeitpunkt ihrer Anschaffung zunächst auf einem besonderen Anlagekonto

0890 Geringwertige Wirtschaftsgüter

erfasst. **Beim Jahresabschluss muss man sich dann für eine der beiden Abschreibungsmöglichkeiten entscheiden.** Das hängt natürlich in erster Linie von der Gewinnsituation **(Steuerspareffekt!)** des Unternehmens ab.

Beispiel:	Kauf eines Schreibtisches gegen Bankscheck: 300,00 € + 57,00 € USt.

❶ **Buchung bei Anschaffung:**

0890 Geringw. Wirtschaftsgüter . . 300,00
2600 Vorsteuer 57,00   an   2800 Bank 357,00

❷ **Buchung zum Jahresabschluss** (Vollabschreibung):

6540 Abschreibungen auf GWG . 300,00   an   0890 Geringw. Wirtschaftsgüter   300,00

> **Beachten Sie:** Geringwertige Wirtschaftsgüter mit Anschaffungskosten **bis 60,00 €** (netto) können zum Zeitpunkt des Erwerbs **sofort als Aufwand** gebucht werden.

Merke:	**Geringwertige Wirtschaftsgüter sind auf dem Sonderkonto „0890 GWG" zu erfassen. Steuerrechtlich bestehen zwei Abschreibungsmöglichkeiten (Wahlrecht).**

Merke:	**Zu den planmäßigen Abschreibungen zählen folgende Methoden:**		
	lineare Abschreibung	**degress. Abschreibung**	**Leistungsabschreibung**
	↓	↓	↓
	gleich bleibende Abschreibungsbeträge	**fallende Abschreibungsbeträge**	**schwankende Abschreibungsbeträge**

Aufgaben

156 Anschaffungskosten einer Drehmaschine 220.000,00 €. Nutzungsdauer 10 Jahre.

1. *Stellen Sie in einer tabellarischen Übersicht a) die lineare Abschreibung, b) die degressive Abschreibung mit dem steuerrechtlich zulässigen Höchstsatz vergleichend gegenüber.*
2. *Nennen Sie die Vorteile a) der linearen und b) der degressiven Abschreibung.*

157 Die Abschreibungsmethoden der Aufgabe 156' sind als Abschreibungskurven in einem Koordinatenkreuz (Abszisse: Nutzungsjahre; Ordinate: AfA-Beträge) darzustellen.

Erläutern Sie den Verlauf der Abschreibungskurven.

158 Die Anschaffungskosten eines LKWs betragen 125.000,00 €. Die Gesamtleistung wird auf 250 000 km geschätzt. Nutzungsdauer: 8 Jahre.

1. *Nennen Sie die Voraussetzung für die steuerliche Anerkennung der Abschreibung nach Leistungseinheiten (Leistungs-AfA) und ermitteln Sie die AfA für: 1. Nutzungsjahr: 48 000 km, 2. Jahr: 30 000 km, 3. Jahr: 31 000 km, 4. Jahr: 27 000 km, 5. Jahr: 32 000 km, 6. Jahr: 24 000 km, 7. Jahr: 30 000 km, 8. Jahr: 28 000 km.*
2. *Stellen Sie den Verlauf der Leistungs-AfA grafisch in einem Koordinatenkreuz dar.*
3. *Was spricht betriebswirtschaftlich für und gegen eine AfA nach Maßgabe der Leistung?*

159 Ein Magnetabscheider wurde am 2. Mai für 120.000,00 € angeschafft. Er hat eine Nutzungsdauer von 5 Jahren und wird linear abgeschrieben.

1. *Ermitteln Sie die zeitanteilige AfA.*
2. *Wie hoch sind die fortgeführten Anschaffungskosten am Ende des 4. Nutzungsjahres?*

160 Eine Maschine mit einer Nutzungsdauer von 5 Jahren, die linear abgeschrieben wurde, hatte zum 31. Dezember des 2. Nutzungsjahres noch einen Restbuchwert (fortgeführte Anschaffungskosten) von 60.000,00 €. Zum Jahresende wird gleichzeitig bekannt, dass in den nächsten Monaten ein verbessertes Nachfolgemodell zu einem wesentlich günstigeren Preis angeboten wird. Dadurch sinkt der Wert der Maschine auf 45.000,00 € zum 31. Dezember.

1. *Wie hoch waren die Anschaffungskosten und die bisherigen Abschreibungen?*
2. *Was empfehlen Sie dem Unternehmen?*
3. *Ermitteln Sie für die Restnutzungsdauer die AfA je Jahr.*

161 Eine Maschine mit Anschaffungskosten von 150.000,00 € und einer Nutzungsdauer von 10 Jahren soll unter Beachtung der steuerlichen Höchstgrenzen abgeschrieben werden.

1. *Welche Abschreibungsmethode empfehlen Sie dem Unternehmen? Begründen Sie.*
2. *Erstellen Sie den Abschreibungsplan für die Nutzungsdauer der Maschine.*
3. *Ist ein Wechsel von einer AfA-Methode zu einer anderen steuerrechtlich möglich?*
4. *Welche Gründe sprechen für einen Wechsel von der degressiven zur linearen AfA?*
5. *In welchem Jahr sollte Ihrer Meinung nach ein Wechsel vorgenommen werden?*
6. *Führen Sie den Wechsel in den Abschreibungsmethoden rechnerisch durch.*

162 Kauf eines Schreibtisches gegen Bankscheck am 15. Februar: 380,00 € + USt.

Buchen Sie 1. am 15. Februar und 2. zum 31. Dezember (Wahlrecht!).

163 Barkauf einer Heftmaschine am 18. Juni: 49,00 € + USt. *Buchen und begründen Sie.*

164 Kauf einer Hängeregistratur am 20. Mai: 370,00 € netto + 45,00 € Versandspesen + 78,85 € Umsatzsteuer. Der Rechnungsbetrag wird abzüglich 2 % Skonto durch die Bank überwiesen. *Ermitteln Sie 1. die Anschaffungskosten und 2. buchen Sie a) die Anschaffung, b) den Rechnungsausgleich, c) zum 31. Dezember die AfA (Wahlrecht!).*

Kontenplan und vorläufige Saldenbilanz	Soll	Haben
0500 Unbebaute Grundstücke	280.000,00	–
0510 Bebaute Grundstücke	200.000,00	–
0530 Betriebsgebäude	780.000,00	–
0700 Technische Anlagen und Maschinen	675.000,00	–
0800 Andere Anlagen/Betriebs- und Geschäftsausstattung	280.000,00	–
0890 Geringwertige Wirtschaftsgüter	6.000,00	–
2000 Rohstoffe	70.600,00	–
2200 Fertige Erzeugnisse	85.000,00	–
2400 Forderungen a. LL	307.160,00	–
2600 Vorsteuer	126.905,00	–
2690 Sonstige Forderungen	2.000,00	–
2800 Bank	165.000,00	–
2880 Kasse	8.000,00	–
3000 Eigenkapital	–	1.300.000,00
3001 Privat	62.000,00	–
4250 Hypothekenschulden	–	680.000,00
4400 Verbindlichkeiten a. LL	–	145.000,00
4800 Umsatzsteuer	–	259.065,00
4890 Sonstige Verbindlichkeiten	–	85.200,00
5000 Umsatzerlöse für eigene Erzeugnisse	–	1.350.000,00
5001 Erlösberichtigungen	12.000,00	–
5200 Bestandsveränderungen	–	–
5400 Mieterträge	–	22.600,00
5420 Entnahme v. G. u. s. L.	–	25.500,00
5430 Sonstige betriebliche Erträge	–	14.800,00
6000 Aufwendungen für Rohstoffe	420.000,00	–
6001 Bezugskosten	3.000,00	–
6002 Nachlässe	–	18.500,00
6900 Versicherungsbeiträge	22.000,00	–
7510 Zinsaufwendungen	36.000,00	–
7800 Diverse Aufwendungen	360.000,00	–
Zusätzliche Konten: 2900, 6520, 6540, 6550, 8010 und 8020.	3.900.665,00	3.900.665,00

Abschlussangaben zum Bilanzstichtag (31. Dezember)

1. Die Anschaffung einer Frankiermaschine (GWG), Anschaffungskosten 400,00 €, wurde irrtümlich über das Konto „0700 TA und Maschinen" gebucht.
2. Die Steuerberichtigungen sind noch zu ermitteln und zu buchen:
   a) Liefererskonti, brutto: 952,00 €; b) Kundenskonti, brutto: 1.428,00 €.
3. Die Gutschriftsanzeige unseres Rohstofflieferers ist noch zu buchen: 1.011,50 € brutto.
4. Ein Kunde erhält noch eine Bonus-Gutschriftsanzeige über 1.785,00 € brutto.
5. Kassenüberschuss lt. Inventur 300,00 € (Ursache ungeklärt).
6. Die Dezembermiete unseres Mieters über 1.500,00 € steht zum 31. Dezember noch aus.
7. Die Feuerversicherungsprämie wurde am 1. Okt. mit 2.400,00 € für ein Jahr überwiesen.
8. Zum 31. Dez. fällige Hypothekenzinsen werden im Januar n. J. überwiesen: 19.000,00 €.
9. Reparaturen im Haus des Unternehmers durch eigenen Betrieb: netto 1.500,00 €
10. Planmäßige Abschreibungen: Gebäude: 2 % von 900.000,00 € Herstellungskosten. Maschinen: 20 % degressiv[1]; BGA: 10 % von 320.000,00 € Anschaffungskosten.
11. Außerplanmäßige Abschreibungen:
    a) Vollabschreibung der GWG; b) Das mit 280.000,00 € bilanzierte unbebaute Grundstück hat lt. Gutachten nur noch einen Wert von 220.000,00 €.
12. Schlussbestände lt. Inventur: Rohstoffe 60.000,00 €; Fertige Erzeugnisse: 120.000,00 €. Im Übrigen entsprechen die Buchwerte der Inventur.

Erstellen Sie den Jahresabschluss und ermitteln Sie die Rentabilität des Eigenkapitals.

1 Siehe Fußnote auf S. 155.

4 Bewertung der Forderungen

4.1 Einführung

Bewertung zum Jahresabschluss. Zum Schluss des Geschäftsjahres sind die „Forderungen aus Lieferungen und Leistungen" hinsichtlich ihrer **Güte (Bonität)** zu überprüfen und zu **bewerten.** Dabei unterscheidet man **drei Gruppen:**

▶ **einwandfreie,** ▶ **zweifelhafte** und ▶ **uneinbringliche** Forderungen.

Einwandfrei sind Forderungen, wenn mit **ihrem Zahlungseingang in voller Höhe** gerechnet werden kann.

Zweifelhaft ist eine Forderung, wenn der **Zahlungseingang unsicher** ist, also ein vollständiger oder teilweiser **Forderungsausfall zu erwarten** ist. Das ist beispielsweise der Fall, wenn der Kunde trotz Mahnung nicht gezahlt hat oder über sein Vermögen ein **Insolvenzverfahren** (früher: Vergleichs- oder Konkursverfahren)[1] beantragt oder eröffnet worden ist. **Zweifelhafte Forderungen** werden auch als **„Dubiose"** bezeichnet.

Uneinbringlich ist eine Forderung, wenn der **Forderungsausfall endgültig** feststeht. Das ist beispielsweise der Fall, wenn das Insolvenzverfahren mangels Masse eingestellt oder fruchtlos gepfändet worden ist oder bei Verjährung der Forderung.

Die Bewertung der Forderungen (§ 253 [3] HGB) entspricht dieser Einteilung:

- **einwandfreie** Forderungen sind mit dem **Nennbetrag** anzusetzen,
- **zweifelhafte** Forderungen sind mit ihrem **wahrscheinlichen Wert** zu bilanzieren,
- **uneinbringliche** Forderungen sind **voll abzuschreiben.**

Bewertungsverfahren. Für die Bewertung von Forderungen zum Bilanzstichtag gibt es **drei Möglichkeiten:**

1. **Einzelbewertung** für das **spezielle Ausfallrisiko** (z.B. Insolvenz)
2. **Pauschalbewertung** für das **allgemeine Ausfallrisiko**
3. **Einzel- und Pauschalbewertung** (gemischtes Bewertungsverfahren)

Abschreibung vom Nettowert der Forderung. Die Bewertung von Forderungen a. LL bedingt oft auch **Abschreibungen** auf Forderungen. Dabei ist zu beachten, dass die Abschreibung wegen eines zu erwartenden oder bereits eingetretenen Forderungsverlustes **stets nur vom Nettowert** der Forderung vorgenommen werden kann. Die in der Forderung enthaltene **Umsatzsteuer** wird bei Ausfall der Forderung vom Finanzamt in entsprechender Höhe erstattet. Sie darf deshalb auch grundsätzlich **erst dann berichtigt** werden, **wenn der Ausfall (Verlust) der Forderung endgültig feststeht** und somit „das vereinbarte Entgelt für eine steuerpflichtige Lieferung oder sonstige Leistung **uneinbringlich** geworden ist" (§ 17 [2] Ziffer 1 UStG), wie beispielsweise nach Abschluss eines Insolvenzverfahrens über das Vermögen eines Kunden.

Merke:
- Die Abschreibung wegen eines zu erwartenden oder bereits eingetretenen Forderungsausfalls darf nur vom Nettowert der Forderung erfolgen.
- Bei Abschreibungen auf Forderungen darf die Umsatzsteuer grundsätzlich erst berichtigt werden, wenn der Ausfall der Forderung endgültig feststeht.

---

1 Am **1. Januar 1999** trat die **Insolvenzordnung (InsO)** in Kraft, die die bisherige Konkursordnung (KO) und Vergleichsordnung (VO) ersetzte. Der Antrag auf Eröffnung eines Insolvenzverfahrens wegen Zahlungsunfähigkeit kann vom Schuldner selbst oder vom jeweiligen Gläubiger beim zuständigen Insolvenzgericht (Amtsgericht) gestellt werden.

4.2 Einzelbewertung von Forderungen

Spezielles Ausfallrisiko. Zum Jahresende werden alle Forderungen aus Lieferungen und Leistungen einzeln auf ihre Bonität oder Einbringlichkeit überprüft. Die **Einzelbewertung** (§ 252 [1] Ziffer 3 HGB) berücksichtigt das **individuelle Ausfallrisiko** beim Kunden, wie z. B. die Eröffnung eines Insolvenzverfahrens.

Aus Gründen der Klarheit werden die ermittelten **zweifelhaften Forderungen von** den **einwandfreien** (vollwertigen) Forderungen buchhalterisch **getrennt.** Das geschieht durch **Umbuchung** der gefährdeten Einzelforderungen auf das Konto

2470 Zweifelhafte Forderungen.

4.2.1 Direkte Abschreibung von uneinbringlichen Forderungen

Beispiel 1: Über das Vermögen unseres Kunden Anton Pleite e. K. wurde am 10. Dezember der Antrag auf Eröffnung eines Insolvenzverfahrens gestellt. Unsere Forderung beträgt 2.380,00 € (2.000,00 € netto + 380,00 € USt). Vor Aufstellung der Bilanz zum 31. Dezember .. erfahren wir, dass das Insolvenzverfahren mangels Masse, also wegen fehlender Deckung der Verfahrenskosten, nicht eröffnet wurde.

Die gefährdete Forderung wird zunächst **kontenmäßig gesondert erfasst:**

Buchung: ❶ 2470 Zweifelhafte Forderungen an 2400 Forderungen a. LL 2.380,00

Werden zweifelhafte Forderungen teilweise oder vollständig **uneinbringlich,** wird der **Nettobetrag** des entsprechenden Forderungsausfalls **direkt abgeschrieben:**

6951 Abschreibungen auf Forderungen wegen Uneinbringlichkeit.[1]

Gleichzeitig ist die **Umsatzsteuer** im Soll des Kontos „4800 USt" zu **berichtigen,** da durch den Forderungsausfall eine Rückforderung an das Finanzamt entsteht.

Buchung: ❷ 6951 Abschreibungen auf Forderungen[1] 2.000,00
4800 Umsatzsteuer 380,00
an 2470 Zweifelhafte Forderungen 2.380,00

S	2470 Zweifelhafte Forderungen	H	S	6951 Abschreibungen auf Forderungen	H
❶	2.380,00 ❷	2.380,00	❷	2.000,00	
S	2400 Forderungen a. LL	H	S	4800 Umsatzsteuer	H
...	119.000,00 ❶	2.380,00	❷	380,00	

Beispiel 2: Auf eine im vorigen Jahr als uneinbringlich abgeschriebene Forderung erhalten wir am 30. Dezember unerwartet 357,00 € (300,00 € netto + 57,00 € USt) durch Banküberweisung. Damit lebt die Umsatzsteuer wieder auf.

Buchung: 2800 Bank ...... 357,00 an 5490 Periodenfremde Erträge 300,00
an 4800 Umsatzsteuer 57,00

Merke: ● **Uneinbringliche Forderungen sind direkt (6951 an 2470) abzuschreiben. Gleichzeitig ist die Umsatzsteuer auf Konto 4800 im Soll zu berichtigen.**

● **Bei Zahlungseingang einer abgeschriebenen Forderung lebt die Umsatzsteuer wieder auf.**

---

1 In der **EDV-Fibu** ist das **Konto 6951** stets ein **automatisches Konto.** Nach **Eingabe des Bruttobetrages** wird die anteilige **Umsatzsteuer automatisch** herausgerechnet und gebucht **(Umsatzsteuerverprobung!).**

4.2.2 Einzelwertberichtigung (EWB) zweifelhafter Forderungen

Indirekte Abschreibung. Ist zum Bilanzstichtag bei einer Forderung ein Verlust zu erwarten, so muss in Höhe des **vermuteten (geschätzten) Ausfalls** eine entsprechende Abschreibung vorgenommen werden. Diese **Abschreibung** erfolgt aus Gründen der Klarheit und Übersichtlichkeit in der Regel nicht direkt über das Konto „Zweifelhafte Forderungen", sondern **indirekt** über ein **Wertberichtigungskonto:**

3670 Einzelwertberichtigungen zu Forderungen (EWB).

Das Wertberichtigungskonto, auch „Delkredere" genannt, ist ein **Passivkonto.** Die Zuführung zur EWB, also die Bildung der EWB, erfolgt über das **Aufwandskonto**

6952 Einstellung in EWB.

Beispiel:	Unser Kunde Wolfgang Kurz e. K. hat am 13. Dezember 01 das Insolvenzverfahren beantragt. Unsere Forderung beträgt 11.900,00 € (= 10.000,00 € netto + 1.900,00 € USt). Zum 31. Dezember 01 wird der Verlust auf 80 % von 10.000,00 € (= 8.000,00 €) geschätzt.

Umbuchung der zweifelhaft gewordenen Forderung zum 13. Dezember 01:

❶ 2470 Zweifelhafte Forderungen an 2400 Forderungen a. LL . . . 11.900,00

Indirekte Abschreibung des vermuteten Forderungsverlustes zum 31. Dezember 01:

❷ 6952 Einstellung in EWB . . . . . . an 3670 EWB zu Forderungen 8.000,00

S	2400 Forderungen a. LL		H	S	2470 Zweifelhafte Forderungen		H
...	238.000,00	❶ 2470	11.900,00 ➡	❶ 2400	11.900,00	SBK	11.900,00
		SBK	226.100,00				

S	6952 Einstellung in EWB		H	S	3670 EWB zu Forderungen		H
❷ 3670	8.000,00	GuV	8.000,00	SBK	8.000,00	❷ 6952	8.000,00

S	8010 Schlussbilanzkonto		H
2400 Forderungen a. LL 226.100,00		3670 EWB zu Forderungen 8.000,00	
2470 Zweifelhafte Forderungen . . 11.900,00			

Nennen Sie den Abschlussbuchungssatz für die Bestandskonten 2400, 2470 und 3670.

Vorteile der indirekten Abschreibung. Der Bestand der zweifelhaften Forderungen wird zum Bilanzstichtag in voller Höhe ausgewiesen und stimmt mit dem Kontostand im Hauptbuch und im Kontokorrentbuch (Kundenkonten) überein, während die **„Wertberichtigungen"** zu den zweifelhaften Forderungen insgesamt die **Höhe des zu erwartenden Verlustes** ausweisen. Die indirekte Abschreibung auf Forderungen zum Bilanzstichtag entspricht somit dem **Grundsatz der Klarheit.** Zudem bewirkt sie eine **bessere Abstimmung der Kundenkonten mit den Sachkonten** „Forderungen a. LL" und „Zweifelhafte Forderungen".

Beachten Sie: In den zu **veröffentlichenden Bilanzen der Kapitalgesellschaften** dürfen **zweifelhafte Forderungen und Wertberichtigungen nicht ausgewiesen** werden. Sie sind **vorab** aktivisch **mit den Forderungen a. LL zu verrechnen** (siehe Bilanz nach § 266 HGB auf S. 174 f. und im Anhang).

Merke:	**Zum Bilanzstichtag werden zweifelhafte Forderungen in Höhe des vermuteten Ausfalls indirekt in Form einer Einzelwertberichtigung (EWB) abgeschrieben.**

Direkte Abschreibung des tatsächlichen Forderungsausfalls. Zu Beginn des neuen Jahres werden die **Konten 2470 und 3670 über „8000 EBK" eröffnet:**

▶ 2470 Zweifelhafte Ford. . . . an 8000 EBK 11.900,00
▶ 8000 EBK . . . . an 3670 EWB zu Ford. 8.000,00

Der sich im neuen Jahr ergebende tatsächliche Ausfall der zweifelhaften Forderung wird **direkt** abgeschrieben über das Konto

6951 Abschreibungen auf Forderungen wegen Uneinbringlichkeit,

obwohl für diese Forderung bereits eine Wertberichtigung besteht. Auf diese Weise werden alle Umsatzsteuer mindernden Forderungsausfälle lediglich auf dem Konto 6951 erfasst, das, versehen mit einer **Umsatzsteuerautomatik,** eine EDV-gerechte Umsatzsteuerverprobung ermöglicht. Die für die zweifelhafte Forderung gebildete **Einzelwertberichtigung** bleibt deshalb bis zum Jahresende **unberührt.**

Beispiel:	Nach Abschluss des Insolvenzverfahrens gegen unseren Kunden Wolfgang Kurz e. K. überweist der Insolvenzverwalter 2.380,00 €. Die Restforderung in Höhe von 9.520,00 € (11.900,00 € – 2.380,00 €) ist endgültig verloren. Die darin enthaltene Umsatzsteuer über 1.520,00 € wird berichtigt.

Buchung:	2800 Bank	2.380,00	
	6951 Abschreibungen auf Forderungen	8.000,00	
	4800 Umsatzsteuer	1.520,00	
	an 2470 Zweifelhafte Forderungen		11.900,00

S	2470 Zweifelhafte Forderungen	H	S	2800 Bank	H
...	11.900,00	Diverse 11.900,00 ◄	2470	2.380,00	
S	**3670 EWB zu Forderungen**	H	S	**6951 Abschreibungen auf Forderungen**	H
		EBK **8.000,00**	2470	8.000,00	
			S	**4800 Umsatzsteuer**	H
			2470	1.520,00	

Anpassung der Einzelwertberichtigung. Die **bisherige** EWB (8.000,00 €) wird zum 31. Dezember jeweils der **aktuellen** EWB zweifelhafter Forderungen **angepasst.**

Beispiele:	EWB zum 31. Dezember: ❶ 5.000,00 €, ❷ 9.000,00 €

❶ **Neue EWB < bisherige EWB:** In Höhe des Differenzbetrages (8.000,00 € – 5.000,00 € = 3.000,00 €) erfolgt eine **Herabsetzung der EWB.** Es entsteht ein **Ertrag von 3.000,00 €.**

Buchung:	3670 EWB zu Forderungen	3.000,00	
	an 5450 Erträge aus der Auflösung oder Herab-		
	setzung von WB auf Forderungen		3.000,00

S	5450 Erträge aus WB-Herabsetzung	H	S	3670 EWB zu Forderungen	H
GuV	3.000,00	3670 3.000,00 ◄	5450	3.000,00	EBK 8.000,00
			SBK	**5.000,00**	

❷ **Neue EWB > bisherige EWB:** In Höhe des Differenzbetrages (9.000,00 € – 8.000,00 € = 1.000,00 €) erfolgt eine **Erhöhung der EWB.** Es entsteht ein **Aufwand von 1.000,00 €.**

Buchung:	6952 Einstellung in EWB	an	3670 EWB zu Forderungen . . .	1.000,00

S	6952 Einstellung in EWB	H	S	3670 EWB zu Forderungen	H
3670	**1.000,00**	GuV 1.000,00	**SBK**	**9.000,00**	EBK 8.000,00
					6952 1.000,00

Merke:	● **Endgültige Ausfälle zweifelhafter Forderungen werden stets direkt abge- schrieben. Die hierfür gebildete EWB bleibt bis zum Jahresende unberührt.**
	● **Zum 31. Dez. ist die EWB dem aktuellen Abschreibungsbedarf anzupassen.**

Aufgaben

166 Der Kunde Mathias Schneider e. K. hat am 8. Nov. beim zuständigen Amtsgericht das Insolvenzverfahren beantragt. Unsere Forderung beträgt einschließlich Umsatzsteuer 5.950,00 €.

Am 20. November erfahren wir, dass das Insolvenzverfahren mangels Masse abgelehnt wurde.

Das Konto „2400 Forderungen a. LL" weist einen Bestand von 238.000,00 € aus, das Konto „4800 Umsatzsteuer" 18.500,00 €.

1. Buchen Sie auf den entsprechenden Konten a) zum 8. November und b) zum 20. November.
2. Begründen Sie die Trennung der zweifelhaften von den einwandfreien Forderungen.
3. Warum darf die Abschreibung nur vom Nettowert der Forderung vorgenommen werden?

167 Der Kunde Hans Moog e. K. hat am 2. Dezember das Insolvenzverfahren beantragt. Unsere Forderung: 1.190,00 €. Das Verfahren kommt am 28. Dezember zum Abschluss. Die Erstattungsquote beträgt 50 % = 595,00 €. Die Bankgutschrift erfolgt noch zum 29. Dezember.

Buchen Sie a) zum 2. Dezember und b) zum 29. Dezember.

168 Der Kunde Dirk Krämer e. K. hat am 10. November das Insolvenzverfahren beantragt. Unsere Forderung beträgt einschließlich Umsatzsteuer 4.760,00 €.

Beim letzten Termin am 15. Dezember ergab sich eine Erstattungsquote von
a) 50 %   und   b) 70 %.

Die Zahlung erfolgte zum gleichen Zeitpunkt durch Banküberweisung.

Bestand auf Konto 2400: 261.800,00 €, auf Konto 4800: 18.200,00 €.

1. Buchen Sie auf den erforderlichen Konten zum 10. November.
2. Wie lauten die Buchungen zum 15. Dezember a) bei 50 % und b) bei 70 % Erstattungsquote?
3. Warum werden uneinbringliche Forderungen direkt abgeschrieben?
4. Inwiefern ergibt sich in den Fällen 2. a) und 2. b) eine Korrektur der Umsatzsteuer?

169 Im vergangenen Jahr war eine uneinbringlich gewordene Forderung von 3.570,00 € direkt in voller Höhe abgeschrieben worden. Unerwartet erhalten wir am 15. Mai des laufenden Jahres 1.785,00 € einschließlich USt auf unser Bankkonto überwiesen.

1. Buchen Sie.
2. Begründen Sie die Auswirkung des Falles auf die Umsatzsteuer.

170 Über das Vermögen unseres Kunden Martin Ohnesorg e. K. wird am 15. Dezember das Insolvenzverfahren eröffnet. Unsere Forderung beträgt 4.760,00 € (4.000,00 € netto + 760,00 € USt). Zum Bilanzstichtag wird mit einem Ausfall von 70 % der Forderung gerechnet. Das Konto „2400 Forderungen a. LL" weist einen Bestand von 357.000,00 € aus.

1. Wie lauten die Buchungen a) zum 15. Dezember und b) zum 31. Dezember?
2. Schließen Sie die Bestandskonten über das Schlussbilanzkonto ab und erläutern Sie den Aussagewert dieser Bilanzposten.
3. Wie wäre zum 31. Dezember bei einem EWB-Anfangsbestand von a) 0,00 €, b) 3.500,00 € und c) 1.000,00 € zu buchen?
4. Vergleichen Sie die Aussagefähigkeit der Kundenkonten bei direkter und bei indirekter Abschreibung der zweifelhaften Forderungen.
5. Warum darf im vorliegenden Fall zum 31. Dezember noch keine Umsatzsteuerkorrektur erfolgen?

171 Die Bestandskonten der Aufgabe 170 sind mit ihren Beständen zum 1. Januar .. zu eröffnen. Das Konto „4800 Umsatzsteuer" weist einen Bestand von 15.600,00 € aus.

Am 15. Februar des laufenden Geschäftsjahres werden uns nach Abschluss des Insolvenzverfahrens folgende Beträge einschließlich Umsatzsteuer auf unser Bankkonto überwiesen:
a) 1.904,00 €; b) 952,00 €.

1. Ermitteln Sie rechnerisch jeweils die Umsatzsteuerkorrektur.
2. Buchen Sie auf den entsprechenden Konten die Fälle a) und b).
3. Bei der Bewertung der Forderungen zum Bilanzstichtag gilt — wie bei allen Wirtschaftsgütern — der Grundsatz der Einzelbewertung. Begründen Sie das.

4.3 Pauschalwertberichtigung (PWB) der Forderungen

Allgemeines Ausfallrisiko. Bei großem Kundenstamm ist eine Einzelbewertung aller Forderungen zum Bilanzstichtag zu zeitaufwendig. Erfahrungsgemäß ist aber auch bei einwandfreien Forderungen im Laufe des Geschäftsjahres mit Ausfällen zu rechnen. Kunden von an sich guter Bonität können durch nicht vorhergesehene Ereignisse in Zahlungsschwierigkeiten geraten. Ein Abschwächen der Konjunktur kann bei bisher zahlungsfähigen Kunden ebenfalls zu einem Liquiditätsengpass führen. Diesem nicht vorhersehbaren **allgemeinen Ausfall- bzw. Kreditrisiko** trägt man vorsorglich durch eine **Pauschalabschreibung der Forderungen** Rechnung.

Berechnung der Pauschalabschreibung. Aufgrund der betrieblichen **Erfahrungen** (Forderungsausfälle der letzten 3–5 Jahre) wird ein Prozentsatz ermittelt und auf den Bestand der Forderungen (Nettowert) angewandt. Dieser **Pauschalsatz** muss rechnerisch **nachweisbar** sein.

Indirekte Abschreibung. Die Pauschalabschreibung wird aus Gründen der Klarheit indirekt im Haben eines besonderen Wertberichtigungs- oder Korrekturkontos erfasst. Der Abschreibungsbetrag wird zunächst im Soll des Aufwandskontos

6953 Einstellung in Pauschalwertberichtigung

gebucht. Die entsprechende Habenbuchung erscheint auf dem Passivkonto

3680 Pauschalwertberichtigung zu Forderungen (PWB).

Zum Jahresabschluss wird das Konto 6953 zum GuV-Konto, das Konto 3680 zum Schlussbilanzkonto abgeschlossen. **Im Schlussbilanzkonto** bildet somit die auf der Passivseite der Bilanz ausgewiesene „**PWB zu Forderungen**" einen **Korrekturposten zu** den „**Forderungen a. LL**" auf der Aktivseite der Bilanz.

Beispiel:	Gesamtbetrag der Forderungen zum 31. Dezember 01, brutto ..	238.000,00 €
−	Umsatzsteueranteil	38.000,00 €
	Nettoforderungen, die der Pauschalbewertung unterliegen ...	200.000,00 €
	Hierauf 3 % Pauschalabschreibung	**6.000,00 €**

Buchungen zum 31. Dezember:

❶ 6953 Einstellung in PWB .... an 3680 PWB zu Forderungen 6.000,00
❷ 8020 GuV-Konto .... an 6953 Einstellung in PWB 6.000,00
❸ 8010 Schlussbilanzkonto .... an 2400 Forderungen a.LL 238.000,00
❹ 3680 PWB zu Forderungen .... an 8010 Schlussbilanzkonto 6.000,00

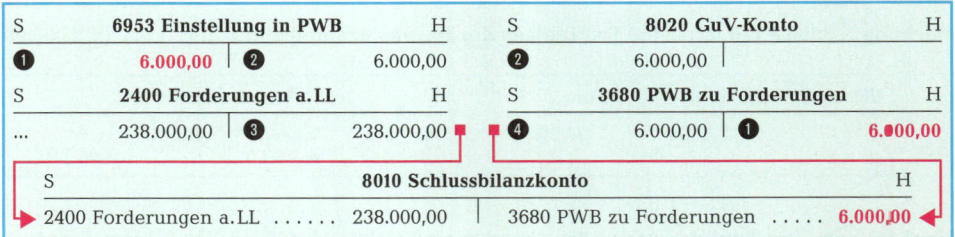

Aussagewert der Bilanz. Das Schlussbilanzkonto weist nun im Soll den Gesamtbetrag der Forderungen a. LL aus, im Haben dagegen den vermuteten Forderungsausfall in Höhe der Pauschalwertberichtigung. In **Bilanzen von Kapitalgesellschaften,** die **veröffentlicht** werden sollen, muss die **Pauschalwertberichtigung** jedoch vorher von den Forderungen **aktivisch absetzt** werden ➡ siehe Bilanz (§ 266 HGB) auf S. 174 f. und im Anhang.

Buchungen während des Geschäftsjahres. Bei **Ausfall** einer Forderung **während** des Geschäftsjahres wird die **Pauschalwertberichtigung nicht in Anspruch genommen.** Der **Ausfall** wird **direkt über** das **Konto 6951** (mit Steuerberichtigung) gebucht.

Beispiel:	Im März des neuen Geschäftsjahres wird ein Kunde zahlungsunfähig. Unsere Forderung in Höhe von 1.071,00 € (900,00 € + 171,00 € USt) ist uneinbringlich.

Buchung:	6951 Abschreibungen auf Forderungen	900,00
	4800 Umsatzsteuer	171,00
	an 2400 Forderungen a.LL	1.071,00

Anpassung zum Bilanzstichtag. Die **Pauschalwertberichtigung** ist zum Jahresabschluss stets **dem neuen Forderungsbestand anzupassen.** Sie muss entweder **herauf- oder herabgesetzt** werden. Eine **Aufstockung** bedeutet eine **zusätzliche Neubildung** in Höhe des Unterschiedsbetrages zwischen dem Bestand der PWB und dem zu bildenden neuen Wert der Pauschalwertberichtigung. Eine **Herabsetzung** bedingt eine entsprechende Auflösung der PWB über das Konto

„5450 Erträge aus der Auflösung oder Herabsetzung von WB auf Forderungen".

Beispiel:	Die PWB hat im obigen Beispiel am 31. Dezember 02 einen Bestand von 6.000,00 €. Aufgrund des relativ geringen Forderungsausfalls im letzten Jahr setzen wir den Pauschalsatz von 3 % auf 2 % herab. Zwei Fälle sind möglich:

▶ **Forderungsbestand zum 31. Dezember: netto 350.000,00 €; Pauschalsatz 2 %**

2 % von 350.000,00 € Forderungsbestand zum 31. Dez. 02	7.000,00 €
− Bestand der PWB des Vorjahres	6.000,00 €
Heraufsetzung der PWB zum 31. Dezember 02	**1.000,00 €**

Buchung: 6953 Einstellung in PWB . . . .   an   3680 PWB zu Forderungen 1.000,00

S	6953 Einstellung in PWB	H	S	3680 PWB zu Forderungen	H
3680	1.000,00		SBK	7.000,00	EBK 6.000,00
					6953 1.000,00

▶ **Forderungsbestand am 31. Dezember: netto 200.000,00 €; Pauschalsatz 2 %**

2 % von 200.000,00 € Forderungsbestand zum 31. Dez. 02	4.000,00 €
− Bestand der PWB des Vorjahres	6.000,00 €
Auflösung der PWB zum 31. Dezember 02	**2.000,00 €**

Buchung: 3680 PWB an 5450 Erträge aus der Herabsetzung der WB a. F. 2.000,00

S	5450 Erträge aus WB-Herabsetzung	H	S	3680 PWB zu Forderungen	H
	3680	2.000,00 ◀━	5450	2.000,00	EBK 6.000,00
			SBK	4.000,00	

Merke:	● Die Pauschalwertberichtigung berücksichtigt lediglich das allgemeine Ausfallrisiko bei Forderungen.
	● Während des Geschäftsjahres werden alle Forderungsausfälle zulasten des Kontos „6951 Abschreibungen auf Ford. wegen Uneinbringlichkeit" gebucht.
	● Zum Bilanzstichtag ist die Pauschalwertberichtigung lediglich dem neuen Forderungsbestand durch Aufstockung oder Herabsetzung anzupassen.

166

4.4 Kombination von Einzel- und Pauschalbewertung

In vielen Unternehmen werden die Forderungen zum Bilanzstichtag sowohl einzeln als auch pauschal bewertet und berichtigt. Bestimmte **zweifelhafte** Forderungen, bei denen am Abschlusstag ein **spezielles** Ausfallrisiko (z. B. wegen eines schwebenden Insolvenzverfahrens) besteht, bedürfen einer Einzelbewertung durch Bildung einer **Einzelwertberichtigung.** Für die **einwandfreien** Forderungen wird wegen des **allgemeinen** Ausfallrisikos eine **Pauschalwertberichtigung** gebildet.

Zur Ermittlung der Pauschalwertberichtigung müssen die **zweifelhaften Forderungen** zunächst **vom Gesamtbetrag der Forderungen abgezogen** werden.

Beispiel: Der Forderungsbestand eines Industrieunternehmens beträgt zum Bilanzstichtag (31. Dezember) 357.000,00 €. Bei Inventur der Forderungen wird noch festgestellt, dass über das Vermögen des Kunden Werner Theuer e. K. bereits am 13. Dezember das Insolvenzverfahren eröffnet worden ist. Unsere Forderung: 23.800,00 €.

Vor Erstellung des Jahresabschlusses teilt uns der Insolvenzverwalter mit, dass mit einer Erstattungsquote von 20 % zu rechnen ist. Im Übrigen unterliegen die einwandfreien Forderungen einer Pauschalwertberichtigung von 2 %.

Anfangsbestände: EWB: 12.000,00 €; PWB: 7.500,00 €.

▶ **Berechnung und Buchung der Einzelwertberichtigung:**

Mutmaßlicher Ausfall = 80 % von 20.000,00 € netto, also **16.000,00 €.**

❶ 2470 Zweifelhafte Forderungen ...... an 2400 Forderungen a. LL 23.800,00
❷ 6952 Einstellung in EWB .... an 3670 EWB zu Forderungen . 4.000,00

▶ **Berechnung und Buchung der Pauschalwertberichtigung:**

Gesamtbetrag der Forderungen, brutto	357.000,00
− Zweifelhafte Forderungen (Einzelbewertung) Werner Theuer	23.800,00
Forderungen, die der Pauschalbewertung unterliegen, brutto ...	333.200,00
− Umsatzsteueranteil	53.200,00
Forderungen, die der Pauschalbewertung unterliegen, **netto**	280.000,00
Hierauf Pauschalwertberichtigung von 2 %	**5.600,00**

Buchung: 3680 PWB zu Forderungen 1.900,00
an 5450 Erträge aus der Herabsetzung v. Wertb. a. F. 1.900,00

S	8010 Schlussbilanzkonto	H
2400 Forderungen a. LL .... 333.200,00 ◀——▶	3680 PWB	5.600,00
2470 Zweifelhafte Forderungen .. 23.800,00 ◀——▶	3670 EWB	16.000,00

Merke: ● Die Einzelwertberichtigung berücksichtigt das besondere Ausfallrisiko.
● Die Pauschalwertberichtigung berücksichtigt das allgemeine Ausfallrisiko.

Kapitalgesellschaften. In der zu **veröffentlichenden Jahresbilanz** einer Kapitalgesellschaft dürfen nach § 266 HGB (siehe Bilanzgliederung S. 175 und im Anhang) **keine Wertberichtigungsposten und zweifelhaften Forderungen** ausgewiesen werden. Diese Posten sind **vorab mit** den „Forderungen a. LL" zu **verrechnen.** Die Bilanz hat dann folgendes Aussehen:

Aktiva	Bilanz der X-AG	Passiva
Forderungen a. LL 335.400,00		

Aufgaben

172 Die Netto-Forderungsbestände der letzten fünf Jahre betragen insgesamt 1.506.000,00 €, die entsprechenden Forderungsverluste 45.180,00 € netto.

1. *Ermitteln Sie den Prozentsatz für eine Pauschalwertberichtigung der Forderungen.*
2. *Bilden und buchen Sie die Pauschalwertberichtigung zum 31. Dez. des laufenden Jahres bei einem Forderungsbestand von 714.000,00 € brutto und einem Anfangsbestand der PWB von 15.000,00 €.*

173 Der Forderungsbestand eines Industrieunternehmens beträgt zum 31. Dez. 01 595.000,00 € brutto. Wegen des allgemeinen Kreditrisikos wird aufgrund der Erfahrungen in der Vergangenheit mit einem Ausfall von 2 % gerechnet. Eine Einzelbewertung war nicht möglich.
Berechnen Sie die Pauschalwertberichtigung und buchen Sie zum 31. Dez. (Anfangsbestand PWB 12.000,00 €).

174 Im folgenden Jahr (Aufgabe 173) liegen folgende Zahlungsausfälle vor:

2. März	Kunde Ley:	unsere Forderung: 2.380,00 €;	Ausfall 100 %
8. Juni	Kunde Maag:	unsere Forderung: 3.570,00 €;	Ausfall 60 %
11. Oktober	Kunde Naumann:	unsere Forderung: 952,00 €;	Ausfall 50 %

Restzahlung durch Banküberweisung. *Buchen Sie die Forderungsausfälle.*

175 Zum Bilanzstichtag am 31. Dez. 02 beträgt der Brutto-Forderungsbestand des oben genannten Industrieunternehmens (Aufgaben 173/174):
a) 714.000,00 €, b) 238.000,00 €.

1. *Berechnen Sie für die Schlussbilanz die neue PWB zu 2 % und ermitteln Sie den jeweiligen Betrag für die Herauf- bzw. Herabsetzung der PWB.*
2. *Buchen Sie die Anpassung der PWB an die neuen Werte.*

176 Der Kunde P. Pech ist tödlich verunglückt. Die Witwe ist zahlungsunfähig. Die Forderung über 476,00 € (400,00 € netto + 76,00 € Umsatzsteuer) ist auszubuchen. Die Pauschalwertberichtigung beträgt 8.000,00 € für das laufende Jahr. *Wie lautet die Buchung?*

177 Der Gesamtbetrag der Forderungen (brutto) beläuft sich auf 476.000,00 €. Darin sind folgende Außenstände enthalten, die im Rahmen der Einzelbewertung wertberichtigt werden müssen:

Kunden	Bruttobetrag der Forderung	Mutmaßlicher Ausfall
Becker	23.800,00	80 %
Meier	10.710,00	30 %
Schnell	3.570,00	50 %

Für den Rest des Forderungsbestandes ist eine Pauschalwertberichtigung von 3 % zu bilden.
Anfangsbestände: EWB 15.000,00 €, PWB 12.000,00 €.

178 Das Insolvenzverfahren im Falle des Kunden Becker (Aufgabe 177) ist abgeschlossen. Der Insolvenzverwalter überweist auf unser Bankkonto die Erstattungsquote:

a) 30 %,   b) 10 %.

1. *Stellen Sie in den Fällen a) und b) jeweils die Berechnung des endgültigen Ausfalls dar.*
2. *Führen Sie die entsprechenden Buchungen durch.*

179 Auf eine im vergangenen Jahr als uneinbringlich abgeschriebene Forderung werden uns unerwartet 595,00 € (500,00 € netto + 95,00 € Umsatzsteuer) auf unser Bankkonto überwiesen. *Buchen Sie den Vorgang.*

180
1. *Die Forderungen werden im Hinblick auf ihre Bewertung in drei Gruppen eingeteilt. Nennen Sie diese und geben Sie jeweils an, wie die Forderungen zu bewerten sind.*
2. *Welche Vorteile hat die indirekte Abschreibung auf zweifelhafte Forderungen für die Buchhaltung eines Industrieunternehmens?*
3. *Begründen Sie die Notwendigkeit der Bildung einer Pauschalwertberichtigung auf Forderungen.*

6621168

5 Exkurs: Abschluss in der Hauptabschlussübersicht

Vor dem endgültigen Abschluss aller Konten kann man einen **Probeabschluss** in Form einer **tabellarischen**

Hauptabschlussübersicht

machen, die auch als **Abschlusstabelle oder Betriebsübersicht** bezeichnet wird. Das geschieht, um

- **die rechnerische Richtigkeit** der im Geschäftsjahr vorgenommenen Buchungen zu **überprüfen** (Buchungsfehler),
- **eine zusammenfassende Übersicht über alle Daten** der Bestands- und Erfolgskonten als **Informations- und Entscheidungsgrundlage** für die Unternehmensleitung zu gewinnen,
- **den Jahresabschluss vorzubereiten.** Viele vorbereitende Abschlussbuchungen bedürfen grundsätzlicher Vorüberlegungen **(Bewertungsfragen)** und damit der **Entscheidung der Geschäftsleitung,** z. B. über die Höhe der Abschreibungen, die Bildung von Rückstellungen, die Bewertung von Forderungen u. a. Es ist daher sinnvoll, den Jahresabschluss zunächst **außerhalb** der Buchführung **tabellarisch** vorzunehmen.

Die Hauptabschlussübersicht des Industriebetriebes umfasst in der Regel 6 Spalten:[1]

1. Summenbilanz

Sie bildet den Ausgangspunkt und damit die **Grundlage** für die zu erstellende Hauptabschlussübersicht. Die Summenbilanz übernimmt deshalb alle im Geschäftsjahr geführten **Bestands- und Erfolgskonten** einzeln **mit den Summen ihrer Soll- und Habenseite,** die sich aus der Buchung der Anfangsbestände und aller Geschäftsfälle ergeben haben. Im Sinne der Bilanzgleichung muss die Summenbilanz im Endergebnis auf beiden Seiten die gleichen Summen aufweisen **(Probebilanz!);** sie ist damit Beleg für die **rechnerische Richtigkeit** der Buchungen. In der Summenbilanz sind bereits wichtige Umschlagszahlen auf den Sachkonten zu erkennen, z. B. Umfang der entstandenen und ausgeglichenen Forderungen und Verbindlichkeiten, die Bewegungen auf den Finanzkonten u. a. m.

2. Saldenbilanz I

Aus den Zahlen der Summenbilanz werden für die einzelnen Konten die Salden ermittelt und in die Saldenbilanz I eingetragen. Im Gegensatz zum Konto muss der Saldo in der Saldenbilanz jeweils **auf der größeren Seite** erscheinen. Sind die Salden richtig errechnet, so müssen Soll- und Habenseite auch in der Saldenbilanz summengleich sein.

3. Umbuchungen

Diese Spalte nimmt die **vorbereitenden Abschlussbuchungen** auf:

- Abschreibungen auf Anlagen und Umlaufvermögen
- Bestandsveränderungen an Roh-, Hilfs- und Betriebsstoffen u. a.
- Bestandsveränderungen an unfertigen und fertigen Erzeugnissen
- Zeitliche Abgrenzungen
- Ausgleich von Bestandsdifferenzen zwischen Buchbestand und Istbestand lt. Inventur
- Bildung von Rückstellungen
- Bewertungskorrekturen
- Abschluss der Unterkonten über die entsprechenden Hauptkonten, z. B. Privat, Bezugskosten, Erlösberichtigungen, Nachlässe
- Verrechnung der Konten „Vorsteuer" und „Umsatzsteuer"

Die Buchungen werden in der Umbuchungsspalte nach den Regeln der Doppik durchgeführt. Es empfiehlt sich jedoch, eine gesonderte **Umbuchungsliste als Beleg** anzufertigen, die alle Angaben und Daten ausweist.

---

1 Der „Summenbilanz" können noch zusätzlich die Spalten **„Eröffnungsbilanz"** und **„Umsatzbilanz"** vorgeschaltet werden, aus deren Addition sich dann die **„Summenbilanz"** ergibt (= achtspaltige Hauptabschlussübersicht).

Hauptabschlussübersicht (Betriebsübersicht)

Kto.-Nr.	Sachkonten der Arzneimittelwerke Jörg Breuer e.K.	Summenbilanz S	H	Saldenbilanz I S	H	Umbuchungen S	H	Saldenbilanz II S	H	Schlussbilanz Aktiva	Passiva	Gewinn und Verlust Aufw.	Erträge
0700	TA u. Maschinen	250.000	–	250.000	–	–	50.000	200.000	–	200.000	–	–	–
0800	Andere Anlagen/BGA	80.000	–	80.000	–	–	16.000	64.000	–	64.000	–	–	–
2000	Rohstoffe	70.000	–	70.000	–	20.000	–	90.000	–	90.000	–	–	–
2100	Unfertige Erzeugnisse	10.000	–	10.000	–	38.000	–	48.000	–	48.000	–	–	–
2200	Fertige Erzeugnisse	45.000	–	45.000	–	–	26.000	19.000	–	19.000	–	–	–
2400	Forderungen a. LL	910.000	780.000	130.000	–	–	–	130.000	–	130.000	–	–	–
2600	Vorsteuer	35.000	30.000	5.000	–	–	5.000	–	–	–	–	–	–
2800	Bank	780.000	660.000	120.000	–	–	–	120.000	–	120.000	–	–	–
2880	Kasse	60.000	40.000	20.000	–	–	2.000	18.000	–	18.000	–	–	–
2900	ARA	25.000	25.000	–	–	8.000	–	8.000	–	8.000	–	–	–
3000	Eigenkapital	–	520.000	–	520.000	36.000	–	–	484.000	–	484.000	–	–
3001	Privat	36.000	–	36.000	–	–	36.000	–	–	–	–	–	–
4400	Verbindlichkeiten a. LL	330.000	400.000	–	70.000	–	–	–	70.000	–	70.000	–	–
4800	Umsatzsteuer	80.000	95.000	–	15.000	5.000	–	–	10.000	–	10.000	–	–
5000	Umsatzerlöse f. eig. Erz.	–	876.000	–	876.000	25.000	–	–	851.000	–	–	–	851.000
5001	Erlösberichtigungen	25.000	–	25.000	–	–	25.000	–	–	–	–	–	–
5200	Bestandsveränderungen	–	25.000	–	25.000	26.000	38.000	–	12.000	–	–	–	12.000
5410	Provisionserträge	–	25.000	–	25.000	–	–	–	25.000	–	–	–	25.000
6000	Aufwendg. f. Rohstoffe	280.000	–	280.000	–	5.000	20.000	265.000	–	–	–	265.000	–
6001	Bezugskosten	5.000	–	5.000	–	–	5.000	–	–	–	–	–	–
62/64	Personalkosten	250.000	–	250.000	–	–	–	250.000	–	–	–	250.000	–
6520	AfA auf Sachanlagen	–	–	–	–	66.000	–	66.000	–	–	–	66.000	–
6700	Mietaufwendungen	180.000	–	180.000	–	–	8.000	172.000	–	–	–	172.000	–
6960	Verluste aus Vermögensabgang	–	–	–	–	2.000	–	2.000	–	–	–	2.000	–
		3.451.000	3.451.000	1.506.000	1.506.000	231.000	231.000	1.452.000	1.452.000	697.000	564.000	755.000	888.000
											133.000	▼133.000	
										697.000	697.000	888.000	888.000

Unternehmungsgewinn:

Eigenkapital zum 1. Jan.	520.000,00 €
− Privatentnahmen	36.000,00 €
	484.000,00 €
+ Unternehmungsgewinn ...	133.000,00 €
Eigenkapital zum 31. Dez. ..	617.000,00 €

Schlussbestand an Rohstoffen lt. Inventur	90.000,00 €
− Anfangsbestand an Rohstoffen	70.000,00 €
Mehrbestand an Rohstoffen	20.000,00 €
Umbuchung: 2000 an 6000	20.000,00 €

4. Saldenbilanz II

Aus der Saldenbilanz I und der Umbuchungsspalte ergeben sich nunmehr die **endgültigen Salden** in der Saldenbilanz II. Aus ihr werden die **Erfolgsrechnung und die Schlussbilanz** entwickelt.

5. Schlussbilanz = Inventurbilanz

Sie übernimmt aus der Saldenbilanz II die **Salden aller Bestandskonten** und weist somit die **endgültigen** Bilanzansätze aus, die der **Inventur und Bewertung** entsprechen. **Aktiva und Passiva** sind in der Regel **nicht summengleich.** Der **Saldo** bedeutet Gewinn oder Verlust, je nachdem, welche Seite überwiegt. Dieser Saldo muss dem Saldo der Spalte 6 „Gewinn- und Verlustrechnung" entsprechen.

6. Gewinn und Verlust = Unternehmungsergebnis

Diese Spalte weist durch die Gegenüberstellung aller Aufwendungen und Erträge als Saldo **den Gewinn oder Verlust (Jahresergebnis) der Unternehmung** aus.

Beispiel: **In der Umbuchungsspalte** der **nebenstehenden** Hauptabschlussübersicht wurden aufgrund der folgenden **Abschlussangaben lt. Inventur** die nachstehenden **Umbuchungen** (vorbereitenden Abschlussbuchungen) vorgenommen:

▶ **Abschreibungen auf 0700: 20 % = 50.000,00 €; auf 0800: 20 % = 16.000,00 €:**

Buchung: 6520 Abschreibungen auf Sachanlagen 66.000,00
an 0700 Technische Anlagen und Maschinen 50.000,00
an 0800 Andere Anlagen/BGA 16.000,00

▶ **Mehrbestand an Rohstoffen lt. Inventur: 20.000,00 €:**

Buchung: 2000 Rohstoffe .... an 6000 Aufwendungen f. Rohst. 20.000,00

▶ **Mehrbestand an unfertigen Erzeugnissen lt. Inventur: 38.000,00 €:**

Buchung: 2100 Unfertige Erzeugnisse ... an 5200 Bestandsveränderungen 38.000,00

▶ **Minderbestand an fertigen Erzeugnissen lt. Inventur: 26.000,00 €:**

Buchung: 5200 Bestandsveränderungen an 2200 Fertige Erzeugnisse 26.000,00

▶ **Kassenfehlbetrag lt. Inventur: 2.000,00 € (Ursache ungeklärt):**

Buchung: 6960 Verluste aus V-Abgang .. an 2880 Kasse 2.000,00

▶ **Konto 6700 enthält unsere Mietvorauszahlung für Januar n. J.: 8.000,00 €:**

Buchung: 2900 ARA .... an 6700 Mietaufwendungen 8.000,00

▶ **Abschluss der Unterkonten bzw. Umbuchungen:**

❶ 3000 Eigenkapital .... an 3001 Privat 36.000,00
❷ 5000 Umsatzerlöse für eig. Erz. .... an 5001 Erlösberichtigungen 25.000,00
❸ 4800 Umsatzsteuer .... an 2600 Vorsteuer 5.000,00
❹ 6000 Aufwendungen für Rohstoffe . an 6001 Bezugskosten 5.000,00

Kontenmäßiger Abschluss. Auf der **Grundlage der Hauptabschlussübersicht** werden zunächst die **Umbuchungen** auf den entsprechenden Konten vorgenommen. Sodann erfolgt der **eigentliche kontenmäßige Abschluss** der Bestands- und Erfolgskonten zum Gewinn- und Verlust- bzw. Schlussbilanzkonto.

Merke:
- Die Hauptabschlussübersicht (Betriebsübersicht) dient vor allem der Vorbereitung des kontenmäßigen Jahresabschlusses eines Unternehmens.
- Die Hauptabschlussübersicht vermittelt in tabellarischer Form eine Gesamtübersicht der Daten aller Bestands- und Erfolgskonten.

Aufgaben

181
182

Stellen Sie aus nachfolgenden Summenbilanzen Hauptabschlussübersichten auf.

181 **182**

Soll	Haben	Konten	Soll	Haben
50.000,00	–	0510 Bebaute Grundstücke .	50.000,00	–
250.000,00	–	0530 Betriebsgebäude	280.000,00	–
120.000,00	–	0700 TA und Maschinen ...	90.000,00	–
60.000,00	–	0800 Andere Anlagen/BGA	45.000,00	–
23.500,00	–	2000 Rohstoffe	21.300,00	–
8.500,00	–	2020 Hilfsstoffe	6.400,00	–
11.500,00	–	2100 Unfertige Erzeugnisse	9.500,00	–
20.000,00	–	2200 Fertige Erzeugnisse ...	18.000,00	–
220.000,00	198.500,00	2400 Forderungen a. LL	195.000,00	172.600,00
23.400,00	22.700,00	2600 Vorsteuer	19.700,00	18.200,00
330.000,00	305.600,00	2800 Bank	290.000,00	261.400,00
154.200,00	148.500,00	2880 Kasse	132.100,00	127.800,00
–	–	2900 ARA	–	–
–	450.000,00	3000 Eigenkapital	–	420.800,00
18.500,00	–	3001 Privat	16.500,00	–
–	–	3900 Sonst. Rückstellungen	–	–
105.000,00	121.400,00	4400 Verbindlichkeiten a. LL	87.000,00	104.500,00
58.600,00	63.500,00	4800 Umsatzsteuer	55.300,00	58.900,00
–	693.000,00	5000 Umsatzerlöse f. e. Erz. .	–	626.800,00
21.500,00	–	5001 Erlösberichtigungen ..	12.000,00	–
–	–	5200 Bestandsveränderung.	–	–
–	9.400,00	5410 Sonstige Erträge	–	8.900,00
118.500,00	–	6000 Aufw. für Rohstoffe ...	109.000,00	–
3.000,00	–	6001 Bezugskosten	2.000,00	–
56.500,00	–	6020 Aufw. für Hilfsstoffe ...	51.600,00	–
146.000,00	–	6200 Löhne	138.000,00	–
190.000,00	–	6300 Gehälter	150.000,00	–
–	–	6520 Abschr. a. Sachanlagen	–	–
17.200,00	–	6770 Rechts- u. Beratungsko.	15.500,00	–
6.200,00	–	6900 Versicherungsbeiträge	5.100,00	–
500,00	–	6940 Sonst. Aufwendungen	900,00	–
–	–	6960 Verluste aus V-Abgang	–	–
2.012.600,00	**2.012.600,00**		**1.799.900,00**	**1.799.900,00**

Abschlussangaben lt. Inventur für die Aufgaben 181 und 182

1. Mehrbestand an unfertigen Erzeugnissen lt. Inventur 35.000,00
   Minderbestand an fertigen Erzeugnissen lt. Inventur 8.000,00
2. Mehrbestand an Rohstoffen lt. Inventur 25.000,00
   Minderbestand an Hilfsstoffen lt. Inventur 5.000,00
3. Bildung einer Rückstellung für Prozesskosten 3.500,00
4. Konto 6900 enthält Vorauszahlungen der Versicherungsprämie f. neues Jahr 1.200,00
5. Kassenfehlbetrag lt. Inventur (Ursache ungeklärt)...................... 500,00
6. Planmäßige Abschreibung: 0530: 5.000,00 (5.600,00); 0700: 24.000,00 (18.000,00);
   0800: 6.000,00 (4.500,00).
7. Alle übrigen Buchbestände stimmen mit der Inventur überein.

6 Jahresabschluss der Kapitalgesellschaften

6.1 Publizitäts- und Prüfungspflicht

Der Jahresabschluss der Kapitalgesellschaften (GmbH, AG, KGaA) besteht aus **drei Teilen,** die nach § 264 HGB eine **Einheit** bilden (→ Faltblatt im Anhang):

▶ **Bilanz** (§ 266 HGB)   ▶ **Gewinn- u. Verlustrechnung** (§ 275 HGB)   ▶ **Anhang** (§ 284 HGB)

> **Der Anhang** ist gleichwertiger **Bestandteil des Jahresabschlusses** und soll die **Bilanz und die Gewinn- und Verlustrechnung** in den einzelnen Positionen **näher erläutern.** Die **Bewertungs- und Abschreibungsmethoden** sind dabei ebenso darzustellen wie die **Beteiligungen** an anderen Unternehmen, die **Verbindlichkeiten** mit einer **Restlaufzeit von über fünf Jahren,** die Bezüge der Geschäftsführer und Mitglieder des Vorstandes sowie des Aufsichtsrates, die **Zahl der Arbeitnehmer** u. a. m.
>
> **Lagebericht.** Außer dem Jahresabschluss ist auch noch ein Lagebericht gemäß § 289 HGB zu erstellen. Der Lagebericht ist **kein Bestandteil des Jahresabschlusses.** Er soll lediglich zusätzliche **Informationen über den Geschäftsverlauf** im Abschlussjahr und die wirtschaftliche und finanzielle Lage der Gesellschaft am Bilanzstichtag darstellen, wie z. B. **Höhe des Absatzes** im Inland und Ausland, **Personalentwicklung, Liquiditätslage** u. a. Außerdem muss die **voraussichtliche Entwicklung** des Unternehmens erörtert werden.

Kapitalgesellschaften sind grundsätzlich **verpflichtet** den **Jahresabschluss und** den **Lagebericht** zu **veröffentlichen** und vorher durch **unabhängige** Abschlussprüfer **prüfen** zu lassen. Zum **Schutz** kleiner und mittelständischer Unternehmen **vor Konkurrenzeinblick** richten sich jedoch **Art und Umfang der Veröffentlichung** sowie die **Prüfungspflicht** nach der **Größe** der Kapitalgesellschaft. **Für die Zuordnung** der Unternehmen zu einer Größenklasse **müssen zwei der drei Größenmerkmale** an zwei aufeinander folgenden Bilanzstichtagen **zutreffen:**[1]

Merkmale	Kleine Gesellschaften	Mittelgroße Gesellschaften	Große Gesellschaften
❶ **Bilanzsumme**	bis 4.015.000,00 €	bis 16.060.000,00 €	über 16.060.000,00 €
❷ **Umsatz**	bis 8.030.000,00 €	bis 32.120.000,00 €	über 32.120.000,00 €
❸ **Beschäftigte**	bis 50	bis 250	über 250

Veröffentlichung und Prüfung des Jahresabschlusses und des Lageberichts ergeben sich aus der nachfolgenden Tabelle. Sie zeigt, was und an welcher Stelle (**HR:** Einreichung beim Handelsregister; **BA:** Vollständige **Veröffentlichung** im Bundesanzeiger) offen zu legen ist und ob eine **Prüfungspflicht** besteht.

Kapital-gesellschaften	Offenlegung (§ 325 HGB)					Prüfung (§ 316 HGB)
	Jahresabschluss			Lagebericht	Publizität	
	Bilanz	GuV	Anhang			
kleine	x	—	x	—	HR[2]	—
mittelgroße	x	x	x	x	HR[2]	x
große	x	x	x	x	HR + BA	x

---

1 AG mit **börsengängigen** Aktien gilt stets als **große** Kapitalgesellschaft (§ 267 [3] HGB).
2 Im Bundesanzeiger wird lediglich auf die erfolgte Einreichung beim HR hingewiesen.

6.2   Gliederung der Bilanz nach § 266 HGB

Kapitalgesellschaften haben die Jahresbilanz, die veröffentlicht wird, nach § 266 HGB zu gliedern. Zum Schutz kleiner und mittelgroßer Unternehmen richtet sich jedoch der **Umfang der Gliederung nach der Größe** der Kapitalgesellschaft.

- **Große Kapitalgesellschaften** müssen ihre Bilanzen unter Berücksichtigung des in § 266 Abs. 2 und 3 HGB ausgewiesenen **vollständigen Gliederungsschemas** aufstellen und veröffentlichen (siehe nebenstehende Seite und im Anhang: Rückseite des Kontenrahmens). Die Bilanz wird in Einzelpositionen detailliert dargestellt und ermöglicht somit einen **tiefen Einblick in die Vermögens- und Finanzlage** des Unternehmens.
- **Kleine Kapitalgesellschaften** brauchen nur eine **verkürzte Bilanz** (siehe unten) zu veröffentlichen, in der die **mit Buchstaben und römischen Zahlen** bezeichneten Posten des vollständigen Gliederungsschemas aufgeführt sind (§ 266 [1] HGB). Durch Straffung der Bilanzpositionen sind diese Bilanzen für Außenstehende nur **von geringem Aussagewert.**
- **Mittelgroße Kapitalgesellschaften** müssen ihre Bilanzen zwar **nach dem vollständigen Gliederungsschema erstellen,** brauchen sie aber nur in der für kleine Kapitalgesellschaften vorgeschriebenen **Kurzform** zu **veröffentlichen.** Sie müssen dann allerdings wahlweise **in der Bilanz oder im Anhang** bestimmte **Posten zusätzlich gesondert angeben,** wie z. B. Gebäude, Technische Anlagen und Maschinen, Beteiligungen, Verbindlichkeiten gegenüber Kreditinstituten u. a. m. (§ 327 HGB).

Aktiva	Bilanzschema kleiner Kapitalgesellschaften	Passiva

A. Anlagevermögen
    I. Immaterielle Vermögens-
       gegenstände
    II. Sachanlagen
    III. Finanzanlagen
B. Umlaufvermögen
    I. Vorräte
    II. Forderungen und sonstige
        Vermögensgegenstände
    III. Wertpapiere
    IV. Flüssige Mittel
C. Rechnungsabgrenzungsposten
		A. Eigenkapital
		    I. Gezeichnetes Kapital
		    II. Kapitalrücklage
		    III. Gewinnrücklagen
		    IV. Gewinn-/Verlustvortrag
		    V. Jahresüberschuss/Jahresfehlbetrag
		B. Rückstellungen
		C. Verbindlichkeiten
		D. Rechnungsabgrenzungsposten

Zur Erhöhung der Bilanzklarheit ist bei Bilanzen, die **veröffentlicht** werden, **zusätzlich** noch Folgendes zu beachten:

- **Zu jedem Bilanzposten** ist der entsprechende **Vorjahresbetrag** anzugeben.
- **In der Bilanz oder im Anhang** ist die Entwicklung des Anlagevermögens durch einen **Anlagenspiegel** darzustellen (siehe Seite 178).
- **In der Bilanz** muss der **Betrag der Forderungen** mit einer **Restlaufzeit von über einem Jahr** sowie der **Verbindlichkeiten** mit einer **Restlaufzeit von unter einem Jahr** angegeben werden. Das verschafft Außenstehenden mehr **Einblick in die Liquiditätslage** des Unternehmens.
- **Unter** der Bilanz oder im Anhang sind **Eventualverbindlichkeiten** aus weitergegebenen Wechseln sowie aus Bürgschaftsverpflichtungen und aus Gewährleistungsverträgen anzugeben. Sie dürfen **in einem Betrag** angegeben werden (§ 251 HGB)[1].

Merke: **Art und Umfang der Veröffentlichung, Prüfungspflicht sowie Gliederung der Bilanz richten sich nach der Größe der Kapitalgesellschaft.**

---

1 Auch Bilanzen **nicht** offenlegungspflichtiger Unternehmen müssen diesen Vermerk nach § 251 HGB enthalten.

Gliederung der Jahresbilanz

nach § 266 Abs. 2 und 3 Handelsgesetzbuch

Aktiva   **Passiva**

A. Anlagevermögen

I. Immaterielle Vermögensgegenstände

1. Konzessionen, gewerbliche Schutzrechte und ähnliche Rechte und Werte sowie Lizenzen an solchen Rechten und Werten
2. Geschäfts- oder Firmenwert
3. geleistete Anzahlungen

II. Sachanlagen

1. Grundstücke, grundstücksgleiche Rechte und Bauten einschließlich der Bauten auf fremden Grundstücken
2. technische Anlagen und Maschinen
3. andere Anlagen, Betriebs- und Geschäftsausstattung
4. geleistete Anzahlungen und Anlagen im Bau

III. Finanzanlagen

1. Anteile an verbundenen Unternehmen
2. Ausleihungen an verbundene Unternehmen
3. Beteiligungen
4. Ausleihungen an Unternehmen, mit denen ein Beteiligungsverhältnis besteht
5. Wertpapiere des Anlagevermögens
6. sonstige Ausleihungen

B. Umlaufvermögen

I. Vorräte

1. Roh-, Hilfs- und Betriebsstoffe
2. unfertige Erzeugnisse
3. fertige Erzeugnisse und Waren
4. geleistete Anzahlungen

II. Forderungen und sonstige Vermögensgegenstände

1. Forderungen aus Lieferungen und Leistungen
2. Forderungen gegen verbundene Unternehmen
3. Forderungen gegen Unternehmen, mit denen ein Beteiligungsverhältnis besteht
4. sonstige Vermögensgegenstände

III. Wertpapiere

1. Anteile an verbundenen Unternehmen
2. eigene Anteile
3. sonstige Wertpapiere

IV. Schecks, Kassenbestand, Bundesbank- und Postbankguthaben, Guthaben bei Kreditinstituten

C. Rechnungsabgrenzungsposten

A. Eigenkapital

I. Gezeichnetes Kapital

II. Kapitalrücklage

III. Gewinnrücklagen

1. gesetzliche Rücklage
2. Rücklage für eigene Anteile
3. satzungsmäßige Rücklagen
4. andere Gewinnrücklagen

IV. Gewinnvortrag/Verlustvortrag

V. Jahresüberschuss/Jahresfehlbetrag

B. Rückstellungen

1. Rückstellungen für Pensionen und ähnliche Verpflichtungen
2. Steuerrückstellungen
3. sonstige Rückstellungen

C. Verbindlichkeiten

1. Anleihen, davon konvertibel
2. Verbindlichkeiten gegenüber Kreditinstituten
3. erhaltene Anzahlungen auf Bestellungen
4. Verbindlichkeiten aus Lieferungen und Leistungen
5. Verbindlichkeiten aus der Annahme gezogener Wechsel und der Ausstellung eigener Wechsel
6. Verbindlichkeiten gegenüber verbundenen Unternehmen
7. Verbindlichkeiten gegenüber Unternehmen, mit denen ein Beteiligungsverhältnis besteht
8. sonstige Verbindlichkeiten, davon aus Steuern

D. Rechnungsabgrenzungsposten

6.3 Ausweis des Eigenkapitals in der Bilanz

Alle Posten des Eigenkapitals einer Kapitalgesellschaft werden in der Bilanz zu einer Gruppe „A. Eigenkapital" zusammengefasst.

Beispiel:	Darstellung des Eigenkapitals in der Bilanz der X-GmbH für das
	Berichtsjahr: Verlustvortrag und Jahres**überschuss** (Jahresgewinn)
	Vorjahr: Gewinnvortrag und Jahres**fehlbetrag** (Jahresverlust)

Bilanz X-GmbH   **Passiva**

A. Eigenkapital	Berichtsjahr		Vorjahr	
I. Gezeichnetes Kapital	800.000,00		800.000,00	
II. Kapitalrücklage	100.000,00		100.000,00	
III. Gewinnrücklage	250.000,00		250.000,00	
IV. Verlust-/Gewinnvortrag	150.000,00[1]		50.000,00	
V. Jahresüberschuss/-fehlbetrag	300.000,00	1.300.000,00	200.000,00	1.000.000,00

Gezeichnetes Kapital ist das im Handelsregister eingetragene Kapital, auf das die **Haftung der Gesellschafter** beschränkt ist. Bei der **GmbH** ist es das **Stammkapital** (mindestens 25.000,00 €[2]), bei der **AG** das **Grundkapital** (mindestens 50.000,00 €). Es ist auf der Passivseite der Bilanz stets zum **Nennwert** auszuweisen. **Ausstehende Einlagen** auf das gezeichnete Kapital werden **in der Regel auf der Aktivseite** vor dem Anlagevermögen als Forderung des Unternehmens an die Gesellschafter und somit als Korrekturposten zum „Gezeichneten Kapital" ausgewiesen. Sie dürfen nach § 272 (1) HGB auch auf der Passivseite offen vom „Gezeichneten Kapital" abgesetzt werden.

Beispiel: Bilanzausweis der „Ausstehenden Einlagen" **(Regelfall)**

Aktiva   **Bilanz der Y-GmbH**   **Passiva**

A. Ausstehende Einlagen auf das gezeichnete Kapital .... **400.000,00**[3]	A. Eigenkapital
B. Anlagevermögen	I. Gezeichnetes Kapital **2.000.000,00**

> **Der Gewinn-/Verlustvortrag** ist der Gewinn- bzw. Verlust**rest des Vorjahres.**
>
> **Der Jahresüberschuss/Jahresfehlbetrag** ist das in der Gewinn- und Verlustrechnung ermittelte **Ergebnis des Geschäftsjahres,** das in die Jahresbilanz einzustellen ist, sofern die Bilanz vor Verwendung des Jahresergebnisses (Gewinnverwendung bzw. Verlustdeckung) aufgestellt wird, was bei der GmbH die Regel ist.[4]
>
> **Rücklagen sind getrennt ausgewiesenes Eigenkapital,** die es in der Regel nur bei Kapitalgesellschaften wegen des **konstanten** „Gezeichneten Kapitals" gibt. Nach § 272 Abs. 2 und 3 HGB unterscheidet man **Kapital- und Gewinnrücklagen.**
>
> **Kapitalrücklagen** entstehen durch ein **Aufgeld (Agio),** das bei der **Ausgabe** von Anteilen (Stammanteile, Aktien) **über den Nennwert erzielt** wird oder durch **Zuzahlungen** von Gesellschaftern **für** die Gewährung einer **Vorzugsdividende.**

Beispiel:	Eine Aktiengesellschaft erhöht ihr „Gezeichnetes Kapital" durch Ausgabe junger Aktien: Nennwert 10.000.000,00 €, Ausgabekurs 150 % = 15.000.000,00 € (Bank). Das Agio ist der Kapitalrücklage zuzuführen.

Buchung:	2800 Bank 15.000.000,00	an	3000 Gezeichnetes Kapital . 10.000.000,00
		an	3100 Kapitalrücklage 5.000.000,00

---

1 200.000,00 € Jahresfehlbetrag des Vorjahres – 50.000,00 € Gewinnvortrag des Vorjahres = **150.000,00 € Verlustvortrag des Berichtsjahres**

2 Im Gespräch ist eine Reduzierung des Stammkapitals auf mindestens 10.000,00 €.

3 Davon bereits eingeforderte Beträge sind in () zu vermerken.

4 Die Bilanz kann auch nach teilweiser oder vollständiger Verwendung des Jahresergebnisses gemäß § 268 (1) HGB aufgestellt werden.

Gewinnrücklagen werden **aus dem bereits versteuerten Jahresgewinn** (25 % Körperschaftsteuer) durch Einbehaltung bzw. Nichtausschüttung von Gewinnanteilen gebildet (§ 272 [3] HGB). Man unterscheidet vor allem zwischen **gesetzlichen, satzungsmäßigen und anderen (freien) Gewinnrücklagen:**

Gesetzliche Rücklagen müssen **Aktiengesellschaften zur Deckung von Verlusten** bilden. Nach § 150 AktG sind jährlich **5 %** des um einen Verlustvortrag geminderten **Jahresüberschusses** in die gesetzliche Rücklage einzustellen, bis die **gesetzliche Rücklage und die Kapitalrücklage zusammen mindestens 10 %** oder den in der Satzung bestimmten höheren Anteil **des Grundkapitals** erreichen. Solange die gesetzliche und die Kapitalrücklage die Mindesthöhe nicht übersteigen, müssen ein Gewinnvortrag aus dem Vorjahr und freie Rücklagen zur Verlustdeckung herangezogen werden. Bei der GmbH gibt es keine gesetzlich vorgeschriebenen, sondern nur freie (freiwillige) Rücklagen.

Satzungsmäßige oder auf Gesellschaftsvertrag beruhende Rücklagen.

Andere Gewinnrücklagen (Freie Rücklagen). Über die gesetzliche Verpflichtung hinaus können bei Aktiengesellschaften **bis zur Hälfte des Jahresüberschusses** in die andere (freie) Gewinnrücklage eingestellt werden (§ 58 AktG). Freie Rücklagen können **für beliebige Zwecke verwendet** werden, z. B. zur Finanzierung von Ersatz- und Erweiterungsinvestitionen. Da Rücklagen aus nicht ausgeschütteten Gewinnen gebildet werden, dienen sie zugleich der **Selbstfinanzierung** des Unternehmens und ganz allgemein der **Stärkung der Eigenkapitalbasis** der Unternehmen.

Beispiel: In einer Aktiengesellschaft werden aus dem Jahresüberschuss u. a. 60.000,00 € der gesetzlichen und 140.000,00 € der freien Rücklage zugeführt.

Buchung (vereinfacht): **Gewinn- und Verlustkonto** **200.000,00**
      an **Gesetzliche Rücklage** **60.000,00**
      an **Andere Gewinnrücklagen** **140.000,00**

Offene Rücklagen. Kapital- und Gewinnrücklagen werden in der Bilanz offen als gesonderte Eigenkapitalposten ausgewiesen. Man spricht von „offenen" Rücklagen.

Stille Rücklagen (stille Reserven) sind im Gegensatz zu den offenen Rücklagen aus der Bilanz nicht zu ersehen. Sie entstehen in der Regel durch **Unterbewertung** der **Vermögenswerte** (z. B. durch überhöhte Abschreibungen) oder durch **Überbewertung von Rückstellungen.** Stille Reserven sind auch stets in den Erinnerungswerten von 1,00 € enthalten. Die gesetzlichen Bewertungsvorschriften engen allerdings den Spielraum zur Bildung stiller Reserven ein. Die **Vollabschreibung** geringwertiger Wirtschaftsgüter im Jahr ihrer Anschaffung oder Herstellung ist z. B. eine gesetzlich erlaubte Möglichkeit zur Bildung von stillen Reserven. Da Wirtschaftsgüter höchstens zu ihren Anschaffungs- bzw. Herstellungskosten aktiviert werden dürfen, entstehen zwangsläufig stille Reserven, wenn die **Preise am Markt (Tageswert) steigen.** Beträgt z. B. der Wiederbeschaffungspreis eines Grundstücks 280,00 € je m^2, das 1950 mit umgerechnet 10,00 € je m^2 angeschafft und bilanziert worden ist, so ist die stille Reserve 270,00 € je m^2. Auch Währungsverbindlichkeiten enthalten oft stille Reserven.

Merke: ● **Kapitalgesellschaften müssen das „Gezeichnete Kapital" stets zum Nennwert ausweisen. Gewinne, Verluste und Rücklagen sind deshalb in der Bilanz gesondert auszuweisen.**
   ● **Kapitalrücklagen entstehen durch Zuzahlungen der Gesellschafter oder Aktionäre, Gewinnrücklagen dagegen aus dem bereits versteuerten Gewinn.**
   ● **Stille Rücklagen (Reserven) entstehen in der Regel durch Unterbewertung von Aktivposten und Überbewertung bestimmter Passivposten. Die Bildung stiller Reserven lässt den Gewinn und das Eigenkapital geringer erscheinen, als es der Wirklichkeit am Bilanzstichtag entspricht.**
   ● **Rücklagen stärken die Eigenkapitalbasis des Unternehmens.**

6.4 Darstellung der Anlagenentwicklung im Anlagenspiegel

Anlagenspiegel. Kapitalgesellschaften müssen die **Entwicklung der einzelnen Posten des Anlagevermögens** in der Bilanz oder im Anhang darstellen (§ 268 [2] HGB). Im **Anlagenspiegel (Anlagengitter)** ist von den **ursprünglichen Anschaffungs- und Herstellungskosten** (AK/HK) auszugehen und Folgendes auszuweisen:

> **Anfangsbestand zu Anschaffungs- und Herstellungskosten am 1. Januar**
> + **Zugänge** zu AK/HK im Abschlussjahr (Investitionen)
> − **Abgänge** zu AK/HK im Abschlussjahr
> ± **Umbuchungen** zu AK/HK im Abschlussjahr (z. B. bei Anlagen im Bau)
> + **Zuschreibungen** (Wert erhöhende Korrekturen) im Abschlussjahr
> − **Gesamte (= kumulierte) Abschreibungen,** die aus Gründen der Klarheit in Abschreibungen der Vorjahre und des lfd. Geschäftsjahres unterteilt werden.
>
> = **Buchwert in der Schlussbilanz des Abschlussjahres am 31. Dezember**

Anlage-vermögen	Bestand zu AK/HK am 1. Jan.	Zu-gänge	Ab-gänge	Umbu-chungen	Zu-schrei-bungen	Abschreibungen			Buchwert am 31. Dez.
						In Vor-jahren	Im Ab-schluss-jahr	Ins-gesamt	
Maschinen	200.000,00	10.000,00	2.000,00	−	5.000,00	85.000,00	22.000,00	107.000,00	106.000,00

Merke: Der Anlagenspiegel zeigt die Entwicklung der einzelnen Posten des Anlagever-mögens und gewährt Einblick in die Abschreibungs- und Investitionspolitik des Unternehmens. Er ist in der Bilanz oder im Anhang auszuweisen.

6.5 Gliederung der Gewinn- und Verlustrechnung nach § 275 HGB

Staffelform. Nur **mittelgroße und große** Kapitalgesellschaften müssen ihre Gewinn- und Verlustrechnung **veröffentlichen,** und zwar nach § 275 HGB **in Staffelform.** Wie bei der Bilanz ist auch hier zu jedem Posten der Vorjahresbetrag anzugeben. Die Staffelform ermöglicht auch dem Buchführungslaien einen schnellen Überblick über **Entstehung und Zusammensetzung des Jahresergebnisses.**

Für ein Industrieunternehmen ergibt sich aus dem nebenstehenden Gliederungs-schema des § 275 (2) HGB folgender **kurz gefasster Aufbau** der Erfolgsrechnung:

1	Umsatzerlöse
2	± Bestandsveränderungen
3	+ Aktivierte Eigenleistungen
4	+ sonstige betriebliche Erträge
5	− Materialaufwand
	= **Rohergebnis**
6– 8	− übrige betriebliche Aufwendungen
9–11	+ Erträge aus dem Finanzbereich
12–13	− Aufwendungen aus dem Finanzbereich
14	= **Ergebnis der gewöhnlichen Geschäftstätigkeit**
15	+ außerordentliche Erträge
16	− außerordentliche Aufwendungen
17	± **außerordentliches Ergebnis**
18–19	− Personen- und Betriebssteuern
20	= **Jahresüberschuss/Jahresfehlbetrag**

Erleichterung für Mittelbetriebe. Mittelgroße Kapitalgesellschaften dürfen in der zu veröffentlichenden Erfolgsrechnung die **Posten 1 bis 5 als Rohergebnis zusammen-fassen.** Damit bleibt der Konkurrenz die **Umsatzhöhe verborgen.**

6621178

Gliederung der Gewinn- und Verlustrechnung in Staffelform (§ 275 [2] HGB)

1. Umsatzerlöse
2. Erhöhung oder Verminderung des Bestandes an fertigen und unfertigen Erzeugnissen
3. Andere aktivierte Eigenleistungen (z. B. selbst erstellte Anlagen)
4. Sonstige betriebliche Erträge (z. B. Mieterträge, Buchgewinne u. a.)
5. Materialaufwand
   a) Aufwendungen für Roh-, Hilfs- und Betriebsstoffe, Vorprodukte/Fremd- bauteile und für bezogene Waren
   b) Aufwendungen für bezogene Leistungen
6. Personalaufwand
   a) Löhne und Gehälter
   b) Soziale Abgaben und Aufwendungen für Altersversorgung und für Unter- stützung
7. Abschreibungen
   a) auf immaterielle Anlagewerte und Sachanlagen
   b) auf Vermögensgegenstände des Umlaufvermögens, soweit diese die in der Kapitalgesellschaft üblichen Abschreibungen überschreiten
8. Sonstige betriebliche Aufwendungen (z. B. Raumkosten, Buchverluste u. a.)
9. Erträge aus Beteiligungen[1]
10. Erträge aus anderen Wertpapieren und Ausleihungen des Finanzanlage- vermögens[1]
11. Sonstige Zinsen und ähnliche Erträge[1]
12. Abschreibungen auf Finanzanlagen und auf Wertpapiere des Umlauf- vermögens
13. Zinsen und ähnliche Aufwendungen[1]

14. **Ergebnis der gewöhnlichen Geschäfts- tätigkeit** (= Saldo aus 1–13)

15. Außerordentliche Erträge
16. Außerordentliche Aufwendungen

17. **Außerordentliches Ergebnis** (= Saldo)

18. Steuern vom Einkommen und vom Ertrag (Körperschaft-, Gewerbesteuer)
19. Sonstige Steuern (z. B. Grund-, Kfz-Steuer u. a.)

20. **Jahresüberschuss/Jahresfehlbetrag**

Erläuterungen (siehe auch Rückseite des Kontenrahmens):

Die Posten **1–4** stellen **betriebsgewöhnliche Erträge** und die Posten **5–8 betriebsge- wöhnliche Aufwendungen** der Kapitalge- sellschaft dar.

Die Posten **4/8** sind **Sammelposten** für alle nicht im Gliederungsschema gesondert auszuweisenden Erträge und Aufwendun- gen aus der gewöhnlichen Geschäftstätig- keit (siehe nebenstehende Beispiele).

Die Posten **9–13** sind Erträge und Aufwen- dungen des **Finanzbereiches.**

Die Posten **15–16** erfassen lediglich **unge- wöhnliche (seltene) Aufwendungen** (z. B. Verluste aus sehr großen Schadensfällen und Enteignungen, Verlust aus dem Ver- kauf eines Teilbetriebs u. a.) und **Erträge** (z. B. Steuererlass, Gewinne aus dem Ver- kauf eines Teilbetriebs, Erträge aus Gläubi- gerverzicht u. a.).

In der Regel weisen Bilanz und Gewinn- und Verlustrechnung als Jahresergebnis einen **Jahresüberschuss oder Jahresfehl- betrag** aus. Die Verwendung des Jahres- ergebnisses erfolgt dann im **nächsten** Geschäftsjahr. Wird jedoch die **Bilanz nach teilweiser Verwendung des Jahres- überschusses** durch Einstellung in die Gewinnrücklage aufgestellt, so tritt an die Stelle der Posten „Jahresüberschuss" und „Gewinn-/Verlustvortrag" der Posten **„Bilanzgewinn":**

Beispiel:

Jahresüberschuss	420.000,00 €
+ Gewinnvortrag des Vorjahres	30.000,00 €
− Einstellung in Gewinnrücklage	300.000,00 €
Bilanzgewinn	150.000,00 €

Merke: **Große und mittelgroße Kapital- gesellschaften müssen die Gewinn- und Verlustrechnung in Staffelform veröffentlichen. Mit- telbetriebe dürfen dabei die Posten 1 bis 5 als Rohergebnis (§ 276 HGB) zusammenfassen.**

---

[1] In der **Vorspalte** ist jeweils anzugeben: ... davon aus (an) **verbundene(n) Unternehmen** ...

Aufgaben

183 Das Schlussbilanzkonto der mittelgroßen Stahlbau GmbH (über 50 Arbeitnehmer) weist zum 31. Dezember folgende Zahlen aus:

Soll	8010 Schlussbilanzkonto	Haben
0510 Bebaute Grundstücke ... 210.000,00	3000 Gezeichnetes Kapital 2.800.000,00	
0530 Betriebsgebäude 2.200.000,00	3200 Gewinnrücklagen 250.000,00	
0700 Technische Anlagen	3400 Jahresüberschuss 360.000,00	
und Maschinen 1.280.000,00	3900 Sonstige Rückstellungen . 70.000,00	
0870 Geschäftsausstattung 290.000,00	4250 Langfristige Bank-	
1500 Wertpapiere des	verbindlichkeiten 1.730.000,00	
Anlagevermögens 120.000,00	4400 Verbindlichkeiten a.LL ... 230.000,00	
2000 Rohstoffe 360.000,00	4800 Umsatzsteuer 50.000,00	
2020 Hilfsstoffe 130.000,00	4900 Passive Rechnungsabgr. .. 10.000,00	
2200 Fertige Erzeugnisse 310.000,00		
2400 Forderungen a.LL 207.000,00		
2800 Bankguthaben 243.000,00		
2850 Postbankguthaben 90.000,00		
2880 Kasse 45.000,00		
2900 Aktive Rechnungsabgr. .. 15.000,00		
	5.500.000,00	5.500.000,00

1. Erstellen Sie die Bilanz nach dem Gliederungsschema auf Seite 175.
2. Wie hoch ist das Eigenkapital zum 31. Dezember?
3. Inwieweit deckt das Eigenkapital das Anlagevermögen?

184 Das Gewinn- und Verlustkonto der o. g. Stahlbau GmbH weist zum 31. Dezember folgende Zahlen aus:

Soll	8020 Gewinn- und Verlustkonto	Haben
6000 Aufw. für Rohstoffe 2.100.000,00	5000 Umsatzerlöse f. eig. Erz. .. 4.800.000,00	
6020 Aufw. für Hilfsstoffe 260.000,00	5200 Bestandsveränderungen .. 450.000,00	
6160 Fremdinstandhaltung 140.000,00	5400 Mieterträge 116.000,00	
6200 Löhne 940.000,00	5710 Zinserträge 78.000,00	
6300 Gehälter 456.000,00		
6400 Arbeitgeberanteil zur SV .. 224.000,00		
6520 Abschreib. auf SA 184.000,00		
6700 Mieten 16.000,00		
6800 Büromaterial,		
Fax, Telefon, Porto 84.000,00		
6870 Werbung 126.000,00		
7000 Betriebliche Steuern 174.000,00		
7510 Zinsaufwendungen 86.000,00		
7710 Körperschaftsteuer 294.000,00		
3400 Jahresüberschuss 360.000,00		
	5.444.000,00	5.444.000,00

1. Erstellen Sie die Gewinn- und Verlustrechnung in Staffelform nach dem Schema auf Seite 178 und ermitteln Sie das Rohergebnis, das Ergebnis der gewöhnlichen Geschäftstätigkeit und den Jahresüberschuss.
2. Richten Sie für den Abschluss des Gewinn- und Verlustkontos das Konto „3400 Jahresüberschuss/Jahresfehlbetrag" ein. Wie lautet im vorliegenden Fall die Abschlussbuchung des Gewinn- und Verlustkontos?
3. Nennen Sie die Abschlussbuchung für das Konto „3400".
4. Ermitteln Sie die Rentabilität des Anfangseigenkapitals.

Die Druckpapier GmbH weist zum 31. Dezember folgende Daten aus:

Saldenbilanz zum 31. Dezember ..	Soll	Haben
0700 Technische Anlagen und Maschinen	720.000,00	—
0840 Fuhrpark	65.000,00	—
0870 Geschäftsausstattung	70.000,00	—
1500 Wertpapiere des Anlagevermögens	145.000,00	—
2000 Rohstoffe	950.000,00	—
2020 Hilfsstoffe	280.000,00	—
2030 Betriebsstoffe	68.000,00	—
2200 Fertige Erzeugnisse	352.000,00	—
2400 Forderungen a. LL	360.000,00	—
2800 Bankguthaben	250.000,00	—
2880 Kasse	28.000,00	—
2900 Aktive Rechnungsabgrenzung	12.000,00	—
3000 Gezeichnetes Kapital	—	1.300.000,00
3200 Gewinnrücklagen	—	350.000,00
3390 Gewinnvortrag	—	10.000,00
3400 Jahresüberschuss	—	330.000,00
3900 Sonstige Rückstellungen	—	50.000,00
4250 Langfristige Bankverbindlichkeiten	—	670.000,00
4400 Verbindlichkeiten a. LL	—	575.000,00
4900 Passive Rechnungsabgrenzung	—	15.000,00
5000 Umsatzerlöse für eigene Erzeugnisse	—	8.000.000,00
5200 Bestandsveränderungen	—	160.000,00
5400 Mieterträge	—	10.000,00
5710 Zinserträge	—	30.000,00
5800 Außerordentliche Erträge	—	70.000,00
6000 Aufwendungen für Rohstoffe	5.570.000,00	—
6020 Aufwendungen für Hilfsstoffe	540.000,00	—
6030 Aufwendungen für Betriebsstoffe	110.000,00	—
6200 Löhne	540.000,00	—
6300 Gehälter	190.000,00	—
6400 Arbeitgeberanteil zur Sozialversicherung	90.000,00	—
6500 Abschreibungen auf Anlagevermögen	290.000,00	—
6800 Bürokosten	180.000,00	—
6870 Werbung	65.000,00	—
7000 Betriebliche Steuern	80.000,00	—
7510 Zinsaufwendungen	75.000,00	—
7600 Außerordentliche Aufwendungen	60.000,00	—
7700 Steuern vom Einkommen und Ertrag	150.000,00	—
8020 GuV-Konto (Saldo = Jahresüberschuss)	330.000,00	—
	11.570.000,00	11.570.000,00

1. *Erstellen Sie die Bilanz gemäß § 266 HGB.*

2. *Erstellen Sie die Gewinn- und Verlustrechnung in Staffelform nach dem Muster auf S. 178,*
   indem Sie bestimmte Aufwands- und Ertragsposten zusammenfassen und folgende Zwischen-
   ergebnisse ausweisen:
   a) *Rohergebnis,*
   b) *Ergebnis der gewöhnlichen Geschäftstätigkeit,*
   c) *außerordentliches Ergebnis und*
   d) *Jahresüberschuss.*

3. *Wie hoch ist das gesamte Eigenkapital des Unternehmens zum 31. Dezember?*

4. *Beurteilen Sie die Kapitalausstattung des Unternehmens, indem Sie das Verhältnis zwischen*
   Eigen- und Fremdkapital ermitteln.

7 Bewertung der Vermögensgegenstände und Schulden zum Bilanzstichtag

7.1 Notwendigkeit der Bewertung

Auswirkung der Bewertung auf den Jahreserfolg. Zum Jahresabschluss müssen die einzelnen **Vermögensteile und Schulden mit dem richtigen Wert** in das Inventar und die Schlussbilanz übernommen werden. So sind z.B. bei den Anlagegütern sowie bei den Forderungen entsprechende Abschreibungen vorzunehmen. Weiterhin sind etwaige Rückstellungen in einer noch zu bestimmenden Höhe zu bilden u.a.m. Diese Bewertung der Bilanzposten, also die **Bestimmung ihres Wertansatzes,** kann sich entscheidend auf den **Jahreserfolg** auswirken. Ein **Mehr oder Weniger im Wertansatz** (z.B. Abschreibungen) hat ein **gleiches Mehr oder Weniger an Gewinn** zur Folge.

Bewertungsvorschriften. Falsche Bewertung **(z. B. zu niedrige oder zu hohe Abschreibung)** führt zwangsläufig zu einer falschen Darstellung des Jahreserfolges und der Vermögenslage des Unternehmens. Die Gläubiger des Unternehmens müssen jedoch vor einer Täuschung durch zu hohe Bewertung der Vermögensposten geschützt werden **(Gläubigerschutz).** Ebenso muss aber auch **im Interesse des Steueraufkommens** eine zu niedrige Bewertung verhindert werden. Der Gesetzgeber hat deshalb **Bewertungsvorschriften** erlassen, die **willkürliche Über- und Unterbewertungen verbieten.** Es gibt handelsrechtliche und besondere steuerrechtliche Bewertungsvorschriften.

- **Die handelsrechtliche Bewertung** ist grundlegend nach dem **Handelsgesetzbuch (§§ 252 – 256 HGB)** ausgerichtet. Die handelsrechtlichen Bewertungsvorschriften gelten für **alle** Unternehmen, gleich welcher Rechtsform. Sie dienen in erster Linie der **Kapitalerhaltung** und damit auch dem **Schutz der Gläubiger.** Vermögen, Schulden und Erfolg des Unternehmens sind deshalb zum Jahresabschluss vorsichtig zu ermitteln. **Das Prinzip der Vorsicht ist oberster Bewertungsgrundsatz.**

- **Die steuerrechtliche Bewertung** richtet sich nach **§§ 5 – 7 Einkommensteuergesetz.** Sie soll die **Ermittlung des Gewinns nach einheitlichen Grundsätzen** sicherstellen und damit eine „gerechte" Besteuerung ermöglichen. So weisen z. B. die amtlichen **AfA-Tabellen** einheitlich die Nutzungsdauer der verschiedenen Anlagegüter aus.

Grundsatz der Maßgeblichkeit. Die nach handelsrechtlichen Vorschriften aufgestellte Bilanz heißt „Handelsbilanz". Ihre **Wertansätze** sind zugleich **maßgebend für** die „Steuerbilanz", sofern steuerliche Vorschriften nicht eine andere Bewertung (z. B. eine geringere Abschreibung) zwingend vorschreiben. Man spricht deshalb auch vom „Grundsatz der Maßgeblichkeit der Handelsbilanz für die Steuerbilanz".

Handels- und Steuerbilanz. Nur Unternehmen, die ihren Jahresabschluss veröffentlichen müssen (z. B. Kapitalgesellschaften), erstellen sowohl eine Handelsbilanz als auch eine daraus – durch Hinzurechnungen und Kürzungen – **abgeleitete** Steuerbilanz. Alle übrigen Unternehmen stellen in der Regel nur **eine** Bilanz auf, die zugleich Handels- **und** Steuerbilanz ist. Das bedeutet, dass bereits bei den Jahresabschlussarbeiten die steuerrechtlichen Bewertungsvorschriften berücksichtigt werden.

Merke:
- **Bewertung bedeutet Bestimmung des Wertansatzes für die einzelnen Vermögensgegenstände und Schulden in der Jahresbilanz.**
- **Die Bewertung beeinflusst die Höhe des Jahreserfolgs. Bewertungsvorschriften sollen willkürliche Über- und Unterbewertungen verhindern.**
- **Es gilt der „Grundsatz der Maßgeblichkeit der Handelsbilanz für die Steuerbilanz", sofern das Steuerrecht keine andere Bewertung vorschreibt.**

6621182

7.2   Wertmaßstäbe

Für die Bewertung sind insbesondere folgende Wertmaßstäbe von Bedeutung:

▶ Anschaffungskosten   ▶ Herstellungskosten   ▶ Fortgeführte AK/HK   ▶ Tageswert

Anschaffungskosten sind nach § 255 (1) HGB „die Aufwendungen, die geleistet werden, um einen Vermögensgegenstand zu erwerben und in einen **betriebsbereiten Zustand** zu versetzen, soweit sie **einzeln** zugeordnet werden können":

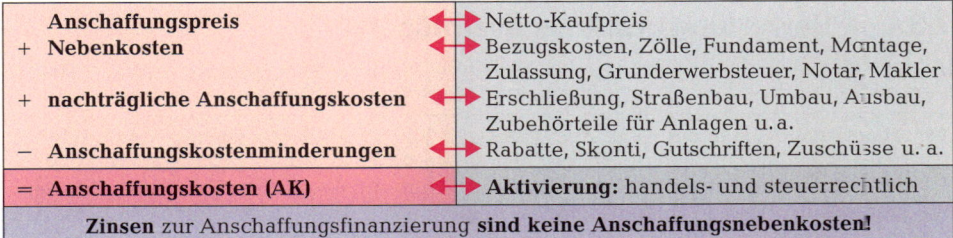

Anschaffungspreis	⟷	Netto-Kaufpreis
+ **Nebenkosten**	⟷	Bezugskosten, Zölle, Fundament, Montage, Zulassung, Grunderwerbsteuer, Notar, Makler
+ **nachträgliche Anschaffungskosten**	⟷	Erschließung, Straßenbau, Umbau, Ausbau, Zubehörteile für Anlagen u. a.
− **Anschaffungskostenminderungen**	⟷	Rabatte, Skonti, Gutschriften, Zuschüsse u. a.
= **Anschaffungskosten (AK)**	⟷	**Aktivierung:** handels- und steuerrechtlich

Zinsen zur Anschaffungsfinanzierung **sind keine Anschaffungsnebenkosten!**

Herstellungskosten für im eigenen Betrieb erstellte Vermögensgegenstände (z. B. Erzeugnisse, selbst erstellte Anlagen, werterhöhende Großreparaturen) umfassen nach § 255 (2), (3) HGB **mindestens** die **Einzelkosten** der Herstellung. **Gemeinkosten** (keine Vertriebsgemeinkosten!) **dürfen** in die Herstellungskosten (siehe KLR) einbezogen werden. Den Unterschied zwischen handels- und steuerrechtlichen Herstellungskosten (Abschnitt 33 EStR) zeigt die folgende Gegenüberstellung:

Handelsrechtliche HK		Steuerrechtliche HK	
Pflicht	Fertigungsmaterial (FM) + Fertigungslöhne (FL) + Sondereinzelkosten der Fertigung = **Mindest-Herstellungskosten**	Pflicht	Fertigungsmaterial (FM) + Fertigungslöhne (FL) + Sondereinzelkosten der Fertigung + Materialgemeinkosten (MGK) + Fertigungsgemeinkosten (FGK) = **Mindest-Herstellungskosten**
Wahlrecht	+ Materialgemeinkosten (MGK) + Fertigungsgemeinkosten (FGK) + Verwaltungsgemeinkosten (VwGK) = **Höchste Herstellungskosten**	Wahlrecht	+ Verwaltungsgemeinkosten (VwGK) = **Höchste Herstellungskosten**

Fortgeführte Anschaffungs-/Herstellungskosten ergeben sich als Wertansatz für alle **abnutzbaren Anlagegüter** unter Berücksichtigung der Abschreibungen:

	Anschaffungskosten/Herstellungskosten
−	**planmäßige Abschreibungen**
=	**fortgeführte Anschaffungskosten/Herstellungskosten**

Tageswert, auch Zeitwert oder Wiederbeschaffungswert genannt, ist der (all-)gemeine Wert, der sich aus dem **Börsen- oder Marktpreis** ergibt. Falls ein Börsen- oder Marktpreis nicht festzustellen ist, gilt ein **geschätzter Wert.** Der Tageswert ist also lediglich als **Vergleichswert** anzuwenden bzw. anzusetzen.

Teilwert ist ein steuerlicher Wertbegriff, der sich kaum berechnen lässt:

„Teilwert ist der Betrag, den ein Erwerber des ganzen Betriebes im Rahmen des Gesamtkaufpreises für das einzelne Wirtschaftsgut ansetzen würde; dabei ist davon auszugehen, dass er den Betrieb fortführt" (§ 6 [1] Ziffer 1 EStG).

Dem Teilwert entsprechen **hilfsweise** die o. g. Wertmaßstäbe.

Merke: **Die Anschaffungs-/Herstellungskosten dürfen nie überschritten werden.**

7.3 Bewertungsübersicht

Bewertungsgrundsätze. Vermögensgegenstände und Schulden sind zum Bilanzstichtag **einzeln und vorsichtig** zu bewerten. Das bedeutet, dass bei jedem einzelnen Vermögens- und Schuldposten **Risiken und vorhersehbare Verluste zu berücksichtigen sind** (§ 252 HGB). Vermögensgegenstände sind deshalb grundsätzlich stets mit dem niedrigsten Wert **(Niederstwertprinzip)** und Schulden jeweils mit ihrem höchsten Wert **(Höchstwertprinzip)** anzusetzen. *Lesen Sie auch § 252 HGB im Anhang.*

7.3.1 Bewertung des Anlagevermögens

Im Hinblick auf die Bewertung ist zwischen abnutzbaren und nicht abnutzbaren Gegenständen des Anlagevermögens zu unterscheiden (siehe auch Kapitel C, 3):

- **Abnutzbare Anlagegüter** sind zum Bilanzstichtag zu ihren **fortgeführten** Anschaffungs- oder Herstellungskosten zu bewerten, also zu den Anschaffungs- oder Herstellungskosten abzüglich **planmäßiger** Abschreibung (linear, degressiv, nach Leistungseinheiten). **Außerplanmäßige** Abschreibungen sind **zusätzlich** im Falle einer **dauernden** Wertminderung vorzunehmen, also bei Schadensfällen, Wertverfall durch technischen Fortschritt u. a. Gemäß § 253 (2) HGB besteht Abschreibungspflicht **(Strenges Niederstwertprinzip).**
- **Nicht abnutzbare Anlagegüter** (Grundstücke, Finanzanlagen, wie Beteiligungen, Wertpapiere, die als Daueranlage angeschafft wurden, u. a.) sind zum Jahresabschluss **höchstens** zu den **Anschaffungskosten** anzusetzen. Bei einer **dauernden** Wertminderung **muss** auch hier eine **außerplanmäßige Abschreibung** auf den niedrigeren Tageswert erfolgen.

Gemildertes Niederstwertprinzip. In Einzelunternehmen und Personengesellschaften **dürfen** abnutzbare und nicht abnutzbare Anlagegüter auch bereits im Falle einer **vorübergehenden** Wertminderung **außerplanmäßig** abgeschrieben werden (§ 253 [2] HGB). Dieses **Abschreibungswahlrecht** gibt es bei **Kapitalgesellschaften** allerdings **nur für das Finanzanlagevermögen,** wie z. B. bei kurzfristigem Kursverfall von Wertpapieren (§ 279 [1] HGB).

Merke:
- **Abnutzbare Anlagegüter sind zu ihren fortgeführten AK (HK) anzusetzen.**
- **Nicht abnutzbare Anlagegüter sind höchstens zu AK zu bewerten. Bei dauernder Wertminderung muss der niedrigere Tageswert angesetzt werden.**
- **Für die Bewertung der Anlagegüter gilt handelsrechtlich sowohl das strenge als auch grundsätzlich das gemilderte Niederstwertprinzip.**

7.3.2 Bewertung des Umlaufvermögens

Strenges Niederstwertprinzip. Auch die Gegenstände des Umlaufvermögens dürfen **höchstens** nur mit ihren Anschaffungskosten (Herstellungskosten) bewertet werden. Ist jedoch der Tageswert am Bilanzstichtag niedriger, **muss** der **niedrigere** Tageswert in die Schlussbilanz eingesetzt werden (§ 253 [3] HGB). Von den beiden Werten, Anschaffungskosten (Herstellungskosten) und Tageswert, ist **stets der niedrigste** anzusetzen.

Beispiel: Zum Bilanzstichtag (31. Dez.) beträgt der Lagervorrat an Rohstoffen ZK 34 lt. Inventur 10 000 kg. Die **Anschaffungskosten** betrugen **10,00 € je kg = 100.000,00 €.**

- **Der Tageswert der Rohstoffe beträgt zum 31. Dezember 11,00 € je kg.** Das Niederstwertprinzip bedingt einen Wertansatz von 10,00 €/kg = **100.000,00 €.** Die Anschaffungskosten dürfen nie überschritten werden, weil sonst ein Gewinn ausgewiesen würde, der durch Umsatz noch nicht tatsächlich entstanden (realisiert) ist. **Nicht realisierte Gewinne** dürfen aus Gründen kaufmännischer Vorsicht **nicht** ausgewiesen werden.
- **Der Tageswert der Rohstoffe beträgt zum 31. Dezember 8,00 € je kg.** Nach dem strengen Niederstwertprinzip sind die Rohstoffe mit 8,00 €/kg = **80.000,00 €** zu bewerten. Das führt somit zu einem (nicht realisierten) **Verlust** von 20.000,00 €, der aus Gründen kaufmännischer **Vorsicht** ausgewiesen werden **muss.** Die **ungleiche** Behandlung von **nicht realisierten Gewinnen und Verlusten** wird auch „Imparitätsprinzip" genannt.

Für die Bewertung des Umlaufvermögens gilt im Übrigen Folgendes:

- **Das Vorratsvermögen** des Industriebetriebes umfasst Roh-, Hilfs- und Betriebsstoffe, Vorprodukte und Fremdbauteile, unfertige und fertige Erzeugnisse sowie Handelswaren. Zum Jahresschluss sind alle Gegenstände **körperlich (mengenmäßig)** aufzunehmen und nach dem strengen Niederstwertprinzip zu bewerten. Für **gleichartige** Gegenstände des Vorratsvermögens, die zu unterschiedlichen Preisen angeschafft worden sind, muss zunächst ein **Durchschnittswert** (§ 240 Abs. 4 HGB) ermittelt werden.

- **Forderungen** sind mit dem **wahrscheinlichen** Wert anzusetzen. Uneinbringliche Forderungen sind abzuschreiben (siehe Kapitel C, 4).

- **Wertpapiere,** die zur kurzfristigen Anlage angeschafft wurden, zählen zum Umlaufvermögen und müssen wegen des **strengen Niederstwertprinzips auch bei vorübergehender** Wertminderung mit dem niedrigeren Wert angesetzt werden.

- **Flüssige (liquide) Mittel,** wie Bankguthaben und Bargeld, sind zum **Nennwert** zu bewerten.

Merke:
- **Die Gegenstände des Umlaufvermögens sind stets nach dem strengen Niederstwertprinzip zu bewerten:**
  Anschaffungskosten > Tageswert ➡ Bewertung zum Tageswert
  Anschaffungskosten < Tageswert ➡ Bewertung zum Anschaffungswert
- **Die Anschaffungskosten bilden stets die Obergrenze.**

Wertbeibehaltungswahlrecht. Ein niedriger Wertansatz darf bei allen Vermögensgegenständen auch dann beibehalten werden, wenn die Gründe für die Wertminderung entfallen sind. Eine **Wertaufholung (Zuschreibung)** ist bis zu den (fortgeführten) Anschaffungskosten möglich. Dieses Wertbeibehaltungswahlrecht gilt nur für die **Handelsbilanz der Einzelunternehmen und Personengesellschaften, nicht aber für** die Handelsbilanz einer **Kapitalgesellschaft** (§ 280 Abs. 2 HGB), da in allen **Steuerbilanzen** ein striktes Wertaufholungsgebot besteht.

Beispiel: Anschaffungskosten einer Aktie zum 15. Okt. 01: 600,00 €. Bilanzansatz zum Tageskurs 31. Dez. 01: 450,00 €. Tageskurswert zum 31. Dez. 02: 680,00 €.
Wertansatz in der Bilanz zum 31. Dez. 02 **wahlweise: 450,00 € bis 600,00 €.**

7.3.3 Bewertung der Schulden

Höchstwertprinzip. Verbindlichkeiten sind gemäß § 253 (1) HGB zu ihrem jeweiligen Höchstwert zu passivieren. Zum Abschluss-Stichtag muss von zwei möglichen Werten jeweils der **höhere** Rückzahlungsbetrag in die Bilanz eingesetzt werden. Das ist oft bei **Verbindlichkeiten in ausländischer Währung** der Fall.

Beispiel: Rohstoffimport am 20. Dezember, Zahlungsziel vier Wochen,
Rechnungsbetrag 10.000,00 US-$, Kurs am 20. Dezember 1,0650 US-$/1 €.[1]
Zum Bilanzstichtag am 31. Dezember beträgt der Kurs 1,0425 US-$/1 €.

Buchung zum 20. Dez.: 6000 Aufw. f. Rohstoffe . . . . an 4400 Verbindlichk. a. LL 9.389,67
Buchung zum 31. Dez.: 6000 Aufw. f. Rohstoffe . . . . an 4400 Verbindlichk. a. LL 202,66

Das Höchstwertprinzip führt somit wie das Niederstwertprinzip zum **Ausweis eines nicht realisierten Verlustes.** Eine **Kursänderung** auf beispielsweise 1,0850 US-$/1 € **darf in keinem Fall berücksichtigt werden,** da dann wegen fehlender Zahlung ein **nicht realisierter Gewinn** von 173,08 € ausgewiesen würde. **Höchst- und Niederstwertprinzip** sind Ausdruck des **Imparitätsprinzips** (siehe S. 184).

---

1 Währungskurse unterliegen ständigen und oft erheblichen Schwankungen. Entnehmen Sie aktuelle Kurse dem Wirtschaftsteil der Tageszeitungen, aus dem Internet oder erkundigen Sie sich bei Ihrer Bank danach.

Rückstellungen sind Verbindlichkeiten, deren Höhe und/oder Fälligkeit zum Bilanzstichtag nicht genau feststehen. Sie sind nur in Höhe des Betrages anzusetzen, der **nach vernünftiger kaufmännischer Beurteilung** notwendig ist (§ 253 [1] HGB).

Merke:
- **Verbindlichkeiten sind in der Bilanz stets zum Höchstwert zu passivieren.**
- **Höchst- und Niederstwertprinzip sind Ausdruck kaufmännischer Vorsicht.**

Aufgaben

186 Kauf einer computergesteuerten Drehmaschine für 450.000,00 € netto + USt am 10. Januar. Transportkosten 2.500,00 € netto + USt, Fundamentierungskosten 8.000,00 € netto + USt, Montagekosten 4.500,00 € netto + USt. Das Zahlungsziel beträgt vier Wochen. Wenige Tage vor Rechnungsausgleich erhalten wir noch auf den Anschaffungspreis der Maschine eine Gutschrift über einen Sonderrabatt von 5 %.

1. *Ermitteln Sie die Anschaffungskosten, mit denen die Drehmaschine zu aktivieren ist.*
2. *Nennen Sie die Buchungen.*
3. *Ermitteln Sie die fortgeführten Anschaffungskosten zum 31. Dezember bei a) linearer und b) degressiver Abschreibung. Die Nutzungsdauer beträgt 10 Jahre.*

187 Kauf eines Grundstücks für 350.000,00 €, Grunderwerbsteuer 3,5 %. Maklergebühr 10.500,00 € netto, Notariatskosten 7.000,00 € netto, Kosten der Grundbucheintragungen 2.000,00 €. Für die Aufnahme einer Hypothek zur Finanzierung des Grundstücks belastet uns die Bank mit einer Bearbeitungsgebühr von 1.800,00 €. Alle Rechnungen werden durch Banküberweisung beglichen. *Ermitteln und begründen Sie die Anschaffungskosten des Grundstücks und buchen Sie.*

188 10 Monate nach Erwerb des Grundstücks (Aufgabe 187) erhalten wir von der betreffenden Gemeinde einen Heranziehungsbescheid über Straßenbaukosten in Höhe von 42.000,00 €. Außerdem sind für das laufende Quartal noch 700,00 € Grundsteuer zu entrichten. Zahlungen erfolgen über unsere Hausbank. *Begründen Sie Ihre Buchungen.*

189 Ein Industriebetrieb hat ein Grundstück erworben. Anschaffungskosten 150.000,00 €. Am Bilanzstichtag beträgt der Tageswert a) 180.000,00 € und b) 100.000,00 €. Im Falle b) handelt es sich um eine dauernde Wertminderung, die auf den Wegfall der Verkehrsanbindung des Grundstücks zurückzuführen ist. *Ermitteln und begründen Sie den jeweiligen Wertansatz.*

190 Die Anschaffungskosten einer Maschine betrugen im Januar 50.000,00 €; Nutzungsdauer 10 Jahre; Jahres-AfA linear 5.000,00 €. Somit beträgt der Buchwert der Maschine zum 31. Dez. des zweiten Nutzungsjahres 40.000,00 €. Durch technischen Fortschritt ist der Wert dieser Maschine am Ende des dritten Nutzungsjahres nachhaltig auf 30.000,00 € gesunken.

1. *Ermitteln und begründen Sie den Wertansatz der Maschine zum 31. Dez. des dritten Jahres.*
2. *Wie errechnet sich die Abschreibung für die Restnutzungsdauer?*

191 Die Maschinenfabrik Badicke KG, Leverkusen, hat am Abschluss-Stichtag noch Fertigteile (Elektromotoren) auf Lager. Der mengenmäßige Bestand beträgt lt. körperlicher Inventur 280 Stück. Die Anschaffungskosten betrugen 350,00 € je Stück.

a) Zum Bilanzstichtag beträgt der Tageswert 380,00 € je Stück.
b) Zum Bilanzstichtag beträgt der Tageswert 270,00 € je Stück.

1. *Begründen Sie Ihre Bewertungsentscheidung und ermitteln Sie den jeweiligen Bilanzansatz.*
2. *Erklären Sie die Auswirkung auf den Erfolg.*

192 Der Lagerbestand einer bestimmten Handelsware beträgt in einem Industriebetrieb lt. Inventur 300 Stück, die für 40,00 € je Stück angeschafft wurden. Zum Bilanzstichtag beträgt der Wiederbeschaffungswert 50,00 € je Stück. Der Buchhalter bewertet diesen Bestand mit 300 · 50,00 = 15.000,00 € Bilanzansatz.

1. *Nehmen Sie zu dieser Bewertungsentscheidung des Buchhalters Stellung und erklären Sie die Auswirkung auf die Erfolgsrechnung.*
2. *Ermitteln Sie gegebenenfalls den neuen Bilanzansatz, begründen und buchen Sie.*

193

Kauf von 20 Aktien zu je 390,00 € Anschaffungskosten am 15. November 01.

a) Zum 31. Dezember 01 beträgt der Kurs der Aktien 325,00 €.

b) Zum 31. Dezember 02 beträgt der Stückkurs 420,00 €.

Begründen Sie Ihre Bewertungsentscheidung in den Fällen a) und b).

194

Zum 31. Dezember ergab die körperliche Inventur der Rohstoffgruppe Z 67 einen Bestand von 2000 kg. Da der Bestand aus verschiedenen Lieferungen mit unterschiedlichen Preisen stammt, muss für die Bewertung ein Durchschnittswert ermittelt werden:

1. Jan.	800 kg	zu je	8,00 €
10. Apr.	500 kg	zu je	7,50 €
15. Aug.	900 kg	zu je	7,30 €
12. Okt.	1200 kg	zu je	7,00 €

1. *Ermitteln Sie aus dem Anfangsbestand und den Zugängen die durchschnittlichen Anschaffungskosten je kg.*
2. *Wie hoch sind die durchschnittlichen Anschaffungskosten des Schlussbestandes?*
3. *Bewerten Sie den Schlussbestand, wenn der Tageswert zum 31. Dezember*
   a) 8,20 € je kg und b) 6,00 € je kg beträgt.
4. *Begründen Sie Ihre Bewertungsentscheidung in den Fällen 3. a) und 3. b).*

195

Die Herstellung einer maschinellen Anlage für die eigene Fertigung verursachte folgende Kosten: Fertigungsmaterial 28.000,00 €, Fertigungslöhne 25.000,00 €, Sondereinzelkosten der Fertigung (Entwicklungs- und Modellbaukosten) 18.000,00 €, Materialgemeinkosten 12.000,00 €, Fertigungsgemeinkosten 19.000,00 €. Die allgemeinen Verwaltungskosten belaufen sich auf 8.000,00 €.

1. *Ermitteln Sie die niedrigsten Herstellungskosten*
   a) nach Handelsrecht und b) nach Steuerrecht, mit denen die Maschine jeweils in der Handelsbilanz und Steuerbilanz zu aktivieren ist.
2. *Erläutern Sie in diesem Zusammenhang das Maßgeblichkeitsprinzip.*

196

Eine Aktiengesellschaft hat in der Handelsbilanz zum 31. Dezember eine im gleichen Jahr gekaufte Maschine (Anschaffungskosten 50.000,00 €) mit 10 % linear abgeschrieben. Wertansatz in der Handelsbilanz somit: 45.000,00 €.

Um den steuerlichen Gewinn zu mindern, hat sie in der dem Finanzamt eingereichten Steuerbilanz die genannte Maschine mit dem steuerlichen Höchstsatz von 20 % degressiv[1] abgeschrieben. Wertansatz also: 40.000,00 €.

Begründen Sie, warum das Finanzamt den niedrigeren Wertansatz in der Steuerbilanz nicht anerkennt, obwohl er steuerlich zulässig ist.

197

Im Konto „4400 Verbindlichkeiten a. LL" ist eine Rohstoffverbindlichkeit von 20.000,00 US-$ enthalten zu einem Kurs von 1,0675 US-$/1 €. Am Bilanzstichtag beträgt der Kurs a) 1,0450 US-$/1 €; b) 1,0825 US-$/1 €.

1. *Ermitteln Sie den Bilanzansatz und begründen Sie Ihre Entscheidung.*
2. *Wie lautet die Buchung zum 31. Dezember?*

198

1. *In welchen Gesetzen sind die grundlegenden handelsrechtlichen und steuerrechtlichen Bewertungsvorschriften enthalten?*
2. *Nennen Sie die Zielsetzung a) der Handelsbilanz und b) der Steuerbilanz.*
3. *Was beinhaltet und bedeutet der „Grundsatz der Maßgeblichkeit der Handelsbilanz für die Steuerbilanz"?*
4. *Welche Unternehmen stellen regelmäßig sowohl eine Handels- als auch eine gesonderte Steuerbilanz auf? Inwiefern ist die Steuerbilanz dann als „abgeleitete" Bilanz zu bezeichnen?*
5. *Weshalb stellen die meisten Unternehmen lediglich eine Bilanz auf, also eine Handelsbilanz, die zugleich Steuerbilanz ist?*
6. *Inwiefern sind Niederst- und Höchstwertprinzip Ausdruck kaufmännischer Vorsicht?*

---

1 Siehe Fußnote auf S. 155.

D   Auswertung des Jahresabschlusses

Aus dem Jahresabschluss lassen sich wertvolle **Erkenntnisse über die Vermögens-, Finanz- und Erfolgslage** des Unternehmens gewinnen, wenn man die Abschlusszahlen entsprechend auswertet. Ein Vergleich mit den Jahresabschlüssen der Vorjahre **(Zeitvergleich)** gibt außerdem Auskunft über die betriebseigene **Entwicklung.** Wie das Unternehmen innerhalb seiner Branche zu beurteilen ist, zeigt ein Vergleich mit den Zahlen branchengleicher Unternehmen **(Betriebsvergleich).**

Die betriebswirtschaftliche Auswertung des Jahresabschlusses umfasst die

▶ **Aufbereitung (Analyse)** und die

▶ **Beurteilung (Kritik)** des Zahlenmaterials.

Allgemein spricht man auch von **„Bilanzanalyse und Bilanzkritik".**

1   Auswertung der Bilanz

1.1   Aufbereitung der Bilanz (Bilanzanalyse)

Umgliederung der Bilanzposten. Die Bilanzen müssen zunächst für eine kritische Beurteilung entsprechend aufbereitet werden. Die zahlreichen Bilanzposten sind daher nach bestimmten Gesichtspunkten umzugliedern und gruppenmäßig zusammenzufassen. Die Vermögensseite umfasst die beiden Hauptgruppen **„Anlagevermögen"** und **„Umlaufvermögen",** die Kapitalseite **„Eigenkapital"** und **„Fremdkapital".** Das Umlaufvermögen ist nach der **Flüssigkeit** in die Gruppen „Vorräte", „Forderungen" und „Flüssige Mittel" zu gliedern. Die Positionen des Fremdkapitals sind nach der **Fälligkeit** in „Langfristiges Fremdkapital" und „Kurzfristiges Fremdkapital" zu ordnen. Aktive Rechnungsabgrenzungssammelposten werden den Forderungen, passive Rechnungsabgrenzungsposten den kurzfristigen Verbindlichkeiten zugeordnet.

Die Bilanzstruktur ist das Ergebnis der Aufbereitung der Bilanzposten. Sie lässt bereits deutlich den **Vermögens- und Kapitalaufbau** des Unternehmens erkennen:

Vermögen	**Bilanzstruktur**	Kapital
I. Anlagevermögen		**I. Eigenkapital**
II. Umlaufvermögen 1. Vorräte 2. Forderungen 3. Flüssige Mittel		**II. Fremdkapital** 1. langfristig 2. kurzfristig
Wie ist das Kapital angelegt?		*Woher stammt das Kapital?*

Zur besseren Vergleichbarkeit und Überschaubarkeit stellt man die **Bilanzstruktur** nicht nur in absoluten Zahlen, sondern auch **in Prozentzahlen** dar, wobei die **Bilanzsumme die Basis (≙ 100 %)** bildet. Damit wird auf einen Blick erkennbar, welches Gewicht die einzelnen Hauptgruppen innerhalb des Gesamtvermögens (Aktiva) und Gesamtkapitals (Passiva) haben. Vermögens- und Kapitalaufbau werden dadurch noch anschaulicher dargestellt.

Merke:	**Die aufbereiteten Bilanzen eines Unternehmens zeigen deutlich**
	● **die Finanzierung** ▷ Eigenkapital : Fremdkapital
	● **den Vermögensaufbau** ▷ Anlagevermögen : Umlaufvermögen
	● **die Anlagendeckung** ▷ Eigenkapital : Anlagevermögen
	● **die Zahlungsfähigkeit** ▷ flüssige Mittel : kurzfristige Verbindlichkeiten

Beispiel: Die Bilanzen der Maschinenfabrik Thomas Schmitz e.K. lauten für die beiden letzten Geschäftsjahre (in T€):

Aktiva	Berichts-jahr	Vorjahr	Passiva	Berichts-jahr	Vorjahr
Gebäude	800	830	Eigenkapital 1. Jan.	1.710	1.600
TA und Maschinen	1.250	549	− Entnahmen	106	120
Fuhrpark	115	85		1.604	1.480
And. Anlagen/BGA	310	360	+ Einlagen	640	−
Roh- und Hilfsstoffe	320	500		2.244	1.480
Unfert. Erzeugnisse	250	320	+ Gewinn	366	230
Fertige Erzeugnisse	410	766	Eigenkapital 31. Dez.	2.610	1.710
Forderungen a. LL .	630	280	Rückstellungen ..	200	400
Bank	260	60	Hypothekenschulden	540	331
Postbank	125	40	Darlehensschulden	620	305
Kasse	30	10	Verbindlichk. a.LL	480	769
			Sonstige Verbindl.	50	285
	4.500	3.800		4.500	3.800

Anmerkungen zur Bilanzaufbereitung: Die Rückstellungen sind je zur Hälfte als langfristig und kurzfristig zu behandeln.

Die Aufbereitung der Bilanzen wird nach folgendem Schema vorgenommen:

AKTIVA	Berichtsjahr T€	%	Vorjahr T€	%	Zu- oder Abnahme T€
Anlagevermögen	**2.475**	**55**	**1.824**	**48**	**+ 651**
Vorräte	980	22	1.586	42	− 606
Forderungen a. LL	630	14	280	7	+ 350
Flüssige Mittel	415	9	110	3	+ 305
Umlaufvermögen	**2.025**	**45**	**1.976**	**52**	**+ 49**
Gesamtvermögen	4.500	100	3.800	100	+ 700

PASSIVA	Berichtsjahr T€	%	Vorjahr T€	%	Zu- oder Abnahme T€
Eigenkapital	**2.610**	**58**	**1.710**	**45**	**+ 900**
50 % Rückstellungen	100	2	200	5	− 100
Hypothekenschulden	540	12	331	9	+ 209
Darlehensschulden	620	14	305	8	+ 315
Langfr. Fremdkapital	**1.260**	**28**	**836**	**22**	**+ 424**
50 % Rückstellungen	100	2	200	5	− 100
Verbindlichkeiten a. LL	480	11	769	21	− 289
Sonstige Verbindlichk.	50	1	285	7	− 235
Kurzfr. Fremdkapital	**630**	**14**	**1.254**	**33**	**− 624**
Gesamtkapital	4.500	100	3.800	100	+ 700

1.2 Beurteilung der Bilanz (Bilanzkritik)

Die aufbereiteten Bilanzen enthalten bereits die wichtigsten Kennzahlen und Angaben zur Beurteilung der

- Kapitalausstattung,
- Anlagenfinanzierung,
- Zahlungsfähigkeit und des
- Vermögensaufbaues

des Unternehmens. Die nun einsetzende Bilanzbeurteilung stellt zwischen den durch die Aufbereitung gewonnenen Verhältniszahlen sinnvolle **Beziehungen** her und wertet diese im Hinblick auf die **Lage und Entwicklung** des Unternehmens.

1.2.1 Beurteilung der Kapitalausstattung (Finanzierung)

Grad der Unabhängigkeit. Bei der Beurteilung der **Kapitalausstattung oder Finanzierung** geht es vor allem um die Frage, ob das Unternehmen überwiegend mit **eigenem oder fremdem Kapital** arbeitet. In der Regel kann die Finanzierung eines Unternehmens als günstig bezeichnet werden, **wenn das Eigenkapital als Haftungs- bzw. Schutzkapital** das Fremdkapital überwiegt; denn je höher der Anteil des Eigenkapitals am Gesamtkapital, umso sicherer ist die Lage des Unternehmens in Krisenzeiten und umso **unabhängiger** ist das Unternehmen **gegenüber** seinen **Gläubigern.** Der Anteil des Eigenkapitals am Gesamtkapital ist daher zugleich Ausdruck des Grades der finanziellen Unabhängigkeit des Unternehmens.

Der Grad der Verschuldung kommt durch den Anteil des Fremdkapitals am Gesamtkapital zum Ausdruck. Ein im Verhältnis zum Eigenkapital zu hohes Fremdkapital bedeutet eine erhebliche **Einengung der Selbstständigkeit des Unternehmens,** da mit jeder weiteren Kreditaufnahme stets der Nachweis der Kreditverwendung und ständige Kontrollen durch die Gläubiger verbunden sind. Ist der Anteil an kurzfristigen Schulden sehr hoch, so wird die **Liquidität (Zahlungsfähigkeit)** des Unternehmens in besonderem Maße belastet. Die **Zusammensetzung des Fremdkapitals** (lang- und kurzfristig) ist daher eine wichtige Frage bei der Beurteilung der Finanzierung eines Unternehmens.

Kennzahlen der Finanzierung (Kapitalstruktur)		B	V
❶ Grad der finanziellen Unabhängigkeit	$= \dfrac{\text{Eigenkapital} \cdot 100\ \%}{\text{Gesamtkapital}}$	58 %	45 %
❷ Grad der Verschuldung	$= \dfrac{\text{Fremdkapital} \cdot 100\ \%}{\text{Gesamtkapital}}$	42 %	55 %
❸ Anteil des langfristigen Fremdkapitals	$= \dfrac{\text{lgfr. Fremdkapital} \cdot 100\ \%}{\text{Gesamtkapital}}$	28 %	22 %
❹ Anteil des kurzfristigen Fremdkapitals	$= \dfrac{\text{kfr. Fremdkapital} \cdot 100\ \%}{\text{Gesamtkapital}}$	14 %	33 %

Die Kennzahlen zeigen deutlich, dass sich im Berichtsjahr der **Grad der finanziellen Unabhängigkeit von 45 % auf 58 %** und damit entsprechend der **Grad der Verschuldung von 55 % auf 42 %** entscheidend verbessert haben. Die beachtliche Steigerung des Eigenkapitals ist auf eine Kapitaleinlage des Unternehmers in Höhe von 640 T€ sowie auf den Jahresgewinn von 366 T€ zurückzuführen. Erfreulicherweise konnte dadurch der Anteil des Fremdkapitals und somit der Einfluss der Gläubiger erheblich vermindert werden. In diesem Zusammenhang muss auch der **Rückgang des kurzfristigen Fremdkapitals von 33 % auf 14 %** als sehr positiv im Hinblick auf die Liquidität des Unternehmens beurteilt werden. Der beachtliche Abbau der kurzfristigen Fremdmittel ist vor allem auf eine **Umschuldung** zurückzuführen, also auf eine Umwandlung kurzfristiger in langfristige Schulden. So steht einer Abnahme an kurzfristigen Fremd-mitteln in Höhe von 624 T€ eine Zunahme der langfristigen Schulden in Höhe von 424 T€ gegenüber (vgl. aufbereitete Bilanzen auf Seite 189).

Zusammenfassend kann somit gesagt werden, dass die Unternehmensleitung im Berichtsjahr sinnvolle Maßnahmen durchgeführt hat die Finanzierung des Unterneh-mens solide und krisenfest zu gestalten.

> **Merke:** **Je größer das Eigenkapital im Verhältnis zum Fremdkapital ist, desto solider und krisenfester ist die Finanzierung und desto geringer ist die Abhängigkeit gegen-über Gläubigern.**

1.2.2 Beurteilung der Anlagenfinanzierung (Investierung)

Die Finanzierung (Deckung) des Anlagevermögens durch

▶ **Eigenkapital = Deckungsgrad I** und durch

▶ **langfristiges Kapital** (Eigen- und langfr. Fremdkapital) = **Deckungsgrad II**

ist zugleich ein wichtiger **Maßstab zur Beurteilung der Kapitalausstattung** des Unter-nehmens schlechthin. Da **Anlagegegenstände** in der Regel langfristig gebundenes Vermögen darstellen, müssen sie auch durch **entsprechend langfristiges** Kapital finanziert werden. Damit wird sichergestellt, dass im Krisenfalle keine Anlagegüter veräußert werden müssen, um den Tilgungsverpflichtungen termingerecht nachzu-kommen. Deshalb sollten Gegenstände des Anlagevermögens grundsätzlich **nicht kurzfristig** finanziert werden. Die Anlagenfinanzierung kann somit als sehr gut bezeichnet werden, wenn das Anlagevermögen voll durch Eigenkapital **(Deckungs-grad I)** gedeckt ist. Reicht das **Eigenkapital** jedoch nicht zur Finanzierung des Anlage-vermögens aus, so darf zusätzlich nur langfristiges Fremdkapital herangezogen wer-den. Der **Deckungsgrad II** muss mindestens 100 % betragen, wenn eine volle Deckung durch langfristiges Kapital gegeben sein soll.

Kennzahlen der Anlagendeckung (Investierung)	Berichtsjahr	Vorjahr
Deckungsgrad I $= \dfrac{\text{Eigenkapital} \cdot 100\,\%}{\text{Anlagevermögen}}$	106 %	94 %
Deckungsgrad II $= \dfrac{\text{Langfristiges Kapital} \cdot 100\,\%}{\text{Anlagevermögen}}$	156 %	140 %

Die Anlagendeckung durch Eigenkapital (Deckungsgrad I) war bereits im Vorjahr sehr gut. Sie konnte im Berichtsjahr durch die bereits erwähnte Erhöhung des Eigen-kapitals noch wesentlich verbessert werden. Nicht nur das Anlagevermögen, sondern auch Teile des Vorratsvermögens (eiserner Bestand) werden nunmehr voll durch eigene Mittel finanziert. Besonders erfreulich ist auch die Tatsache, dass die erhebli-chen Anschaffungen (Investitionen) im Anlagevermögen in Höhe von 651 T€ eben-falls in vollem Umfang durch Eigenkapital finanziert wurden.

Die Anlagendeckung durch langfristiges Kapital (Deckungsgrad II) ist in den beiden Vergleichsjahren ausgezeichnet. Besonders im Berichtsjahr wird der größte Teil des Umlaufvermögens langfristig finanziert, was sich auf die Liquidität des Unternehmens zwangsläufig günstig auswirken muss.

Zusammenfassend kann gesagt werden, dass die bereits oben für das Berichtsjahr als sehr gut beurteilte Finanzierung durch die Anlagendeckung I und II voll bestätigt wird.

> **Merke:**
> - **Die Anlagendeckung ist zugleich Maßstab zur Beurteilung der Finanzierung (Kapitalausstattung) des Unternehmens.**
> - **Das Anlagevermögen und der eiserne Bestand des Vorratsvermögens sollten stets durch entsprechend langfristiges Kapital finanziert sein.**

1.2.3   Beurteilung der Zahlungsfähigkeit (Liquidität)

Liquidität ist die Zahlungsfähigkeit eines Unternehmens, die sich aus dem **Verhältnis der flüssigen (liquiden) Mittel zu den fälligen kurzfristigen Verbindlichkeiten** erkennen lässt. Es muss deshalb untersucht werden, ob das Unternehmen in der Lage sein wird, die **fälligen** Verbindlichkeiten fristgerecht zu begleichen.

Aufgrund der Bilanzzahlen kann die **Liquidität** eines Unternehmens natürlich **nur überschlägig** ermittelt werden, da wichtige Angaben aus den Bilanzen nicht hervorgehen, wie **Fälligkeiten** der Verbindlichkeiten und Forderungen, **laufende Zahlungen** für Steuern, Mieten u. a. m. Dennoch lassen sich verschiedene Stufen oder Grade der Zahlungsfähigkeit aus den Abschlusszahlen errechnen, die im Vergleich der Jahre Aufschluss über die Liquidität des Unternehmens geben.

Die Kennzahlen der Liquidität berücksichtigen jeweils den Grad der Zahlungsfähigkeit. Die **Liquidität I (1. Grades),** auch **Barliquidität** genannt, setzt die flüssigen Mittel (Kasse, Bank- und Postbankguthaben, börsenfähige Wertpapiere des Umlaufvermögens) ins Verhältnis zu den kurzfristigen Fremdmitteln. Die **Liquidität II,** auch **einzugsbedingte Liquidität** genannt, berücksichtigt zusätzlich die Forderungen. Die **umsatzbedingte Liquidität III** setzt schließlich das gesamte Umlaufvermögen zum kurzfristigen Fremdkapital in Beziehung. Nach einer **Erfahrungsregel** sollte mindestens die Liquidität II bereits eine volle Deckung der kurzfristigen Schulden bringen. Die Liquidität III müsste nach einer amerikanischen Faustregel zu einer zweifachen Deckung (200 %) führen.

	Liquiditätskennzahlen	Berichtsjahr	Vorjahr
Liquidität I =	$\dfrac{\text{flüssige Mittel} \cdot 100\,\%}{\text{kurzfristiges Fremdkapital}}$	66 %	9 %
Liquidität II =	$\dfrac{\text{flüssige Mittel} + \text{Forderungen} \cdot 100\,\%}{\text{kurzfristiges Fremdkapital}}$	166 %	31 %
Liquidität III =	$\dfrac{\text{Umlaufvermögen} \cdot 100\,\%}{\text{kurzfristiges Fremdkapital}}$	321 %	158 %

Die Liquiditätslage des Unternehmens hat sich im Berichtsjahr gegenüber dem Vorjahr ganz entschieden verbessert. Selbst unter Berücksichtigung der Forderungen konnte im Vorjahr keine volle Deckung der kurzfristigen Verbindlichkeiten erreicht werden. Im Berichtsjahr führte dagegen die Liquidität II bereits zu einer erheblichen Überdeckung. Die Liquidität 3. Grades zeigt im Berichtsjahr deutlich die ausgezeichnete finanzielle Lage des Unternehmens. Das Umlaufvermögen ist über dreimal so groß wie die kurzfristigen Fremdmittel. Diese äußerst positive Entwicklung der Zahlungsfähigkeit ist einerseits auf die bereits erwähnte Kapitalerhöhung sowie Umschuldung und andererseits vor allem auch auf die erhebliche Absatzsteigerung zurückzuführen. Diese von der Unternehmensleitung getroffenen Maßnahmen dienten nicht zuletzt der Stärkung der Liquidität.

Merke:	• **Je mehr die flüssigen Mittel 1., 2. und 3. Grades die fälligen kurzfristigen Verbindlichkeiten decken, desto liquider und damit sicherer ist das Unternehmen.**
	• **Für die fälligen Schulden müssen stets Zahlungsmittel bereitstehen, denn Zahlungsunfähigkeit führt in der Regel zur zwangsweisen Auflösung eines Unternehmens im Rahmen eines Insolvenzverfahrens.**
	• **Nach einer Erfahrungsregel gilt die Zahlungsfähigkeit eines Unternehmens als gesichert, wenn das gesamte Umlaufvermögen doppelt so groß ist wie das kurzfristige Fremdkapital.**

1.2.4 Beurteilung des Vermögensaufbaues (Vermögensstruktur)

Die Vermögensstruktur zeigt sich im **Verhältnis zwischen Anlage- und Umlaufvermögen.** Dieses Verhältnis ist weitgehend abhängig von der **Branche,** der das Unternehmen angehört, sowie vom **Ausmaß der Mechanisierung und Automatisierung.** So sind beispielsweise Unternehmen der Grundstoff- und Schwerindustrie mit einem Anlagenanteil von 60–70 % besonders anlagenintensiv, im Gegensatz zu Betrieben der Elektroindustrie mit 25–35 %.

Das Anlagevermögen verursacht erhebliche **fixe** (feste) Kosten, wie Abschreibungen, Instandhaltungen u. a., die unabhängig von der Beschäftigungs- und Absatzlage, also auch in Krisenzeiten, anfallen und ständig die Erfolgsrechnung als Aufwand belasten. Je niedriger das Anlagevermögen im Verhältnis zum Umlaufvermögen ist, desto geringer ist die Belastung mit festen Kosten und desto besser kann sich ein Unternehmen **den veränderten Marktverhältnissen anpassen.**

Das Umlaufvermögen besteht in der Regel aus Vorräten, Forderungen sowie flüssigen Mitteln. Vergleicht man diese Posten mit den **Umsatzerlösen,** lassen sich wertvolle **Erkenntnisse über die Absatzlage** des Unternehmens in den Vergleichsjahren erzielen. Ein erhöhter Bestand an Forderungen bedeutet Absatzsteigerung, wenn zugleich die Umsatzerlöse entsprechend gestiegen sind. Eine Veränderung der Vorräte und flüssigen Mittel sollte daher auch im Zusammenhang mit den Umsatzerlösen gesehen werden.

Kennzahlen der Vermögensstruktur		B	V
❶ Anteil des Anlagevermögens	$= \dfrac{\text{AV} \cdot 100\ \%}{\text{Gesamtvermögen}}$	55 %	48 %
❷ Anteil des Umlaufvermögens	$= \dfrac{\text{UV} \cdot 100\ \%}{\text{Gesamtvermögen}}$	45 %	52 %
❸ Anteil der Vorräte	$= \dfrac{\text{Vorräte} \cdot 100\ \%}{\text{Gesamtvermögen}}$	22 %	42 %
❹ Anteil der Forderungen	$= \dfrac{\text{Forderungen} \cdot 100\ \%}{\text{Gesamtvermögen}}$	14 %	7 %
❺ Anteil der flüssigen Mittel	$= \dfrac{\text{Flüssige Mittel} \cdot 100\ \%}{\text{Gesamtvermögen}}$	9 %	3 %

Angaben lt. GuV-Rechnung:	Berichtsjahr	Vorjahr
Umsatzerlöse	8.200 T€	5.500 T€

Die Kennzahlen der Vermögensstruktur zeigen deutlich die positive Entwicklung des Unternehmens im Vergleichszeitraum. Die Steigerung des Anlagevermögens ist auf Neuanschaffungen in Höhe von 651 T€ zurückzuführen, die zu einer Kapazitätserweiterung führten, worauf auch die gestiegenen Umsatzerlöse hinweisen. Auch der Abbau der Vorräte und die Erhöhung der Forderungen sowie der flüssigen Mittel stehen offensichtlich im Zusammenhang mit einer erheblichen Absatzsteigerung.

Merke:	• Das Verhältnis zwischen Anlage- und Umlaufvermögen wird weitgehend von der Branche und dem Grad der Mechanisierung bestimmt.
	• Der Anteil der Vorräte und Forderungen ist stets im Zusammenhang mit den Umsatzerlösen zu beurteilen.

Aufgaben

199

1. Welche Möglichkeiten hat der Unternehmer, die Finanzierung (Kapitalausstattung des Unternehmens) zu verbessern?

2. Ein Unternehmer hat einen sehr großen Teil des Anlagevermögens mit einem kurzfristigen Bankkredit finanziert. Wie beurteilen Sie das?

3. Wodurch wird die Vermögensstruktur (AV : UV) bestimmt?

4. Welche Gefahr liegt in einem
   a) zu geringen und b) zu großen Anlagevermögen?

5. Welche Gefahr liegt in einem
   a) zu geringen und b) zu hohen Umlaufvermögen?

200

1. Welche Möglichkeiten hat der Unternehmer, die Liquidität zu verbessern?

2. Der Bestand an sofort greifbaren flüssigen Mitteln ist im Verhältnis zu hoch. Was empfehlen Sie dem Unternehmen?

3. Vermittelt die Bilanz ein eindeutiges Bild der Zahlungsfähigkeit?

4. Beurteilen Sie die folgenden Bilanzstrukturen:

Bilanz 1		Bilanz 2	
Anlagevermögen 40 %	Eigenkapital 50 %	Anlagevermögen 40 %	Eigenkapital 30 %
			langfristiges Fremdkapital 10 %
Umlaufvermögen 60 %	Fremdkapital 50 %	Umlaufvermögen 60 %	kurzfristiges Fremdkapital 60 %

201

Nach der Aufbereitung zeigt die Bilanz eines Industrieunternehmens die folgende Vermögens- und Kapitalstruktur:

Vermögen	Aufbereitete Bilanz				Kapital
	T€	%		T€	%
I. Anlagevermögen	36.000	60	I. Eigenkapital	42.000	70
II. Umlaufvermögen			II. Fremdkapital		
1. *nicht* flüssig ...... (Vorräte)	11.000		1. *langfristig* .... (Hyp. u. Darl.)	12.000	
2. *bedingt* flüssig .... (Forderungen)	8.500	40	2. *kurzfristig* .... (Liefererschulden)	6.000	30
3. *sofort* flüssig ...... (Kasse, Postbank, Bank)	4.500				
	60.000	100		60.000	100

1. Beurteilen Sie auch unter Berücksichtigung von Branchenrichtwerten ()
   a) die Finanzierung oder Kapitalausstattung (50 : 50),
   b) den Vermögensaufbau (55 : 45),
   c) die Anlagenfinanzierung bzw. -deckung (Deckung I: 90 %; II: 120 %) sowie
   d) die Zahlungsfähigkeit (Liquidität) des Unternehmens.

2. Inwiefern erübrigt sich im vorliegenden Fall die Ermittlung des Deckungsgrades II im Rahmen der Beurteilung der Anlagenfinanzierung?

3. Welchen entscheidenden Vorteil bietet die Auswertung bei einem Bilanzvergleich (Zeit- oder Betriebsvergleich)?

202

Aktiva	Bilanz zum 31. Dezember				Passiva		
	Berichtsjahr	Vorjahr				Berichtsjahr	Vorjahr
	T€	T€				T€	T€
I. Anlagevermögen				**I. Eigenkapital**		30.000	16.000
1. Gebäude	9.800	10.000					
2. TA und Maschinen .	11.200	5.000		**II. Fremdkapital**			
3. Andere Anl./BGA ..	1.600	2.000		1. Hypothekensch.		6.500	6.800
				2. Darlehenssch...		8.800	5.200
II. Umlaufvermögen				3. Liefererschulden		4.700	12.000
1. Vorräte	14.000	12.500					
2. Forderungen	9.000	7.500					
3. Kasse	200	100					
4. Postbank	300	400					
5. Bankguthaben	3.900	2.500					
	50.000	40.000				50.000	40.000

1. *Bereiten Sie die Bilanzen entsprechend dem Aufbereitungsschema auf Seite 189 auf und stellen Sie jeweils die Veränderungen der Vermögens- und Kapitalposten fest.*
2. *Ermitteln Sie die Kennzahlen zur Beurteilung*
   a) der Finanzierung, b) der Anlagendeckung, c) der Liquidität, d) der Vermögensstruktur.
3. *Beurteilen Sie die Entwicklung des Unternehmens in den Vergleichsjahren aufgrund der Kennzahlen und versuchen Sie die Ursachen der Veränderungen offen zu legen. Stellen Sie sich dabei stets folgende Fragen:*
   - *Wie ist die Entwicklung in absoluten und relativen Zahlen?*
   - *Worauf könnte die positive oder negative Entwicklung zurückzuführen sein?*
   - *Welche Maßnahmen zur Verbesserung der Finanzierung, Anlagendeckung, Liquidität und Vermögensstruktur würden Sie der Unternehmensleitung gegebenenfalls empfehlen?*

203

Aktiva	Bilanz zum 31. Dezember				Passiva		
	Berichtsjahr	Vorjahr				Berichtsjahr	Vorjahr
	T€	T€				T€	T€
Gebäude	814	830		Eigenkapital 1. Jan. ..		1.260	1.130
TA und Maschinen	890	610		− Entnahmen		80	60
Andere Anlagen/BGA ..	216	180				1.180	1.070
Roh- und Hilfsstoffe	650	560		+ Einlagen		300	–
Unfertige Erzeugnisse ...	160	340				1.480	1.070
Fertige Erzeugnisse	390	650		+ Gewinn		320	190
Forderungen a. LL	600	310		Eigenkapital 31. Dez..		1.800	1.260
Kasse	20	15		Rückstellungen		80	60
Bank	260	105		Hypothekenschulden		670	480
				Darlehensschulden ..		930	750
				Verbindlichkeiten a. LL		520	1.050
	4.000	3.600				4.000	3.600

Anmerkungen:

Der Jahresgewinn soll nicht entnommen werden. Die Rückstellungen sind je zur Hälfte lang- und kurzfristig. Die Umsatzerlöse betrugen im Berichtsjahr 7.800 T€, im Vorjahr 5.800 T€.

1. *Bereiten Sie die oben stehenden Bilanzen der Papierfabrik Werner Peters e. K. entsprechend dem Aufbereitungsschema auf.*
2. *Ermitteln und beurteilen Sie die Kennzahlen a) der Finanzierung, b) der Anlagendeckung, c) der Vermögensstruktur und d) der Liquidität.*
3. *Worauf führen Sie die hohen Vorräte im Vorjahr zurück?*
4. *Fassen Sie in einem Kurzbericht das Ergebnis Ihrer Auswertung zusammen.*

2 Auswertung der Erfolgsrechnung

2.1 Beurteilung der Rentabilität

Die Rentabilität ist Maßstab für den Erfolg eines Unternehmens. Sie wird ermittelt, indem man den Gewinn zum **Eigenkapital** oder **Umsatz** in Beziehung setzt.

Unternehmerlohn. Bei **Einzelunternehmen und Personengesellschaften** muss der Jahresgewinn vorab noch um einen Unternehmerlohn für den **mitarbeitenden** Inhaber (Gesellschafter) gekürzt werden. Nur so ist ein **Vergleich mit einer Kapitalgesellschaft** der gleichen Branche (z. B. GmbH) möglich, in der die Gehälter der geschäftsführenden Gesellschafter Aufwand (Betriebsausgabe) darstellen und somit den Gewinn schmälern. Die Höhe des Unternehmerlohns bemisst sich nach dem Gehalt eines leitenden Angestellten in vergleichbarer Position.

Beispiel: Maschinenfabrik Th. Schmitz e. K.	Berichtsjahr	Vorjahr
Jahresgewinn (vgl. Bilanz S. 189) . . . . – **Unternehmerlohn**	366 T€ 120 T€	230 T€ 120 T€
Unternehmergewinn	**246 T€**	**110 T€**

2.1.1 Eigenkapitalrentabilität

Die Rentabilität des Eigenkapitals wird ermittelt, indem man den Unternehmergewinn zum Eigenkapital ins Verhältnis setzt. Um Zufallsschwankungen auszuschalten, rechnet man beim Eigenkapital mit dem **Durchschnittswert** aus Anfangs- und Schlussbestand des Geschäftsjahres.

Beispiel: Maschinenfabrik Th. Schmitz e. K.	Berichtsjahr	Vorjahr
Eigenkapitalrentabilität $= \dfrac{\text{UG} \cdot 100\,\%}{\text{Eigenkapital}}$	$\dfrac{246 \cdot 100\,\%}{2.160} = \mathbf{11{,}4\,\%}$	$\dfrac{110 \cdot 100\,\%}{1.655} = \mathbf{6{,}6\,\%}$

Risikoprämie. Vergleicht man die Eigenkapitalrendite mit dem landesüblichen Zinssatz für langfristig angelegte Gelder (im Beispiel werden 5 % unterstellt), so ist der **Überschuss** ein Entgelt oder eine Prämie für das allgemeine Risiko des Unternehmers.

Beispiel: Maschinenfabrik Th. Schmitz e. K.	Berichtsjahr	Vorjahr
Eigenkapitalrentabilität . . . . – landesüblicher Zinssatz für langfr. Kapital . . .	11,4 % 5 %	6,6 % 5 %
Risikoprämie für Unternehmerwagnis	**6,4 %**	**1,6 %**

Beurteilung der Erfolgslage. Der Jahresgewinn der Maschinenfabrik ist von absolut 230 T€ im Vorjahr auf 366 T€ im Berichtsjahr, also um 136 T€ oder 59 % gestiegen. Diese beachtliche Gewinnsteigerung konnte sich bei der Eigenkapitalrentabilität nicht in entsprechendem Maße auswirken, da im Berichtsjahr auch das Eigenkapital durch Kapitaleinlagen erhöht wurde. Dennoch zeigt die Rentabilität des Eigenkapitals eine erfreuliche Steigerung von 6,6 % auf 11,4 %. Im Berichtsjahr wurde über die normale Verzinsung hinaus eine Risikoprämie von 6,4 % erwirtschaftet.

Merke: Der Jahresgewinn eines Einzelunternehmers oder einer Personengesellschaft sollte in der Regel Folgendes entgelten:
- einen angemessenen Unternehmerlohn,
- eine landesübliche Verzinsung des Eigenkapitals und
- zusätzlich eine branchenübliche Prämie für das Unternehmerrisiko.

6621196

2.1.2 Umsatzrentabilität

Umsatzverdienstrate. Setzt man den Unternehmergewinn zu den Umsatzerlösen in Beziehung, erhält man Auskunft darüber, wie viel Prozent der Umsatzerlöse als Gewinn dem Unternehmen zugeflossen sind. Oder anders ausgedrückt: wie viel Euro je 100,00 € Umsatz verdient wurden.

Beispiel: Maschinenfabrik Th. Schmitz e.K.	Berichtsjahr	Vorjahr
$\text{Umsatzrentabilität} = \dfrac{\text{Unternehmergew.} \cdot 100\%}{\text{Umsatzerlöse}}$	$\dfrac{246 \cdot 100\%}{8.200} = 3\%$	$\dfrac{110 \cdot 100\%}{5.500} = 2\%$

Beurteilung. Die sehr positive Entwicklung des Unternehmens zeigt sich auch deutlich in der Umsatzrendite, die im Vergleichszeitraum von 2 % auf 3 %, also um 50 %, erhöht werden konnte. Im Berichtsjahr wurden somit 3,00 € je 100,00 € Umsatz gegenüber 2,00 € im Vorjahr verdient. Das bedeutet eine erhebliche Steigerung der Ertragskraft des Unternehmens.

Aufgaben

204 Die Finanzbuchhaltung der Papierfabrik Werner Peters e.K. (vgl. Aufgabe 203 auf S. 195) stellt folgende Zahlen zur Verfügung:

Zahlen in T€	Berichtsjahr	Vorjahr
Eigenkapital zum 1. Januar	1.260	1.130
Eigenkapital zum 31. Dezember	1.800	1.260
Jahresgewinn	320	190
Unternehmerlohn	96	96
Umsatzerlöse	7.800	5.800

1. Ermitteln Sie a) das durchschnittlich eingesetzte Eigenkapital und b) den Unternehmergewinn.
2. Berechnen Sie   a) die Rentabilität des Eigenkapitals und
   b) die Risikoprämie bei einem landesüblichen Zinssatz von 4,5 %.
3. Berechnen Sie die Umsatzrentabilität in Prozent und je 100,00 € Umsatz.
4. Beurteilen Sie die Erfolgslage des Unternehmens im Vergleichszeitraum.

205 Die Textilfabrik Karl-Heinz Schnickmann e.Kfm. weist für drei Jahre folgende Zahlen aus:

Zahlen in T€	1. Jahr	2. Jahr	3. Jahr
Eigenkapital zum 1. Januar	2.400	2.600	3.400
Eigenkapital zum 31. Dezember	2.600	3.400	4.600
Jahresgewinn	490	640	820
Unternehmerlohn	108	108	108
Umsatzerlöse	12.880	15.200	18.100

1. Ermitteln Sie a) das Durchschnittskapital und b) den Unternehmergewinn.
2. Berechnen Sie a) die Eigenkapitalrendite und b) die Risikoprämie bei einer unterstellten landesüblichen Verzinsung von 5,5 %.
3. Wie viel € je 100,00 € Umsatz wurden jeweils verdient?
4. Fassen Sie die Ergebnisse der Rentabilitätsauswertung in einem Kurzbericht zusammen.

2.2 Umschlagskennzahlen

Maßstab der Wirtschaftlichkeit. Umschlagskennzahlen sind ein Maßstab zur Beurteilung und Kontrolle der Wirtschaftlichkeit des Betriebsprozesses, also des **Verhältnisses der Kosten zu den Leistungen:** Sie werden ermittelt, indem man bestimmte Posten der Bilanz (Materialbestände, Forderungen a. LL, Kapital) zum **Materialaufwand** bzw. zu den **Umsatzerlösen** in Beziehung setzt.

2.2.1 Lagerumschlag der Werkstoffbestände

Die Lagerumschlagshäufigkeit der Werkstoffbestände errechnet sich aus dem Verhältnis von **Materialaufwendungen** zum **Durchschnittsbestand der Roh-, Hilfs- und Betriebsstoffe.** Sie gibt an, wie oft in einem Jahr der durchschnittliche Lagerbestand **umgesetzt,** d. h. verbraucht und ersetzt wurde:

$$\text{Lagerumschlagshäufigkeit} \quad = \quad \frac{\text{Materialaufwendungen}}{\emptyset \text{ Werkstoffbestand}}$$

Die durchschnittliche Lagerdauer ergibt sich, indem man das Jahr mit 360 Tagen ansetzt und durch die Umschlagshäufigkeit dividiert:

$$\text{Durchschnittliche Lagerdauer} \quad = \quad \frac{360}{\text{Lagerumschlagshäufigkeit}}$$

Aus den Zahlen der Maschinenfabrik Th. Schmitz e. K. ergeben sich folgende Angaben und Ergebnisse: Für das Vorjahr wurde das entsprechende Vergleichsjahr vorgeschaltet:

Beispiel: Maschinenfabrik Th. Schmitz e. K.	Berichtsjahr	Vorjahr
Roh- und Hilfsstoffbestand zum 1. Jan.	500	400[1]
Roh- und Hilfsstoffbestand zum 31. Dez.	320	500
Materialaufwand lt. GuV-Rechnung	4.920	3.150
Durchschn. Werkstofflagerbestand	$\frac{500 + 320}{2} = 410$	$\frac{400 + 500}{2} = 450$
Lagerumschlagshäufigkeit	$\frac{4.920}{410} = 12\text{-mal}$	$\frac{3.150}{450} = 7\text{-mal}$
Durchschnittliche Lagerdauer	$\frac{360}{12} = 30 \text{ Tage}$	$\frac{360}{7} = 51 \text{ Tage}$

Lagerumschlagshäufigkeit und -dauer haben sich im Berichtsjahr ganz entscheidend verbessert. Die **hohe** Umschlagshäufigkeit trägt dazu bei, dass der Kapitaleinsatz geringer wird, da in **kürzeren** Abständen (30 statt 51 Tage) immer wieder **Kapital zurückfließt.** Dadurch werden Zinsen und Lagerkosten geringer, was sich positiv auf die **Wirtschaftlichkeit,** den **Gewinn** und die **Rentabilität** auswirkt.

> **Merke:** Je höher die Umschlagshäufigkeit des Lagerbestandes ist, desto
> - kürzer ist die Lagerdauer,
> - geringer sind der Kapitaleinsatz und das Lagerrisiko,
> - geringer sind die Kosten für die Lagerhaltung (Zinsen, Schwund, Verwaltungskosten),
> - höher ist die Wirtschaftlichkeit und
> - höher ist letztlich der Gewinn und damit die Rentabilität.

---

1   400 = Bestand vom 1. Januar des Vorjahres

2.2.2 Umschlag der Forderungen

Die Kennzahlen des Forderungsumschlags sind zugleich ein Maßstab zur Beurteilung der Liquidität eines Unternehmens:

$$\text{Umschlagshäufigkeit der Forderungen} = \frac{\text{Umsatzerlöse}}{\varnothing \text{ Forderungsbestand}}$$

Daraus ergibt sich die **Laufzeit** der Forderungen, d. h. die von den Kunden durchschnittlich in Anspruch genommene **Kreditdauer (Zahlungsziel):**

$$\text{Durchschnittliche Kreditdauer} = \frac{360}{\text{Umschlagshäufigkeit der Forderungen}}$$

Beispiel: Maschinenf. Th. Schmitz e.K.	Berichtsjahr	Vorjahr
Forderungsbestand zum 1. Januar	280	500[1]
Forderungsbestand zum 31. Dezember	630	280
Durchschnittlicher Forderungsbestand	$\frac{280\ +\ 630}{2} = 455$	$\frac{500\ +\ 280}{2} = 390$
Umsatzerlöse lt. GuV	8.200	5.500
Umschlagshäufigkeit	8.200 : 455 = **18-mal**	5.500 : 390 = **14-mal**
Durchschnittliche Kreditdauer	360 : 18 = **20 Tage**	360 : 14 = **26 Tage**

Im Berichtsjahr nahmen die Kunden durchschnittlich ein **Zahlungsziel** von 20 Tagen gegenüber 26 Tagen im Vorjahr in Anspruch. Unterstellt man ein übliches Zahlungsziel von 30 Tagen, so wird dieses im Berichtsjahr von der Mehrzahl der Kunden weit unterschritten (Skonto!). Der hohe Forderungsumschlag hat sich günstig auf die **Liquidität** ausgewirkt.

> **Merke:** **Je rascher der Forderungsumschlag, desto**
> - **kürzer ist die durchschnittliche Kreditdauer,**
> - **besser ist die eigene Liquidität,**
> - **geringer sind Zinsbelastung und Wagnis (Kosten),**
> - **höher sind Wirtschaftlichkeit und Rentabilität.**

2.2.3 Kapitalumschlag

Zur Ermittlung der Kapitalumschlagshäufigkeit wird der Umsatz mit dem Eigen- **oder** Gesamtkapital (Eigen- und Fremdkapital) in Beziehung gesetzt:

$$\text{Umschlagshäufigkeit des Eigenkapitals} = \frac{\text{Umsatzerlöse}}{\text{Eigenkapital}}$$

$$\text{Umschlagshäufigkeit des Gesamtkapitals} = \frac{\text{Umsatzerlöse}}{\text{Gesamtkapital}}$$

$$\text{Durchschnittliche Kapitalumschlagsdauer} = \frac{360}{\text{Kapitalumschlagshäufigkeit}}$$

Die Kapitalumschlagshäufigkeit gibt an, **wie oft** das eingesetzte Kapital über die **Umsatzerlöse** zurückgeflossen ist. Je rascher der Umschlagsprozess vor sich geht, desto geringer ist der erforderliche Kapitaleinsatz, da in kürzeren Abständen immer wieder **Kapital vom Markt zurückfließt.** Bei **hoher** Kapitalumschlagshäufigkeit kann man deshalb mit einem verhältnismäßig **niedrigen** Kapitaleinsatz zu einer entsprechend hohen Rendite und infolge des raschen Kapitalrückflusses zu einer **günstigen Liquidität** gelangen.

---

1   500 = Bestand am 1. Januar des Vorjahres

Beispiel: Maschinenfabrik Th. Schmitz e.K.	Berichtsjahr	Vorjahr
Durchschn. Eigenkapital	2.160	1.655
Umsatzerlöse lt. GuV	8.200	5.500
EK-Umschlagshäufigkeit	8.200 : 2.160 = **3,8**	5.500 : 1.655 = **3,3**
EK-Umschlagsdauer	360 : 3,8 = **95 Tage**	360 : 3,3 = **109 Tage**

Die Kapitalumschlagszahlen der Maschinenfabrik Th. Schmitz e.K. kennzeichnen ebenfalls die positive Entwicklung des Unternehmens im Berichtsjahr.

Merke: **Je höher die Kapitalumschlagshäufigkeit ist, desto**
- **rascher fließt das Kapital über die Erlöse zurück,**
- **geringer ist der erforderliche Kapitaleinsatz,**
- **höher ist die Rentabilität,**
- **günstiger ist die Liquidität des Unternehmens.**

Aufgaben

206 Die Jahresabschlüsse eines Industriebetriebes weisen folgende Zahlen aus:

Werkstoffbestände (Rohstoffe u. a.)	1. Jahr	2. Jahr	3. Jahr
Anfangsbestand	80.000,00	120.000,00	140.000,00
Schlussbestand	120.000,00	140.000,00	100.000,00
Materialaufwand (Werkstoffverbrauch)	800.000,00	1.170.000,00	1.440.000,00

1. *Berechnen Sie jeweils a) den Durchschnittsbestand und b) die Lagerumschlagshäufigkeit und Lagerdauer. Beurteilen Sie die Entwicklung in den Vergleichsjahren.*
2. *Begründen Sie, inwiefern die Lagerumschlagshäufigkeit Kapitalbedarf, Kosten, Risiko, Wirtschaftlichkeit und damit die Rentabilität des Unternehmens beeinflusst.*

207 Die Jahresabschlüsse eines Industriebetriebes weisen folgende Zahlen aus:

Forderungen	1. Jahr	2. Jahr	3. Jahr
Anfangsbestand	450.000,00	580.000,00	800.000,00
Schlussbestand	580.000,00	800.000,00	1.200.000,00
Umsatzerlöse	5.150.000,00	8.280.000,00	12.000.000,00

1. *Berechnen Sie für die einzelnen Jahre a) den durchschnittlichen Forderungsbestand, b) die Umschlagshäufigkeit der Forderungen, c) die durchschnittliche Laufzeit (Kreditdauer) der Außenstände.*
2. *Begründen und erklären Sie den Zusammenhang zwischen der Umschlagshäufigkeit der Außenstände und der Liquidität, Wirtschaftlichkeit und Rentabilität.*
3. *Wie beurteilen Sie die Entwicklung? Welche Schlüsse ziehen Sie daraus?*

208 Die Kapitalstruktur eines Industriebetriebes (Durchschnittswerte) lautet:

Kapital (Mittelwerte in T€)	1. Jahr	2. Jahr	3. Jahr
Eigenkapital	2.000	2.500	2.500
Fremdkapital	1.000	1.500	600
Umsatzerlöse	15.000	16.400	13.200

1. *Ermitteln Sie a) die Kapitalumschlagshäufigkeit des Eigen- und Gesamtkapitals und b) die Kapitalumschlagsdauer des Eigen- und Gesamtkapitals.*
2. *Welcher Zusammenhang besteht zwischen Kapitalumschlagshäufigkeit einerseits und Kapitaleinsatz, Liquidität und Rentabilität andererseits?*
3. *Wie beurteilen Sie die Entwicklung im Beispiel?*

2.3 Cashflow-Analyse

Messzahl für die Selbstfinanzierungskraft des Unternehmens ist der Cashflow (Kassen-Zufluss), eine Kennzahl, die aus den USA stammt und Eingang in die deutsche Bilanzanalyse gefunden hat. Sie gibt an, **welche** im Geschäftsjahr **selbst erwirtschafteten Mittel** dem Unternehmen **zur Verfügung stehen für die**

▶ **Finanzierung von Investitionen,** ▶ **Schuldentilgung** und ▶ **Gewinnausschüttung.**

Zum Cashflow zählen deshalb der **Jahresüberschuss** und **alle nicht auszahlungswirksamen Aufwendungen** des Geschäftsjahres, wie z. B. die **Abschreibungen auf Anlagen** und die **Zuführungen zu langfristigen Rückstellungen,** vor allem **Pensionsrückstellungen.** Letztere stellen zwar juristisch Fremdkapital, wirtschaftlich jedoch eigenkapitalähnliche Mittel dar, da sie dem Unternehmen **langfristig und zinslos** zur Verfügung stehen.

> Jahresüberschuss
> + **Abschreibungen auf Anlagen**
> + **Zuführungen zu langfristigen Rückstellungen**
> = **Cashflow**

Aussagefähigkeit. Der Cashflow lässt erkennen, in welchem Umfang sich ein Unternehmen **aus eigener Kraft** finanziert. Aus Höhe und Entwicklung des Cashflow können Rückschlüsse auf die **Ertragskraft, Selbstfinanzierungskraft, Kreditwürdigkeit** und **Expansionsfähigkeit** gezogen werden. Der Cashflow ist deshalb aussagefähiger als die rein gewinnorientierten Rentabilitätskennzahlen.

Cashflow-Kennzahlen. Sehr aussagefähig ist der Cashflow, wenn man ihn zu den Umsatzerlösen in Beziehung setzt. In diesem Fall wird erkennbar, **wie viel Prozent der Umsatzerlöse** frei **für Investitionszwecke, Kredittilgung** und **Gewinnausschüttung zur Verfügung stehen.** Darüber hinaus kann der Cashflow auf das **Nominalkapital, Eigen-, Fremd- oder Gesamtkapital** bezogen werden.

$$\text{Cashflow-Umsatzverdienstrate} = \frac{\text{Cashflow} \cdot 100}{\text{Umsatzerlöse}}$$

Beispiel: Maschinenfabrik Th. Schmitz e. K.	Berichtsjahr	Vorjahr
Jahresgewinn (S. 189)	366 T€	230 T€
+ Abschreibungen auf Anlagen	198 T€[1]	60 T€[1]
+ Zuführungen zu langfr. Rückstellungen	–	–
= **Cashflow**	**564 T€**	**290 T€**
Umsatzerlöse lt. GuV	**8.200 T€**	**5.500 T€**
Cashflow-Umsatzverdienstrate	$\frac{564 \cdot 100 \ \%}{8.200}$ **= 6,9 %**	$\frac{290 \cdot 100 \ \%}{5.500}$ **= 5,3 %**

Im Berichtsjahr stehen somit der Maschinenfabrik Th. Schmitz e. K. **6,9 % der Umsatzerlöse** gegenüber 5,3 % im Vorjahr an selbst erwirtschafteten Finanzierungsmitteln **frei zur Verfügung.** Oder: 6,90 € bzw. 5,30 € je 100,00 € Umsatz. Das ist auf den gestiegenen Gewinn und die höheren Abschreibungen zurückzuführen.

Merke: **Die Cashflow-Umsatzverdienstrate gibt an, wie viel Prozent der Umsatzerlöse dem Unternehmen zur Investitionsfinanzierung, Schuldentilgung und Gewinnausschüttung frei zur Verfügung stehen. Sie ist Maßstab für die Ertrags- und Selbstfinanzierungskraft des Unternehmens.**

Fragen: *1. Worauf führen Sie im Beispiel die Erhöhung der Abschreibungen zurück?*
2. Inwiefern sind Cashflow-Kennzahlen aussagefähiger als Rentabilitätskennzahlen?

---

1 angenommene Zahlen

2.4 Return on Investment (ROI-Analyse)

Über die **Rendite des eingesetzten Eigen- bzw. Gesamtkapitals** erfolgt jeweils der **Rückfluss des investierten Eigen- bzw. Gesamtkapitals.** Erweitert man beispielsweise die Kennzahl der Eigenkapitalrentabilität der Maschinenfabrik Th. Schmitz e. K. (s. S. 196)

$$\text{Eigenkapitalrentabilität} = \frac{\text{Unternehmergewinn} \cdot 100\,\%}{\text{Eigenkapital}} = \frac{246 \cdot 100\,\%}{2.160} = 11{,}4\,\%$$

jeweils im Zähler und Nenner um die **Umsatzerlöse** (8.200,00 €), erhält man eine besonders aussagekräftige Kennzahl, den **„Return on Investment (ROI)",** der nicht nur die **gleiche** Kapitalrendite als **Rückfluss** des investierten Eigenkapitals ausweist, sondern zugleich auch die **Ursachen für eine Verbesserung oder Verschlechterung dieser Rendite,** nämlich die **Umsatzrentabilität** (s. S. 197) und/oder die **Kapitalumschlagshäufigkeit** (s. S. 199 f.):

$$\text{ROI} = \frac{\text{Unternehmergewinn} \cdot 100\,\%}{\text{Umsatzerlöse}} \cdot \frac{\text{Umsatzerlöse}}{\text{Eigenkapital}}$$

$$\text{ROI} = \frac{246 \cdot 100\,\%}{8.200} \cdot \frac{8.200}{2.160} = 11{,}4\,\%$$

$$\text{ROI} = \text{Umsatzrentabilität} \cdot \text{Kapitalumschlagshäufigkeit} = 3\,\% \cdot 3{,}8 = 11{,}4\,\%$$

Die Umsatzrentabilität und die Umschlagshäufigkeit des Kapitals sind **beeinflussbare Steuerungskomponenten** für die Kapitalrendite, wie die ROI-Ermittlung anhand der Zahlen der Maschinenfabrik Th. Schmitz e. K. (s. S. 196 f.) deutlich machen:

Jahr	Unternehmergewinn	Eigenkapital (EK)	EK-Rendite
Berichtsjahr	246 T€	2.160 T€	**11,4 %**
Vorjahr	110 T€	1.655 T€	**6,6 %**

Jahr	Umsatz-erlöse	Unternehmer-gewinn	EK	Umsatz-R. ·	EK-Umschlag =	ROI
Berichtsjahr	8.200 T€	246 T€	2.160 T€	3 % ·	3,8	= **11,4 %**
Vorjahr	5.500 T€	110 T€	1.655 T€	2 % ·	3,3	= **6,6 %**

Das Beispiel zeigt, dass **Eigenkapitalrentabilität und ROI** im Ergebnis in beiden Vergleichsjahren **zahlenmäßig übereinstimmen.** Beide Kennzahlen haben sich im Berichtsjahr um 4,8 % verbessert. Die Ermittlung des ROI macht deutlich, dass die Steigerung der Rendite insbesondere auf den Anstieg der Umsatzrentabilität von 2 % im Vorjahr auf 3 % im Berichtsjahr, also um 50 %, zurückzuführen ist. Die Steigerung der Kapitalumschlagshäufigkeit war an dem guten Ergebnis nur geringfügig beteiligt.

Merke:
- **Der Rückfluss des investierten Kapitals (Eigen- bzw. Gesamtkapital) erfolgt über die entsprechende Kapitalrentabilität.**
- **Umsatzrentabilität und Kapitalumschlag beeinflussen die Höhe der Kapitalrendite.**
- **Die ROI-Kennzahl ist das Produkt aus Umsatzrentabilität und Kapitalumschlagshäufigkeit und legt damit die Ursachen einer Steigerung bzw. Verminderung der Kapitalrendite (Eigen- bzw. Gesamtkapitalrentabilität) offen.**

Aufgabe

209

1. *Ermitteln Sie anhand der Zahlen im Lehrbuch (s. S. 189 f.) den Gesamtgewinn der Maschinenfabrik Th. Schmitz e. K., die Gesamtkapitalrendite, die Umsatzrendite sowie den Gesamtkapitalumschlag und den ROI für das investierte Gesamtkapital. Beurteilen Sie die Entwicklung in den Vergleichsjahren.*

2. *Wie lassen sich a) Umsatzrentabilität und b) Kapitalumschlagshäufigkeit erhöhen?*

E Kosten- und Leistungsrechnung (KLR) im Industriebetrieb

1 Aufgaben und Grundbegriffe der KLR

1.1 Zweikreissystem des Industrie-Kontenrahmens

Die beiden wichtigsten Zweige des industriellen Rechnungswesens sind

▶ Finanzbuchhaltung und ▶ Kosten- und Leistungsrechnung.

Sie bilden jeweils einen **eigenen und in sich geschlossenen Rechnungskreis.**

Die **Finanzbuchhaltung (FB)** im **Rechnungskreis I (RK I)** ist **unternehmensbezogen** und erfasst deshalb **alle Arten von Aufwendungen und Erträgen** einer Rechnungsperiode. Sie ermittelt im **Gewinn- und Verlustkonto** durch Gegenüberstellung **aller betrieblichen und nicht betrieblichen Aufwendungen und Erträge** das

Gesamtergebnis der Unternehmung.

Erträge > Aufwendungen ➜ Gesamtgewinn

Erträge < Aufwendungen ➜ Gesamtverlust

Die **Kosten- und Leistungsrechnung** im **Rechnungskreis II (RK II)** ist **betriebsbezogen** und befasst sich nur mit **den** Aufwendungen und Erträgen, die im **engen Zusammenhang mit den geplanten betrieblichen Tätigkeiten** des Industriebetriebes, also

▶ Beschaffung, ▶ Produktion, ▶ Absatz,

stehen. Diese **betrieblichen Aufwendungen** − z.B. Werkstoffaufwendungen, Personalaufwendungen, Abschreibungen, Mieten u.a. − werden **„Kosten",** die **betrieblichen Erträge** − z.B. Umsatzerlöse, Mehrbestand an Erzeugnissen, Eigenleistungen unentgeltliche Entnahmen − **„Leistungen"** genannt. Die Gegenüberstellung der Kosten und Leistungen ergibt im RK II das **Ergebnis der eigentlichen betrieblichen Tätigkeit,** nämlich das

Betriebsergebnis.

Leistungen > Kosten ➜ Betriebsgewinn

Leistungen < Kosten ➜ Betriebsverlust

Kosten und Leistungen sind wichtige Grundlagen zur Beurteilung der **Rentabilität** und **Wirtschaftlichkeit** (vgl. S. 231).

Merke:
- **Die Finanzbuchhaltung bildet den RK I und weist das Gesamtergebnis aus.**
- **Die Kosten- und Leistungsrechnung bildet den RK II. Sie erfasst alle Kosten und Leistungen einer Rechnungsperiode und ermittelt das Betriebsergebnis.**

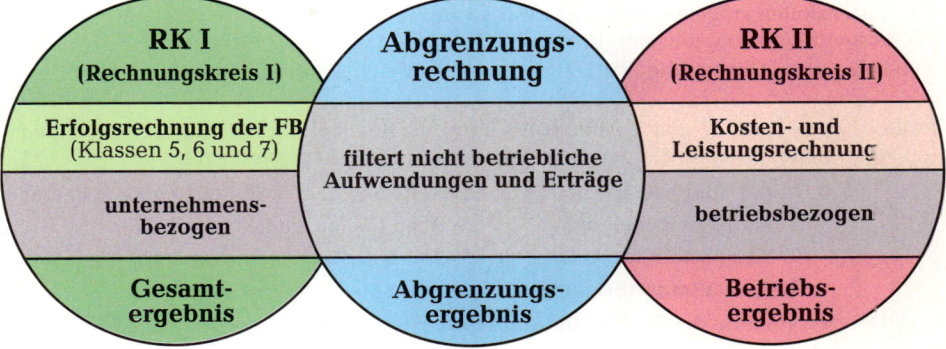

1.2 Aufgaben der Kosten- und Leistungsrechnung

Die Kosten- und Leistungsrechnung verfolgt nicht nur das Ziel, die **Kosten und Leistungen einer Abrechnungsperiode** (z. B. Monat oder Geschäftsjahr) vollständig zu erfassen und daraus **das Betriebsergebnis** zu ermitteln. Sie hat darüber hinaus folgende **wichtige Aufgaben** für den Industriebetrieb zu erfüllen:

1. **Ermittlung der Selbstkosten und Leistungen einer Abrechnungsperiode.** Durch die Erfassung **aller** Kosten und Leistungen einer Abrechnungsperiode außerhalb der Finanzbuchhaltung wird die Kosten- und Leistungsrechnung zu einem hervorragenden **Instrument der kurzfristigen** (z. B. monatlichen) **betrieblichen Erfolgsermittlung.**

2. **Ermittlung der Selbstkosten der Erzeugniseinheit.** Die Kostenrechnung ermittelt die Selbstkosten der Erzeugniseinheiten und schafft damit die **Grundlage für die Berechnung der Verkaufspreise.** Die Kenntnis der Selbstkosten gestattet dem Unternehmer die Entscheidung darüber, welcher Preis für ihn wirtschaftlich noch vertretbar ist.

3. **Kontrolle der Wirtschaftlichkeit (Controlling).** Es genügt aber nicht, lediglich die Selbstkosten zu ermitteln. Sie sollen vielmehr auch beeinflusst, d. h. gesenkt werden. Die Wirtschaftlichkeit der Leistungserstellung und -verwertung muss ständig gesteigert werden, wenn der Betrieb im Wettbewerb nicht unterliegen will. **Kosten und Leistungen sind daher laufend zu planen und zu überwachen.** Die Kontrolle der Wirtschaftlichkeit zählt heute zu den wichtigsten Aufgaben der Kosten- und Leistungsrechnung.

4. **Bewertung der unfertigen und fertigen Erzeugnisse in der Jahresbilanz.** Nach den handels- und steuerrechtlichen Vorschriften sind die **Schlussbestände an unfertigen und fertigen Erzeugnissen höchstens zu Herstellungskosten** in die Jahresbilanz einzusetzen. Die genauen Herstellungskosten können aber nur mithilfe einer ordnungsgemäßen Kostenrechnung ermittelt werden.

5. **Ermittlung von Deckungsbeiträgen auf der Basis der Teilkostenrechnung.** Ausgehend von erzielbaren Umsatzerlösen kann mithilfe der Teilkostenrechnung festgestellt werden, ob ein Erzeugnis einen **ausreichenden Beitrag zur Deckung der fixen Kosten und zur Erzielung von Gewinn** leistet (vgl. S. 283 f.).

6. **Grundlage für Planungen und Entscheidungen.** Die oben genannten Aufgaben der Kosten- und Leistungsrechnung dürfen nicht isoliert betrachtet werden. Sie bilden die Grundlage für Vorhaben und Entscheidungen des Unternehmers. Sofern marktorientierte Entscheidungen zu treffen sind, steht der Unternehmensleitung in der **Teilkostenrechnung** (vgl. S. 283 f.) eine geeignete Grundlage zur Verfügung. Kundenorientierte Entscheidungen basieren auf der **Prozesskostenrechnung** (vgl. S. 311 f.).

Zur Erfüllung dieser Aufgaben

▶ werden mehrere **Kostenrechnungssysteme** eingesetzt: die
  ▷ **Vollkosten-,** ▷ **Teilkosten-,** ▷ **Plankosten-** und die ▷ **Prozesskostenrechnung.**

▶ werden in der Vollkostenrechnung die **Kosten** nach
  ▷ **Kostenarten** erfasst (Werkstoffe, Löhne, Abschreibungen usw.),
  ▷ **Kostenstellen** aufgeteilt (Orte der Kostenverursachung),
  ▷ **Kostenträgern** zugerechnet (Erzeugnis, Serie, Auftrag).

▶ überwacht das **Controlling** die Leistungsprozesse durch Soll-Ist-Vergleiche.

Merke: **Die Kosten- und Leistungsrechnung verwendet unterschiedliche Kostenrechnungssysteme, die ihrer jeweiligen Zielsetzung angepasst sind.**

● **In der Vollkostenrechnung ist es zweckmäßig, drei Stufen zu unterscheiden:**

  1. **Kostenartenrechnung:** ▷ **„Welche Kosten sind entstanden?"**

  2. **Kostenstellenrechnung:** ▷ **„Wo sind die Kosten entstanden?"**

  3. **Kostenträgerrechnung:** ▷ **„Wer hat die Kosten zu tragen?"**

● **Vorstufe der KLR ist die Abgrenzungsrechnung.**

6621204

1.3 Grundbegriffe der Kosten- und Leistungsrechnung

1.3.1 Einnahmen und Ausgaben

Geldvermögen. In einem Industriebetrieb stellt die Summe des jederzeit verfügbaren Geldes, d. h. die Summe aus Kassenbestand, Guthaben bei Kreditinstituten und Postbankguthaben, den **Zahlungsmittelbestand** dar. Der Zahlungsmittelbestand ist **Teil des Geldvermögens.** Das Geldvermögen wird darüber hinaus durch kurzfristige **Forderungen** und **Verbindlichkeiten** beeinflusst:

> **Zahlungsmittelbestand (Kasse, Bank- und Postbankguthaben)**
> + **kurzfristige Forderungen**
> − **kurzfristige Verbindlichkeiten**
>
> = **Geldvermögen**

Wird dieses Geldvermögen durch **Geschäftsfälle** verändert, so sprechen wir von **Einnahmen und Ausgaben.**

Einnahmen. Alle Geschäftsfälle, die das **Geldvermögen erhöhen,** führen zu **Einnahmen.** So gehören z. B. **Bar- und Zielverkäufe von Erzeugnissen** zu einnahmewirksamen Vorgängen. Eine Kreditaufnahme bei einer Bank dagegen führt zwar zu einer Erhöhung des Zahlungsmittelbestandes, gleichzeitig erhöhen sich aber auch die Verbindlichkeiten; das Geldvermögen bleibt also gleich.

Ausgaben. Alle Geschäftsfälle, die das **Geldvermögen vermindern,** führen zu **Ausgaben.** Typische Ausgaben sind **Bar- und Zielkäufe von Roh-, Hilfs- und Betriebsstoffen,** nicht dagegen die Banküberweisung an einen Lieferer.

1.3.2 Erträge und Aufwendungen

Eigenkapital. Das Eigenkapital oder Reinvermögen eines Industriebetriebes ergibt sich vereinfacht nach folgender Rechnung:

> **Anlagevermögen**
> + **Vorräte**
> + **Geldvermögen**
> − **langfristige Schulden**
>
> = **Eigenkapital** (Reinvermögen)

Geschäftsfälle, die das **Eigenkapital ändern,** beruhen auf **Aufwendungen** oder **Erträgen.**

Aufwendungen vermindern das Eigenkapital. Folgende Geschäftsfälle führen u. a. zu Aufwendungen:

▶ Der Unternehmer zahlt für einen aufgenommenen Kredit Zinsen. Die **Zinszahlung** verringert das Geldvermögen und damit zugleich das Eigenkapital.

▶ Auf einen betrieblich genutzten PKW wird eine Abschreibung vorgenommen. Die **Abschreibung** vermindert das Anlagevermögen und damit zugleich das Eigenkapital.

Erträge erhöhen das Eigenkapital. Folgende Geschäftsfälle führen u. a. zu Erträgen:

▶ Ein Bankguthaben wird verzinst. Die **Zinsgutschrift der Bank** erhöht das Geldvermögen und damit zugleich das Eigenkapital.

▶ Ein Grundstück ist im Vorjahr aufgrund fehlender Verkehrsanbindung außerplanmäßig abgeschrieben worden. Nach einer Änderung des Flächennutzungsplanes steigt der Wert des Grundstücks im folgenden Jahr. Dies führt zu einer **Zuschreibung,** die das Anlagevermögen und damit zugleich das Eigenkapital erhöht.

1.3.3 Aufwendungen – Kosten

Beispiel: Die Maschinenbau Kern KG, Leverkusen, erstellt aus den Zahlen der Erfolgsrechnung das folgende vereinfachte Gewinn- und Verlustkonto.

Soll		Gewinn- und Verlustkonto		Haben
Aufwendungen	€	Erträge		€
Aufwendungen *Rohstoffe*	13.000.000	Umsatzerlöse für Erzeugnisse		31.650.000
Löhne, Gehälter *Grund/Anders*	14.000.000	Mehrbestand an Erzeugnissen		2.000.000
Soziale Abgaben *Grund/Anders*	2.000.000	Mieterträge		200.000
Abschreib. a. Sachanlagen .	1.500.000	Erlöse aus Anlagenabgängen		320.000
Büromaterial	10.000	Erträge a. d. Herabsetzung		
Anlagenabgänge	300.000	von Rückstellungen		80.000
Betriebliche Steuern *Grundkosten*	450.000	Zinserträge		250.000
Verl. a. Wertpapierverkauf .	200.000			
Zinsaufwendungen *Grund/Anders*	500.000			
Außerordentl. Aufwand	40.000			
Jahresüberschuss	**2.500.000**			
	34.500.000			34.500.000

Handschriftliche Randnotizen: Grundkosten Anders; Anders/Grundkost; Aufwand neutraler; Neutraler Aufwand. Rechts: KLR; Neutr; Neutr; Neutr; Neutr

Auswertung: Aus dem GuV-Konto ist zu erkennen, dass sich die **Summe aller Erträge auf 34.500.000,00 € beläuft** und dass der **Jahresüberschuss 2.500.000,00 € beträgt.**

Aufwendungen. Die Höhe der Aufwendungen ergibt sich aus der **Addition aller Aufwandsposten auf der Sollseite des GuV-Kontos.** Vereinfacht lassen sich die Aufwendungen nach folgender Rechnung bestimmen:

Erträge	– Jahresüberschuss	= Aufwendungen
34.500.000,00 €	– 2.500.000,00 €	= **32.000.000,00 €**

Merke: Unter Aufwendungen wird der gesamte Werteverzehr im Unternehmen an Gütern, Diensten und Abgaben während einer Abrechnungsperiode verstanden.

Einteilung der Aufwendungen. Für die Zwecke der Kostenrechnung werden die Aufwendungen eingeteilt in

▶ **betriebliche Aufwendungen** = Kosten,
▶ **neutrale Aufwendungen** = Nichtkosten.

Kosten. Betriebliche Aufwendungen stehen in unmittelbarem Zusammenhang mit dem eigentlichen Betriebszweck. Sie erfassen den **Verzehr an Gütern, Diensten und Abgaben,** der im Rahmen der **geplanten betrieblichen Leistungserstellung** (= Beschaffung, Produktion) **und Leistungsverwertung** (= Absatz) anfällt. Diese Aufwendungen stellen nur **einen Teil der gesamten Aufwendungen** des GuV-Kontos dar; sie werden in der Regel als **Kosten** in die Kosten- und Leistungsrechnung (KLR) übernommen.

Kosten entstehen, wenn ein **mengenmäßiger Verbrauch** (z.B. kg, m, h) vorliegt, der zur **geplanten Leistungserstellung und -verwertung** getätigt wird und der in **Geldbeträgen** bewertet ist.

Typische Beispiele für **Aufwendungen,** die **zugleich Kosten** darstellen, sind Werkstoff- und Personalaufwendungen.

Merke: Unter Kosten versteht man den Teil der Aufwendungen des GuV-Kontos, der im Rahmen der geplanten betrieblichen Leistungsprozesse anfällt.

Beispiel: Von den Aufwendungen des GuV-Kontos der Maschinenbau Kern KG, Leverkusen, können die folgenden grundsätzlich als **Kosten** in die KLR übernommen werden:

Aufwendungen für Rohstoffe	13.000.000,00 €
Löhne, Gehälter	14.000.000,00 €
Soziale Abgaben	2.000.000,00 €
Abschreibungen auf Sachanlagen	1.500.000,00 €
Büromaterial	10.000,00 €
Betriebliche Steuern	450.000,00 €
Zinsaufwendungen	500.000,00 €
Gesamtkosten des Betriebes	**31.460.000,00 €**

Neutrale Aufwendungen. Außer den Kosten gibt es im Industriebetrieb in der Regel auch Aufwendungen, die in **keinem Zusammenhang mit der Beschaffung, der Produktion und dem Absatz** stehen oder dabei **unregelmäßig in außergewöhnlicher Höhe** anfallen. Sie werden als **neutrale Aufwendungen** bezeichnet und nicht oder nicht in der angefallenen Höhe in die Kosten- und Leistungsrechnung übernommen, da sie bei der Ermittlung des Betriebsergebnisses und der Selbstkosten der Erzeugnisse nicht berücksichtigt werden dürfen. **Neutrale Aufwendungen entstehen**

- bei der **Verfolgung betriebsfremder Ziele** (z.B. Verluste aus Wertpapierverkäufen)
- durch **Verluste aus dem Abgang von Vermögensgegenständen** und durch **Verluste aus Schadensfällen**,
- aus **betrieblichen periodenfremden Vorgängen** (z.B. Nachzahlung von Löhnen und betrieblichen Steuern),
- als **außerordentliche Aufwendungen aufgrund ungewöhnlicher und selten vorkommender Geschäftsfälle** (z.B. Verluste aus Enteignung oder aus dem Verkauf von Betriebsteilen).

Beispiel: Neutrale Aufwendungen dürfen nicht zu den Kosten gerechnet werden. Unter den Aufwendungen des GuV-Kontos der Maschinenbau Kern KG, Leverkusen, gelten die folgenden als **neutrale Aufwendungen**:

Anlagenabgänge	300.000,00 €
Verluste aus Wertpapierverkäufen	200.000,00 €
Außerordentliche Aufwendungen	40.000,00 €
Gesamte **neutrale Aufwendungen**	**540.000,00 €**

Erläuterung: Anlagenabgänge lassen sich nicht vermeiden und werden auch im Zusammenhang mit betrieblichen Vorgängen verursacht. Ihnen fehlt aber die für Leistungsprozesse typische **Planmäßigkeit,** sodass sie nicht als Kosten in die Kostenrechnung eingebracht werden dürfen. Die Verluste aus Wertpapierverkäufen haben **betriebsfremden Charakter;** sie gehören damit nicht zu den Kosten. Die außerordentlichen Aufwendungen (z. B. aus dem Verkauf eines Teilbetriebes oder aus nicht versicherten Brandschäden) gelten grundsätzlich **als nicht kalkulierbar** und werden daher von der KLR fern gehalten.

Merke:
- **Betriebsfremde, betriebliche periodenfremde und außerordentliche Aufwendungen sowie Verluste aus Vermögensabgängen und aus Schadensfällen gehören zu den neutralen Aufwendungen.**
- **Neutrale Aufwendungen dürfen grundsätzlich nicht in die Kosten- und Leistungsrechnung übernommen werden.**

1.3.4 Erträge – Leistungen

Erträge. Alle erfolgswirksamen (Eigenkapital erhöhenden) **Wertezuflüsse** in das Unternehmen innerhalb einer Abrechnungsperiode (z. B. Jahr) stellen **Erträge** dar.

Beispiel: Das Gewinn- und Verlustkonto der Maschinenbau Kern KG, Leverkusen (vgl. S. 206), weist **Erträge** in Höhe von **34.500.000,00 €** aus.

Merke: **Unter Erträgen versteht man den gesamten erfolgswirksamen Wertezufluss in ein Unternehmen innerhalb einer Abrechnungsperiode.**

Einteilung der Erträge. Für die Zwecke der KLR werden die Erträge eingeteilt in

▶ **betriebliche Erträge = Leistungen** und
▶ **neutrale Erträge.**

Leistungen (= betriebliche Erträge) sind das **Ergebnis der geplanten betrieblichen Leistungserstellung und -verwertung.** Zu den Leistungen eines Industriebetriebes zählen:

- **Absatzleistungen = Umsatzerlöse** aus dem Verkauf von eigenen Erzeugnissen und von Waren;
- **Lagerleistungen** = in der Abrechnungsperiode hergestellte **Mehrbestände** an Erzeugnissen, die also noch nicht abgesetzt worden sind;
- **Aktivierte Eigenleistungen = selbst erstellte Anlagen,** die im eigenen Betrieb Verwendung finden;
- **Unentgeltliche Entnahmen** = Entnahme von Erzeugnissen für private Zwecke.

Merke:
- **Leistungen sind das Ergebnis der geplanten betrieblichen Leistungserstellung und -verwertung.**
- **Zu den Leistungen des Industriebetriebes zählen: Absatzleistungen, Lagerleistungen, aktivierte Eigenleistungen sowie die unentgeltliche Entnahme von Erzeugnissen.**

Beispiel: Unter den Erträgen des Gewinn- und Verlustkontos der Maschinenbau Kern KG, Leverkusen, sind folgende Erträge **Leistungen:**

Umsatzerlöse für Erzeugnisse .... 31.650.000,00 €
Mehrbestand an Erzeugnissen .... 2.000.000,00 €

Gesamtleistung des Betriebes .... **33.650.000,00 €**

Neutrale Erträge. Außer den Leistungen gibt es im Industriebetrieb auch Erträge, die in **keinem Zusammenhang mit der Beschaffung, der Produktion und dem Absatz** stehen oder dabei **unregelmäßig in außergewöhnlicher Höhe** anfallen. Sie werden als **neutrale Erträge** bezeichnet und **von den Leistungen abgegrenzt.** Neutrale Erträge sind in den Kontengruppen „54 Sonstige betriebliche Erträge", „55/56 Erträge aus Beteiligungen und Wertpapieren", „57 Sonstige Zinsen" und „58 Außerordentliche Erträge" enthalten. **Sie entstehen also**

- bei der **Verfolgung betriebsfremder Ziele** (z. B. Mieterträge, Zinserträge, Erträge aus Wertpapierverkäufen),
- durch **Erträge aus dem Abgang von Vermögensgegenständen** und durch Wertkorrekturen (z. B. Herabsetzung von Rückstellungen),
- aus zwar **betrieblichen, aber periodenfremden Erträgen** (z. B. Steuerrückerstattung für vergangene Geschäftsjahre),
- als **außerordentliche Erträge aufgrund ungewöhnlicher und selten vorkommender Geschäftsvorgänge** (z. B. Steuererlass, Erträge aus Gläubigerverzicht).

Beispiel: Unter den Erträgen des Gewinn- und Verlustkontos der Maschinenbau Kern KG, Leverkusen, zählen die folgenden zu den **neutralen Erträgen:**

Mieterträge .... 200.000,00 €
Erlöse aus Anlagenabgängen .... 320.000,00 €
Erträge aus der Herabsetzung von Rückstellungen ... 80.000,00 €
Zinserträge .... 250.000,00 €

gesamte neutrale Erträge .... **850.000,00 €**

Erläuterung: Mieterträge und Zinserträge haben im Industriebetrieb **betriebsfremden Charakter;** sie gehören somit grundsätzlich nicht zu den Leistungen.

Rückstellungen werden aus betrieblichem Anlass vorgenommen; sie schlagen sich somit als periodengerecht ermittelte Kosten nieder (z.B. Steuerrückstellung). Ein Ertrag aus der Herabsetzung oder Auflösung einer Rückstellung stellt demnach eine **Wertkorrektur** zu den vorher gebuchten Kosten dar; diese Wertkorrektur gehört nicht zu den Leistungen des Industriebetriebes.

Merke: **Betriebsfremde, betriebliche periodenfremde und außerordentliche Erträge sowie Erträge aus Vermögensabgängen gehören zu den neutralen Erträgen. Sie werden nicht in die Kosten- und Leistungsrechnung übernommen.**

Aufgaben

1. Im Rechnungswesen unterscheidet man zwischen Ausgaben, Aufwendungen und Kosten.   **210**

   Geben Sie je ein Beispiel an für

   a) Aufwendungen, die zugleich Kosten sind,
   b) Ausgaben, die keine Aufwendungen sind,
   c) Ausgaben, die zugleich Aufwendungen und Kosten sind.

2. Im Rechnungswesen unterscheidet man zwischen Einnahmen, Erträgen und Leistungen.

   Geben Sie je ein Beispiel an für

   a) Einnahmen, die zugleich Erträge sind,
   b) Erträge, die nicht zugleich Leistungen sind,
   c) Einnahmen, die zugleich Erträge und Leistungen sind.

Entscheiden Sie, ob folgende Vorgänge Einnahmen oder Ausgaben darstellen: **211**
1. Zieleinkauf von Rohstoffen
2. Zielverkauf von fertigen Erzeugnissen
3. Bank belastet uns mit Zinsen
4. Mieter überweist die Miete für ein von uns vermietetes Gebäude
5. Lohnzahlung durch Banküberweisung

1. Nennen Sie die wichtigsten Aufgaben   **212**

   a) der Finanzbuchhaltung,
   b) der Kosten- und Leistungsrechnung.

2. Die Aufwendungen und Erträge der FB können betrieblich oder neutral sein.

   a) Nennen Sie die Unterschiede und die Auswirkungen auf die KLR.
   b) Geben Sie typische Beispiele mit den zugehörigen Konten für neutrale Aufwendungen und Erträge sowie für Kosten und Leistungen an.

3. Wie wird

   a) das Gesamtergebnis der Unternehmung,
   b) das eigentliche Betriebsergebnis errechnet?

213 1. Die Gesamtleistung des Industriebetriebes besteht aus
   a) Absatzleistungen,
   b) Lagerleistungen,
   c) Aktivierten Eigenleistungen,
   d) Unentgeltlichen Entnahmen.
   Nennen Sie Beispiele zu a) bis d).

2. In der FB spricht man von Aufwendungen und Erträgen, in der KLR dagegen von Kosten und Leistungen.
   Welcher Zusammenhang besteht zwischen
   a) Aufwendungen und Kosten,
   b) Erträgen und Leistungen?

3. *Welche Geschäftsvorgänge führen zu neutralen Aufwendungen?*

4. *Warum gehört die Kreditaufnahme bei einem Kreditinstitut nicht zu den einnahmewirksamen Vorgängen im Industriebetrieb?*

5. Der Industrie-Kontenrahmen trennt in den Kontenklassen die beiden Hauptbereiche des Rechnungswesens in den RK I (= FB) und in den RK II (= KLR).
   Welche Gründe sprechen für die Trennung der beiden Rechnungskreise?

214 *Prüfen Sie, ob folgende Aussagen richtig oder falsch sind:*

1. Aufwendungen und Erträge sind Begriffe der Erfolgsrechnung der FB.

2. Aufwendungen sind zugleich auch immer Ausgaben des Unternehmens.

3. Einnahmen sind zugleich auch immer Erträge des Unternehmens.

4. Neutrale Aufwendungen entstehen bei der Verfolgung betriebsfremder Ziele.

5. Unter Aufwendungen versteht man den Werteverzehr im Unternehmen für betriebliche Zwecke.

6. Die Banküberweisung an einen Lieferer stellt eine Ausgabe dar.

7. Das Betriebsergebnis wird aus der Gegenüberstellung der neutralen Aufwendungen und der Leistungen ermittelt.

8. Das Gesamtergebnis der Unternehmung im RK I enthält sowohl das Betriebsergebnis als auch das Neutrale Ergebnis (vgl. S. 211 f.).

9. Ein Betriebsgewinn wird erwirtschaftet, wenn die Leistungen höher sind als die Kosten.

215 *Ordnen Sie folgende Aufwands- und Ertragsarten den*

1. neutralen Aufwendungen,

2. neutralen Erträgen,

3. betrieblichen Aufwendungen,

4. betrieblichen Erträgen zu.

a) Lohnzahlung
b) Verlust aus Wertpapierverkauf
c) Aufwendungen für Rohstoffe
d) Abschreibung auf ein nicht betriebsnotwendiges Mietshaus
e) Brandschaden im Hilfsstofflager
f) Abschreibungen auf Sachanlagen
g) Instandhaltungsaufwendungen für Maschinen
h) Hoher Forderungsausfall durch Insolvenz eines Kunden
i) Mietzahlung für gemietetes Lagergebäude
j) Zinsaufwendungen

k) Soziale Abgaben
l) Mieterträge
m) Umsatzerlöse für Erzeugnisse
n) Mehrbestand an unfertigen Erzeugnissen
o) Erstattung zu viel entrichteter Betriebssteuern für vergangene Geschäftsjahre durch das Finanzamt
p) Unentgeltliche Entnahme von Erzeugnissen für private Zwecke
q) Erlöse aus Anlagenabgängen
r) Selbst erstellte Maschine für die Verwendung im eigenen Betrieb
s) Erträge aus der Herabsetzung von Rückstellungen

2 Abgrenzungsrechnung

2.1 Unternehmensbezogene Abgrenzungen

2.1.1 Ergebnistabelle als Hilfsmittel der Abgrenzungsrechnung

Abgrenzung der neutralen Aufwendungen und Erträge von den Kosten und Leistungen. Eine wesentliche Aufgabe der Abgrenzungsrechnung besteht darin, aus allen Aufwendungen und Erträgen des GuV-Kontos der FB **diejenigen Aufwendungen und Erträge herauszufiltern, die neutral sind** und deshalb nicht in die KLR übernommen werden dürfen. Zunächst sind also die **neutralen Aufwendungen und Erträge von den Kosten und Leistungen abzugrenzen.** Dieser Teil der Abgrenzungsrechnung wird auch **„unternehmensbezogene Abgrenzung"** genannt. Die Abgrenzungsrechnung wird außerhalb der FB in Form der **Ergebnistabelle** durchgeführt.

Die Ergebnistabelle ist folgendermaßen aufgebaut:

❶ In ihrem **linken Teil** übernimmt sie **alle Aufwands- und Ertragskonten mit ihren jeweiligen Salden** aus den Kontenklassen 5, 6 und 7 der Finanzbuchhaltung. Damit wird in diesem Teil der Inhalt des Gewinn- und Verlustkontos aus dem **RK I** wiedergegeben und das **Gesamtergebnis der Unternehmung** ausgewiesen.

❷ Der **rechte Teil** der Ergebnistabelle ist dem **RK II** (= Kosten- und Leistungsrechnung) vorbehalten. Er wird unterteilt in die **Abgrenzungsrechnung** mit dem ersten Teilbereich „Unternehmensbezogene Abgrenzungen" und in die **Betriebsergebnisrechnung.**

❸ Die Abgrenzungsrechnung übernimmt aus der FB die neutralen Aufwendungen und Erträge und schließt mit dem **Neutralen Ergebnis** ab.

❹ Die Betriebsergebnisrechnung übernimmt alle Kosten und Leistungen und ermittelt daraus das **Betriebsergebnis.**

❺ Auf diese Weise lassen sich das **Gesamtergebnis der FB** sowie das **Neutrale Ergebnis** und das **Betriebsergebnis der KLR** in übersichtlicher Form darstellen. Ebenso ist es möglich, die Ergebnisse der beiden Rechnungskreise miteinander **abzustimmen.**

Ergebnistabelle						
❶ **Finanzbuchhaltung** **(= Rechnungskreis I)**			❷ **Kosten- und Leistungsrechnung** **(= Rechnungskreis II)**			
Gesamtergebnisrechnung **der FB**			❸ **Abgrenzungs-** **rechnung**		❹ **Betriebsergebnis-** **rechnung**	
			Unternehmensbezogene **Abgrenzungen**			
Kontenklassen 5, 6, 7	Aufwendungen (Klassen 6, 7)	Erträge (Klasse 5)	neutrale Auf- wendungen	neutrale Erträge	Kosten	Leistungen
❺ **Ab- stimmung:**	**Gesamtergebnis**	**=**	**Neutrales Ergebnis** (Abgrenzungsergebnis)	**+**	**Betriebsergebnis**	

Merke: ● **Die Abgrenzungsrechnung stellt das Bindeglied zwischen Finanzbuchhaltung (FB) und Kosten- und Leistungsrechnung (KLR) dar.**
● **Das Gesamtergebnis der Unternehmung setzt sich aus dem „Neutralen Ergebnis" und dem „Betriebsergebnis" zusammen. Der Rechnungskreis II (RK II) zeigt diese Aufteilung des Gesamtergebnisses.**

Beispiel: Aus dem GuV-Konto der Maschinenbau Kern KG ist eine Ergebnistabelle zur Ermittlung des Gesamt-, Neutralen und Betriebsergebnisses zu erstellen. Hierbei soll **zunächst nur der betriebliche Aufwand und Ertrag vom neutralen abgegrenzt werden.** Auf die Wertkorrektur der Kosten wird hier verzichtet (vgl. Abschnitt 2.3, S. 218 f.). Folgende Positionen des GuV-Kontos sollen jedoch daraufhin untersucht werden, ob sie für die KLR geeignet sind:

1. Die Mieterträge werden für ein vermietetes Lagergebäude erzielt.
2. Von den Abschreibungen entfallen 60.000,00 € auf das vermietete Gebäude.

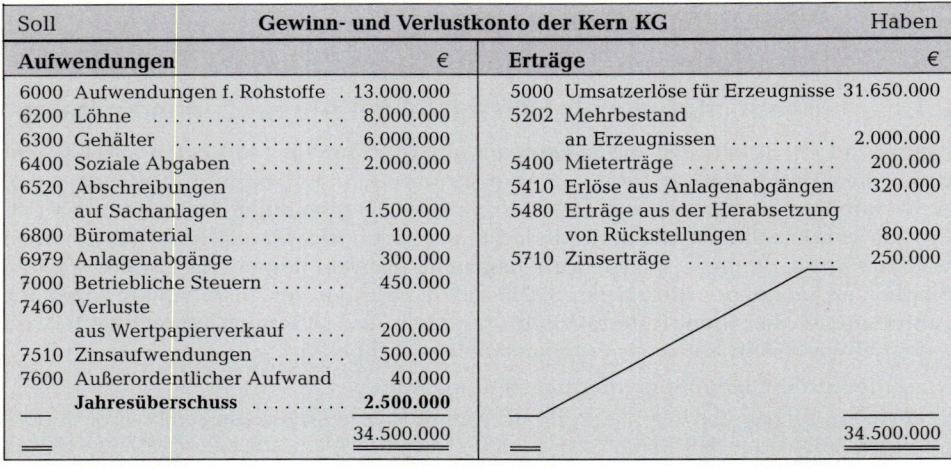

Soll	Gewinn- und Verlustkonto der Kern KG		Haben
Aufwendungen	€	**Erträge**	€
6000 Aufwendungen f. Rohstoffe . 13.000.000		5000 Umsatzerlöse für Erzeugnisse 31.650.000	
6200 Löhne 8.000.000		5202 Mehrbestand	
6300 Gehälter 6.000.000		an Erzeugnissen 2.000.000	
6400 Soziale Abgaben 2.000.000		5400 Mieterträge 200.000	
6520 Abschreibungen		5410 Erlöse aus Anlagenabgängen 320.000	
auf Sachanlagen 1.500.000		5480 Erträge aus der Herabsetzung	
6800 Büromaterial 10.000		von Rückstellungen 80.000	
6979 Anlagenabgänge 300.000		5710 Zinserträge 250.000	
7000 Betriebliche Steuern 450.000			
7460 Verluste			
aus Wertpapierverkauf 200.000			
7510 Zinsaufwendungen 500.000			
7600 Außerordentlicher Aufwand 40.000			
Jahresüberschuss **2.500.000**			
	34.500.000		34.500.000

Ergebnistabelle

	Finanzbuchhaltung (= Rechnungskreis I)		Kosten- und Leistungsrechnung (= Rechnungskreis II)			
	Gesamtergebnisrechnung der FB		Abgrenzungsrechnung Unternehmensbezogene Abgrenzungen		Betriebsergebnisrechnung	
Konto	Aufwendungen	Erträge	neutrale Aufwendungen	neutrale Erträge	Kosten	Leistungen
5000		31.650.000				31.650.000
5202		2.000.000				2.000.000
5400		200.000		200.000		
5410		320.000		320.000		
5480		80.000		80.000		
5710		250.000		250.000		
6000	13.000.000				13.000.000	
6200	8.000.000				8.000.000	
6300	6.000.000				6.000.000	
6400	2.000.000				2.000.000	
6520	1.500.000		60.000		1.440.000	
6800	10.000				10.000	
6979	300.000		300.000			
7000	450.000				450.000	
7460	200.000		200.000			
7510	500.000				500.000	
7600	40.000		40.000			
	32.000.000 **2.500.000**	34.500.000	600.000 **250.000**	850.000	31.400.000 **2.250.000**	33.650.000
	34.500.000	34.500.000	850.000	850.000	33.650.000	33.650.000
Abstimmung:	**2.500.000 €** **Gesamtergebnis** =		**250.000 €** **Neutrales Ergebnis** +		**2.250.000 €** **Betriebsergebnis**	

Abstimmung der Ergebnisse:

1. Gesamtergebnis im RK I (= FB) .... (+) **2.500.000,00 €**
2. Neutrales Ergebnis .... (+) 250.000,00 €
3. Betriebsergebnis .... (+) 2.250.000,00 €
4. **Gesamtergebnis im RK II (= KLR)** .... (+) **2.500.000,00 €**

6621212

2.1.2   Erläuterungen zur Ergebnistabelle

Übertragung der Salden. Nachdem die **Salden aller Erfolgskonten** – in der Reihenfolge ihrer Kontennummern – in die linken Spalten der Ergebnistabelle (Aufwendungen und Erträge der FB = RK I) übernommen und zum **Gesamtergebnis** zusammengefasst worden sind, erfolgt die **Übertragung** dieser Salden in die Betriebsergebnisrechnung oder in die Abgrenzungsrechnung.

1. **In die Betriebsergebnisrechnung** werden die Salden aus dem RK I dann übertragen,
   ▶ wenn es sich um **Erträge** handelt, die **Leistungen** darstellen, oder
   ▶ wenn es sich um **Aufwendungen** handelt, die **Kosten** darstellen.

   So werden z. B. die Umsatzerlöse (Konto 5000) aus der Ertragsspalte im RK I in die Spalte „Leistungen" der Betriebsergebnisrechnung im RK II übertragen, ebenso der Mehrbestand an fertigen Erzeugnissen (Konto 5202) und – sofern vorhanden – die aktivierten Eigenleistungen (Konto 5300). Die Salden der Konten 6000 bis 6800, 7000, 7510 werden aus der Aufwandsspalte im RK I in die Spalte „Kosten" der Betriebsergebnisrechnung übernommen.

2. **In die Abgrenzungsrechnung** werden die Salden aus dem RK I dann übertragen,
   ▶ wenn es sich um **neutrale Erträge oder neutrale Aufwendungen** handelt.

   So gehen die Salden der Konten 5400, 5410, 5480, 5710 in die Ertragsspalte der Abgrenzungsrechnung über und werden somit **von der Kosten- und Leistungsrechnung fern gehalten.**

   Entsprechend ist bei den Aufwendungen zu verfahren: Die Konten 6979, 7460 und 7600 enthalten für die Kostenrechnung nicht geeignete (= unternehmensbezogene) Aufwendungen, die in die Aufwandsspalte der Abgrenzungsrechnung übertragen werden.

3. **Besondere Beachtung** verdient das Konto **„6520 Abschreibungen auf Sachanlagen":** Von den bilanzmäßigen Abschreibungen in Höhe von 1.500.000,00 € sind zunächst 60.000,00 € als neutraler Aufwand in die Abgrenzungsrechnung einzustellen. Dieser Betrag hat mit den Abschreibungen auf das **betrieblich genutzte** Anlagevermögen nichts zu tun; er betrifft das **vermietete** Lagergebäude und wird deshalb über den **Filter „Unternehmensbezogene Abgrenzungen"** von der Kosten- und Leistungsrechnung fern gehalten. In die Spalte „Kosten" der Betriebsergebnisrechnung ist nur der Restbetrag von 1.440.000,00 € einzusetzen.

4. **Ergebnisspaltung im Rechnungskreis II.** Während das **GuV-Konto** auf Seite 206 nur das **Gesamtergebnis** der Unternehmung (= Jahresüberschuss) in Höhe von **2.500.000,00 €** ausweist, lassen sich aus der **Ergebnistabelle** auf Seite 212 zusätzlich die **Teilergebnisse**
   ▶ Neutrales Ergebnis (Neutraler Gewinn) . . . . +   250.000,00 €
   ▶ Betriebsergebnis (Betriebsgewinn) . . . . + 2.250.000,00 €

   ablesen. Die Ergebnistabelle macht damit in der Spalte „Betriebsergebnisrechnung" eine für die Unternehmensleitung wichtige Aussage über das Ergebnis aus der betrieblichen Tätigkeit. Im obigen Beispiel stammt fast der gesamte **unternehmerische Erfolg aus der betrieblichen Tätigkeit.** Die sonstigen Vorgänge, die **nichts mit planvollen betrieblichen Geschäftsfällen** zu tun haben, führen zu einem **neutralen Gewinn** von 250.000,00 €.

5. **Kosten und Leistungen.** Die Ergebnistabelle verdeutlicht, dass das Produktionsergebnis der Abrechnungsperiode (= Jahr) aus **Absatzleistungen** (= 31.650.000,00 €) und **Lagerleistungen** (= 2.000.000,00 €) besteht. Es wurde durch den Einsatz von insgesamt 31.400.000,00 € Kosten erzielt.

Merke:	● **Die Abgrenzungsrechnung filtert die neutralen Aufwendungen und Erträge aus den gesamten Aufwendungen und Erträgen der FB heraus und hält sie somit von der Kosten- und Leistungsrechnung fern.**
	● **Die Ergebnistabelle zeigt im RK II nicht nur die Teilergebnisse „Neutrales Ergebnis" und „Betriebsergebnis"; sie macht auch eine Aussage über die Höhe der Kosten und Leistungen einer Periode.**

Aufgaben

216 In der Buchhaltung eines Industriebetriebes schließen die Erfolgskonten mit folgenden Salden ab:

5000	Umsatzerlöse für eigene Erzeugnisse	800.000,00
5400	Mieterträge	45.000,00
5410	Erlöse aus Anlagenabgängen	10.000,00
5710	Zinserträge	20.000,00
6000	Aufwendungen für Rohstoffe	270.000,00
6020	Aufwendungen für Hilfsstoffe	50.000,00
6200	Löhne	350.000,00
6300	Gehälter	90.000,00
6400	Soziale Abgaben	40.000,00
6800	Aufwendungen für Büromaterial	3.000,00
6979	Anlagenabgänge	9.000,00
7510	Zinsaufwendungen	10.000,00
70/77	Betriebliche Steuern	25.000,00

Aufgaben für die Erstellung der Ergebnistabelle

1. *Übernehmen Sie die Aufwendungen und Erträge der Finanzbuchhaltung in die Gesamtergebnisrechnung des Rechnungskreises I der Ergebnistabelle.*
2. *Führen Sie im Rechnungskreis II die Abgrenzungsrechnung durch, indem Sie die neutralen Aufwendungen und Erträge aus der Gesamtergebnisrechnung in die Abgrenzungsrechnung übertragen.*
3. *Die betrieblichen Aufwendungen und Erträge sind entsprechend als Kosten und Leistungen in die Betriebsergebnisrechnung einzubringen.*

217 In der Buchhaltung eines Industriebetriebes schließen die Erfolgskonten mit folgenden Salden ab:

5000	Umsatzerlöse für eigene Erzeugnisse	1.450.000,00
5202	Erhöhung des Bestandes an fertigen Erzeugnissen	40.000,00
5410	Erlöse aus Anlagenabgängen	8.000,00
5710	Zinserträge	3.000,00
60..	Aufwendungen für Roh- und Betriebsstoffe	510.000,00
6200	Löhne	620.000,00
6300	Gehälter	175.000,00
6400	Soziale Abgaben	95.000,00
6700	Aufwendungen für Miete	15.000,00
6979	Anlagenabgänge	7.000,00
70/77	Betriebliche Steuern	34.000,00
7510	Zinsaufwendungen	12.000,00

Erstellen Sie die Ergebnistabelle nach den Angaben in Aufgabe 216.

218 Auszug aus der Ergebnistabelle der Meyer GmbH für den Monat September ..:

5000	Umsatzerlöse für eigene Erzeugnisse	3.245.000,00
5400	Mieterträge	25.000,00
60..	Aufwendungen für Roh-, Hilfs- und Betriebsstoffe	1.220.000,00
62-64	Personalaufwendungen	1.550.000,00
6520	Abschreibungen auf Sachanlagevermögen	215.000,00

Stellen Sie folgenden Vorgang in der Ergebnistabelle dar:

Herr Meyer hat ein zum Betriebsvermögen gehörendes Gebäude vermietet. Dieses Gebäude schreibt er monatlich mit 4.500,00 € ab; dieser Betrag ist in den Abschreibungen auf Sachanlagevermögen enthalten. Mit eigenen Arbeitskräften und Material aus dem Lager hat er das Gebäude renovieren lassen: Lohnkosten 24.000,00 €, Materialkosten 6.200,00 €.

1. *Welche Schlüsse ziehen Sie aus der Ergebnistabelle der Maschinenbau Kern KG?*
2. *Wozu dient die Abgrenzungsrechnung?*
3. *Erläutern Sie den Aufbau der Ergebnistabelle.*
4. *Welche Ergebnisse lassen sich aus der Ergebnistabelle ablesen?*
5. *Nennen Sie Beispiele für unternehmensbezogene Abgrenzungen.*

Der Finanzbuchhaltung der Möbelfabrik Schneider OHG entnehmen wir für den Monat Juni.. folgende Aufwendungen und Erträge:

5000	Umsatzerlöse für eigene Erzeugnisse	1.280.000,00
5202	Mehrbestand an fertigen Erzeugnissen	120.000,00
5400	Mieterträge	14.000,00
5460	Erträge aus dem Abgang von Vermögensgegenständen	55.000,00
5600	Erträge aus Finanzanlagen	30.000,00
5710	Zinserträge	4.000,00
6000/6020	Aufwendungen für Roh- und Hilfsstoffe	330.000,00
6160	Instandhaltung	3.000,00
6200	Löhne	520.000,00
6300	Gehälter	130.000,00
6400	Soziale Abgaben	140.000,00
6520	Abschreibungen auf Sachanlagen	60.000,00
6850	Reisekosten	12.000,00
7020	Grundsteuer (Betrieb)	10.000,00
7460	Verluste aus Wertpapierverkäufen	16.000,00
7700	Gewerbesteuer	35.000,00

Aufgaben für die Erstellung der Ergebnistabelle

1. *Übernehmen Sie die Aufwendungen und Erträge der Finanzbuchhaltung in die Gesamtergebnisrechnung des Rechnungskreises I der Ergebnistabelle.*

2. *Führen Sie im Rechnungskreis II die Abgrenzungsrechnung durch, indem Sie die neutralen Aufwendungen und Erträge aus der Gesamtergebnisrechnung in die Abgrenzungsrechnung übertragen.*

3. *Die betrieblichen Aufwendungen und Erträge sind entsprechend als Kosten und Leistungen in die Betriebsergebnisrechnung einzubringen.*

4. *Errechnen Sie*
   a) das Abgrenzungsergebnis,
   b) das Betriebsergebnis,
   c) das Gesamtergebnis der Unternehmung.

5. *Stimmen Sie das Gesamtergebnis des Rechnungskreises I mit dem Gesamtergebnis des Rechnungskreises II nach folgendem Schema ab:*

Abstimmung der Rechnungskreise I und II

1. Gesamtergebnis im Rechnungskreis I (= FB)		.... €
		↑
2. Neutrales Ergebnis	.... €	
3. Betriebsergebnis	.... €	
		↓
4. Gesamtergebnis im Rechnungskreis II (= KLR)		.... €

221 In der FB der Wilhelm KG, Kleiderfabrikation, sind für das 1. Quartal .. folgende Aufwendungen und Erträge erfasst worden:

5000	Umsatzerlöse für eigene Erzeugnisse	1.870.500,00
5100	Umsatzerlöse für Waren	200.000,00
5201	Mehrbestand an unfertigen Erzeugnissen	42.000,00
5300	Andere aktivierte Eigenleistungen	31.500,00
5400	Mieterträge	5.200,00
5410	Erlöse aus Anlagenabgängen	1.900,00
5600	Erträge aus Finanzanlagen	8.200,00
5700	Zins- und Dividendenerträge	4.100,00
6000	Aufwendungen für Rohstoffe	300.000,00
6080	Aufwendungen für Waren	150.000,00
6200	Löhne	798.000,00
6300	Gehälter	401.000,00
6400	Soziale Abgaben	185.100,00
6510	Abschreibungen auf Wertpapiere des Anlagevermögens	31.200,00
6520	Abschreibungen auf Sachanlagen	92.500,00
6700	Aufwendungen für Mieten und Pachten	4.900,00
6870	Aufwendungen für Werbung	12.200,00
6979	Anlagenabgänge	55.600,00
70/77	Betriebliche Steuern	22.400,00

1. Erstellen Sie die Ergebnistabelle entsprechend der Aufgabenstellung in der Aufgabe 220.

2. Beurteilen Sie die Erfolgslage des Unternehmens.

222 Die FB der Fabrik für Bauelemente Heinz Schnell e. K. weist für das 1. Quartal .. folgende Aufwendungen und Erträge aus:

5000	Umsatzerlöse für eigene Erzeugnisse	1.381.500,00
5202	Minderbestand an fertigen Erzeugnissen	14.200,00
5300	Andere aktivierte Eigenleistungen	13.700,00
5400	Mieterträge	36.300,00
5410	Erlöse aus Anlagenabgängen	4.800,00
5600	Erträge aus Finanzanlagen	22.500,00
5710	Zinserträge	7.800,00
5780	Erträge aus Wertpapieren des Umlaufvermögens	8.200,00
6000	Aufwendungen für Rohstoffe	225.000,00
6150	Vertriebsprovisionen	28.500,00
6160	Instandhaltungsaufwendungen	39.600,00
6200	Fertigungs- und Hilfslöhne	375.000,00
6300	Gehälter	410.000,00
6400	Soziale Abgaben (gesetzliche)	165.000,00
6420	Beiträge zur Berufsgenossenschaft	13.200,00
6440	Aufwendungen für Altersversorgung	28.400,00
6520	Abschreibungen auf Sachanlagen	42.800,00
6700	Aufwendungen für Mieten und Pachten	21.200,00
6870	Aufwendungen für Werbung	36.100,00
6979	Anlagenabgänge	2.200,00
70/77	Betriebliche Steuern	8.400,00
7400	Abschreibungen auf Finanzanlagen	5.200,00
7510	Zinsaufwendungen	33.900,00

1. Erstellen Sie die Ergebnistabelle.

2. Beurteilen Sie die Erfolgssituation des Unternehmens.

2.2 Kostenrechnerische Korrekturen

Betriebliche Aufwendungen, die als Kosten ungeeignet sind. In der Finanzbuchhaltung kommen Aufwendungen vor, die zwar durch betriebliche Vorgänge veranlasst sind, deren **Höhe oder Berechnungsmethode** (z. B. degressive Abschreibung in der FB) jedoch **nicht den Anforderungen der Kosten- und Leistungsrechnung** (z. B. gleichmäßige Belastung der Abrechnungsperioden mit Abschreibungen) **entsprechen.** In diesen Fällen werden die betrieblichen Aufwendungen **nicht** als Kosten in die Betriebsergebnisrechnung übernommen. Vielmehr werden für diese Aufwendungen in der Kostenrechnung **verursachungsgerechte Kosten berechnet** (z. B. lineare Abschreibungsbeträge anstelle der degressiven) und dort **als kalkulatorische Kosten (vgl. S. 219 f.) eingesetzt.**

Folgende Aufwendungen der Finanzbuchhaltung sind korrekturbedürftig:

Korrekturbedürftige Aufwendungen der FB	Kalkulatorische Kosten der KLR
● Bilanzmäßige Abschreibungen →	● Kalkulatorische Abschreibungen
● Fremdkapitalzinsen →	● Kalkulatorische Zinsen
● Eingetretene Einzelwagnisse →	● Kalkulatorische Wagnisse
● Anschaffungspreise für Werkstoffe →	● Verrechnungspreise

Ergebnis aus kostenrechnerischen Korrekturen. Die Abgrenzungsrechnung übernimmt – **zusätzlich** zu den neutralen Aufwendungen und Erträgen – **in einer besonderen Spalte**   „Kostenrechnerische Korrekturen"

die korrekturbedürftigen betrieblichen Aufwendungen aus der Finanzbuchhaltung und stellt diesen tatsächlichen Aufwendungen die in der KLR ermittelten kalkulatorischen Kosten als **Erträge** gegenüber (vgl. hierzu Ausführungen auf S. 220 f.). Die Differenz stellt das **zweite Teilergebnis der Abgrenzungsrechnung** dar, das sog.

„Ergebnis aus kostenrechnerischen Korrekturen".

Ergebnistabelle								
Finanzbuchhaltung (= RK I)			Kosten- und Leistungsrechnung (= RK II)					
Gesamtergebnisrechnung der FB			Abgrenzungsrechnung				Betriebsergebnis-rechnung	
			Unternehmens-bezogene Abgrenzungen		Kostenrechnerische Korrekturen			
Konto	Aufwen-dungen	Erträge	neutrale Aufwen-dungen	neutrale Erträge	betriebliche Aufwen-dungen	verrechnete Kosten	Kosten	Leistungen
			Ergebnis aus unter-nehmensbezogenen Abgrenzungen		Ergebnis aus kosten-rechn. Korrekturen			
Gesamtergebnis		**=**	**Neutrales Ergebnis**				**+ Betriebsergebnis**	

Merke:
- ● **Die Abgrenzungsrechnung im RK II umfasst die beiden Teilbereiche:**
  - ▷ „Unternehmensbezogene Abgrenzungen". Dieser Teilbereich schließt mit dem „Ergebnis aus unternehmensbezogenen Abgrenzungen" ab.
  - ▷ „Kostenrechnerische Korrekturen". Dieser Bereich schließt mit dem „Ergebnis aus kostenrechnerischen Korrekturen" ab.
- ● **Die beiden Teilergebnisse werden zum Neutralen Ergebnis zusammengefasst.**

2.3 Kostenrechnerische Korrekturen durch Kalkulatorische Kosten

2.3.1 Aufgaben und Arten der Kalkulatorischen Kosten

Grundkosten. Viele Aufwendungen der FB können **unverändert** als Kosten in die Betriebsergebnisrechnung der Ergebnistabelle übernommen werden. In diesen Fällen spricht man von **aufwandsgleichen Kosten** oder **Grundkosten** (z.B. Löhne, Gehälter).

Anderskosten. Es gibt aber auch Aufwendungen in der FB, die kalkulatorisch ungeeignet sind und deshalb in der KLR **mit einem anderen Wert** angesetzt werden. Dazu rechnen die **kalkulatorischen Abschreibungen** und die **kalkulatorischen Wagnisse.** Kosten dieser Art heißen **Anderskosten;** sie sind **aufwandsungleiche Kosten.**

Zusatzkosten. Es gibt Kosten, denen **kein Aufwand in der FB** zugrunde liegt (= aufwandslose Kosten oder Zusatzkosten). Sie werden in der FB nicht erfasst, da mit ihnen **keine Geldausgaben** verbunden sind, stellen jedoch **leistungsbedingten Werteverzehr** dar und werden deshalb in der KLR **zusätzlich** berücksichtigt. Dazu zählen der **kalkulatorische Unternehmerlohn** bei Einzelunternehmungen und Personengesellschaften und die **kalkulatorischen Zinsen** auf das betriebsnotwendige **Eigenkapital.**

Das folgende **Schaubild** verdeutlicht den Zusammenhang zwischen den Aufwendungen der Finanzbuchhaltung und den Kosten der Kosten- und Leistungsrechnung.

Aufwendungen der Finanzbuchhaltung		
Neutrale Aufwendungen	**Betriebliche Aufwendungen**	**Betriebliche Aufwendungen**
	=	**≠**
	Grundkosten	**Anderskosten**	**Zusatzkosten**
	Kosten der Kosten- und Leistungsrechnung		

Zweck der kalkulatorischen Kosten. Die genannten kalkulatorischen Kostenarten sorgen dafür, dass nur der Werteverzehr in die KLR eingebracht wird, der durch die Leistungserstellung und -verwertung tatsächlich entstanden ist, auch wenn er in der Gesamtergebnisrechnung der FB nicht oder in anderer Höhe angesetzt ist. Dadurch wird die Kosten- und Leistungsrechnung **genauer,** zudem können **Schwankungen** der Kosten **ausgeschaltet** werden und ein **Kostenvergleich** mit einzelnen Abrechnungsperioden oder branchengleichen Betrieben ist möglich.

Auswirkung der kalkulatorischen Kosten auf das Betriebsergebnis. Die kalkulatorischen Kosten werden in der linken Spalte (= Kosten) der Betriebsergebnisrechnung erfasst. Sie bilden zusammen mit den Grundkosten die Grundlage der Angebotskalkulation (vgl. S. 267 f.). Beim Verkauf der Erzeugnisse fließen sie **über die Umsatzerlöse** in das Unternehmen zurück, sofern die Umsatzerlöse die gesamten Selbstkosten (einschließlich der kalkulatorischen Kosten) decken. In diesem Fall wirken sich die kalkulatorischen Kosten **nicht auf das Betriebsergebnis** aus.

2.3.2 Kalkulatorische Abschreibungen

Bilanzmäßige Abschreibungen. In der Ergebnistabelle auf Seite 212 wurden die bilanzmäßigen Abschreibungen in Höhe von 1.440.000,00 € als Kosten angesetzt. Das ist grundsätzlich korrekt, da dieser Aufwand **betriebsbedingt** ist. Es ist allerdings zu fragen, ob dieser Aufwand dem **tatsächlichen Werteverzehr der Anlagen** entspricht und damit **verursachungsgerechte Kosten** wiedergibt. Da bilanzmäßige Abschreibungen in der Regel **nach steuerlichen Grundsätzen oder gewinnpolitischen Zweckmäßigkeiten** vorgenommen werden (z.B. degressive Abschreibung mit hohem Anfangsbetrag und fallenden Folgebeträgen), eignen sie sich **nicht** für die Kostenrechnung, in der u.a. die **gleichmäßige Belastung** jeder Abrechnungsperiode mit Kosten angestrebt wird; dies wäre nur über die **lineare Abschreibung** möglich.

Kalkulatorische Abschreibungen als Anderskosten. In der Regel sind also die bilanzmäßigen Abschreibungen für die Kostenrechnung **ungeeignet** und werden dort mit einem **anderen Betrag** eingesetzt. Folgende **Gründe** sprechen für den unterschiedlichen Wertansatz von bilanzmäßigen und kalkulatorischen Abschreibungen:

- **Bilanzmäßig** abgeschrieben werden **alle** Wirtschaftsgüter des Anlagevermögens, unabhängig davon, ob sie dem eigentlichen Betriebszweck dienen oder nicht.

  Kalkulatorisch abgeschrieben werden dagegen **nur** solche **Anlagegüter, die betriebsnotwendig sind.** Als betriebsnotwendig gelten alle Anlagen, die **laufend** dem Betriebszweck und der Leistungserstellung und -verwertung dienen.

- **Bilanzabschreibungen** werden auf der Grundlage der **Anschaffungs- oder Herstellungskosten** des Anlagegutes vorgenommen.

  Kalkulatorische Abschreibungen werden dagegen von den **gestiegenen Wiederbeschaffungskosten** des Anlagegutes berechnet, um in der Zukunft so viele Abschreibungsbeträge über die zufließenden Umsatzerlöse ansammeln zu können, dass Ersatzinvestitionen möglich sind.

- **Bilanzmäßig** kann ein Anlagegut in der Finanzbuchhaltung nur bis zum Erinnerungswert von 1,00 € abgeschrieben werden.

  Kalkulatorische Abschreibungen werden dagegen so lange fortgesetzt, wie das betreffende Anlagegut noch im Betrieb verwendet wird, also unabhängig davon, ob es bilanziell bereits abgeschrieben ist oder nicht.

- Unterschiede zwischen der bilanzmäßigen und der kalkulatorischen Abschreibung bestehen auch in der Anwendung der **Abschreibungsmethoden:**

  In der Finanzbuchhaltung wird man aus steuerlichen Gründen die Anlagegüter meist degressiv abschreiben, um in den ersten Jahren der Nutzung möglichst viel abzuschreiben und damit den steuerlichen Gewinn niedrig zu halten.

  In der Kosten- und Leistungsrechnung dagegen soll möglichst die tatsächliche Wertminderung der Anlagegüter durch die kalkulatorische Abschreibung berücksichtigt werden. Kalkulatorisch wird daher in der Regel linear abgeschrieben.

Beispiel: In der Maschinenbau Kern KG, Leverkusen, werden die kalkulatorischen Abschreibungen linear aufgrund folgender Zahlen berechnet:

Sachanlagen	Wiederbesch.-Kosten	Abschreibg.-Satz	Abschr.-Betrag
Gebäude	5.000.000,00 €	4 %	200.000,00 €
Maschinen	8.000.000,00 €	10 %	800.000,00 €
And. Anlagen	3.500.000,00 €	20 %	700.000,00 €
			1.700.000,00 €

Erfassung der kalkulatorischen und bilanzmäßigen Abschreibung im RK II. Die kalkulatorische Abschreibung wird mit **1.700.000,00 €** in die Spalte **„Kosten"** der Betriebsergebnisrechnung eingesetzt und durch die

Buchung: „Kosten" an „Verrechnete Kosten"

in der Spalte **„Verrechnete Kosten"** des Abgrenzungsbereichs „Kostenrechnerische Korrekturen" **erfolgswirksam „gegengebucht".** Aus der Aufwandsspalte des Rechnungskreises I wird die bilanzmäßige Abschreibung (1.500.000,00 €) — nach Abfilterung der unternehmensbezogenen Abschreibung von 60.000,00 € für das vermietete Gebäude — mit **1.440.000,00 €** in die Spalte „betriebliche Aufwendungen" des Abgrenzungsbereichs „Kostenrechnerische Korrekturen" übertragen. Hier stehen sich nun bilanzmäßige und kalkulatorische Abschreibung gegenüber. Beide Zahlen können zum Ergebnis aus kostenrechnerischen Korrekturen verrechnet werden. In diesem Fall ergibt sich ein **Ertrag aus kostenrechnerischen Korrekturen in Höhe von 260.000,00 €.**

Ergebnistabelle								
Finanzbuchhaltung (= RK I)			Kosten- und Leistungsrechnung (= RK II)					
Gesamtergebnisrechnung der FB			Abgrenzungsrechnung				Betriebsergebnisrechnung	
			Unternehmensbezogene Abgrenzungen		Kostenrechnerische Korrekturen			
Konto	Aufwendungen	Erträge	neutrale Aufwendungen	neutrale Erträge	betriebliche Aufwendungen	verrechnete Kosten	Kosten	Leistungen
5000		1.700.000[1]						1.700.000[1]
6520	1.500.000		60.000		1.440.000	1.700.000	1.700.000	
	1.500.000	1.700.000	60.000	0	1.440.000	1.700.000	1.700.000	1.700.000
	200.000			**60.000**	**260.000**			**0**
	1.700.000	1.700.000	60.000	60.000	1.700.000	1.700.000	1.700.000	1.700.000

Auf das Gesamtergebnis im RK I wirken sich die über die Umsatzerlöse „verdienten" kalkulatorischen Abschreibungen mit einem **Gewinn von 200.000,00 €** aus.

Die Abgrenzungsrechnung im RK II weist einen **Gewinn von 200.000,00 €** aus, der sich aus **60.000,00 € Verlust aus „Unternehmensbezogenen Abgrenzungen"** und **260.000,00 € Gewinn aus „Kostenrechnerischen Korrekturen"** zusammensetzt.

Das Betriebsergebnis wird durch die kalkulatorischen Abschreibungen **nicht beeinflusst,** sofern diese Abschreibungen über die Umsatzerlöse **voll** erstattet werden. Es stehen sich hier also Kosten und Leistungen in gleicher Höhe gegenüber.

Merke:
- **Kalkulatorische Abschreibungen stellen Kosten dar, die die tatsächliche Wertminderung der Anlagen erfassen und in der Selbstkosten- und Betriebsergebnisrechnung verrechnet werden. Sofern sie höher als die bilanzmäßigen Abschreibungen sind und über die Marktpreise abgegolten werden, beeinflussen sie das Gesamtergebnis positiv.**
- **Bilanzmäßige Abschreibungen stellen Aufwand in der Gesamtergebnisrechnung der FB dar und werden meist nach steuerlichen Gesichtspunkten bemessen. Sie beeinflussen die Wertansätze des Anlagevermögens in der Bilanz.**

---

[1] über die Umsatzerlöse zurückgeflossene kalkulatorische Abschreibungen

Abschreibungskreislauf. Ein wesentliches Unternehmensziel muss die **Erhaltung der Vermögenssubstanz** sein; insbesondere geht es hierbei um die Erhaltung der im Anlagevermögen ruhenden Leistungsfähigkeit. Dies wird durch die **Ersatzbeschaffung** (= Reinvestition) **verbrauchter Anlagen** erreicht. Die **Finanzierung** solcher Anlagen hat grundsätzlich aus „verdienten" Kosten **ohne Zuführung von Eigenkapital** zu erfolgen. Um dies zu erreichen, bedarf es des Ansatzes von Abschreibungen

- in der **Finanzbuchhaltung** als **Aufwand,** um zu verhindern, dass in der Gewinn- und Verlustrechnung **ein zu hoher Gewinn ausgewiesen** und möglicherweise **ausgeschüttet** wird (= Gefahr der Substanzausschüttung),

- in der **Kosten- und Leistungsrechnung** als **Kosten,** um den Werteverzehr der Anlagen zu erfassen und in die **Preisberechnung** einzubeziehen. In der Regel müssen dem Unternehmen im Preis für die Erzeugnisse **alle Kosten** zurückerstattet werden. In den Umsatzerlösen fließen also auch die Abschreibungsbeträge (= **Abschreibungsgegenwerte**) zurück und stehen in Form flüssiger Mittel für die Erneuerung von Anlagen zur Verfügung.

So ergibt sich – unter der Voraussetzung, dass die kalkulatorischen Abschreibungen vom Markt vergütet werden – folgender

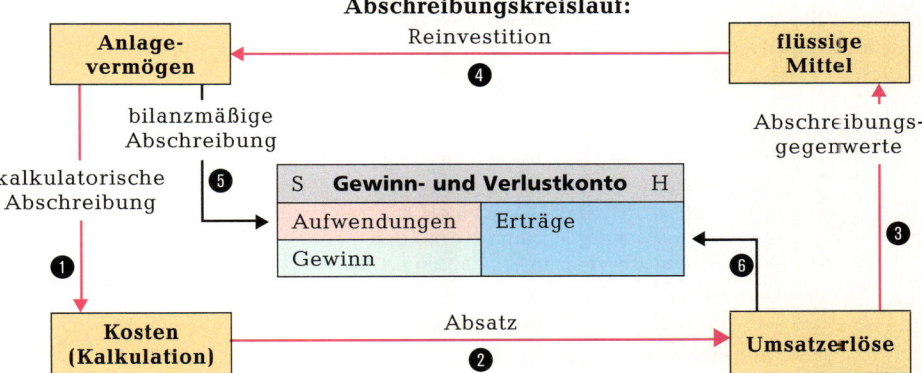

Abschreibungskreislauf:

Aufgabe: *Erläutern Sie den Abschreibungskreislauf ❶ bis ❻ anhand eines Zahlenbeispiels.*

Finanzierung aus Abschreibungsgegenwerten. Die obige Darstellung macht deutlich, dass kein Unternehmen auf Abschreibungen als wesentliches Mittel der Finanzierung (= **Innenfinanzierung**) verzichten kann.

Bei der Finanzierungswirkung der Abschreibung sind drei Fälle zu unterscheiden:

- **Bilanzmäßige Abschreibungen und kalkulatorische Abschreibungen stimmen überein.** In diesem Fall findet eine **Vermögensumschichtung** vom Anlagevermögen zum Umlaufvermögen statt. Auf Dauer wird die Substanz nur **nominell** erhalten.

- **Bilanzmäßige Abschreibungen sind höher als kalkulatorische Abschreibungen.** In diesem Fall führt der gebuchte Mehraufwand zu einer **verdeckten Finanzierung aus dem Gewinn.** Auf Dauer wird die Substanz aufgezehrt.

- **Bilanzmäßige Abschreibungen sind niedriger als kalkulatorische Abschreibungen.** In diesem Fall führt der erzielte Mehrerlös zu einer **offenen Finanzierung aus dem Gewinn.** Dem Unternehmen stehen zusätzliche Mittel zur Finanzierung zur Verfügung.

Merke: **Die mit den Umsatzerlösen in das Unternehmen zurückfließenden kalkulatorischen Abschreibungen stehen als flüssige Finanzierungsmittel zur Verfügung. Sie werden durch die als Aufwand gebuchten bilanzmäßigen Abschreibungen vor der Ausschüttung bewahrt.**

2.3.3 Kalkulatorische Zinsen

Zinsen vom betriebsnotwendigen Kapital. In der Ergebnistabelle auf Seite 212 hat die Maschinenbau Kern KG die in der Finanzbuchhaltung gebuchten Fremdkapitalzinsen in Höhe von 500.000,00 € als Kosten in die Kosten- und Leistungsrechnung übernommen. Das ist grundsätzlich richtig, da die Fremdkapitalzinsen einen **betrieblichen Aufwand** darstellen. Es stellt sich aber die Frage nach der Zweckmäßigkeit dieses Kostenansatzes. Die Gesellschafter werden danach streben, dass ihnen in den Umsatzerlösen auch eine angemessene **Verzinsung des eingesetzten Eigenkapitals** zufließt. Um das zu erreichen, werden in der Kostenrechnung Zinsen für das **gesamte bei der Leistungserstellung und -verwertung erforderliche Kapital** angesetzt. Dadurch werden alle Industriebetriebe in der Selbstkosten- und Betriebsergebnisrechnung gleichgestellt, unabhängig davon, in welchem Verhältnis sie mit Eigen- und Fremdkapital ausgestattet sind. Außerdem wird die Kostenrechnung von zufälligen Schwankungen befreit, die durch die Änderungen der Zinssätze für aufgenommene Kredite entstehen.

Betriebsnotwendiges Kapital. In der Kosten- und Leistungsrechnung werden somit anstelle der tatsächlich gezahlten Zinsen **kalkulatorische Zinsen** angesetzt und verrechnet. Sie werden auf der Grundlage des **betriebsnotwendigen Kapitals** ermittelt. Der kalkulatorische Zinssatz richtet sich meist nach dem im betreffenden Zeitraum üblichen Zinssatz für langfristige Darlehen.

Beispiel:	Die Maschinenbau Kern KG ermittelt auf der Grundlage ihrer Bilanz das folgende **betriebsnotwendige Kapital,** das sie mit 8 %/Jahr kalkulatorisch verzinsen will:

	Betriebsnotwendiges Anlagevermögen	**11.000.000,00 €**
	(z. B. Betriebsgebäude, Maschinen u. a.)	
+	**Betriebsnotwendiges Umlaufvermögen**	**7.000.000,00 €**
	(z. B. Vorräte, Forderungen, Zahlungsmittel)	
=	**Betriebsnotwendiges Vermögen**	**18.000.000,00 €**
−	**Abzugskapital (z. B. Lieferantenkredite)**	**5.000.000,00 €**
=	**Betriebsnotwendiges Kapital**	**13.000.000,00 €**
	Die **kalkulatorischen Zinsen** für das Jahr betragen dann:	
	13.000.000,00 € · 0,08 = ...	**1.040.000,00 €**

Zum betriebsnotwendigen Anlagevermögen zählen nur solche Anlagegüter, die **dauernd** dem eigentlichen **Betriebszweck** dienen. Sie dürfen nicht mit den Bilanz- oder Buchwerten, sondern nur mit den **kalkulatorischen Restwerten** (= Anschaffungskosten – kalkulatorische Abschreibungen) angesetzt werden. **Nicht betriebsnotwendige Anlagen,** wie z. B. vermietete Gebäude, stillgelegte Anlagen u. a., bleiben **außer Ansatz.** Reserveanlagen (z. B. Reservemaschinen) gehören stets zum betriebsnotwendigen Anlagevermögen, da sie für die Aufrechterhaltung der Betriebsbereitschaft erforderlich sind.

Das betriebsnotwendige Umlaufvermögen ist nach Ausgliederung der nicht betriebsbedingten Posten (z. B. Wertpapierbestände) mit den Beträgen anzusetzen, die während des Abrechnungszeitraumes **durchschnittlich** im Umlaufvermögen gebunden sind (sog. kalkulatorische Mittelwerte).

Das Abzugskapital besteht aus Kapitalposten, die dem Unternehmen **zinslos** zur Verfügung stehen, wie z. B. Anzahlungen von Kunden, sonstige Verbindlichkeiten, Rückstellungen, Lieferantenkredite, sofern keine Skontierungsmöglichkeit hierfür besteht.

6621222

Erfassung der kalkulatorischen Zinsen in der KLR. Die kalkulatorischen Zinsen werden mit 1.040.000,00 € (vgl. Beispiel S. 222) in die Spalte **„Kosten"** der Betriebsergebnisrechnung eingesetzt und in der Spalte **„Verrechnete Kosten"** der „Kostenrechnerischen Korrekturen" **gegengebucht.** Aus dem RK I werden die dort als Aufwand gebuchten Fremdkapitalzinsen (vgl. S. 212) mit 500.000,00 € in die Spalte „betriebliche Aufwendungen lt. FB" der „Kostenrechnerischen Korrekturen" übertragen. Hier stehen sich Fremdkapitalzinsen und kalkulatorische Zinsen gegenüber und können zum **„Ergebnis aus kostenrechnerischen Korrekturen"** verrechnet werden. In diesem Fall ergibt sich ein neutraler Gewinn von 540.000,00 €. Er stimmt mit dem in der FB ausgewiesenen Gewinn bei **vollem Kostenersatz durch die Umsatzerlöse** überein.

Ergebnistabelle								
Finanzbuchhaltung (= RK I)			Kosten- und Leistungsrechnung (= RK II)					
Gesamtergebnisrechnung der FB			Abgrenzungsrechnung				Betriebsergebnis-rechnung	
			Unternehmens-bezogene Abgrenzungen		Kostenrechnerische Korrekturen			
Konto	Aufwen-dungen	Erträge	neutrale Aufwen-dungen	neutrale Erträge	betriebliche Aufwen-dungen	verrechnete Kosten	Kosten	Leistungen
5000		1.040.000[1]						1.040.000[1]
7510	500.000				500.000	1.040.000	1.040.000	
	500.000	1.040.000			500.000	1.040.000	1.040.000	1.040.000
	540.000				540.000			0
	1.040.000	1.040.000			1.040.000	1.040.000	1.040.000	1.040.000

Merke:
- **Kalkulatorische Zinsen stellen Kosten für die Nutzung des betriebsnotwendigen Kapitals dar. Ihre Verrechnung ermöglicht eine gleichmäßige Belastung der Abrechnungsperioden mit Zinskosten. In den Umsatzerlösen werden die Zinsen dem Unternehmen i.d.R. vergütet.**
- **Die gezahlten Fremdkapitalzinsen stellen Aufwand in der Finanzbuchhaltung dar. In der Abgrenzungsrechnung werden sie den verrechneten kalkulatorischen Zinsen gegenübergestellt.**

Aufgabe

Ein Industriebetrieb verfügt über folgende betriebsnotwendige Vermögenswerte:

Anlagevermögen:
- Gebäude .... 750.000,00 €
- Maschinelle Anlagen .... 220.000,00 €
- Betriebs- und Geschäftsausstattung .... 170.000,00 €
- Fuhrpark .... 260.000,00 €

Umlaufvermögen:
- Vorräte .... 530.000,00 €
- Kundenforderungen .... 280.000,00 €
- Zahlungsmittel .... 190.000,00 €

Das Abzugskapital besteht aus Lieferantenkrediten in Höhe von 200.000,00 €. Der kalkulatorische Zinssatz wird mit 9 % angesetzt. Die tatsächlich gezahlten Fremdkapitalzinsen betragen im Geschäftsjahr 135.000,00 €.

1. *Ermitteln Sie das betriebsnotwendige Kapital sowie die jährlichen und monatlichen kalkulatorischen Zinsen.*
2. *Erstellen Sie die Ergebnistabelle.*

---

1 über die Umsatzerlöse erstattete kalkulatorische Zinsen

2.3.4 Kalkulatorischer Unternehmerlohn

Kalkulatorischer Unternehmerlohn als Kostenbestandteil in der Betriebsergebnisrechnung. In **Kapitalgesellschaften** beziehen die Vorstandsmitglieder (AG) und die Geschäftsführer (GmbH) **Gehälter,** die als **Aufwand in der FB** gebucht werden und als **Kosten in die KLR** dieser Unternehmungsformen eingehen. In **Einzelunternehmungen und Personengesellschaften** (e. K., OHG, KG) dagegen erhalten die mitarbeitenden Inhaber oder Gesellschafter keine Gehälter. Ihre Arbeitsleistung wird durch den Unternehmungsgewinn abgegolten. Ein angemessener Gewinn kann aber nur dann erzielt werden, wenn zuvor **für die Arbeitskraft des Unternehmers ein entsprechender Betrag als Kosten (= Unternehmerlohn) angesetzt** und **in die Preise für die Erzeugnisse einkalkuliert** wird. Nur dann können in den Umsatzerlösen die entsprechenden Finanzmittel in das Unternehmen zurückfließen.

Kostenvergleich. Durch die Einrechnung des Unternehmerlohnes in die Kosten wird erreicht, dass Kapitalgesellschaften sowie Personengesellschaften/Einzelunternehmungen in der Selbstkosten- und Betriebsergebnisrechnung **gleichgestellt** sind.

Die Höhe des kalkulatorischen Unternehmerlohns richtet sich nach dem Gehalt eines leitenden Angestellten in **vergleichbarer** Position.

Zusatzkosten. Der kalkulatorische Unternehmerlohn wird als Kostenbestandteil in die Kosten- und Leistungsrechnung eingebracht; er darf aber nicht – wie z.B. die Gehälter leitender Angestellter – in der Finanzbuchhaltung gebucht werden, da er nicht zu Aufwendungen und Ausgaben führt. Kosten mit dieser Eigenschaft heißen Zusatzkosten (vgl. S. 218).

Beispiel: In der Maschinenbau Kern KG wird die Mitarbeit der Eigentümer mit einem Betrag von jährlich 300.000,00 € als Kosten in der KLR angesetzt.

Nachfolgend zeigen wir, wie dieser Betrag in die Ergebnistabelle einzubringen ist. Zur Vereinfachung der Darstellung sind nur Unternehmerlohn (300.000,00 €) und Umsatzerlöse (31.650.000,00 €) berücksichtigt.

Ergebnistabelle								
Finanzbuchhaltung (= RK I)			Kosten- und Leistungsrechnung (= RK II)					
Gesamtergebnisrechnung der FB			Abgrenzungsrechnung				Betriebsergebnis-rechnung	
			Unternehmens-bezogene Abgrenzungen		Kostenrechnerische Korrekturen			
Konto	Aufwen-dungen	Erträge	neutrale Aufwen-dungen	neutrale Erträge	betriebliche Aufwen-dungen	verrechnete Kosten	Kosten	Leistungen
5000		31.650.000	————————————————————————————————▶					31.650.000
U.-Lohn	–					300.000 ◀— 300.000		
		31.650.000			0	300.000	300.000	31.650.000
							31.350.000	
							31.650.000	31.650.000

Darstellung des kalkulatorischen Unternehmerlohns in der Ergebnistabelle. Der kalkulatorische Unternehmerlohn (300.000,00 €) wird zunächst in die Spalte „Kosten" der Betriebsergebnisrechnung eingesetzt. Er bildet (zusammen mit den übrigen Kosten) die Grundlage der Preiskalkulation. Im Normalfall wird er also in den Umsatzerlösen enthalten sein und in den Finanzmitteln dem Unternehmen zufließen.

Anschließend ist der Unternehmerlohn als **Ertrag** in die Spalte **„Verrechnete Kosten"** des Abgrenzungsbereichs „Kostenrechnerische Korrekturen" einzusetzen. Diese Verrechnung des kalkulatorischen Unternehmerlohns in der Ergebnistabelle entspricht damit der

Buchung: „Kosten" an „Verrechnete Kosten".

Durch dieses Vorgehen ist eine **Abstimmung der Teilergebnisse im RK II mit dem Gesamtergebnis im RK I** möglich.

Ergebnisauswirkungen. Der Unternehmer entscheidet, ob und in welcher Höhe er den kalkulatorischen Unternehmerlohn als Zusatzkosten ausweist und in die Kalkulation einbringt. Weist er den Unternehmerlohn in dieser Höhe aus (300.000,00 €) und der Markt erstattet ihm in den Umsatzerlösen diese Zusatzkosten, so wirken sie sich in der Betriebsergebnisrechnung nicht auf das Betriebsergebnis aus.

Im **Ergebnis aus kostenrechnerischen Korrekturen** bewirkt der Unternehmerlohn dagegen durch seine Buchung in der Spalte „Verrechnete Kosten" eine **Ertragserhöhung.**

Auf das **Gesamtergebnis** im RK I wirkt der in den Erlösen enthaltene Unternehmerlohn **Gewinn erhöhend,** da ihm hier kein entsprechender Aufwand gegenübersteht.

Merke:
- Bei Einzelunternehmungen und Personengesellschaften wird für die mitarbeitenden Inhaber ein angemessener Unternehmerlohn in die Selbstkosten- und Betriebsergebnisrechnung einbezogen.
- Hinsichtlich der Personalkosten sind diese Unternehmungsformen damit den Kapitalgesellschaften gleichgestellt.
- Der kalkulatorische Unternehmerlohn stellt einen echten Kostenbestandteil in der KLR dar, dem kein Aufwand und keine Ausgabe in der FB gegenüberstehen.
- Er wird in die Spalte „Kosten" der Betriebsergebnisrechnung der Ergebnistabelle eingesetzt und in der Spalte „Verrechnete Kosten" als kostenrechnerische Korrektur (= Ertrag) „gegengebucht".
- Bei vollem Kostenersatz über die Umsatzerlöse hat der kalkulatorische Unternehmerlohn keinen Einfluss auf die Höhe des Betriebsergebnisses.
- Gesamtergebnis und Abgrenzungsergebnis werden durch ihn Gewinn erhöhend beeinflusst.

Aufgaben

In der Ergebnistabelle der Maschinenbau Kern KG auf Seite 212 ist der Unternehmerlohn nicht berücksichtigt worden. **224**

Wie würden sich die Teilergebnisse ändern, wenn ein Unternehmerlohn von 300.000,00 € eingesetzt wird und sich die Umsatzerlöse nicht verändern sollen?

Die Maschinenbau Kern KG rechnet damit, dass der angesetzte Unternehmerlohn (300.000,00 €) nur zu 70 % über die Umsatzerlöse in das Unternehmen zurückfließen wird. **225**

Welche Auswirkungen ergeben sich hieraus auf das Betriebsergebnis, das Ergebnis aus kostenrechnerischen Korrekturen und das Gesamtergebnis?

Welche Auswirkungen auf das Gesamtergebnis, das Ergebnis aus kostenrechnerischen Korrekturen und das Betriebsergebnis hätte es, wenn der Unternehmerlohn zwar als Kosten angesetzt, aber vom Markt überhaupt nicht vergütet würde? **226**

2.3.5 Kalkulatorische Wagnisse

Arten. Jede unternehmerische und betriebliche Tätigkeit ist mit Wagnissen oder Risiken verbunden und kann daher zu Verlusten führen. Diese Wagnisverluste lassen sich in ihrer Höhe und in ihrem zeitlichen Eintreten nicht vorhersehen. Man unterscheidet zwischen dem **allgemeinen Unternehmerwagnis** und den **Einzelwagnissen**.

Das allgemeine Unternehmerwagnis betrifft Verluste, die das Unternehmen als Ganzes gefährden. Dazu zählen Wagnisverluste, die sich insbesondere aus der gesamtwirtschaftlichen Entwicklung ergeben, wie z. B. **Beschäftigungsrückgang, plötzliche Nachfrageverschiebung, technischer Fortschritt.** Das allgemeine Unternehmerrisiko ist **kein Kostenbestandteil.** Es wird im **Betriebsgewinn abgegolten.**

Einzelwagnisse stehen dagegen im unmittelbaren Zusammenhang mit der Beschaffung, der Produktion und dem Absatz der Erzeugnisse. Da sie voraussehbar und aufgrund von **Erfahrungswerten** berechenbar sind, haben sie grundsätzlich **Kostencharakter.**

Zu den Einzelwagnissen zählen:

- **Anlagewagnis:** Verluste an Anlagegütern durch besondere Schadensfälle (Brand), Gefahr des vorzeitigen Ausfalls von Anlagen, z. B. durch technischen Fortschritt.
- **Beständewagnis:** Verluste an Vorräten durch Schwund, Verderb, Diebstahl, Veralten oder Preissenkungen.
- **Gewährleistungswagnis:** Garantieleistungen, z. B. kostenlose Ersatzlieferung, Preisnachlass wegen Mängelrüge.
- **Vertriebswagnis:** Ausfälle und Währungsverluste bei Kundenforderungen.
- **Fertigungswagnis:** Mehrkosten aufgrund von Material-, Arbeits- und Konstruktionsfehlern, Ausschuss, Nacharbeit. Das Fertigungswagnis wird häufig auch Mehrkostenwagnis genannt.
- **Entwicklungswagnis:** Verluste, die sich aus fehlgeschlagenen Entwicklungsarbeiten im Rahmen des Fertigungsprogramms ergeben.

Eingetretene Wagnisverluste. Die tatsächlichen Wagnisverluste fallen **zeitlich unregelmäßig** und in **unterschiedlicher Höhe** an und sind damit für die Kostenrechnung ungeeignet. Sie werden **als Aufwand** in der Gesamtergebnisrechnung der Finanzbuchhaltung erfasst (z. B. Konto „6930 Verluste aus Schadensfällen").

Kalkulatorische Wagnisse. Anstelle der tatsächlich eingetretenen Wagnisverluste werden in der Kosten- und Leistungsrechnung kalkulatorische Wagniszuschläge für die betreffenden **Einzelrisiken** ermittelt und verrechnet. Die Verrechnung von konstanten kalkulatorischen Wagniszuschlägen führt zu einer **gleichmäßigen und anteiligen Belastung der Abrechnungsperioden** mit Wagnisverlusten und eliminiert somit die Zufallseinflüsse aus der Selbstkosten- und Betriebsergebnisrechnung.

Fremdversicherungen. Soweit die Einzelwagnisse bereits durch den Abschluss von entsprechenden Versicherungen gedeckt sind, dürfen **keine** kalkulatorischen Wagniszuschläge verrechnet werden. In diesem Fall sind die **Versicherungsprämien** als **Kosten** zu berücksichtigen.

Merke:
- **Die Verrechnung von konstanten kalkulatorischen Wagniszuschlägen trägt dazu bei, dass die Selbstkosten- und Betriebsergebnisrechnungen von Zufallsschwankungen befreit werden.**
- **Das allgemeine Unternehmerwagnis darf kalkulatorisch nicht erfasst werden.**
- **Die durch Fremdversicherungen abgedeckten Einzelwagnisse gehen als Grundkosten in die Kosten- und Leistungsrechnung ein.**

Berechnungsgrundlagen für Wagnisse. Je nach Wagnisart ist die Berechnungsgrundlage unterschiedlich:

Wagnis	Berechnungsgrundlage
● Anlagewagnis →	● Anschaffungskosten
● Beständewagnis →	● Bezugspreise der Werkstoffe
● Gewährleistungswagnis →	● Umsatz zu Selbstkosten
● Vertriebswagnis →	● Umsatz zu Selbstkosten
● Fertigungswagnis →	● Herstellkosten
● Entwicklungswagnis →	● Entwicklungskosten

Die Höhe der kalkulatorischen Wagniszuschläge richtet sich nach entsprechenden Erfahrungswerten. Aus den betreffenden Wagnisverlusten der letzten 5 Jahre wird ein **Durchschnittswert in Prozent** ermittelt.

Beispiel: Im Unternehmen Maschinenbau Kern KG betrug der Verlust an Vorräten durch Schwund, Verderb u. a. in den letzten 5 Jahren durchschnittlich 875.000,00 €. Für den gleichen Zeitraum wurden durchschnittliche Bezugspreise von 35.000.000,00 € ermittelt.

$$\text{Kalkulatorischer Beständewagniszuschlag} = \frac{\text{Verlust} \cdot 100\,\%}{\text{Bezugspreise}}$$

$$= \frac{875.000,00 \cdot 100\,\%}{35.000.000,00} = 2,5\,\%$$

Das bedeutet, dass auf die gekauften Vorräte 2,5 % Wagniskosten zu verrechnen sind.

Beispiel: Die Bezugspreise im Monat März betrugen 3.000.000,00 €. Der kalkulatorische Wagniszuschlag ist auf 2,5 % festgesetzt.

$$\text{Kalkulatorischer Wagniszuschlag} = 3.000.000,00\,€ \cdot 0,025 = 75.000,00\,€$$

Dieser Betrag wird in der Ergebnistabelle für den Monat März unter der Spalte „Kosten" der Betriebsergebnisrechnung erfasst und in der Spalte „Kostenrechnerische Korrekturen" der Abgrenzungsrechnung gegengebucht. Hier stehen ihm die tatsächlichen Wagnisverluste aus der FB gegenüber (z. B. Konten 6000, 6020, 6030, 6040, 6570, 6930, 6950).

Aufgaben

Wie hoch sind:

227

a) das jährliche Wagnis in Prozent,
b) der Wagniszuschlag für das 6. Geschäftsjahr aufgrund der eingetretenen Wagnisse der letzten 5 Jahre?

	eingetretene Risiken	Umsatz zu Selbstkosten
1. Jahr	15.000,00	1.200.000,00
2. Jahr	28.000,00	1.400.000,00
3. Jahr	27.000,00	1.500.000,00
4. Jahr	17.500,00	1.250.000,00
5. Jahr	37.400,00	1.700.000,00

1. Aus welchen Gründen werden kalkulatorische Wagnisse verrechnet?

228

2. Stellen kalkulatorische Wagniskosten Anders- oder Zusatzkosten dar?
3. Unterscheiden Sie zwischen Unternehmerrisiko und Einzelwagnis.

2.3.6 Kalkulatorische Miete

Mietwert für die betriebseigenen Gebäude. Anstelle der tatsächlich anfallenden Gebäude- und Grundstücksaufwendungen (Abschreibungen auf Gebäude, Hypothekenzinsen, Grundsteuern) könnte eine kalkulatorische Miete für die eigengenutzten betriebsnotwendigen Räume ermittelt und in der Betriebsergebnisrechnung erfasst werden. In diesem Fall müssten jedoch alle tatsächlich entstandenen Gebäudeaufwendungen dem verrechneten kalkulatorischen Mietwert gegenübergestellt werden. Da wesentliche Teile der Gebäude- und Grundstücksaufwendungen durch die kalkulatorischen Abschreibungen und die kalkulatorischen Zinsen in der Kosten- und Leistungsrechnung bereits berücksichtigt werden, **entfällt** in den meisten Industriebetrieben **die Verrechnung einer besonderen kalkulatorischen Miete** für die betriebseigenen Gebäude.

Mietwert privat genutzter Räume im Geschäftsgebäude. Sofern der Geschäftsinhaber Räume des betriebseigenen Gebäudes **für private Zwecke** (z. B. als Wohnung) nutzt, darf der Mietwert in der Kostenrechnung nur in **Höhe der betrieblichen Nutzung** angesetzt werden. Der Mietwert der privat genutzten Räume ist zu buchen:

3001 Privat an **5400 Mieterträge.**

Die kalkulatorische Miete sollte als fester Kostenbestandteil verrechnet werden, wenn ein Einzelunternehmer oder Personengesellschafter dem Betrieb unentgeltlich Räume zur Verfügung stellt, die zu seinem Privatvermögen gehören. In diesem Fall setzt das Unternehmen die ortsübliche Miete als kalkulatorischen Mietwert an.

Die kalkulatorische Miete stellt **Zusatzkosten** dar, die in der gleichen Weise verrechnet werden wie der kalkulatorische Unternehmerlohn.

Merke:	● Für die Nutzung der betriebseigenen Gebäude wird in der Regel kein kalkulatorischer Mietwert verrechnet.
	● Der Mietwert für betrieblich genutzte Privaträume ist als Kostenbestandteil zu verrechnen.

Aufgaben

229 Auf einen LKW mit Anschaffungskosten von 120.000,00 € werden aus steuerlichen Gründen 20 % bilanzmäßig abgeschrieben. Die verbrauchsbedingte kalkulatorische Abschreibung beträgt 15 % von den Wiederbeschaffungskosten in Höhe von 140.000,00 €.

Stellen Sie den Vorgang in einer Ergebnistabelle dar.

230 Die in der Finanzbuchhaltung für das Jahr .. erfassten Fremdkapitalzinsen betragen 72.000,00 €. Die kalkulatorischen Zinsen werden in der Kosten- und Leistungsrechnung mit 90.000,00 € verrechnet.

1. *Um wie viel € übersteigen die monatlichen Zusatzkosten, die durch die Verrechnung der kalkulatorischen Zinsen entstehen, die monatlichen Fremdkapitalzinsen?*

2. *Welche Zinsen beeinflussen in welcher Höhe*
   a) das Gesamtergebnis der Unternehmung,
   b) das Betriebsergebnis,
   c) das Neutrale Ergebnis?

231 *Erläutern Sie in einer Niederschrift, warum kalkulatorische Kosten Einfluss auf das Gesamtergebnis der Unternehmung ausüben.*

232 *Aus welchen Gründen ist es notwendig, für die Abschreibungen auf Sachanlagen in der FB und in der KLR unterschiedliche Wertansätze zu wählen?*

2.4 Erstellung und Auswertung der Ergebnistabelle

Beispiel: Um die Kosten und Leistungen vollständig und periodengerecht zu erfassen, erstellt die Maschinenbau Kern KG auf der Basis des Gewinn- und Verlustkontos von Seite 212 unter Einbeziehung der kalkulatorischen Kosten (vgl. S. 219 bis 228) folgende Ergebnistabelle.

Ergebnistabelle								
Finanzbuchhaltung (= RK I)			**Kosten- und Leistungsrechnung (= RK II)**					
Gesamtergebnisrechnung der FB			Abgrenzungsrechnung				Betriebsergebnis-rechnung	
			Unternehmens-bezogene Abgrenzungen		Kostenrechnerische Korrekturen			
Konto	Aufwen-dungen	Erträge	neutrale Aufwen-dungen	neutrale Erträge	betriebliche Aufwen-dungen	verrechnete Kosten	Kosten	Leistungen
5000		31.650.000						31.650.000
5202		2.000.000						2.000.000
5400		200.000		200.000				
5410		320.000		320.000				
5480		80.000		80.000				
5710		250.000		250.000				
6000	13.000.000						13.000.000	
6200	8.000.000						8.000.000	
6300	6.000.000						6.000.000	
6400	2.000.000						2.000.000	
6520	1.500.000		60.000		1.440.000	1.700.000	1.700.000	
6800	10.000						10.000	
6979	300.000		300.000					
7000	450.000						450.000	
7460	200.000		200.000					
7510	500.000				500.000	1.040.000	1.040.000	
7600	40.000		40.000					
U.-Lohn						300.000	300.000	
	32.000.000	34.500.000	600.000	850.000	1.940.000	3.040.000	32.500.000	33.650.000
	2.500.000		**250.000**		**1.100.000**		**1.150.000**	
	34.500.000	34.500.000	850.000	850.000	3.040.000	3.040.000	33.650.000	33.650.000
			Ergebnis aus unter-nehmensbez. Abgrenz.		Ergebnis aus kosten-rechn. Korrekturen			
Gesamtergebnis		**=**	**Neutrales Ergebnis**			**+ Betriebsergebnis**		

Abstimmung der Ergebnisse:

1. Gesamtergebnis im Rechnungskreis I (= FB)	**(+) 2.500.000,00 €**
2. Gewinn aus unternehmensbez. Abgrenzungen ...	(+) 250.000,00 €
3. Gewinn aus kostenrechnerischen Korrekturen ...	(+) 1.100.000,00 €
4. Betriebsgewinn	(+) 1.150.000,00 €
5. Gesamtergebnis im Rechnungskreis II (= KLR)	**(+) 2.500.000,00 €**

2.4.1 Vorgehensweise bei der Erstellung der Ergebnistabelle

1. Nach der Übernahme der Salden aller Ertrags- und Aufwandskonten aus der FB in die Gesamtergebnisrechnung der Ergebnistabelle wird das Gesamtergebnis durch Saldierung ermittelt; im Beispiel beträgt der **Unternehmungsgewinn** 2.500.000,00 €.

2. Die Erträge werden — soweit sie **Leistungen** darstellen (Konten 5000, 5202) — aus der Gesamtergebnisrechnung in die Spalte „Leistungen" der Betriebsergebnisrechnung übertragen; die **nicht betrieblichen (neutralen) Erträge** (Konten 5400, 5410, 5480, 5710) werden durch Eintragung in die Spalte „Erträge aus unternehmensbezogenen Abgrenzungen" von der KLR fern gehalten.

3. Folgende Aufwendungen der FB werden als **Grundkosten** in die Spalte „Kosten" der Betriebsergebnisrechnung übertragen: 6000, 6200, 6300, 6400, 6800, 7000.

4. Folgende Aufwendungen der FB sind als neutral **von der KLR fern zu halten:** Konten 6979, 7460, 7600; sie werden in die Spalte „Unternehmensbez. Aufwendungen" überführt.

5. Beim Konto „6520 Abschreibungen" ist der auf das vermietete Gebäude entfallende Betrag unternehmensbezogen abzugrenzen. Der Restbetrag wird — wie auch der Saldo des Kontos 7510 — durch Eintragung in die Spalte „Aufwendungen" des Bereichs „Kostenrechnerische Korrekturen" von der KLR fern gehalten. Diesen Aufwendungen stehen die kalkulatorischen Wertansätze als „Verrechnete Kosten" gegenüber.

6. Der Unternehmerlohn stellt einen rein kalkulatorischen Wertansatz dar, der zur vollständigen Erfassung der Kosten in die Ergebnistabelle eingebracht wird.

2.4.2 Auswertung der Ergebnistabelle

Gesamtergebnis, Neutrales Ergebnis, Betriebsergebnis. Die **Teilergebnisse im RK II** (= Neutrales Ergebnis, Betriebsergebnis) zeigen dem Unternehmer die **Zusammensetzung des im RK I ausgewiesenen Gesamtergebnisses:** Die Maschinenbau Kern KG erzielt hohe Gewinne aus unternehmensbezogenen Abgrenzungen (250.000,00 €) und aus kostenrechnerischen Korrekturen (1.100.000,00 €). Der **Neutrale Gewinn** beträgt somit 1.350.000,00 € und hat einen Anteil von 54 % am Gesamtgewinn. Der restliche Teil des Gesamtgewinnes (1.150.000,00 € **Betriebsgewinn**) ist aus der geplanten betrieblichen Tätigkeit erzielt worden.

Das Ergebnis aus kostenrechnerischen Korrekturen besagt, dass die Maschinenbau Kern KG – insbesondere in den Posten „Zinsen" und „Unternehmerlohn" – **hohe kalkulatorische Wertansätze** zugrunde gelegt hat, die sich im Ergebnis aus kostenrechnerischen Korrekturen als **Ertrag** niederschlagen und hier zu einem entsprechend **hohen Überschuss über die Aufwendungen** der FB führen. Dieser Überschuss wird auch – so zeigt es das Gesamtergebnis – **voll als Gewinn verwirklicht.**

Das Betriebsergebnis erreicht eine **angemessene Höhe.** Es muss hierbei Folgendes bedacht werden: Das Unternehmen Maschinenbau Kern KG hat es geschafft, über die Umsatzerlöse **alle Kosten** – einschließlich der **gesamten kalkulatorischen Kosten** – zu „verdienen" und noch einen Überschuss von 1.150.000,00 € zu erwirtschaften. Da der Unternehmerlohn und die Verzinsung des Eigenkapitals in den Kosten bereits berücksichtigt wurden, kann dieser Überschuss zur **Abdeckung des allgemeinen Unternehmerrisikos** und zur **Finanzierung zukünftiger Investitionen** verwendet werden. Zudem zeigt dieser „Restgewinn", dass es dem Unternehmen bei seiner Kostensituation gelungen ist, **erfolgreich auf dem Markt** zu bestehen.

Ein negatives Betriebsergebnis (= Betriebsverlust) würde unter diesen Bedingungen lediglich besagen, dass **vorrangig** die kalkulatorischen Kosten nicht mehr in voller Höhe erwirtschaftet werden können; das Gesamtergebnis würde dadurch niedriger als im obigen Beispiel ausfallen; das Abgrenzungsergebnis bliebe unverändert.

Rentabilität und Wirtschaftlichkeit. Der ausgewiesene **Gesamtgewinn** kann zur Bestimmung der **Rentabilität,** d. h. zur Bestimmung der **Ertragskraft des Unternehmens** (= Eigenkapitalrentabilität, Umsatzrentabilität, vgl. S. 196 f.), und zur Berechnung der **Wirtschaftlichkeit** herangezogen werden.

Beispiel: Für die Mitarbeit im Unternehmen Maschinenbau Kern KG setzen die Gesellschafter einen Unternehmerlohn von jährlich 300.000,00 € an. Das durchschnittlich über das Jahr im Unternehmen gebundene **Eigenkapital** soll **10.350.000,00 €** betragen.

Wie hoch ist die Verzinsung des eingesetzten Eigenkapitals?

Gesamtgewinn .... 2.500.000,00 €
− Unternehmerlohn .... 300.000,00 €

Restgewinn (zur Verzinsung des Eigenkapitals) .... **2.200.000,00 €**

$$\text{Eigenkapitalrentabilität} = \frac{\text{Restgewinn} \cdot 100\,\%}{\text{Eigenkapital}} = \frac{2.200.000 \cdot 100\,\%}{10.350.000} = 21,26\,\%$$

Im Vergleich zu einer langfristigen Geldanlage (ca. 4 %–6 %) ist die errechnete Verzinsung des Eigenkapitals sehr gut.

Beispiel: Anhand der Kennzahl der Wirtschaftlichkeit soll festgestellt werden, ob die Maschinenbau Kern KG **mit den eingesetzten Mitteln sparsam umgegangen** ist, ob also der **Ertrag** (= Leistungen) **in einem günstigen Verhältnis zum Aufwand** (= Kosten) steht.

$$\text{Wirtschaftlichkeit} = \frac{\text{Leistungen}}{\text{Kosten}} = \frac{33.650.000}{32.500.000} = 1,04$$

Die Wirtschaftlichkeitszahl 1,04 besagt, dass das Unternehmen für je 1,00 € Kosten Leistungen von 1,04 € geschaffen hat. Ob dies ein angemessenes Verhältnis ist, kann nur im Vergleich mehrerer Jahre oder im Vergleich mit ähnlich produzierenden Unternehmen mit entsprechender Kostenstruktur festgestellt werden.

Aufgaben

233 Auf einen LKW mit Anschaffungskosten von 120.000,00 € werden aus steuerlichen Gründen 12,5 % bilanzmäßig abgeschrieben. Die verbrauchsbedingte kalkulatorische Abschreibung beträgt 15 % von den Wiederbeschaffungskosten in Höhe von 140.000,00 €. Sie wird über die Umsatzerlöse voll erstattet. *Stellen Sie den Vorgang in einer Ergebnistabelle dar.*

234 Die in der Finanzbuchhaltung für das Jahr .. erfassten Fremdkapitalzinsen betragen aufgrund einer Zinserhöhung 112.000,00 €. Die kalkulatorischen Zinsen werden in der Kosten- und Leistungsrechnung mit 90.000,00 € verrechnet und über die Umsatzerlöse voll erstattet.

1. *Um wie viel Euro unterschreiten die monatlichen Zusatzkosten, die durch die Verrechnung der kalkulatorischen Zinsen entstehen, die monatlichen Fremdkapitalzinsen?*
2. *Welche Zinsen beeinflussen in welcher Höhe a) das Gesamtergebnis der Unternehmung, b) das Betriebsergebnis, c) das Neutrale Ergebnis?*

235 Der kalkulatorische Unternehmerlohn wird in einem Industriebetrieb (Einzelunternehmung) mit monatlich 12.000,00 € angesetzt und verrechnet. Kostenersatz über die Umsatzerlöse findet statt.

1. *Zeigen Sie in der Ergebnistabelle die Auswirkungen auf a) das Gesamtergebnis der Unternehmung, b) das Betriebsergebnis, c) das Neutrale Ergebnis.*
2. *Erläutern Sie in einer kurzen Niederschrift, dass der kalkulatorische Unternehmerlohn Zusatzkosten darstellt und damit Einfluss auf das Gesamtergebnis der Unternehmung nimmt.*

236 Die Finanzbuchhaltung der Walter KG, Leverkusen, schließt die Abrechnungsperiode mit folgenden Aufwendungen und Erträgen ab:

5000	Umsatzerlöse für eigene Erzeugnisse	3.100.000,00
5100	Umsatzerlöse für Waren	450.000,00
5202	Minderbestand an fertigen Erzeugnissen	20.000,00
5410	Erlöse aus Anlagenabgängen	65.000,00
5710	Zinserträge	30.000,00
6000	Aufwendungen für Rohstoffe	750.000,00
6080	Aufwendungen für Waren	300.000,00
6200	Löhne	900.000,00
6300	Gehälter	520.000,00
6400	Soziale Abgaben	250.000,00
6520	Abschreibungen auf Sachanlagen	210.000,00
6700	Mieten/Pachten	40.000,00
6800	Büromaterial	5.000,00
6979	Anlagenabgänge	60.000,00
7000	Betriebliche Steuern	80.000,00
7510	Zinsaufwendungen	45.000,00

Aus der Kosten- und Leistungsrechnung liegen folgende Angaben vor:

Kalkulatorische Abschreibungen auf Sachanlagen	180.000,00
Kalkulatorische Zinsen	120.000,00
Kalkulatorischer Unternehmerlohn	20.000,00

Erstellen Sie die Ergebnistabelle und ermitteln Sie die Ergebnisse.

237 Die FB der Betonwarenfabrik K. Barth e.K., Stuttgart, hat für den Monat September folgende Aufwendungen und Erträge erfasst:

5000	Umsatzerlöse für eigene Erzeugnisse	1.885.000,00
5100	Umsatzerlöse für Waren	40.000,00
5202	Mehrbestand an fertigen Erzeugnissen	12.000,00
5300	Andere aktivierte Eigenleistungen	8.000,00
5400	Mieterträge	6.000,00
5480	Erträge aus der Herabsetzung von Rückstellungen	4.000,00
5600	Erträge aus Wertpapieren	6.000,00
6000	Aufwendungen für Rohstoffe	650.000,00
6080	Aufwendungen für Waren	25.000,00
6200	Löhne	720.000,00
6300	Gehälter	120.000,00
6400	Soziale Abgaben	160.000,00
6520	Abschreibungen auf Sachanlagen	180.000,00
6930	Schadensfälle	7.000,00
7460	Verlust aus Wertpapierverkauf	3.000,00
7510	Zinsaufwendungen	25.000,00

Angaben aus der KLR

1. Die kalkulatorischen Abschreibungen betragen monatlich 140.000,00
   Von den bilanzmäßigen Abschreibungen entfallen 10.000,00
   auf ein vermietetes Lagergebäude.
2. Die kalkulatorischen Zinsen sind noch für den Monat September zu
   ermitteln und zu verrechnen: Betriebsnotwendiges Kapital 6.000.000,00
   Kalkulatorischer Zinssatz (jährlich) .... 8 %
3. Der kalkulatorische Unternehmerlohn beträgt monatlich 6.000,00
4. Kalkulatorische Wagniskosten werden insgesamt mit 12.000,00
   monatlich verrechnet.
5. Kalkulatorischer Mietwert
   für betrieblich genutzte Privaträume des Unternehmers 2.000,00

Ermitteln Sie mithilfe der Ergebnistabelle die einzelnen Ergebnisse in den Rechnungskreisen I und II und stimmen Sie diese ab.

238

Die Buchhaltung eines Unternehmens schließt mit folgenden Aufwendungen und Erträgen ab:

5000	Umsatzerlöse für eigene Erzeugnisse	980.000,00
5100	Umsatzerlöse für Waren	50.000,00
5400	Mieterträge	9.800,00
5410	Erlöse aus Anlagenabgängen	42.000,00
5710	Zinserträge	4.500,00
60..	Aufwendungen für Roh-, Hilfs- und Betriebsstoffe	150.000,00
6080	Aufwendungen für Waren	30.000,00
6200	Löhne	210.000,00
6300	Gehälter	185.000,00
6400	Soziale Abgaben	75.000,00
6520	Abschreibungen auf Sachanlagen	180.000,00
6700	Miet- und Pachtaufwendungen	4.300,00
6979	Anlagenabgänge	22.000,00
7510	Zinsaufwendungen	33.500,00

Die Ergebnistabelle ist aufgrund folgender Angaben aufzustellen:

1. Die Abschreibungen enthalten 10.000,00 € Abschreibungen auf ein vermietetes Gebäude.
2. Die kalkulatorischen Abschreibungen auf Sachanlagen betragen 150.000,00
3. Der kalkulatorische Unternehmerlohn beträgt 35.000,00
4. Als kalkulatorische Zinsen sind zu verrechnen 58.000,00
5. Die Löhne enthalten 20.000,00 € Nachzahlungen vergangener Jahre.

Führen Sie die Gesamtergebnisrechnung, die Abgrenzungsrechnung und die Betriebsergebnisrechnung in der Ergebnistabelle durch und erläutern Sie die Teilergebnisse.

239

Die Gewinn- und Verlustrechnung eines Industrieunternehmens enthält für den Abrechnungsmonat Oktober folgende Aufwendungen und Erträge:

5000	Umsatzerlöse für eigene Erzeugnisse	670.000,00
5202	Mehrbestand an fertigen Erzeugnissen	32.000,00
5300	Aktivierte Eigenleistungen (zu Herstellkosten)	35.000,00
5410	Erlöse aus Anlagenabgängen	22.500,00
5420	Entnahme von Erzeugnissen	2.200,00
5710	Zinserträge	3.100,00
60..	Aufwendungen für Roh-, Hilfs- und Betriebsstoffe	185.500,00
6160	Fremdinstandhaltung	1.850,00
6200	Löhne	138.600,00
6300	Gehälter	159.800,00
6400	Soziale Abgaben	27.400,00
6520	Abschreibungen auf Sachanlagen	61.000,00
6700	Miet- und Pachtaufwendungen	10.500,00
6800	Büromaterial	4.700,00
6920	Beiträge	900,00
6979	Anlagenabgänge	16.200,00
70/77	Betriebliche Steuern	21.400,00
7510	Zinsaufwendungen	2.300,00

Die Ergebnistabelle ist unter Beachtung folgender Vorgänge aufzustellen:

1. Die kalkulatorischen Abschreibungen auf Sachanlagen betragen 45.000,00
2. Der kalkulatorische Unternehmerlohn beträgt 24.500,00
3. Die kalkulatorischen Zinsen für das betriebsnotwendige Kapital betragen . 31.500,00

Erstellen Sie die Ergebnistabelle und erläutern Sie die Teilergebnisse.

3 Kostenartenrechnung

3.1 Aufgaben der Kostenartenrechnung

Die Kostenartenrechnung bildet die erste Stufe der Kosten- und Leistungsrechnung. Sie ist die Grundlage sowohl für die **Vollkostenrechnung** (vgl. Kap. E, 4, S. 240 f.) als auch für die **Teilkostenrechnung** (vgl. Kap. E, 7, S. 283 f.). Ihre **Aufgabe** besteht darin, die für die jeweiligen **Zwecke der Kostenrechnung**, z. B.

> **Vorkalkulation, Nachkalkulation, Kostenkontrolle, Ergebnisermittlung, marktorientierte Entscheidungen,**

erforderlichen Kosten zur Verfügung zu stellen.

Aufbereitung der Kosten. Eine wesentliche Quelle zur Gewinnung von Kosten bildet das Zahlenmaterial der FB, das aufgrund der Buchung nach dem Kontenrahmen eindeutig **bestimmten Aufwands- oder Ertragsarten zugeordnet** ist. Nach Abgrenzung der neutralen Aufwendungen und Erträge werden die **betrieblichen Aufwendungen** – einschließlich der kalkulatorischen Kosten – **als Kosten** und die **betrieblichen Erträge als Leistungen** in die Kostenartenrechnung übernommen **und dort aufbereitet.** Die Aufbereitung der Kosten ist erforderlich, weil die Gruppierung der Aufwandsarten in der FB nur **für den Jahresabschluss** (= GuV-Rechnung) sinnvoll ist, **nicht aber für die Zielsetzungen der Kostenrechnung.** Sind Kostenkontrollen durchzuführen, Kalkulationen aufzustellen oder marktorientierte Entscheidungen zu treffen, dann müssen die Kostenarten **zuvor umgruppiert** werden.

Merke: In der Kostenartenrechnung werden alle Kosten eines Zeitabschnitts in zweckmäßiger Gliederung erfasst. Ausgangsmaterial sind die in der Ergebnistabelle einer Abrechnungsperiode vollständig erfassten Kosten.

3.2 Gliederung der Kostenarten in der Kostenrechnung

Die Gruppierung der Kostenarten in der Kostenrechnung kann unter folgenden Gesichtspunkten erfolgen:

Gliederungskriterium	Unterteilung	Beschreibung
Verbrauchsart	Materialkosten Personalkosten Abschreibungen Dienstleistungskosten Zwangsabgaben	Roh-, Hilfs-, Betriebsstoffe Löhne, Gehälter, Soziale Abgaben Abschreibungen auf Anlagen, Forderungen Versicherungsprämien, Transportkosten, Rechts- und Beratungskosten Steuern, Gebühren, Zölle
Zurechnung zu Kostenträgern (= Auftrag, Serie, Leistungseinheit, vgl. S. 240 f.)	Einzelkosten Sondereinzelkosten Gemeinkosten	direkte Zurechnung auf Kostenträger, z. B. Werkstoffe Modell-, Transportkosten keine direkte Zurechnung auf Kostenträger, z. B. Abschreibungen
Verhalten bei Beschäftigungs-änderungen (vgl. S. 235 f.)	variable Kosten fixe Kosten Mischkosten	reagieren auf Beschäftigungsänderungen keine Reaktion bei Änderung der Beschäftigung enthalten sowohl variable als auch fixe Kostenbestandteile

6621234

3.2.1 Abhängigkeit der variablen Kosten von der Beschäftigung

Auf Veränderungen der Marktlage muss ein Unternehmen – auch über die Preisfestsetzung – **flexibel reagieren** können. Das ist nur möglich, wenn darüber Kenntnis besteht, **welche Kosten** sich der veränderten Beschäftigung **anpassen** lassen und welche Kosten **konstant** bleiben.

Variable Kosten als proportionale Kosten

Beispiel: Für die Herstellung eines Gehäuses wird u. a. eine Platine im Wert von 10,00 € verwendet. Bei unterschiedlichen Produktionsmengen ergeben sich folgende **Materialkosten:**

Produktionsmenge in Stück	Proportionale Kosten in €	
	insgesamt	je Stück
0	0	0
1 000	10.000,00	10,00
2 000	20.000,00	10,00
3 000	30.000,00	10,00
4 000	40.000,00	10,00
5 000	50.000,00	10,00
6 000	60.000,00	10,00
.	.	.
.	.	.
.	.	.

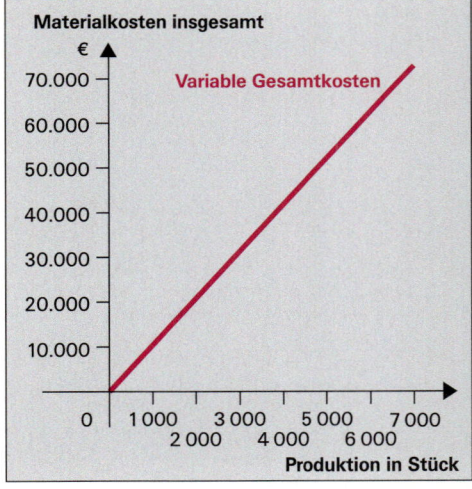

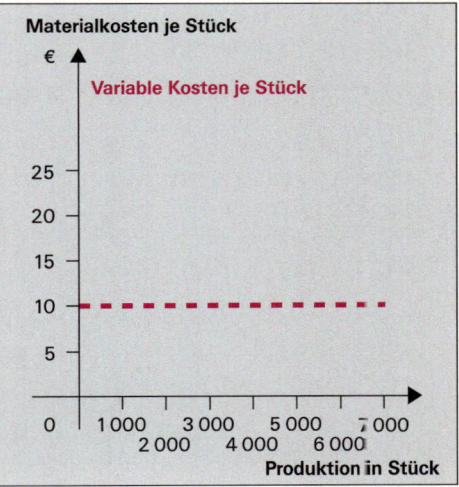

Neben dem Fertigungsmaterial sind auch die **Hilfsstoffe** und z. T. die **Fertigungslöhne** proportionale Kosten.

Merke:
- Die gesamten Materialkosten nehmen mit steigender Produktionsmenge proportional, also im gleichen Verhältnis, zu. Sie verringern sich im gleichen Verhältnis, wie die Produktion zurückgeht.
- Die auf ein Stück umgerechneten Materialkosten bleiben bei schwankender Beschäftigung konstant.
- Einzelkosten sind variable Kosten.

3.2.2 Abhängigkeit der fixen Kosten von der Beschäftigung

Kosten der Betriebsbereitschaft. Alle Kosten, die von Abrechnungsperiode zu Abrechnungsperiode in annähernd gleicher Höhe **unabhängig von der Produktionsmenge** anfallen, heißen **fixe Kosten** oder **Kosten der Betriebsbereitschaft**.

Beispiel: Das Blech für ein Gehäuse wird auf einer Stanze ausgestanzt. Die monatlichen Abschreibungen dieser Maschine betragen 3.000,00 €. Dieser Betrag soll gleichmäßig auf die in einem Monat hergestellte Stückzahl verteilt werden.

Produktionsmenge in Stück	Fixe Kosten in €	
	insgesamt	je Stück
0	3.000,00	0
1 000	3.000,00	3,00
2 000	3.000,00	1,50
3 000	3.000,00	1,00
4 000	3.000,00	0,75
5 000	3.000,00	0,60
6 000	3.000,00	0,50
.	.	.
.	.	.
.	.	.

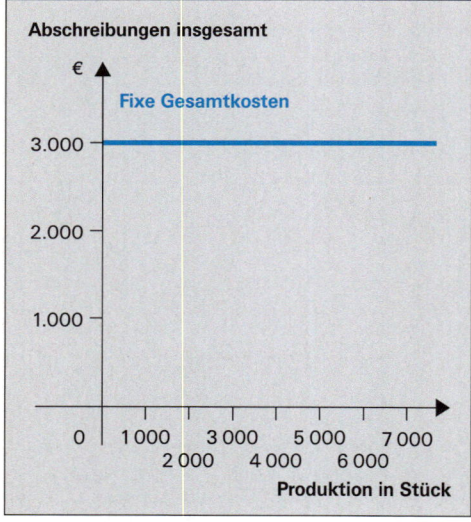

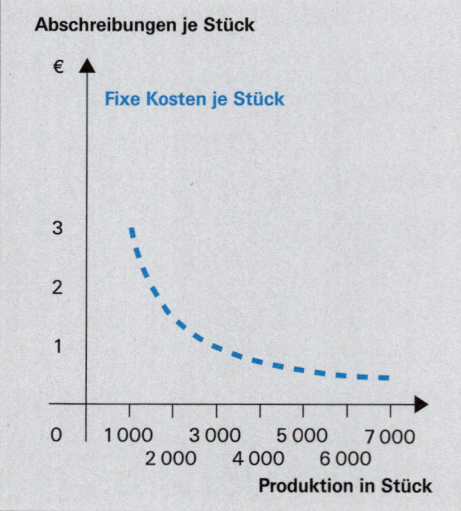

Außer Abschreibungen gelten z. B. Gehälter, Steuern, Beiträge, Miete als fixe Kosten.

Merke:
- Die Abschreibungen verändern sich mit steigender oder sinkender Produktion nicht. Sie treten in jeder Abrechnungsperiode unverändert auf.
- Die auf ein Stück umgerechneten Abschreibungen verringern sich mit steigender Produktion und erhöhen sich bei rückläufiger Produktion.
- Gemeinkosten sind überwiegend fixe Kosten.

3.2.3 Abhängigkeit der Mischkosten von der Beschäftigung

Beispiel: Die für die Bearbeitung des Rohmaterials eingesetzte Stanze hat eine Maschinenleistung von 24 kW. Der Strompreis beträgt 0,15 € je kWh zuzüglich einer monatlichen Grundgebühr von 150,00 €. Bei unterschiedlichen Laufzeiten (= Beschäftigung) je Monat ergeben sich folgende Kosten:

Lauf-stunden je Monat	Fixe Kosten in €		Variable Kosten in €		Mischkosten in €	
	gesamt	je Std.	gesamt	je Std.	gesamt	je Std.
100	150,00	1,50	360,00	3,60	510,00	5,10
110	150,00	1,36	396,00	3,60	546,00	4,96
120	150,00	1,25	432,00	3,60	582,00	4,85
130	150,00	1,15	468,00	3,60	618,00	4,75
140	150,00	1,07	504,00	3,60	654,00	4,67
150	150,00	1,00	540,00	3,60	690,00	4,60
160	150,00	0,94	576,00	3,60	726,00	4,54
170	150,00	0,88	612,00	3,60	762,00	4,48
.	.	.	.	.	.	.
.	.	.	.	.	.	.
.	.	.	.	.	.	.

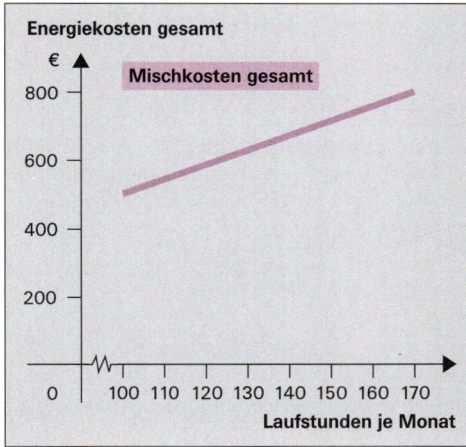

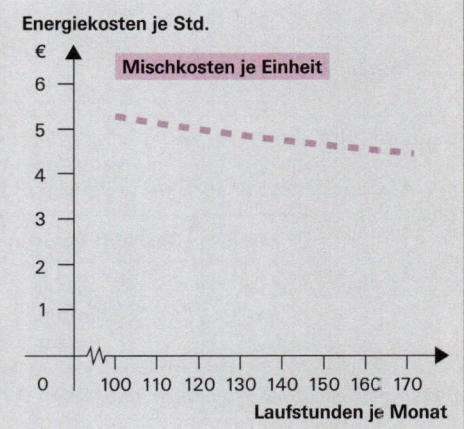

Die für die Maschine aufzuwendenden **Energiekosten** enthalten sowohl **fixe** als auch **variable** Kostenanteile: Die Grundgebühr fällt in jedem Monat in gleicher Höhe an; sie stellt den Fixkostenanteil dar. Der Stromverbrauch der Maschine variiert mit der Laufzeit; die verbrauchsbedingten Stromkosten sind also variabel.

Merke:
- Die Energiekosten nehmen mit steigender Produktion insgesamt proportional zu. Sie zeigen ein Verhalten wie die proportionalen Gesamtkosten (vgl. S. 235).
- Die auf eine Einheit (Stunde) umgerechneten Energiekosten verringern sich mit steigender Produktion (Stromverbrauch). Sie zeigen ein Verhalten wie die fixen Kosten je Stück.
- Ein Teil der Kostenarten enthält zugleich fixe und variable Kostenanteile.

Aufgaben

240

1. *Unterscheiden Sie Einzel- und Gemeinkosten voneinander.*

2. *Erläutern Sie die Aussage: „Einzelkosten sind variable Kosten, Gemeinkosten sind überwiegend fixe Kosten".*

3. *Warum ist es richtig, das Gehalt eines Meisters im Produktionsbetrieb als fixe Kosten zu betrachten?*

4. *Ordnen Sie folgende Kostenarten den variablen und/oder fixen Kosten zu:*
   Kalkulatorische Abschreibungen, Gewerbesteuer, freiwillige Sozialkosten, Energiekosten, Entwicklungskosten, Transportkosten, Werbekosten, Sondereinzelkosten des Vertriebs.

5. *Begründen Sie, warum Lohnkosten nicht eindeutig zu den variablen Kosten zu rechnen sind.*

6. *Unterscheiden Sie Lohnarten, die zu den Einzelkosten gehören, von solchen, die zu den Gemeinkosten zählen.*

7. *Unter den eingesetzten Werkstoffen gibt es Einzelkostenmaterial und Gemeinkostenmaterial. Nennen Sie je ein Beispiel.*

241

Das Fertigungsmaterial soll in der Kostenrechnung zum festen Verrechnungspreis angesetzt werden. *Der Verrechnungspreis ist als gewogener Durchschnittspreis aus folgenden Lieferungen des vergangenen Quartals zu bestimmen:*

Lieferdatum	Liefermenge in kg	Bezugspreis je kg
..-01-15	12 500	80,00 €
..-01-23	8 500	76,00 €
..-02-18	10 000	82,00 €
..-03-05	7 000	85,00 €

242

In einem Möbelwerk werden Tischplatten hergestellt. Zur Fertigung einer Tischplatte benötigt man 1 m^2 Spanplatten zum Bezugspreis von 75,00 €. In drei aufeinander folgenden Monaten werden unterschiedlich viele Platten hergestellt:

Monat	Beschäftigung in Stück
März	4 000
April	5 200
Mai	4 800

Bestimmen Sie die Kosten des eingesetzten Fertigungsmaterials und stellen Sie die Abhängigkeit der Materialkosten von der Stückzahl grafisch dar.

243

1. *Aus welchem Grund können die fixen Kosten nicht direkt auf das einzelne Erzeugnis umgerechnet werden?*

2. *Warum gehören die Sondereinzelkosten nicht eindeutig zu den variablen Kosten?*

3. *Erklären Sie das unterschiedliche Verhalten der Mischkosten bei Beschäftigungsänderungen: Die gesamten Mischkosten verhalten sich variabel, während sich die auf eine Einheit umgerechneten Mischkosten wie fixe Stückkosten verhalten.*

4. *Ein Betrieb mit hohem Anteil der variablen Kosten an den Gesamtkosten kann sich einer veränderten Beschäftigung leicht anpassen. Begründen Sie diese Aussage.*

5. *Warum wird ein Industriebetrieb mit hohem Anteil der fixen Kosten an den Gesamtkosten darauf achten, dass stets mit guter Auslastung der Anlagen gearbeitet wird?*

6. *Aus welchem Grund wird ein moderner Industriebetrieb einen relativ hohen Anteil fixer Kosten an den Gesamtkosten haben?*

7. *Begründen Sie, warum Wartungskosten, Energiekosten, Telefongebühren typische Mischkosten sind.*

Die Abschreibungen betragen in einem Industriebetrieb monatlich 36.000,00 €. Die Verteilung auf die Kostenträger soll so vorgenommen werden, dass auf jedes produzierte Stück der gleiche Kostenanteil entfällt:

244

Monat	Beschäftigung in Stück
August	32 000
September	30 000
Oktober	38 000

Bestimmen Sie den auf ein Stück entfallenden Abschreibungsbetrag und stellen Sie die Abhängigkeit der Abschreibung von der Beschäftigung grafisch dar.

Ein Büromaschinenhersteller rechnet bei der Produktion des Druckers Typ „Profiprinter" mit fixen Kosten in Höhe von 120.000,00 € je Abrechnungsperiode. Die proportionalen Kosten belaufen sich auf 220,00 € je Drucker.

245

1. *Errechnen Sie die Gesamt- und Stückkosten für die Produktionsmengen 500, 800, 1000, 1200 und 1500.*
2. *Stellen Sie die Ergebnisse tabellarisch nach folgendem Muster dar.*
3. *Stellen Sie die Ergebnisse grafisch dar.*

Produktions- menge	Fixe Kosten in €		Proport. Kosten in €		Gesamt- kosten	Stück- kosten
	gesamt	je Stück	gesamt	je Stück		

In einem Industriebetrieb mit Serienproduktion wird für eine bestimmte Serie mit fixen Kosten in Höhe von 42.000,00 € und mit proportionalen Kosten nach folgender Tabelle gerechnet:

246

Beschäftigung in Stück	Proportionale Kosten in €
10 000	55.000,00
12 000	62.400,00
14 000	70.000,00
16 000	80.000,00
18 000	95.400,00
20 000	116.000,00

1. *Errechnen Sie die Gesamt- und Stückkosten für die einzelnen Produktionsmengen.*
2. *Stellen Sie die Gesamt- und Stückkosten jeweils in einem grafischen Bild dar und schildern Sie in einer kurzen Niederschrift den Verlauf beider Kurven.*

Ein Unternehmer kalkuliert mit variablen Kosten je Stück von 35,00 € und fixen Kosten von insgesamt 65.000,00 €/Periode.

247

Wie viel Stück muss er in einer Periode mindestens produzieren, um bei einem Verkaufspreis von 61,00 €/Stück keinen Verlust zu erleiden?

4 Vollkostenrechnung im Mehrproduktunternehmen

4.1 Zurechnung der Kosten auf die Kostenträger

Ermittlung der Selbstkosten. Nach der Erfassung aller Kosten in der Ergebnistabelle (vgl. S. 229) besteht eine **wesentliche Aufgabe der Vollkostenrechnung** darin, **alle Kosten verursachungsgerecht auf die Leistungseinheiten zu verteilen;** auf diese Weise werden die **Selbstkosten der Leistungseinheit** ermittelt.

Kostenträger. Die Leistungseinheiten im Industriebetrieb sind in der Regel die **fertigen und unfertigen Erzeugnisse,** aber auch ein **einzelner Auftrag** oder eine **Serie** kann Leistungseinheit sein. In der KLR heißen diese Leistungseinheiten **„Kostenträger":** Ihnen werden alle Kosten „aufgebürdet", die sie verursacht haben, sodass

▶ für die Kostenträger **kostendeckende Preise kalkuliert** werden (Selbstkosten) und

▶ durch den Verkauf der Kostenträger **alle Kosten** in Form von Umsatzerlösen wieder **in das Unternehmen zurückfließen.**

Die Kostenträger werden in Abhängigkeit vom Fertigungsverfahren festgelegt:

Fertigungsverfahren	Kostenträger	Beispiele
Einzelfertigung (= Fertigung **eines** Erzeugnisses in **einer** Einheit)	ein einzelnes Erzeugnis	Großmaschinen, Brücken, Gebäude, Schiffe
Serienfertigung (= Fertigung **unterschiedlicher** Erzeugnisse in **mehreren** Einheiten)	begrenzte Menge der Serie	Elektrogeräte, Möbel, Fahrzeuge, Gehäuse
Sortenfertigung (= Fertigung **sehr ähnlicher** Erzeugnisse in **mehreren** Einheiten)	begrenzte Menge der Sorte	Bleche, Ziegel, Bier, Bekleidung, Werkzeuge
Massenfertigung (= Fertigung **eines** Erzeugnisses **in hoher** Stückzahl)	Menge des im Zeitabschnitt hergestellten Produktes	Elektrizität, Papier, Stahl

Die Zurechnung der Kosten zu den Kostenträgern erfolgt in Abhängigkeit von den Fertigungsverfahren nach entsprechenden **Kalkulationsmethoden:**

▶ **Bei Einzelfertigung** stellt die Zurechnung kein Problem dar: Alle Kosten – mit Ausnahme der Verwaltungskosten – lassen sich eindeutig einem Erzeugnis (= Projekt) zuordnen.

▶ **Bei der Serienfertigung** werden auf den gleichen Produktionsanlagen – teils parallel – unterschiedliche Produkte hergestellt, die jeweils **unterschiedliche Kosten** verursachen und die Produktionsstufen in **unterschiedlichem Umfang** beanspruchen. Nur ein Teil der Kosten (= **Einzelkosten**) lässt sich **direkt einem bestimmten Kostenträger zuordnen,** während bei den sog. **Gemeinkosten** nur die **indirekte Zuordnung über die Kostenstellen** möglich ist. Hierfür ist die **Zuschlagskalkulation** das geeignete Kalkulationsverfahren (vgl. S. 267 f.).

▶ **Bei der Sortenfertigung** werden Produkte aus dem gleichen Ausgangsmaterial, aber in unterschiedlicher Form und Größe hergestellt. Das hierbei vorherrschende Verfahren zur Ermittlung der Selbstkosten ist die **Äquivalenzziffernkalkulation** (vgl. S. 274 f.).

▶ **Bei der Massenfertigung** wird die **Summe der Kosten einer Abrechnungsperiode durch die Stückzahl der hergestellten Erzeugnisse dieses Zeitabschnitts dividiert,** um die Selbstkosten der Leistungseinheit zu erhalten **(Divisionskalkulation,** vgl. S. 274).

4.2 Kostenstellenrechnung in Betrieben mit Serienfertigung

Die Kostenstellenrechnung bildet die zweite Stufe der Kosten- und Leistungsrechnung im **Mehrproduktunternehmen mit Serienfertigung.**

Einzelkosten. Die Kostenstellenrechnung ist deshalb notwendig, weil nicht alle Kosten direkt einem bestimmten Kostenträger zugewiesen werden können. Dies ist nur für die sog. **Einzelkosten** (vgl. S. 234) der Fall. Zu den Einzelkosten im Industriebetrieb gehören:

Einzelkosten	Zurechnungsgrundlagen (Belege)
Fertigungsmaterial	Materialentnahmescheine, Stücklisten, Konstruktionsunterlagen
Fertigungslöhne	Auftragszettel, Laufzettel, Lohnlisten
Sondereinzelkosten	Auftragszettel, Rechnungen

Gemeinkosten lassen sich **nicht** direkt auf Kostenträger zurechnen. Sie fallen für **alle Erzeugnisse oder Abteilungen** des Unternehmens an. Zu ihnen gehören:

- ▶ **Hilfs- und Betriebsstoffe**
- ▶ **Hilfslöhne**
- ▶ **Gehälter**
- ▶ **Soziale Abgaben**
- ▶ **Steuern, Gebühren**
- ▶ **Mietaufwand**
- ▶ **Bürokosten**
- ▶ **Kalkulatorische Kosten**

Merke: Die verursachungsgerechte Verteilung der Kosten auf Abteilungen und Kostenträger zur Durchführung der Kalkulation und der Kostenkontrolle setzt die Gliederung der Kostenarten in Einzel- und Gemeinkosten voraus.

Aufgaben. Die Kostenstellenrechnung hat folgende Aufgaben zu erfüllen:

- ● Sie übernimmt die Kostenarten aus der Ergebnistabelle und **weist die Gemeinkosten** nach **Belegen** oder **Verteilungsschlüsseln anteilig und verursachungsgerecht** den Stellen im Unternehmen (z.B. Betriebsabteilungen) zu, in denen sie entstanden sind (= **Kostenstellen** im Betriebsabrechnungsbogen [= BAB], vgl. S. 244/245).
- ● Sie berechnet für jeden **Kostenbereich** aus den ermittelten Gemeinkosten auf der Grundlage geeigneter Zuschlagsgrößen **Zuschlagsprozentsätze,** die für die **anteilige** Zuweisung der Gemeinkosten zu den Kostenträgern erforderlich sind.
- ● Sie ermöglicht im **Zeitvergleich** oder im **Vergleich mit „normierten" Kosten** die **Kostenkontrolle** in den einzelnen Betriebsabteilungen.

Merke: Die Kostenstellenrechnung hat die Aufgaben,
- ● die Gemeinkosten verursachungsgerecht auf die Kostenstellen zu verteilen,
- ● für jeden Kostenbereich Zuschlagsprozentsätze zu ermitteln,
- ● den Kostenverbrauch in den Kostenstellen zu überwachen.

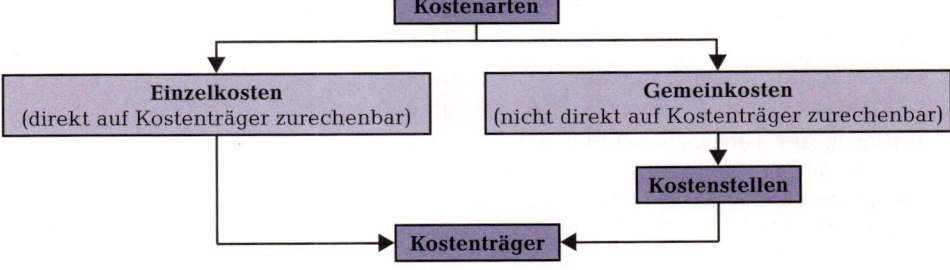

4.2.1 Gliederung des Unternehmens in Kostenstellen

Kostenbereiche nach Funktionen. Die Gliederung des Gesamtbetriebes in **vier Kostenbereiche,** die sich aus den **Funktionen des Betriebes** ableiten, ist die Grundlage für die Einrichtung von Kostenstellen.

Kostenbereiche nach Funktionen:

> I. Materialbereich
> II. Fertigungsbereich
> III. Verwaltungsbereich
> IV. Vertriebsbereich

Kostenstellen nach Tätigkeiten. Für kleine Industriebetriebe genügt die Bildung **einer Kostenstelle für jeden Kostenbereich.** Im Allgemeinen wird jeder Kostenbereich in mehrere Kostenstellen (z. B. Abteilungen) aufgeteilt, die ihrerseits das Merkmal **einheitlicher Tätigkeit** aufweisen. Die Zahl der zu bildenden Kostenstellen je Kostenbereich hängt von der Art und Größe des Betriebes und dem angestrebten Genauigkeitsgrad der Kostenrechnung ab.

Kostenbereiche nach Funktionen	Kostenstellen nach Tätigkeiten
I. **Material**bereich:	Werkstoffeinkauf, -prüfung, -verwaltung
II. **Fertigungs**bereich:	Fertigungsabteilungen, z. B. Mechanische Bearbeitung, Montage, Technische Betriebsleitung usw.
III. **Verwaltungs**bereich:	Kfm. Leitung, Finanzabteilung, Buchhaltung usw.
IV. **Vertriebs**bereich:	Werbung, Verkauf, Fertiglager, Versand usw.

Kostenstellen nach Verantwortung. Damit die Kostenstellenrechnung ihrer **Kontrollaufgabe** gerecht werden kann, ist es erforderlich, dass sich die nach einheitlichen Tätigkeitsmerkmalen gebildeten Kostenstellen **mit den Verantwortungsbereichen decken.** Praxisgerecht ist die Zusammenfassung mehrerer Kostenstellen zu einem **Verantwortungsbereich:** Der Meister ist verantwortlich für den Kostenverbrauch in seiner Fertigungsabteilung; der Betriebsleiter ist verantwortlich für den Kostenverbrauch des Fertigungsbetriebs, der mehrere Abteilungen umfasst.

Kostenstellen. Alle **Tätigkeits- und Verantwortungsbereiche** in einem Industriebetrieb, die eine **organisatorische Einheit** bilden und die in den Prozess der Leistungserstellung oder Leistungsverwertung eingegliedert sind, eignen sich als Kostenstellen. Je nach der Genauigkeit, mit der die Kostenstruktur eines Unternehmens aufgedeckt werden soll, sind die Tätigkeitsbereiche mehr oder weniger weit aufzugliedern. Die feinste Gliederung liegt dann vor, wenn die Arbeits- oder Maschinenplätze selbst die Kostenstellen bilden. In der Regel wird ein Industrieunternehmen mit der **Gliederung nach Abteilungen** auskommen.

Erweiterung der Kostenbereiche. Die **verfeinerte** Kostenstellenrechnung unterteilt den **Fertigungsbereich** in

▶ **Fertigungshauptstellen,** in denen **unmittelbar am Erzeugnis** gearbeitet wird (z.B. Stanzen/ Schneiden, Pressen/Biegen, Bohren/Entgraten, Lackieren/Montieren), und

▶ **Fertigungshilfsstellen,** die **nicht direkt** an der Herstellung beteiligt sind, sondern der Aufrechterhaltung der Produktion dienen (z. B. technische Betriebsleitung, Arbeitsvorbereitung, Konstruktionsbüro, Reparaturabteilung).

Ein **Allgemeiner Bereich** kann den Kostenbereichen **vorgeschaltet** werden. In diesem Bereich werden die Kosten gesammelt, die sich keiner der vier genannten Funktionen (Material, Fertigung, Verwaltung, Vertrieb) ausschließlich zuordnen lassen (z. B. **Energieversorgung, Sozialeinrichtungen, Fuhrpark, Werkschutz, Werkfeuerwehr**).

Kostenbereiche						
Allgemeiner Bereich	Material- bereich	Fertigungs- bereich		Verwaltungs- bereich	Vertriebs- bereich	
Allgemeine Kostenstellen	Material- stellen	Fertigungs- hilfs- stellen	haupt- stellen	Verwaltungs- stellen	Vertriebs- stellen	

Nach der Zugehörigkeit der Gemeinkosten zu den einzelnen Kostenbereichen unterscheidet man:

▶ **Materialgemeinkosten (MGK).** Das sind Gemeinkosten, die im Zusammenhang mit der Annahme, Lagerung, Ausgabe und Versicherung der Werkstoffe entstehen.

▶ **Fertigungsgemeinkosten (FGK).** Dazu zählen alle Gemeinkosten, die im Produktionsprozess anfallen, wie Hilfslöhne, Gehälter für Meister und technische Angestellte, Verbrauch von Strom, Gas, Wasser in der Herstellung, Hilfs- und Betriebsstoffverbrauch, soweit er die Fertigung betrifft, Abschreibungen auf Maschinen und maschinelle Anlagen usw.

▶ **Verwaltungsgemeinkosten (VwGK).** Hierzu rechnen die Kosten für die Leitung und Verwaltung des Unternehmens, z. B. Gehälter für die Geschäftsleitung und die Angestellten der Verwaltungsabteilungen, Büromaterial, Abschreibungen auf die Geschäftsausstattung.

▶ **Vertriebsgemeinkosten (VtGK).** Darunter fallen alle Gemeinkosten, die mit dem Absatz der Erzeugnisse zusammenhängen, z. B. die Kosten für die Lagerung der fertigen Erzeugnisse, für das Verkaufsbüro, die Werbung, die Verpackung und den Versand, soweit Letztere nicht für das verkaufte Erzeugnis einzeln feststellbar sind (Sondereinzelkosten des Vertriebs!).

Merke:
- **Für jeden Kostenbereich ist mindestens eine Kostenstelle zu bilden.**
- **Kostenstellen sind die Stellen im Unternehmen, an denen die Gemeinkosten entstehen. Betriebsabteilungen bilden in der Regel Kostenstellen.**
- **Kostenstellen schaffen klare Verantwortungsbereiche zur Kontrolle der Wirtschaftlichkeit.**

Aufgabe

1. *Was sind Kostenstellen?*
2. *Welche Aufgaben hat die Kostenstellenrechnung?*
3. *Unterscheiden Sie zwischen Kostenbereichen und Kostenstellen.*
4. *Weshalb ist die Einrichtung einer Allgemeinen Kostenstelle erforderlich?*
5. *Warum ist die Einrichtung von Fertigungshaupt- und Fertigungshilfsstellen zweckmäßig?*
6. *Nennen Sie Beispiele für Allgemeine Kostenstellen.*
7. *Begründen Sie, dass Industriebetriebe mit Serienfertigung auf die Einrichtung von Kostenbereichen und Kostenstellen nicht verzichten können.*

248

4.2.2 Betriebsabrechnungsbogen (BAB) als Hilfsmittel der Kostenstellenrechnung

Situation: Die Maschinenbau Kern KG stellt verschiedenartige Elektrowerkzeuge her, die die Produktionsanlagen unterschiedlich stark beanspruchen; ebenso sind Material- und Lohnaufwand für die einzelnen Geräte unterschiedlich hoch. Diese Unterschiede müssen in den **Selbstkosten der einzelnen Produkte** berücksichtigt werden. Hierzu stellt die Maschinenbau Kern KG aus den Kosten der Ergebnistabelle von Seite 229 den nebenstehenden Betriebsabrechnungsbogen auf, in dem die **Gemeinkosten** auf vier Kostenbereiche verteilt sind, und ermittelt die Gemeinkostenzuschlagssätze für die nachfolgende Kalkulation. Die **Einzelkosten** (Rohstoffaufwendungen = Fertigungsmaterial, Fertigungslöhne) werden **nicht aufgeteilt,** da sie den Erzeugnissen **direkt zugerechnet** werden können.

Der Betriebsabrechnungsbogen weist für jeden Kostenbereich die für die Kalkulation unterschiedlicher Erzeugnisse notwendigen **Stellengemeinkosten, die Zuschlagsgrundlagen** und die **Zuschlagssätze** aus. Er wird gewöhnlich **monatlich und jährlich** aufgestellt und ist **senkrecht nach Kostenarten** und **waagerecht nach Kostenstellen** gegliedert. Am Ende einer Abrechnungsperiode übernimmt er in den linken Spalten die **Gemeinkostenarten** und die Kostenbeträge aus der Betriebsergebnisrechnung **(BER)** der Ergebnistabelle und verteilt die Kosten in waagerechter Anordnung auf die Kostenstellen, in denen sie entstanden sind.

Merke: Die tabellarische Kostenstellenrechnung heißt Betriebsabrechnungsbogen **(BAB). Der BAB wird monatlich und jährlich aufgestellt. Er ist senkrecht nach Kostenarten (Gemeinkosten!) und waagerecht nach Kostenstellen gegliedert.**

Die Verteilung der Gemeinkosten auf die einzelnen Kostenstellen geschieht meist **direkt** aufgrund von **Belegen (= Kostenstellen-Einzelkosten):** Die Lohnlisten, Gehaltslisten, Entnahmescheine für Hilfs- und Betriebsstoffe usw. weisen nicht nur die Beträge, sondern auch die zu belastenden Kostenstellen aus.

Andere Gemeinkostenarten lassen sich nicht – oder nur auf sehr unwirtschaftliche Weise – direkt für die Kostenstellen erfassen und verrechnen. Sie können nur **indirekt** mithilfe von bestimmten **Schlüsseln** auf die Stellen umgelegt werden **(= Kostenstellen-Gemeinkosten).** So lassen sich z. B. die Aufwendungen für Miete, Reinigung und Heizung nach der **beanspruchten Raumfläche,** die freiwilligen sozialen Aufwendungen nach der **Zahl der Beschäftigten,** die Sachversicherungsprämien nach den **angelegten Werten** verteilen. Im nebenstehenden Beispiel werden die „Betrieblichen Steuern" im Verhältnis 1 : 2 : 5 : 1 und der „Kalkulatorische Unternehmerlohn" im Verhältnis 0 : 3 : 2 : 1 auf die vier Kostenbereiche verteilt.

Welche Anforderungen sind an solche Schlüssel zu stellen?

Ergebnis der Kostenstellenrechnung. Das Beispiel auf der nebenstehenden Seite zeigt die Verteilung der Gemeinkosten der Betriebsergebnisrechnung auf die Kostenstellen. Addiert man die Gemeinkosten einer jeden Kostenstelle, so erhält man die für die Kalkulation verschiedenartiger Erzeugnisse notwendigen **Stellengemeinkosten:**

Kostenbereiche	Stellengemeinkosten
I Material	Materialgemeinkosten **(MGK)**
II Fertigung	Fertigungsgemeinkosten **(FGK)**
III Verwaltung	Verwaltungsgemeinkosten **(VwGK)**
IV Vertrieb	Vertriebsgemeinkosten **(VtGK)**

E

Betriebsabrechnungsbogen mit Istgemeinkosten und Istzuschlägen

Gemeinkostenarten	Zahlen der BER (S. 229)	Verteilungs-grundlagen	Kostenstellen			
			I Material	II Fertigung	III Verwaltg.	IV Vertrieb
Gehälter	6.000.000	Gehaltsliste	700.000	1.500.000	3.000.000	800.000
Soziale Abgaben	2.000.000	Gehaltsliste	250.000	500.000	1.000.000	250.000
Kalk. Abschreibungen	1.700.000	Anlagenkartei	150.000	1.200.000	250.000	100.000
Bürokosten	10.000	Rechnungen	—	—	10.000	—
Betriebl. Steuern	450.000	1 : 2 : 5 : 1	50.000	100.000	250.000	50.000
Kalk. Zinsen	1.040.000	Vermögenswerte	20.000	790.000	150.000	80.000
Kalk. Untern.-Lohn	300.000	0 : 3 : 2 : 1	—	150.000	100.000	50.000
Summe/Gem.-Kosten	**11.500.000**	**aufgeteilt:**	1.170.000 MGK	4.240.000 FGK	4.760.000 VwGK	1.330.000 VtGK
		Zuschlags–grundlagen:	Ferti-gungs-material (FM) 13.000.000	Ferti-gungs-löhne (FL) 8.000.000	Herstellkosten des Umsatzes (HK) 24.410.000	
		Zuschlagssätze:	9 %	53 %	19,5 %	5,45 %

Berechnung der Herstellkosten des Umsatzes als Zuschlagsgrundlage für die Verwaltungs- und Vertriebsgemeinkosten (vgl. Seite 247/248):

Kalkulationsschema		
Fertigungsmaterial	13.000.000,00 €	
+ Materialgemeinkosten (MGK)	1.170.000,00 €	
= **Materialkosten**		**14.170.000,00 €**
Fertigungslöhne	8.000.000,00 €	
+ Fertigungsgemeinkosten (FGK)	4.240.000,00 €	
= **Fertigungskosten**		**12.240.000,00 €**
Herstellkosten der produzierten Menge (HK der Erzeugung)		**26.410.000,00 €**
− Mehrbestand an fertigen Erzeugnissen (vgl. S. 206)		2.000.000,00 €
= **Herstellkosten der abgesetzten Menge** (HK des Umsatzes)		**24.410.000,00 €**

4.2.3 Ermittlung der Zuschlagssätze (Istzuschläge)

Die durch den BAB ermittelten **„Stellen"-Gemeinkosten** müssen den **verschiedenen** Erzeugnissen, die die Kostenstellen beansprucht haben, anteilig zugeschlagen werden. Das geschieht mithilfe von **Gemeinkostenzuschlagssätzen.**

Berechnung der Zuschlagssätze. Die Zuschlagssätze ergeben sich, wenn man die Material-, Fertigungs-, Verwaltungs- und Vertriebsgemeinkosten zu bestimmten Größen (= **Zuschlagsgrundlagen**) in Beziehung setzt.

An die Zuschlagsgrundlagen sind zwei Anforderungen zu stellen:

- Sie müssen die **Inanspruchnahme eines Kostenbereiches** durch einen Kostenträger **wiedergeben.**
- Zwischen der Zuschlagsgrundlage und den zu verrechnenden Gemeinkosten muss eine **Abhängigkeit** bestehen.

Merke: Jeder Kostenbereich erhält seine besondere Zuschlagsgrundlage, auf die die Gemeinkosten dieses Bereichs bezogen werden.

Materialbereich. Für die Gemeinkosten des Materialbereichs bieten sich die Einzelkosten **„Aufwendungen für Rohstoffe" (Fertigungsmaterial)** als geeignete **Zuschlagsgrundlage** an, wobei unterstellt wird, dass die **Höhe der Materialgemeinkosten von den in der Abrechnungsperiode verbrauchten Rohstoffen abhängig ist.**

Beispiel (vgl. BAB S. 245):

$$\begin{array}{ll} \text{Fertigungsmaterial} \dots\dots\dots\dots\dots\dots & 13.000.000,00 \text{ €} \\ + \text{ Materialgemeinkosten lt. BAB} \dots\dots\dots\dots & 1.170.000,00 \text{ €} \triangleq \mathbf{9\,\%} \\ \hline \textbf{Materialkosten} \dots\dots\dots\dots\dots\dots\dots & \mathbf{14.170.000,00 \text{ €}} \end{array}$$

$$\textbf{Materialgemeinkosten-Zuschlagssatz} = \frac{\textbf{Materialgemeinkosten} \cdot \textbf{100\,\%}}{\textbf{Fertigungsmaterial}}$$

Der Zuschlagssatz für die Materialgemeinkosten beträgt **9 %.**

Merke: Die Zuschlagsgrundlage für die Materialgemeinkosten ist der bewertete Verbrauch an Fertigungsmaterial.

Fertigungsbereich. Die in einer Abrechnungsperiode gezahlten **Fertigungslöhne (Konto 6200)** gelten als geeignete **Zuschlagsgrundlage** für die Fertigungsgemeinkosten, wobei unterstellt wird, dass die **Höhe der Fertigungsgemeinkosten von den gezahlten Fertigungslöhnen abhängig ist.**

Beispiel (vgl. BAB S. 245):

$$\begin{array}{ll} \text{Fertigungslöhne} \dots\dots\dots\dots\dots\dots\dots & 8.000.000,00 \text{ €} \\ + \text{ Fertigungsgemeinkosten lt. BAB} \dots\dots\dots\dots & 4.240.000,00 \text{ €} \triangleq \mathbf{53\,\%} \\ \hline \textbf{Fertigungskosten} \dots\dots\dots\dots\dots\dots\dots & \mathbf{12.240.000,00 \text{ €}} \end{array}$$

$$\textbf{Fertigungsgemeinkosten-Zuschlagssatz} = \frac{\textbf{Fertigungsgemeinkosten} \cdot \textbf{100\,\%}}{\textbf{Fertigungslöhne}}$$

Der Zuschlagssatz für die Fertigungsgemeinkosten beträgt **53 %.**

Merke: Die Zuschlagsgrundlage für die Fertigungsgemeinkosten sind die in einer Abrechnungsperiode gezahlten Fertigungslöhne.

Verwaltungs- und Vertriebsbereich. Verwaltungs- und Vertriebsgemeinkosten sind in ihrer Höhe weder vom Fertigungsmaterial noch von den Fertigungslöhnen abhängig. Man kann aber davon ausgehen, dass die in einer Abrechnungsperiode angefallenen **Herstellkosten** eine geeignete Zuschlagsgrundlage ergeben, auf die sich die Verwaltungs- und Vertriebsgemeinkosten beziehen lassen.

Herstellkosten der Erzeugung. Die Materialkosten und die Fertigungskosten sind im Rahmen der eigentlichen Herstellung der Erzeugnisse angefallen. Fasst man sie zusammen, erhält man die im **Abrechnungszeitraum** entstandenen Herstellkosten der **produzierten** Erzeugnisse, auch „Herstellkosten der Erzeugung" genannt.

Beispiel zur Berechnung der Herstellkosten der Erzeugung (Produktion) (vgl. BAB S. 245):

	Fertigungsmaterial	13.000.000,00 €	
+	Materialgemeinkosten	1.170.000,00 €	
	Materialkosten		**14.170.000,00 €**
	Fertigungslöhne	8.000.000,00 €	
+	Fertigungsgemeinkosten	4.240.000,00 €	
	Fertigungskosten		**12.240.000,00 €**
	Herstellkosten der Erzeugung		**26.410.000,00 €**

Herstellkosten des Umsatzes. Die Vertriebsgemeinkosten werden nicht durch die Herstellung der Erzeugnisse, sondern durch deren Absatz verursacht. Sie stehen daher auch nicht in Abhängigkeit zu den Herstellkosten der Erzeugung, sondern in Abhängigkeit zu den auf die **abgesetzte** Menge umgerechneten Herstellkosten der Erzeugung, den sog. **Herstellkosten des Umsatzes.** Die Herstellkosten des Umsatzes unterscheiden sich durch die **Bestandsveränderungen** an fertigen und unfertigen Erzeugnissen von den Herstellkosten der Erzeugung.

Beim Ermitteln der Herstellkosten des Umsatzes sind drei Fälle zu unterscheiden:

● **Die Endbestände an unfertigen und fertigen Erzeugnissen stimmen mit den Anfangsbeständen überein.** Es wurden **alle im Abrechnungszeitraum hergestellten Erzeugnisse verkauft.** Die Herstellkosten der Erzeugung entsprechen daher denen des Umsatzes.

● **Die Endbestände an unfertigen und fertigen Erzeugnissen sind größer als die Anfangsbestände.** Es wurden also im Abrechnungszeitraum **mehr Erzeugnisse hergestellt als verkauft.** Die Herstellkosten des Umsatzes sind somit niedriger als die der Erzeugung. Der **Mehrbestand** muss daher von den Herstellkosten der Erzeugung **abgezogen** werden, um die Herstellkosten des Umsatzes zu erhalten.

● **Die Endbestände an unfertigen und fertigen Erzeugnissen sind kleiner als die Anfangsbestände.** Im Abrechnungszeitraum wurden **mehr Erzeugnisse verkauft als hergestellt.** Die Herstellkosten des Umsatzes sind höher als die der Erzeugung. Der **Minderbestand** muss den Herstellkosten der Erzeugung **zugerechnet** werden, um die Herstellkosten des Umsatzes zu ermitteln.

Merke: Herstellkosten der Erzeugung
   + Bestandsminderungen an unfertigen und fertigen Erzeugnissen
   − Bestandsmehrungen an unfertigen und fertigen Erzeugnissen
     Herstellkosten des Umsatzes

Einheitlicher Zuschlagssatz. Obwohl die **Verwaltungsgemeinkosten** auch für die noch nicht verkauften Produkte entstehen, wählt man für sie ebenfalls die Herstellkosten des Umsatzes als Zuschlagsgrundlage. Das hat den Vorteil, dass man für die Verwaltungs- **und** Vertriebsgemeinkosten einen **einheitlichen** Zuschlagssatz bilden kann.

Beispiel: Der Mehrbestand an Erzeugnissen beträgt nach den Angaben im GuV-Konto (vgl. S. 206) 2.000.000,00 €. Die Herstellkosten des Umsatzes berechnen sich dann wie folgt:

Herstellkosten der Erzeugung	26.410.000,00 €
− Mehrbestand an Erzeugnissen	2.000.000,00 €
Herstellkosten des Umsatzes	24.410.000,00 €

$$\text{Verwaltungsgemeinkosten-Zuschlagssatz} = \frac{\text{Verwaltungsgemeinkosten} \cdot 100\,\%}{\text{Herstellkosten des Umsatzes}}$$

Der Zuschlagssatz für Verwaltungsgemeinkosten beträgt ..... $\dfrac{4.760.000 \cdot 100\,\%}{24.410.000} = \mathbf{19,5}\,\%$.

$$\text{Vertriebsgemeinkosten-Zuschlagssatz} = \frac{\text{Vertriebsgemeinkosten} \cdot 100\,\%}{\text{Herstellkosten des Umsatzes}}$$

Der Zuschlagssatz für Vertriebsgemeinkosten beträgt .... $\dfrac{1.330.000 \cdot 100\,\%}{24.410.000} = \mathbf{5,45}\,\%$.

$$\text{Einheitlicher Zuschlagssatz} = \frac{\text{Verwaltungs- und Vertriebsgemeinkosten} \cdot 100\,\%}{\text{Herstellkosten des Umsatzes}}$$

Der einheitliche Zuschlagssatz beträgt .... $\dfrac{6.090.000 \cdot 100\,\%}{24.410.000} = \mathbf{24,95}\,\%$.

Merke: **Die Zuschlagsgrundlage sowohl für die Verwaltungs- als auch für die Vertriebsgemeinkosten sind die Herstellkosten des Umsatzes.**

Istzuschlagssätze. Die zuvor errechneten Zuschlagssätze ergeben sich aus den **tatsächlich** angefallenen Einzelkosten und den im BAB aufgeschlüsselten Gemeinkosten; es sind sog. **Istzuschlagssätze.** Sie können erst **nach** Ablauf einer bestimmten Abrechnungsperiode (und nach Fertigstellung des BAB) aufgrund der tatsächlich entstandenen und in der Kosten- und Leistungsrechnung ausgewiesenen Einzel- und Gemeinkosten ermittelt werden. Istzuschlagssätze werden daher in der Regel nur für eine **Nachkalkulation,** d. h. für eine Selbstkostenberechnung nach Herstellung der Erzeugnisse, verwendet.

Selbstkosten des Umsatzes. Die Kostenrechnung hat u. a. die Aufgabe, die gesamten **Selbstkosten einer Abrechnungsperiode** auszuweisen. Die Selbstkosten des Umsatzes ergeben sich, wenn man in die Herstellkosten des Umsatzes die Verwaltungs- und Vertriebsgemeinkosten laut BAB einrechnet:

Herstellkosten des Umsatzes	24.410.000,00 €
+ Verwaltungsgemeinkosten lt. BAB	4.760.000,00 €
+ Vertriebsgemeinkosten lt. BAB	1.330.000,00 €
Selbstkosten des Umsatzes	30.500.000,00 €

Im Vergleich zu der hier ermittelten Zahl von 30.500.000,00 € Selbstkosten des Umsatzes weist die Ergebnistabelle auf Seite 229 die **Selbstkosten der Erzeugung** (= 32.500.000,00 €) aus. Der Unterschied beider Zahlen beträgt 2.000.000,00 €. Das sind die Herstellkosten der noch nicht verkauften Erzeugnisse, also der **Mehrbestand an Erzeugnissen.** Dieser Mehrbestand ist in den Selbstkosten des Umsatzes nicht mehr enthalten.

Selbstkosten der Kostenträger. Mithilfe der obigen **Zuschlagssätze** und der für die einzelnen Kostenträger (z. B. Gerätetypen) getrennt ermittelten **Einzelkosten** lassen sich die Gemeinkosten **anteilig auf die einzelnen Kostenträger** verteilen und damit die Selbstkosten jedes Kostenträgers hinreichend genau errechnen (vgl. S. 278).

Kalkulationsschema. Für den abgelaufenen Zeitabschnitt ergibt sich die folgende **Gesamtkostenrechnung,** deren Schema stets zu beachten ist:

Kalkulationsschema (vgl. BAB S. 245)		
1. Fertigungsmaterial (FM) 2. + Materialgemeinkosten lt. BAB (9 %)	13.000.000,00 € 1.170.000,00 €	
3. Materialkosten (MK) (1 + 2)		**14.170.000,00 €**
4. Fertigungslöhne FL 5. + Fertigungsgemeinkosten lt. BAB (53 %)	8.000.000,00 € 4.240.000,00 €	
6. Fertigungskosten (FK) (4 + 5)		**12.240.000,00 €**
7. Herstellkost. d. Erzeugung (HK d. E.) (3 + 6) 8. − Mehrbestand an fertigen Erzeugnissen		**26.410.000,00 €** 2.000.000,00 €
9. Herstellkosten des Umsatzes (HK d. U.)		**24.410.000,00 €**
10. + Verwaltungsgemeinkost. lt. BAB (19,5 %) 11. + Vertriebsgemeinkosten lt. BAB (5,45 %)		4.760.000,00 € 1.330.000,00 €
12. Selbstkosten des Umsatzes (SK)		**30.500.000,00 €**

Bewertung der Endbestände an fertigen und unfertigen Erzeugnissen. Aufgrund der Zuschlagsätze kann außerdem ein den handels- oder steuerrechtlichen Bewertungsvorschriften entsprechender Wertansatz für den Bestand an fertigen und unfertigen Erzeugnissen bestimmt werden.

Die **Herstellkosten der Erzeugung** decken sich weitgehend mit den **steuerrechtlichen Herstellungskosten,** sodass sie die Grundlage für die Bewertung der unfertigen und fertigen Erzeugnisse sowie der aktivierungspflichtigen Eigenleistungen darstellen. Wesentliche Unterschiede zwischen beiden Kostenbegriffen bestehen in Folgendem:

Wahlweise können anteilige **Kosten der allgemeinen Verwaltung** in die steuerrechtlichen Herstellungskosten eingerechnet werden. **Zusatzkosten** (Unternehmerlohn, kalkulatorische Zinsen für Eigenkapital) gehören **nicht** zu den steuerrechtlichen Herstellungskosten. Anstelle der kalkulatorischen Abschreibungen sind die bilanzmäßigen „Absetzungen für Abnutzung" (AfA) in die steuerrechtlichen Herstellungskosten einzurechnen.

Wirtschaftlichkeit. Die Kostenstellenrechnung dient aber nicht nur dazu, die Gemeinkostenzuschlagsätze für die Kalkulation zu ermitteln. Sie ist vielmehr auch unentbehrlich zur **Überwachung der Wirtschaftlichkeit.** Die Entwicklung der Kosten kann direkt am Ort ihrer Entstehung wirkungsvoll überwacht werden. Man stellt Zeitvergleiche, Betriebsvergleiche und Vergleiche mit den günstigsten Kosten (Plankosten) auf. Dadurch wird es möglich, den Kostenveränderungen nachzugehen, ihre Ursachen zu erforschen und die Verantwortlichen heranzuziehen.

Merke:	Der Betriebsabrechnungsbogen ermöglicht ● die Errechnung von Gemeinkostenzuschlagsätzen für die Kalkulation sowie für die Bewertung der Erzeugnisse und der Eigenleistungen, ● die wirkungsvolle Überwachung der Gemeinkosten an den Stellen ihrer Entstehung (Kontrolle der Wirtschaftlichkeit).

Aufgaben

249

Betriebsabrechnungsbogen

Kostenarten	Kosten insgesamt	I Material	II Fertigung	III Verwaltung	IV Vertrieb
insgesamt	276.000,00	24.500,00	168.000,00	51.000,00	32.500,00

Einzelkosten
Fertigungsmaterial . . . . 440.000,00 €
Fertigungslöhne . . . . 123.000,00 €

Bestandsveränderungen
Mehrbestand an unfertigen Erzeugnissen . . . . 40.000,00 €
Minderbestand an fertigen Erzeugnissen . . . . 15.000,00 €

1. *Ermitteln Sie die Herstellkosten des Umsatzes.*
2. *Berechnen Sie die Istzuschlagssätze.*
3. *Führen Sie eine Gesamtkalkulation durch.* Selbstkosten

250 Die Betriebsergebnisrechnung eines Industriebetriebes weist für den Monat April folgende Kosten aus:

  Fertigungsmaterial . . . . Einzelkosten 49.600,00
  Hilfsstoffe 11.500,00
  Betriebsstoffe 2.600,00
  Fertigungslöhne 61.000,00
  Hilfslöhne 18.000,00
  Gehälter 32.800,00
  Soziale Abgaben 19.500,00
  Abschreibungen 8.600,00
  Betriebssteuern 4.400,00
  Sonstige betriebliche Aufwendungen 10.700,00

Stellen Sie den Betriebsabrechnungsbogen nach folgendem Verteilungsschlüssel auf:

Kostenart	I Material	II Fertigung	III Verwaltung	IV Vertrieb
Hilfsstoffe	200,00	10.700,00	–	600,00
Betriebsstoffe	240,00	1.820,00	360,00	180,00
Hilfslöhne	1.390,00	15.730,00	280,00	600,00
Gehälter	1.600,00	5.400,00	15.300,00	10.500,00
Soz. Abgaben	650,00	10.550,00	5.940,00	2.360,00
Abschreibungen nach Anlagewerten	4.000.000,00	6.000.000,00	2.000.000,00	1.000.000,00
Betriebssteuern	–	3 :	1	–
Sonst. Aufwendungen	1.260,00	2.240,00	5.300,00	1.900,00

1. *Berechnen Sie die Herstellkosten des Umsatzes (Minderbestand an unfertigen Erzeugnissen 4.500,00 €, Mehrbestand an fertigen Erzeugnissen 6.200,00 €).*
2. *Berechnen Sie mithilfe des BAB die vier Gemeinkostenzuschlagssätze.*
3. *Ermitteln Sie die Selbstkosten des Umsatzes für den Abrechnungszeitraum.*
4. *Wie hoch ist das Betriebsergebnis für den Abrechnungszeitraum, wenn die Umsatzerlöse 250.000,00 € betragen?*
5. *Ermitteln Sie die Selbstkosten für je einen Kostenträger A und B. Die Einzelkosten betragen für Kostenträger A: Fertigungsmaterial 100,00 €, Fertigungslöhne 50,00 €; für Kostenträger B: Fertigungsmaterial 300,00 €, Fertigungslöhne 120,00 €.*

251

In die Kostenstellenrechnung eines Industriebetriebes gehen für den Monat Dezember folgende Zahlen aus der Betriebsergebnisrechnung (BER) ein:

Kostenarten	Zahlen der BER	I Material	II Fertigung	III Verwaltung	IV Vertrieb
Hilfsstoffaufw.	162.500,00	3.500,00	145.200,00	4.500,00	9.300,00
Betr.-Stoffaufw.	17.650,00	2.800,00	9.000,00	4.200,00	1.650,00
Hilfslöhne	152.800,00	13.400,00	121.400,00	8.200,00	9.800,00
Gehälter	199.400,00	18.500,00	33.400,00	108.900,00	38.600,00
Soz. Abgaben	153.500,00	9.800,00	89.700,00	32.600,00	21.400,00
Kalk. Abschr.			(vgl. unten!)		
Kalk. Zinsen			(vgl. unten!)		
Betriebssteuern	90.500,00	–	71.600,00	18.900,00	–
Miete	120.000,00		(vgl. unten!)		
Büro/Werbung	70.800,00	6.800,00	23.400,00	31.500,00	9.100,00
Versicherungen	31.200,00		(vgl. unten!)		
Kalk. Abschr.	Verteilung nach Verhältniszahlen	1	6	2	1
Kalk. Zinsen	Verteilung nach Verhältniszahlen	1,5	5	2	1,5
Miete	Verteilung nach **Fläche**	200 m^2	600 m^2	120 m^2	80 m^2
Versicherungen	Verteilg. **nach Anlagewert** je Kostenbereich	200.000,00	1.200.000,00	400.000,00	200.000,00

Kalkulatorische Abschreibungen **je Jahr:**
auf 0530   1,5 % von Anschaffungskosten 2.400.000,00
auf 0700 15   % von Wiederbeschaffungskosten 1.000.000,00
auf 0800 10   % von Wiederbeschaffungskosten 540.000,00

Kalkulatorische Zinsen **je Jahr:**
6 % vom betriebsnotwendigen Kapital 4.500.000,00
Minderbestand an unfertigen Erzeugnissen 25.660,00
Mehrbestand an fertigen Erzeugnissen 31.405,00
Fertigungsmaterial 513.500,00
Fertigungslöhne 413.380,00

1. Vervollständigen Sie den Betriebsabrechnungsbogen.

2. Berechnen Sie die Herstellkosten des Umsatzes und die Selbstkosten des Abrechnungszeitraumes.

3. Ermitteln Sie die vier Gemeinkostenzuschlagssätze.

252

1. Welche Aufgaben erfüllt der Betriebsabrechnungsbogen?

2. Wozu dient die Errechnung von Ist-Zuschlagssätzen?

3. Nach welchem Gesichtspunkt werden die Zuschlagsgrundlagen für die Stellengemeinkosten ausgewählt?

4. Wodurch unterscheiden sich die Herstellkosten der Erzeugung von den Herstellkosten des Umsatzes?

5. Begründen Sie, dass eine Bestandsmehrung von den Herstellkosten der Erzeugung abzuziehen, eine Bestandsminderung zu den Herstellkosten hinzuzuzählen ist.

6. Welche Aufgabe erfüllt die Gesamtkostenrechnung, die für eine zurückliegende Abrechnungsperiode aufgestellt wird?

4.3 Erweiterter Betriebsabrechnungsbogen

4.3.1 Betriebsabrechnungsbogen mit mehreren Fertigungshauptstellen

Kleinbetriebe kommen in der Regel mit einer Kostenstelle für jeden Kostenbereich aus, um die Verteilung der Gemeinkosten annähernd genau vorzunehmen.

Fertigungshauptstellen. In Betrieben mit einem umfangreichen Fertigungsprozess wird zweckmäßigerweise für jede Fertigungsabteilung eine besondere Kostenstelle eingerichtet, die sog. Fertigungshauptstelle. Jede Fertigungshauptstelle gilt als **selbstständige** Kostenstelle **mit eigener Zuschlagsgrundlage** (= Fertigungslöhne) und **eigenem Gemeinkostenzuschlagssatz**.

Beispiel: Die Maschinenbau Kern KG führt in ihrem BAB die Fertigungshauptstellen Fräserei, Dreherei und Montage. Für den Abrechnungszeitraum ergeben sich nach Kostenverteilung folgende Stellengemeinkosten und Zuschlagsgrundlagen:

| Gemein-kosten-arten | Zahlen der BER | Material-stelle | Fertigungshauptstellen | | | Verwal-tungs-stelle | Vertriebs-stelle |
			I Fräserei	II Dreherei	III Montage		
ins-gesamt	11.500.000,00	1.170.000,00	1.320.000,00	1.300.000,00	1.620.000,00	4.760.000,00	1.330.000,00
Zuschlags-grundlagen		13.000.000,00 Material	2.750.000,00 Löhne	3.250.000,00 Löhne	2.000.000,00 Löhne	24.410.000,00 Herstellkost. d. Umsatzes	
Zuschlagssätze		9 %	**48 %**	**40 %**	**81 %**	19,5 %	5,45 %

Merke: Für jede Fertigungshauptstelle wird ein besonderer Gemeinkostenzuschlagssatz errechnet.

Selbstkosten des Abrechnungszeitraums. Bei der Berechnung der Selbstkosten ist zu beachten, dass **jede Fertigungshauptstelle gesondert** aufgeführt wird.

Kalkulationsschema		
Fertigungsmaterial	13.000.000,00 €	
+ Materialgemeinkosten (9 %)	1.170.000,00 €	
= **Materialkosten**		14.170.000,00 €
Fertigungslöhne Fräserei	2.750.000,00 €	
+ Fertigungsgemeinkosten (48 %)	1.320.000,00 €	
= **Fertigungskosten Fräserei**		**4.070.000,00 €**
Fertigungslöhne Dreherei	3.250.000,00 €	
+ Fertigungsgemeinkosten (40 %)	1.300.000,00 €	
= **Fertigungskosten Dreherei**		**4.550.000,00 €**
Fertigungslöhne Montage	2.000.000,00 €	
+ Fertigungsgemeinkosten (81 %)	1.620.000,00 €	
= **Fertigungskosten Montage**		**3.620.000,00 €**
Herstellkosten der Erzeugung		**26.410.000,00 €**
− Mehrbestand an Erzeugnissen		2.000.000,00 €
Herstellkosten des Umsatzes		**24.410.000,00 €**
+ Verwaltungsgemeinkosten (19,5 %)		4.760.000,00 €
+ Vertriebsgemeinkosten (5,45 %)		1.330.000,00 €
Selbstkosten		**30.500.000,00 €**

Merke: In der Selbstkostenrechnung ist jede Fertigungshauptstelle zu erfassen.

Aufgaben

253

Die Kostenstellenrechnung eines Industriebetriebes enthält nach der Verteilung der Gemeinkosten folgende Zahlen:

Gemein-kosten-arten	Material-stelle	Fertigungshauptstellen				Ver-waltungs-stelle	Vertriebs-stelle
		Dreherei	Bohrerei	Fräserei	Montage		
insgesamt	5.200,00	57.600,00	27.500,00	22.500,00	31.500,00	79.200,00	25.200,00
Zuschlags-grund-lagen	65.000,00	48.000,00	25.000,00	18.000,00	35.000,00	Herstellkosten des Umsatzes	

1. Errechnen Sie die Zuschlagssätze für jede Kostenstelle.
2. Ermitteln Sie die Selbstkosten des Abrechnungsmonats, wenn ein Minderbestand in Höhe von 24.700,00 € zu berücksichtigen ist.

254

Vervollständigen Sie den BAB unter Anwendung der vorgegebenen Schlüsselzahlen:

Gemeinkosten-arten	Zahlen der BER	Material-stelle	Fertigungshauptst.		Ver-waltungs-stelle	Vertriebs-stelle
			I	II		
Hilfsstoffe	12.150,00	750,00	5.000,00	6.000,00	150,00	250,00
Hilfslöhne	70.400,00	1.500,00	32.900,00	34.500,00	1.000,00	500,00
Gehälter	180.700,00	4.700,00	38.000,00	25.000,00	92.000,00	21.000,00
Soziale Abgaben	80.000,00					
nach Löhnen, Gehält.		18.094,50	126.661,50	108.567,00	162.850,50	36.189,00
Abschreibungen	78.000,00	2.000,00	33.500,00	28.000,00	8.000,00	6.500,00
Steuern	110.000,00	2 :	3 :	2 :	3 :	1
Übrige Kosten	24.000,00	1 :	2 :	2 :	3 :	2
Fertigungsmaterial: **Fertigungslöhne:**		290.800,00	114.825,00	86.437,50	Herstellkosten des Umsatzes	

1. Errechnen Sie die Istzuschlagssätze.
2. Bestimmen Sie die Selbstkosten des Abrechnungsmonats (Mehrbestand: 30.912,50 €).

255

1. Aus welchem Grund ist die Aufteilung des Fertigungsbereichs in Fertigungshauptstellen zweckmäßig?
2. Gegen welche Grundsätze darf bei der Einrichtung der Fertigungshauptstellen nicht verstoßen werden?
3. Berechnen Sie die Selbstkosten des Abrechnungsmonats.

Fertigungsmaterial	124.000,00 €
Fertigungslöhne I	86.500,00 €
Fertigungslöhne II	67.300,00 €
Fertigungslöhne III	78.400,00 €
Materialgemeinkostenzuschlag	12 %
Fertigungsgemeinkostenzuschlag I	110 %
Fertigungsgemeinkostenzuschlag II	140 %
Fertigungsgemeinkostenzuschlag III	90 %
Minderbestand an unfertigen Erzeugnissen	48.000,00 €
Mehrbestand an fertigen Erzeugnissen	83.500,00 €
Verwaltungsgemeinkostenzuschlag	24 %
Vertriebsgemeinkostenzuschlag	8 %

4.3.2 Mehrstufiger Betriebsabrechnungsbogen

Situation: Wegen des recht häufigen Wechsels in der Fertigung der Gerätetypen wird die Einrichtung einer besonderen Abteilung **„Arbeitsvorbereitung"** notwendig, die sich um die **Fertigungsplanung** und **Fertigungssteuerung** kümmert. Diese Abteilung soll als **getrennte Kostenstelle,** die für alle Fertigungshauptstellen **Hilfsdienste** leistet, geführt werden (= Fertigungshilfsstelle).

Zusätzlich plant das Unternehmen Maschinenbau Kern KG den inzwischen stark erweiterten **Fuhrpark** aus Kontrollgründen zu einer **selbstständigen Kostenstelle** (= Allgemeine Kostenstelle) zu machen. Bisher sind die Fuhrparkkosten aufgrund von Belegen direkt den einzelnen Kostenbereichen zugewiesen worden.

Die Allgemeinen Kostenstellen (= AKS) erfassen die Gemeinkosten, die das **Unternehmen insgesamt** betreffen und allen Kostenbereichen zuzuordnen sind. Folgende Betriebsabteilungen können als AKS eingerichtet werden: **Energieversorgung, Werkschutz, Fuhrpark, Sozialeinrichtungen.** Die auf diesen Kostenstellen erfassten Gemeinkosten sind letztlich von allen Betriebsabteilungen verursacht worden. Folglich werden sie nach einem geeigneten Schlüssel auf alle Kostenstellen umgelegt.

Merke: **Die in den Allgemeinen Kostenstellen erfassten Gemeinkosten werden auf alle nachgeordneten Kostenstellen verursachungsgerecht umgelegt.**

Fertigungshilfsstellen. Die Fertigungshilfsstellen sind den Fertigungshauptstellen untergeordnet. Sie erfassen die Gemeinkosten, die den **Fertigungs**bereich insgesamt betreffen und nicht einer einzelnen Fertigungshauptstelle direkt zugewiesen werden können. Zu den Abteilungen, die **Hilfsdienste für die Fertigung** leisten, gehören z. B. die **technische Betriebsleitung,** die **Arbeitsvorbereitung,** das **Konstruktionsbüro,** die **Reparaturwerkstatt.** Die Fertigungshilfsstellen geben die bei ihnen erfassten Gemeinkosten nach einem geeigneten Schlüssel an die Fertigungshauptstellen ab.

Merke: **Die in den Fertigungshilfsstellen erfassten Gemeinkosten werden auf die übergeordneten Fertigungshauptstellen abgewälzt.**

Beispiel: Das nebenstehende Beispiel zeigt, wie der um die **Allgemeine Kostenstelle** „Fuhrpark" und um die **Fertigungshilfsstelle** „Arbeitsvorbereitung" erweiterte BAB aussieht. Es verdeutlicht auch, wie die Kosten aus den vorgelagerten Stellen nach den erbrachten Leistungen auf die Hauptkostenstellen **abgewälzt** werden:

1. **Umlage „Fuhrpark"** im Verhältnis 2 : 2 : 1 : 1 : 3 : 4 : 3.
2. **Umlage „Arbeitsvorbereitung"** im Verhältnis 2 : 2 : 4.

Auswertung: Zusätzliche Erkenntnisse bietet der BAB hinsichtlich der neu eingerichteten Kostenstellen „Fuhrpark" und „Arbeitsvorbereitung". Der Fuhrpark verursacht 800.000,00 € Kosten, die Arbeitsvorbereitung 400.000,00 €, die jetzt – hinsichtlich der Höhe und der Kostenart – in den einzelnen Kostenstellen einer Kontrolle unterzogen werden können.

Die Erweiterung des BAB führt auch zu einer **Verschiebung in den Stellengemeinkosten:** Im Vergleich mit dem BAB von Seite 252 werden die Fertigungshauptstellen I bis III stärker mit Gemeinkosten belastet, die übrigen Kostenstellen haben einen gleichen oder geringeren Anteil an den Gemeinkosten zu tragen. Dies macht sich — bei gleichen Zuschlagsgrundlagen — in den **abweichenden Zuschlagssätzen** bemerkbar.

Zu beachten ist, dass die vertiefte Kenntnis der Kostenstruktur aufgrund des erweiterten Betriebsabrechnungsbogens mit einem hohen Maß an Sorgfalt und Aufwand bei der Zuweisung der Gemeinkosten auf die Kostenstellen erkauft werden muss.

Merke: **Der erweiterte und mehrstufige Betriebsabrechnungsbogen gibt einen guten Einblick in die Kostenstruktur des Unternehmens und gestattet – im Vergleich mehrerer Abrechnungsperioden – eine sorgfältige Kostenkontrolle.**

Gemein-kosten-arten	Zahlen der BER	AKS:[1] Fuhr-park	Mat.-Stelle	Arbeits-vorbe-reitung	Fertigungshauptstellen			Verwal-tungs-stelle	Ver-triebs-stelle
					I Fräserei	II Dreherei	III Montage		
Mehrstufiger Betriebsabrechnungsbogen mit Istgemeinkosten und Istzuschlägen									
Gehälter	6.000.000	250.000	630.000	200.000	440.000	400.000	510.000	2.320.000	750.000
Soziale Abgaben	2.000.000	80.000	240.000	70.000	150.000	130.000	170.000	910.000	250.000
Abschreibungen	1.700.000	350.000	130.000	110.000	300.000	320.000	340.000	100.000	50.000
Bürokosten	10.000	–	–	–	–	–	–	10.000	–
Steuern	450.000	50.000	50.000	–	30.000	30.000	40.000	200.000	50.000
Zinsen	1.040.000	60.000	20.000	10.000	240.000	250.000	290.000	100.000	70.000
Unternehmerlohn	300.000	10.000	–	10.000	30.000	30.000	30.000	180.000	10.000
Summe	11.500.000	**800.000**	1.070.000	**400.000**	1.190.000	1.160.000	1.380.000	4.320.000	1.180.000
1. Umlage: Fuhrpark			100.000	100.000	50.000	50.000	150.000	200.000	150.000
Zwischensumme			1.170.000	**500.000**	1.240.000	1.210.000	1.530.000	4.520.000	1.330.000
2. Umlage: Arbeitsvorbereitung			–		125.000	125.000	250.000	–	–
Stellengemeinkosten			1.170.000	–	1.365.000	1.335.000	1.780.000	4.520.000	1.330.000
Zuschlagsgrundlagen: Fertigungsmaterial Fertigungslöhne Herstellkosten des Umsatzes		13.000.000			2.750.000	3.250.000	2.000.000	24.650.000	
IST-Zuschlagssätze			9,0 %		49,6 %	41,1 %	89,0 %	18,3 %	5,4 %

Auf dieser Grundlage könnten die Normalzuschlagssätze für die Kostenstellen wie folgt festgelegt werden (vgl. S. 266–268):

FHS I	50 %;	Mat.-Stelle	10 %;
FHS II	40 %;	Verw.-Stelle	20 %;
FHS III	90 %;	Vertr.-Stelle	5 %.

Berechnung der Herstellkosten des Umsatzes als Zuschlagsgrundlage für die Verwaltungs- und Vertriebsgemeinkosten:

Kalkulationsschema		
Fertigungsmaterial	13.000.000,00 €	
+ Materialgemeinkosten (MGK)	1.170.000,00 €	
= Materialkosten		**14.170.000,00 €**
Fertigungslöhne FHS I[2] (Fräserei)	2.750.000,00 €	
+ Fertigungsgemeinkosten (FGK) I	1.365.000,00 €	
= Fertigungskosten I		**4.115.000,00 €**
Fertigungslöhne FHS II (Dreherei)	3.250.000,00 €	
+ Fertigungsgemeinkosten (FGK) II	1.335.000,00 €	
= Fertigungskosten II		**4.585.000,00 €**
Fertigungslöhne FHS III (Montage)	2.000.000,00 €	
+ Fertigungsgemeinkosten (FGK) III	1.780.000,00 €	
= Fertigungskosten III		**3.780.000,00 €**
Herstellkosten der produzierten Menge (HK der Erzeugung)		**26.650.000,00 €**
– Mehrbestand an fertigen Erzeugnissen		2.000.000,00 €
= Herstellkosten der abgesetzten Menge (HK des Umsatzes)		**24.650.000,00 €**

---

1 AKS = Allgemeine Kostenstelle
2 FHS = Fertigungshauptstelle

Aufgaben

256 Zur Aufstellung eines BAB werden folgende Zahlen der Betriebsergebnisrechnung der Ergebnistabelle entnommen:

Gemeinkostenarten	€	Verteilungsgrundlagen
1. Hilfsstoffaufwand	32.000,00	Rechnungen (direkt)
2. Hilfslöhne	157.000,00	Lohnlisten (direkt)
3. Soziale Abgaben	130.000,00	Lohn- und Gehaltslisten (direkt)
4. Instandhaltung	88.000,00	Kostenstellen (Schlüsselzahlen)
5. Reisekosten	45.000,00	Schätzung (Schlüsselzahlen)
6. Büromaterial	110.000,00	Rechnungen (direkt)
7. Gehälter	561.000,00	Gehaltslisten (direkt)
8. Betriebssteuern	36.000,00	Beschäftigtenzahl (s. u.)
9. Abschreibungen	151.500,00	Anlagenkartei (**Aufteilung nach Anlagewerten, s. u.**)

Der Betrieb hat nachstehende Kostenstellen eingerichtet:

Allgemeine Kostenstellen: I Wasserversorgung
  II Kraftzentrale
Hauptkostenstelle: III Materialstelle
Hilfskostenstelle: IV Fertigungshilfsstelle
Hauptkostenstellen: V Fertigungshauptstelle A
  VI Fertigungshauptstelle B
  VII Fertigungshauptstelle C
  VIII Verwaltungsstelle
  IX Vertriebsstelle

1. *Stellen Sie einen BAB für die neun Kostenstellen nach folgenden Angaben auf:*

Gem.-kosten-art					Kostenstellen				
	I	II	III	IV	V	VI	VII	VIII	IX
1.	4.000	5.000	4.000	2.000	5.000	6.000	3.000	1.000	2.000
2.	18.500	16.600	5.800	6.400	38.100	30.600	33.000	–	8.000
3.	7.300	5.200	11.200	7.500	10.900	18.200	21.400	23.700	24.600
4.	1 :	2 :	1 :	5 :	2 :	3 :	4 :	1 :	1
5.	3 :	2 :	1 :	2 :	1 :	2 :	2 :	1 :	1
6.	2.400	2.200	15.900	2.100	3.100	3.200	4.100	43.600	33.400
7.	34.100	24.900	54.800	34.800	52.200	76.100	89.900	93.200	101.000
8.	5 :	5 :	10 :	20 :	20 :	20 :	35 :	25 :	10
9.	238.500	58.500	46.500	33.000	511.500	654.000	499.500	198.000	33.000

2. *Legen Sie die Gemeinkosten der Allgemeinen Kostenstelle „Wasserversorgung" auf die anderen Kostenstellen in folgendem Verhältnis um:*
   3 : 2 : 3 : 4 : 2 : 2 : 2 : 2

   Anschließend verteilen Sie die Gemeinkosten der Allgemeinen Kostenstelle „Kraftzentrale" auf die restlichen Kostenstellen im Verhältnis:
   1 : 2 : 3 : 3 : 3 : 2 : 1

3. *Die Gemeinkosten der Fertigungshilfsstelle sind auf die drei Fertigungshauptstellen im Verhältnis 1 : 1 : 2 zu verteilen.*

4. *Errechnen Sie die Zuschlagssätze für die Gemeinkosten.*
   Fertigungsmaterial .... 300.000,00 €
   Fertigungslöhne A .... 150.000,00 €
   Fertigungslöhne B .... 180.000,00 €
   Fertigungslöhne C .... 200.000,00 €
   Bestandsveränderungen sind nicht zu berücksichtigen.

Die Kostenartenrechnung für den Monat Juli weist folgende Kosten aus:

	Kostenarten	€
variable Kosten	1. Fertigungsmaterial	630.000,00
	2. Fertigungslöhne	480.000,00
teilfixe Kosten	3. Gemeinkostenmaterial	70.000,00
	4. Hilfslöhne	120.000,00
	5. Sozialkosten	175.000,00
	6. Strom, Gas, Wasser	30.000,00
	7. Reparaturen	80.000,00
	8. Bürokosten	60.000,00
	9. Werbung	40.000,00
fixe Kosten	10. Gehälter	180.000,00
	11. Gewerbesteuer	10.000,00
	12. Versicherungen	5.000,00
	13. Kalkulatorische Abschreibungen	95.000,00
	14. Kalkulatorischer Zinsen	45.000,00
	15. Kalkulatorischer Unternehmerlohn	15.000,00

Im BAB werden folgende Kostenstellen geführt:

Allg. Kostenstellen: I Grundstücke/Gebäude
   II Fuhrpark
Hauptkostenstelle: III Materialstelle
Hilfskostenstellen: IV Arbeitsvorbereitung
   V Entwicklung

Hauptkostenstellen:
   VI Schweißerei
   VII Dreherei
   VIII Montage
   IX Verwaltungsstelle
   X Vertriebsstelle

1. Erstellen Sie den BAB und ermitteln Sie die Zuschlagssätze:

Kosten-art	Kostenstellen									
	I	II	III	IV	V	VI	VII	VIII	IX	X
1.			630.000							
2.						220.000	160.000	100.000		
3.	—	5.000	—	—	5.000	25.000	25.000	10.000	—	—
4.	—	20.000	10.000	5.000	5.000	35.000	20.000	15.000	—	10.000
5.	5.000	15.000	10.000	10.000	20.000	40.000	20.000	10.000	40.000	5.000
6.	5.000	2.000	1.000	1.000	2.000	10.000	5.000	2.000	1.000	1.000
7.	10.000	8.000	—	—	—	32.000	25.000	3.000	—	2.000
8.	—	—	4.000	9.000	3.000	—	—	—	44.000	—
9.	—	—	—	—	—	—	—	—	—	40.000
10.	—	5.000	15.000	25.000	15.000	13.000	15.000	10.000	60.000	22.000
11.	—	—	—	—	—	—	—	—	10.000	—
12.	3 :	—	1 :	—		1 :	—	—	—	—
13.	3 :	1 :	1 :	—		5 :	4 :	2 :	2 :	1
14.	2 :	—	1 :	—	1 :	2 :	1 :	1 :	1	—
15.	—	—	—	—	—	—	—	—	4 :	1

Umlage Grundstücke/Gebäude: 1 : 1 : 0 : 0 : 2 : 1 : 1 : 1 : 1
Umlage Fuhrpark: 2 : 0 : 0 : 0 : 0 : 0 : 4 : 5
Umlage Arbeitsvorbereitung: 0 : 2 : 2 : 1 : 0 : 0
Umlage Entwicklung: 4 : 4 : 3 : 0 : 0
Bestandsveränderungen sind nicht zu berücksichtigen.

*2. Bei einer Monatsproduktion von 18 000 Stück konnte das Produkt zu einem Preis von 120,00 €
je Stück verkauft werden.
Prüfen Sie, ob Gewinn erzielt wurde und wie hoch ggf. der Gewinn war.*

*3. Auf wie viel Euro je Stück könnte der Unternehmer zur Absatzstabilisierung vorübergehend
den Preis senken, wenn er
a) auf den Gewinn verzichtet (volle Kostendeckung),
b) auf den Ersatz von 40 % der fixen Kosten verzichtet?*

4.4 Maschinenstundensatzrechnung

4.4.1 Grundlagen der Maschinenstundensatzrechnung

Maschineneinsatz. Die Fertigungsgemeinkosten weisen in der Regel nur eine geringe oder gar keine Abhängigkeit von den Fertigungslöhnen auf (vgl. S. 246). Sie werden vielmehr **durch den Einsatz von Maschinen verursacht** (z.B. Abschreibungen, Platzkosten, kalkulatorische Zinsen, Reparaturen) und **von der Maschinenlaufzeit beeinflusst** (z.B. Betriebsstoffkosten, Energiekosten). Es ist allgemein festzustellen, dass

- mit fortschreitender Mechanisierung und Automatisierung der Fertigungsprozesse die **Fertigungsgemeinkosten zunehmen,**
- der **Anteil der Fertigungslöhne** an den Fertigungskosten **ständig zurückgeht,**
- die **Fertigungsgemeinkosten zunehmend in Abhängigkeit zum Maschineneinsatz** geraten.

Merke:
- **Fertigungsgemeinkosten werden meist durch Maschineneinsatz verursacht.**
- **Je weniger die Fertigungslöhne Ursache für die Fertigungsgemeinkosten sind, umso weniger eignen sie sich für den FGK-Zuschlag.**

4.4.2 Maschinenstundensatz

Maschinenplatz als Fertigungshauptstelle. Durch die Festlegung des Maschinenplatzes als Fertigungshauptstelle wird erreicht, dass die **maschinenabhängigen Fertigungsgemeinkosten erfasst** und auf **eine Maschinenlaufstunde umgerechnet** werden können. Die auf eine Maschinenlaufstunde entfallenden Fertigungsgemeinkosten ergeben den **Maschinenstundensatz.**

Abhängigkeit des Maschinenstundensatzes von der Maschinenlaufzeit. Der Maschineneinsatz wird im Industriebetrieb so **geplant,** dass die **maschinen-, auftrags- und personalbedingten Ausfallzeiten möglichst gering** sind (Normalbeschäftigung). Weichen die **tatsächlichen** Maschinenlaufstunden in einem Monat von den **geplanten** ab, so hat das wegen der in den Fertigungsgemeinkosten enthaltenen fixen Kostenanteile Auswirkungen auf die **Höhe des Maschinenstundensatzes.**

Fixe maschinenabhängige Fertigungsgemeinkosten. Ein Teil der maschinenabhängigen Fertigungsgemeinkosten wird durch die Anzahl der Maschinenlaufstunden im Monat überhaupt **nicht beeinflusst** (= fixe Kosten, vgl. S. 236). Zu ihnen zählen z.B. die Platzkosten, die kalkulatorischen Kosten. Bei Umrechnung auf **eine Maschinenlaufstunde erhöhen** sie den Maschinenstundensatz, sofern die Anzahl der tatsächlichen Laufstunden **geringer** ist als die Anzahl der normalen Laufstunden und umgekehrt.

Variable maschinenabhängige Fertigungsgemeinkosten. Ein weiterer Teil der maschinenabhängigen Fertigungsgemeinkosten wird von den Maschinenlaufstunden **proportional beeinflusst,** wie z.B. die Betriebsstoffkosten (= variable Kosten, vgl. S. 235).

Maschinenabhängige Mischkosten. Schließlich gibt es solche maschinenabhängige Fertigungsgemeinkosten, die **teilweise fix und teilweise variabel** sind. Zu ihnen zählen z.B. die **Energiekosten,** bei denen die Grundgebühr fix, der Arbeitspreis aber vom Stromverbrauch (= Laufzeit) abhängig ist.

Merke:
- **Maschinenabhängige Fertigungsgemeinkosten sind teils fix, teils variabel.**
- **Die fixen maschinenabhängigen Fertigungsgemeinkosten fallen unabhängig von der Laufzeit der Maschinen in immer gleicher Höhe an. Sie beeinflussen die Höhe des Maschinenstundensatzes bei vollem Kostenersatz.**
- **Die variablen maschinenabhängigen Fertigungsgemeinkosten verändern sich proportional zur Laufzeit der Maschine.**

6621258

Beispiel 1: Die Maschinenbau Kern KG ermittelt die maschinenabhängigen Fertigungs-gemeinkosten für die neu eingerichtete Fertigungsstelle „Automatendreherei" wie folgt:

1. Anschaffungskosten des Automaten 240.000,00 €; Wiederbeschaffungskosten 288.000,00 €; betriebsgewöhnliche Nutzungsdauer 12 Jahre; lineare Abschreibung. Die Abschreibungen sind fixe Gemeinkosten.

2. Das investierte Kapital soll mit 8 % kalkulatorisch verzinst werden. Um zu gleichmäßig hohen Zinsen zu gelangen, legt man für die Zinsberechnung über die gesamte Nutzungsdauer der Maschine die **halben Anschaffungskosten** zugrunde. Die kalkulatorischen Zinsen sind fixe Gemeinkosten.

3. Die Leistung der Maschine einschließlich der Arbeitsplatzbeleuchtung beträgt 16 kW. Der Arbeitspreis für 1 kWh wird mit 0,15 € angesetzt. Die jährliche Grundgebühr beträgt 480,00 € (= fixe Gemeinkosten).

4. Die Maschine beansprucht insgesamt eine Fläche von 20 m². Die kalkulatorische Gebäudeabschreibung beträgt umgerechnet auf 1 m² Nutzungsfläche 150,00 € **je Monat.** Die Platzkosten gelten als fixe Gemeinkosten.

5. Die Reparatur- und Wartungskosten werden auf 15.000,00 € **jährlich** veranschlagt. Sie gelten zu 28 % als fix, zu 72 % als variabel.

6. Aufgrund von Belegen wird mit jährlichen fixen Werkzeugkosten in Höhe von 2.400,00 € gerechnet.

7. Die variablen Betriebsstoffkosten betragen 9.000,00 € je Jahr.

8. Die Maschinenlaufstunden berechnen sich nach folgender Überlegung: In einer 40-stündigen Arbeitswoche läuft die Maschine durchschnittlich 37,5 Stunden. Die Zeit von 2,5 Stunden ist erforderlich, um die Maschine umzurüsten und zu reinigen. 48 Wochen im Jahr kann die Maschine voll genutzt werden. Die geplanten jährlichen Maschinenlaufstunden betragen dann
$$37,5 \cdot 48 = \textbf{1800 Maschinenlaufstunden.}$$

Berechnung des Maschinenstundensatzes

Maschinenabhängige Fertigungs-gemeinkosten	Berechnung	Gesamtbetrag je Jahr	fixe Fertigungs-gemeinkosten	variable Fertigungs-gemeinkosten
1. Kalk. Abschreibg.	$\dfrac{288.000,00}{12} =$	24.000,00	24.000,00	—
2. Kalk. Zinsen	$\dfrac{240.000,00 \cdot 8\,\%}{2 \cdot 100\,\%} =$	9.600,00	9.600,00	—
3. Energiekosten	$16 \cdot 0,15 \cdot 1800 + 480 =$	4.800,00	480,00	4.320,00
4. Platzkosten	$150,00 \cdot 20 \cdot 12 =$	36.000,00	36.000,00	—
5. Reparatur/Wartung		15.000,00	4.200,00	10.800,00
6. Werkzeuge		2.400,00	2.400,00	—
7. Betriebsstoffkosten		9.000,00	—	9.000,00
Gemeinkosten gesamt		**100.800,00**	**76.680,00**	**24.120,00**
Variable Gemein-kosten je Laufstunde	$\dfrac{24.120,00\ €}{1800\ \text{Std.}} =$			**13,40**

Variable Maschinenkosten je Maschinenstunde .... 13,40 €

+ Fixe Maschinenkosten je Maschinenstunde $\dfrac{76.680,00\ €}{1800\ \text{Std.}} =$ .... 42,60 €

Maschinenstundensatz bei geplanter Beschäftigung (1800 Stunden) .. **56,00 €**

Aufgabe: *Berechnen Sie den Maschinenstundensatz bei einer tatsächlichen Laufzeit von a) 1200 Stunden (Kurzarbeit), b) 2200 Stunden (Einrichtung einer zweiten Schicht).*

4.4.3 Restgemeinkosten

Lohnabhängige Fertigungsgemeinkosten. In der Regel fallen an einem Maschinenplatz außer den maschinenabhängigen Fertigungsgemeinkosten auch Gemeinkosten
an, die in ihrer Höhe von den Fertigungslöhnen beeinflusst werden. Diese Gemeinkosten heißen Restgemeinkosten.

Beispiel 2: In der Fertigungshauptstelle „Automatendreherei" (vgl. S. 259) werden zusätzlich
zu den maschinenabhängigen Fertigungsgemeinkosten für das Geschäftsjahr
folgende lohnabhängige Gemeinkosten ermittelt:

Hilfslöhne	46.800,00 €	
Soziale Abgaben	18.000,00 €	**64.800,00 €**
Die Fertigungslöhne betragen im Ab-
rechnungsjahr in dieser Kostenstelle		**72.000,00 €**

Restgemeinkostenzuschlagssatz. Für die Restgemeinkosten werden die Fertigungslöhne als Zuschlagsbasis verwendet. Aus den obigen Zahlen ergibt sich folgender
Restgemeinkostenzuschlagssatz:

$$\text{Restgemeinkostenzuschlagssatz (\%)} = \frac{\text{Restgemeinkosten} \cdot 100\,\%}{\text{Fertigungslöhne}} = \frac{64.800 \cdot 100\,\%}{72.000} = 90\,\%$$

Merke: Die lohnabhängigen Maschinenplatzkosten heißen Restgemeinkosten. Grundlage für die Berechnung des Restgemeinkostenzuschlagssatzes sind die Fertigungslöhne der Maschinenkostenstelle.

4.4.4 Maschinenplatz als Kostenstelle im BAB

Im nebenstehenden Betriebsabrechnungsbogen ist dargestellt, wie der Maschinenplatz „Drehautomat" (vgl. S. 261) in die monatliche Betriebsabrechnung einbezogen
werden kann.

Maschinenplatz als Kostenstelle. Der Maschinenplatz wird als Hauptkostenstelle im
Rahmen der Fertigungshauptstellen eingerichtet. Für die Aufgliederung der Fertigungsgemeinkosten dieser Kostenstelle sieht der BAB die Einteilung in fixe und
variable maschinenabhängige Fertigungsgemeinkosten sowie in Restgemeinkosten
vor.

Die Fertigungskosten des Maschinenplatzes ergeben sich danach aus der **Addition**
der maschinenabhängigen Fertigungsgemeinkosten und der lohnabhängigen Fertigungskosten:

Maschinenabhängige Fertigungsgemeinkosten, **variabel** ...	24.120,00 €	
+ Maschinenabhängige Fertigungsgemeinkosten, **fix**	76.680,00 €	100.800,00 €
Fertigungslöhne des Maschinenplatzes	72.000,00 €	
+ Restgemeinkosten (= 90 % der Fertigungslöhne)	64.800,00 €	136.800,00 €
Fertigungskosten des Maschinenplatzes		**237.600,00 €**

Merke: Die Kostenstelle „Maschinenplatz" wird im Betriebsabrechnungsbogen wie jede
andere Hauptkostenstelle geführt. Sie ermöglicht eine verursachungsgerechte
Zuweisung der Gemeinkosten.

Mehrstufiger Betriebsabrechnungsbogen mit Maschinenplatz als Kostenstelle (vgl. S. 255)

Gemein-kosten-arten	Zahlen der BER	AKS: Fuhr-park	Ma-terial-stelle	Arbeits-vor-bereitung	I Fräserei	II Dreherei	III Drehautomat masch.-abh. FGK variabel	III Drehautomat masch.-abh. FGK fix	Rest-gemein-kosten	IV Montage	Verwal-tungs-stelle	Ver-triebs-stelle
Energiek.	4.800	—	—	—	—	—	4.320	480	—	—	—	—
B.-Stoffe	9.000	—	—	—	—	—	9.000	—	—	—	—	—
Geh./Lo.	6.046.800	250.000	630.000	200.000	440.000	400.000	—	—	46.800	510.000	2.820.000	750.000
Soz.Abg.	2.018.000	80.000	240.000	70.000	150.000	130.000	—	—	18.000	170.000	910.000	250.000
Abschr.	1.724.000	350.000	130.000	110.000	300.000	320.000	—	24.000	—	340.000	100.000	50.000
Platzk.	36.000	—	—	—	—	—	—	36.000	—	—	—	—
Bürok.	10.000	—	—	—	—	—	—	—	—	—	10.000	—
Repar.	15.000	—	—	—	—	—	10.800	4.200	—	—	—	—
Werkz.	2.400	—	—	—	—	—	—	2.400	—	—	—	—
Steuern	450.000	50.000	50.000	—	30.000	30.000	—	—	—	40.000	200.000	50.000
Zinsen	1.049.600	60.000	20.000	10.000	240.000	250.000	—	9.600	—	290.000	100.000	70.000
U.-Lohn	300.000	10.000	—	10.000	30.000	30.000	—	—	—	30.000	180.000	10.000
Summe	11.665.600	800.000	1.070.000	400.000	1.190.000	1.160.000	24.120	76.680	64.800	1.380.000	4.320.000	1.180.000
1. Umlage: Fuhrpark		→	100.000	100.000	50.000	50.000	—	—	—	150.000	200.000	150.000
Zwischensumme			1.170.000	500.000	1.240.000	1.210.000	24.120	76.680	64.800	1.530.000	4.520.000	1.330.000
2. Umlage: Arb.-Vorber.		—		→ 125.000	125.000		—	—	—	250.000		
Stellengemeinkosten		1.170.000	—	1.365.000	1.335.000	24.120	76.680	64.800	1.780.000	4.520.000	1.330.000	
Zuschlagsgrundlagen		13.000.000 FM		2.750.000 FL	3.250.000 FL	1 800 Maschinen-stunden		72.000 FL	2.000.000 FL	24.887.600 Herstellkosten des Umsatzes		
IST-Zuschlagssätze		9,0 %		49,6 %	41,1 %	56,00 € Maschinen-stundensatz		90,0 %	89,0 %	18,2 %	5,3 %	

Berechnung der Herstellkosten des Umsatzes als Zuschlagsgrundlage für die Verwaltungs- und Vertriebsgemeinkosten:

Kalkulationsschema		
Fertigungsmaterial	13.000.000,00 €	
+ Materialgemeinkosten (MGK)	1.170.000,00 €	
= **Materialkosten**		14.170.000,00 €
Fertigungslöhne FHS I (Fräserei)	2.750.000,00 €	
+ Fertigungsgemeinkosten (FGK) I	1.365.000,00 €	
= **Fertigungskosten I**		4.115.000,00 €
Fertigungslöhne FHS II (Dreherei)	3.250.000,00 €	
+ Fertigungsgemeinkosten (FGK) II	1.335.000,00 €	
= **Fertigungskosten II**		4.585.000,00 €
Maschinenabhängige FGK	**100.800,00 €**	
+ **Fertigungslöhne des Maschinenplatzes**	**72.000,00 €**	
+ **Restgemeinkosten**	**64.800,00 €**	
= **Fertigungskosten III (Maschinenplatz)**		**237.600,00 €**
Fertigungslöhne FHS IV (Montage)	2.000.000,00 €	
+ Fertigungsgemeinkosten (FGK) IV	1.780.000,00 €	
= **Fertigungskosten IV**		3.780.000,00 €
Herstellkosten der produzierten Menge (HK der Erzeugung)	26.887.600,00 €	
− Mehrbestand an fertigen Erzeugnissen	2.000.000,00 €	
= **Herstellkosten der abgesetzten Menge** (HK des Umsatzes)	**24.887.600,00 €**	

Aufgaben

258 Die Fertigungshauptstelle „Drehautomat" wird neu eingerichtet: Anschaffungskosten der Maschine 120.000,00 €, Wiederbeschaffungskosten 144.000,00 €; betriebsgewöhnliche Nutzungsdauer 12 Jahre. Kalkulatorische Zinsen 8 % von den halben Anschaffungskosten. Für Instandhaltung und Wartung werden jährlich 6.000,00 € veranschlagt. Die Platzkosten betragen 90,00 € je m^2 bei einer beanspruchten Fläche von 15 m^2. Energiekosten: 50,00 € Grundgebühr je Monat; Maschinenleistung 25 kW zu je 0,16 €/kWh; Werkzeugkosten monatlich 300,00 €. Die Kosten für Instandhaltung und Wartung sind zu 30 % variabel; als variabel gelten auch die Kosten für den Stromverbrauch. Alle anderen Platzkosten sind fix.

1. *Berechnen Sie die monatlichen fixen und variablen Maschinenkosten.*
2. *Berechnen Sie den Maschinenstundensatz bei einer Beschäftigung von 150 Stunden/Monat.*
3. *Die wirtschaftliche Rezession zwingt zu einer Verkürzung der Beschäftigung um 30 %. Mit welchem Maschinenstundensatz muss nun bei vollem Ersatz der fixen Kosten kalkuliert werden?*
4. *Gerade in der Rezessionsphase soll mit dem geplanten Maschinenstundensatz kalkuliert werden. Wie viel Euro fixe Kosten können dann nicht mehr ersetzt werden?*
5. *Wie hoch wäre der Maschinenstundensatz beim Zweischichtbetrieb mit 280 Stunden/Monat?*

259 In der Fertigungshauptstelle „Drehautomat" (vgl. Aufgabe 258) werden im Abrechnungsmonat zusätzlich folgende lohnabhängige Gemeinkosten ermittelt:

Hilfslöhne	2.500,00 €
Lohnnebenkosten	3.300,00 €
Allgemeine Betriebskosten	1.450,00 €

Die Fertigungslöhne der Kostenstelle betragen im Abrechnungsmonat 5.800,00 €.

1. *Bestimmen Sie den Restgemeinkostenzuschlagssatz.*
2. *Ermitteln Sie die gesamten Fertigungskosten der Kostenstelle.*
3. *Für einen Auftrag werden 4 ½ Maschinenstunden (vgl. 258, 2.) und 195,00 € Fertigungslöhne kalkuliert. Berechnen Sie die auftragsbezogenen Kosten des Maschinenplatzes.*

260 In einem Industriebetrieb werden die Fertigungshauptstellen neu organisiert: Es soll zusätzlich eine Kostenstelle für eine automatische Bandschneidemaschine eingerichtet werden. Die monatlichen Maschinenplatzkosten sind aus folgenden Angaben zu berechnen: Anschaffungskosten der Maschinenanlage 520.000,00 €; Wiederbeschaffungskosten 710.000,00 €; betriebsgewöhnliche Nutzungsdauer 10 Jahre. Die jährliche Nutzungszeit wird mit 1920 Maschinenstunden angesetzt. Die kalkulatorische Abschreibung ist linear von den Wiederbeschaffungskosten zu bestimmen. Für die kalkulatorischen Zinsen sind 9 % zugrunde zu legen. Für Instandhaltung und Reparatur sind lt. Belegen 62.400,00 € im Jahr zu veranschlagen. Der Platzbedarf der Maschine beträgt 30 m^2, der Raumkostensatz 102,00 € je m^2 im Jahr. Die Leistung der Maschine macht 40 kW bei einem Strompreis von 0,125 € je kWh aus, die Grundgebühr beträgt monatlich 80,00 €.

Lohnabhängige Gemeinkosten der Kostenstelle im Abrechnungsmonat:

Hilfslöhne	18.000,00 €
Sozialkosten	8.000,00 €
Allgemeine Betriebskosten	14.000,00 €

Die Fertigungslöhne der Kostenstelle werden mit 30.000,00 € ermittelt.

1. *Berechnen Sie die monatlichen Maschinenplatzkosten und den Maschinenstundensatz.*
2. *Die Kosten für Instandhaltung und Reparatur gelten zu 40 % als variabel; die Kosten des Stromverbrauchs sind in voller Höhe variabel. Alle anderen Platzkosten sind fix. Um in Zeiten wirtschaftlicher Rezession durch Zusatzaufträge die geplante Maschinenlaufzeit halten zu können, soll der Maschinenstundensatz unter Verzicht auf 40 % der fixen Kosten gesenkt werden. Berechnen Sie den Maschinenstundensatz.*

Der Betriebsabrechnungsbogen eines anlageintensiven Industriebetriebes weist nach der **261**
Verteilung der Gemeinkosten auf die Kostenstellen folgende Stellengemeinkosten aus:

Betriebsabrechnungsbogen					
Material-stelle	**Fertigungshauptstellen**			**Verwaltungs-stelle**	**Vertriebs-stelle**
	Maschine I	Maschine II	Übrige Fertig.-Stellen		
320.000,00	120.000,00	145.000,00	96.000,00	265.000,00	110.000,00

1. *Berechnen Sie die Gemeinkostenzuschlagssätze und die Maschinenstundensätze nach folgenden Angaben:*
   Materialstelle hat als Zuschlagsgrundlage:
   800.000,00 € Fertigungsmaterial,
   FHS Maschine I hat als Zuschlagsgrundlage: 1 500 Maschinenstunden,
   FHS Maschine II hat als Zuschlagsgrundlage: 1 650 Maschinenstunden,
   übrige Fertigungsstellen haben als Zuschlagsgrundlage:
   120.000,00 € Fertigungslöhne.
   Die Verwaltungs- und Vertriebsgemeinkosten werden auf die Herstellkosten des Umsatzes bezogen. Hierbei ist ein Mehrbestand von 24.000,00 € zu berücksichtigen.
2. *Berechnen Sie die Selbstkosten der Abrechnungsperiode.*
3. Der Beschäftigungsrückgang zwingt zu einer Verkürzung der Maschinenlaufzeit auf 1 200 Std. (Maschine I) und 1 500 Std. (Maschine II). *Erläutern Sie die Auswirkungen auf die Maschinenstundensätze.*

Vervollständigen Sie den Betriebsabrechnungsbogen.   **262**

Kostenart	Zahlen der BER	Material-stelle	Abrichtanlage		Rest-gemein-kosten	Übrige Fertig.-Stellen	Verw.-Stelle	Vertr.-Stelle
			Maschinen-abhängige Fertigungsgemein-kosten					
			fix	variabel				
Allg. Betriebs-kosten	8.000,00	1 :			3 :	4		
Energie	3.000,00	300,00	80,00	600,00		1.400,00	500,00	120,00
Betr.-Stoffkosten	6.000,00			1.000,00		5.000,00		
Gehälter	20.000,00	2.000,00	2.500,00			4.500,00	11.000,00	
Hilfslöhne	35.000,00	3.000,00			7.000,00	21.500,00		3.500,00
Soz. Abgaben	19.000,00	1.200,00			3.000,00	9.400,00	4.000,00	1.400,00
Kalk. Zinsen	5.000,00	500,00	800,00			2.600,00	600,00	500,00
Abschreibg. auf Anlagen	9.000,00	200,00	2.500,00			5.500,00	500,00	300,00
Abschreibg. auf Gebäude	18.000,00	1.800,00	3.500,00			9.000,00	2.200,00	1.500,00
Reparaturkosten	6.500,00		770,00	1.200,00		4.200,00		330,00
Sonstige Kosten	7.000,00	2 :				8 :	3 :	1
Fertigungslöhne					10.400,00	47.400,00		
Fertigungsmaterial		88.000,00						
Maschinenlaufstunden			250					

1. *Berechnen Sie die Zuschlagssätze und den Maschinenstundensatz.*
2. *Ermitteln Sie die Selbstkosten der Abrechnungsperiode.*
3. *Mit welchem Maschinenstundensatz muss bei vollem Kostenersatz in Zukunft kalkuliert werden, wenn mit einem Beschäftigungsrückgang um 20 % gerechnet wird?*
4. *Wie viel Euro fixe Kosten könnten nicht ersetzt werden, wenn trotz Beschäftigungsrückgang mit dem ursprünglichen Maschinenstundensatz kalkuliert wird?*

---

263 In einem Industriebetrieb bilden drei Stanzen eine Fertigungshauptstelle. Für jede Stanze wird der Maschinenstundensatz nach folgenden Angaben gesondert berechnet:

	Stanze I	Stanze II	Stanze III
Anschaffungskosten	84.000,00 €	150.000,00 €	240.000,00 €
Betriebsübliche Nutzungsdauer	15 Jahre	14 Jahre	14 Jahre
Lineare Abschreibung von den Wiederbeschaffungskosten	105.000,00 €	175.000,00 €	280.000,00 €
Kalk. Zinsen auf halbe Anschaffungskosten	9 %	9 %	9 %
Maschinenleistung	10 kW	20 kW	40 kW
Strompreis je kWh	0,18 €	0,18 €	0,18 €
Grundgebühr monatlich	60,00 €	80,00 €	100,00 €
Kosten für Instandhaltung und Wartung pro Jahr	4.000,00 €	8.000,00 €	10.000,00 €
Stand- und Arbeitsfläche	20 m^2	25 m^2	30 m^2
Platzkosten je m^2	40,00 €	40,00 €	40,00 €
durchschnittl. Werkzeugkosten je Monat	150,00 €	200,00 €	400,00 €
Betriebsstoffkosten je Monat	40,00 €	50,00 €	70,00 €

Die maschinenunabhängigen Fertigungskosten werden für den Monat Oktober für die gesamte Kostenstelle in folgender Höhe ermittelt:

Fertigungslöhne .... 7.500,00 €
Hilfslöhne .... 8.000,00 €
Soziale Abgaben .... 3.500,00 €
Allgemeine Betriebskosten .... 2.000,00 €

1. Berechnen Sie die Maschinenstundensätze für jede Stanze bei geplanten Beschäftigungen je Monat von:

	Stanze I	Stanze II	Stanze III
Laufstunden	150 Stunden	120 Stunden	100 Stunden

2. Ermitteln Sie den Restgemeinkostenzuschlagssatz.

---

264 In einem Industriebetrieb bildet die Reparaturwerkstatt mit 1 Bohrmaschine, 1 Drehmaschine und 1 Fräsmaschine eine besondere Kostenstelle. Für jede Maschine wurde ein eigener Maschinenstundensatz errechnet, und zwar für

Bohrmaschine .... 45,00 €
Drehmaschine .... 68,00 €
Fräsmaschine .... 52,00 €

Zusätzlich fallen in dieser Kostenstelle maschinenunabhängige Fertigungsgemeinkosten für Reinigung, Montage und Kontrolle an:

Hilfslöhne .... 4.000,00 €
Gehälter .... 5.400,00 €
Soziale Abgaben .... 3.000,00 €
Allgemeine Betriebskosten .... 2.000,00 €

Die Fertigungslöhne betragen in der Abrechnungsperiode 12.000,00 €.

Berechnen Sie den Restgemeinkostenzuschlagssatz und die Periodenkosten für 150 Stunden.

5 Kostenträgerstückrechnung

5.1 Aufgaben und Arten der Kostenträgerstückrechnung

Aufgaben. Mithilfe der Kostenträgerstückrechnung – auch **Kalkulation** genannt – werden vor allem die **Selbstkosten für einzelne Kostenträger** (Erzeugnis, Serie oder Auftrag) ermittelt. Im Einzelnen bedient sich der Kaufmann dieser Rechnung, um

- **Angebotspreise** für seine Erzeugnisse zu **berechnen.** In diesem Fall spricht man von **Vorkalkulation.**
- die **Kostenhöhe** der Stellengemeinkosten oder einzelner Kostenarten **kontrollieren** zu können. In diesem Fall spricht man von **Nachkalkulation.**
- die **Annahme von Aufträgen** zu vorgegebenen Marktpreisen **entscheiden** zu können. In der Regel wird ein Auftrag nur angenommen, wenn der Preis wenigstens die variablen Kosten deckt (vgl. Kapitel **„Deckungsbeitragsrechnung").**
- die **liquiditätsorientierte Preisuntergrenze** bestimmen zu können. Bei angespannter Absatzlage ist für den Unternehmer die Kenntnis der Liquiditätspreisuntergrenze wichtig. Hierbei werden die Kosten im Hinblick auf ihre **Ausgabenwirksamkeit** in **stark und schwach ersatzbedürftig** unterteilt. Stark ersatzbedürftige Kosten (z. B. Gehälter, Löhne, Mieten, Steuern) führen kurzfristig zu Geldausgaben und müssen über die Umsatzerlöse „verdient" werden.

Arten. Produktionsprogramm (Einproduktunternehmen, Mehrproduktunternehmen) und **Fertigungsverfahren** des jeweiligen Industriebetriebes bestimmen das zweckmäßigste Kalkulationsverfahren. Von den in der Praxis gebräuchlichen Verfahren werden die folgenden näher dargestellt:

Die Zuschlagskalkulation – aufbauend auf den Zuschlagssätzen der Kostenstellenrechnung – findet bei der **Einzel- oder Serienfertigung unterschiedlicher Erzeugnisse** mit verzweigtem Produktionsprozess Anwendung. Sie geht von den Einzelkosten (Fertigungsmaterial, Fertigungslöhne) aus und führt durch schrittweise Einrechnung der anteiligen Gemeinkosten über Gemeinkostenzuschlagssätze zu den Selbstkosten. In stark mechanisierten Betrieben wird sie ergänzt durch die Maschinenstundensatzrechnung (vgl. Seite 258 f.).

Die Divisionskalkulation basiert auf der Überlegung, dass sich die Selbstkosten je Stück ergeben, wenn man die Gesamtkosten einer Abrechnungsperiode durch die in dieser Zeit hergestellte Menge dividiert. Dieses Kalkulationsverfahren kann nur in solchen Betrieben eingesetzt werden, die ein **einheitliches Erzeugnis** herstellen (z. B. Elektrizitätswerke, Mineralbrunnen, Zementfabriken, Sandgruben).

Die Kalkulation mit Äquivalenzziffern wenden Betriebe mit **Sortenfertigung** an. Sortenfertigung liegt dann vor, wenn in einem einheitlichen Produktionsprozess **gleichartige** Produkte hergestellt werden, die sich lediglich in Abmessung, Körnung, Zusammensetzung voneinander unterscheiden (z. B. Bleche unterschiedlicher Stärke, Bier unterschiedlicher Sorte, Bausteine unterschiedlicher Größe usw.). Da die Erzeugnisse die gleichen Produktionsstätten unterschiedlich beanspruchen, genügt es für die Ermittlung der Selbstkosten, wenn man aus Erfahrung oder aus einer Produktionsanalyse die **Verhältniszahlen** kennt, die die unterschiedliche Produktionsbeanspruchung wiedergeben. Diese Verhältniszahlen heißen **Äquivalenzziffern.** Die Rechnungsdurchführung entspricht der Divisionskalkulation.

Merke: Die Kostenträgerstückrechnung – auch Kalkulation genannt – ermittelt die Selbstkosten für den einzelnen Kostenträger. Mit ihrer Hilfe werden Angebotspreise berechnet und Kostenkontrollen durchgeführt.

Istkostenrechnung. Der Betriebsabrechnungsbogen wird jeden Monat aus den **Zahlen des Vormonats** neu aufgestellt. In der Regel werden die mithilfe der Stellengemeinkosten und der Zuschlagsgrundlagen **errechneten IST-Zuschlagssätze von Monat zu Monat schwanken,** da sich durch Preisänderungen der Roh-, Hilfs- und Betriebsstoffe, durch Lohn- und Gehaltserhöhungen, durch Verwendung anderer Rohstoffe oder aufgrund unterschiedlicher Auftragslagen **(Preis-, Beschäftigungs- und/oder Verbrauchsabweichungen)** auch die Stellengemeinkosten und die Zuschlagsgrundlagen ändern. Die **Vorkalkulation** (Angebotskalkulation) würde durch dieses ständige Schwanken ihre feste Grundlage verlieren. Für die **Nachkalkulation** (Kostenkontrolle) hat die IST- Kostenrechnung ihre Bedeutung.

Merke:
- Die IST-Kostenrechnung eignet sich nicht für Angebotskalkulationen, weil sie mit Vergangenheitswerten und mit schwankenden Zuschlägen arbeitet.
- Die IST-Kostenrechnung ist die Grundlage für die Nachkalkulation.

Normalkostenrechnung. Für die zukunftsorientierte und über einen längeren Zeitabschnitt konstante Angebotskalkulation werden sog. **Normalkosten** verwendet. Normalkosten sind **Durchschnittskosten,** die aus den Istkosten oder den Istkostenzuschlagssätzen der Vergangenheit errechnet werden.

Normalzuschlagssätze. In ihrer einfachen Form legt die Normalkostenrechnung für jede Hauptkostenstelle einen **Normalzuschlagssatz** fest (Zuschlagsprozentsatz, Maschinenstundensatz, Fertigungsstundensatz). Normalzuschlagssätze lassen sich sehr einfach als **arithmetische Mittelwerte** aus einer Anzahl früherer Istzuschlagssätze berechnen.

Beispiel: Für das zweite Halbjahr .. ist der Normalzuschlagssatz in der Materialstelle aus folgenden Istzuschlagssätzen der vergangenen 6 Monate lt. BAB zu berechnen: 9,4 %; 10,2 %; 10,3 %; 10,1 %; 9,7 %; 9,9 %.

$$\frac{9,4\ \% + 10,2\ \% + 10,3\ \% + 10,1\ \% + 9,7\ \% + 9,9\ \%}{6} = \frac{59,6\ \%}{6} = 9,93\ \%;\ \text{aufgerundet } \mathbf{10\ \%.}$$

Verrechnungspreise. In verfeinerter Form lassen sich Normalkosten auch für **einzelne Kostenarten** festlegen. Das ermöglicht die Überprüfung des Kostenverbrauchs, z. B. des Materials und der Löhne. Hierzu werden

▶ **Material** zu **festen Verrechnungspreisen,**
▶ **Löhne** zu **festen Lohnsätzen** kalkuliert.

In der Regel reicht es aus, wenn die wichtigsten Kostenarten normiert werden.

Beispiel: Der Rohstoffverbrauch wurde in den zurückliegenden 4 Monaten zu folgenden (durchschnittlichen) Anschaffungskosten (= Preis je Mengeneinheit) in der Betriebsabrechnung eingesetzt: 89,20 €; 90,40 €; 89,65 €; 88,75 €.

$$\frac{89,2 + 90,4 + 89,65 + 88,75}{4} = \frac{358}{4} = \mathbf{89,50\ €}$$

Der **Verrechnungspreis** könnte auf **90,00 €** je Mengeneinheit festgesetzt werden.

Merke: Normalkosten sind Durchschnittskosten, die aus den Istkosten oder den Istkostenzuschlagssätzen der Vergangenheit als arithmetische Mittelwerte berechnet werden.

5.2 Zuschlagskalkulation als Angebotskalkulation

Voraussetzung. Die Zuschlagskalkulation setzt eine Trennung der Kosten in **Einzel- und Gemeinkosten** voraus. Die Einzelkosten werden dem Kostenträger **direkt** aufgrund von Stücklisten und Konstruktionszeichnungen oder über Vorgabezeiten, die anteiligen Gemeinkosten **indirekt** über Normalzuschlagssätze zugerechnet.

Vorkalkulation. Die Vorkalkulation (= Angebotskalkulation) soll bereits bei Abschluss eines Kaufvertrages eine **verbindliche Aussage** über den zu fordernden Preis machen. Sie liegt zeitlich also vor dem Produktionsprozess und basiert auf **Normalkosten.**

Schema der Zuschlagskalkulation:

	Fertigungsmaterial je Kostenträger lt. Beleg
+	Materialgemeinkosten ... % Normalzuschlag
	Materialkosten
	Fertigungslöhne je Kostenträger lt. Beleg
+	Fertigungsgemeinkosten ... % Normalzuschlag
+	Sondereinzelkosten der Fertigung lt. Beleg
	Fertigungskosten
	Herstellkosten je Kostenträger
+	Verwaltungsgemeinkosten ... % Normalzuschlag
+	Vertriebsgemeinkosten ... % Normalzuschlag
+	Sondereinzelkosten des Vertriebs lt. Beleg
	Selbstkosten je Kostenträger

Der Vorteil der Zuschlagskalkulation gegenüber anderen Kalkulationsverfahren liegt darin, dass sie sich sehr leicht einer **verzweigten** Produktion **anpassen** lässt. Ist der **Fertigungsbereich** z. B. **in mehrere Hauptkostenstellen** mit jeweils eigenen Einzelkosten und Gemeinkostenzuschlägen aufgegliedert, so lässt sich diese **Aufgliederung auch im Kalkulationsschema** darstellen:

	.
	.
	.
	Fertigungslöhne je Kostenträger in Hauptstelle I
+	Fertigungsgemeinkosten (Prozent- oder Stundensatz)
	Fertigungskosten I
	Fertigungslöhne je Kostenträger in Hauptstelle II
+	Fertigungsgemeinkosten (Prozent- oder Stundensatz)
	Fertigungskosten II
	Fertigungslöhne je Kostenträger in Hauptstelle III
+	Fertigungsgemeinkosten (Prozent- oder Stundensatz)
	Fertigungskosten III
	.
	.
	.

Merke: **Die Zuschlagskalkulation passt sich in ihrem Aufbau der Hauptkostenstellengliederung des Betriebsabrechnungsbogens an. Sie erfasst die Einzel- und Gemeinkosten des Kostenträgers stufenweise und verursachungsgerecht.**

Beispiel: Auf der Basis folgender Angaben soll eine Vorkalkulation für **50 Geräte** Typ G I-65 aufgestellt werden.

Fertigungsmaterial des Auftrags lt. Stückliste: 1.400,00 €.
Fertigungslöhne in Hauptstelle I: 42 Stunden zu je 12,50 €,
Fertigungslöhne in Hauptstelle II: 24 Stunden zu je 16,00 €,
Fertigungslöhne in Hauptstelle III: 20 Stunden zu je 11,00 €.
Normalgemeinkostenzuschläge (vgl. S. 255):

Material	....	10 %	Fertigung III	....	90 %,
Fertigung I	....	50 %,	Verwaltung	....	20 %,
Fertigung II	....	40 %,	Vertrieb	....	5 %,

		€	€
	Fertigungsmaterial	1.400,00	
+	10 % Materialgemeinkosten	140,00	1.540,00
	Fertigungslöhne I (42 · 12,5)	525,00	
+	50 % Fertigungsgemeinkosten	262,50	787,50
	Fertigungslöhne II (24 · 16)	384,00	
+	40 % Fertigungsgemeinkosten	153,60	537,60
	Fertigungslöhne III (20 · 11)	220,00	
+	90 % Fertigungsgemeinkosten	198,00	418,00
	Herstellkosten		3.283,10
+	20 % Verwaltungsgemeinkosten		656,62
+	5 % Vertriebsgemeinkosten		164,16
	Selbstkosten des Auftrags		**4.103,88**

Listenpreis. Nach Einrechnung des **Gewinnzuschlags** sowie der **Zuschläge für Skonto, Vertriebsprovision und Rabatt** in die Selbstkosten ergibt sich der Listenpreis (= Angebotspreis).

Gewinn. Der unternehmerische Erfolg spiegelt sich im Jahreserfolg wider. Der Betriebsgewinn muss so hoch ausfallen, dass er das **allgemeine Unternehmerrisiko** abdeckt. Eigenkapitalverzinsung, Unternehmerlohn und Einzelwagnisse werden als kalkulatorische Kosten eingesetzt (vgl. S. 222 f.) und über die Umsatzerlöse „verdient".

Der kalkulatorische Gewinnzuschlag lässt sich wie folgt bestimmen:

Beispiel: Die Maschinenbau Kern KG, Leverkusen, erzielte in den zurückliegenden Monaten einen durchschnittlichen Betriebsgewinn von 180.000,00 €. Im gleichen Zeitabschnitt betrugen die Selbstkosten durchschnittlich 900.000,00 €.

$$\text{Gewinnzuschlagssatz} = \frac{180.000 \cdot 100 \, \%}{900.000} = \mathbf{20 \, \%}$$

Beispiel: Die Selbstkosten für den o. g. Auftrag wurden mit 4.103,88 € kalkuliert. Der Gewinnzuschlagssatz beträgt 20 %.

	Selbstkosten des Auftrags	4.103,88 €
+	20 % Gewinnzuschlag	820,78 €
	Barverkaufspreis	**4.924,66 €**

Merke:
- **Im kalkulatorischen Gewinn wird das allgemeine Unternehmerrisiko berücksichtigt. Zuschlagsgrundlage für den Gewinn sind die Selbstkosten.**
- **Die Summe aus Selbstkosten und Gewinn ergibt den Barverkaufspreis:**

	Selbstkosten
+	**Gewinn**
=	**Barverkaufspreis**

Sondereinzelkosten des Vertriebs. Sofern beim Verkauf Aufwendungen entstehen, die sich unmittelbar dem Erzeugnis oder dem Auftrag zurechnen lassen (z. B. Transportkosten, Verpackungskosten, Vertriebsprovision), werden die Aufwendungen in den Barverkaufspreis eingerechnet. Sie gehen nicht zulasten des Verkäufers. In manchen Fällen müssen die Nebenkosten zunächst über entsprechende Prozentzuschläge ausgerechnet werden (z. B. Transportversicherung, Vertriebsprovision). Hierbei ist zu beachten, dass die Zuschlagsgrundlage (≙ 100 %) für die genannten Aufwendungen der **Zielverkaufspreis** ist, nicht aber der Barverkaufspreis: Der Vertreter z. B. beansprucht seine Provision vom vereinbarten Rechnungspreis (= Zielverkaufspreis).

Kundenskonto und Kundenrabatt stellen Verkaufszuschläge dar, die vom Verkäufer entweder für Zahlung innerhalb bestimmter Fristen (Kundenskonto) oder für die Abnahme bestimmter Mengen (Mengenrabatt) gewährt werden. Sie sollen dem Kunden nur unter den genannten Bedingungen zugute kommen und gehen nicht zulasten des Verkäufers.

Kundenskonto wird bei der Vorwärtskalkulation in den Barverkaufspreis eingerechnet, Kundenrabatt in den Zielverkaufspreis. Zu beachten ist hierbei, dass die Zuschlagsgrundlage (≙ 100 %) für **Kundenskonto** der **Zielverkaufspreis** ist, da der Kunde Skonto vom Rechnungspreis (= Zielverkaufspreis) abzieht. Die Zuschlagsgrundlage für **Kundenrabatt** ist der **Listenverkaufspreis,** der auch Angebotspreis oder Nettoverkaufspreis genannt wird. Sofortrabatte werden bereits vor der Rechnungslegung vom Verkäufer in Abzug gebracht.

Beispiel: Die Selbstkosten für einen Auftrag wurden mit 4.103,88 € kalkuliert (vgl. S. 268). Der Gewinnzuschlag ist mit 20 % anzusetzen, die Verkaufszuschläge betragen 2 % Kundenskonto, 3 % Vertriebsprovision und 10 % Verkaufsrabatt.

	Selbstkosten des Auftrags	4.103,88 €				
+	20 % Gewinnzuschlag	820,78 €				
	Barverkaufspreis	4.924,66 €	≙	95 %		
+	2 % Kundenskonto	103,68 €	≙	2 %		
+	3 % Vertriebsprovision	155,52 €	≙	3 %		
	Zielverkaufspreis	5.183,86 €	≙	100 %	≙	90 %
+	10 % Kundenrabatt	575,98 €			≙	10 %
	Listenpreis	**5.759,84 €**			≙	100 %

Berechnung der Verkaufszuschläge. Für die Berechnung von Kundenskonto und Vertriebsprovision ist der Zielverkaufspreis der Grundwert; er entspricht 100 %. Der Barverkaufspreis, den der Verkäufer nach Abzug von Skonto und Provision erhalten will, entspricht dann 95 %. Bei der Vorwärtskalkulation – ausgehend vom Barverkaufspreis – ist also zu rechnen:

$$\text{Kundenskonto} = \frac{4.924,66 \cdot 2\,\%}{95\,\%} = \mathbf{103{,}68 \,€}$$

$$\text{Vertr.-Prov.} = \frac{4.924,66 \cdot 3\,\%}{95\,\%} = \mathbf{155{,}52 \,€}$$

Für die Berechnung des Kundenrabattes ist der Listenpreis der Grundwert (100 %); ausgehend vom Zielverkaufspreis ist also zu rechnen:

$$\text{Kundenrabatt} = \frac{5.183,86 \cdot 10\,\%}{90\,\%} = \mathbf{575{,}98 \,€}$$

Merke: **Zuschlagsgrundlage für die Berechnung von Kundenskonto und Vertriebsprovision ist der Zielverkaufspreis (= Rechnungspreis). Zuschlagsgrundlage für die Berechnung von Kundenrabatt ist der Listenpreis (= Angebotspreis).**

Aufgaben

265 Der BAB einer Maschinenfabrik enthält für den Monat November folgende Angaben:

Materialgemeinkosten	36.850,00
Fertigungsgemeinkosten	716.880,00
Verwaltungsgemeinkosten	281.573,00
Vertriebsgemeinkosten	140.786,50

An Einzelkosten fallen an:

Fertigungsmaterial	670.000,00
Fertigungslöhne	477.920,00

1. *Berechnen Sie die Istzuschlagssätze (Bestandsveränderungen sind nicht zu berücksichtigen).*
2. *Das Unternehmen kalkuliert mit folgenden Normalzuschlagssätzen:*

Material	6 %
Fertigung	160 %
Verwaltung	15 %
Vertrieb	6 %

Errechnen Sie die Selbstkosten eines Auftrags, für den folgende Einzelkosten veranschlagt werden:

Fertigungsmaterial	650,00
Fertigungslöhne 42 Stunden zu je	21,00

266 Eine Schlösserfabrik will 50 000 Vorhängeschlösser eines bestimmten Typs in Fertigung geben. Es werden folgende Kosten geplant:

Fertigungsmaterial	32.000,00
Fertigungslöhne in Fertigungshauptstelle I	8.000,00
Fertigungslöhne in Fertigungshauptstelle II	5.800,00
Fertigungslöhne in Fertigungshauptstelle III	4.400,00

Die Normalzuschlagssätze betragen:

Material	5 %
Fertigung I	180 %
Fertigung II	200 %
Fertigung III	160 %
Verwaltung	15 %
Vertrieb	8 %
Gewinnzuschlag	18 %

Berechnen Sie die geplanten Selbstkosten insgesamt und je Stück sowie den Barverkaufspreis für ein Schloss.

267 Eine Werkzeugfabrik kalkuliert mit folgenden Normalzuschlagssätzen:

Material	12 %
Fertigung I	160 %
Fertigung II	200 %
Verwaltung	10 %
Vertrieb	8 %

Für einen Auftrag über 500 Feilen wird mit einem Materialverbrauch von 750,00 € und einem Lohnaufwand von

15 Stunden zu je 22,50 € in Fertigungshauptstelle I und

18 Stunden zu je 20,50 € in Fertigungshauptstelle II

gerechnet.

Gewinnzuschlag 15 %, Skonto 3 %, Vertriebsprovision 4 %.

1. *Erstellen Sie die Vorkalkulation. Wie viel Euro Selbstkosten entfallen auf eine Feile?*
2. *Bestimmen Sie den Rechnungspreis für eine Feile.*

Für eine Werkzeugmaschine sind die Selbstkosten nach folgenden Angaben zu kalkulieren: **268**

Fertigungsmaterial	12.500,00 €
Fertigungslöhne Dreherei	2.950,00 €
Fertigungslöhne Fräserei	1.410,00 €

Normalzuschlagssätze:

Material	15 %
Fertigungshauptstelle Dreherei	115 %
Fertigungshauptstelle Fräserei	120 %
Verwaltung	15 %
Vertrieb	5 %

Das Erzeugnis wird unter Einrechnung von 3 % Kundenskonto und 8 % Kundenrabatt zum Preis von 38.660,00 € angeboten.

Wie hoch ist der erzielbare Gewinn in € und Prozent?

Die Kostenrechnungsabteilung eines Industriebetriebes kalkuliert den Listenpreis für ein **269** Gerät, das neu in das Produktionsprogramm aufgenommen werden soll, aufgrund folgender Unterlagen:

Fertigungsmaterial lt. Stückliste:
Gehäuse   je Stück   4,00 €
Armatur   je Stück 12,00 €

Fertigungslöhne lt. Zeitvorgabe:

I. Schneiden	je 100 Stück	450	Minuten
II. Schweißen	je Stück	3	Minuten
III. Lackieren	je 100 Stück	270	Minuten
IV. Montieren	je Stück	2	Minuten

Die Arbeitsstunde wird einheitlich mit 30,00 € verrechnet.

Die Normalzuschlagssätze betragen:
Material 5 %, Fertigung I 100 %, Fertigung II 140 %, Fertigung III 90 %, Fertigung IV 110 %, Verwaltung 20 %, Vertrieb 6 %.

Folgende Verkaufszuschläge sind zu berücksichtigen:
Gewinn 15 %,   Skonto (i. H.) 2 %,   Rabatt (i. H.) 10 %.

1. *Wie viel € beträgt der Listenpreis je Gerät?*
2. Das entsprechende Gerät wird von Konkurrenzunternehmen zum Barverkaufspreis von 43,00 € auf dem Markt angeboten.
   Lohnt sich die Produktion? Wie hoch wäre der tatsächliche Stückgewinn?

Erstellen Sie die Vorkalkulation für einen Reparaturauftrag unter Berücksichtigung folgender **270** *Angaben:*

Reparaturmaterial:	45,00 €,
Materialgemeinkostenzuschlag:	8 %,
Fertigungslöhne:	1,5 Stunden zu je 31,50 €,
Maschineneinsatz:	Bohren 0,25 Std.,
	Drehen 0,75 Std.,
	Fräsen 0,50 Std.

Der Maschineneinsatz wird mit 45,40 € je Stunde kalkuliert.

Verwaltungs- und Vertriebsgemeinkostenzuschlag: 20 %.

Gewinnzuschlag: 15 %.

5.3 Zuschlagskalkulation als Nachkalkulation

Aufgabe. Die Nachkalkulation muss zeigen, ob der zu normierten Kosten angenommene Auftrag im Rahmen dieser Kosten verwirklicht werden konnte. Sie wird nach **Beendigung der Produktion** als Zuschlagskalkulation aufgrund der **tatsächlich** entstandenen Einzelkosten und der **Istzuschläge des BAB** durchgeführt und den Zahlen der Vorkalkulation gegenübergestellt. Sofern sich Abweichungen ergeben, sind die Ursachen hierfür zu erforschen.

Merke:	Die Nachkalkulation ist eine Kontrollrechnung, die den Normalkosten der Vorkalkulation die tatsächlichen Kosten (Istkosten) gegenüberstellt.

Beispiel:	Auf der Grundlage der Angaben von Seite 268 und Seite 269 soll eine Nachkalkulation unter folgenden Abweichungen durchgeführt werden:

Fertigungsmaterial lt. Belege .... 1.440,00 €
Fertigungslöhne in Hauptstelle I: 38,50 Stunden zu je .... 12,50 €
Fertigungslöhne in Hauptstelle II: 26,25 Stunden zu je .... 16,00 €
Fertigungslöhne in Hauptstelle III: 18 Stunden zu je .... 11,00 €
Istgemeinkostenzuschläge lt. BAB, S. 255:

Material	9,0 %	Fertigung III	89,0 %
Fertigung I	49,6 %	Verwaltung	18,3 %
Fertigung II	41,1 %	Vertrieb	5,4 %

Der **Listenpreis** in Höhe von 5.759,84 € ist verbindlicher Angebotspreis.

Kalkulationsschema	Vorkalkulation		Nachkalkulation	
Fertigungsmaterial		1.400,00		1.440,00
+ Materialgemeinkosten	10 %	140,00	9,0 %	129,60
Materialkosten		**1.540,00**		**1.569,60**
+ Fertigungslöhne I		525,00		481,25
+ Fertigungsgemeinkosten . .	50 %	262,50	49,6 %	238,70
Fertigungskosten I		**787,50**		**719,95**
+ Fertigungslöhne II		384,00		420,00
+ Fertigungsgemeinkosten . .	40 %	153,60	41,1 %	172,62
Fertigungskosten II		**537,60**		**592,62**
+ Fertigungslöhne III		220,00		198,00
+ Fertigungsgemeinkosten . .	90 %	198,00	89,0 %	176,22
Fertigungskosten III		**418,00**		**374,22**
Herstellkosten		**3.283,10**		**3.256,39**
+ Verwaltungsgemeinkosten .	20 %	656,62	18,3 %	595,92
+ Vertriebsgemeinkosten . .	5 %	164,16	5,4 %	175,85
Selbstkosten des Auftrags .		**4.103,88**		**4.028,16**
+ Gewinnzuschlag	20 %	820,78	22,26 %	896,50
Barverkaufspreis		**4.924,66**	→	**4.924,66**
+ Kundenskonto	2 %	103,68		
+ Vertriebsprovision	3 %	155,52		
Zielverkaufspreis		**5.183,86**		
+ Kundenrabatt	10 %	575,98		
Angebotspreis (Listenpreis)		**5.759,84**		

Merke:	Die Nachkalkulation misst im Vergleich mit den Normalkosten der Vorkalkulation den tatsächlichen Erfolg eines Auftrags.

6621272

Auswertung. In diesem Beispiel liegen die **tatsächlichen Selbstkosten** um 75,72 € unter den **verrechneten Normalkosten.** Die Abweichungen sind im Einzelnen darauf zurückzuführen,

- dass die **verbrauchten** Fertigungsstunden von den normierten abweichen. Hier ist eine Kontrolle des **Mehrverbrauchs** an Fertigungslöhnen in der Hauptstelle II angezeigt.
- dass die IST-Zuschlagssätze von den Normalzuschlagssätzen in den einzelnen Kostenstellen abweichen. In der Fertigungshauptstelle II und in der Vertriebsstelle **übersteigen** sie die vorgegebene Norm. Hier ist anhand der auf die Kostenstelle aufgeschlüsselten Gemeinkosten und der Zuschlagsgrundlagen nachzuforschen, in welcher **Kostenart** die Abweichungen auftreten und ob sie auf **Preis-, Beschäftigungs- oder Verbrauchsabweichungen** zurückzuführen sind. Nur **Verbrauchsabweichungen** sind vom Betriebsleiter zu verantworten.

Da der Verkaufspreis verbindlich zugesagt war, steigt der Gewinn um die Gesamtabweichung von 75,72 €. Treten Abweichungen häufiger oder in größerem Ausmaß auf, dann müssen die Normalzuschläge angepasst werden.

Aufgaben

271

Erstellen Sie zur Aufgabe 266, S. 270, eine Nachkalkulation aufgrund folgender Istkosten:

Fertigungsmaterial	35.600,00
Fertigungslöhne in Hauptstelle I	7.400,00
Fertigungslöhne in Hauptstelle II	5.900,00
Fertigungslöhne in Hauptstelle III	4.800,00

Die Ist-Zuschlagssätze lt. BAB betragen:

Material	4,2 %	Fertigung III	165 %
Fertigung I	170 %	Verwaltung	12,5 %
Fertigung II	220 %	Vertrieb	7,4 %

Wie viel Gewinn (in Euro und Prozent) wird je Schloss erzielt?

An welchen Kostenarten und Kostenstellen hat die Kostenkontrolle anzusetzen?

272

Zur Aufgabe 267, S. 270, ist eine Nachkalkulation aufzustellen.

Nach Durchführung der Produktion steht fest, dass der Materialverbrauch eingehalten wurde, der Lohnaufwand betrug jedoch

in Fertigungshauptstelle I:	16 Stunden zu je 23,00 €,
in Fertigungshauptstelle II:	24 Stunden zu je 18,40 €.

Der BAB des Abrechnungsmonats weist folgende Ist-Zuschlagssätze aus:

Material	10 %
Fertigung I	150 %
Fertigung II	180 %
Verwaltung	12,5 %
Vertrieb	10 %

1. *Welche Kostenarten und -stellen sind zu überprüfen?*
2. *Wie erklären Sie den erheblichen Unterschied zwischen normierter und verbrauchter Arbeitszeit in der Fertigungshauptstelle II?*

273

1. *Worin unterscheiden sich Vor- und Nachkalkulation?*
2. *Wie werden Normalzuschlagssätze errechnet?*
3. *Die Zuschlagssätze für die Fertigungsgemeinkosten liegen in zwei aufeinander folgenden Betriebsabrechnungsbögen über dem Normalzuschlagssatz.*

   Worauf kann das zurückzuführen sein? Was müsste ggf. veranlasst werden?

5.4 Divisionskalkulation

5.4.1 Einstufige Divisionskalkulation

Massenfertigung. Die Divisionskalkulation findet Anwendung in Unternehmungen, die ein **einheitliches** Produkt herstellen (Massenfertigung!). In diesen Unternehmungen gibt es kein verzweigtes Produktionsprogramm mit unterschiedlicher Belastung der Kostenstellen durch die Kostenträger. Somit entfällt bei Anwendung der Divisionskalkulation die Aufteilung der Kosten in Einzel- und Gemeinkosten und die umständliche Aufschlüsselung der Gemeinkosten auf die Kostenstellen.

Einfache Divisionskalkulation. Die einfache Divisionskalkulation ist anwendbar, wenn ein Unternehmen nur eine Erzeugnisart herstellt (z. B. Elektrizitätswerk, Ziegelei, Brauerei usw.). Die Selbstkosten für den einzelnen Kostenträger ergeben sich aus der Division der Gesamtkosten einer Abrechnungsperiode durch die Produktionsmenge der gleichen Periode.

$$\text{Selbstkosten des Kostenträgers} = \frac{\text{Gesamtkosten der Periode}}{\text{Produktionsmenge der Periode}}$$

Beispiel: Die Herstellkosten betragen im Monat Januar 300.000,00 €, die Verwaltungs- und Vertriebskosten 60.000,00 €. Es werden 2500 Stück produziert. Für den Gewinn wird ein Zuschlag von 20 % auf die Selbstkosten eingerechnet.

$$\text{Selbstkosten je Stück} = \frac{360.000,00 \text{ €}}{2500 \text{ Stück}} = 144,00 \text{ €/Stück}$$

+ **Gewinnzuschlag** 20 % . . . . **28,80 €**
Barverkaufspreis . . . . **172,80 €**

Für die Angebotskalkulation werden bei diesem Verfahren **normierte Selbstkosten** verwendet, die man als **arithmetisches Mittel** aus den Stückselbstkosten vergangener Abrechnungsperioden berechnet.

5.4.2 Divisionskalkulation mit Äquivalenzziffern

Sortenfertigung. Die Äquivalenzzifferkalkulation ist eine vereinfachte Selbstkostenrechnung, die sich in Unternehmungen mit **Sortenfertigung** unter folgenden Bedingungen anwenden lässt:

▶ Die **Erzeugnisse** müssen **artgleich** sein
(z. B. Ziegel, Biersorten, Bausteine, Zigaretten usw.).
▶ Die **Erzeugnisse** müssen **in einem festen Kostenverhältnis**
zueinander stehen.

Äquivalenzziffern. Unterschiede in den Selbstkosten je Erzeugniseinheit können nur dadurch verursacht werden, dass die einzelnen Erzeugnisgruppen die Produktionsstätten verschieden stark beanspruchen. Das **Kostenverhältnis,** das die unterschiedlich starke Beanspruchung angibt, wird durch Beobachtung und Messung festgestellt. Hierbei setzt man das **Haupterzeugnis gleich 1** und bringt die anderen Erzeugnisgruppen durch einen die Kostenverursachung ausdrückenden Zuschlag oder Abschlag in Beziehung zu 1. Die sich ergebenden Zahlen heißen **Äquivalenzziffern.**

Durchführung der Rechnung. Die produzierten Mengen der einzelnen Sorten werden mit ihren Äquivalenzziffern multipliziert. Dadurch werden die Erzeugnisse in ihrer Kostenverursachung auf das Haupterzeugnis umgerechnet und somit zu **rechnerisch gleichartigen Erzeugnissen** gemacht. Dividiert man die Selbstkosten der Abrechnungsperiode durch die Summe der Umrechnungszahlen, so erhält man die **Selbstkosten für 1 Stück der Hauptsorte.** Multipliziert man diese Stückkosten mit den Äquivalenzziffern, so ergeben sich die Stückkosten der übrigen Sorten.

Beispiel: Die Maschinenbau Kern KG produziert vier ähnliche Gerätetypen. Für den Monat Juni liegen folgende Angaben vor:

Produzierte Menge des Typs A .... 280 Geräte
Produzierte Menge des Typs B .... 240 Geräte
Produzierte Menge des Typs C .... 180 Geräte
Produzierte Menge des Typs D .... 120 Geräte

Das Kostenverhältnis zwischen den Sorten lautet 1 : 0,8 : 1,4 : 1,2.
Die Selbstkosten der Periode betragen 1.302.000,00 €.

Es sind die Selbstkosten für ein Gerät jedes Typs zu berechnen.

Typ	Produktions- menge	Äquivalenz- ziffern	Umrechnungs- zahlen	Selbstkosten für 1 Gerät	Selbstkosten je Typ
A	280	1	280	1.500,00 €	420.000,00
B	240	0,8	192	1.200,00 €	288.000,00
C	180	1,4	252	2.100,00 €	378.000,00
D	120	1,2	144	1.800,00 €	216.000,00
			868		1.302.000,00

1.302.000,00 € : 868 = 1.500,00 € für 1 Gerät des Typs A

Aufgaben

274

Eine Kiesgrube arbeitet monatlich mit folgenden Kosten:

Betriebsstoffkosten 8.420,00
Energiekosten 4.300,00
Lohnkosten 48.500,00
Abschreibungen 12.600,00
Verwaltungskosten 10.400,00
Vertriebskosten 9.800,00

Es wird nur eine geringe Menge Kies ständig im Vorratsbehälter gelagert, sodass die Fördermenge jeweils der Absatzmenge entspricht. Die Förderung beträgt monatlich 3 800 t.
Wie hoch sind die Selbstkosten für eine t?

275

Die Novalux GmbH kalkuliert die Selbstkosten ihrer Glühbirnen nach folgenden Angaben: Die Einzelkosten (Fertigungsmaterial, Fertigungslöhne) werden für jede Sorte getrennt erfasst, die Gemeinkosten in einer Summe.

Sorte	Produktions- menge	Fertigungs- material	Fertigungs- löhne	Äquivalenz- ziffern	Gemein- kosten
40 W	600 000	90.000,00	75.000,00	0,8	
60 W	800 000	110.000,00	130.000,00	1,0	514.800,00
100 W	200 000	35.000,00	40.000,00	1,4	

1. *Berechnen Sie die Stückkosten jeder Sorte.*
2. *Berechnen Sie die Selbstkosten jeder Sorte.*

6 Kostenträgerzeit- und Ergebnisrechnung
6.1 Kostenüberdeckung und Kostenunterdeckung

„Verdiente" Kosten. Die Angebotskalkulationen werden auf Normalkostenbasis erstellt (vgl. S. 267 f.). **Somit werden dem Unternehmen über die erzielten Umsatzerlöse Normalkosten** (= „verdiente" Kosten) **erstattet.**

Kostenüber- und -unterdeckung. Selbstverständlich muss am Ende des Monats festgestellt werden, ob die verrechneten Normalgemeinkosten die tatsächlich entstandenen Gemeinkosten decken. Da Normal- und Istkosten nur selten übereinstimmen, ergibt sich in der Regel eine Über- oder Unterdeckung.

> **Bei einer Überdeckung** liegen die verrechneten Normalkosten über den Istkosten. Die mit Normalsätzen kalkulierten Selbstkosten sind höher als die tatsächlichen Selbstkosten.
>
> **Bei einer Unterdeckung** liegen die verrechneten Normalkosten unter den Istkosten. Die tatsächlich angefallenen Kosten werden durch die Kalkulation mit Normalzuschlägen nicht mehr gedeckt.

Es ist zweckmäßig, die **Über- oder Unterdeckung im BAB auszuweisen.** Die verrechneten Normalgemeinkosten werden in den BAB eingetragen, und zwar unterhalb der in den einzelnen Stellen ermittelten Istgemeinkosten. Die Über- oder Unterdeckung ergibt sich dann durch Saldierung.

Beispiel:	**In dem nachstehenden (verkürzten) BAB** (vgl. S. 245) wurden folgende Normalzuschlagssätze zugrunde gelegt:

Materialgemeinkosten = 10 %, Verwaltungsgemeinkosten = 20 %,
Fertigungsgemeinkosten = 52 %, Vertriebsgemeinkosten = 5 %.

Zuschlagsgrundlagen sind folgende Einzelkosten:
Fertigungsmaterial 13.000.000,00
Fertigungslöhne 8.000.000,00
Herstellkosten des Umsatzes (Ist) 24.410.000,00
Herstellkosten des Umsatzes (Normal) 24.460.000,00
Umsatzerlöse 31.650.000,00

Betriebsabrechnungsbogen
mit Ist- und Normalgemeinkosten, Über- und Unterdeckung der Gemeinkosten

	I Material		II Fertigung		III Verwaltung		IV Vertrieb		insgesamt
	€	%	€	%	€	%	€	%	€
Ist-Gemeinkosten	1.170.000	9,0	4.240.000	53	4.760.000	19,5	1.330.000	5,45	11.500.000
Verrechnete Normal-Gemeinkosten	1.300.000	10	4.160.000	52	4.892.000	20	1.223.000	5	11.575.000
Überdeckung der Gemeinkosten (+)	(+)130.000				(+) 132.000				(+) 75.000
Unterdeckung der Gemeinkosten (–)			(–) 80.000				(–) 107.000		
	MGK		FGK		VwGK		VtGK		insgesamt

Merke:
- Normalkosten > Istkosten = Überdeckung
- Normalkosten < Istkosten = Unterdeckung

6.2 Kostenträgerblatt (BAB II)

Die Kostenträgerzeitrechnung hat die Aufgabe, alle Einzel- und Gemeinkosten einer Abrechnungsperiode **insgesamt** und getrennt **für jede Erzeugnisgruppe** des Produktionsprogramms zu erfassen. Im Einzelnen ist sie auf folgende **Ziele** ausgerichtet:

- **Errechnung der Herstellkosten** für **jede** Erzeugnisgruppe. Sie ist damit die **Grundlage für die Bewertung** der fertigen und unfertigen Erzeugnisse.

- **Errechnung der Selbstkosten** insgesamt und für jede Erzeugnisgruppe. Sie ist damit die **Grundlage zur Kontrolle der Wirtschaftlichkeit und Rentabilität** der einzelnen Erzeugnisgruppen.

- **Ermittlung des Betriebsergebnisses** einer Abrechnungsperiode. Sie ist damit die **Grundlage einer kurzfristigen Erfolgsrechnung.**

Merke: **Die Kostenträgerzeitrechnung ist die Grundlage zur Berechnung der Herstellkosten, der Selbstkosten und des Betriebsergebnisses einer Abrechnungsperiode.**

Kostenträgerblatt (BAB II). Für die Geschäftsleitung ist es wichtig zu erfahren, wie hoch der Anteil jeder einzelnen Erzeugnisgruppe an den Gesamtkosten ist und in welchem Maße diese am Gewinn oder Verlust beteiligt ist. In der Praxis wird daher die Kostenträgerrechnung zu einer **Ergebnisrechnung** ausgebaut. Dazu dient das Kostenträgerblatt (BAB II).

Dem Aufbau des Kostenträgerblatts (vgl. Beispiel Seite 276 u. 278) liegt im Wesentlichen das Kalkulationsschema zugrunde. Die Einzelkosten (Fertigungsmaterial und Fertigungslöhne) ergeben sich aus der Buchführung und werden anhand der Belege auf die verschiedenen Erzeugnisgruppen (im Beispiel A und B) verteilt. Mithilfe der **Normalzuschlagssätze** werden die Gemeinkosten anteilig auf die Erzeugnisgruppen verrechnet. Wenn die **Selbstkosten des Umsatzes für jede einzelne Erzeugnisgruppe** ermittelt worden sind, ist die eigentliche Kostenträgerzeitrechnung abgeschlossen.

Ergebnisrechnung. Durch Vergleich der Selbstkosten des Umsatzes mit den entsprechenden **Nettoumsatzerlösen** (= Umsatzerlöse abzüglich Rücksendungen und Erlösberichtigungen) erhält man das **Umsatzergebnis insgesamt und für die einzelnen Kostenträgergruppen.**

```
    Nettoumsatzerlöse
–   Selbstkosten des Umsatzes
=   Umsatzergebnis
```

Das Umsatzergebnis unterscheidet sich vom Betriebsergebnis lediglich durch die **Kostenüber- bzw. -unterdeckung,** da diese die Differenz zwischen Normal- und Istrechnung bilden. Berichtigt man daher das Umsatzergebnis um die **Kostenüber- oder -unterdeckung,** die dem BAB zu entnehmen ist, erhält man das **Betriebsergebnis** der Abrechnungsperiode.

Merke:
- **Umsatzergebnis + Überdeckung lt. BAB = Betriebsergebnis**
- **Umsatzergebnis – Unterdeckung lt. BAB = Betriebsergebnis**

Das im Kostenträgerblatt ermittelte Betriebsergebnis muss deshalb mit dem der **Ergebnistabelle** (Betriebsergebnisrechnung) **übereinstimmen.** Das Betriebsergebnis lässt sich somit monatlich aus den Zahlen der Kostenrechnung feststellen. Das Kostenträgerblatt ist daher ein ausgezeichnetes Hilfsmittel zur **kurzfristigen Erfolgsrechnung.** Außerdem dient es dazu, die Zahlen der Betriebsergebnisrechnung der Ergebnistabelle mit denen der Kostenrechnung abzustimmen.

Kostenträgerblatt (BAB II) (zugleich Kostenträgerzeit- und Ergebnisrechnung, vgl. Beispiel S. 276)				Verrechnete Normalkosten		
				Kostenträger insgesamt	Kostenträger	
Kostenträgerblatt					Produkt A	Produkt B
				€	€	€
1–13 Kostenträgerzeitrechnung	1.	Fertigungsmaterial		13.000.000,00	9.000.000,00	4.000.000,00
	2.	+ 10 % MGK		1.300.000,00	900.000,00	400.000,00
	3.	**Materialkosten (1 + 2)**		**14.300.000,00**	**9.900.000,00**	**4.400.000,00**
	4.	Fertigungslöhne		8.000.000,00	5.500.000,00	2.500.000,00
	5.	+ 52 % FGK		4.160.000,00	2.860.000,00	1.300.000,00
	6.	**Fertigungskosten (4 + 5)**		**12.160.000,00**	**8.360.000,00**	**3.800.000,00**
	7.	**Herstellkosten der Produktion (3 + 6)**		**26.460.000,00**	**18.260.000,00**	**8.200.000,00**
	8.	+ Minderbestand Unf. Erz.		—	—	—
	9.	− Mehrbestand Fertige Erz.		− 2.000.000,00	− 500.000,00	−1.500.000,00
	10.	**Herstellkosten des Umsatzes**		**24.460.000,00**	**17.760.000,00**	**6.700.000,00**
	11.	+ 20 % VwGK		4.892.000,00	3.552.000,00	1.340.000,00
	12.	+ 5 % VtGK		1.223.000,00	888.000,00	335.000,00
	13.	**Selbstkosten des Umsatzes**		**30.575.000,00**	**22.200.000,00**	**8.375.000,00**
14–17 Ergebnisrechnung	14.	**Nettoumsatzerlöse**		**31.650.000,00**	**23.750.000,00**	**7.900.000,00**
	15.	**Umsatzergebnis (14−13)**		**1.075.000,00**	**1.550.000,00**	**− 475.000,00**
	16.	**+ Überdeckung lt. BAB** (vgl. BAB S. 276)		**+ 75.000,00**	Saldo in der Betriebsergebnisrechnung der Ergebnistabelle	
	17.	**Betriebsergebnis (15 + 16)** (vgl. Ergebnistabelle S. 229)		**1.150.000,00**	► =	

Merke:	Mithilfe des Kostenträgerblattes können ermittelt werden:
	• der Anteil der verschiedenen Erzeugnisgruppen an den Gesamtkosten der Abrechnungsperiode,
	• der Anteil der einzelnen Erzeugnisgruppen am Umsatzergebnis,
	• das monatliche Betriebsergebnis (kurzfristige Erfolgsrechnung).

Aufgaben

Ein Industriebetrieb führt in seinem BAB für den Monat Januar folgende Gemeinkostenarten: **276**

Kostenart	Zahlen der BER
Gemeinkostenmaterial	30.000,00 €
Aufwand für Energie	38.700,00 €
Gehälter	96.800,00 €
Soziale Abgaben	18.900,00 €
Steuern, Gebühren, Beiträge, Versicherungen	56.000,00 €
Verschiedene Kosten	98.000,00 €
Kalkulatorische Abschreibungen	(vgl. unten)
Kalkulatorische Zinsen	(vgl. unten)

Die **Einzelkosten** betragen: 6000 Fertigungsmaterial .... 290 000,00 €

6200 Fertigungslöhne .... 219 400,00 €

Im BAB werden die **Kostenstellen** I Material, II Fertigung, III Verwaltung und IV Vertrieb geführt.

Der BAB ist nach folgenden Angaben aufzustellen:

1. Aufteilung des Gemeinkostenmaterials lt. Entnahmescheine auf Kostenstelle I 300,00 €, II 27.000,00 €, III 2.000,00 €, IV 700,00 €.

2. Für die Kostenstellen wurde folgender Stromverbrauch festgestellt: I 10 000 kWh, II 47 400 kWh, III 15 000 kWh, IV 5 000 kWh.

3. Aufteilung der Gehälter: I 14.800,00 €, II 28.500,00 €, III 31.900,00 €, IV 21.600,00 €.

4. Die Sozialen Abgaben verteilen sich im Verhältnis 2 : 9 : 3 : 1.

5. Steuern, Gebühren, Beiträge, Versicherungen sind wie folgt zu verteilen: 1 : 15 : 6 : 3.

6. Die verschiedenen Kosten sind im Verhältnis 5 : 25 : 12 : 8 aufzuteilen.

7. Kalkulatorische Abschreibungen (jährlich):
   auf 0500: 25.000,00 €,
   auf 0700: 60.000,00 €,
   auf 0840: 40.000,00 €,
   auf 0870: 25.000,00 €.
   Die kalkulatorischen Abschreibungen sind im Verhältnis 2 : 10 : 2 : 1 aufzuteilen

8. Kalkulatorische Zinsen (jährlich):
   7 % vom betriebsnotwendigen Kapital 3.000.000,00 €.
   Die kalkulatorischen Zinsen sind im Verhältnis 2 : 8 : 3 : 1 den Kostenstellen zuzurechnen.

Der Betrieb hat in den vorhergehenden Abrechnungsperioden mit folgenden Normalzuschlagssätzen kalkuliert:
   I 9 %, II 110 %, III 15 %, IV 10 %.

1. *Stellen Sie den BAB für den Monat Januar auf.*
2. *Ermitteln Sie die Istzuschlagssätze.*
3. *Führen Sie die Kostenrechnung mit Normalzuschlagssätzen durch.*
4. *Tragen Sie die verrechneten Normalgemeinkosten in den BAB ein und errechnen Sie die Kostenüber- oder -unterdeckungen in den einzelnen Kostenbereichen und insgesamt.*

Erstellen Sie auf der Grundlage der Aufgabe 257, S. 257 das Kostenträgerblatt mit Normalkosten. **277**
Folgende Normalzuschlagssätze sind zu berücksichtigen:

Kostenstellen III 10 %, VI 110 %, VII 115 %, VIII 95 %, IX 11 %, X 6 %.

Errechnen Sie die Kostenüber-/-unterdeckung und beurteilen Sie die Situation.

278 Die Ergebnistabelle eines Industriebetriebes weist Ende Juli folgende Zahlen aus:

Kosten und Leistungen	€
Fertigungsmaterial	400.000,00
Fertigungslöhne	280.000,00
Verschiedene Gemeinkosten	720.000,00
Unfertige Erzeugnisse: Anfangsbestand	80.000,00
Endbestand	90.000,00
Fertige Erzeugnisse: Anfangsbestand	65.000,00
Endbestand	45.000,00
Nettoumsatzerlöse	1.540.000,00

Der BAB zeigt folgende Gemeinkostenverteilung:

	Material	Fertigung	Verwaltung	Vertrieb
Gemeinkosten	42.000,00	448.000,00	161.000,00	69.000,00
Normalzuschlagssätze	10 %	150 %	20 %	5 %

1. *Stellen Sie das Kostenträgerblatt auf. (Eine Aufteilung der Kosten auf mehrere Kostenträger ist nicht erforderlich.)*
2. *Berechnen Sie die Kostenüber- oder -unterdeckung und das Betriebsergebnis des Monats.*

279 Aus der Ergebnistabelle erhalten wir folgende Zahlen und Angaben:

Kosten und Leistungen	insgesamt	Anteile der Erzeugnisse	
		A	B
Fertigungsmaterial	85.000,00	52.000,00	33.000,00
Fertigungslöhne	46.000,00	34.000,00	12.000,00
Verschiedene Gemeinkosten	127.910,00	—	—
Unfertige Erzeugnisse:			
Anfangsbestand	10.000,00	6.000,00	4.000,00
Endbestand	14.000,00	9.000,00	5.000,00
Fertige Erzeugnisse:			
Anfangsbestand	16.000,00	10.000,00	6.000,00
Endbestand	22.000,00	15.000,00	7.000,00
Nettoumsatzerlöse	289.600,00	188.400,00	101.200,00

Nach dem BAB entfallen auf die Kostenbereiche folgende Istgemeinkosten:

I Material	9.640,00 €
II Fertigung	88.450,00 €
III Verwaltung	21.340,00 €
IV Vertrieb	8.480,00 €

Im vergangenen Abrechnungszeitraum wurde mit folgenden Normalsätzen kalkuliert:

Materialgemeinkosten	11 %
Fertigungsgemeinkosten	200 %
Verwaltungsgemeinkosten	10 %
Vertriebsgemeinkosten	6 %

1. *Erstellen Sie das Kostenträgerblatt nach dem Muster auf Seite 278.*
2. *Stellen Sie fest, in welcher Höhe die Kostenträger A und B am Umsatzergebnis beteiligt sind.*
3. *Errechnen Sie die Kostenüber- bzw. -unterdeckungen.*
4. *Ermitteln Sie das Betriebsergebnis und nehmen Sie Stellung zum Ausmaß der Abweichung zwischen Umsatzergebnis und Betriebsergebnis.*

Die Ergebnistabelle eines Betriebes liefert folgende Zahlen und Angaben:

Bezeichnung	insgesamt	Anteile der Erzeugnisse		
		A	B	C
Fertigungsmaterial	146.000,00	58.000,00	37.000,00	51.000,00
Fertigungslöhne	88.000,00	34.000,00	18.000,00	36.000,00
Versch. Gemeinkosten	221.060,00	–	–	–
Unfertige Erzeugnisse:				
Anfangsbestand	12.000,00	5.000,00	4.000,00	3.000,00
Endbestand	5.000,00	2.000,00	1.000,00	2.000,00
Fertige Erzeugnisse:				
Anfangsbestand	18.000,00	9.000,00	2.000,00	7.000,00
Endbestand	25.000,00	11.000,00	6.000,00	8.000,00
Nettoumsatzerlöse	434.800,00	198.600,00	144.500,00	91.700,00

Die Istgemeinkosten je Kostenbereich betragen lt. BAB:

Materialgemeinkosten .... 15.200,00 Verwaltungsgemeinkosten 52.890,00
Fertigungsgemeinkosten .... 128.500,00 Vertriebsgemeinkosten 24.470,00

Der Betrieb hat mit folgenden Normalzuschlägen gerechnet:

Materialgemeinkosten .... 10 % Verwaltungsgemeinkosten .... 15 %
Fertigungsgemeinkosten .... 150 % Vertriebsgemeinkosten .... 5 %

1. Stellen Sie das Kostenträgerblatt auf und erläutern Sie das Umsatzergebnis.

2. Berechnen Sie das Betriebsergebnis.

Abgrenzungsrechnung mit BAB und Kostenträgerblatt

Die Ergebnistabelle der Körner KG weist folgende Aufwendungen und Erträge aus:

5000 Umsatzerlöse für eigene Erzeugnisse 880.000,00
5202 Erhöhung des Bestandes an fertigen Erzeugnissen 40.000,00
5400 Mieterträge 50.000,00
5410 Erlöse aus Anlagenabgängen 5.000,00
5480 Erträge aus der Herabsetzung von Rückstellungen 20.000,00
5500 Erträge aus Beteiligungen 20.000,00
5710 Zinserträge 15.000,00
6000 Aufwendungen für Rohstoffe 120.000,00
6020 Aufwendungen für Hilfsstoffe 25.000,00
6200 Löhne 220.000,00
6300 Gehälter 115.000,00
6400 Soziale Abgaben 52.000,00
6520 Abschreibungen auf Sachanlagen 30.000,00
6700 Mieten/Pachten 20.000,00
68.. Aufwendungen für Kommunikation 22.000,00
6900 Versicherungsbeiträge 3.000,00
6930 Verluste aus Schadensfällen 8.000,00
6979 Anlagenabgänge 10.000,00
70/77 Betriebliche Steuern 25.000,00
7510 Zinsaufwendungen 2.000,00
Der Rohstoffverbrauch wird zu Verrechnungspreisen angesetzt 130.000,00

Der kalkulatorische Unternehmerlohn beträgt 12.000,00 €. Die kalkulatorischen Zinsen für das betriebsnotwendige Kapital machen 20.000,00 € aus. Für Garantieverpflichtungen werden als kalkulatorische Wagnisse 15.000,00 € in Ansatz gebracht. Die kalkulatorischen Abschreibungen auf Sachanlagen betragen 75.000,00 €. Unter den Abschreibungen befinden sich 5.000,00 € Abschreibungen auf ein vermietetes Lagergebäude.

Erstellen Sie die Ergebnistabelle.

Grundlagen zur Aufstellung des BAB:

Kostenart	I Material	II FHS A	III FHS B	IV Verwaltung	V Vertrieb
Fertigungsmaterial	130.000,00	–	–	–	–
Fertigungslöhne	–	120.000,00	100.000,00	–	–
Hilfsstoffe	3.000,00	11.000,00	9.000,00	–	2.000,00
Gehälter	5.000,00	8.000,00	7.000,00	85.000,00	10.000,00
Soziale Abgaben	2.000,00	14.000,00	11.000,00	22.000,00	3.000,00
Abschreibungen	5.000,00	30.000,00	25.000,00	10.000,00	5.000,00
Mieten/Pachten: **Raumgröße**	100 m²	350 m²	250 m²	200 m²	100 m²
Kommunikationsaufw.	1.000,00	3.000,00	2.000,00	12.000,00	4.000,00
Versicherungen: **Vers.-Werte**	1.000.000,00	1.750.000,00	1.250.000,00	2.000.000,00	–
Kalkulat. Wagnisse	2 :	2 :	2 :	1 :	3
Betriebssteuern	2 :	7 :	5 :	8 :	3
Kalkulat. Zinsen	2.000,00	7.000,00	8.000,00	2.000,00	1.000,00
Unternehmerlohn	1 :	1 :	1 :	2 :	1

1. *Erstellen Sie nach obigen Angaben den BAB.*
2. *Errechnen Sie die Istzuschlagssätze.*

Der Betrieb hat im gleichen Monat mit folgenden Normalzuschlagssätzen kalkuliert:

Materialgemeinkosten . . . . 15 %
Fertigungsgemeinkosten FHS A . . . . 80 %
Fertigungsgemeinkosten FHS B . . . . 75 %
Verwaltungsgemeinkosten . . . . 25 %
Vertriebsgemeinkosten . . . . 6 %

1. *Führen Sie die Kostenrechnung mit Normalzuschlägen durch.*
2. *Tragen Sie die verrechneten Normalgemeinkosten in den BAB ein und ermitteln Sie die Kostenüber- bzw. -unterdeckungen in den einzelnen Kostenbereichen und insgesamt.*

Aufstellung des Kostenträgerblattes nach folgenden Angaben:

Bezeichnung	insgesamt	Anteile der Erzeugnisse	
		X	Y
Fertigungsmaterial	130.000,00	80.000,00	50.000,00
Fertigungslöhne FHS A	120.000,00	70.000,00	50.000,00
Fertigungslöhne FHS B	100.000,00	60.000,00	40.000,00
Gemeinkosten	lt. BAB		
Unfertige Erzeugnisse:			
Anfangsbestand	120.000,00	80.000,00	40.000,00
Endbestand	150.000,00	100.000,00	50.000,00
Fertige Erzeugnisse:			
Anfangsbestand	160.000,00	100.000,00	60.000,00
Endbestand	170.000,00	120.000,00	50.000,00
Umsatzerlöse	880.000,00	550.000,00	330.000,00

1. *Stellen Sie fest, in welcher Höhe die Erzeugnisgruppen X und Y am Umsatzergebnis beteiligt sind.*
2. *Ermitteln Sie im Kostenträgerblatt das Betriebsergebnis und stimmen Sie es mit dem in der Ergebnistabelle ausgewiesenen Betriebsergebnis ab.*
3. *Ermitteln Sie den Prozentanteil der Kostenträger X und Y am Umsatzergebnis.*
4. *Bestimmen Sie die Wirtschaftlichkeitskoeffizienten der einzelnen Kostenträger nach der Formel:*

$$\text{Wirtschaftlichkeitskoeffizient} = \frac{\text{Leistung (Umsatzerlöse)}}{\text{Kosten (Selbstkosten)}}$$

7 Deckungsbeitragsrechnung als Teilkostenrechnung

7.1 Vergleich zwischen Vollkosten- und Teilkostenrechnung

Die Vollkostenrechnung erfasst **alle** Kostenarten **periodengerecht** und **weist sie den einzelnen Kostenträgern** zu. Ihre Aufgabe erfüllt sie gut, wenn auf dem Markt die mithilfe der Zuschlagskalkulation errechneten Preise akzeptiert werden.

Nachteile der Vollkostenrechnung. Die Vollkostenrechnung kann **nicht** angewandt werden, wenn unternehmerische Entscheidungen **zur Verbesserung der Beschäftigung oder des Betriebserfolgs** zu treffen sind. Im Einzelnen weist sie folgende **Nachteile** auf:

▶ **Die Abhängigkeit der Gemeinkosten von der Beschäftigung** wird nicht untersucht (vgl. Situation S. 290): Zum Teil verhalten sich die Gemeinkosten bei Beschäftigungsänderungen fix, zum Teil variabel. Die Verteilung der fixen Kosten auf die Kostenstellen führt bei Beschäftigungsänderungen zu **nicht verursachungsgerechten** Kostenbelastungen (= Proportionalisierung der fixen Kosten über Gemeinkostenzuschlagssätze).

▶ **Bei der Berechnung von Zuschlagssätzen** für die Material-, Fertigungs-, Verwaltungs- und Vertriebsgemeinkosten wird unterstellt, dass zwischen den Gemeinkosten und der gewählten Zuschlagsgrundlage **eine Abhängigkeit besteht.** Das trifft aber nur bedingt zu, so hängt z. B. die Höhe der Fertigungsgemeinkosten nicht von der Höhe der Fertigungslöhne ab.

Teilkostenrechnung. Hier setzen nun die zur **Teilkostenrechnung** führenden Überlegungen an. Den Verantwortlichen in einer Unternehmung geht es doch letztlich darum, sich den Bedingungen des Marktes hinsichtlich **Preis, Absatzmenge, Sortiment** anzupassen. Dabei ist zugleich auf die Erhaltung der Arbeitsplätze und die Erzielung von Gewinn zu achten. So hat die Unternehmensleitung in Zeiten des konjunkturellen Rückganges mit fallenden Marktpreisen zu entscheiden, ob auch noch zu einem nicht mehr kostendeckenden Preis produziert werden soll. Eine solche Entscheidung lässt sich zuverlässig nur treffen, wenn man in der Kostenrechnung umdenkt:

Nicht entscheidend:	Entscheidend:
Die Kosten sind Grundlage der Kalkulation und **bestimmen den Preis** des Erzeugnisses.	**Der Marktpreis** des Erzeugnisses ist Grundlage der Kalkulation und **legt den Gewinn nach Abzug der Kosten offen.**

Das unterschiedliche Verhalten der Kosten bei Produktionsschwankungen wird in der Teilkostenrechnung dadurch berücksichtigt, dass von den Umsatzerlösen der einzelnen Erzeugnisgruppen zunächst **nur die auf sie entfallenden variablen Kosten** (vgl. S. 235) abgezogen werden. Die den Erzeugnisgruppen nicht genau zurechenbaren Gemeinkosten (= fixe Kosten, vgl. S. 236) erfasst man gesondert in einem Block.

Merke:	• **Für kurzfristig zu treffende marktorientierte Entscheidungen liefert die Vollkostenrechnung keine geeigneten Unterlagen.**
	• **Langfristig ist die Vollkostenrechnung die erforderliche Grundlage für die Kostenkontrolle und Betriebsergebnisrechnung.**
	• **Der Einsatz der Teilkostenrechnung im Rechnungswesen eines Industriebetriebes setzt voraus, dass alle Kostenarten auf ihre Abhängigkeit von der Produktion untersucht und danach in variable oder fixe Kosten aufgeteilt werden.**

7.2 Grundzüge der Deckungsbeitragsrechnung

Maßgeblichkeit der variablen Kosten für den Betriebserfolg. Der Betriebserfolg wird entscheidend von den variablen Kosten (vgl. Abschn. 3.3) beeinflusst, da sie auf die Kostenhöhe proportional zur Beschäftigung einwirken. Die **fixen Kosten** sind in der Regel unvermeidbar. Sie fallen also auch dann an, wenn die Beschäftigung Schwankungen unterworfen ist oder der Betrieb gar nicht mehr produziert.

Deckungsbeitrag. Um festzustellen, in welchem Umfang ein Kostenträger am Betriebserfolg beteiligt ist, werden von den Umsatzerlösen dieses Kostenträgers dessen variable Kosten subtrahiert. Die Differenz stellt den Bruttoerfolg dar und wird **Deckungsbeitrag** genannt.

Merke:	Umsatzerlöse
	− variable Kosten
	Bruttoerfolg = Deckungsbeitrag (= DB)

7.2.1 Deckungsbeitragsrechnung als Stückrechnung

Beispiel: Die Maschinenbau Kern KG analysiert das Ergebnis des Geschäftsjahres auf der Grundlage der Deckungsbeitragsrechnung. Hierfür verwendet sie die Zahlen der Ergebnistabelle von Seite 229. Zusätzlich liegen folgende Angaben vor:

Alle hergestellten Geräte werden als **einheitlicher Gerätetyp** behandelt.

Die Einzelkosten „Rohstoffaufwand" (= 13.000.000,00 € Fertigungsmaterial) und „Löhne" (= 8.000.000,00 € Fertigungslöhne) gelten in **voller Höhe** als variabel.

Die Gemeinkosten in Höhe von insgesamt 9.500.000,00 € (ohne die Kosten des Mehrbestandes von 2.000.000,00 €) teilen sich in 1.650.000,00 € variable Kosten und in 7.850.000,00 € fixe Kosten auf. Im Geschäftsjahr wurden insgesamt 4500 Geräte produziert und verkauft.

❶ Deckungsbeitrag je Stück (= db)

Umsatzerlös je Stück (= Preis, p)	31.650.000,00 : 4500 = 7.033,33 €
− Variable Stückkosten (= k)	22.650.000,00 : 4500 = 5.033,33 €
Stückdeckungsbeitrag (= db)	9.000.000,00 : 4500 = **2.000,00 €**

Der Deckungsbeitrag je Stück (= db) in Höhe von 2.000,00 € trägt zur Deckung der ohnehin anfallenden fixen Kosten bei oder führt zu Betriebsgewinnen, sobald die fixen Kosten gedeckt sind.

Merke:	● Preis − variable Kosten je Mengeneinheit
	= Deckungsbeitrag je Stück.
	● Preis > variable Kosten je Mengeneinheit
	◆→ Verbesserung des Betriebserfolgs.
	● Preis < variable Kosten je Mengeneinheit
	◆→ Verschlechterung des Betriebserfolgs.

❷ Bestimmung der Gewinnschwellenmenge (Break-even-Point)

Die Gewinnschwellenmenge kennzeichnet die Produktionsmenge, bei der die **Summe der Stückdeckungsbeiträge** (= **DB**) gerade zur Deckung der fixen Kosten (= K_f) ausreicht, d. h., der Betriebsgewinn beträgt bei dieser Menge 0 €. Übersteigt die Produktionsmenge diese kritische Menge, so ergibt sich ein Gewinn, im umgekehrten Fall ein Verlust; allgemein gilt also die funktionale Beziehung (vgl. Grafik S. 285):

Betriebsgewinn	=	Stückdeckungsbeitrag	·	Menge	−	fixe Kosten
G(x)	=	db	·	x	−	K_f

Beispiel: Die Gewinnschwellenmenge ist bei einem Stückdeckungsbeitrag von 2.000,00 €
und fixen Kosten von 7.850.000,00 € zu bestimmen. Für Gewinn = 0 folgt

$$db \cdot x = K_f$$

$$x = \frac{K_f}{db}$$

$$2.000 \cdot x = 7.850.000$$

$$x = \frac{7.850.000}{2.000} = 3\,925 \text{ Stück}$$

Merke: Gewinnschwellenmenge = K_f : db

Grafisch liegt die **Gewinnschwellenmenge** im **Schnittpunkt** der Gewinnfunktion
$G(x) = 2.000 \cdot x - 7.850.000,00$ mit der X-Achse.

❸ Auswirkung von Preisänderungen

Preiserhöhungen bewirken bei unveränderter Kostenlage eine **Erhöhung des Stückdeckungsbeitrags.** Dadurch wird die Deckung der fixen Kosten bereits bei einer
geringeren Ausbringungsmenge erreicht.

Der Verkaufspreis der Geräte wird von 7.033,33 € auf 7.533,33 € erhöht. Der Stückdeckungsbeitrag beträgt nunmehr 2.500,00 €. Die Gewinnschwellenmenge wird
erreicht bei

$$\frac{\text{fixe Kosten}}{db} = \frac{7.850.000,00\ €}{2.500,00\ €} = 3\,140 \text{ Stück Gewinnschwellenmenge}$$

In der grafischen Darstellung würde sich die Preiserhöhung durch einen stärkeren
Anstieg der Gewinnfunktion bemerkbar machen. Das bewirkt bei unverändertem
Kostenverlauf eine Verringerung der Gewinnschwellenmenge.

Merke: **Durch eine Preiserhöhung (-senkung) wird die Gewinnschwellenmenge bei
unveränderten Kosten verringert (erhöht).**

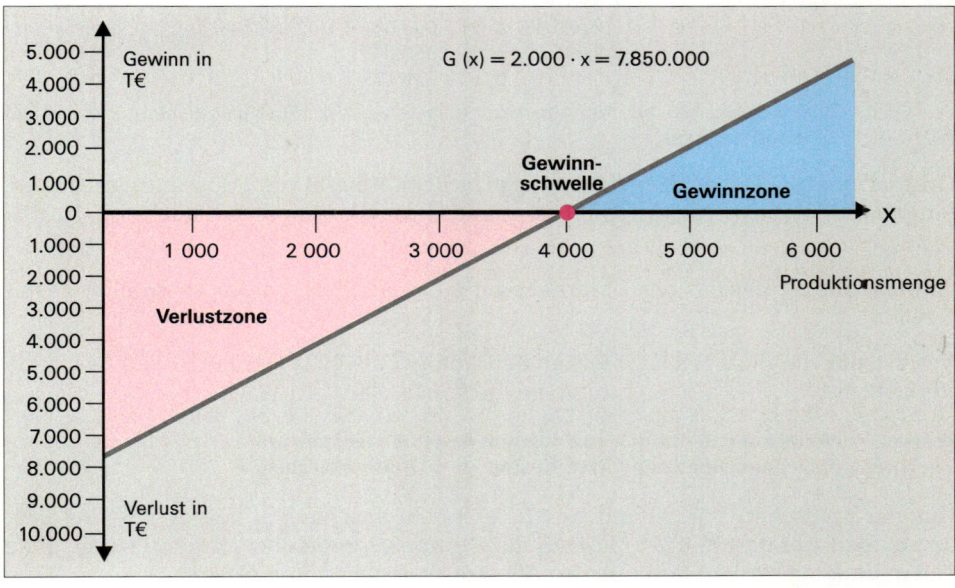

7.2.2 Deckungsbeitragsrechnung als Periodenrechnung im Einproduktunternehmen

Um den Betriebserfolg im Einproduktunternehmen zu ermitteln, werden die fixen Kosten einer Periode **in einer Summe** vom gesamten Deckungsbeitrag subtrahiert.

Beispiel: Die Maschinenbau Kern KG ermittelt das Betriebsergebnis des Geschäftsjahres mithilfe der Deckungsbeitragsrechnung auf der Grundlage der Zahlen der Ergebnistabelle von Seite 229 sowie der Angaben aus dem Beispiel von Seite 284. Zu berücksichtigen ist, dass in der nachfolgenden Aufstellung der Mehrbestand (2.000.000,00 €) nicht erfasst ist. Die Rechnung bezieht sich nur auf die Absatzmenge von 4500 Geräten.

❶ Deckungsbeitrag und Betriebsergebnis der Abrechnungsperiode

Umsatzerlöse der Periode (= E)	7.033,33 € · 4500 Stück = **31.650.000,00 €**
− variable Kosten der Periode (= K_v)	5.033,33 € · 4500 Stück = **22.650.000,00 €**
= Deckungsbeitrag der Periode (= DB)	**9.000.000,00 €**
− fixe Kosten der Periode (= K_f)	**7.850.000,00 €**
= **Betriebsgewinn der Periode**	**1.150.000,00 €**

❷ Bestimmung der Gewinnschwellenmenge (Break-even-Point), vgl. S. 284

Als Gewinnschwellenmenge wird auch die Produktionsmenge bezeichnet, bei der die Umsatzerlöse der Periode (= **E**) gleich den Kosten dieser Periode (= **K**) sind. Das Unternehmen erzielt in dieser Situation keinen Betriebsgewinn.

Beispiel: Aus der obigen Berechnung des Betriebsgewinnes ergibt sich jeweils die **Erlös- und Kostenfunktion in Abhängigkeit von der Absatzmenge „x":**

Für die **Erlösfunktion** gilt: $\qquad\qquad$ **E(x) = 7.033,33 · x**

Für die variablen Kosten gilt: $K_v = 5.033,33 · x$
Die fixen Kosten sind mit 7.850.000,00 € anzusetzen.
Also lautet die **Gesamtkostenfunktion** K_g: $\qquad$ **K_g(x) = 5.033,33 · x + 7.850.000**
Unter der Bedingung, dass **Umsatzerlöse und Kosten gleich** sein sollen, folgt

$$7.033,33 · x = 5.033,33 · x + 7.850.000$$
$$2.000,00 · x = 7.850.000$$
$$x = \quad 3\,925$$

Die **Gewinnschwellenmenge** wird also bei einer Produktionsmenge von 3925 Geräten erreicht.

Grafisch liegt die **Gewinnschwellenmenge** im **Schnittpunkt** von Erlös- und Gesamtkostengerade. Bei dieser Menge sind **Erlöse und Gesamtkosten gleich hoch** (vgl. S. 287):

Erlöse = Kosten.

Gewinnzone. Produziert das Unternehmen mehr als 3925 Geräte, so arbeitet es mit Gewinn:

Erlöse > Kosten.

Verlustzone. Produziert das Unternehmen weniger als 3925 Geräte, so gerät es in die Verlustzone:

Erlöse < Kosten.

Merke: ● **Deckungsbeitrag > fixe Kosten ⟷ Betriebsgewinn,**
$\qquad\qquad$ ● **Deckungsbeitrag < fixe Kosten ⟷ Betriebsverlust.**

Aus der grafischen Darstellung (vgl. S. 287) geht anschaulich hervor, dass bei dem derzeitigen Absatz von 4500 Geräten die Gewinnschwelle überschritten wurde. Eine Ausweitung der Produktion und des Absatzes vergrößert den Gewinn.

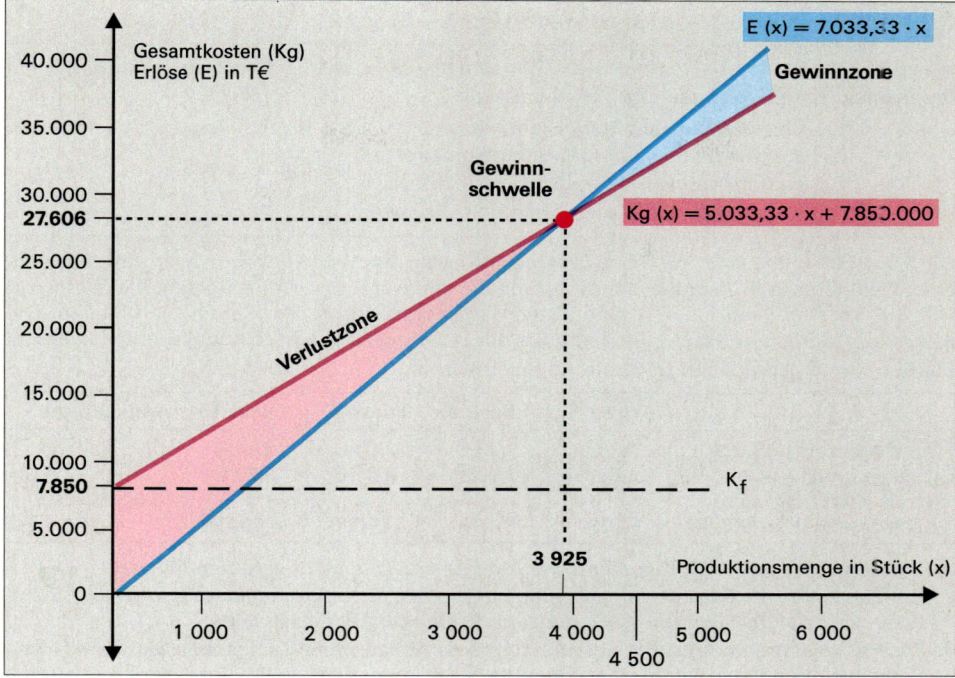

Erläuterung zur Grafik:

Die variablen Kosten der Abrechnungsperiode (K_v) werden durch Multiplikation der variablen Stückkosten (k_v) mit der Produktionsmenge (x) errechnet. Da für jedes zusätzlich hergestellte Gerät der Kostenzuwachs im Beispiel 5.033,33 € beträgt, ergibt sich die Abhängigkeit der variablen Gesamtkosten von der Produktionsmenge nach der Funktionsgleichung:

$$K_v = k_v \cdot x = 5.033,33 \; x$$

Die Gesamtkosten der Abrechnungsperiode (K_g) ergeben sich aus der Summe von variablen Kosten und fixen Kosten.

$$\text{Gesamtkosten} = \text{variable Kosten} + \text{fixe Kosten}$$
$$K_g \quad = \quad K_v \quad + \quad K_f$$

Unabhängig von der Produktionsmenge werden im Beispiel die variablen Kosten um jeweils 7.850.000,00 € fixe Kosten erhöht. In der Grafik verlaufen die fixen Kosten im Abstand 7.850.000 vom Ursprung parallel zur X-Achse. Die Gesamtkosten setzen im Abstand 7.850.000 an und steigen mit dem Ausmaß der variablen Stückkosten (= 5.033,33) linear an.

$$K_g \, (x) = 5.033,33 \; x + 7.850.000$$

Die Erlösgerade (E) verdeutlicht die bei einer bestimmten Produktionsmenge erzielbaren Nettoumsatzerlöse. Sie sagt aus, dass für jedes produzierte Stück 7.033,33 € Erlöse entstehen. Bei einem Absatz von 1000 Stück sind das 7.033.330,00 €, bei einem Absatz von 2000 Stück entsprechend 14.066.660,00 € Erlöse usw., also

$$E = 7.033,33 \; x$$

Der Graph dieser Funktion verläuft linear – vom Ursprung des Koordinatennetzes ausgehend – mit dem Anstieg $m = 7.033,33$.

Aufgaben

282 *Beurteilen Sie die Erfolgssituation eines Industriebetriebes, dessen Teilkostenrechnung für ein bestimmtes Produkt folgende Ergebnisse ausweist:*

1. *Stückdeckungsbeitrag (= db) = 0,*
2. *Nettoverkaufspreis < variable Stückkosten,*
3. *Nettoverkaufspreis > variable Stückkosten,*
4. *Nettoverkaufspreis = variable Stückkosten.*

283 Die Baustoff-GmbH stellt in einem Zweigwerk exklusive Wandfliesen in vier unterschiedlichen Qualitäten A, B, C und D her. Aufgrund der starken Konkurrenz auf dem Baustoffmarkt will die Baustoff-GmbH durch eine aktive Preispolitik ihren Marktanteil verteidigen. Die hierzu erforderlichen Daten sollen mithilfe der Deckungsbeitragsrechnung ermittelt werden. Für den Monat April lagen folgende Angaben vor:

	Fliese A	Fliese B	Fliese C	Fliese D	insgesamt
Verkaufspreis je Stück	2,20 €	2,45 €	3,10 €	3,80 €	
variable Stückkosten	1,50 €	1,90 €	2,65 €	3,20 €	
fixe Kosten insgesamt					286.000,00 €
Absatzmengen in Stück	80 000	110 000	145 000	65 000	

1. *Berechnen Sie das Betriebsergebnis des Monats April für die abgesetzten Mengen.*
2. *Bestimmen Sie die Stückdeckungsbeiträge und geben Sie aufgrund dieser Zahlen eine Rangfolge der „erfolgreichen" und der „weniger erfolgreichen" Fliesensorten an.*
3. *Zur Verbesserung der Erfolgssituation und zum Abbau freier Kapazitäten plant die Unternehmensleitung zusätzlich eine Bodenfliese mit monatlich 40 000 Stück zu produzieren. Diese Fliese würde zusätzlich 26.000,00 € fixe Kosten und 2,05 € variable Stückkosten verursachen. Sie ließe sich zu einem Preis von 2,65 € je Stück absetzen.*
   Lohnt sich für das Unternehmen die Erweiterung der Produktion?

284 In einem Zweigwerk der ELMO-AG werden elektrische Heizlüfter in vier unterschiedlichen Ausführungen (HL I, HL II, HL III, HL IV) gefertigt. Für den zurückliegenden Monat wurden folgende Daten ermittelt:

	HL I	HL II	HL III	HL IV	insgesamt
Verkaufspreis	45,00 €	36,00 €	54,00 €	62,00 €	
variable Stückkosten	24,75 €	21,00 €	30,50 €	35,10 €	
fixe Kosten insgesamt					82.500,00 €
Absatzmenge in Stück	3 200	850	1 450	1 200	

1. *Berechnen Sie den Betriebserfolg für den betreffenden Monat.*
2. *Bestimmen Sie die Stückdeckungsbeiträge je Kostenträger.*
3. *Zur Verbesserung der schlechten Absatzsituation bei dem Kostenträger HL II plant die Unternehmensleitung eine Preissenkung um 35 %.*
   a) *Leistet dieser Kostenträger dann noch einen Beitrag zur Deckung der fixen Kosten?*
   b) *Durch diese Maßnahme steigt der Absatz im kommenden Monat um 40 % (die Absatzsituation soll bei den anderen Kostenträgern als konstant angenommen werden).*
   Wie wirkt sich diese Steigerung auf den Betriebserfolg aus?

285 Die Bauelemente-AG stellt in einem Zweigwerk genormte Fenster aus Aluminium mit Doppelverglasung her. Der Wettbewerb zwingt zur Festsetzung des Verkaufspreises auf 750,00 € je Fenster. Die technische Kapazität beträgt 300 Fenster je Monat; sie ist zurzeit zu 70 % ausgelastet. Das Unternehmen ermittelt die variablen Stückkosten mit 400,00 € je Fenster und die fixen Kosten mit 80.000,00 € je Monat.

Werten Sie diese Situation hinsichtlich des Stückdeckungsbeitrags und des Betriebserfolgs aus.

286

Machen Sie sich die Auswirkungen von Kostensenkungen im Bereich der fixen und variablen Kosten sowie die Auswirkungen von Preissenkungen auf die Gewinnschwellenmenge an selbst gewählten Beispielen deutlich.

287

Bei einer Produktion von 3 000 Stück, Gesamtkosten in Höhe von 75.000,00 €, darunter fixe Kosten in Höhe von 30.000,00 €, ergab sich in einem Unternehmen ein Verlust von 12.000,00 €.

Ermitteln Sie rechnerisch und grafisch die Gewinnschwelle.

288

Aus den Zahlen der Kostenrechnung ergibt sich, dass für die Produktion des Tischrechners „Minitron" fixe Kosten in Höhe von 400.000,00 € je Rechnungsperiode anfielen und die variablen Kosten nach folgender Abhängigkeit von der Beschäftigung verlaufen.

Beschäftigung in Stück	Variable Kosten in €
5 000	125.000,00
6 000	150.000,00
7 000	175.000,00
8 000	200.000,00
9 000	225.000,00
10 000	250.000,00

1. Errechnen Sie die Gesamt- und Stückkosten für die einzelnen Produktionsmengen.
2. Bestimmen Sie den Deckungsbeitrag und den Betriebserfolg für die unterschiedlichen Produktionsmengen bei einem Nettoverkaufspreis von 80,00 € je Stück.
3. Berechnen Sie die Gewinnschwellenmenge.
4. Stellen Sie die Gesamtkosten und die Umsatzerlöse in einem grafischen Bild dar.
5. Welche Auswirkung hat eine Preissenkung um 5,00 € je Stück auf die Gewinnschwellenmenge?

289

Die Kosten- und Leistungsrechnung eines Industrieunternehmens weist folgende Zahlen aus:

Rechnungs-periode	Produktion in Stück	Gesamt-kosten	variable Kosten je Stück	Netto-verkaufspreis
Oktober	20 000	700.000,00 €	25,00 €	40,00 €
November	24 000	800.000,00 €	25,00 €	40,00 €

1. Berechnen Sie die variablen Gesamtkosten, die fixen Gesamtkosten und die fixen Stückkosten für die Monate Oktober und November.
2. Ermitteln Sie den Betriebserfolg für die Monate Oktober und November unter der Voraussetzung, dass die gesamte Produktion abgesetzt werden konnte.
3. Bestimmen Sie rechnerisch und grafisch die Gewinnschwelle.
4. Welche Auswirkung auf die Gewinnschwellenmenge hat eine Erhöhung der variablen Stückkosten auf 30,00 €?
5. Eine geplante Erweiterungsinvestition verursacht zusätzliche fixe Kosten in Höhe von 40.000,00 €.

   Wie viele Erzeugnisse müssen zusätzlich produziert und abgesetzt werden, um bei 25,00 € variablen Stückkosten das Betriebsergebnis des Monats November zu halten?

7.2.3 Deckungsbeitragsrechnung als Periodenrechnung im Mehrproduktunternehmen

Situation: Die Maschinenbau Kern KG hat die Produktion auf zwei Gerätetypen begrenzt. Für das Abschlussjahr ergibt sich folgende Kostenträgerrechnung auf Vollkostenbasis (s. S. 278):

Selbstkosten- und Ergebnisrechnung	Kostenträger insg.	Kostenträger A	Kostenträger B
Fertigungsmaterial	13.000.000 €	9.000.000 €	4.000.000 €
+ 10 % Materialgemeinkosten	1.300.000 €	900.000 €	400.000 €
Materialkosten	**14.300.000 €**	**9.900.000 €**	**4.400.000 €**
Fertigungslöhne	8.000.000 €	5.500.000 €	2.500.000 €
+ 52 % Fertigungsgemeinkosten	4.160.000 €	2.860.000 €	1.300.000 €
Fertigungskosten	**12.160.000 €**	**8.360.000 €**	**3.800.000 €**
Herstellkosten der Produktion	**26.460.000 €**	**18.260.000 €**	**8.200.000 €**
− Mehrbestand an fertigen Erzeugn.	2.000.000 €	500.000 €	1.500.000 €
Herstellkosten des Umsatzes	**24.460.000 €**	**17.760.000 €**	**6.700.000 €**
+ 25 % Verw-. und Vertr.-Gemeinkosten	6.115.000 €	4.440.000 €	1.675.000 €
Selbstkosten des Umsatzes	**30.575.000 €**	**22.200.000 €**	**8.375.000 €**
Nettoumsatzerlöse	**31.650.000 €**	**23.750.000 €**	**7.900.000 €**
Umsatzergebnis	**1.075.000 €**	**+ 1.550.000 €**	**− 475.000 €**

❶ Produktionsentscheidung auf der Basis der Vollkostenrechnung

Die Produktion des Gerätetyps B wird eingestellt. Hierdurch würden sich die Kosten um 8.375.000,00 €, die Umsatzerlöse nur um 7.900.000,00 € verringern, sodass sich der Betriebsgewinn um (8.375.000,00 € − 7.900.000,00 € =) 475.000,00 € erhöhen würde.

Die aufgrund der **Vollkostenrechnung** getroffene Maßnahme wäre **nur dann richtig, wenn alle Kosten variabel sind.** Die Einstellung der Produktion verringert dann tatsächlich die Selbstkosten um 8.375.000,00 €. Da die Vollkostenrechnung aber **keine Aussage über das Verhalten der Kosten bei Beschäftigungsänderungen** macht (vgl. S. 235 f.), **lässt sie eine Entscheidung im obigen Sinn gar nicht zu.**

❷ Produktionsentscheidung auf der Basis der Deckungsbeitragsrechnung

In der Deckungsbeitragsrechnung werden die Kosten nach ihrem Verhalten bei Beschäftigungsänderungen in **variable und fixe Kosten** unterteilt. Erst auf dieser Grundlage ist eine Produktionsentscheidung möglich.

Beispiel: **Die o.g. Kosten sollen sich bei Beschäftigungsänderungen wie folgt verhalten:**

Die Einzelkosten „Fertigungsmaterial" und „Fertigungslöhne" sind variabel. Von den Gemeinkosten in Höhe von **9.575.000,00 €** (= 11.575.000,00 € − 2.000.000,00 € Mehrbestand) sind **8.043.000,00 € fix** und **1.532.000,00 € variabel.** Auf Gerätetyp A entfallen 1.232.000,00 € und auf B 300.000,00 € variable Kosten.

Unter den Selbstkosten der Gerätetypen A und B sind folgende variable Kosten:

	Gerätetyp A	Gerätetyp B
Fertigungsmaterial	9.000.000,00 €	4.000.000,00 €
Fertigungslöhne	5.500.000,00 €	2.500.000,00 €
Gemeinkosten	1.232.000,00 €	300.000,00 €
Variable Kosten	**15.732.000,00 €**	**6.800.000,00 €**

6621290

Mithilfe der Deckungsbeitragsrechnung soll der Betriebserfolg für die beiden Fälle berechnet werden:

„a) Der Gerätetyp B scheidet aus der Produktion aus" und

„b) Der Gerätetyp B scheidet nicht aus der Produktion aus".

a) Der Gerätetyp B scheidet aus der Produktion aus.

Ergebnisrechnung	Kostenträger insges.	Gerätetyp A	Gerätetyp B
Umsatzerlöse	23.750.000,00 €	23.750.000,00 €	–
− variable Kosten	15.732.000,00 €	15.732.000,00 €	–
= **Deckungsbeitrag**	8.018.000,00 €	8.018.000,00 €	–
− fixe Kosten	8.043.000,00 €	–	
= **Betriebsverlust**	**25.000,00 €**		

Die Selbstkosten der Abrechnungsperiode können nur um die variablen Kosten des Gerätetyps B (= 6.800.000,00 €) verringert werden. Die fixen Kosten bleiben beim Ausscheiden des Typs B in voller Höhe (= 8.043.000,00 €) bestehen und müssen nunmehr allein von den Deckungsbeiträgen des Gerätetyps A getragen werden. Hierfür reichen sie nicht mehr aus; es entsteht ein Verlust von 25.000,00 €.

b) Der Gerätetyp B scheidet nicht aus der Produktion aus.

Ergebnisrechnung	Kostenträger insges.	Gerätetyp A	Gerätetyp B
Umsatzerlöse	31.650.000,00 €	23.750.000,00 €	7.900.000,00 €
− variable Kosten	22.532.000,00 €	15.732.000,00 €	6.800.000,00 €
= **Deckungsbeitrag**	9.118.000,00 €	8.018.000,00 €	1.100.000,00 €
− fixe Kosten	8.043.000,00 €	–	–
= **Betriebsgewinn**	**1.075.000,00 €**		

Die Umsatzerlöse von Gerätetyp B liegen um 1.100.000,00 € über den von ihm verursachten variablen Kosten. Dieser Mehrbetrag kann zur Deckung der fixen Kosten und zur Erzielung von Gewinn mit herangezogen werden. Es entsteht ein Betriebsgewinn in Höhe von 1.075.000,00 €.

Merke:	● Solange ein Erzeugnis einen Deckungsbeitrag erzielt, ist es unwirtschaftlich, dieses Erzeugnis aus der Produktion herauszunehmen.
	● Deckungsbeitrag > fixe Kosten ➝ Betriebsgewinn Deckungsbeitrag < fixe Kosten ➝ Betriebsverlust

Aufgaben

1. Wodurch unterscheiden sich variable und fixe Kosten?

2. Aus welchem Grund werden die fixen Kosten in der Teilkostenrechnung nicht auf das einzelne Erzeugnis umgerechnet?

3. Ein Betrieb mit hohem Anteil der fixen Kosten an den Gesamtkosten kann sich nur mit großen Schwierigkeiten einer veränderten Produktion anpassen. Begründen Sie diese Aussage.

4. Begründen Sie die Aussage: „Es ist unwirtschaftlich, ein Erzeugnis aus der Produktion herauszunehmen, solange es positive Deckungsbeiträge bringt."

5. Wie wirken sich steigende Fixkosten (z. B. infolge einer Neuinvestition) auf die Gewinnschwellenmenge aus?

290

291 *Ordnen Sie folgende Kostenarten den variablen oder fixen Kosten zu:*

Fertigungsmaterial, Hilfsstoffe, Fertigungslöhne, Hilfslöhne, Gehälter, Kraftfahrzeugsteuer, Miete, Abschreibungen.

	überwiegend variable Kosten	überwiegend fixe Kosten
Kostenart:	?	?

292 Aus der Kostenrechnung eines Möbelherstellers ist ersichtlich, dass die Produktion von Büroregalen fixe Kosten von insgesamt 38.800,00 € je Monat verursacht. Die variablen Kosten betragen 280,00 € je Regal.

1. *Errechnen Sie die Gesamt- und Stückkosten für die unten aufgeführten Produktionszahlen.*

2. *Stellen Sie die Ergebnisse grafisch dar.*

Produktions-menge	Fixe Kosten in €		Variable Kosten in €		Gesamt-kosten	Stück-kosten
	gesamt	je Stück	gesamt	je Stück		
100	?	?	?	?	?	?
200	?	?	?	?	?	?
300	?	?	?	?	?	?
400	?	?	?	?	?	?
500	?	?	?	?	?	?

293 Ein Büromaschinenhersteller rechnet bei der Produktion der Frankiermaschine Typ „Elite" mit fixen Kosten in Höhe von 176.000,00 € je Abrechnungsperiode. Die variablen Kosten belaufen sich auf 320,00 € je Frankiermaschine.

1. *Errechnen Sie die Gesamt- und Stückkosten für die in der Tabelle aufgeführten Produktionszahlen.*

2. *Stellen Sie die Ergebnisse grafisch dar.*

3. *Wie viele Frankiermaschinen müssten mindestens produziert werden, wenn der Marktpreis für eine Maschine 480,00 € beträgt und die Umsatzerlöse gerade die Kosten decken sollen?*

Produktions-menge	Fixe Kosten in €		Variable Kosten in €		Gesamt-kosten	Stück-kosten
	gesamt	je Stück	gesamt	je Stück		
500	?	?	?	?	?	?
800	?	?	?	?	?	?
1 000	?	?	?	?	?	?
1 200	?	?	?	?	?	?
1 500	?	?	?	?	?	?

294 In einem Industriebetrieb werden drei Erzeugnisse unter folgenden Bedingungen produziert:

	Erzeugnis A	Erzeugnis B	Erzeugnis C
fixe Gesamtkosten		715.000,00	
Produktionsmenge	20 000	15 000	30 000
variable Stückkosten	31,00	45,00	18,00
Nettoverkaufspreis je Stück	50,00	75,00	30,00

1. *Berechnen Sie die Deckungsbeiträge jeder Erzeugnisgruppe und insgesamt.*

2. *Bestimmen Sie den Betriebserfolg.*

7.3 Bestimmung der Preisuntergrenze

Die Preisuntergrenze gibt den Verkaufspreis an, den das Unternehmen für sein Erzeugnis fordern muss, um **kurzfristig** oder **langfristig** zu bestehen.

In wirtschaftlich schlechten Zeiten, die durch Absatzeinbußen gekennzeichnet sind, wird die Unternehmensleitung gezwungen sein die Verkaufspreise zu senken, um den Absatzrückgang aufzuhalten. Man muss dann aber wissen, **in welchem Ausmaß** die Preissenkung vorgenommen werden kann, **ohne Verluste** zu erleiden.

Die langfristige Preisuntergrenze legt den Preis fest, der zu **kostendeckenden Erlösen** führt. Die Produktion kann in dieser Situation über längere Zeit fortgesetzt werden, da Ersatzinvestitionen durchführbar sind. Zur Arbeitsplatzerhaltung und zur Absatzstabilisierung wird die Unternehmensleitung diese Preisuntergrenze anstreben.

Beispiel: Es soll angenommen werden, dass der Absatz des Gerätetyps B, von dem in der abgelaufenen Periode 1000 Stück verkauft wurden, rückläufig ist. Beim Gerätetyp A ist keine Absatzeinbuße zu verzeichnen.

Um den Absatz bei Gerätetyp B auf dem bisherigen Stand zu halten, soll der Preis dieses Produktes so weit gesenkt werden, dass der **gesamte Deckungsbeitrag gerade die fixen Kosten** deckt; auf einen **Betriebsgewinn soll also verzichtet** werden.

Zu welchem Preis kann ein Gerät des Typs B angeboten werden?

Da die fixen Kosten 8.043.000,00 € betragen (vgl. S. 290) und Gerät A einen Deckungsbeitrag von 8.018.000,00 € leistet (vgl. S. 291), hat Gerätetyp B nur noch einen Deckungsbeitrag von 25.000,00 € zu erbringen. Der Deckungsbeitrag dieses Gerätes kann also durch Verminderung der Umsatzerlöse um (1.100.000,00 € − 25.000,00 € =) 1.075.000,00 € gesenkt werden:

Früh. Verkaufspreis v. Gerätetyp B (S. 290)	7.900.000 € : 1000 Stück = **7.900,00 €**
− **Preissenkung** bei Gerätetyp B	1.075.000 € : 1000 Stück = **1.075,00 €**
= **Neuer Verkaufspreis** von Gerätetyp B	**6.825,00 €**

Ergebnisrechnung	Kostenträger insges.	Gerätetyp A	Gerätetyp B
Umsatzerlöse	30.575.000,00 €	23.750.000,00 €	6.825.000,00 €
− **variable Kosten**	22.532.000,00 €	15.732.000,00 €	6.800.000,00 €
= **Deckungsbeitrag**	8.043.000,00 €	8.018.000,00 €	25.000,00 €
− **fixe Kosten**	8.043.000,00 €	−	−
= **Betriebsgewinn**	**0,00 €**		

Im obigen Beispiel wurde der Preis für das Gerät Typ B auf die **langfristige Preisuntergrenze** festgesetzt. Über die Umsatzerlöse fließen dem Unternehmen genau so viele Finanzmittel zu, dass die **variablen Kosten und die fixen Kosten** gedeckt werden.

Auffallend ist, dass eine **Absenkung des Verkaufspreises** beim Gerät Typ B um **13,6 %** beim Betriebsgewinn zu einem **Rückgang** um **100 %** führt.

Merke: Reichen die Umsatzerlöse insgesamt aus, um alle anfallenden Kosten zu decken, so hat der Verkaufspreis die langfristige Preisuntergrenze erreicht.

Die **kurzfristige Preisuntergrenze** (= **absolute Preisuntergrenze**) legt den Preis fest, der genau **die variablen Kosten** des Kostenträgers **deckt.** Der Verkaufspreis ist in diesem Fall also **gleich den variablen Stückkosten.** In Höhe der **gesamten fixen Kosten** (= Kosten der Betriebsbereitschaft) ergibt sich dann ein **Betriebsverlust.**

Beispiel: Die kurzfristigen Preisuntergrenzen für die Kostenträger lauten:

Kurzfristige Preisuntergrenze	Gerät Typ A	Gerät Typ B
Variable Kosten	15.732.000,00 €	6.800.000,00 €
Absatz (Stück)	3 500 St.	1 000 St.
	≈ **4.495,00 €**	= **6.800,00 €**

Merke: **Die kurzfristige oder absolute Preisuntergrenze ist erreicht, wenn der Nettoverkaufspreis gerade die variablen Stückkosten des Erzeugnisses deckt. Auf den Ersatz der ohnehin anfallenden fixen Kosten wird vorübergehend verzichtet.**

Liquiditätsorientierte Preisuntergrenze. Die Ausrichtung der Verkaufspreise nach der kurzfristigen Preisuntergrenze kann ein Unternehmen in **Liquiditätsschwierigkeiten** bringen. Da in der kurzfristigen Preisuntergrenze nur die variablen Kosten erfasst werden, bleiben die fixen Kosten, **die kurzfristig zu Ausgaben führen,** unberücksichtigt; das sind insbesondere Mietaufwendungen, betriebliche Steuern, Gehälter, Löhne, Soziale Abgaben, Versicherungsbeiträge. Die liquiditätsorientierte Preisuntergrenze wird nach folgender Rechnung festgelegt:

$$\frac{\text{Variable Kosten } + \text{ ausgabewirksame fixe Kosten}}{\text{Absatzmenge}}$$

Aufgaben

295
1. *Definieren Sie die Begriffe kurzfristige, langfristige und liquiditätsorientierte Preisuntergrenze.*
2. *Begründen Sie, warum ein Industriebetrieb langfristig nicht existieren kann, wenn die Umsatzerlöse gerade die gesamten Kosten decken, er aber kurzfristig durchaus die liquiditätsorientierte Preisuntergrenze anstreben kann.*

296
In einem Industriebetrieb wird ein Erzeugnis zu variablen Stückkosten in Höhe von 45,00 € und fixen Kosten je Abrechnungsperiode in Höhe von 120.000,00 € produziert. Die monatliche Produktionsmenge beträgt 5 000 Stück.
Geben Sie die langfristige und kurzfristige Preisuntergrenze an.

297
Ein Mehrproduktunternehmen fertigt drei Erzeugnisse. Die BER liefert folgende Unterlagen:

	Erzeugnis I	Erzeugnis II	Erzeugnis III
Verkaufspreis	62,50 €	36,00 €	40,00 €
variable Stückkosten	40,00 €	20,00 €	25,00 €
fixe Kosten		460.000,00 €	
Produktions- u. Absatzmenge	8 000 Stück	10 000 Stück	20 000 Stück

1. *Bestimmen Sie die Deckungsbeiträge sowie das Betriebsergebnis.*
2. *Beim Produkt II liegen Absatzschwierigkeiten vor. Der Preis dieses Erzeugnisses soll so weit gesenkt werden, dass dessen Erlöse gerade noch die variablen Kosten dieses Kostenträgers decken. Zu welchem Preis muss das Erzeugnis angeboten werden?*
3. *Der Unternehmer strebt die langfristige Preisuntergrenze an, um den Absatz des Erzeugnisses II halten zu können. Bei welchem Preis wird die langfristige Preisuntergrenze erreicht, wenn Preise und Kosten der übrigen Erzeugnisse unverändert bleiben?*

7.4 Optimales Produktionsprogramm

Zweck. Unter optimalem Produktionsprogramm versteht man die **Ausrichtung der Produktion** in einem Mehrproduktunternehmen **auf die rentabelsten Erzeugnisgruppen,** wobei sich die **Rangfolge,** in der die Erzeugnisse hergestellt werden, nach der Höhe der von ihnen erwirtschafteten **Deckungsbeiträge** richtet.

❶ **Produktionsprogramm nach absoluten Deckungsbeiträgen**

Unter der Voraussetzung, **dass alle absetzbaren Erzeugnisse auch hergestellt werden können,** hängt die Produktionsrangfolge **von der Höhe der Deckungsbeiträge je Stück ab.**

Situation 1: Es wird angenommen, dass die Kern KG vier Gehäusetypen (A, B, C, D) zu folgenden Bedingungen produziert:

Gehäusetyp	Nettoverkaufs-preis	Variable Stückkosten	Deckungsbeitrag je Stück
A	55,00 €	27,63 €	27,37 €
B	38,46 €	23,18 €	15,28 €
C	73,84 €	35,74 €	38,10 €
D	44,50 €	27,80 €	16,70 €

Die Rangfolge, in der die einzelnen Gehäusetypen bei der Produktionsentscheidung berücksichtigt werden, lautet demnach: **C – A – D – B.**

Merke: Sofern die absetzbaren Mengen auch hergestellt werden können, richtet sich die Rangfolge, in der die Erzeugnisgruppen produziert werden, nach der Höhe der von ihnen erzielten Deckungsbeiträge je Stück.

❷ **Produktionsprogramm nach relativen Deckungsbeiträgen**

In der Praxis wird es in jedem Industriebetrieb **Engpässe** geben, die die Produktionsmenge in einer bestimmten Abteilung gegenüber den anderen Abteilungen beschränken. Die Produktionsrangfolge wird dann von den **Produktionsbedingungen des Engpasses** bestimmt.

Situation 2: Die vier Gehäusetypen A, B, C und D durchlaufen die **gleiche Montageabteilung.** Diese Abteilung bildet mit **16 000 Stunden/Monat** den betrieblichen Engpass. Für die Montage der Gehäusetypen werden folgende Zeiten aufgewendet:

	Typ A	Typ B	Typ C	Typ D
Montagezeit in Minuten	5	3	6	4

Relativer Deckungsbeitrag. Im betrieblichen Engpass wird die Produktion vorrangig auf jene Produkte gelegt, die die höchsten Ertragszuwächse erbringen. Als Maßzahl für den Ertragszuwachs gelten die **Stückdeckungsbeiträge je Produktionsminute,** die auch relative Deckungsbeiträge genannt werden.

Beispiel: Das Gehäuse A hat einen **Deckungsbeitrag** von (55,00 € Verkaufspreis − 27,63 € variable Stückkosten =) **27,37 € je Stück** erzielt. Es erfordert eine **Montagezeit** von **5 Minuten je Stück.** Auf eine Minute umgerechnet ergibt das einen relativen Deckungsbeitrag von:

$$\text{Relativer Deckungsbeitrag} = \frac{\textbf{27,37 €} \text{ Stückdeckungsbeitrag}}{\textbf{5 Minuten} \text{ Montagezeit}} = 5,474 \text{ €/min.}$$

Merke:
- Sofern die absetzbaren Mengen auch hergestellt werden können, richtet sich die Rangfolge, in der die Erzeugnisgruppen produziert werden, nach der Höhe der von ihnen erzielten Deckungsbeiträge je Stück.
- Der auf 1 Minute umgerechnete Stückdeckungsbeitrag heißt relativer Deckungsbeitrag.

In der folgenden Aufstellung sind für alle Gehäusetypen die relativen Deckungsbeiträge aufgeführt:

Gehäusetyp	Stückdeckungs-beitrag (db)	Montagezeit in Minuten	relativer Deckungs-beitrag (€/min.)
A	27,37 €	5	5,474 €/min.
B	15,28 €	3	5,093 €/min.
C	38,10 €	6	6,350 €/min.
D	16,70 €	4	4,175 €/min.

Die Produktionsentscheidung richtet sich nunmehr nach der **Höhe der relativen Deckungsbeiträge.** Die vier Gehäusetypen werden in der Rangfolge

C – A – B – D

produziert. Von der **Kapazität des Engpasses** und der **Absatzsituation** hängt es ab, ob **alle Gehäusetypen in den absetzbaren Mengen auch hergestellt werden.** Unter der Annahme bestimmter **monatlicher Absatzmengen** (vgl. nachfolgendes Beispiel) wird folgende **Produktionsentscheidung** getroffen:

Rang	Gehäuse-typ	absetzbare Menge	Montagezeit je Stück	Montagezeit insgesamt in Minuten	Montagezeit in Stunden
I	C	46 571 Stück ·	6 Minuten =	279 426 Min. ➡	4 657,10 Std.
II	A	85 395 Stück ·	5 Minuten =	426 975 Min. ➡	7 116,25 Std.
III	B	62 000 Stück ·	3 Minuten =	186 000 Min. ➡	3 100,00 Std.
					14 873,35 Std.
IV	D	16 900 Stück ⬅	4 Minuten ⬅	67 599 Min. ⬅	1 126,65 Std.
					16 000,00 Std.

Auswertung und Erläuterung: Die auf den Rängen I bis III stehenden Gehäusetypen C, A und B können im Umfang ihrer absetzbaren Mengen produziert werden. Im betrieblichen Engpass „Montage" werden hierfür insgesamt 14 873,35 Arbeitsstunden verbraucht. Für das im letzten Rang stehende Gehäuse D verbleiben noch 1 126,65 Montagestunden; diese Zeit entspricht 67 599 Montageminuten. Bei einer Montagezeit von 4 Minuten je Stück können somit innerhalb der verbleibenden Arbeitszeit (67 599 Minuten : 4 Minuten =) 16 900 Gehäuse D hergestellt werden.

Merke: **Sofern ein betrieblicher Engpass vorliegt, richtet sich die Produktionsrangfolge der Kostenträger nach der Höhe der relativen Deckungsbeiträge.**

Aufgaben

298 *Errechnen Sie zu obigem Beispiel den gesamten Deckungsbeitrag und das Betriebsergebnis, wenn die fixen Kosten 4.100.000,00 € betragen.*

299 In einem Industrieunternehmen werden fünf unterschiedliche Erzeugnisse unter folgenden Bedingungen hergestellt:

Erzeugnis-gruppe	Nettoumsatzerlöse je Stück	variable Stückkosten	fixe Gesamtkosten
A	3,50 €	1,90 €	
B	2,80 €	1,10 €	
C	5,20 €	3,10 €	52.200,00 €
D	7,40 €	3,80 €	
E	4,10 €	2,20 €	

In der gemeinsamen Engpassstufe können monatlich maximal 6400 Fertigungsstunden geleistet werden.

Der Zeitbedarf in dieser Stufe beträgt je Stück:

A	B	C	D	E
10 Min.	5 Min.	12 Min.	15 Min.	10 Min.

Die absetzbare Stückzahl beträgt:

A	B	C	D	E
9000	12000	8000	8000	15000

Ermitteln Sie das optimale Produktionsprogramm und berechnen Sie das Betriebsergebnis.

300

Wie lautet die Lösung zu Aufgabe 299, wenn in der Engpassstufe nicht mit der maximalen Leistung von 6400 Fertigungsstunden gearbeitet wird, sondern mit optimaler Leistung, die 90 % der maximalen Leistung beträgt?

301

Ein Industrieunternehmen produziert drei verschiedenartige Erzeugnisse A, B und C unter folgenden Bedingungen:

Erzeugnis-gruppe	variable Stückkosten	Nettoumsatzerlöse je Stück	fixe Gesamtkosten
A	124,00 €	165,00 €	
B	86,00 €	121,00 €	125.000,00 €
C	105,00 €	128,00 €	

1. *Wie hoch ist das Betriebsergebnis, wenn von jedem Produkt monatlich 2000 Stück absetzbar sind und keine betrieblichen Engpässe vorliegen?*
2. *Ermitteln Sie das optimale Produktionsprogramm und das Betriebsergebnis, wenn auf einer gemeinsamen Fertigungsstufe ein Engpass mit monatlich 6440 Fertigungsstunden vorliegt und die Fertigungszeiten in dieser Stufe bei Produkt A 1,5 Stunden, bei B 1,0 Stunde und bei C 1,2 Stunden betragen. Es sollen wiederum von jedem Produkt 2000 Stück absetzbar sein.*

302

Die Montageabteilung eines Industriebetriebes soll die Fertigung eines neuen Gerätes Typ G übernehmen, obwohl sie bereits an der Kapazitätsgrenze arbeitet. Bisher werden in dieser Abteilung drei Geräte montiert:

Gerät	Fertigungszeit Min./Stück	Deckungsbeitrag
Typ C	12 Min./Stück	25,00 €
Typ D	15 Min./Stück	31,00 €
Typ E	10 Min./Stück	19,00 €

Das Gerät Typ G benötigt eine Montagezeit von 7,5 Minuten je Stück, es kann zu einem Nettoverkaufspreis von 41,00 € abgesetzt werden und verursacht variable Stückkosten von 26,00 €.

Lohnt es sich, vorübergehend die Fertigung eines Gerätes zugunsten des neuen Gerätes einzuschränken? Welches Gerät wird ggf. mit geringeren Stückzahlen produziert?

303

1. *Erklären Sie die Begriffe „absoluter Deckungsbeitrag" und „relativer Deckungsbeitrag".*
2. *Wovon hängt die Produktionsentscheidung beim Kalkulieren mit relativen Deckungsbeiträgen ab?*

---

8 Plankostenrechnung als Controlling-Instrument

8.1 Grundlagen des Controllings

Controlling meint das, was aus dem Wortstamm „to control" im Sinne von „steuern" und „regeln" abgeleitet werden kann. Mit diesem Begriff werden Tätigkeiten erfasst, die weit über die „Kontrolle" der betrieblichen Leistungsprozesse hinausgehen und sich auf folgende Funktionen im Unternehmen erstrecken:

Der Controller	
sammelt Informationen aus allen betrieblichen Bereichen	Controlling als Planungs-, Steuerungs- und Entscheidungsinstrument basiert auf den verzweigten Daten aus den unterschiedlichen Bereichen und Abteilungen des Unternehmens, z.B. Beschaffung, Lagerung, Absatz, Investition, Finanzierung, Finanzbuchhaltung, Kosten- und Leistungsrechnung.
wirkt bei der Formulierung von Unternehmenszielen mit und erstellt Prognosen	Controlling prognostiziert z.B. Umsatz, Kosten, Gewinn, Liquidität auf der Grundlage kurz- und langfristiger Pläne, formuliert Sollzustände und arbeitet Vorlagen für Entscheidungen aus. Sollwerte werden den Abteilungen als **Budgets** vorgegeben.
erstellt Soll-Ist-Vergleiche	Controlling stellt die aus der Finanzbuchhaltung und der Kostenrechnung stammenden Ist- und Planwerte fest und ermittelt **Abweichungen.**
analysiert Abweichungen	Controlling wertet Ist-/Planabweichungen aus, indem es nach den Ursachen forscht.
führt Berichte und informiert die Geschäftsleitung	Controlling interpretiert die Abweichungen, informiert die verantwortlichen Stellen und präsentiert die Ergebnisse.
macht Vorschläge zur Steuerung und Korrektur von Vorgaben	Controlling entwickelt Vorschläge zur Gegensteuerung bei Abweichungen, um die Ist-Lage wieder auf Plan-Lage zu bringen.

Stellung des Controllings in der Aufbauorganisation. Damit der Controller seiner Planungs-, Informations- und Analyseaufgabe für die Geschäftsleitung angemessen nachkommen kann, ist es sinnvoll, das Controlling als zentrale oder dezentrale **Stabstelle** einzurichten. Im Organisationsschema könnte die Zuordnung folgendermaßen aussehen:

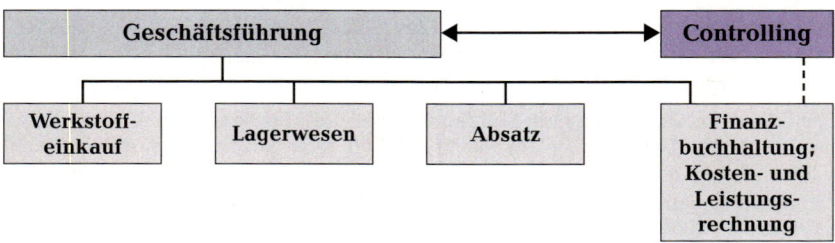

Die Verbindung des Controllings zum Rechnungswesen (= Finanzbuchhaltung und Kosten-/Leistungsrechnung) ist im Organisationssystem von besonderer Bedeutung. Auch das Rechnungswesen ist ein dem Unternehmer dienendes Instrument, das er zur Dokumentation, Analyse, Planung und Steuerung **finanzwirtschaftlicher** und

kostenrechnerischer Vorgänge nutzt. So gesehen gehören folgende – in diesem Buch an anderer Stelle ausgeführte – Inhalte zum Controlling:

- ▶ Bilanzaufbereitung und Bilanzanalyse (S. 188 f.),
- ▶ Aufbereitung und Auswertung der Gewinn- und Verlustrechnung (S. 196 f.),
- ▶ Betriebsabrechnung über den Betriebsabrechnungsbogen (S. 244 f.),
- ▶ Kalkulationen auf der Grundlage von Normalkosten (S. 267 f.),
- ▶ Entscheidungen auf der Grundlage der Deckungsbeitragsrechnung (S. 283 f.).

Davon hebt sich das Controlling dadurch ab, dass es in **alle Bereiche** des Unternehmens hineinreicht und **langfristig** der Unternehmens**steuerung** dient. Selbstverständlich greift hierbei das Controlling auf die Zahlen und die Verfahren des Rechnungswesens zurück und nutzt diese als Hilfsmittel und Werkzeuge, um seine eigentlichen Aufgaben,

- ▶ den **Soll-Ist-Vergleich** und
- ▶ die **Abweichungsanalyse,**

erfüllen zu können. Die folgende Abbildung verdeutlicht diesen Zusammenhang:

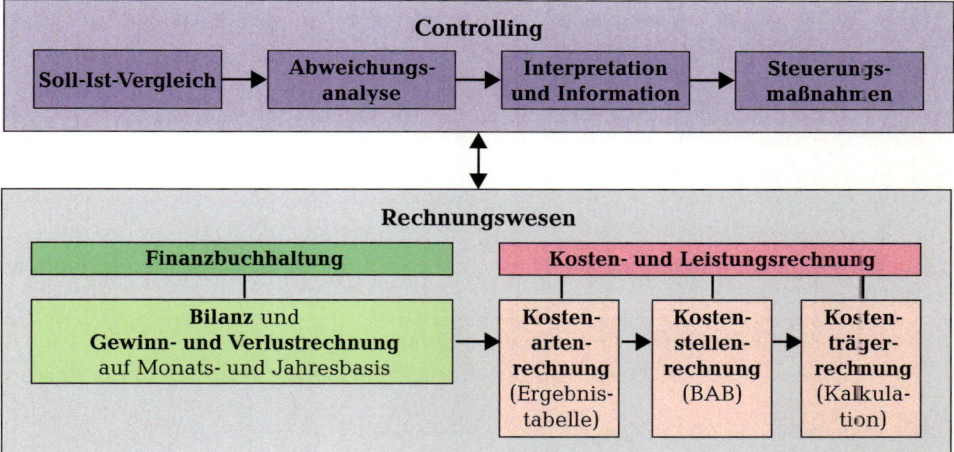

Ein controlling-orientiertes Rechnungswesen ist in seinem Aufbau und in seinen Methoden auf die Controllingaufgaben ausgerichtet

❶ durch ein System zur vollständigen, periodenbezogenen und gegliederten **Erfassung der Istdaten** (z.B. Kontenplan, Bilanz, Gewinn- und Verlustrechnung, Ergebnistabelle),

❷ durch Methoden zur **Berechnung periodenbezogener Plandaten** (= Budgets) aufgrund vorgegebener Ziele (z.B. Plan- und Sollkosten),

❸ durch Instrumente zur **Feststellung und Analyse von Soll-Ist-Abweichungen** (z.B. tabellarische oder grafische Darstellung von Abweichungen).

Plankostenrechnung. Um Ihnen einen Einblick in die **Grundlagen** einer **controlling-orientierten Kostenrechnung** zu geben, stellen wir am Beispiel der Plankostenrechnung für eine stark vereinfachte Situation dar, mit welchen Berechnungen und Darstellungsmethoden es gelingt, **Soll-Ist-Vergleiche** zu ermöglichen und **Kostenabweichungen** festzustellen.

8.2 Wesen der flexiblen Plankostenrechnung

Plankosten. Die Plankosten ermittelt der Controller auf **technischer Grundlage** unter Mitwirkung der REFA-Ingenieure, der Betriebstechniker, des Leiters der Arbeitsvorbereitung, der Kostenrechner und der Konstrukteure. Plankosten sind — soweit keine einschneidenden technischen Änderungen eintreten — **zukunftsorientiert.**

Beispiel: In der Dreherei der Maschinenbau Kern KG werden u. a. Ventilgehäuse gefertigt.

1. Grundlage für die Planung der in dieser Kostenstelle anfallenden **Einzelkosten** „Fertigungslöhne" sind Arbeitszeitstudien, aus denen hervorgeht, wie viel Zeit die Anfertigung eines Gehäuses erfordert:

   Umrüstzeit auf das Stück umgerechnet .... 0,2 Min.
   Einrichtzeit auf das Stück umgerechnet .... 1,2 Min.
   Bearbeitungszeit je Stück .... 8,1 Min.
   Gesamtzeit je Stück .... 9,5 Min.

   Wird ein Lohnfaktor von 40,00 € je Stunde zugrunde gelegt, so ergeben sich an dieser Maschine **Lohnkosten je Stück** in Höhe von

   $$\frac{40,00\ €}{60\ Min.} \cdot 9,5\ Minuten = \textbf{6,33 €.}$$

   Bei einer monatlichen geplanten Produktion von 900 Stück betragen die **Plankosten für Fertigungslöhne**

   6,33 €/Stück · 900 Stück = **5.697,00 €.**

2. Grundlage für die Planung der **Gemeinkosten** „Hilfsstoffverbrauch" sind die aus den Konstruktionsunterlagen erstellten **Stücklisten.** Die in den Stücklisten aufgeführten Materialien für die Produktionseinheit werden bewertet und ergeben so die Plankosten.

Ziele der Plankostenrechnung. Die Plankostenrechnung ist auf folgende **betriebliche Ziele** ausgerichtet:

❶ Ermittlung von Plankosten für jede Kostenstelle.

❷ Gegenüberstellung von **Plankosten bei Istbeschäftigung** und **Istkosten** einer Abrechnungsperiode.

❸ **Feststellung der Abweichungen** zwischen Plankosten bei Istbeschäftigung und Istkosten.

❹ **Aufdeckung der Ursachen** für die Abweichungen.

Damit wird deutlich,

▶ dass in der Plankostenrechnung nicht auf die exakte Erfassung der **Istkosten** verzichtet werden kann,

▶ dass von den Betriebsleitern nur solche Abweichungen zwischen Plan- und Istkosten zu verantworten sind, die reine **Verbrauchsabweichungen** sind (z.B. höherer Istverbrauch an Material gegenüber dem geplanten Verbrauch; höhere Istlöhne gegenüber den geplanten Löhnen). **Abweichungen in den Beschaffungspreisen** oder **Schwankungen in der Beschäftigung** sind nicht den Betriebsleitern anzulasten; sie sind aus den Plankosten auszuschalten.

Merke:
● Für die Kostenkontrolle dürfen nur Verbrauchsabweichungen maßgeblich sein; deshalb sind Preis- und Beschäftigungsabweichungen auszuschalten.
● Preisabweichungen werden dadurch vermieden, dass die tatsächlichen Verbrauchsmengen zu festen Verrechnungspreisen bewertet werden.

6621300

8.3   Planung der Einzel- und Gemeinkosten

Variable und fixe Kosten als Grundlage der flexiblen Plankostenrechnung. In der flexiblen Plankostenrechnung werden die Kostenbeträge aller Gemeinkostenarten durch eine **Kostenauflösung** in **fixe und variable (proportionale!) Bestandteile** zerlegt (vgl. S. 303). Dadurch ist es möglich, jeder Kostenstelle sowohl nach Kostenarten unterteilte feste **Plankosten** vorzugeben als auch diese Kostenvorgaben entsprechend der jeweiligen Istbeschäftigung abzuwandeln.

Die Einzelkosten „Fertigungsmaterial", „Fertigungslöhne" und „Sondereinzelkosten" **gelten in voller Höhe als variabel;** bei ihnen entfällt das Problem der Kostenauflösung. Zum Teil werden sie um die Kostenstellen herumgeführt und den Kostenträgern direkt zugerechnet (z. B. Fertigungsmaterial, Sondereinzelkosten); zum Teil können sie in die Kostenstellenrechnung eingehen (z. B. Fertigungslöhne).

Aufbau der flexiblen Plankostenrechnung. Das Ziel der Plankostenrechnung – **Kostenkontrolle!** – wird durch folgenden Aufbau erreicht, der die wesentlichen Planungsgrößen beachtet:

❶ Festlegung der **Bezugsgröße** für jede Kostenstelle (z. B. Fertigungsstunden, Maschinenstunden, Ausbringungsmengen),

❷ Bestimmung der **Planbeschäftigung,**

❸ Festlegung der **Verbrauchsmengen und -zeiten** für jede Kostenart in Bezug auf die Planbeschäftigung (vgl. Beispiele S. 300),

❹ **Bewertung der Mengen oder Zeiten mit Festpreisen** und damit **Festlegung der Plankosten** für jede Kostenart innerhalb der Kostenstellen,

❺ **Auflösung der Gemeinkosten** in fixe und variable Kostenvorgaben.

Kostenpläne. Die Planungsarbeiten enden mit der Aufstellung von **Kostenplänen für alle Kostenstellen.** Diese Pläne enthalten die Kostenvorgaben für die Gesamtplankosten sowie für die variablen und fixen Plankosten.

Plankosten sind durch methodisches Vorgehen im Voraus bestimmter, wertmäßiger Güter- und Dienstleistungsverzehr mit Vorgabecharakter. Die **gesamten** Plankosten ergeben sich aus der Summe aller variablen und fixen Plankosten einer Kostenstelle.

Anwendung. Die Planeinzel- und -gemeinkosten bilden die Grundlage für die **Plankalkulation** (vgl. S. 304) und für den **Soll-Ist-Kostenvergleich** zur **Ausweisung der Verbrauchsabweichungen** (vgl. S. 308). Unter **Istkosten** sind hierbei die zu **Festpreisen bewerteten tatsächlichen Verbrauchsmengen oder -zeiten** einer Abrechnungsperiode zu verstehen. Die Festpreisbewertung schaltet **Preisschwankungen** aus.

Merke:	• **Wesentliches Merkmal der flexiblen Plankostenrechnung ist die Auflösung der Gemeinkosten in fixe und variable Kostenvorgaben.**
	• **Die Anwendung der Plankostenrechnung setzt eine sorgfältige Kostenstellengliederung des Betriebes und eine genaue Festlegung der Planungsgrößen voraus.**
	• **Plankosten sind durch methodisches Vorgehen im Voraus bestimmte Kosten mit Vorgabecharakter.**
	• **Durch die Planung der Einzel- und Gemeinkosten werden Grundlagen für die Ermittlung von Verbrauchsabweichungen und für die Plankalkulation geschaffen.**

8.3.1 Bestimmung der Planbeschäftigung

Situation: In der Dreherei der Maschinenbau Kern KG werden u.a. Armaturen gefertigt. Diese Armaturen bestehen im Wesentlichen aus einem Ventilgehäuse, das aus einem Messing-Gussteil hergestellt wird. Die folgende Übersicht verdeutlicht, welche Abteilungen (= Kostenstellen) das Gussteil durchlaufen muss, um zum fertigen Gehäuse zu werden, und wie hoch die monatlichen Produktionsmengen (= Beschäftigung) in den einzelnen Abteilungen sind:

Beschäftigung (Stück)	Kostenstellen			
	Abteilung Bohren	Abteilung Drehen	Abteilung Gewinde-schneiden	Abteilung Montage
Maximalbeschäftigung	3900	4100	3500	**3000**
Normalbeschäftigung	3600	3700	3200	2800

Engpassorientierte Beschäftigung. Die Festlegung der Planbeschäftigung erfolgt nach den betrieblichen Erfordernissen. Hierbei kann sich die Geschäftsleitung von den **vorhandenen Kapazitäten,** den **Absatzerwartungen** oder den **zukünftig vermuteten Minimumsektoren** leiten lassen.

Die Ausrichtung der Planbeschäftigung auf den **derzeitigen Engpass** berücksichtigt die tatsächlichen Produktionsverhältnisse oder die bestehenden Schwierigkeiten im Finanzierungs- und Absatzbereich.

Im vorliegenden Beispiel könnte die **Planbeschäftigung auf 3000 Gussteile je Monat** festgelegt werden. Damit wird der **geringen Kapazität in der Montageabteilung** Rechnung getragen.

Merke: **Als Planbeschäftigung eignet sich die engpassorientierte Beschäftigung.**

8.3.2 Festlegung der Plankosten aufgrund fester Verrechnungspreise

Beispiel: Die Kern KG bezieht die Messing-Gussteile von einer Gießerei. Im laufenden Jahr sind vier Bestellungen erteilt worden, die zu folgenden Stückpreisen ausgeführt wurden:

Datum	Preis je Gussteil	Datum	Preis je Gussteil
..-02-05	7,20 €	..-05-12	7,40 €
..-04-05	7,60 €	..-07-24	7,70 €

Verrechnungspreis. Für die Berechnung der Plankosten stellen schwankende Beschaffungspreise ein Hindernis dar. Ihrer Aufgabe können Plankosten nur gerecht werden, wenn sie auf einer festen Basis ermittelt werden. Zu diesem Zweck verwendet man in der Plankostenrechnung **feste Verrechnungspreise.** Sie werden z.B. als arithmetisches Mittel (z. B. **einfacher Durchschnitt)** aus den Einzelwerten berechnet.

Berechnung der Plankosten. In obigem Beispiel soll der Verrechnungspreis (= Planpreis) auf **7,50 € je Stück** festgesetzt werden. Die Plankosten für das monatlich zu verbrauchende Fertigungsmaterial betragen dann bei 3000 Gussteilen (s.o.):

Plankosten je Monat = **Planbeschäftigung · Verrechnungspreis**
Plankosten für Fertigungsmaterial „Ventilgehäuse" = 3000 Stück · 7,50 € = **22.500,00 €**

Merke: **Plankosten werden aufgrund fester Verrechnungspreise ermittelt.**

8.3.3   Festlegung der variablen und fixen Plangemeinkosten

Verfahren der Kostenauflösung. Durch die Kostenauflösung wird erreicht, dass bei Beschäftigungsschwankungen **nur die variablen Gemeinkosten der vom Plan abweichenden Beschäftigungslage angepasst werden,** während die kurzfristig unvermeidbaren fixen Kosten in voller Höhe bestehen bleiben.

Verfahren. Die folgende Übersicht beinhaltet **einige Verfahren** der Kostenauflösung, von denen wir hier nur die direkte Methode zeigen.

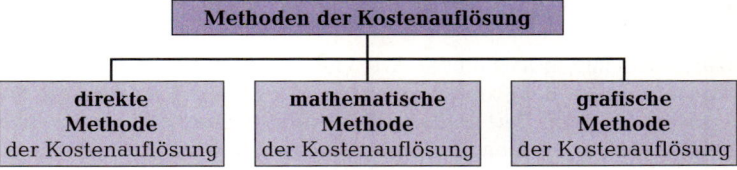

Voraussetzungen. Die Methoden der Kostenauflösung gehen in der Regel von den Voraussetzungen aus, dass sich die variablen Kostenanteile bei Beschäftigungsänderungen **proportional** verhalten und dass die **fixen Kostenanteile** während des Planungszeitraums **keinen Veränderungen** unterliegen.

Die direkte Methode der Kostenauflösung beruht auf **Einzeluntersuchungen** innerhalb der Kostenstellen unter Zusammenarbeit der Abteilungen „Arbeitsvorbereitung" und „Kostenrechnung".

Beispiel: Aufgrund einer **Einzeluntersuchung** sind für die Kostenstelle „Dreherei" bei einer Beschäftigung von **1 400 Stunden/Monat** und einer entsprechenden Ausbringung von **2 800 Stück/Monat** folgende Einzel- und Gemeinkosten ermittelt worden:

Kostenart	Gesamtkosten	fixe Kosten	variable Kosten
Fertigungsmaterial (EK)	21.000,00	—	21.000,00
Gemeinkostenmaterial	4.000,00	2.000,00	2.000,00
Fertigungslöhne	25.000,00	—	25.000,00
Hilfslöhne	5.000,00	4.000,00	1.000,00
Soziale Abgaben	6.000,00	1.000,00	5.000,00
Abschreibungen	29.000,00	25.000,00	4.000,00
Sonstige Gemeinkosten	17.500,00	5.500,00	12.000,00
Gemeinkosten	**86.500,00**	**37.500,00**	**49.000,00**

Die Plankosten (= PK) ergeben sich bei einer **angenommenen Planbeschäftigung** von **1 500 Stunden/Monat** bzw. **3 000 Stück/Monat** nach folgender Rechnung:

Die Planeinzelkosten für das **Fertigungsmaterial** werden **um die Kostenstelle herumgeführt** und in der Kalkulation dem Kostenträger direkt zugerechnet (vgl. S. 301):	$\dfrac{21.000 \cdot 3\,000}{2\,800} =$	**22.500,00 €** FK
Die fixen Gemeinkosten gehen in voller Höhe in die Plankosten der Kostenstelle ein:	–	**37.500,00 €** fixe PK
Die variablen Gemeinkosten (einschließlich der Fertigungslöhne) sind auf die Planbeschäftigung umzurechnen:	$\dfrac{49.000 \cdot 1\,500}{1\,400} =$	**52.500,00 €** var. PK
Die gesamten Plangemeinkosten der Kostenstelle betragen:		**90.000,00 €**

8.4 Zuschlagskalkulation mit Plankostenverrechnungssätzen

Plankalkulation. Für viele Industriebetriebe ist die **Einzel- oder Serienfertigung** unterschiedlicher Erzeugnisse der maßgebliche Produktionstyp. Diese Betriebe wenden zur Berechnung der **Planselbstkosten** das Verfahren der **Zuschlagskalkulation** an. Die Plan-Zuschlagskalkulation basiert auf Planeinzelkosten (z. B. Fertigungsmaterial) und auf **Plankostenverrechnungssätzen,** die in den einzelnen Kostenbereichen oder Kostenstellen ermittelt werden.

Der Plankostenverrechnungssatz gibt an, **wie viel Euro Plangemeinkosten auf eine Planbeschäftigungseinheit** (z. B. 1 Stunde) entfallen. Mit diesem Satz wird die Planarbeitszeit für die Kostenträgereinheit (z. B. 1 Stück) multipliziert und es ergeben sich die **Planfertigungskosten,** mit denen die Kostenstellen den Kostenträger belasten.

Beispiel: Das Beispiel auf Seite 303 weist für die Kostenstelle „Dreherei" gesamte Plangemeinkosten in Höhe von 90.000,00 € bei einer Planbeschäftigung von 1500 Stunden/Monat aus. Daraus ergibt sich folgender Plankostenverrechnungssatz:

$$\text{Plankosten-} \atop \text{verrechnungssatz} = \frac{\text{Plangemeinkosten}}{\text{Planbeschäftigung}} = \frac{90.000,00\ €}{1500\ \text{Std.}} = \mathbf{60,00\ €/Std.}$$

Beläuft sich die Arbeitszeit für 1 Stück auf 15 Minuten,
so fallen folgende **Planfertigungskosten** an: $\frac{60,00\ € \cdot 15}{60} = \mathbf{15,00\ €/Stück}$

Planeinzelkosten. Die Planeinzelkosten für das **Fertigungsmaterial** werden dem Kostenträger direkt zugerechnet (vgl. S. 303). Für die Stückkalkulation ist lediglich die Umrechnung der Planeinzelkosten auf eine Mengeneinheit erforderlich.

Beispiel: Die Planeinzelkosten für das Fertigungsmaterial betragen 22.500,00 € bei einer Planbeschäftigung von 3000 Stück (vgl. S. 303).

Auf 1 Stück entfallen Einzelmaterialkosten von $\frac{22.500,00\ €}{3000\ \text{Stück}} = \mathbf{7,50\ €/Stück}$

Zuschlagssätze. Für Material-, Verwaltungs- und Vertriebs**gemeinkosten** werden Planzuschlagssätze ermittelt und in die Kalkulation eingesetzt.

Beispiel einer Stückkalkulation auf Plankostenbasis:

Fertigungsmaterial (siehe oben)	7,50 €	
+ Materialgemeinkosten 6 % (angenommen)	0,45 €	
Planmaterialkosten		**7,95 €**
Planfertigungskosten „Bohren"	6,20 € (angen.)	
+ Planfertigungskosten „Drehen"	15,00 € (s. o.)	
+ Planfertigungskosten „Schneiden"	4,05 € (angen.)	
+ Planfertigungskosten „Montieren"	2,30 € (angen.)	
gesamte **Planfertigungskosten**		**27,55 €**
Planherstellkosten		**35,50 €**
+ Verwaltungsgemeinkosten 15 % (angenommen)		5,33 €
+ Vertriebsgemeinkosten 5 % (angenommen)		1,77 €
Planselbstkosten		**42,60 €**

8.5 Sollkosten

Plankostenverrechnungssatz bei unterschiedlichen Beschäftigungen. Der Plankosten-verrechnungssatz ist ein Vollkostensatz, d. h., er enthält neben den variablen Kosten **anteilige fixe Kosten.** Durch die **Proportionalisierung** der fixen Kosten werden die **gesamten Plangemeinkosten** in Abhängigkeit zur Beschäftigung gebracht. Die auf diese Weise in die Kalkulationen eingerechneten **Plangemeinkosten (= verrechnete Plangemeinkosten)** werden somit eine Funktion der Beschäftigung:

Verrechnete Plangemeinkosten = **Plankostenverrechnungssatz · (Ist-)Beschäftigung**

Sollkosten. Richtigerweise dürfen sich aber **nur die variablen Kosten proportional zur Beschäftigung** verändern, während **die fixen Kosten in ihrer Höhe unverändert** bestehen bleiben müssen. Die Sollkosten berücksichtigen für unterschiedliche Beschäftigungsgrade diese Eigenschaft der Plangemeinkosten: Sie enthalten die variablen Plangemeinkosten im Verhältnis des tatsächlichen Beschäftigungsgrades zum geplanten Beschäftigungsgrad und die fixen Kosten in voller Höhe. Damit eignen sie sich für den **Soll-Ist-Kostenvergleich zur Ausweisung von Verbrauchsabweichungen.** Sie lassen sich nach folgender Gleichung berechnen:

$$\text{Sollkosten} = \frac{\text{variable Plangemeinkosten} \cdot \text{Istbeschäftigung}}{\text{Planbeschäftigung}} + \text{fixe Plangemeinkosten}$$

Beispiel: Bei einer Planbeschäftigung von 1 500 Stunden/Monat betragen die variablen Plangemeinkosten 52.500,00 €. Die fixen Plangemeinkosten werden mit 37.500,00 € ermittelt (vgl. S. 303). Der Plankostenverrechnungssatz beträgt **60,00 €** (vgl. S. 304).

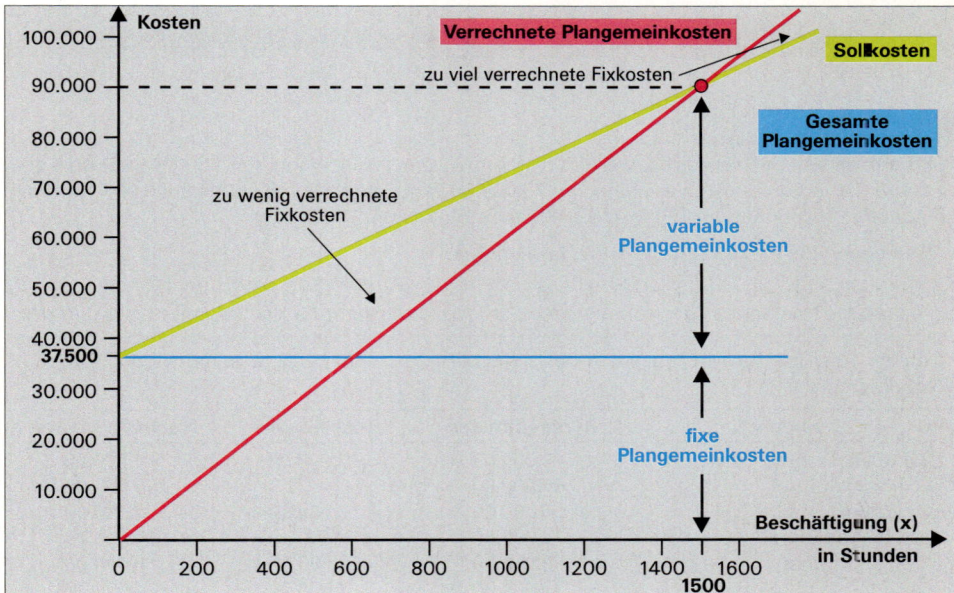

Merke: Sollkosten sind die auf einen bestimmten (Ist-)Beschäftigungsgrad umgerechneten gesamten Plangemeinkosten unter Berücksichtigung der vollen fixen Plangemeinkosten und der anteiligen variablen Plangemeinkosten. Sie sind Grundlage für den Soll-Ist-Kostenvergleich.

Erläuterung: Die verrechneten Plangemeinkosten werden nach der Vorschrift

Verrechnete Plangemeinkosten = Plankostenverrechnungssatz · x = 60 · x

ermittelt, wobei x die Variable für die Beschäftigung ist. Da über den Plankostenverrechnungssatz die **fixen Kosten proportionalisiert** werden, geht der Graph dieser Funktion **durch den Ursprung;** d.h., bei der **Beschäftigung 0 werden keine fixen Kosten** verrechnet.

Für die Sollkosten gilt folgende Rechenvorschrift:

$$\text{Sollkosten} = \frac{\text{variable Plangemeinkosten} \cdot \text{Istbeschäftigung}}{\text{Planbeschäftigung}} + \text{fixe PGK} = \frac{52.500}{1\,500} \cdot x + 37.500$$

$$= 35 \cdot x + 37.500$$

In dieser Vorschrift hängen nur die variablen Plangemeinkosten von der Beschäftigung ab. Bei allen Beschäftigungsgraden werden fixe Kosten in Höhe von 37.500,00 € ausgewiesen.

Die Plangemeinkosten bei Planbeschäftigung liegen **im Schnittpunkt von Sollkosten- und Plangemeinkosten-Funktion.**

Auswertung:

❶ **Istbeschäftigung = Planbeschäftigung:** In diesem Fall sind die verrechneten Plangemeinkosten **gleich** den Sollkosten.

❷ **Istbeschäftigung < Planbeschäftigung:** In diesem Fall sind die verrechneten Plangemeinkosten **unter** den Sollkosten. Ein Teil der fixen Kosten wird dann **nicht** verrechnet.

❸ **Istbeschäftigung > Planbeschäftigung:** In diesem Fall liegen die verrechneten Plangemeinkosten **über** den Sollkosten. Es werden **mehr** fixe Kosten verrechnet als geplant.

Aufgaben

304 Für die Kostenstelle „Dreherei" werden bei einer Planbeschäftigung von 1 200 Stunden/Monat gesamte Plangemeinkosten in Höhe von 75.000,00 € ermittelt. Davon sind 45.000,00 € variable Plangemeinkosten und 30.000,00 € fixe Plangemeinkosten.

1. *Berechnen Sie den Plankostenverrechnungssatz.*
2. *Bestimmen Sie die Sollkosten für eine Beschäftigungsabweichung auf 1350 Stunden/Monat.*
3. *Stellen Sie den Verlauf der verrechneten Plangemeinkosten und der Sollkosten grafisch dar.*

305 In einer Kostenstelle werden bei einer Beschäftigung von 2 200 Stunden/Monat folgende Kosten ermittelt:

Kostenart	Gesamtkosten	fixe Kosten	variable Kosten
Gemeinkostenmaterial	7.000,00	2.500,00	4.500,00
Fertigungslöhne	65.000,00	–	65.000,00
Hilfslöhne	16.000,00	12.000,00	4.000,00
Soziale Abgaben	14.000,00	3.500,00	10.500,00
Abschreibungen	58.000,00	50.000,00	8.000,00
Sonstige Gemeinkosten	31.000,00	7.000,00	24.000,00

1. *Bestimmen Sie die gesamten Plangemeinkosten bei 2 400 Stunden Planbeschäftigung.*
2. *Berechnen Sie die Sollkosten für eine Abweichung um ± 10 %.*
3. *Berechnen Sie den Plankostenverrechnungssatz.*
4. *Stellen Sie den Verlauf der Sollkosten und der verrechneten Plangemeinkosten grafisch dar.*

8.6 Soll-Ist-Kostenvergleich (Kostenkontrolle)

Ziel. Die nach Kostenstellen durchgeführte Kostenkontrolle verfolgt das Ziel, Abweichungen von Kostenvorgaben sichtbar zu machen, um dadurch Unwirtschaftlichkeiten im Betrieb aufdecken und beseitigen zu können. Sie wird grundsätzlich **mindestens einmal im Monat** für **alle Kostenarten** und **alle Kostenstellen** über den **Soll-Ist-Kostenvergleich** durchgeführt. **Störende Einflüsse durch Preis- und Beschäftigungsabweichungen** sind **vorher** auszuschalten.

Ausschaltung von Preisabweichungen. Dadurch, dass den Istkosten der Abrechnungsperiode die **gleichen Verrechnungspreise** zugrunde gelegt werden wie den Sollkosten, können Lohnsatz- und Preisschwankungen aus dem Soll-Ist-Kostenvergleich fern gehalten werden (vgl. S. 302).

Ausschaltung von Beschäftigungsabweichungen. Während der Abrechnungsperiode wird auf der Basis der **Plankostenverrechnungssätze** kalkuliert (vgl. S. 304). Weicht die Istbeschäftigung von der dem Plankostenverrechnungssatz zugrunde liegenden Planbeschäftigung ab — was in der Regel der Fall ist —, so treten zwischen den **nach Plan vorgesehenen Kosten (Sollkosten)** und den **verrechneten Plangemeinkosten Beschäftigungsabweichungen** auf. Die Beschäftigungsabweichungen sind von den Betriebsleitern **nicht** zu verantworten. Durch den **Vergleich der verrechneten Plangemeinkosten** mit den **Sollkosten bei Istbeschäftigung** lassen sich die Beschäftigungsabweichungen ermitteln und aus der Kostenkontrolle heraushalten.

Beispiel: In der Kostenstelle „Dreherei" wird mit einem Plankostenverrechnungssatz von 60,00 € kalkuliert. Die gesamten Plangemeinkosten machen bei einer Beschäftigung von 1500 Stunden/Monat 90.000,00 € aus (vgl. S. 303).

Im Monat Juli wird eine Istbeschäftigung von 1200 Stunden erreicht.

Wie groß ist die Beschäftigungsabweichung?

Die Istbeschäftigung beträgt: $\dfrac{1200 \cdot 100\,\%}{1500} = \mathbf{80\,\%}.$

Die Planbeschäftigung wird also um **20 % unterschritten.**

Verrechnete Plangemeinkosten bei Istbeschäftigung	$60{,}00 \cdot 1\,200$	=	72.000,00 €
− **Sollkosten** (vgl. S. 305) bei Istbeschäftigung	$\dfrac{52.500}{1\,500} \cdot 1\,200 + 37.500$	=	79.500,00 €
Beschäftigungsabweichung		=	(−) 7.500,00 €

Gegenüber den Sollkosten sind bei der Istbeschäftigung von 1200 Stunden **7.500,00 € fixe Kosten zu wenig verrechnet worden.**

Merke:
- **Istkosten sind die zu Planpreisen bewerteten tatsächlichen Verbrauchsmengen und -zeiten einer Abrechnungsperiode.**
- **Die Beschäftigungsabweichung ist der Kostenbetrag, der angibt, um wie viel Euro die verrechneten Plangemeinkosten die Sollkosten bei Istbeschäftigung übersteigen (+) oder unterschreiten (−).**

Die Grafik auf Seite 308 verdeutlicht den Zusammenhang.

Beispiel: In der Kostenstelle „Dreherei" fallen gesamte Plangemeinkosten in Höhe von 90.000,00 € an (Planbeschäftigung 1500 Stunden/Monat, vgl. S. 303). Im Monat Juli wird eine Istbeschäftigung von 1200 Stunden erreicht (vgl. S. 307). Die Istkosten werden mit **85.000,00 €** ermittelt.

Wie groß ist die Verbrauchsabweichung?

Sollkosten bei Istbeschäftigung	$\dfrac{52.500}{1500} \cdot 1200 + 37.500$ =	79.500,00 €
− **Istkosten**	=	85.000,00 €
Verbrauchsabweichung	=	**(−) 5.500,00 €**

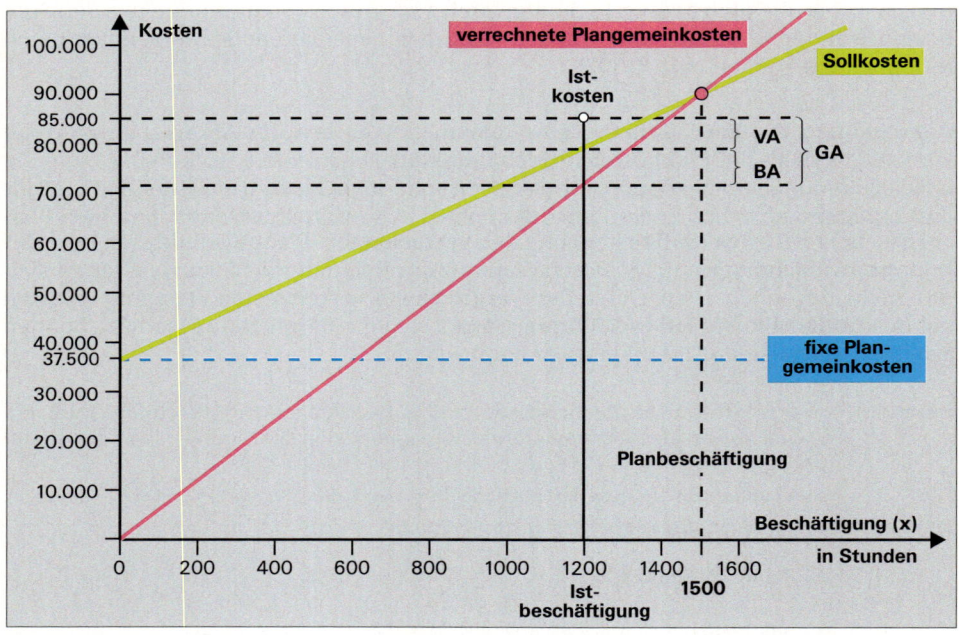

Erläuterung: Die obige Grafik zeigt den Verlauf der Sollkosten und der verrechneten Plangemeinkosten (vgl. auch S. 305) und weist bei einer Istbeschäftigung von 1 200 Stunden **Istkosten** in Höhe von **85.000,00 €** aus.

Die Abkürzungen bedeuten: **BA** = Beschäftigungsabweichung (vgl. S. 307),
VA = Verbrauchsabweichung,
GA = Gesamtabweichung.

Verbrauchsabweichungen. Der eigentliche Zweck der flexiblen Plankostenrechnung besteht in der **Ermittlung der Verbrauchsabweichungen.** Verbrauchsabweichungen zeigen den wertmäßigen Mehr- und Minderverbrauch an Gütern und Diensten gegenüber den Sollkosten an. **Der Mehrverbrauch ist von den Kostenstellenleitern zu verantworten.** Verbrauchsabweichungen werden ausgewiesen durch den **Vergleich der Sollkosten bei Istbeschäftigung mit den Istkosten.** Im obigen Beispiel übersteigen die Istkosten die Sollkosten um 5.500,00 €.

Merke:
- Der eigentliche Zweck der flexiblen Plankostenrechnung besteht in der Ermittlung von Verbrauchsabweichungen.
- Die Verbrauchsabweichung ist der Kostenbetrag, der angibt, um wie viel Euro die Sollkosten die Istkosten übersteigen (+) oder unterschreiten (−).

Gesamtabweichung. Fasst man die **Beschäftigungsabweichung und die Verbrauchs-abweichung** zusammen, so erhält man die Gesamtabweichung. Sie ergibt sich auch aus dem **Unterschied zwischen den verrechneten Plangemeinkosten bei Istbeschäftigung** und den **Istkosten.** Im vorhergehenden Beispiel beträgt die Gesamtabweichung

Verrechnete Plangemeinkosten (vgl. S. 307)		72.000,00 €
− **Istkosten**		85.000,00 €
Gesamtabweichung	=	(−) **13.000,00 €**

oder

Beschäftigungsabweichung (vgl. S. 307)	(−)	7.500,00 €
+ **Verbrauchsabweichung** (vgl. S. 308)	(−)	5.500,00 €
Gesamtabweichung	=	(−) **13.000,00 €**

Merke: **Die Gesamtabweichung wird aus dem Unterschied zwischen verrechneten Plangemeinkosten bei Istbeschäftigung und Istkosten ermittelt.**

Aufgaben

306

1. Welche Aufgaben hat die flexible Plankostenrechnung?
2. Wodurch ist die flexible Plankostenrechnung gekennzeichnet?
3. Wie werden Plankosten und Sollkosten definiert?
4. Wodurch unterscheiden sich Sollkosten und verrechnete Plangemeinkosten?
5. Wie ermittelt man den Plankostenverrechnungssatz und wozu dient er?
6. Welche Verfahren der Kostenauflösung sind Ihnen bekannt?
7. Erläutern Sie die Aussage: Bei Unterschreitung der Planbeschäftigung werden über den Plankostenverrechnungssatz zu wenig fixe Kosten verrechnet.
8. Wodurch unterscheiden sich Beschäftigungs- und Verbrauchsabweichungen?
9. Wie werden Beschäftigungsabweichungen ermittelt?
10. Wie gelingt es, Preisschwankungen aus der Kostenkontrolle herauszuhalten?
11. Welche Planungsgrößen sind bei der Kostenplanung zu beachten?
12. Die Beschäftigungsabweichung beträgt (+) 40.000,00 €, die Verbrauchsabweichung (−) 25.000,00 €. Wie groß ist die Gesamtabweichung?
13. Was bedeutet die Aussage: „Die Verbrauchsabweichung beträgt (+) 20.000,00 €"?

307

Bestimmen Sie die Beschäftigungs- und Verbrauchsabweichungen (mit grafischer Darstellung):

Planbeschäftigung:	2 000 Stunden/Monat,
Istbeschäftigung:	1 200 Stunden/Monat,
gesamte Plangemeinkosten:	150.000,00 €, davon fix 60.000,00 €
Istkosten:	122.000,00 €

308   In einer Kostenstelle wird mit einem Plankostenverrechnungssatz von 35,00 € je Stunde kalkuliert. Die Planbeschäftigung beträgt 2 400 Stunden/Monat. 70 % der Plangemeinkosten sind variabel.

1. *Wie hoch sind die gesamten Plangemeinkosten, die variablen Plangemeinkosten und die fixen Plangemeinkosten?*
2. *Wie hoch sind die Beschäftigungs- und die Verbrauchsabweichungen bei einer Istbeschäftigung von 1 920 Stunden/Monat und Istkosten von 65.400,00 €?*
3. *Wie hoch wären die Beschäftigungs- und Verbrauchsabweichung bei einer Istbeschäftigung von 2 760 Std./Monat und Istkosten von 98.500,00 €?*
4. *Stellen Sie die Ergebnisse zu 2. und 3. grafisch dar.*

309   In einem Betrieb wird ein Maschinenteil nach folgenden Vorgaben kalkuliert:

     Einzelmaterial A   2,36 kg, Verrechnungspreis 2,15 €/kg
     Einzelmaterial B   0,85 kg, Verrechnungspreis 6,40 €/kg
     Materialgemeinkosten 5 %,

     Fertigungsstelle I   0,25 Std./Stück, Plankostenverrechnungssatz 16,40 €,
     Fertigungsstelle II   0,40 Std./Stück, Plankostenverrechnungssatz 24,60 €,
     Fertigungsstelle III   0,35 Std./Stück, Plankostenverrechnungssatz 11,80 €.

Verwaltungs- und Vertriebsgemeinkosten 30 %.
Sondereinzelkosten des Vertriebs (Fracht, Provision) 1,80 €/Stück.
Berechnen Sie die Planselbstkosten für ein Stück.

310   In der Kostenstelle „Pflanzenschutz PI" mit fünf gleichartigen Produktionsapparaturen werden bei einer Einzeluntersuchung folgende Kosten ermittelt (es lag eine Beschäftigung von 3 000 Stunden/Monat ≙ 5 000 Stück zugrunde):

Kostenart	Gesamtkosten	variable Kosten	fixe Kosten
Fertigungsmaterial	120.000,00 €	120.000,00 €	–
Gemeinkostenmaterial	46.000,00 €	30.000,00 €	16.000,00 €
Energie	32.000,00 €	24.000,00 €	8.000,00 €
Fertigungslöhne	184.000,00 €	184.000,00 €	–
Hilfslöhne	38.000,00 €	8.000,00 €	30.000,00 €
Soziale Abgaben	42.000,00 €	30.000,00 €	12.000,00 €
Abschreibungen	134.000,00 €	16.000,00 €	118.000,00 €
Sonstige Gemeinkosten	74.000,00 €	49.000,00 €	25.000,00 €

Das Fertigungsmaterial wird unmittelbar dem Kostenträger zugerechnet.

1. *Bestimmen Sie die gesamten Plangemeinkosten dieser Kostenstelle für eine Planbeschäftigung von 3 300 Stunden/Monat.*
2. *Berechnen Sie den Plankostenverrechnungssatz.*
3. *Kalkulieren Sie die Planherstellkosten für eine Einheit, wenn 6 % Materialgemeinkosten anfallen, die Produktionsdauer 0,6 Stunden/Einheit beträgt und mit einer Planbeschäftigung von 5 500 Stück/Monat gerechnet wird.*
4. *Stellen Sie die verrechneten Plangemeinkosten und die Sollkosten grafisch dar.*
5. *Bestimmen Sie die Beschäftigungs-, die Verbrauchs- und die Gesamtabweichung bei einer Istbeschäftigung von 85 % (Istkosten = 508.400,00 €).*
6. *Welche Sollkosten sind anzusetzen, wenn die Planbeschäftigung um 10 % überschritten würde? Wie groß wäre in diesem Fall die Beschäftigungsabweichung?*
7. *Stellen Sie die Ergebnisse zu 5. grafisch dar.*

9 Grundlagen der Prozesskostenrechnung
9.1 Um welches Problem geht es?

Situation: Herr Kern, einer der geschäftsführenden Gesellschafter der Maschinenbau Kern KG, hat an einer Fortbildungsveranstaltung zum Thema „Moderne Kostenrechnungssysteme" teilgenommen. Dort haben ihn folgende Aussagen nachdenklich gemacht:

„Die traditionellen Kostenrechnungssysteme ‚Vollkostenrechnung auf Kostenstellenbasis' oder ‚Flexible Plankostenrechnung' werden den Anforderungen an eine Kosten verursachende Kalkulation der Kundenaufträge aus folgenden Gründen nicht mehr gerecht:

▶ Die traditionellen Systeme sind zu stark auf den Produktionsbereich ausgerichtet und berücksichtigen nicht die steigende Bedeutung der sog. **‚indirekten Bereiche'** (Forschung/Entwicklung, Produktionsplanung, Beschaffung, Vertrieb, Kundenservice, Logistik, Qualitätssicherung). Diese Entwicklung führt zu einer Kostenverschiebung von der Fertigung zu den vor- und nachgelagerten Bereichen.

▶ Die traditionellen Systeme legen die Gemeinkosten über Kostenstellenzuschlagssätze **proportional** auf die Einzelkosten um; das entspricht nicht der tatsächlichen Kostenverursachung eines Produktes oder einer Produktvariante; hier sind **neue Bezugsgrößen** – z. B. auftragsbezogene Tätigkeiten – notwendig.

▶ Verschärft wird dieses Problem noch durch eine veränderte **Kostenstruktur.** Die Gemeinkosten nehmen im Vergleich zu den Einzelkosten einen immer größer werdenden Anteil ein; inzwischen wird in der Wirtschaft – vor allem im Dienstleistungssektor – mit einem Anteil von 75 % der Gemeinkosten an den Gesamtkosten gerechnet. Die in den traditionellen Kostenrechnungssystemen vorherrschende Dominanz der Einzelkosten ist aufzugeben. An deren Stelle muss die Suche nach denjenigen Prozessen treten, die die Kostenverursachung aufdecken."

Herr Kern findet diese Aussagen in seinem Unternehmen zum Teil bestätigt:

▶ Seine Kostenstellenrechnung (vgl. S. 255) ist mit drei Fertigungshauptstellen deutlich **fertigungsorientiert,** während die vor- und nachgelagerten Kostenstellen (Fuhrpark, Material-, Verwaltungs-, Vertriebsstelle) keine Unterteilungen aufweisen.

▶ Selbstverständlich hat er die Gemeinkosten über Zuschlagssätze **proportional** den Einzelkosten eines Produktes zugerechnet (vgl. Angebotskalkulation S. 267 f.), ohne zu wissen, ob dadurch die einzelnen Produktvarianten (= Gerätetypen) mit den Gemeinkosten belastet werden, die sie tatsächlich verursacht haben. Möglicherweise führt das dazu, dass Käufer eines bestimmten Gerätetyps einen zu hohen Preis zahlen zugunsten von Käufern eines anderen Gerätetyps. Angesichts der von ihm gewünschten Kundenorientierung macht ihn dieser Gedanke unruhig.

▶ Der Anteil der **Gemeinkosten** an den Gesamtkosten (= Selbstkosten des Umsatzes) hält sich in seinem Unternehmen mit ca. 31,15 % in Grenzen; das liegt wohl daran, dass er einen Fertigungs- und keinen Dienstleistungsbetrieb hat. Dennoch macht ihn der Betrag von 7.370.000,00 € Stellengemeinkosten in den Kostenstellen Fuhrpark, Material, Verwaltung und Vertrieb nachdenklich (vgl. BAB S. 255), zumal er nicht genau weiß, durch welche Tätigkeiten diese Kosten verursacht werden.

9.2 Lösungsansatz – Aufbau einer Prozesskostenrechnung

Situation: Herr Kern will seine Kostenrechnung so umgestalten, dass die **Gemeinkosten** verursachungsgerechter den Produkten zugerechnet werden können. Er will dabei schrittweise vorgehen und die Erkenntnisse, die er über die **Prozesskostenrechnung** gewonnen hat, nutzen:

▶ Er behält die Kostenstellenstruktur seiner bisherigen Kostenrechnung bei (vgl. BAB S. 255).

▶ Den Fertigungsbereich tastet er in seiner jetzigen Struktur in drei Fertigungshauptstellen und in der bestehenden Verrechnungsform über Zuschlagssätze nicht an.

▶ Er konzentriert sich auf die **Gemeinkosten** in den **indirekten Bereichen** (Fuhrpark, Material, Verwaltung, Vertrieb), da diese nicht von den traditionellen Bezugsgrößen (Fertigungslöhne, Maschinenstunden), sondern von anderen Größen beeinflusst werden (Anzahl der Anfragen, Anzahl der Angebote, Anzahl der Lagerbewegungen, Anzahl der Materialeingänge, Anzahl der Lieferungen an Kunden, Anzahl der Kundenbestellungen, Anzahl der Reklamationen usw.).

▶ Die Allgemeine Kostenstelle „Fuhrpark" lässt er mit der Umlage auch zunächst so bestehen.

▶ In einem ersten Versuch will er den **Materialbereich** nach den Vorstellungen der Prozesskostenrechnung umbauen. Dabei legt er sich die folgenden strukturierenden **Fragen** vor:

1. Welche **Teilprozesse** sind die Verursacher von Gemeinkosten im Materialbereich?

2. Wie lassen sich die **Kosten eines jeden Teilprozesses** ermitteln?

3. Welche **Maßgrößen** – auch Kostentreiber genannt – lassen sich passend zu den jeweiligen Teilprozessen festlegen?

4. Wie lassen sich aus Prozesskosten und Maßgrößen verursachungsgerechte **Prozesskostensätze** errechnen, die dann die Grundlage einer prozessorientierten Kalkulation sind?

5. Wie kann eine **prozessorientierte Kalkulation** aufgebaut werden?

9.2.1 Ermittlung der Teilprozesse über eine Tätigkeitsanalyse

Tätigkeiten. Die Prozesskostenrechnung geht in ihrem Ansatz davon aus, dass die in den Kostenstellen ausgeübten **Tätigkeiten** (= Aktivitäten) ursächlich für die Entstehung der Gemeinkosten sind. Mit Tätigkeit ist jede ausgeführte Arbeit in einer Kostenstelle gemeint, mit der ein bestimmtes Arbeitsergebnis erzielt wird.

Teilprozesse. Bei der Vielzahl unterschiedlicher Tätigkeiten in einer Kostenstelle ist es nicht sinnvoll und zweckmäßig, jeder Tätigkeit eine Maßgröße zuordnen zu wollen, zumal sich in der Regel mehreren Tätigkeiten die gleiche Maßgröße zuordnen lässt. Zur Vereinfachung der Kostenrechnung werden deshalb alle Tätigkeiten,

▶ die zu einem **gemeinsamen Arbeitsergebnis** führen und

▶ für die eine **gemeinsame Maßgröße** gefunden werden kann,

zu einem **Teilprozess der Kostenstelle** zusammengefasst. In der Regel bilden mehrere unterschiedliche Teilprozesse **alle** Tätigkeiten in einer Kostenstelle ab.

Beispiel: Herr Kern erfasst als Erstes die Tätigkeiten in der Kostenstelle „Material". Dies kann er auf der Basis der Unterlagen vornehmen, die ihm zur Verfügung stehen (Arbeitsplatzbeschreibungen, Ablaufdiagramme). Er kann auch vor Ort die Mitarbeiter interviewen. Seine Erhebung führt zu folgenden Tätigkeiten, die er zu **Teilprozessen** zusammenfasst:

Kostenstelle: Material	
Tätigkeiten	**Teilprozesse**
eingehende Werkstoffe in Empfang nehmen, Menge und Qualität anhand der Bestellkopien kontrollieren, Eingangsmeldungen an Einkaufsabteilung geben, beschädigte oder fehlerhafte Sendungen reklamieren, Unterlagen verwalten	**Werkstoffe annehmen**
Werkstoffeingänge auf Lagerkarte vermerken, Werkstoffe in Lager einsortieren, Werkstoffe pflegen, Lagerbestände kontrollieren	**Werkstoffe einlagern**
Werkstoffausgaben durch Materialentnahmescheine belegen, Werkstoffausgaben quittieren lassen, Materialentnahmescheine verwalten, Werkstoffausgaben auf Lagerkarten vermerken, auf Meldebestände achten und Einkaufsabteilung benachrichtigen	**Werkstoffe ausgeben**
disponieren, Engpässe aufspüren, Lagerhüter vermeiden, auf Wirtschaftlichkeit und Rentabilität achten, mit vor- und nachgelagerten Abteilungen zusammenarbeiten	**Materialstelle leiten**

Auf diese Weise ist es Herrn Kern gelungen, alle Aktivitäten der Kostenstelle Material auf **vier Teilprozesse** zu reduzieren. Für diese Teilprozesse muss er nun geeignete **Maßgrößen** festlegen.

Merke:
- Die Prozesskostenrechnung basiert auf der Überlegung, dass Tätigkeiten (= Aktivitäten) Gemeinkosten verursachen.
- Tätigkeiten als kleinste Arbeitseinheiten werden in den Kostenstellen erhoben und zu Teilprozessen zusammengefasst.
- Teilprozesse sind dadurch gekennzeichnet, dass sie solche Tätigkeiten zusammenfassen, die einen Arbeitsablauf strukturieren.
- Mehrere unterschiedliche Teilprozesse bilden alle Tätigkeiten in einer Kostenstelle ab.

Aufgabe

Erstellen Sie nach Ihren eigenen Erfahrungen und Ihrem Wissen für die Abteilung „Einkauf" innerhalb der Kostenstelle „Verwaltung" eine Liste der (möglichen) Tätigkeiten und der zweckmäßigen Teilprozesse.

311

9.2.2 Bestimmung der Gemeinkosten für jeden Teilprozess

Situation: Im ersten Schritt zum Umbau der Kostenstelle „Material" hat Herr Kern die Teilprozesse festgelegt. Als Nächstes berechnet er, wie viel Euro Gemeinkosten auf jeden Teilprozess entfallen. Hierzu verwendet er die Zahlen aus seinem bisherigen Betriebsabrechnungsbogen (vgl. S. 255) und gliedert sie um.

Auszug aus dem Betriebsabrechnungsbogen (vgl. S. 255)							
Gemeinkostenarten			**Materialstelle**				
Hilfsstoffe			–				
Betriebsstoffe			–				
Gehälter			630.000,00				
Soziale Abgaben			240.000,00				
Abschreibungen			130.000,00				
Bürokosten			0,00				
Werbung			0,00				
Steuern			50.000,00				
Kalkulat. Zinsen			20.000,00				
Unternehmerlohn			0,00				
Summe der primären Gemeinkosten			**1.070.000,00**				
Umlage AKS Fuhrpark			100.000,00				
Stellengemeinkosten			**1.170.000,00**				

Für die Umgliederung der Gemeinkostenarten auf Teilprozesse verwendet Herr Kern Belege der Finanzbuchhaltung (Gehaltslisten, Rechnungen) oder Schätzzahlen:

▶ Gehälter, soziale Abgaben und Bürokosten lassen sich als sog. direkte Gemeinkosten genau den Personen zuordnen, die bestimmte Tätigkeiten ausführen.

▶ Die übrigen Gemeinkosten werden aufgrund der Anlagewerte (siehe kalkulatorische Abschreibungen), aufgrund des investierten Kapitals (siehe kalkulatorische Zinsen) oder auf der Basis der dort beschäftigten Arbeitnehmer (siehe Steuern) umgeschlüsselt.

▶ Bei der „Umlage AKS Fuhrpark" erfolgt die Zuordnung zu 40 % auf den Teilprozess „Werkstoffe einlagern" und zu 60 % auf den Teilprozess „Werkstoffe ausgeben".

Nach der Umgliederung ergeben sich folgende **teilprozessorientierte Stellengemeinkosten:**

Kostenstelle: Material		
Teilprozesse	**Teilprozesskosten**	
Werkstoffe annehmen	345.000,00	
Werkstoffe einlagern	240.000,00	
Werkstoffe ausgeben	390.000,00	
Materialstelle leiten	195.000,00	
Summe der Stellengemeinkosten	**1.170.000,00**	

9.2.3 Festlegung von Maßgrößen (= Kostentreibern) für Teilprozesse

Situation: Die Notwendigkeit, Maßgrößen für Teilprozesse festzulegen, begründet Herr Kern wie folgt:

- „Wenn ich weiß, dass z. B. die Ausgabe von Werkstoffen **ein** Verursacher von Gemeinkosten in der Kostenstelle „Material" ist,
- wenn ich weiterhin weiß, wie viel Euro an Gemeinkosten für diesen Teilprozess anfallen und
- wenn ich schließlich auch noch weiß, **wie viele Werkstoffausgaben** im Abrechnungszeitraum von den Mitarbeitern vorgenommen wurden,
- ▶ **dann kann ich ausrechnen, mit wie viel Euro ich eine Werkstoffausgabe für einen Kundenauftrag belasten muss."**

Maßgröße. In der obigen Überlegung ist also die **Anzahl der Werkstoffausgaben** innerhalb eines Zeitraums eine geeignete **Maßgröße,** um einen Eurobetrag zu berechnen, mit dem **jede Werkstoffausgabe** in Kundenaufträge einkalkuliert wird. Dieser Eurobetrag, mit dem jeweils eine Werkstoffausgabe berechnet wird, heißt allgemein **Teilprozesskostensatz.** Werden z. B. für einen Kundenauftrag drei Werkstoffausgaben vorgenommen, so wird dieser Kundenauftrag mit dem Dreifachen dieses Teilprozesskostensatzes belastet.

Maßgrößen müssen folgende **Bedingungen** erfüllen:

- ▶ Sie sind **Mengengrößen,** so wie wir sie auch aus der traditionellen Kostenrechnung z. B. in Form der Maschinenstunden kennen.
- ▶ Sie sind ein Maßstab für die **Kostenverursachung.**
- ▶ Sie sind ein Maßstab für die **Kostenzurechnung** auf die Kostenträger, also z. B. die Kundenaufträge oder die Selbstkosten der Produkte.

Beispiel: Herrn Kerns Aufgabe ist es nun, für jeden Teilprozess in der Materialstelle eine geeignete **Maßgröße** festzulegen und die jeweilige **Anzahl** der gezählten Aktivitäten (Teilprozessmenge) zu ermitteln. Er kommt zu folgendem Ergebnis:

Kostenstelle: Material			
Teilprozesse	Teilprozess-kosten	Maßgrößen je 100 Erzeugnis-einheiten	Teilprozess-menge
Werkstoffe annehmen	345.000,00	Anzahl der Anlieferungen	500
Werkstoffe einlagern	240.000,00	Anzahl der Einlagerungen	400
Werkstoffe ausgeben	390.000,00	Anzahl der Ausgaben	780
Materialstelle leiten	195.000,00	–	–
Summe der Stellen-gemeinkosten	**1.170.000,00**		

Beim letzten Teilprozess „Materialstelle leiten" zögert Herr Kern. Er weiß, dass er für diesen Teilprozess keine Maßgröße finden wird, die den obigen Bedingungen entspricht; also entscheidet er, für diesen Teilprozess keine Maßgröße festzulegen. Die Kosten dieses Teilprozesses wird er im **Umlageverfahren** den anderen Teilprozessen zurechnen (vgl. Seite 316).

9.2.4 Errechnung der Prozesskostensätze

Situation: In einem letzten Schritt errechnet Herr Kern für jeden Teilprozess einen zugehörigen **Teilprozesskostensatz,** mit dem er verursachungsgerechter als bisher eine kundenorientierte Kalkulation durchführen kann.

Für alle Teilprozesse, denen eine Maßgröße zugeordnet ist (es handelt sich um sog. leistungsmengeninduzierte Prozesse), benutzt er dafür die folgende Rechenvorschrift:

$$\text{Teilprozesskostensatz} = \frac{\text{Teilprozesskosten}}{\text{Teilprozessmenge}}$$

Für die Teilprozesse, denen keine Maßgröße zugeordnet ist (es handelt sich um sog. leistungsmengenneutrale Prozesse), benutzt er dafür einen **Umlagesatz** nach folgender Rechenvorschrift:

$$\text{Umlagesatz} = \frac{\text{Teilprozesskosten ohne Maßgröße}}{\text{Summe der Teilprozesskosten mit Maßgröße}} \cdot \text{Teilprozesskostensatz}$$

Der **gesamte Prozesskostensatz** für einen Teilprozess setzt sich dann aus dem **Teilprozesskostensatz** und dem zugehörigen **Umlagesatz** zusammen:

$$\text{Prozesskostensatz} = \text{Teilprozesskostensatz} + \text{Umlagesatz}$$

Beispiel: Der Teilprozesskostensatz für den Teilprozess „Werkstoffe annehmen" errechnet sich wie folgt:

$$\text{Teilprozesskostensatz} = \frac{345.000,00\ €}{500\ \text{Anlieferungen}} = 690,00\ €/\text{Anlieferung}$$

Der zugehörige Umlagesatz wird wie folgt berechnet:

$$\text{Umlagesatz} = \frac{195.000,00\ €}{975.000,00\ €} \cdot 690,00\ € = 138,00\ €/\text{Anlieferung}$$

Der **Prozesskostensatz** für den Teilprozess „Werkstoffe annehmen" beträgt dann **828,00 € je Anlieferung, berechnet auf der Basis von 100 Erzeugniseinheiten.**

Kostenstelle: Material

Teilprozesse	Teilprozess-kosten	Maßgrößen je 100 Erzeugnis-einheiten	Teilprozess-mengen	Teilprozess-kostensatz	Umlage-satz	Gesamter Prozess-kostensatz
Werkstoffe annehmen	345.000,00	Anzahl der Anlieferungen	500	690,00	138,00	828,00
Werkstoffe einlagern	240.000,00	Anzahl der Einlagerungen	400	600,00	120,00	720,00
Werkstoffe ausgeben	390.000,00	Anzahl der Ausgaben	780	500,00	100,00	600,00
Materialstelle leiten	195.000,00	–	–	–	–	–
Summe der Stellen-gemeinkosten	**1.170.000,00**					

Aufgabe

312 *Kontrollieren Sie die Eintragungen in der obigen Tabelle.*

9.3 Hauptprozesskostensätze als Grundlage der Prozesskostenkalkulation

Situation: Die errechneten Prozesskostensätze kann Herr Kern nunmehr für Kalkulationszwecke verwenden. Zwei Fragen muss er zuvor aber noch klären:

1. Zum einen wird nicht jeder Prozesskostensatz in jede Kalkulation einfließen.

   a) Welcher Prozesskostensatz in einen Kundenauftrag eingerechnet wird, hängt davon ab, welche Leistungen der Kunde in Anspruch nimmt. Im obigen Kostenstellenplan (vgl. S. 316) ist z. B. die Anzahl der Einlagerungen deutlich geringer als die Zahl der Anlieferungen; d. h. dass Herr Kern darauf achtet, die angelieferten Werkstoffe möglichst ohne Umweg über das Lager sofort in die Produktionsstätten zu geben (Just-in-time-Lieferung). Der Kunde kann in diesem Fall also auch nicht mit dem Prozesskostensatz für die Einlagerung belastet werden.

   b) Es kann auch sein, dass ein Teilprozess mehrfach für einen Auftrag in Anspruch genommen wird (z. B. mehrfache Werkstoffausgabe). Dann wird der Kunde auch mehrfach mit dem entsprechenden Prozesskostensatz belastet.

2. Zum anderen merkt Herr Kern an folgendem Beispiel sehr schnell, dass er für die Kalkulation eines Kundenauftrags die Teilprozesse (und deren Prozesskosten) **der anderen indirekten Kostenstellen** mit berücksichtigen muss.

Beispiel: Für die Bearbeitung eines Kundenauftrags ermittelt Herr Kern folgende Teilprozesse aus mehreren indirekten Kostenstellen:

Hauptprozess: Kundenauftrag – Inland – bearbeiten	
Teilprozesse	**Beteiligte indirekte Kostenstellen**
Auftragseingang bearbeiten	Verwaltungsstelle: Verkaufsabteilung
Werkstoffe einlagern/pflegen	Materialstelle
Werkstoffe ausgeben	Materialstelle
Fertigmeldung bearbeiten	Vertriebsstelle
Produkt zwischenlagern	Vertriebsstelle
Lieferschein erstellen	Verwaltungsstelle: Verkaufsabteilung
Produkt versandfertig machen	Vertriebsstelle: Versandabteilung
Spediteur beauftragen	Vertriebsstelle
Produkt übergeben/verladen	Vertriebsstelle

Es stellt sich für Herrn Kern die Aufgabe,

▶ alle Teilprozesse für alle indirekten Kostenstellen nach dem oben durchgeführten Verfahren zu erfassen und zu bewerten, sowie

▶ kostenstellenübergreifend alle Teilprozesse für **typische betriebliche Abläufe** zu sog. **Hauptprozessen** zusammenzufassen. Der obige betriebliche Ablauf „Kundenauftrag bearbeiten" ist ein solcher typischer **Hauptprozess.** Weitere Hauptprozesse können sein:

   – Kundenauftrag – Ausland – bearbeiten,

   – Kundenreklamation bearbeiten,

   – Kunden betreuen,

   – Bestellung von Werkstoffen bearbeiten,

   – Bestellung von Betriebsmitteln bearbeiten,

   – Mangelhafte Lieferung bearbeiten, usw.

Merke:	• Die Anwendung der Prozesskostenrechnung erfordert, dass für alle Kosten-stellen Teilprozesse erfasst und auf der Grundlage verursachungsgerechter Maßgrößen bewertet werden.
	• Für jeden Teilprozess ist ein Prozesskostensatz zu ermitteln.
	• Alle Teilprozesse, die sich zu einem typischen betrieblichen Ablauf verknüp-fen lassen, bilden einen Hauptprozess.
	• Das gesamte betriebliche Geschehen wird in möglichst wenigen Hauptpro-zessen erfasst.
	• Die Summe der im Hauptprozess zusammengefassten Teilprozesskostensätze bildet den Hauptprozesskostensatz.
	• Hauptprozesskostensätze bilden die Grundlage einer vereinfachten und kun-denorientierten Prozesskostenkalkulation.

Aufgabe

313 Erstellen Sie auf der Grundlage des Betriebsabrechnungsbogens von Seite 255 für die indirekte Kostenstelle „Verwaltung" nach dem zuvor dargestellten Verfahren selbstständig Teilprozesse und führen Sie diese zu typischen Hauptprozessen zusammen. Beachten Sie dabei, dass der Bereich „Verwaltung" mehrere Abteilungen umfasst, z. B. Personal, Einkauf, Verkauf, Buch-haltung, Zentralkorrespondenz, Export.

9.3.1   Beispiel einer Prozesskostenkalkulation

Situation: Herr Kern hat – so nehmen wir an – für den Hauptprozess „**Kundenauftrag – Inland – bearbeiten**" (vgl. S. 317) den Hauptprozesskostensatz wie folgt ermittelt. Er unterscheidet dabei zwischen solchen Teilprozessen, die **je Kundenauftrag nur einmal** anfallen (unabhängig von der Auftragsmenge), und denjenigen Teilpro-zessen, deren Prozesskosten **für jeweils 100 Erzeugniseinheiten** (= Geräte) berech-net werden.

Hauptprozess: Kundenauftrag – Inland – bearbeiten		
Teilprozesse	Prozesskosten-sätze je Kunden-auftrag	Prozesskosten-sätze je 100 Erzeugniseinheiten
Auftragseingang bearbeiten	280,00 €	
Werkstoffe annehmen		828,00 €
Werkstoffe einlagern		720,00 €
Werkstoffe ausgeben		600,00 €
Fertigmeldung bearbeiten	435,00 €	
Produkt(-serie) zwischenlagern		245,00 €
Lieferschein erstellen	55,00 €	
Produkt(-serie) versandfertig machen		165,00 €
Spediteur beauftragen	36,50 €	
Produkt übergeben/verladen		145,00 €
Hauptprozesskostensatz	**806,50 €**	**2.703,00 €**

Beispiel: Die Anfrage eines Kunden kalkuliert Herr Kern alternativ für 50 und 100 Geräte Typ G I-65. Er verwendet dafür die Kalkulationsangaben für das Fertigungsmaterial und die Fertigungskosten von Seite 268. Für die Abwicklung des Auftrags werden alle Teilprozesse des obigen Hauptprozesses in Anspruch genommen.

Kalkulation Gerät G I-65				
Kalkulationsschema	**50 Geräte**		**100 Geräte**	
Fertigungsmaterial 1.400,00 €/50 Stück (s. S. 268)		**1.400,00**		**2.800,00**
Fertigungslöhne FHS I	525,00		1.050,00	
+ 50 % Fertigungsgemeinkosten	262,50		525,00	
Fertigungskosten FHS I		**787,50**		**1.575,00**
Fertigungslöhne FHS II	384,00		768,00	
+ 40 % Fertigungsgemeinkosten	153,60		307,20	
Fertigungskosten FHS II		**537,60**		**1.075,20**
Fertigungslöhne FHS III	220,00		440,00	
+ 90 % Fertigungsgemeinkosten	198,00		396,00	
Fertigungskosten FHS III		**418,00**		**836,00**
+ Hauptprozesskostensatz je Kundenauftrag		**806,50**		**806,50**
+ Hauptprozesskostensatz (Basis: 100 Erzeugniseinheiten)		**1.351,50**		**2.703,00**
Selbstkosten insgesamt		**5.301,10**		**9.795,70**
Selbstkosten je Gerät		**106,02**		**97,96**

Erläuterungen: Das Ergebnis dieser Prozesskostenkalkulation verdeutlicht zweierlei:

▶ In der Prozesskostenkalkulation werden dem Kundenauftrag tatsächlich nur diejenigen Gemeinkosten angelastet, die dieser Auftrag **verursacht** hat. Sie ist somit eine Kalkulationsform, die die Gemeinkosten gerechter verteilt, als dies die Vollkostenkalkulation mit proportionalisierten Zuschlagssätzen vermag.

▶ Zum anderen wird im obigen Beispiel deutlich, dass sich mit Veränderung der Absatzmenge der Stückpreis verändert, was in der Selbstkostenkalkulation mit der proportionalen Zuteilung der Gemeinkosten über Gemeinkostenzuschlagssätze nicht der Fall ist, es sei denn, ein Kunde würde bei großer Absatzmenge einen Mengenrabatt aushandeln. Im obigen Beispiel ist die Verringerung des Stückpreises bei Abnahme von 100 Geräten gegenüber 50 Geräten darauf zurückzuführen, dass bestimmte Gemeinkosten **auftragsbezogen nur einmal anfallen,** und zwar unabhängig von der Bestellmenge. So verursacht z. B. der Teilprozess „Auftragseingang bearbeiten" auftragsbezogene Gemeinkosten unabhängig davon, ob 50 Geräte, 100 Geräte oder gar 500 Geräte bestellt werden.

Merke: In die Prozesskostenkalkulation fließen außer den Einzelkosten und den traditionellen Kostenstellen-Zuschlagssätzen – z. B. für die Fertigungsgemeinkosten in den Hauptkostenstellen des Fertigungsbereichs – vor allem Hauptprozesskostensätze ein. Diese Änderung der Kalkulationsform bedingt die kostenstellenübergreifende Betrachtung von Prozessen. Sie führt zur verursachungsgerechteren Verteilung der Gemeinkosten.

Aufgaben

314 In der traditionell geführten Kostenstellenrechnung (BAB) der Maschinenbau Kern KG weist die Kostenstelle „Vertrieb" Kostenstellengemeinkosten in Höhe von 1.330.000,00 € aus (vgl. BAB S. 255). Nach Umgliederung dieser Gemeinkosten auf die in dieser Kostenstelle anfallenden Teilprozesse ergeben sich folgende teilprozessorientierte Stellengemeinkosten und Maßgrößen:

Teilprozesse „Vertrieb"	Teilprozess-kosten	Maßgrößen
Fertigerzeugnisse übernehmen und einlagern	360.000,00	1 600 Anlieferungen
Versandpapiere erstellen	105.000,00	750 Vorgänge
Erzeugnisse auf Paletten versandfertig machen	300.000,00	4 000 Paletten
Zollpapiere für Auslandsaufträge erstellen	80.000,00	250 Vorgänge
Eigene Transportfahrzeuge ordern	150.000,00	500 Vorgänge
Spediteure beauftragen	120.000,00	400 Vorgänge
Abteilung leiten	215.000,00	–
Stellengemeinkosten	1.330.000,00	

Errechnen Sie die Teilprozesskostensätze, die Umlagesätze und die Gesamt-Prozesskostensätze für jeden Teilprozess.

315

Die obigen Teilprozesse „Vertrieb" sind in den Hauptprozess „Kundenauftrag – Ausland – bearbeiten" eingebettet. Dieser Hauptprozess umfasst folgende Teilprozesse aus mehreren Kostenstellen:

Teilprozess	Teilprozess-kostensatz	Kostenstelle
1. Kundenbestellung bearbeiten	505,30	Verkauf
2. Fertigerzeugnisse übernehmen und lagern	s. o.	Vertrieb
3. Erzeugnisse auf Paletten versandfertig machen	s. o.	Vertrieb
4. Versandpapiere erstellen	s. o.	Vertrieb
5. Zollpapiere erstellen	s. o.	Vertrieb
6. Spediteur beauftragen	s. o.	Vertrieb

1. *Kalkulieren Sie die Selbstkosten für den Kundenauftrag über 100 Geräte Typ G II-75 aufgrund folgender zusätzlicher Angaben:*

   Fertigungsmaterial je Gerät . . . . 132,50 €
   Fertigungslöhne der FHS I je Gerät . . . . 95,60 €
   Fertigungslöhne der FHS II je Gerät . . . . . 78,80 €
   Fertigungslöhne der FHS III je Gerät . . . . . 56,05 €

   Die Normalzuschlagssätze sind dem BAB auf Seite 255 zu entnehmen. Alle Teilprozesse – mit Ausnahme des 3. – sind auftragsbezogen. Für den Kundenauftrag werden 20 Paletten benötigt (s. 3. Teilprozess).

2. *Wie würden sich die Selbstkosten je Stück bei einem Auftrag über 200 Geräte Typ G II-75 verändern?*

F Aufgaben zur Wiederholung und Vertiefung

Welcher der nachstehenden Geschäftsfälle führt zu folgender Bilanzveränderung:

Aktivtausch (I), Passivtausch (II), Aktiv-Passivmehrung (III), Aktiv-Passivminderung (IV)

316

a) Rohstoffeinkauf auf Ziel

b) Unser Kunde überweist fälligen Rechnungsbetrag auf unser Bankkonto

c) Umwandlung einer Lieferverbindlichkeit in eine Darlehensschuld

d) Banklastschrift für Darlehenstilgung

e) Kauf von Handelswaren gegen Postbankscheck

f) Banküberweisung der Gehälter

g) Barentnahme durch den Geschäftsinhaber

h) Zinsgutschrift der Bank

i) Kapitaleinlage des Geschäftsinhabers durch Bankeinzahlung

Bei den nachstehenden Geschäftsfällen ist zu prüfen, ob sie

317

(1) den Jahresgewinn erhöhen.

(2) den Jahresgewinn vermindern.

(3) den Jahresverlust erhöhen.

(4) den Jahresverlust vermindern.

(5) keinen Einfluss auf das Jahresergebnis haben.

(6) eine Bilanzverkürzung bewirken.

(7) eine Bilanzverlängerung bewirken.

Beachten Sie: Es können mehrere Ergebnisse zutreffen.

a) Kauf einer Maschine auf Ziel

b) Zahlung der Darlehenszinsen

c) Abschreibung auf Maschinen

d) Banküberweisung an den Lieferer abzüglich Skonto

e) Aufnahme eines Darlehens bei der Bank

f) Lastschrift der Bank für Zinsen

g) Zinsgutschrift der Bank

h) Barentnahme aus der Geschäftskasse für Privatzwecke

Nennen Sie den Buchungssatz:

318

a) Banküberweisung für Grundsteuer .... 800,00 €

Grunderwerbsteuer .... 4.000,00 €

Gewerbesteuer .... 5.000,00 €

b) Banküberweisung eines Einzelunternehmers für eine Spende .... 1.500,00 €

c) Brandschaden im Rohstofflager .... 3.500,00 €

d) Über das Vermögen unseres Kunden Schneider KG wird das Insolvenzverfahren eröffnet. Unsere Forderung beträgt .... 5.950,00 €

e) Entnahme v. Erzeugnissen f. Privatzwecke durch den Inhaber, Herstellwert .. 1.500,00 €

f) Im Fall d) rechnen wir zum 31. Dezember mit einem Verlust von 40 %.

Die Anschaffungskosten eines Lastkraftwagens betragen 120.000,00 €.

319

1. *Wie hoch sind Abschreibungsbetrag und Buchwert am Ende des 2. Nutzungsjahres, wenn jährlich 20 % linear abgeschrieben werden?*

2. *Wie hoch sind Abschreibungsbetrag und Buchwert am Ende des 2. Jahres, wenn jährlich 20 % degressiv[1] abgeschrieben werden?*

1 Siehe Fußnote auf S. 155.

320 Buchen Sie auf dem Konto „4200 Kurzfristige Verbindlichkeiten gegenüber Kreditinstituten", das im Haben einen Saldovortrag von 6.834,00 € ausweist, die folgenden Geschäftsfälle und ermitteln Sie den neuen Saldo.

a) Überweisung an Lieferer . . . . 3.500,00 €
b) Zinslastschrift . . . . 800,00 €
c) Überweisungen der Kunden . . . . 2.800,00 €
d) Bonus des Lieferers . . . . 5.800,00 €
e) Scheckgutschrift . . . . 2.280,00 €
f) Darlehenstilgungsrate . . . . 2.800,00 €
g) Inkasso eines Kundenschecks . . . . 1.725,00 €
h) Lastschrift für Bankspesen . . . . 90,00 €
i) Bareinzahlung . . . . 2.200,00 €

321 Für einen schwebenden Prozess wurde zum 31. Dezember des abgelaufenen Geschäftsjahres eine Rückstellung in Höhe von 4.500,00 € gebildet. Im laufenden Geschäftsjahr endet der Prozess durch Vergleich. Unsere Kosten über 3.000,00 € zuzüglich Umsatzsteuer werden durch die Bank überwiesen. *Nennen Sie die Buchungssätze.*

322 Eine zweifelhafte Forderung über 17.850,00 €, die bereits mit 5.000,00 € netto direkt abgeschrieben worden ist, wird in voller Höhe uneinbringlich.

1. Mit welchem Wert steht die zweifelhafte Forderung zu Buch?
2. Wie lautet die Buchung bei voller Uneinbringlichkeit der Forderung?

323 Die Möbelwerke P. Schreiner e. K. haben von einer Geschäftsreise folgende Belege zu buchen:

324 Das Unternehmen Hans Lindner e. K. stellt Haushaltsgeräte her. Es hat zum 31. Dezember noch 24 Kühlaggregate für Tiefkühltruhen auf Lager. Die Anschaffungskosten betrugen 75,00 €/Stück netto. Zum Jahresabschluss beträgt der Einstandswert je Aggregat gleicher Bauart
a) 65,00 € und b) 90,00 €.
Begründen Sie den Wertansatz für den Schlussbestand in den Fällen a) und b). Buchungssatz?

325 Am 1. Juli eines Geschäftsjahres wurde ein Geschäfts-PKW (Nutzungsdauer: 5 Jahre) angeschafft und durch Banküberweisung bezahlt. Im Einzelnen:

Listenpreis, brutto	35.700,00 €	Nummernschilder, brutto	29,75 €
abzüglich 10 % Rabatt		Kfz-Versicherung für ein Jahr	600,00 €
Überführungskosten, brutto	357,00 €	Kfz-Steuer	180,00 €
Zulassungskosten	40,00 €		

1. Wie hoch sind die Anschaffungskosten des PKWs?
2. Ermitteln Sie den Buchwert des PKWs zum 31. Dezember.
3. Buchen Sie die Anschaffung des PKWs, die Kfz-Versicherung und -Steuer.
4. Welche Buchungen sind im Einzelnen zum 31. Dezember erforderlich?

326

1. Was haben Rückstellungen und sonstige Verbindlichkeiten gemeinsam?
2. Worin unterscheiden sich Rückstellungen von sonstigen Verbindlichkeiten?
3. Für welche Fälle müssen Rückstellungen gebildet werden? Nennen Sie mindestens zwei Arten passivierungspflichtiger Rückstellungen.
4. Für welche Rückstellungen besteht ein Recht auf Bildung (Passivierungsrecht)?
5. Welchen Einfluss haben Rückstellungen auf Gewinn und Ertragsteuern?
6. Inwiefern beeinflusst die Bildung von Rückstellungen auch die Liquidität des Unternehmens?
7. Worin unterscheiden sich Rückstellungen und Rücklagen?
8. Wodurch entstehen stille Rücklagen (stille Reserven)?

327

1. Nennen Sie Steuerarten, die den Gewinn des Unternehmens vermindern.
2. Welche Steuern sind vom Gewinn (aus dem Gewinn) zu zahlen?
3. Welche Steuer ist Bestandteil der Anschaffungskosten?
4. Außer den „Lieferungen und Leistungen" und der „Einfuhr" unterliegt nach § 1 UStG auch die „unentgeltliche Entnahme" von Gegenständen und sonstigen Leistungen der Umsatzsteuer. Nennen Sie die drei Möglichkeiten der umsatzsteuerpflichtigen Entnahmen.
5. Der Unternehmer W. Peters verkauft seinen Privat-PKW. Warum unterliegt dieser Umsatz nicht der Umsatzsteuer?
6. Unterscheiden Sie Aufwandsteuern, Personensteuern, aktivierungspflichtige Steuern, durchlaufende Steuern und Verkehrsteuern. Nennen Sie jeweils ein Beispiel.

328

Bilden Sie für nachstehende Geschäftsfälle die Buchungssätze:

a) Die Darlehenszinsen für die Zeit vom 1. Mai bis 30. April sind am 30. April des nächsten Jahres fällig . . . . 4.800,00 €

b) Banklastschriften für Einkommensteuer . . . . 5.800,00 €
          Grundsteuer . . . . 1.200,00 €
          Umsatzsteuerzahllast . . . . 24.500,00 €
          Darlehenstilgung . . . . 5.000,00 €
          Überweisung an Lieferer . . . . 3.480,00 €   39.980,00 €

c) Für eine im Januar des nächsten Jahres dringend durchzuführende Reparatur des Gebäudes beträgt der Kostenvoranschlag zum 31. Dez. . . . . . 87.900,00 €

d) Der Gesamtbestand der Forderungen beträgt zum 31. Dez. 02 . . . . 297.500,00 €
Es ist eine Pauschalwertberichtigung in Höhe von 4 % zu bilden.
Zum 31. Dez. 01 betrug die PWB 15.000,00 €.

e) Die Kfz-Steuer in Höhe von . . . . 1.800,00 €
wurde von uns am 1. April im Voraus gezahlt. Buchung zum 31. Dez.?

f) Den Wert einer zweifelhaften Forderung in Höhe von . . . . 238.000,00 €
schätzen wir zum 31. Dezember auf 40 %.

g) SV-Bankeinzug durch gesetzliche Krankenkasse 1.632,00

h) Gehaltszahlung durch Banküberweisung:
      Bruttogehälter . . . . 4.800,00 €
– Einbehaltener Sozialversicherungsbetrag . . . . 820,00 €
– Einbehaltene Lohn- und Kirchensteuer sowie SolZ . . . . . . 680,00 €

      Banküberweisung (Nettogehälter) . . . . 3.300,00 €
      Arbeitgeberanteil zur Sozialversicherung . . . . 812,00 €

i) Wir haben einem Kunden den Umsatzbonus in Höhe von brutto . . . . 1.071,00 €
noch nicht gutgeschrieben.

j) Zum Ausgleich einer Rechnung über 17.850,00 € übergeben wir einen
Bankscheck über . . . . 12.000,00 €
und überweisen vom Postbankkonto . . . . 5.850,00 €

k) Der Forderungsbestand zum 31. Dezember beträgt . . . . 595.000,00 €
Die bisherige Pauschalwertberichtigung beläuft sich auf . . . . 12.500,00 €
Die Pauschalwertberichtigung ist auf 4 % zu erhöhen.

l) Die private Entnahme von Erzeugnissen des Unternehmers beträgt netto . . 4.500,00 €

329 *Stellen Sie fest, ob es sich bei den unten stehenden Sachverhalten zum 31. Dez. jeweils um eine Aktive Rechnungsabgrenzung (I), Passive Rechnungsabgrenzung (II), Sonstige Forderung (III) oder Sonstige Verbindlichkeit (IV) handelt. Nennen Sie auch den entsprechenden Buchungssatz.*

a) Die Miete für eine vermietete Lagerhalle steht am 31. Dezember noch aus: 2.500,00 €.

b) Die Kfz-Steuer wurde am 1. August von uns für ein Jahr überwiesen: 480,00 €.

c) Die zugesicherte Provision haben wir noch nicht erhalten: 1.500,00 €.

d) Die Löhne für die Lohnwoche vom 28. Dezember bis 31. Dezember werden am 3. Januar nächsten Jahres überwiesen. Auf das alte Jahr entfallen 5.700,00 €.

e) Darlehenszinsen in Höhe von 4.800,00 € wurden von uns am 1. Dezember für drei Monate im Voraus überwiesen.

f) Die Dezembermiete für eine angemietete Lagerhalle wird von uns erst am 2. Januar nächsten Jahres überwiesen: 2.800,00 €.

g) Der Mieter unserer Werkshalle hatte mit der Dezembermiete am 1. Dezember auch bereits die Januarmiete überwiesen: insgesamt 6.000,00 €.

330 Die Anschaffungskosten eines Schreibtischsessels betragen 380,00 €.

Welche Aussage ist richtig?

a) Es ist nur eine Vollabschreibung im Anschaffungsjahr möglich.

b) Es ist lediglich eine Abschreibung nach der Nutzungsdauer möglich.

c) Es besteht eine Wahlmöglichkeit zwischen a) und b).

d) Die Abschreibung erhöht den Verlust.

331 *Welche Aussage kennzeichnet zutreffend die Folge einer nicht durchgeführten zeitlichen Abgrenzung in Form der „Aktiven Rechnungsabgrenzung"?*

a) Die Erträge im alten Jahr sind zu niedrig.

b) Die Aufwendungen im alten Jahr sind zu niedrig.

c) Die Erträge im alten Jahr sind zu hoch.

d) Die Aufwendungen im alten Jahr sind zu hoch.

332 *Welche Geschäftsfälle wirken sich Gewinn erhöhend (I), Gewinn mindernd (II) und erfolgsneutral (III) aus?*

a) Überweisung der Einkommensteuer an das Finanzamt.

b) Bildung einer Rückstellung für einen schwebenden Prozess.

c) Überweisung der Umsatzsteuerzahllast an das Finanzamt.

d) Verkauf eines nicht mehr benötigten LKWs zum Buchwert zuzüglich USt.

e) Bankgutschrift für Zinsen.

f) Die Entnahme von Erzeugnissen für Privatzwecke beträgt 1.800,00 €.

g) Eine Forderung über 5.000,00 € netto wird uneinbringlich.

h) Banküberweisung an den Lieferer abzüglich Skonto.

i) Kunde überweist den Rechnungsbetrag abzüglich Skonto.

j) Auf eine im vergangenen Jahr abgeschriebene Forderung gehen unerwartet 580,00 € ein.

k) Überweisung der einbehaltenen Lohn- und Kirchensteuer und des Solidaritätszuschlags.

l) Abschreibung auf Maschinen.

m) Kauf eines Lieferwagens.

n) Herabsetzung der Pauschalwertberichtigung zu Forderungen.

o) Im Konto Mietaufwendungen wird eine aktive Rechnungsabgrenzung vorgenommen.

333 Eine Verpackungsmaschine, deren Buchwert zum Zeitpunkt des Ausscheidens 5.000,00 € beträgt, wird gegen Bankscheck verkauft für

a) 5.000,00 € + USt,   b) 7.000,00 € + USt,   c) 4.000,00 € + USt.

Wie lauten die Buchungen?

Anschaffung einer maschinellen Anlage: 200.000,00 € netto + USt, 2.000,00 € Fracht + USt, 15.000,00 € Fundamentierungskosten + USt, 5.000,00 € Montagekosten + USt. Rechnungen werden unter Abzug von 2 % Skonto durch Banküberweisungen beglichen.

334

1. *Ermitteln Sie die Anschaffungskosten.*
2. *Nennen Sie die Buchungssätze.*

Bilden Sie die Buchungssätze:

335

a) Das GuV-Konto weist einen Verlust aus.
b) Auf dem Privatkonto überwiegen die Einlagen.
c) Die Umsatzsteuer ist größer als die Vorsteuer.
d) Die Pauschalwertberichtigung ist aufzustocken.
e) Eine Forderung wird uneinbringlich.
f) Die Rückstellung für einen Prozess erübrigt sich.
g) Der Lieferer gewährt uns einen Bonus.
h) Kunde erhält von uns Preisnachlass wegen Mängelrüge.
i) Rücksendung beschädigter Rohstoffe an unseren Lieferer.
j) Nachzahlung der Gewerbesteuer aufgrund einer Betriebsprüfung.
k) Barauszahlung eines Gehaltsvorschusses.

336

Auszug aus der Summenbilanz	Soll	Haben
Rohstoffe	450.000,00	—
Bezugskosten	25.000,00	—
Nachlässe, brutto	—	23.800,00
Vorsteuer	18.000,00	—

1. *Ermitteln Sie die Steuerberichtigung.*
2. *Nennen Sie zu 1. den entsprechenden Buchungssatz.*
3. *Ermitteln Sie die Anschaffungskosten der Rohstoffe.*

337

Auszug aus der vorläufigen Saldenbilanz	Soll	Haben
Vorsteuer	76.000,00	—
Umsatzsteuer	—	20.000,00
Nachlässe für Rohstoffe (brutto)	—	16.660,00
Erlösberichtigungen für eigene Erzeugnisse (brutto)	20.230,00	—

1. *Ermitteln Sie die Steuerberichtigungen.*
2. *Nennen Sie die Buchungssätze zu 1.*
3. *Wie hoch ist der Saldo nach Verrechnung der Beträge auf den Steuerkonten?*
4. *Wie lauten die Abschlussbuchungen für die Steuerkonten zum 31. Dezember?*

Ein Kunde überweist den Rechnungsbetrag in Höhe von 5.950,00 € unter Abzug von 2 % Skonto durch die Bank.

338

1. *Nennen Sie den Buchungssatz bei Nettobuchung des Skontos.*
2. *Wie lautet die Buchung im Falle der Bruttobuchung?*
3. *Nennen Sie auch die Steuerberichtigungsbuchung im Fall 2.*

Der Bestand der Forderungen a.LL beträgt zum 31. Dezember 357.000,00 €. Das Konto „Pauschalwertberichtigung zu Forderungen" weist zum gleichen Zeitpunkt noch einen Bestand von 14.000,00 € aus. Die Pauschalabschreibung soll zum Bilanzstichtag 3 % betragen.

339

1. *Ermitteln Sie die neue Pauschalwertberichtigung.*
2. *Welche Buchung ergibt sich zum 31. Dezember?*

---

340 Man unterscheidet Ausgaben, Aufwendungen und Kosten.

Nennen Sie je ein Beispiel für

a) Kosten, die kein Aufwand sind,
b) Ausgaben, die keine Kosten sind,
c) Ausgaben, die sowohl Aufwendungen als auch Kosten sind.

341 1. *Erläutern Sie, inwiefern die Deckungsbeitragsrechnung zur Sortimentgestaltung beitragen kann.*
2. *Begründen Sie, welche Auswirkungen die Verrechnung kalkulatorischer Kostenarten auf das Gesamtergebnis des Unternehmens hat.*
3. *Erläutern Sie kurz die Aufgaben der Kostenstellenrechnung und der Kostenträgerrechnung.*

342 1. *Weshalb bildet man Pauschalwertberichtigungen auf Forderungen a. LL?*
2. *Warum darf bei Bildung der Pauschalwertberichtigung die Umsatzsteuer nicht berichtigt werden?*
3. *Warum werden steuerliche Höchstsätze für die jährliche AfA vorgeschrieben?*
4. *Warum kann es für ein Unternehmen günstiger sein, ein Anlagegut degressiv statt linear abzuschreiben?*
5. *Die Verkaufszahlen einer Handelsware gehen aufgrund einer schlechten konjunkturellen Lage zurück. Welche Auswirkung hat das auf den Handlungskostenzuschlag in der Kalkulation?*

343 Man unterscheidet Einnahmen, Erträge und Leistungen.

Nennen Sie je ein Beispiel für

a) Einnahmen, die sowohl Erträge als auch Leistungen darstellen,
b) Einnahmen, die weder Erträge noch Leistungen sind,
c) Erträge, die keine Leistungen darstellen.

344 1. *Welche Bedeutung hat die Abgrenzungsrechnung für die Kosten- und Leistungsrechnung?*
2. *Unterscheiden Sie:*
    a) Gesamtergebnis,   b) Neutrales Ergebnis,   c) Betriebsergebnis.
3. Die Betriebsergebnisrechnung weist einen Verlust von 50.000,00 € aus, während die Gewinn- und Verlustrechnung der Finanzbuchhaltung einen Gesamtgewinn in Höhe von 120.000,00 € ausweist. *Wie erklären Sie sich das?*

345 *Ergänzen Sie:*
1. Deckungsbeitrag je Stück $> 0 = $ ●●●
2. Deckungsbeitrag je Stück $ = 0 = $ ●●●
3. Deckungsbeitrag je Stück $< 0 = $ ●●●
4. Summe der Deckungsbeiträge $>$ fixe Kosten $ = $ ●●●
5. Summe der Deckungsbeiträge $<$ fixe Kosten $ = $ ●●●

346 1. *Unterscheiden Sie zwischen kurzfristiger und langfristiger Preisuntergrenze.*
2. *Erläutern Sie den „Break-even-Point".*
3. *Wie hoch ist die Gewinnschwellenmenge, wenn der Stückdeckungsbeitrag 200,00 € beträgt und die fixen Kosten insgesamt 300.000,00 € ausmachen?*

347 1. *Unterscheiden Sie zwischen Wirtschaftlichkeit und Rentabilität.*
2. *Welcher Zusammenhang besteht zwischen Wirtschaftlichkeit und Rentabilität?*

Der folgende Kontoauszug der Möbelwerke Peter Schreiner e. K. ist auszuwerten: **348**

Kontoauszug ● **Stadtsparkasse Nürnberg**

Konto-Nr.	Datum	Ausz.-Nr.	Blatt	Buchungstag	PN-Nr.	Wert	Umsatz
119 233 815	..-12-30	68	1				

```
GUTSCHRIFT                          12-30   8744   12-30      9.621,15 H
STADTWERKE NÜRNBERG
RE 4 541 VOM 22. DEZ. .. - 2 % SKONTO
(KONTO 10 004)
```

Alter Saldo
H 259.019,80 EUR

```
        PETER SCHREINER E. K.
        MÖBELWERKE
        HERZOGSTRASSE 56
        90451 NÜRNBERG
```

Neuer Saldo
H 268.640,95 EUR

---

1. *Ermitteln Sie aus dem Überweisungsbetrag den Rechnungsbetrag der Ausgangsrechnung sowie die Umsatzerlöse und die Umsatzsteuer.*
2. *Bilden Sie den Buchungssatz zur Erfassung der Ausgangsrechnung.*
3. *Ermitteln Sie die Steuerkorrektur aufgrund der Skontoausnutzung.*
4. *Buchen Sie die Bankgutschrift bei Nettobuchung des Skontos.*

Die Gehaltsliste der Möbelwerke Peter Schreiner e. K. weist für Januar folgende Summen aus: **349**

Brutto-gehälter	Steuer-abzüge	Sozial-versicherung	Verrechnete Vorschüsse	Auszahlung (Bank)	Arbeitgeber-anteil zur SV
17.897,00	2.467,89	3.245,67	800,00	11.383,44	3.135 67

Das Konto „2650 Forderungen an Mitarbeiter" weist einen Bestand von 4.800,00 € aus.

1. *Bilden Sie die Buchungssätze*
   a) *für den SV-Bankeinzug durch die gesetzliche Krankenkasse,*
   b) *für die Zahlung der Gehälter durch Banküberweisung,*
   c) *für die Erfassung des Arbeitgeberanteils zur Sozialversicherung.*
2. *Ermitteln Sie die gesamten Personalkosten des Monats Januar.*
3. *Buchen Sie aufgrund des folgenden Belegs die Überweisung der einbehaltenen Lohnsteuer, Solidaritätszuschläge und Kirchensteuer.*

Kontoauszug **Stadtsparkasse Nürnberg**

Konto-Nr.	Datum	Ausz.-Nr.	Blatt	Buchungstag	PN-Nr.	Wert	Umsatz
119 233 815	..-02-12	9	1				

```
FA NÜRNBERG,                        02-10   8744   02-10      2.467,89 S
STEUER-NR. 065 136 34887
LT. LST-ANMELDUNG JANUAR ..
```

Alter Saldo
H 214.966,40 EUR

```
        PETER SCHREINER E. K.
        MÖBELWERKE
        HERZOGSTRASSE 56
        90451 NÜRNBERG
```

Neuer Saldo
H 212.498,51 EUR

G   Rechnungslegungsvorschriften nach HGB[1]

Das Handelsgesetzbuch enthält in seinem 3. Buch „Handelsbücher" eine geschlossene Darstellung der handelsrechtlichen Rechnungslegungsvorschriften. Sie gliedern sich (siehe auch Seite 7) in drei Abschnitte:

- 1. Abschnitt: **Vorschriften für alle Kaufleute:** §§ 238–263 HGB
- 2. Abschnitt: **Vorschriften für Kapitalgesellschaften:** §§ 264–335 HGB
- 3. Abschnitt: **Vorschriften für eingetragene Genossenschaften:** §§ 336–339 HGB

Wesentliche Vorschriften des ersten und zweiten Abschnitts, die im Lehrbuch in den entsprechenden Kapiteln zugrunde gelegt und auf den folgenden Seiten **zusammengestellt** werden, sollen den Lernerfolg mit dem Lehrbuch rechtlich noch vertiefen.

Erster Abschnitt: Vorschriften für alle Kaufleute

§ 238 Buchführungspflicht

(1) Jeder Kaufmann ist verpflichtet Bücher zu führen und in diesen seine Handelsgeschäfte und die Lage seines Vermögens nach den Grundsätzen ordnungsmäßiger Buchführung ersichtlich zu machen. Die Buchführung muss so beschaffen sein, dass sie einem sachverständigen Dritten innerhalb angemessener Zeit einen Überblick über die Geschäftsvorfälle und über die Lage des Unternehmens vermitteln kann. Die Geschäftsvorfälle müssen sich in ihrer Entstehung und Abwicklung verfolgen lassen.

(2) Der Kaufmann ist verpflichtet eine mit der Urschrift übereinstimmende Wiedergabe der abgesandten Handelsbriefe (Kopie, Abdruck, Abschrift oder sonstige Wiedergabe des Wortlauts auf einem Schrift-, Bild- oder anderen Datenträger) zurückzubehalten.

§ 239 Führung der Handelsbücher

(1) Bei der Führung der Handelsbücher und bei den sonst erforderlichen Aufzeichnungen hat sich der Kaufmann einer lebenden Sprache zu bedienen. Werden Abkürzungen, Ziffern, Buchstaben oder Symbole verwendet, muss im Einzelfall deren Bedeutung eindeutig festliegen.

(2) Die Eintragungen in Büchern und die sonst erforderlichen Aufzeichnungen müssen vollständig, richtig, zeitgerecht und geordnet vorgenommen werden.

(3) Eine Eintragung oder eine Aufzeichnung darf nicht in einer Weise verändert werden, dass der ursprüngliche Inhalt nicht mehr feststellbar ist.

(4) Die Handelsbücher und die sonst erforderlichen Aufzeichnungen können auch in der geordneten Ablage von Belegen bestehen oder auf Datenträgern geführt werden, soweit diese Formen der Buchführung einschließlich des dabei angewandten Verfahrens den Grundsätzen ordnungsmäßiger Buchführung entsprechen. Bei der Führung der Handelsbücher und der sonst erforderlichen Aufzeichnungen auf Datenträgern muss insbesondere sichergestellt sein, dass die Daten während der Dauer der Aufbewahrungsfrist verfügbar sind und jederzeit innerhalb angemessener Frist lesbar gemacht werden können.

§ 240 Inventar

(1) Jeder Kaufmann hat zu Beginn seines Handelsgewerbes seine Grundstücke, seine Forderungen und Schulden, den Betrag seines baren Geldes sowie seine sonstigen Vermögensgegenstände genau zu verzeichnen und dabei den Wert der einzelnen Vermögensgegenstände und Schulden anzugeben.

---

1   Einige Vorschriften können aus Platzgründen nur gekürzt wiedergegeben werden.

(2) Er hat demnächst für den Schluss eines jeden Geschäftsjahrs ein solches Inventar aufzustellen. Die Dauer des Geschäftsjahrs darf zwölf Monate nicht überschreiten. Die Aufstellung des Inventars ist innerhalb der einem ordnungsmäßigen Geschäftsgang entsprechenden Zeit zu bewirken.

(4) Gleichartige Vermögensgegenstände des Vorratsvermögens sowie andere gleichartige oder annähernd gleichwertige bewegliche Vermögensgegenstände können jeweils zu einer Gruppe zusammengefasst und mit dem gewogenen Durchschnittswert angesetzt werden.

§ 241 Inventurvereinfachungsverfahren

(1) Bei der Aufstellung des Inventars darf der Bestand der Vermögensgegenstände nach Art, Menge und Wert auch mithilfe anerkannter mathematisch-statistischer Methoden aufgrund von Stichproben ermittelt werden. Das Verfahren muss den Grundsätzen ordnungsmäßiger Buchführung entsprechen.

(2) Bei der Aufstellung des Inventars für den Schluss eines Geschäftsjahrs bedarf es einer körperlichen Bestandsaufnahme der Vermögensgegenstände für diesen Zeitpunkt nicht, soweit durch Anwendung eines den Grundsätzen ordnungsmäßiger Buchführung entsprechenden anderen Verfahrens gesichert ist, dass der Bestand der Vermögensgegenstände nach Art, Menge und Wert auch ohne die körperliche Bestandsaufnahme für diesen Zeitpunkt festgestellt werden kann.

(3) In dem Inventar für den Schluss eines Geschäftsjahrs brauchen Vermögensgegenstände nicht verzeichnet zu werden, wenn

1. der Kaufmann ihren Bestand aufgrund einer körperlichen Bestandsaufnahme oder aufgrund eines nach Absatz 2 zulässigen anderen Verfahrens nach Art, Menge und Wert in einem besonderen Inventar verzeichnet hat, das für einen Tag innerhalb der letzten drei Monate vor oder der beiden ersten Monate nach dem Schluss des Geschäftsjahrs aufgestellt ist, und

2. aufgrund des besonderen Inventars durch Anwendung eines den Grundsätzen ordnungsmäßiger Buchführung entsprechenden Fortschreibungs- oder Rückrechnungsverfahrens gesichert ist, dass der am Schluss des Geschäftsjahrs vorhandene Bestand der Vermögensgegenstände für diesen Zeitpunkt ordnungsgemäß bewertet werden kann.

§ 242 Pflicht zur Aufstellung der Eröffnungsbilanz und des Jahresabschlusses

(1) Der Kaufmann hat zu Beginn seines Handelsgewerbes und für den Schluss eines jeden Geschäftsjahrs einen das Verhältnis seines Vermögens und seiner Schulden darstellenden Abschluss (Eröffnungsbilanz, Bilanz) aufzustellen.

(2) Er hat für den Schluss eines jeden Geschäftsjahrs eine Gegenüberstellung der Aufwendungen und Erträge des Geschäftsjahrs (Gewinn- und Verlustrechnung) aufzustellen.

(3) Die Bilanz und die Gewinn- und Verlustrechnung bilden den Jahresabschluss.

§ 243 Aufstellungsgrundsatz

(1) Der Jahresabschluss ist nach den Grundsätzen ordnungsmäßiger Buchführung aufzustellen.

(2) Er muss klar und übersichtlich sein.

(3) Der Jahresabschluss ist innerhalb der einem ordnungsmäßigen Geschäftsgang entsprechenden Zeit aufzustellen.

§ 244 Sprache. Währungseinheit

Der Jahresabschluss ist in deutscher Sprache und in Euro[1] aufzustellen.

§ 245 Unterzeichnung

Der Jahresabschluss ist vom Kaufmann unter Angabe des Datums zu unterzeichnen. Sind mehrere persönlich haftende Gesellschafter vorhanden, so haben sie alle zu unterzeichnen.

§ 246 Vollständigkeit. Verrechnungsverbot

(1) Der Jahresabschluss hat sämtliche Vermögensgegenstände, Schulden, Rechnungsabgrenzungsposten, Aufwendungen und Erträge zu enthalten.

---

1   seit 1. Januar 2002

(2) Posten der Aktivseite dürfen nicht mit Posten der Passivseite, Aufwendungen dürfen nicht mit Erträgen, Grundstücksrechte nicht mit Grundstückslasten verrechnet werden.

§ 247 Inhalt der Bilanz

(1) In der Bilanz sind das Anlage- und das Umlaufvermögen, das Eigenkapital, die Schulden sowie die Rechnungsabgrenzungsposten gesondert auszuweisen und aufzugliedern.

(2) Beim Anlagevermögen sind nur die Gegenstände auszuweisen, die bestimmt sind dauernd dem Geschäftsbetrieb zu dienen.

§ 249 Rückstellungen

(1) Rückstellungen sind für ungewisse Verbindlichkeiten und für drohende Verluste aus schwebenden Geschäften zu bilden. Ferner sind Rückstellungen zu bilden für

1. im Geschäftsjahr unterlassene Aufwendungen für Instandhaltung, die im folgenden Geschäftsjahr innerhalb von drei Monaten nachgeholt werden,

2. Gewährleistungen, die ohne rechtliche Verpflichtung erbracht werden.

Im Falle des Satzes 2 Nr. 1 dürfen Rückstellungen auch gebildet werden, wenn die Instandhaltung nach Ablauf der Frist innerhalb des Geschäftsjahrs nachgeholt wird.

(2) Rückstellungen dürfen außerdem für ihrer Eigenart nach genau umschriebene, dem Geschäftsjahr oder einem früheren Geschäftsjahr zuzuordnende Aufwendungen gebildet werden, die am Abschluss-Stichtag wahrscheinlich oder sicher, aber hinsichtlich ihrer Höhe oder des Zeitpunkts ihres Eintritts unbestimmt sind.

(3) Für andere als die in den Absätzen 1–2 bezeichneten Zwecke dürfen Rückstellungen nicht gebildet werden. Rückstellungen dürfen nur aufgelöst werden, soweit der Grund hierfür entfallen ist.

§ 250 Rechnungsabgrenzungsposten

(1) Als Rechnungsabgrenzungsposten sind auf der Aktivseite Ausgaben vor dem Abschluss-Stichtag auszuweisen, soweit sie Aufwand für eine bestimmte Zeit nach diesem Tag darstellen.

(2) Auf der Passivseite sind als Rechnungsabgrenzungsposten Einnahmen vor dem Abschluss-Stichtag auszuweisen, soweit sie Ertrag für eine bestimmte Zeit nach diesem Tag darstellen.

§ 251 Haftungsverhältnisse

Unter der Bilanz sind, sofern sie nicht auf der Passivseite auszuweisen sind, Verbindlichkeiten aus der Begebung und Übertragung von Wechseln, aus Bürgschaften, Wechsel- und Scheckbürgschaften und aus Gewährleistungsverträgen sowie Haftungsverhältnisse aus der Bestellung von Sicherheiten für fremde Verbindlichkeiten zu vermerken; sie dürfen in einem Betrag angegeben werden. Haftungsverhältnisse sind auch anzugeben, wenn ihnen gleichwertige Rückgriffsforderungen gegenüberstehen.

§ 252 Allgemeine Bewertungsgrundsätze

(1) Bei der Bewertung der im Jahresabschluss ausgewiesenen Vermögensgegenstände und Schulden gilt insbesondere Folgendes:

1. Die Wertansätze in der Eröffnungsbilanz des Geschäftsjahrs müssen mit denen der Schlussbilanz des vorhergehenden Geschäftsjahrs übereinstimmen.

2. Bei der Bewertung ist von der Fortführung der Unternehmenstätigkeit auszugehen, sofern dem nicht tatsächliche oder rechtliche Gegebenheiten entgegenstehen.

3. Die Vermögensgegenstände und Schulden sind zum Abschlusstag einzeln zu bewerten.

4. Es ist vorsichtig zu bewerten, namentlich sind alle vorhersehbaren Risiken und Verluste, die bis zum Abschluss-Stichtag entstanden sind, zu berücksichtigen, selbst wenn diese erst zwischen dem Abschluss-Stichtag und dem Tag der Aufstellung des Jahresabschlusses bekannt geworden sind; Gewinne sind nur zu berücksichtigen, wenn sie am Abschluss-Stichtag realisiert sind.

5. Aufwendungen und Erträge des Geschäftsjahrs sind unabhängig von den Zeitpunkten der entsprechenden Zahlungen im Jahresabschluss zu berücksichtigen.

6. Die auf den vorhergehenden Jahresabschluss angewandten Bewertungsmethoden sollen beibehalten werden.

§ 253 Wertansätze der Vermögensgegenstände und Schulden

(1) Vermögensgegenstände sind höchstens mit den Anschaffungs- oder Herstellungskosten, vermindert um Abschreibungen nach den Absätzen 2 und 3, anzusetzen. Verbindlichkeiten sind zu ihrem Rückzahlungsbetrag und Rückstellungen nur in Höhe des Betrages anzusetzen, der nach vernünftiger kaufmännischer Beurteilung notwendig ist.

(2) Bei Vermögensgegenständen des Anlagevermögens, deren Nutzung zeitlich begrenzt ist, sind die Anschaffungs- oder Herstellungskosten um planmäßige Abschreibungen zu vermindern. Der Plan muss die Anschaffungs- oder Herstellungskosten auf die Geschäftsjahre verteilen, in denen der Vermögensgegenstand voraussichtlich genutzt werden kann. Ohne Rücksicht darauf, ob ihre Nutzung zeitlich begrenzt ist, können bei Vermögensgegenständen des Anlagevermögens außerplanmäßige Abschreibungen vorgenommen werden, um die Vermögensgegenstände mit dem niedrigeren Wert anzusetzen, der ihnen am Abschluss-Stichtag beizulegen ist; sie sind vorzunehmen bei einer voraussichtlich dauernden Wertminderung.

(3) Bei Vermögensgegenständen des Umlaufvermögens sind Abschreibungen vorzunehmen, um diese mit dem niedrigeren Wert anzusetzen, der sich aus einem Börsen- oder Marktpreis am Abschluss-Stichtag ergibt. Ist ein Börsen- oder Marktpreis nicht festzustellen und übersteigen die Anschaffungs- oder Herstellungskosten den Wert, der den Vermögensgegenständen am Abschluss-Stichtag beizulegen ist, so ist auf diesen Wert abzuschreiben. Außerdem dürfen Abschreibungen vorgenommen werden, soweit diese nach vernünftiger kaufmännischer Beurteilung notwendig sind, um zu verhindern, dass in der nächsten Zukunft der Wertansatz dieser Vermögensgegenstände aufgrund von Wertschwankungen geändert werden muss.

(4) Abschreibungen sind außerdem bei vernünftiger kaufmännischer Beurteilung zulässig.

(5) Ein niedrigerer Wertansatz nach Absatz 2 Satz 3, Absatz 3 oder 4 darf (in Einzelunternehmen und Personengesellschaften) beibehalten werden, auch wenn die Gründe dafür nicht mehr bestehen (siehe § 280 HGB).

§ 255 Anschaffungs- und Herstellungskosten

(1) Anschaffungskosten sind die Aufwendungen, die geleistet werden, um einen Vermögensgegenstand zu erwerben und ihn in einen betriebsbereiten Zustand zu versetzen, soweit sie dem Vermögensgegenstand einzeln zugeordnet werden können. Zu den Anschaffungskosten gehören auch die Nebenkosten sowie die nachträglichen Anschaffungskosten. Anschaffungspreisminderungen sind abzusetzen.

(2) Herstellungskosten sind die Aufwendungen, die durch den Verbrauch von Gütern und die Inanspruchnahme von Diensten für die Herstellung eines Vermögensgegenstandes, seine Erweiterung oder für eine über seinen ursprünglichen Zustand hinausgehende wesentliche Verbesserung entstehen. Dazu gehören die Materialkosten, die Fertigungskosten und die Sonderkosten der Fertigung. Bei der Berechnung der Herstellungskosten dürfen auch angemessene Teile der notwendigen Materialgemeinkosten, der notwendigen Fertigungsgemeinkosten und des Wertverzehrs des Anlagevermögens, soweit er durch die Fertigung veranlasst ist, eingerechnet werden. Kosten der allgemeinen Verwaltung sowie Aufwendungen für soziale Einrichtungen des Betriebs, für freiwillige soziale Leistungen und für betriebliche Altersversorgung brauchen nicht eingerechnet zu werden.

(3) Zinsen für Fremdkapital gehören nicht zu den Herstellungskosten.

§ 257 Aufbewahrung von Unterlagen. Aufbewahrungsfristen

(1) Jeder Kaufmann ist verpflichtet die folgenden Unterlagen geordnet aufzubewahren:

1. Handelsbücher, Inventare, Eröffnungsbilanzen, Jahresabschlüsse, Lageberichte, Konzernabschlüsse, Konzernlageberichte sowie die zu ihrem Verständnis erforderlichen Arbeitsanweisungen und sonstigen Organisationsunterlagen,

2. die empfangenen Handelsbriefe,

3. Wiedergaben der abgesandten Handelsbriefe,

4. Belege für Buchungen in den von ihm nach § 238 Abs. 1 zu führenden Büchern.

(2) Handelsbriefe sind nur Schriftstücke, die ein Handelsgeschäft betreffen.

(3) Mit Ausnahme der Eröffnungsbilanzen, Jahresabschlüsse und der Konzernabschlüsse können die in Absatz 1 aufgeführten Unterlagen auch als Wiedergabe auf einem Bildträger oder

auf anderen Datenträgern aufbewahrt werden, wenn dies den Grundsätzen ordnungsmäßiger Buchführung entspricht und sichergestellt ist, dass die Wiedergabe oder die Daten

1. mit den empfangenen Handelsbriefen und den Buchungsbelegen bildlich und mit den anderen Unterlagen inhaltlich übereinstimmen, wenn sie lesbar gemacht werden,

2. während der Dauer der Aufbewahrungsfrist verfügbar sind und jederzeit innerhalb angemessener Frist lesbar gemacht werden können.

Sind Unterlagen aufgrund des § 239 Abs. 4 Satz 1 auf Datenträgern hergestellt worden, können statt des Datenträgers die Daten auch ausgedruckt aufbewahrt werden; die ausgedruckten Unterlagen können auch nach Satz 1 aufbewahrt werden.

(4) Die in Absatz 1 Nr. 1 und 4 aufgeführten Unterlagen sind zehn Jahre und die sonstigen in Absatz 1 aufgeführten Unterlagen sechs Jahre aufzubewahren.

(5) Die Aufbewahrungsfrist beginnt mit dem Schluss des Kalenderjahrs, in dem die letzte Eintragung in das Handelsbuch gemacht, das Inventar aufgestellt, die Eröffnungsbilanz oder der Jahresabschluss festgestellt, der Konzernabschluss aufgestellt, der Handelsbrief empfangen oder abgesandt worden oder der Buchungsbeleg entstanden ist.

§ 258 Vorlegung im Rechtsstreit

(1) Im Laufe eines Rechtsstreits kann das Gericht auf Antrag oder von Amts wegen die Vorlegung der Handelsbücher einer Partei anordnen.

Zweiter Abschnitt: Ergänzende Vorschriften für Kapitalgesellschaften

§ 264 Pflicht zur Aufstellung des Jahresabschlusses und des Lageberichtes

(1) Die gesetzlichen Vertreter einer Kapitalgesellschaft haben den Jahresabschluss (§ 242) um einen Anhang zu erweitern, der mit der Bilanz und der Gewinn- und Verlustrechnung eine Einheit bildet, sowie einen Lagebericht aufzustellen. Der Jahresabschluss und der Lagebericht sind von den gesetzlichen Vertretern in den ersten drei Monaten des Geschäftsjahrs für das vergangene Geschäftsjahr aufzustellen. Kleine Kapitalgesellschaften (§ 267 Abs. 1) dürfen den Jahresabschluss und den Lagebericht auch später aufstellen, wenn dies einem ordnungsgemäßen Geschäftsgang entspricht; diese Unterlagen sind jedoch innerhalb der ersten sechs Monate des Geschäftsjahrs aufzustellen.

(2) Der Jahresabschluss der Kapitalgesellschaft hat unter Beachtung der Grundsätze ordnungsmäßiger Buchführung ein den tatsächlichen Verhältnissen entsprechendes Bild der Vermögens-, Finanz- und Ertragslage der Kapitalgesellschaft zu vermitteln. Führen besondere Umstände dazu, dass der Jahresabschluss ein den tatsächlichen Verhältnissen entsprechendes Bild im Sinne des Satzes 1 nicht vermittelt, so sind im Anhang zusätzliche Angaben zu machen.

§ 265 Allgemeine Grundsätze für die Gliederung

(1) Die Form der Darstellung, insbesondere die Gliederung der aufeinander folgenden Bilanzen und Gewinn- und Verlustrechnungen, ist beizubehalten, soweit nicht in Ausnahmefällen wegen besonderer Umstände Abweichungen erforderlich sind.

(2) In der Bilanz sowie in der Gewinn- und Verlustrechnung ist zu jedem Posten der entsprechende Betrag des vorhergehenden Geschäftsjahrs anzugeben.

(5) Eine weitere Untergliederung der Posten ist zulässig. Neue Posten dürfen hinzugefügt werden, wenn ihr Inhalt nicht von einem vorgeschriebenen Posten gedeckt wird.

§ 266 Gliederung der Bilanz

(1) Die Bilanz ist in Kontoform aufzustellen. Dabei haben große und mittelgroße Kapitalgesellschaften (§ 267 Abs. 3, 2) auf der Aktivseite die in Absatz 2 und auf der Passivseite die in Absatz 3 bezeichneten Posten gesondert und in der vorgeschriebenen Reihenfolge auszuweisen. Kleine Kapitalgesellschaften (§ 267 Abs. 1) brauchen nur eine verkürzte Bilanz aufzustellen, in die nur die in den Absätzen 2 und 3 mit Buchstaben und römischen Zahlen bezeichneten Posten in der vorgeschriebenen Reihenfolge aufgenommen werden.

(2) Gliederung der **Aktivseite** ⎫
(3) Gliederung der **Passivseite** ⎬ siehe Rückseite des Kontenrahmens (Faltblatt).

§ 268 Vorschriften zu einzelnen Posten der Bilanz. Bilanzvermerke

(1) Die Bilanz darf auch unter Berücksichtigung der vollständigen oder teilweisen Verwendung des Jahresergebnisses aufgestellt werden. Wird die Bilanz nach teilweiser Verwendung des Jahresergebnisses aufgestellt, so tritt an die Stelle des Postens „Jahresüberschuss/Jahresfehlbetrag" und „Gewinnvortrag/Verlustvortrag" der Posten „Bilanzgewinn/Bilanzverlust"; ein vorhandener Gewinn- oder Verlustvortrag ist in den Posten „Bilanzgewinn/Bilanzverlust" einzubeziehen und in der Bilanz oder im Anhang gesondert anzugeben.

(2) In der Bilanz oder im Anhang ist die Entwicklung der einzelnen Posten des Anlagevermögens darzustellen. Dabei sind, ausgehend von den gesamten Anschaffungs- und Herstellungskosten, die Zugänge, Abgänge, Umbuchungen und Zuschreibungen des Geschäftsjahrs sowie die Abschreibungen in ihrer gesamten Höhe gesondert aufzuführen. Die Abschreibungen des Geschäftsjahrs sind entweder in der Bilanz bei dem betreffenden Posten zu vermerken oder im Anhang in einer der Gliederung des Anlagevermögens entsprechenden Aufgliederung anzugeben.

(3) Ist das Eigenkapital durch Verluste aufgebraucht und ergibt sich ein Überschuss der Passivposten über die Aktivposten, so ist dieser Betrag am Schluss der Bilanz auf der Aktivseite gesondert unter der Bezeichnung „Nicht durch Eigenkapital gedeckter Fehlbetrag" auszuweisen.

(4) Der Betrag der Forderungen mit einer Restlaufzeit von mehr als einem Jahr ist bei jedem gesondert ausgewiesenen Posten zu vermerken.

(5) Der Betrag der Verbindlichkeiten mit einer Restlaufzeit bis zu einem Jahr ist bei jedem gesondert ausgewiesenen Posten zu vermerken. Erhaltene Anzahlungen auf Bestellungen sind, soweit Anzahlungen auf Vorräte nicht von dem Posten „Vorräte" offen abgesetzt werden, unter den Verbindlichkeiten gesondert auszuweisen.

(7) Die in § 251 bezeichneten Haftungsverhältnisse sind gesondert unter der Bilanz oder im Anhang unter Angabe der gewährten Pfandrechte und sonstigen Sicherheiten anzugeben.

§ 270 Bildung bestimmter Posten

(2) Wird die Bilanz nach vollständiger oder teilweiser Verwendung des Jahresergebnisses aufgestellt, so sind Entnahmen aus Gewinnrücklagen sowie Einstellungen in Gewinnrücklagen bereits bei der Aufstellung der Bilanz zu berücksichtigen.

§ 272 Eigenkapital

(1) Gezeichnetes Kapital ist das Kapital, auf das die Haftung der Gesellschafter für die Verbindlichkeiten der Kapitalgesellschaft gegenüber den Gläubigern beschränkt ist. Die ausstehenden Einlagen auf das gezeichnete Kapital sind auf der Aktivseite vor dem Anlagevermögen gesondert auszuweisen und entsprechend zu bezeichnen; die davon eingeforderten Einlagen sind zu vermerken. Die nicht eingeforderten ausstehenden Einlagen dürfen aber auch von dem Posten „Gezeichnetes Kapital" offen abgesetzt werden; in diesem Falle ist der verbleibende Betrag als Posten „Eingefordertes Kapital" in der Hauptspalte der Passivseite auszuweisen und ist außerdem der eingeforderte, aber noch nicht eingezahlte Betrag unter den Forderungen gesondert auszuweisen und entsprechend zu bezeichnen.

(2) Als Kapitalrücklage sind auszuweisen

1. der Betrag, der bei der Ausgabe von Anteilen einschließlich von Bezugsanteilen über den Nennbetrag hinaus erzielt wird;

2. der Betrag von anderen Zuzahlungen, die Gesellschafter in das Eigenkapital leisten.

(3) Als Gewinnrücklagen dürfen nur Beträge ausgewiesen werden, die im Geschäftsjahr oder in einem früheren Geschäftsjahr aus dem Ergebnis gebildet worden sind. Dazu gehören aus dem Ergebnis zu bildende gesetzliche oder auf Gesellschaftsvertrag oder Satzung beruhende Rücklagen und andere Gewinnrücklagen.

(4) In eine Rücklage für eigene Anteile ist ein Betrag einzustellen, der dem auf der Aktivseite der Bilanz für die eigenen Anteile anzusetzenden Betrag entspricht. Die Rücklage darf nur aufgelöst werden, soweit die eigenen Anteile ausgegeben, veräußert oder eingezogen werden.

§ 275 Gliederung der Gewinn- und Verlustrechnung

(1) Die Gewinn- und Verlustrechnung ist in Staffelform nach dem Gesamtkostenverfahren oder dem Umsatzkostenverfahren aufzustellen. Dabei sind die in Absatz 2 oder 3 bezeichneten Posten in der angegebenen Reihenfolge gesondert auszuweisen.

(2) Gliederung nach dem **Gesamtkostenverfahren** } **siehe Rückseite des Kontenrahmens**
(3) Gliederung nach dem **Umsatzkostenverfahren** } **(Faltblatt).**

(4) Veränderungen der Kapital- und Gewinnrücklagen dürfen in der Gewinn- und Verlustrechnung erst nach dem Posten „Jahresüberschuss/Jahresfehlbetrag" ausgewiesen werden.

§ 276 Größenabhängige Erleichterungen

Kleine und mittelgroße Kapitalgesellschaften (§ 267 Abs. 1, 2) dürfen die Posten § 275 Abs. 2 Nr. 1 bis 5 oder Abs. 3 Nr. 1 bis 3 und 6 zu einem Posten „Rohergebnis" zusammenfassen.

§ 283 Wertansatz des Eigenkapitals

Das gezeichnete Kapital ist zum Nennbetrag anzusetzen.

§ 284 Anhang: Erläuterung der Bilanz und der Gewinn- und Verlustrechnung

(1) In den Anhang sind diejenigen Angaben aufzunehmen, die zu den einzelnen Posten der Bilanz oder der Gewinn- und Verlustrechnung vorgeschrieben oder die im Anhang zu machen sind, weil sie in Ausübung eines Wahlrechts nicht in die Bilanz oder in die Gewinn- und Verlustrechnung aufgenommen wurden.

(2) Im Anhang müssen

1. die auf die Posten der Bilanz und der Gewinn- und Verlustrechnung angewandten Bilanzierungs- und Bewertungsmethoden angegeben werden;

2. die Grundlagen für die Umrechnung in Deutsche Mark angegeben werden;

3. Abweichungen von Bilanzierungs- und Bewertungsmethoden angegeben und begründet werden; deren Einfluss auf die Vermögens-, Finanz- und Ertragslage ist darzustellen;

§ 285 Sonstige Pflichtangaben im Anhang

Ferner sind im Anhang anzugeben:

1. zu den in der Bilanz ausgewiesenen Verbindlichkeiten
   a) der Gesamtbetrag der Verbindlichkeiten mit einer Restlaufzeit von mehr als fünf Jahren,
   b) der Gesamtbetrag der Verbindlichkeiten, die durch Pfandrechte oder ähnliche Rechte gesichert sind, unter Angabe von Art und Form der Sicherheiten;

9. für die Mitglieder des Geschäftsführungsorgans, eines Aufsichtsrats, eines Beirats oder einer ähnlichen Einrichtung jeweils für jede Personengruppe
   a) die für die Tätigkeit im Geschäftsjahr gewährten Gesamtbezüge (Gehälter, Gewinnbeteiligungen, Aufwandsentschädigungen, Versicherungsentgelte, u. a.);

10. alle Mitglieder des Geschäftsführungsorgans und eines Aufsichtsrats mit dem Familiennamen und mindestens einem ausgeschriebenen Vornamen;

11. Name und Sitz anderer Unternehmen, von denen die Kapitalgesellschaft mindestens den fünften Teil der Anteile besitzt.

12. Rückstellungen, die in der Bilanz unter dem Posten „sonstige Rückstellungen" nicht gesondert ausgewiesen werden, sind zu erläutern, wenn sie erheblich sind.

§ 289 Lagebericht

(1) Im Lagebericht sind zumindest der Geschäftsverlauf und die Lage der Kapitalgesellschaft so darzustellen, dass ein den tatsächlichen Verhältnissen entsprechendes Bild vermittelt wird.

(2) Der Lagebericht soll auch eingehen auf:

1. Vorgänge von besonderer Bedeutung, die nach Schluss des Geschäftsjahrs eingetreten sind;

2. die voraussichtliche Entwicklung der Kapitalgesellschaft;

3. den Bereich Forschung und Entwicklung.

§ 316 Pflicht zur Prüfung

(1) Der Jahresabschluss und der Lagebericht von Kapitalgesellschaften, die nicht kleine im Sinne des § 267 Abs. 1 sind, sind durch einen Abschlussprüfer zu prüfen.

§ 318 Bestellung und Abberufung des Abschlussprüfers

(1) Der Abschlussprüfer des Jahresabschlusses wird von den Gesellschaftern gewählt.

Sachregister

Abgrenzungen, unternehmensbezogene
211 f.
– zeitliche 139 f.
Abgrenzungsrechnung 211 f.
Abschlussübersicht 169 f.
Abschreibungen 44, 154
– Berechnungsmethoden 45, 155
– kalkulatorische 219 f.
– planmäßige, außerplanmäßige 155 f.
Aktiengesellschaft 173 f.
Aktivkonten 20
Anderskosten 218 f.
Anlagegüter, Anschaffungen 130
Anlagendeckung 188, 191
Anlagenkartei 129
Anlagenspiegel 178
Anlagevermögen, Bewertungen 154 f., 184
Anschaffungskosten 130, 183
Äquivalenzziffern 274 f.
Aufbereitung von Bilanzen 188 f.
Aufgaben der Buchführung 6
Aufwendungen 35, 205 f.
Ausgaben 205
Ausscheiden von Anlagen 132 f.

BAB (Betriebsabrechnungsbogen) 244 f.
– bei Maschinenstundensatzrechnung
260 f.
– mehrstufiger 254 f.
Belegorganisation 76 f.
Beschäftigung, Abhängigkeit der Kosten
235 f.
Bestandsveränderungen 48 f.
Betriebsübersicht 169 f.
Bewertung 182 f.
Bewertungsgrundsätze 184 f.
Bewertungsübersicht 184 f.
Bezugskosten 111 f.
Bilanz 16, 174 f., Anhang
Bilanzkritik 190 f.
Bilanz und ihre Gliederung 16, 174 f.,
Anhang
Boni 116 f.
Break-even-Point 286 f.
Buchungssätze 26 f.

Cashflow 201
Controlling 298 f.

Deckungsbeitrag 283 f.
Deckungsbeitragsrechnung 283 f.
Delkredere 162
Divisionskalkulation 274

EDV 80 f., 84 f.
Eigenkapital in der Bilanz 176
Einkommensteuer 136
Einnahmen 205
Einzelbewertung 161, 184 f.
Einzelwertberichtigung 162 f.
Entnahmen 67 f., 134
Erfolgsermittlung
durch Eigenkapitalvergleich 14 f.
Erfolgskonten 35 f.
Erfolgsrechnung 35 f., 176 f., Anhang
Ergebnistabelle 211 f.
Erträge 35, 205 f.
Erzeugnisse, fertige und unfertige 48 f.

Finanzbuchhaltung 71, 84 f.
Finanzierung 17, 44, 190 f.
Fixe Kosten 236
Forderungen, Umschlag 199
– Bewertung und Abschreibung 160 f.
– Sonstige 141 f.

Gehälter 105 f.
Geringwertige Wirtschaftsgüter 157
Gesetzliche Grundlagen der Buchführung 7
Gewerbesteuer 136
Gewinnschwelle 286 f.
Gewinn- und Verlustkonto 39
GmbH, Jahresabschluss 173 f.
Grundbuch 26, 78
Grundsteuer, Grunderwerbsteuer 136

Handelsbilanz 182
Handelswaren 114
Hauptabschlussübersicht 169 f.
Hauptbuch 27, 79
Herstellungskosten 183, 204, 247 f.
Höchstwertprinzip 185

IKR (Industrie-Kontenrahmen) 71
Inventur, Inventar 9 f.
Inventurdifferenzen 139 f.
Investierung 17, 191
Istkosten 276

Jahresabschluss 139 f., Anhang
Jahresüberschuss 176 f.
Just-in-time 124 f.

Kalkulationsarten 265 f.
Kalkulatorische Kosten 218 f.
Kapitalstruktur 17, 189 f.
Kapitalumschlag 199
Kapitalvergleich, Erfolgsermittlung 14 f.

Kennzahlen 188 f.
KHK-Fibu 84 f.
Kontenplan 73
Kontenrahmen 71 f.
Kontokorrentbuch 80 f.
Körperschaftsteuer 136, 177
Korrekturen, kostenrechnerische 217 f.
Kosten 206 f.
 – fixe/variable 235 f.
Kostenartenrechnung 234 f.
Kostenauflösung 303
Kostenstellenrechnung 241 f.
Kostenträgerstückrechnung 265 f.
Kostenträgerzeit- und Ergebnisrechnung
 276 f.
Kostenüber- und -unterdeckung 276 f.
Kosten- und Leistungsrechnung 203 f.

Lagerumschlag 198
Leistungen 203 f., 208
Lexware-Fibu 84 f.
Liquidität 192
Löhne 105 f.

Maschinenstundensatz 258 f.
Maßgeblichkeitsprinzip 182
Mehrwertsteuer 54 f.
Miete, kalkulatorische 228
Mittelherkunft/Mittelverwendung 17, 188 f.

Nachkalkulation 272 f.
Nachlässe 116 f.
Nebenbücher 80 f.
Niederstwertprinzip 184 f.
Normalgemeinkosten 266, 276

Offene Posten 85, 90, 92
Ordnungsmäßigkeit der Buchführung 8

Passivkonten 20
Pauschalwertberichtigung 165 f.
Personalkosten 105 f.
Personenkonten 80 f.
Personensteuern 136
Plankostenrechnung 300 f.
Preisabweichung 307 f.
Privatkonto 66 f.
Proportionale Kosten 235
Prozesskostenrechnung 311 f.

Rechnungsabgrenzungsposten 144 f.
Rechnungskreis I und II 203 f.
Rentabilität 196 f.
Restgemeinkosten 260
Return on Investment 202
Rohstoffe 36

ROI 202
Rücklagen 174 f.
Rücksendungen 115 f.
Rückstellungen 149 f., 186, 189

Saldenbilanz 169 f.
Schulden, Bewertung 185
Schwebende Geschäfte 149 f.
Skonti 120 f.
Sofortrabatte 111
Sollkosten 305
Sonstige Forderungen 141 f.
Sonstige Verbindlichkeiten 141 f.
Steuerbilanz 182
Steuern 136
Summenbilanz 169 f.

Tageswert 183 f.
Teilkostenrechnung 283 f.
Teilwert 183

Umbuchungen 78, 112, 169 f.
Umsatzrentabilität 197
Umsatzsteuer 54 f., 67 f., 136
Umschlagskennzahlen 198 f.
Unternehmensbezogene Abgrenzungen
 211 f.
Unternehmerlohn 196
 – kalkulatorischer 224 f.

Variable Kosten 235
Verbindlichkeiten, Bewertung 185
 – sonstige 141 f.
Verbrauchsabweichung 308
Vermögensstruktur 188 f., 193
Vollkostenrechnung, Nachteile 283
Vorkalkulation 267 f.
Vorratsvermögen, Bewertung 184
Vorschüsse 107
Vorsteuer 55 f.
Vorsteuer-Überhang 57

Währungsverbindlichkeiten 185
Wagnisse, kalkulatorische 226 f.
Waren 114
Wertmaßstäbe 183
Wertveränderungen in der Bilanz 18

Zahllast 55 f., 59 f.
Zahlungsfähigkeit 192
Zeitliche Abgrenzungen 140 f.
Zinsen, kalkulatorische 222 f.
Zusatzkosten 218 f.
Zuschlagskalkulation 267 f.
Zuschlagssätze, Ermittlung 246
Zuschreibungen: Anhang
Zweikreissystem 71, 203

© Winklers · Darmstadt

6621336 B→